책 구입 시 드리는 혜택

❶ 우수회원 인증 후 필기 및 실기 3개년 추가 기출문제(해설 포함) 제공
❷ 필기(CBT) 및 실기 복원 기출문제 수록

2025
개정 16판

한권으로 필기와 실기를 끝내는

에너지관리기능장

필기 + 실기

꼭! 합격 하세요

에너지관리기능장 / 위험물기능장 / 가스기능장

최갑규 저

에너지관리기능장 필기·실기 대비 핵심 이론 제공
최근 기출문제 수록 및 완벽 해설
우수회원 인증 후 3개년 기출문제(해설 포함) 추가 제공
문제 해설을 이해하기 쉽도록 자세히 설명

세진북스
www.sejinbooks.kr

머리말

우리나라는 급속한 경제성장과 더불어 산업시설의 발달로 에너지 취급이 큰 폭으로 증가하고 있다. 에너지를 취급하는 모든 시설에는 법적으로 자격증을 선임하도록 되어있다.

에너지관리기능장은 자격증 중의 최고의 꽃이라고 할 수 있다.
이에 저자는 에너지관리기능장 필기를 짧은 기간 동안 한 권으로 공부할 수 있도록 기출문제를 완벽·정리하였고 또한 각 문제마다 충분한 해설로 수험생이 최대한 쉽게 이해할 수 있도록 본 교재를 집필하게 되었다.

본서는 국가기술자격시험에서 출제되는 기준과 출제경향을 철저하고 세밀하게 파악·분석하여 시험에 응시하는 모든 수험생들이 가장 쉽고 빠르게 접근할 수 있도록 국가기술자격에 출제되었던 과년도 문제를 체계적으로 복습하게 구성이 되어 있다.

필기와 실기 문제를 최대한 많이 수록하려고 노력하였고 최근 출제된 기출문제 중심으로 에너지관리기능장에 대비할 수 있도록 구성하였다.
이에 에너지관리기능장을 공부하시는 여러분께 많은 도움이 되었으면 좋겠고 많은 합격자가 이 책을 통해서 배출 되었으면 하는 바람이다.

마지막으로 본 교재를 집필하는데 있어 오타나 잘못된 내용이 나오지 않도록 최대한 노력을 기울였으나 내용 중에 본의 아니게 미비된 부분이나 오타가 있으면 지속적으로 수정할 것을 약속드리며 수험생 여러분의 최종 합격을 기원하며 본 교재가 출판되도록 도움을 주신 도서출판 세진북스 관계자 여러분께 감사드립니다.

저자 최갑규

1. 필 기

직무분야	환경·에너지	중직무분야	에너지·기상	자격종목	에너지관리기능장	적용기간	2023. 1. 1~2025. 12. 31

- 직무내용 : 건물용 및 산업용 보일러의 시공, 취급 및 에너지관리에 관한 숙련기술을 가지고 현장에서 작업관리, 기능인력의 지도, 감독, 현장훈련, 안전·환경관리, 경영층과 생산계층을 유기적으로 연계시켜 주는 현장관리 등을 수행하는 직무이다.

필기검정방법	객관식	문제수	60	시험시간	1시간

필기 과목명	문제수	주요항목	세부항목	세세항목
보일러구조학, 보일러시공, 보일러취급 및 안전관리, 유체역학 및 열역학, 배관공학, 보일러 재료, 에너지이용합리화 계법규, 공업경영에 관한 사항	60	1. 보일러 구조	1. 보일러 종류	1. 사용재질에 따른 종류 2. 구조에 따른 종류 3. 사용매체에 따른 종류 4. 사용연료에 따른 종류 5. 순환방식에 따른 종류
			2. 보일러 특성	1. 보일러의 구조　　2. 보일러의 특성
			3. 보일러 용량	1. 보일러 정격용량　　2. 보일러 출력
			4. 보일러 급수장치	1. 급수펌프의 구비조건 2. 급수펌프의 종류, 구조 및 특성 3. 급수펌프의 동력계산
			5. 보일러 안전장치	1. 안전밸브 및 방출밸브 2. 가용전 및 방폭문 3. 고·저수위경보장치 4. 화염검출기 5. 압력제한기 및 압력조절기 6. 증기 및 배기가스 상한온도 스위치 7. 가스누설 긴급 차단밸브
			6. 보일러 계측장치	1. 수면계　　　　　　2. 압력계 3. 수위계　　　　　　4. 온도계 5. 급수량계, 급유량계, 가스미터기 등 6. 가스분석기
			7. 보일러 송기장치	1. 증기밸브, 증기관 및 감압밸브 2. 비수방지관 및 기수분리기 3. 증기 축열기
			8. 보일러 연소장치	1. 고체연료 연소장치　　2. 액체연료 연소장치 3. 기체연료 연소장치
			9. 보일러 연료	1. 고체 연료의 종류 및 특성 2. 액체 연료의 종류 및 특성 3. 기체 연료의 종류 및 특성
			10. 연소계산	1. 연소의 성상 2. 연료의 발열량 계산 3. 이론 산소량, 공기량, 공기비 등의 계산 4. 연소가스량 계산
			11. 송풍장치	1. 통풍방식 2. 송풍기의 종류 및 특성 3 송풍기 소요동력 4. 댐퍼, 연도 및 연돌, 소음기
			12. 집진장치 및 유해가스 저감 대책	1. 집진장치의 종류 및 특징 2. NOx, SOx, CO, 분진 저감방법
			13. 열효율 증대장치	1. 공기예열기　　　2. 급수예열기(절탄기)
			14. 기타 부속장치	1. 그을음 제거기(soot blower) 2. 분출장치 3. 증기 과열기 및 재열기

필기 과목명	문제수	주요항목	세부항목	세세항목
			15. 보일러 자동제어	1. 자동제어의 종류와 제어방식 2. 자동제어 기기 3. 보일러 자동제어 요소와 특성 4. 각종 인터록 장치 5. O_2 트리밍 시스템(공연비제어장치) 6. 원격제어 및 에너지관리
			16. 보일러 열효율 열정산	1. 보일러 열효율 등의 계산 2. 보일러 열정산 3. 에너지 진단
		2. 보일러 시공	1. 부하의 계산	1. 난방 및 급탕부하의 종류 2. 난방 및 급탕부하의 계산 3. 보일러의 용량 결정
			2. 난방설비	1. 증기난방 2. 온수난방 3. 복사난방 4. 지역난방 5. 열매체난방 6. 전기난방
			3. 배관시공	1. 증기난방 2. 온수난방 3. 복사난방 4. 열매체난방 5. 전기난방 6. 연도설비
			4. 난방기기	1. 방열기 2. 팬코일유니트 3. 콘백터 등
			5. 보일러설치, 시공 및 검사기준	1. 보일러 설치·시공기준 2. 보일러 설치검사기준 3. 보일러 계속사용·개조검사기준 4. 보일러 운전성능 검사기준 5. 설치장소 변경검사 기준
		3. 보일러 취급 및 안전관리	1. 보일러 운전 및 조작	1. 보일러 운전조작 2. 보일러 운전 중의 장애 3. 사용정지 시 취급 4. 부속장치 취급 5. 콘덴싱보일러의 중화처리장치
			2. 보일러 세관 및 보존	1. 보일러 세관의 종류, 방법 및 특징 2. 보일러 보존방법 및 특징
			3. 보일러 급수처리	1. 보일러 급수 수질 및 특성 2. 보일러 급수의 외처리
			4. 보일러 관수처리	1. 보일러수 내처리 특성, 청관제 종류 및 사용방법 2. 보일러 세관
			5. 보일러 연소관리	1. 연소장치 정비 2. 이상연소 조정
			6. 보일러 손상과 방지대책	1. 보일러 손상의 종류와 특징 2. 보일러 손상 방지대책
			7. 보일러 사고와 방지대책	1. 보일러 사고의 종류와 특징 2. 보일러 사고 방지대책
			8. 안전관리 일반	1. 안전일반 2. 작업 및 공구 취급 시의 안전 3. 화재방호
			9. 환경관리 일반	1. 배기가스 관리 2. 배출수 관리
		4. 유체역학 및 열역학 기초	1. 유체의 기본성질	1. 밀도, 비중량, 비체적, 비중 2. 유체의 점성
			2. 유체정역학	1. 압력의 정의 및 측정 2. 정지유체 속에서의 압력 3. 유체 속에 잠긴 면에 작용하는 힘
			3. 관로 속의 유체 흐름	1. 연속 방정식 2. 베르누이 방정식 3. 유량 계산

필기 과목명	문제수	주요항목	세부항목	세세항목
			4. 열의 기본성질	1. 온도와 열량, 비열　2. 일, 동력, 에너지
			5. 열전달	1. 열전달의 종류와 특징 2. 전도, 대류 및 복사 계산 3. 열관류 등 계산
			6. 열역학 법칙	1. 열역학 법칙의 정의　2. 엔탈피, 엔트로피
			7. 증기의 성질	1. 증기의 일반적 성질 2. 증기표 및 증기선도, 상태 변화 3. 증기사용량 계산
		5. 배관공작	1. 관재료	1. 관의 종류 및 특징 2. 관이음쇠의 종류 및 특징
			2. 밸브 및 기타 배관부속	1. 밸브의 종류 및 특징 2. 기타 배관부속 종류 및 특징 3. 감압 밸브 및 온도조절밸브 4. 증기 트랩 5. 신축이음
			3. 배관작업기계 및 공구	1. 강관작업용 기계 및 공구 2. 동관 등 기타 관 작업용 공구
			4. 배관작업	1. 강관 이음 작업 2. 동관 등 기타 관 이음 작업
			5. 배관의 지지	1. 배관지지의 종류 및 특징 2. 배관의 신축
			6. 배관시공법	1. 온수배관 시공　　2. 증기배관 시공 3. 기타배관 시공
			7. 절단	1. 각종 관의 절단 방법 및 특징
			8. 용접	1. 아크 용접　　　　2. 가스 용접 3. 알곤 용접
			9. 배관제도	1. 도면 해독법
		6. 보일러 재료	1. 보일러용 금속재료	1. 강재 및 주철의 종류 및 특성 2. 비철금속 종류 및 특성
			2. 내화재, 보온재, 단열재	1. 내화재의 종류와 특성 2. 보온재의 종류와 특성 3. 단열재의 종류와 특성
			3. 방청도료 및 패킹재료	1. 방청도료의 종류와 특성 2. 패킹재의 종류와 특성
		7. 관련 법규	1. 에너지법	1. 법, 시행령, 시행규칙
			2. 에너지이용합리화법	1. 법, 시행령, 시행규칙
			3. 열사용기자재의 검사 및 검사면제에 관한 기준	1. 특정열사용기자재 2. 검사대상기기의 검사 등
			4. 건설산업 기본법	1. 열사용기자재 시공업 등록 등
			5. 신에너지 및 재생에너지 개발이용보급촉진법	1. 법, 시행령, 시행규칙
			6. 기계설비법	1. 에너지관리 관련 기계설비 기술기준
		8. 공업경영	1. 품질관리	1. 통계적 방법의 기초　2. 샘플링 검사 3. 관리도
			2. 생산관리	1. 생산계획　　　　　2. 생산통제
			3. 작업관리	1. 작업방법연구　　　2. 작업시간연구
			4. 기타 공업경영에 관한 사항	1. 기타 공업경영에 관한 사항

2. 실 기

직무분야	환경 · 에너지	중직무분야	에너지 · 기상	자격종목	에너지관리기능장	적용기간	2023. 1. 1~2025. 12. 31

- **직무내용**: 건물용 및 산업용 보일러의 시공, 취급 및 에너지관리에 관한 숙련기술을 가지고 현장에서 작업관리, 소속 기능인력의 지도, 감독, 현장훈련, 안전 · 환경관리, 경영층과 생산계층을 유기적으로 연계시켜 주는 현장관리 등을 수행하는 직무이다.
- **수행준거**: 1. 열부하에 맞는 보일러를 선정하고 관리를 할 수 있다.
  2. 보일러 및 부대설비의 도면을 작성 · 해독하고 적산할 수 있다.
  3. 보일러를 설치 시공할 수 있고, 지도 및 관리 감독할 수 있다.
  4. 보일러 점검, 조작 및 고장원인을 진단하고 사고예방 및 유지관리를 할 수 있다.

실기검정방법	복합형	시험시간	7시간 정도(필답형 : 2시간, 작업형 : 5시간 정도)

실기 과목명	주요항목	세부항목	세세항목
보일러 시공, 취급 실무	1. 보일러 시공 실무	1. 난방 및 급탕 부하 설계하기	1. 난방 및 급탕부하를 계산할 수 있다. 2. 난방 및 급탕설비를 설계할 수 있다.
	2. 시운전	2. 급 · 배수설비 시운전하기	1. 급 · 배수설비의 시운전 계획을 수립하고 준비할 수 있다. 2. 급 · 배수설비가 정상적으로 설치되었는지 확인할 수 있다. 3. 급 · 배수설비의 밸브 등의 개폐상태가 정상인지 확인할 수 있다. 4. 급 · 배수설비의 제어밸브, 센서 등이 정상적으로 설치 완료되었는지 확인할 수 있다. 5. 급수 등의 공급상태가 정상인지 판단할 수 있다. 6. 시운전시 발생할 수 있는 문제를 예측하고 안전대책을 수립할 수 있다. 7. 시운전 후 비정상일 때 그 원인을 파악하여 수정 및 보완할 수 있다.
	3. 자동제어설비 설치	1. 보일러제어설비 설치하기	1. 보일러 및 보일러 설비의 제어시스템을 파악할 수 있다. 2. 보일러제어설비의 설계도서, 설계도면을 파악 및 검토할 수 있다. 3. 보일러제어설비의 설치계획을 수립할 수 있다. 4. 보일러제어설비의 구성장치의 기능을 파악할 수 있다.
		2. 급 · 배수제어 설비 설치하기	1. 급수설비, 배수설비의 제어시스템을 파악할 수 있다. 2. 급 · 배수제어설비의 설계도서, 설계도면을 파악 및 검토할 수 있다. 3. 급 · 배수제어설비의 설치계획을 수립할 수 있다. 4. 급 · 배수제어설비의 구성장치의 기능을 파악할 수 있다. 5. 급 · 배수제어설비설치에 따른 설계의 적합성을 검토할 수 있다.
	4. 열원설비설치	1. 급수설비 설치하기	1. 급수 방식을 파악하고 급수설비의 배관재료, 시공법을 파악할 수 있다. 2. 급수설비의 설계도서 및 도면을 파악하고 급수설비 설치에 따른 공정계획서를 작성할 수 있다. 3. 급수설비를 적산할 수 있다. 4. 급수배관을 설계도서대로 설치하고 배관 및 용접, 기밀시험, 보온 등을 할 수 있다. 5. 급수설비설치에 따른 설계의 적합성을 검토할 수 있다.
		2. 연료설비 설치하기	1. 사용하는 연료(위험물 및 LNG, LPG, 도시가스 등)의 특성 및 위험성을 확인하여 공급방식과 시공방법을 파악할 수 있다. 2. 연료설비의 설계도서 및 도면을 파악하고 연료설비 설치에 따른 공정계획서를 작성할 수 있다. 3. 연료설비를 적산할 수 있다. 4. 연료설비를 설계도서대로 설치하고 배관 및 용접, 기밀시험, 보온 등을 할 수 있다. 5. 연료설비 설치에 따른 설계의 적합성을 검토할 수 있다.
		3. 통풍장치 설치하기	1. 통풍방식에 따른 현장 설치여건 및 설계도서를 파악하여 공정계획서를 작성할 수 있다. 2. 통풍장치를 적산할 수 있다. 3. 통풍장치를 설계도서대로 설치하고 설계의 적합성을 검토할 수 있다. 4. 송풍기 및 덕트, 연돌 등의 설치에 따른 문제점을 사전에 검토할 수 있다.

실기 과목명	주요항목	세부항목	세세항목
		4. 송기장치 설치하기	1. 증기의 특성을 파악할 수 있다. 2. 송기장치의 시공방법 및 설계도서를 파악하고 설치에 따른 공정계획서를 작성할 수 있다. 3. 송기장치를 적산할 수 있다. 4. 송기장치를 설계도서대로 설치하고 배관 및 용접, 기밀시험, 보온 등을 할 수 있다. 5. 송기장치설치에 따른 설계의 적합성을 사전에 검토할 수 있다.
		5. 에너지절약장치 설치하기	1. 각종 에너지절약장치의 특성을 확인하고 현장 설치여건을 파악할 수 있다. 2. 에너지절약장치의 설계도서를 파악하여 설치에 따른 공정계획서를 작성할 수 있다. 3. 에너지절약장치를 적산할 수 있다. 4. 에너지절약장치를 설계도서대로 설치하고 설계의 적합성을 검토할 수 있다.
		6. 증기설비 설치하기	1. 압력에 따른 증기의 특성을 확인하고 증기설비의 시공방법 및 설계도서를 파악할 수 있다. 2. 증기설비 설치에 따른 공정계획서를 작성할 수 있다. 3. 증기설비를 적산할 수 있다. 4. 증기설비를 설계도서대로 설치하고 배관 및 용접, 기밀시험, 보온 등을 할 수 있다. 5. 응축수 발생에 따른 문제점을 사전에 검토할 수 있다. 6. 증기설비설치에 따른 설계의 적합성을 검토할 수 있다.
		7. 증기설비 설치하기	1. 압력에 따른 증기의 특성을 확인하고 증기설비의 시공방법 및 설계도서를 파악할 수 있다. 2. 증기설비 설치에 따른 공정계획서를 작성할 수 있다. 3. 증기설비를 적산할 수 있다. 4. 증기설비를 설계도서대로 설치하고 배관 및 용접, 기밀시험, 보온 등을 할 수 있다. 5. 응축수 발생에 따른 문제점을 사전에 검토할 수 있다. 6. 증기설비설치에 따른 설계의 적합성을 검토할 수 있다.
		8. 난방설비 설치하기	1. 각 난방방식의 특성과 시공법을 확인하고 난방설비의 설계도서를 파악할 수 있다. 2. 난방설비 설치에 따른 공정계획서를 작성할 수 있다. 3. 난방설비를 적산할 수 있다. 4. 난방설비를 설계도서대로 설치하고 배관 및 용접, 기밀시험, 보온 등을 할 수 있다. 5. 난방설비설치에 따른 설계의 적합성을 검토할 수 있다.
		9. 급탕설비 설치하기	1. 급탕방식 및 배관방식을 확인하고 급탕설비의 배관재료 및 시공방법을 파악할 수 있다. 2. 급탕설비의 설계도서를 파악하고 급탕설비 설치에 따른 공정계획서를 작성할 수 있다. 3. 급탕설비를 적산할 수 있다. 4. 급탕탱크 및 펌프, 배관 등을 설계도서대로 설치하고 배관 및 용접, 기밀시험, 보온 등을 할 수 있다. 5. 급탕설비설치에 따른 설계의 적합성을 검토할 수 있다.
	5. 에너지관리	1. 단열성능 관리하기	1. 무기질 보온재, 유기질 보온재의 특징을 확인하고 고온유체와 저온유체의 열이동 ,보온, 보냉, 방로 시공 등을 분류할 수 있다.
		2. 에너지사용량 분석하기	1. 계측기 보전사항을 파악하고, 정기 및 일상검사를 통하여 에너지사용량을 확인할 수 있다. 2. 시간대별, 일일, 월별, 계절별, 년간, 년도별로 에너지 사용량을 집계 분석할 수 있다. 3. 유사 건물과 유사 장비별로 비교 검증하여 에너지별 단위를 통합 TOE로 환산 분석할 수 있다.

실기 과목명	주요항목	세부항목	세세항목
6. 유지보수공사	1. 보일러설비 유지보수공사 하기		1. 보일러 및 부속설비는 사용연수, 가동시간을 기록하고, 각 장치별 성능 저하, 마모, 기능불량 발생 시 보수공사를 검토한 후 추진할 수 있다. 2. 보일러 본체 및 부속설비의 법정 제조사 내구연한을 참고하여 기한도래, 성능저하시 교체할 수 있다. 3. 난방부하, 급탕부하, 배관부하, 예열부하를 고려하여 보일러 정격출력의 용량선정을 할 수 있다. 4. 사용처별 열부하를 계산하여 작성하고, 각 기기별 용량선정과 관경을 결정할 수 있다. 5. 보수공사 대상 장치, 기기류의 기능과 역할을 이해하고 사양을 결정할 수 있다. 6. 열사용설비의 전체계통을 파악하고, 단위별 시공 상세 도면을 작성할 수 있다. 7. 각 공사 단위별 품셈에 의한 물량산출 및 단가조사를 통해 공사원가를 산출할 수 있다. 8. 공사방법과 공사일정을 수립하고, 작업시 주의사항에 대해 설명할 수 있다. 9. 공정표에 의해 공사관리 감독을 수행하고, 안전관리 계획에 의한 위험요소를 발견하여 제거할 수 있다.
		2. 배관설비 유지보수 공사하기	1. 내구연한을 조사하고, 보수공사 기준, 공사 매뉴얼, 절차서 등을 파악할 수 있다. 2. 배관공사는 내구연한을 파악하고 재질과 관에 흐르는 유체의 성질에 따라 교체 및 보수공사를 결정할 수 있다. 3. 배관도면 해독 및 배관적산 방법, 공사비구성 등을 파악할 수 있다. 4. 배관계통에 설치하는 각종 기기류의 기능과 역할 및 사양을 파악하고, 설치방법과 주의사항을 고려하여 유지보수공사를 수행할 수 있다. 5. 배관재질, 구경, 사용압력, 사용온도, 용도에 따라 배관의 접합방법을 결정할 수 있다. 6. 각 공사의 단위별 품셈에 의한 물량산출 및 단가조사를 통해 공사원가를 산출할 수 있다. 7. 배관설비 전체계통 파악하여 시방서 및 절차서, 시공 상세 도면을 작성할 수 있다. 8. 공사도면, 시방서, 공사범위 등 과업내용을 현장 설명할 수 있다. 9. 공사계획을 수립하고, 공정별 고려사항을 확인할 수 있다. 10. 공정표에 의해 공사 감독을 수행하고, 안전관리 계획에 의한 위험요소를 발굴 및 제거할 수 있다.
		3. 덕트설비 유지보수 공사하기	1. 내구연한을 조사하고, 보수공사 기준, 공사 매뉴얼, 절차서 등을 파악할 수 있다. 2. 내구연한을 파악하고 덕트의 재질과 두께에 따라 교체 및 보수공사를 결정할 수 있다. 3. 풍량과 마찰손실에 따른 덕트관경 및 장방형 덕트의 상당직경을 결정할 수 있다. 4. 도면해독 및 덕트적산 방법, 공사비구성 등을 파악하고 활용할 수 있다. 5. 덕트계통에 설치하는 각종 기기류의 기능과 역할을 파악하고 사양을 결정, 설치방법 및 주의사항 등을 고려하여 유지보수공사를 수행할 수 있다. 6. 덕트이음시 모서리 세로움, 피츠버그록, 플랜지 이음 및 형상보강 등을 사용할 수 있다. 7. 덕트의 형태를 변형하는 경우에는 적정 각도를 파악하고 적정치 이상일 경우 가이드 베인을 설치할 수 있다. 8. 각 공사 단위별 품셈에 의한 물량산출 및 단가조사 통해 공사원가를 산출할 수 있다. 9. 덕트설비 전체계통 파악하고 시방서 및 절차서, 시공 상세 도면을 작성할 수 있다. 10. 공사도면, 시방서, 공사범위 등 과업내용을 현장 설명할 수 있다. 11. 공사계획을 수립하고, 덕트설치 고려사항에 대하여 파악할 수 있다. 12. 공정표에 의해 공사 감독을 수행하고, 안전관리 계획에 의한 위험요소

실기 과목명	주요항목	세부항목	세세항목
			를 발굴 제거할 수 있다.
		4. 정비·세관작업 하기	1. 증기보일러의 경우, 에너지합리화법에 의거 최초 설치검사 후 정기적으로 계속사용안전검사를 준비 및 수검할 수 있다. 2. 보일러 개방검사 시 주요기기 등을 분해하여 보일러 내부 튜브 상태 등 스케일 및 부속장치 이상 유무를 확인할 수 있다. 3. 보일러 성능검사 시 운전검사를 통하여 효율을 측정한 후 기준보다 효율이 저하되면 노후 대체할 수 있다. 4. 보일러에 공급되는 도시가스 설비 설치시 공급자 자체검사 및 가스안전공사 완성검사에 합격하고 매년 정기검사를 수행할 수 있다.
	7. 유지보수 안전관리	1. 안전작업하기	1. 장치 및 설비점검보수 작업 전 이상 유무를 점검할 수 있다. 2. 장치 및 설비보수 작업 시 필요한 보호장구를 착용하고 용도에 적합한 수공구를 사용할 수 있다. 3. 무리한 공구 취급은 금하고 사용 후 일정한 장소에 보관하고 점검할 수 있다. 4. 모든 공구는 반드시 목적 이외의 용도로 사용하지 않고 규격품을 사용할 수 있다.
	8. 열원설비운영	1. 보일러 관리하기	1. 보일러의 본체, 연소장치, 부속장치 등에 대하여 파악할 수 있다. 2. 보일러의 종류를 파악하고 특성에 맞게 운영 및 관리할 수 있다. 3. 보일러 관리 내용을 연료관리, 연소관리, 열사용관리, 작업 및 설비관리, 대기오염, 수처리 관리 등으로 분류하여 효율적으로 수행할 수 있다. 4. 에너지합리화법, 시행령, 시행규칙 등 관련법규를 파악할 수 있다. 5. 보일러와 구조물 및 연료 저장 탱크와의 거리, 각종 밸브 및 관의 크기, 안전밸브 크기 등 설치기준을 파악하고 관리할 수 있다. 6. 보일러 용량별 열효율표 및 성능 효율에 대해 파악하고 관리할 수 있다.
		2. 부속장비 점검하기	1. 보일러 부속장치의 종류와 기능 및 역할에 대하여 구분하고 파악할 수 있다. 2. 송기장치, 급수장치, 폐열회수장치 등의 특성을 파악하여 기능을 점검할 수 있다. 3. 분출장치의 필요성, 분출시기, 분출할 때 주의사항, 분출방법 등 파악하여 필요시 분출밸브와 분출 콕을 신속히 열어줄 수 있다. 4. 수면계 부착위치, 수면계 점검시기, 점검순서, 수면계 파손원인, 수주관 역할 등을 확인하고 점검할 수 있다. 5. 급수펌프의 구비조건에 대해서 파악하고 펌프 공동현상의 원인을 분석하여 공동현상 방지법을 이행할 수 있다. 6. 보일러 프라이밍, 포밍, 기수공발의 장애에 대해 파악 조치사항을 수행할 수 있다.
		3. 보일러 가동 전 점검하기	1. 난방설비운영 및 관리기준, 보일러 가동전 점검사항에 대하여 확인할 수 있다. 2. 가동전 스팀배관의 밸브 개폐상태를 점검할 수 있다. 3. 스팀헷더를 점검하여 응축수가 있을 경우 배출하여 워터해머를 방지할 수 있다. 4. 가스누설여부 점검하고 배관 개폐상태를 점검할 수 있다. 5. 주증기밸브의 개폐상태를 확인하고 자체압력의 이상유무를 확인할 수 있다. 6. 수면계의 정상유무를 확인하고 급수측 밸브 개폐상태, 수량계 이상유무를 확인할 수 있다. 7. 보일러 컨트롤 판넬의 각종 스위치 상태 확인 MCC 판넬의 ON확인, 기동상태를 점검할 수 있다.
		4. 보일러 가동 중 점검하기	1. 보일러 운전 순서를 파악하고 수행할 수 있다. 2. 보일러 점화가 불시착(소화) 시 원인 파악 후 충분히 프리퍼지하여 다시 가동할 수 있다. 3. 수면계, 압력계 등의 정상 여부를 확인 및 점검할 수 있다. 4. 급수펌프의 정상 작동 여부, 수위 불안정이 있는지 확인하고 점검할 수 있다. 5. 송풍기 가동상태, 화염상태의 색상(오렌지색)을 확인할 수 있다.

실기 과목명	주요항목	세부항목	세세항목
			6. 헤더 및 배관 수격작용은 없는지 점검 및 확인할 수 있다. 7. 응축수탱크의 상태를 확인하고 경수연화장치의 정상 작동 여부에 대하여 점검 및 확인할 수 있다 8. 급수펌프 가동시 소음, 누수여부와 각종 제어판넬 상태를 점검, 확인할 수 있다. 9. 보일러 정지순서를 파악하여 컨트롤 판넬 스위치를 Off, 소화 후 일정시간 송풍기로 프리퍼지하고 연소실, 연도에 있는 잔류가스를 배출하여 폭발위험이 없도록 관리할 수 있다.
		5. 보일러 가동 후 점검하기	1. 보일러 컨트롤 판넬은 Off 상태로 되어 있는지 점검 및 확인할 수 있다. 2. 수면계수위상태를 파악하여 압력이 남아있는 경우 계속 급수 여부를 확인할 수 있다. 3. 가스공급계통 연료밸브의 개폐여부를 확인할 수 있다. 4. 보일러실의 각종 밸브류를 확인할 수 있다. 5. 보일러 운전일지를 기록하고 특이사항을 인수인계할 수 있다.
		6. 보일러 고장 시 조치하기	1. 수면계의 수위 부족에도 불구하고 버너가 정지하지 않을 경우 즉시 정지하고 스위치 불량 원인을 제거할 수 있다. 2. 수위 부족에도 버너가 정지하지 않고 계속 운전되어 히터 본체가 과열로 판단될 경우 버너를 정지, 본체를 냉각시킬 수 있다. 3. 정상운전 중 정전 발생 시 버너 순환펌프 스위치를 정지시키고, 복전되면 수위확인 후 운전을 개시할 수 있다. 4. 연료가 불착화 정지시 불시착 원인을 제거 후 재가동 시킬 수 있다. 5. 모터 과부하로 정지될 경우 과대한 전류가 흐르게 되면 서모릴레이가 작동되어 버너가 정지됨을 확인할 수 있다. 6. 히터온도 과열정지 될 경우 온수온도 조절 스위치가 불량임을 확인할 수 있다. 7. 저수위차단 팽창탱크에 부착된 수위조절기, 보급수 전자변이 이상이 생기면 연료공급차단 전자변이 닫히고 버너가 정지되는 것을 확인할 수 있다.
		7. 증기설비 관리하기	1. 증기의 특성을 파악하여 증기량과 압력에 따라 배관구경을 결정할 수 있다. 2. 응축수량을 산출하여 배관구경을 결정할 수 있다. 3. 증기배관 구경에 따라 선도를 보고 증기통과량을 구할 수 있다. 4. 배관에서 증기의 장애 워터 해머링에 대해 파악하고 방지할 수 있다. 5. 증기배관의 감압밸브, 증기트랩, 스트레이너 등의 작동상태를 점검할 수 있다. 6. 증기배관 신축장치 볼트 너트를 견고하게 설치하고, 정상 작동 여부를 확인할 수 있다. 7. 증기배관 및 밸브의 손상, 부식, 자동밸브, 계기류 작동상태를 점검 및 확인할 수 있다. 8. 증기배관의 보온상태 점검 및 확인할 수 있다. 9. 증기배관의 적산 및 수선비를 산출할 수 있다.
		8. 수처리 관리하기	1. 보일러 청관제 자동 주입장치의 역할과 기능을 파악하여 운전 및 관리할 수 있다. 2. 청관제의 내처리 방법에 대하여 파악하고 관리할 수 있다. 3. 수처리 관리를 위하여 약품자동주입 장치 설치, 주기적인 청소, 점검을 실시할 수 있다.
		9. 연료장치 관리하기	1. 취급 부주의 시 누출 위험성에 대비하여 도시가스 사용시설관리 및 기술기준에 적합하게 점검 및 관리할 수 있다. 2. 도시가스 기술검토서를 통하여 안전관리를 수행할 수 있다. 3. 매년 1회 실시하는 도시가스 정기검사를 통하여 가스사용시설이 적합하게 설치, 유지관리 되고 있는지 확인할 수 있다. 4. 설비의 작동상황을 주기적으로 점검하고 이상이 있을 경우 대응하는 보수조치를 할 수 있다.

차례

제 1 부   핵심요점정리

계산공식 ·· 19

제 1 장   보일러 구조학 ·· 37

    1.1 보일러의 종류 / 37   1.2 기초 열역학 및 증기 / 42
    1.3 보일러 부속장치 / 49   1.4 안전장치 / 50
    1.5 송기장치 / 53   1.6 급수장치 / 56
    1.7 분출장치 / 59
    1.8 여열장치(폐열 회수 장치) / 60
    1.9 보일러 열정산 및 용량 / 64
    1.10 보일러 연소 / 67   1.11 통풍 및 집진장치 / 77
    1.12 집진장치 / 80   1.13 보일러 자동제어 / 81

제 2 장   보일러의 시공, 취급 및 안전관리 ······················· 85

    2.1 난방부하 및 난방설비 / 85
    2.2 설치 시공 기준 / 88
    2.3 보일러의 부식 / 91
    2.4 보일러의 화학 세관과 보존 / 93
    2.5 보일러의 안전 관리 / 95

제 3 장   배관일반 ·· 97

제 4 장   계측기기 ·· 106

제 5 장   에너지이용합리화법 ·· 114

제 6 장   공업경영 ·· 122

제 2 부   계산공식 문제 / 133

Contents

제 3 부　필기 기출문제

2015년도	제 57 회	185
	제 58 회	208
2016년도	제 59 회	231
	제 60 회	255
2017년도	제 61 회	279
	제 62 회	301
2018년도	제 63 회	326
	제 64 회(CBT 시행)	349
2019년도	제 65 회(CBT 시행)	368
	제 66 회(CBT 시행)	387
2020년도	제 67 회(CBT 시행)	409
	제 68 회(CBT 시행)	429
2021년도	제 69 회(CBT 시행)	450
	제 70 회(CBT 시행)	470
2022년도	제 71 회(CBT 시행)	492
	제 72 회(CBT 시행)	511
2023년도	제 73 회(CBT 시행)	531
	제 74 회(CBT 시행)	551
2024년도	제 75 회(CBT 시행)	571
	제 76 회(CBT 시행)	590

제 4 부 필답형 예상문제

필답형 예상문제		
	제 01 회	611
	제 02 회	618
	제 03 회	626
	제 04 회	633
	제 05 회	641
	제 06 회	648
	제 07 회	655
	제 08 회	662
	제 09 회	668
	제 10 회	675
	제 11 회	681
	제 12 회	689
	제 13 회	696
	제 14 회	703
	제 15 회	710

제 5 부 작업형 도면해독

도면해독 문제		
	제 01 회	719
	제 02 회	721
	제 03 회	724
	제 04 회	726

제 6 부 작업형 실전 도면문제 / 729

Contents

제 7 부 실기 기출문제

2015년도	제 57 회	737
	제 58 회	743
2016년도	제 59 회	750
	제 60 회	756
2017년도	제 61 회	762
	제 62 회	766
2018년도	제 63 회	771
	제 64 회	777
2019년도	제 65 회	783
	제 66 회	789
2020년도	제 67 회	795
	제 68 회	801
2021년도	제 69 회	807
	제 70 회	813
2022년도	제 71 회	819
	제 72 회	825
2023년도	제 73 회	831
	제 74 회	837
2024년도	제 75 회	843
	제 76 회	849

에너지관리기능장

제 1 부

핵심
요점정리

계산공식

1. 대류에 의한 열량(kcal/h)

$$a_o A(t_1 - t_2)$$

2. 복사(방사) 열량(kcal/h)

$$4.88(\text{kcal/m}^2\text{h}(100\text{K})^4) \times A \times \epsilon \times \left[\left(\frac{T_1}{100}\right)^4 - \left(\frac{T_2}{100}\right)^4\right]$$

$$\text{복사에 의한 열 전달율} = 4.88 \times \epsilon \times \frac{\left[\left(\frac{T_1}{100}\right)^4 - \left(\frac{T_2}{100}\right)\right]}{t_1 - t_2} (\text{kcal/m}^2\text{h}℃)$$

3. 각 접촉면의 온도

$$t_1 = t_o - \frac{\frac{1}{a_1}}{R}(t_o - t_r)$$

$$t_2 = t_o - \frac{\frac{1}{a_1} + \frac{l_1}{\lambda}}{R}(t_o - t_r)$$

$$t_3 = t_o - \frac{\frac{1}{a_1} + \frac{l_1}{\lambda} + \frac{l_2}{\lambda_2}}{R}(t_o - t_r)$$

$$R = \frac{1}{a_1} + \frac{l_1}{\lambda_1} + \frac{l_2}{\lambda_2} + \frac{1}{a_1}$$

(전열 저항 계수)

여기서, t_o : 고온 유체온도(℃) t_r : 저온 유체온도(℃)

4. 유량계산(m³/s)

$$Q = A \cdot V = A \cdot C \cdot V = \frac{\pi D^2}{4} \times C \times \sqrt{2gH}$$

$$= \frac{\pi D^2}{4} \times CV \times \frac{1}{\sqrt{1-m^2}} \times \sqrt{\frac{2gH(r_1 - r_2)}{r_2}}$$

$$= \frac{\pi D^2}{4} \times CV \times \frac{1}{\sqrt{1-m^2}} \times \sqrt{2gH}$$

$$= \frac{\pi D^2}{4} \times CV \times \frac{1}{\sqrt{1-m^2}} \times \sqrt{\frac{2g(P_1 - P_2)}{r}}$$

여기서, A : 단면적(m³) $\qquad Q$: 유량(m³/s)

V : 유속(m/s) $\qquad C$: 유량계수 $= CV \dfrac{1}{\sqrt{1-m^2}}$

CV : 벤튜리계수 $\qquad 2g$: 중력 가속도(m/s²)

m : 개구비 $= \dfrac{A_1}{A}$ $\qquad H$: 높이(차압)(m)

r : 비중량 $\qquad P_1, P_2$: 압력

5. 파형노통의 두께(mm)

$$\frac{압력 \times 노통지름}{계수}$$

6. 온도

① $℃ = \dfrac{5}{9}(℉ - 32)$ $\qquad ℉ = \dfrac{9}{5}℃ + 32$

② $K = ℃ + 273.15$ $\qquad R = ℉ + 460$

7. 보일-샤를법칙

$$\frac{P_1 V_1}{T_1} = \frac{P_2 V_2}{T_2} \qquad V_2 = \frac{V_1 \times T_2 \times P_1}{T_1 \times P_2}$$

8. 증기 엔탈피(kcal/kg)

① 습포화증기 $= i' + rx$
② 건포화증기 $= i' + r$
③ 과열증기 $= i'' + C(t_2 - t_1) = i' + r + C(t_2 - t_1)$

여기서, i' : 포화수 엔탈피 r : 잠열(kcal/kg)
 x : 건도 C : 증기비열(kcal/kg℃)
 t_2 : 과열증기온도(℃) t_1 : 포화증기온도(℃)
 i'' : 증기 엔탈피

9. 전도에 의한 열량(kcal/h)

① $\lambda \times A \dfrac{t_1 - t_2}{l}$ (단면)

② $\dfrac{A(t_1 - t_2)}{\dfrac{l_1}{\lambda_1} + \dfrac{l_2}{\lambda_2} + \dfrac{l_3}{\lambda_3}}$ (여러층)

③ $\dfrac{2A\pi\lambda L(t_1 - t_2)}{l_n - \dfrac{r_a}{r_i}}$ (원통관)

여기서, λ : 열 전도율(kcal/mh℃) A : 단면적(m^2)
 t_1 : 고온부(℃) t_2 : 저온부(℃)
 l : 두께(m) r_a : 관의 반경(m)
 r_i : 관내반경(m)

10. 관류에 의한 열량(kcal/h)

① $\dfrac{A(t_1 - t_2)}{\dfrac{1}{a_1} + \dfrac{\lambda}{\lambda} + \dfrac{1}{a_2}}$ (단면)

② $\dfrac{A(t_1 - t_2)}{\dfrac{1}{a_1} + \dfrac{l_2}{\lambda_1} + \dfrac{l_2}{\lambda_2} + \dfrac{1}{a_2}}$ (여러층)

여기서, a_1, a_2 : 열전달율(kcal/m^2h℃)
 a : 열관류율(kcal/m^2h℃)

11. 트랩의 배압 허용도

$$\frac{\text{최대허용배압}(\text{kg/cm}^2)}{\text{입구압력}(\text{kg/cm}^2)} \times 100$$

12. 만곡관의 곡관길이(m)

$0.073\sqrt{\text{관외경}(\text{mm}) \times \text{흡수하는 관장}(\text{mm})}$

∴ 일반적인 철은 0.012mm/m

13. 풍량 · 풍압 · 축마력 등과 회전수와 관계

$$\text{풍량}(\text{m}^3/\text{min}) = Q_1 \times \frac{N_2}{N_1}$$

$$\text{풍압}(\text{mmH}_2\text{O}) = P_1 \times \left(\frac{N_2}{N_1}\right)^2$$

$$\text{축마력}(\text{HP}) = HP_1 \times \left(\frac{N_2}{N_1}\right)^3$$

14. 스프링식 안전변 분출용량(kg/h)

$$\text{저양정식} = \frac{(1.03p+1)SC}{22} \qquad \text{고양정식} = \frac{(1.03p+1)SC}{10}$$

$$\text{전양정식} = \frac{(1.03p+1)SC}{5} \qquad \text{전양식} = \frac{(1.03p+1)AC}{2.5}$$

여기서, p : 안전변 분출압력(kg/cm²) S : 밸브 시트 면적(mm²)
       C : 계수 A : 안전변 최소 증기 통로 면적(mm²)

15. 매연농도율(%)

$$\frac{\text{총매연값}}{\text{측정시간}} \times 20 \quad \text{총매연값} = \text{농도수} \times \text{측정시간(횟수)}$$

16. 리벳트 이음의 판의 효율(%)

$$\frac{p-d}{p} \times 100$$

17. 스테이의 최소 단면적(mm²)

$$\frac{1.1 \times 스테이지지하중}{재료인장강도(kg/mm^2) \times 허용인장응력}$$

여기서, 허용인장응력 $= \dfrac{인장강도}{5}$

18. 연관의 최소피치(mm)

$$\left(1 + \frac{4.5}{관판두께(mm)}\right) \times 관경(내경)(mm)$$

19. 화격자 소요면적(m²)

$$\frac{정격출격(kcal/h)}{연료의저위발열량(kcal/h) \times 화격자연소율(kg/m^2h)}$$

20. 평균 가스온도(℃)

$$\frac{t_1 - t_2}{\ln\dfrac{t_1}{t_2}} = \frac{t_1 - t_2}{2.3\log\dfrac{t_1}{t_2}}$$

21. 연돌 상부 단면적(m²)

① $A = A \cdot V$ 에서 $A = \dfrac{Q(가스량 m^3/s)}{V(가스속도 m/s)}$

② $A = \dfrac{배기가스량(Nm^3/h)(1 + 0.0037 \times 배기가스온도)}{연소가스속도(m''/s) \times 3.600(s/h)}$

③ $A = \dfrac{연료량(kg/h) \times 가스량(Nm^3/kg) \times \dfrac{760}{가스압력} \times \dfrac{가스절대온도}{273}}{배기가스속도(m/s) \times 3.600(s/h)}$

22. 마찰 손실 수두(m)

$$H(m) = 마찰계수 \times \frac{관장}{관경} \times \frac{[(유속)^2 cm^2/s^2]}{2g(m/s^2)}$$

$$H(mmH_2O = kg/m^2) = 마찰계수 \times \frac{관장}{관경} + 저항계수 \times \frac{(유속)^2}{2g} \times P$$

$$H(mmH_2O/m) = 마찰계수 \times \frac{밀도}{관경} + 저항계수 \times \frac{(유속)^2}{2g}$$

23. 펌프 축마력(HP)

$$\frac{급수량(l/min) \times 전양정(m) \times 물비중(kg/l)}{75(kg \cdot m/s) \times 60(s/min) \times 펌프효율}$$

$$= \frac{압력(kg/m^2) \times 급수량(m^3/min)}{75(kg \cdot m/s) \times 60(s/min) \times 펌프효율}$$

$$KW = \frac{급수량(l/min) \times 전양정(m) \times 물비중(kg/l)}{102(kg \cdot m/s) \times 60(s/min) \times 펌프효율}$$

24. 증기 중 응축수량(kg/h)

$$\frac{650(kcal/m^2h)}{539(kcal/kg)} \times 상당방열면적(m^2) \times 1.3$$

응축수 펌프용량(kg/min) = 응축수량의 3배

$$\therefore \frac{응축수량(kg/h)}{60 min/h} \times 3$$

25. 응축수 탱크용량(kg) = 응축수 펌프용량 2배

$$\frac{응축수량(kg/h)}{60min/h} \times 3 \times 2$$

26. 연료 예열기 용량(kWh)

$$\frac{최대연료사용량(kg/h) \times 연료비열(kcal/kg℃) \times (예열기출구온도 - 입구온도)}{860kcal/kWh \times 예열기효율}$$

27. 연료현열(kcal/kg 연료, kcal/Nm³ 연료)

연료의 비열(kcal/kg℃, kcal/Nm³℃) × (예열온도 − 외기온도)

28. 공기현열(kcal/kg 연료, kcal/Nm³ 연료)

실제공기량(Nm³/kg, Nm³/Nm³) × 공기의 비열(kcal/kg℃, kcal/Nm³℃) × 예열온도 − 외기온도

29. 불완전 연소에 의한 열손실(kcal/Nm³, kcal/kg)

$3050(\text{kcal/Nm}^3) \times \{Go' + (m-1)A_o\} \times CO(\%)$

30. 보온효율(%)

$\dfrac{\text{보온된 열량}(\text{kcal/h})}{\text{나관의 손실열량}(\text{kcal/h})} \times 100$

보온면의손실열량 $= (1-\eta) \times$ 나관의손실열량(kcal/h)

31. 예비건조 수분(%)

$\dfrac{\text{건조감량}}{\text{시료의중량}}$

32. 전수분(%)

예비건조감량 + 열건조감량 $\times \dfrac{100 - \text{예비건조감량}}{100} \times 100$

33. 수분(%)

$\dfrac{\text{전수분} - \text{항습수분}}{100 - \text{항습수분}} \times 100$

34. 공업분석

$$수분(\%) = \frac{건조감량(g)}{시료(g)} \times 100$$

$$회분(\%) = \frac{회량(g)}{시료(g)} \times 100$$

$$휘발유(\%) = \frac{가열감량(g)}{시료(g)} \times 100 - 수분(\%)$$

$$고정탄(\%) = 100 - (수분 + 회분 + 휘발분)\%$$

35. 연료비(단위 없음)

$$\frac{고정탄소}{휘발분}$$

36. 연소성 황분(%)

$$(석탄) \rightarrow 전황분(\%) \times \frac{100}{100 - 수분(\%)} - 불완전황분(\%)$$

$$(코크스) \rightarrow 전황분(\%) - 불연성황분(\%)$$

37. 산소정량(%)

$$100 - \left\{탄소 + 수소 + 연소성황 + 질소 + 인 + 회분 \times \frac{100}{100 - 수분}\right\}\%$$

38. 연료의 발열량(kcal/kg, kcal/Nm³)

$$Hh = 8.100C + 34.000\left(H - \frac{O}{8}\right) + 2500S$$

$$Hl = 8.100C + 28.600\left(H - \frac{O}{8}\right) + 2500S - 600\left(\frac{9}{8}O + W\right)$$

$$기체연료\ Hl = Hh - 480(H_2 + 2CH_4 + C_2H_2 + 2C_2H_4 + 3C_2H_6 + 4C_3H_8)$$

39. 관수 분출량(ton/day, m³/day)

$$\frac{\text{급수량(ton/day)} \times \text{급수중의고형분(ppm)}}{\text{보일러수허용고형분(ppm)} - \text{급수중의고형분(ppm)}}$$

또는 $\dfrac{\text{급수량(ton/day)} \times \{1-R\} \times \text{급수중의고형분(ppm)}}{\text{보일러수허용고형분(ppm)} - \text{급수중의고형분(ppm)}}$

여기서, R : 응축수 회수율

40. 분출율(%)

$$\frac{\text{급수중의고형분}}{\text{보일러수허용고형분} - \text{급수중의고형분}} \times 100$$

41. CO_2(%)에 의한 비기가스 손실

액체 : $0.59 \times \dfrac{\text{배기가스온도} - \text{외기온도}}{CO_2}(\%)$

고체 : $0.68 \times \dfrac{\text{배기가스온도} - \text{외기온도}}{CO_2}(\%)$

42. 통풍력(mmH₂O, mmAq)

$$273H\left\{\frac{ra}{T_1} - \frac{rg}{T_2}\right\}$$

$$355H\left\{\frac{1}{T_1} - \frac{1}{T_2}\right\}$$

$$H\{ra - rg\}$$

여기서, H : 연돌높이(m) ra : 외기 비중량(kg/m³)
  rg : 가스 비중량(kg/m³) T_1 : 외기 절대온도(K)
  T_2 : 가스 절대온도(K)

43. 15℃의 비중

$$d_{15} = dt + 0.00065(t - 15)$$
$$d_t = d_{15} + 0.00065(t - 15)$$

44. 예열된 온도의 비중

15도 비중	예열온도(℃)	용적보정계수(K값)
1~0.966	15~50	1~0.00063(t − 15)
	50~100	0.9779~0.0006(t − 50)
0.965~0.851	15~50	1~0.00071(t − 15)
	50~100	0.9754~0.00067(t − 50)

45. 증발력(증발계수)

$$\frac{발생증기엔탈피(kcal/kg) - 급수엔탈피(kcal/kg)}{539(kcal/kg)} (단위없음)$$

46. 증발배수(kg/kg 연료)

$$\frac{매시실제증발량(kg/h)}{매시연료소모량(kg/h)}$$

47. 환산증발배수(kg/kg 연료)

$$\frac{매시환산증발량(kg/h)}{매시연료소모량(kg/h)}$$

48. 환산증발량(상당증발량)(kg/h)

$$\frac{매시실제증발량(kg/h)(증기엔탈피 - 급수엔탈피)(kcal/kg)}{539(kcal/kg)}$$

49. 보일러 마력

$$\frac{환산증발량(kg/h)}{15.65(kg/h/보일러마력)}$$

50. 전열면 증발율(kg/m²h)

$$\frac{매시\ 실제증발량(kg/h)}{전열면적(m^2)}$$

51. 전열면 환산 증발율(kg/m²h)

$$\frac{\text{매시 환산증발량}(kg/h)}{\text{전열면적}(m^2)}$$

52. 전열면 열부하율(kcal/m²h)

$$\frac{\text{매시 실제증발량}(kg/h)(\text{증기엔탈피} - \text{급수엔탈피})(kcal/kg)}{\text{전열면적}(m^2)}$$

53. 연소실 열부하율(kcal/m³h)

$$\frac{\text{매시 연료소모량}(kg/h)\{\text{저위발열량} + \text{공기현열} + \text{연료현열}\}}{\text{연소실체적}(m^2)}$$

54. 절탄기 열부하율(kcal/m²h)

$$\frac{\text{매시실제증발량}(kg/h)\{\text{발생증기엔탈피} - \text{급수엔탈피}\}(kcal/kg)}{\text{절탄기전열면적}(m^2)}$$

55. 과열기 열부하율(kcal/m²h)

$$\frac{\text{매시 실제증발량}(kg/h)\{\text{과열증기엔탈피} - \text{발생포화증기엔탈피}\}}{\text{과열기전열면적}(m^2)}$$

56. 화격자 연소율(kg/m²h)

$$\frac{\text{연료소모량}(kg/h)}{\text{화격자면적}(m^2)}$$

57. 버어너 연소율(kg/h, l/h)

$$\frac{\text{시간당 연료사용량}(l/h, kg/h)}{\text{버어너대수}}$$

58. 전열효율(%)

$$\frac{Q_e}{Q_r} \times 100 \frac{증기이용열량(kcal/kg)}{실제연소열(kcal/kg)} \times 100$$

59. 연소효율(%)

$$\frac{Q_r}{Hl} \times 100 \frac{실제\ 연소열량(kcal/kg)}{연료의\ 저위발열량(kcal/kg)} \times 100$$

60. 열효율(%)

$$연소효률 \times 전열효율 = \frac{증기이용열량(kcal/kg)}{입열(kcal/kg)} \times 100 = \frac{Q_e}{Q_f} \times 100$$

61. 보일러 효율

① 연소효률 × 전열효률

② $\dfrac{매시\ 실제증발량(kg/h) \times \{증기엔탈피 - 급수엔탈피\}(kcal/kg)}{매시\ 연료소모량(kg/h) \times \{저위발열량 + 공기현열 + 연료현열\}(kcal/kg)} \times 100$

③ $\dfrac{상당증발량(kg/h) \times 539(kcal/kg)}{매시\ 연료소모량(kg/h) \times \{저위발열량 + 공기현열 + 연료현열\}(kcal/kg)} \times 100$

④ $\dfrac{보일러마력 \times 15.65(kg/h) \times 539(kcal/kg)}{매시\ 연료소모량(kg/h) \times \{저위발열량 + 공기현열 + 연료현열\}(kcal/kg)} \times 100$

62. 보일러 부하율(%)

$$\frac{매시\ 실제증발량(kg/h)}{매시\ 최대연속증발량(kg/h)} \times 100$$

63. 열량(kcal)

질량((kg) × 비열(kcal/kg℃) × 온도차(℃))

64. 이론 산소량

① 고체 : $1.87C + 5.6\left(H - \dfrac{O}{8}\right) + 0.7S \,(\mathrm{Nm^3/kg})$

② 액체 : $2.67C + 8\left(H - \dfrac{O}{8}\right) + S \,(\mathrm{kg/kg})$

65. 공업 분석에 의한 발열량(kcal/kg)

석탄 $Hh = 97\{81F + (96 - a \cdot W)(V + W)\}$
코크스 $Hh = 81(W + F) = 81(100 - A - W)$

여기서, F : 고정탄소 W : 수분
 V : 휘발분 A : 회분
 a : 계수 $W < 5\% \to a = 650$ $W \geqq 5\% \to a = 500$

66. 비중에 의한 발열량(kcal/kg)

$Hh = 12{,}400 - 2100d^2$
$Hl = Hh - 50.45(26 - 15d)(\%)$

여기서, d : 15도비중

67. API도

$\dfrac{141.5}{비중(60/60°\mathrm{F})} - 131.5$ ※ 보오메도 $= \dfrac{140}{비중(60/60°\mathrm{F})} - 130$

68. 동점도(스토코스 st)

$\dfrac{길이\,(\mathrm{cm})^2}{시간\,(\mathrm{s})}$ ※ 절대점도(포아스) $= \dfrac{질량\,(\mathrm{g})}{길이\,(\mathrm{cm}) \times 시간\,(\mathrm{s})}$

69. 가공율

$\left(1 - \dfrac{겉보기비중}{참비중}\right) \times 100$

70. 이론연소온도(℃)

$$\frac{\text{연소효율} \times \text{저위발열량}(\text{kcal/kg}) + \{\text{공기현열} + \text{연료현열}\}(\text{kcal/kg}) - \text{방열량}(\text{kcal/kg})}{\text{이론연소가스량}(\text{Nm}^3/\text{kg}) \times \text{가스의비열}(\text{kcal/Nm}^3\text{℃})} + \text{기준온도}$$

[참고] 실제 연소온도일 때는 실제 연소 가스량을 넣는다.

71. 버너용량

$$\frac{\text{정격용량}(\text{kg/h}) \times 539(\text{kcal/kg})}{\text{연료저위발열량}(\text{kcal/kg}) \times \text{연소효율} \times \text{연료비중}(\text{kg/l})}$$

$$= \frac{\text{정격출력}(\text{kcal/h})}{\text{연료저위발열량}(\text{kcal/kg}) \times \text{연소효율} \times \text{연료비중}(\text{kg/l})}$$

72. 이론 공기량

① $\left\{1.87C + 5.6\left(H - \dfrac{O}{8}\right) + 0.7S\right\} \times \dfrac{100}{21}(\text{Nm}^3/\text{kg})$

  $= 8.89C + 26.67\left(H - \dfrac{O}{8}\right) + 3.33S(\text{Nm}^3/\text{kg})$

② $\left\{2.67C + 8\left(H - \dfrac{O}{8}\right) + S\right\} + \dfrac{100}{23.2}S(\text{kg/kg})$

  $= 11.49C + 34.48\left(H - \dfrac{O}{8}\right) + 4.31S(\text{kg/kg})$

$O_o \times \dfrac{1}{0.21}(\text{Nm}^3/\text{Nm}^3)$ $O_o \times \dfrac{1}{0.232}(\text{kg/Nm}^3)$

$O_o \times \dfrac{1}{0.232}(\text{kg/kg})$ $O_o \times \dfrac{1}{0.21}(\text{Nm}^3/\text{kg})$

73. 간이식 이론 공기량(발열량에 의한 공식)

① 기체 : $11.05 \times \dfrac{Hl}{10.000} + 0.2(\text{Nm}^3/\text{Nm}^3)$

② 액체 : $12.38 \times \dfrac{Hl - 1.100}{10.000}(\text{Nm}^3/\text{kg})$

③ 고체 : $1.01 \times \dfrac{Hl + 550}{1000} + 0.2(\text{Nm}^3/\text{kg})$

74. $CO_2 max(\%)$

완전연소 : $\dfrac{21 \times CO_2(\%)}{21 - O_2(\%)}$

불완전연소 : $\dfrac{21\{CO_2(\%) + CO(\%)\}}{21 - O_2(\%) + 0.395 CO(\%)}$

연소성분 : $\dfrac{1.87C + 0.7S}{G_{od}} \times 100$ (고체, 액체)

여기서, G_{od} : 이론 건배기가스량

$$\dfrac{(CO + CO_2 + CH_4 + 2C_2H_4)}{G_{od}} \times 100 \text{(기체)}$$

75. 이론 건배기가스량(G_{od})

① $(1 - 0.21)A_o + 1.87C + 0.7S + 0.8N (Nm^3/kg)$
② $(1 - 0.21)A_o + CO_2 + CO + N_2 + CH_4 + 2C_2H_2$
$\qquad + 2C_2H_4 + 2C_2H_6 + 3C_3H_8 + H_2S (Nm^3/Nm^3)$

76. 이론 연소가스량 (이론 습배기 가스량) (G_{ow})

① $(1 - 0.21)A_o + 1.87C + 11.2H + 0.7S + 0.8N + 1.244W (Nm^3/kg)$
② $(1 - 0.21)A_o + CO_2 + H_2 + N_2 + 3CH_4 + 3C_2H_2$
$\qquad + 4C_2H_4 + 5C_2H_6 + 7C_3H_8 + 2H_2S (Nm^3/Nm^3)$

77. 실제 건배기가스량(G_d)

① $(m - 0.21)A_o + 1.87C + 11.2H + 0.7S + 0.8N (Nm^3/kg)$
② $(m - 0.21)A_o + CO_2 + CO + N_2 + CH_4 + 2C_2H_2$
$\qquad + 2C_2H_4 + 2C_2H_6 + 3C_3H_8 + H_2S (Nm^3/Nm^3)$

78. 실제 습연소 가스량(G_w)

① $(m-0.21)A_o + 1.87C + 11.2H + 0.7S + 0.8N + 1.244W \,(\mathrm{Nm^3/kg})$

② $(m-0.21)A_o + CO_2 + CO + N_2 + 3CH_4 + 3C_2H_2$
$\qquad\qquad\qquad + 4C_2H_4 + 5C_2H_6 + 7C_3H_8 + 2H_2S \,(\mathrm{Nm^3/Nm^3})$

79. 이론 연소 가스량 간이식(G_{ow})

① 액체연료 : $15.75 \times \dfrac{Hl - 1100}{10,000} - 2.18 \,(\mathrm{Nm^3/kg})$

② 고체연료 : $0.905 \times \dfrac{Hl + 550}{1000} + 1.17 \,(\mathrm{Nm^3/kg})$

③ 기체연료 : $11.9 \times \dfrac{Hl}{10000} + 0.5 \,(\mathrm{Nm^3/Nm^3})$

80. 정미 이론 공기량 $(\mathrm{Nm^3/kg}) A_{ow}$

$$A_o \times \dfrac{1}{1 - wa}$$

여기서, m : 공기비 $\qquad A_o$: 이론 공기량
$\qquad\quad A$: 실제 공기량

81. 실제 공기량($\mathrm{Nm^3/kg}$)

$A = A_o \times m$

82. 과잉 공기량($\mathrm{Nm^3/kg}$)

$(m-1) \times A_o$

83. 과잉 공기율(%)

$(m-1) \times 100$

84. 공기비(m) (단위없음)

$$\frac{21}{21 - O_2(\%)} \text{(질소 (\%)가 79일 때만 사용)}$$

85. 가스분석에 의한 배기가스의 백분율(%)

$$CO_2(\%) = \frac{KOH용액에 흡수된 양}{총시료} \times 100$$

$$O_2(\%) = \frac{알칼리페로가롤용액에흡수된양}{총시료} \times 100$$

$$CO(\%) = \frac{암모니아염화제1동용액에흡수된양}{총시료} \times 100$$

$$N_2(\%) = 100 - (CO_2 + O_2 + CO)$$

86. 헴펠식 가스분석기에 의한 배기가스의 백분율(%)

$$CO_2(\%) = \frac{KOH에 흡수된 양}{시료가스량} \times 100$$

$$C_m H_n(\%) = \frac{발열황산에 흡수된 양}{시료가스량} \times 100$$

$$O_2(\%) = \frac{알카리 페로가롤 용액에 흡수된 양}{시료가스량} \times 100$$

$$CO(\%) = \frac{암모니아 염화1동에 흡수된 양}{시료가스량} \times 100$$

$$H_2(\%) = \frac{2}{3}(A - 2B) \times \frac{R}{E} \times \frac{100}{S}$$

$$CH_4(\%) = B \times \frac{R}{E} \times \frac{100}{S}$$

$$N_2(\%) = 100 - (CO_2 + C_m H_n + O_2 + CO + H_2 + CH_4)$$

여기서, A : 연소전후 체적차
B : 연소로 생성된 CO_2량
S : 최초의 채취 시료 가스량
R : CO까지 흡수시킨 후 남은 가스량
E : 폭발 피펫내 들어온 가스량

87. 배기가스 백분율(%) 간이식

$$O_2(\%) = \frac{0.21(m-1)A_o}{G} \times 100$$

$$N_2(\%) = \frac{0.79mA_o + 0.8N}{G} \times 100 = 100 - (O_2 + CO_2 + H_2O)$$

$$CO_2(\%) = \frac{1.87C + 0.7S}{G} \times 100$$

$$H_2O(\%) = \frac{11.2H + 1.244W}{G} \times 100$$

88. 체팽창 계수에 의한 비중공식 (액체 연료시)

$$d = dt \times [1 + 0.0007(t-15)]$$

$$dt = \frac{d}{1 + 0.0007(t-15)}$$

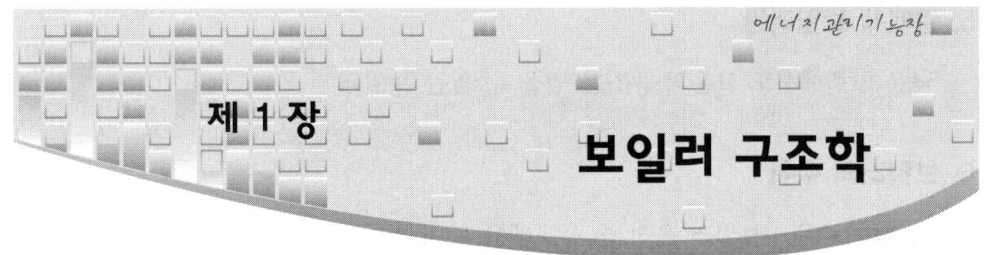

제 1 장 보일러 구조학

1.1 보일러의 종류

1. 원통형 보일러

① 입형 보일러 : 입형연관, 입형횡관, 코크란 *(경찰에 연행된 미란이)*
② 횡형 보일러
　㉠ 노통 보일러 : 코르니쉬, 랭커셔 *(미래소년 코랭)*
　㉡ 연관 보일러 : 횡연관, 기관차, 케와니 *(왠 연기니)*
　㉢ 노통연관 보일러 : 노통연관 펙케이지형, 하우덴 존슨, 스코치 *(노하우스)*

2. 수관식 보일러

① 자연 순환식 수관 보일러 : 바브콕, 스네기찌, 타꾸마, 2동D형, 3동A형 *(바스타 2,3)*
② 강제 순환식 수관 보일러 : 벨록스, 라몽 *(애벨라)*
③ 관류 순환식 수관 보일러 : 슐져어, 엣모스, 벤숀, 람진 *(슐엣벤람)*

3. 특수 보일러

① 열매체 보일러 : 모빌섬, 수은, 다우삼, 카네크롤, 세큐리티 53 *(모빌섬으로 수다떨러 가세)*
② 간접가열 보일러 : 슈미트, 레플러 *(슈레바퀴)*
③ 폐열 보일러 : 하이네, 리히 *(내가하러)*

4. 노통 보일러

① 코르니쉬 보일러 : 노통이 1개 A(전열면적)= πDL
② 랭커셔 보일러 : 노통이 2개 A(전열면적)= $4DL$
　　　　여기서, D(외경)[m], L(노통길이)[m]

5. 열매체 보일러란

낮은 압력에서도 고온의 증기를 얻을 수 있는 보일러

6. 보일러의 수위

① 상용 수위 : 보일러 운전 중 유지해야 할 수위 (수면계 전 길이의 1/2, 중심부)
② 안전 저수위 : 보일러 운전 중 유지해야 할 최저수위 (수면계 하단, 밑부분)
③ 일반 수위 : 2/3~4/5 정도의 수위

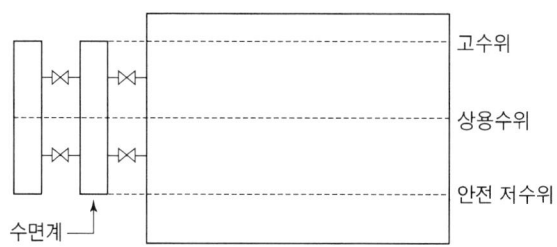

7. 슈트 블로우란?

수관식 보일러에서 손으로 청소하지 못하는 곳을 증기분사, 공기분사, 물분사 등을 이용해서 분진, 매연 등을 제거하는 장치 (분진 → dust, 매연 → mist)

8. 기수공발(캐리오버 Carry over)

① 증기중에 수분이 함께 혼입되어 밖으로 이송되는 현상.

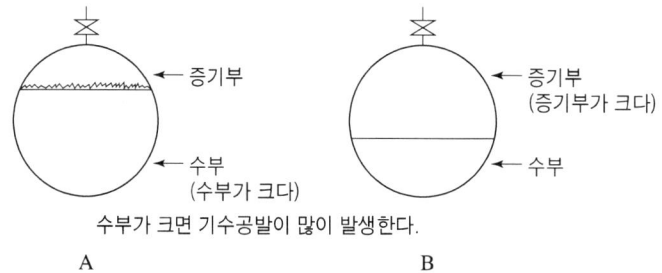

② 수면에서 물방울이 튀어 오르는 현상을 '프라이밍'이라 한다.
③ 프라이밍이 많이 발생할수록 기수공발이 잘 발생할 수 있다.

9. 평형 노통

① 장점 : ㉠ 구조가 간단하다.　　㉡ 제작이 쉽다.

© 청소가 쉽다.   ② 가격이 싸다.

② 단점 : ㉠ 고압사용 부적당하다.
          ㉡ 열에 의한 신축성이 부족하다.
          ※ 이를 해결하기 위해서 아담스 조인트를 설치해야 한다.

> ● **아담스 조인트란?**
> 노통의 약한 단점을 보완하기 위해 약 1[m]~2[m] 정도의 노통 이음을 말함

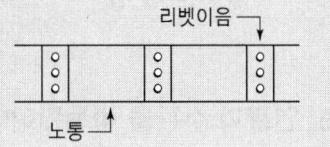

10. 파형 노통

① 장점 : ㉠ 외압에 대한 강도가 크다.   ㉡ 열에 대한 신축성이 원활하다.
          ㉢ 전열면적이 크다.

② 단점 : ㉠ 내부청소가 곤란하다.   ㉡ 제작이 어렵다.
          ㉢ 부식이 심하다.

11. 연소실의 위치에 따른 분류

① 외분식 보일러 : 연소실이 보일러 밖에 있는 것(수관식 보일러)
② 내분식 보일러 : 연소실이 보일러 안에 있는 것(노통 연관식 보일러)

12. 스케일(찌꺼기)이 생기면?

① 관수 순환 불량
② 열 전도율, 열 효율, 전열 효율 모두 가 저하된다.
③ 통수공 차단
④ 연료소비량 증대

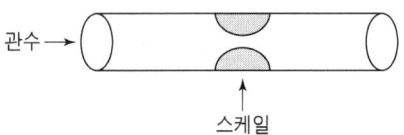

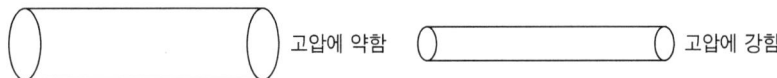

13. 가셋트 스테이

경판과 동판, 관판이나 동판의 지지 보강제

14. 팽출과 압궤

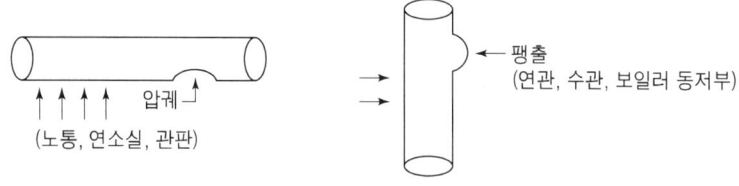

15. 연관과 수관을 바둑판이나 지그재그 모양으로 하는 이유

① 연관배열을 바둑판 모양으로 하는 이유 : 물(관수) 순환을 촉진시키기 위함
② 수관 배열을 지그재그 모양으로 하는 이유 : 열 가스의 접촉을 양호하게 하기 위함

16. 자연 순환을 양호하게 하기 위한 조건

① 포화수와 포화 증기간의 비중차를 크게 한다.
② 수관의 경사도를 크게 한다.
③ 수관의 관경을 크게 한다.
④ 강수관의 가열을 피한다.

> ✪ 자연 순환 보일러의 종류 중 기울기의 정도
> 바브콕 B : 15[°]   쓰네기찌 B : 30[°]   타꾸마 B : 45[°]

17. 강제 순환식 보일러

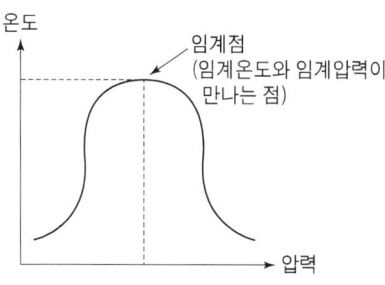

물기준
① 임계온도(374.15[℃]) 최고의 온도
② 임계압력(225.65[kg/cm²]) 최저의 압력

18. 라몬트 보일러의 순환비

$$순환비 = \frac{순환수량}{발생 증기량} = \frac{급수량}{증발량}$$

19. 수냉로벽의 설치시 이점

① 노벽의 지주 역할을 한다.
② 내화벽의 손상을 방지한다.
③ 전열 효율을 증가시킨다.
④ 노벽 방산 손실을 적게 한다.
⑤ 노내 기밀을 유지시킨다.
⑥ 보일러 무게가 경감된다.

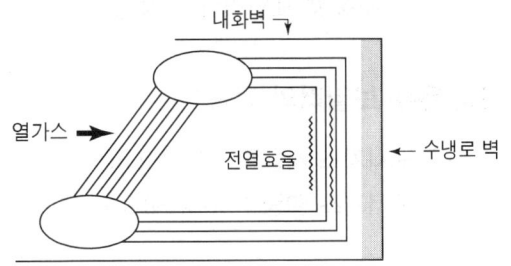

20. 관류 보일러

① 드럼이 없고 초 임계압력 보일러로서 긴 관으로 구성
　가열 → 증발 → 과열 증기 발생
② 종류 : 슬져어, 엣모스, 벤숀, 람진

21. 주철제 보일러

① 최고 사용 압력이 1[kg/cm^2] 이하의 보일러 (저압 증기 난방에 사용)
② 소용량 보일러 : 최고 사용 압력이 3.5[kg/cm^2] (35[m])이고, 전열면적이 14[m^2] 이하인 보일러
③ 단점은 부동팽창(균열이 발생한다)에 약하다.

22. 강철제 보일러의 수압시험 압력

① 최고 사용 압력이 4.3[kg/cm^2] 이하 : $P \times 2$[kg/cm^2]
　　　　　여기서, P=최고사용압력
② 최고 사용 압력이 4.3[kg/cm^2] 초과 15[kg/cm^2] 이하 : $P \times 1.3 + 3$[kg/cm^2]
③ 최고 사용 입력이 15[kg/cm^2] 초과 : $P \times 1.5$[kg/cm^2]

23. 주철제 보일러의 부속 설비

① 안전밸브(Safty valve) : 스프링식, 추식, 지렛대식
　동 내부의 이상 압력 상승시 증기를 외부로 배출, 사고방지
② 화염 검출기의 종류
　㉠ 플레임 아이 : 화염의 발광체 이용
　㉡ 플레임 로드 : 화염의 이온화 (전기 전도성)→가스연료

ⓒ 스텍 스위치 : 화염의 발열을 이용 (버너 분사정지에 수십초가 걸리므로 주로 소용량 보일러에 사용함)

24. 온수 보일러의 적용

① 도시가스 사용량 : 17[kg/h] 초과
② 도시가스 열량 : 20[kcal/h] 초과

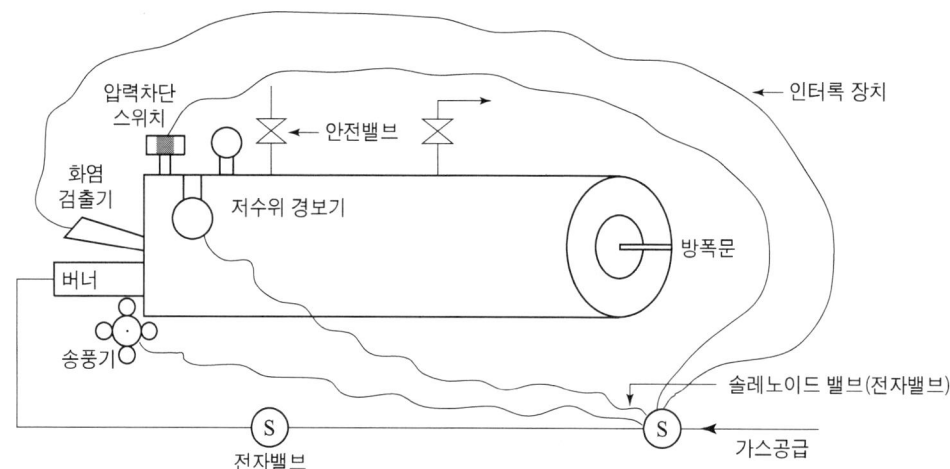

1.2 기초 열역학 및 증기

1. 열 및 증기

① 섭씨온도[℃] : 물의 빙점(어는점)을 0[℃], 비점(끓는점)을 100[℃] 그 사이를 100등분한 값 중 그 중 1등을 1[℃]라 한다.

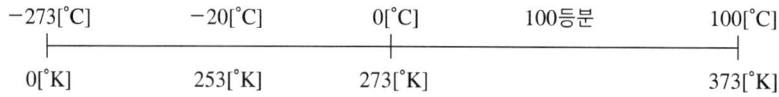

② 화씨온도[°F] : 물의 빙점(어는점)을 32[°F], 비점(끓는점)을 212[°F] 그사이를 180등분한 값 중 그 중 1등을 1[°F]라 한다.

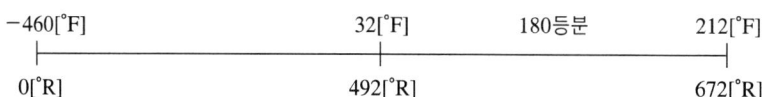

2. 상관 관계식

$$\frac{°C}{100} = \frac{(F-32)}{180} \qquad °C \times 180 = 100 \times (F-32)$$

$$°C = \frac{100}{180} \times (F-32) \qquad °F = \frac{180}{100} \times (C+32)$$

$$= \frac{5}{9} \times (F-32) \qquad\qquad = \frac{9}{5} \times (C+32)$$

$$= \frac{1}{1.8} \times (F-32) \qquad\quad = 1.8 \times (C+32)$$

3. 절대온도(°K = 1.8°R)

켈빈온도[°K] = $°C + 273 = \frac{5}{9}(°F - 32) + 273$

랭킨온도[°R] = $°F + 460 = \frac{9}{5} \times C + 32 + 460$

4. 열량의 단위

① 1[kcal]
② 1[BTU] : 순수한 물 1[Lb](파운드)를 1[°F](60.5~61.5°F)올리는데 필요한 열량
③ 1[CHU] : 순수한 물 1[Lb](파운드)를 1[℃](14.5~15.5℃)올리는데 필요한 열량

여기서, 1[Lb] = 0.4536[kg]

④ 1[kcal] = 3.968[BTU] = 2.205[CHU] = 4.186[KJ]
⑤ 2[kcal] = 7.936[BTU] = 4.410[CHU] = 8.372[KJ]

㉠ 1[kcal] = 3.968[BTU]
   X = 1[BTU]
   $X = \dfrac{1[\text{kcal}] \times 1[\text{BTU}]}{3.968[\text{BTU}]} = 0.252[\text{kcal}]$

㉡ 1[kcal] = 2.205[CHU]
   X = 1[CHU]
   $X = \dfrac{1[\text{kcal}] \times 1[\text{CHU}]}{2.205[\text{CHU}]} = 0.453[\text{kcal}]$

여기서, 1[cal] = 0.24[J], 1[J] = 1[Nm]

㉢ 1[kcal] = 4.186[kJ]
   X = 1[kJ]
   $X = \dfrac{1[\text{kcal}] \times 1[\text{kJ}]}{4.186[\text{kJ}]} = 0.238[\text{kcal}]$

5. 일과 동력

① 열 : 1[kcal] ──┐
　　　　　　　　　├─→ 일의 열당량 = $\dfrac{1[\text{kcal}]}{427[\text{kg}\cdot\text{m}]}$
　일 : 427[kg·m] ─┘
　　　　　　　　　　　열의 일당량 = $\dfrac{427[\text{kg}\cdot\text{m}]}{1[\text{kcal}]}$

여기서, $W = $ 힘 × 거리

② 1[kW] = 102[kg·m/sec]
　1[Ps] = 75[kg·m/sec]
　1[Hp] = 76[kg·m/sec]

여기서, $\dfrac{\text{kg}\cdot\text{m}}{\text{sec}} = \dfrac{\text{힘} \times \text{거리}}{\text{시간}}$

③ $1[\text{kWh}] = \dfrac{102[\text{kg}\cdot\text{m}]}{1[\text{sec}]} \times \dfrac{3600[\text{sec}]}{1[\text{h}]} \times \dfrac{1[\text{kcal}]}{427[\text{kg}\cdot\text{m}]} = 860[\text{kcal}]$

　$1[\text{Psh}] = \dfrac{75[\text{kg}\cdot\text{m}]}{1[\text{sec}]} \times \dfrac{3600[\text{sec}]}{1[\text{h}]} \times \dfrac{1[\text{kcal}]}{427[\text{kg}\cdot\text{m}]} = 632[\text{kcal}]$

6. 비열

① 단위 : kcal/kg℃
② 정의 : 어떤 물질 1[kg]을 1[℃]올리는데 필요한 열량
③ $Q[\text{kcal}] = G[\text{kg}] \times C(\text{비열}) \times \Delta t(\text{온도차})℃$

　$C = \dfrac{Q}{G \cdot \Delta t} = \dfrac{\text{kcal}}{\text{kg} \times ℃}$

④ 물의 비열 : 1[kcal/kg℃]
　얼음의 비열 : 0.5[kcal/kg℃]
　공기의 비열 : 0.24[kcal/kg℃]
　배기가스의 비열 : 0.33[kcal/kg℃]
⑤ 비열비(K)는 항상 1보다 크다.

　$K = \dfrac{C_P(\text{정압비열})}{C_V(\text{정적비열})}$

7. 열용량

① 단위 : kcal/℃
② 정의 : 어떤 물질을 1[℃]올리는데 필요한 열량
③ 식 : 질량 × 비열 = kg × kcal/kg℃ = kcal/℃

8. 현열과 잠열

① 현열(감열) : 상태 변함 없이 온도만 변함

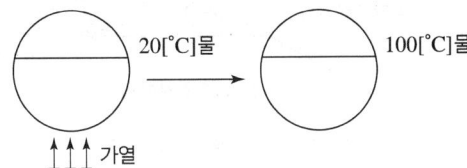

$$Q_1 = \underset{(질량)}{G} \quad \underset{(비열)}{C} \quad \underset{(온도차)}{\Delta t\ (t_2 - t_1)}$$

② 잠열 : 온도 변화 없이 상태만 변함

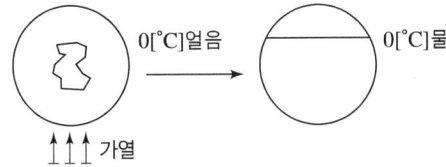

$$Q_1 = G\ r$$

여기서, r = 물 증발 잠열 = 539[kcal/kg]
얼음의 융해열 = 80[kcal/kg]

9. 엔탈피

엔탈피$(i) = U + APV$

- ✪ A = 일의 열당량 1/427, P = 압력[kg/m²], V = 비체적[m³/kg]
  = 내부 에너지 + 외부 에너지

10. 증기선도

① 습포화 증기엔탈피 = 포화수 엔탈피 + $X \times r$
$\qquad = 100 + 0 \times 539 = 100$
$\qquad = 100 + 0.5 \times 539 = 369.5$

② 건포화 증기엔탈피 = 포화수 엔탈피 + r
$\qquad = 100 + 1 \times 539 = 639$

③ 과열 증기엔탈피 = 건포화 증기엔탈피 + $C \times \Delta t$
$\qquad = 639 + 0.45 \times (200 - 100) = 684$

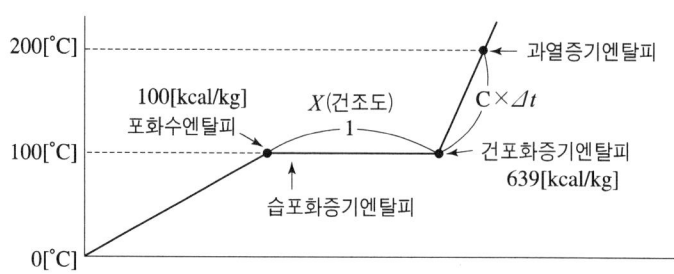

11. 엔트로피

$$\frac{\Delta Q(가열시\ 가열열량)}{T(절대온도)}$$

12. 압력(Pressure)

$$P = \frac{F}{A} = \frac{F}{\frac{\pi D^2}{4}}$$

여기서, F : 힘[kg], A : 단면적[cm^2]

$$P = r \times h$$

여기서, r : 밀도(비중량)=물의 비중량 $1,000$[kg/m^3]

$$P = \frac{\frac{F}{1}}{\frac{\pi D^2}{4}} = \frac{4F}{\pi D^2} \qquad D^2 = \frac{4F}{\pi P} \qquad D = \sqrt{\frac{4F}{\pi P}}$$

여기서, 유량(Q)[m^3/sec], $Q = A \times V$(유속)[m/sec]

$$Q = \frac{\pi D^2}{4} \times V = \frac{\pi D^2 V}{4} \qquad \pi D^2 V = 4Q$$

$$D^2 = \frac{4Q}{\pi V} \qquad\qquad D = \sqrt{\frac{4Q}{\pi V}}$$

13. 표준대기압 : 공기가 지구 표면을 내려 누르는 힘

$$\begin{aligned}
1[\text{atm}](\text{atmosphere}) &= 76[\text{cmHg}] = 760[\text{mmHg}] = 0.76[\text{mHg}] \\
&= 1033.2[\text{g/cm}^2] = 1.0332[\text{kg/cm}^2] = 10332[\text{kg/m}^2] \\
&= 1033.2[\text{cmH}_2\text{O}] = 10332[\text{mmH}_2\text{O}] = 10.332[\text{mH}_2\text{O}] \\
&= 14.7[\text{Lb/in}^2](\text{파운드 퍼 스퀘어 인치}) \\
&= 30[\text{inHg}](29.92[\text{inHg}]) = 1.013[\text{bar}](\text{바})
\end{aligned}$$

제 1 장 보일러 구조학

$$= 1013[\text{mbar}](\text{미리바}) = 101325[\text{pa}](\text{파스칼})$$
$$= 101325[\text{N/m}^2](\text{뉴턴}) = 101.325[\text{Kpa}](\text{킬로 파스칼})$$
$$= 0.10332[\text{Mpa}](\text{메가 파스칼})$$

여기서, 수은밀도 : $13.595[\text{g/cm}^3]$

$$P = r \times h$$
$$= 13.595[\text{g/cm}^3] \times 76[\text{cmHg}]$$
$$= 1033.2[\text{g/cm}^2]$$
$$= 1.0332[\text{kg/cm}^2]$$
$$= 10332[\text{kg/m}^2]$$

$$h_2 = \frac{r_1 \times h_1}{r_2} = \frac{13.595 \text{g/cm}^3 \times 76\text{cm}}{1\text{g/cm}^3}$$
$$= 1033.2[\text{cmH}_2\text{O}]$$
$$= 10332[\text{mmH}_2\text{O}]$$
$$= 10.332[\text{mH}_2\text{O}]$$

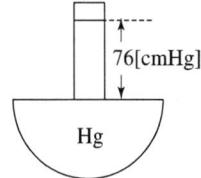

[토리첼리의 진공실험]

14. 공학기압

$$1\text{at} = 1[\text{kg/cm}^2] = 1,000[\text{g/cm}^2] = 735.5[\text{mmHg}] = 73.55[\text{cmHg}] = 10[\text{mH}_2\text{O}]$$
$$= 1,000[\text{cmH}_2\text{O}] = 10,000[\text{mmH}_2\text{O}] = 14.2\text{PSI}[\text{Lb/in}^2] = 0.98[\text{bar}]$$

15. 절대압력[kg/cm² a]

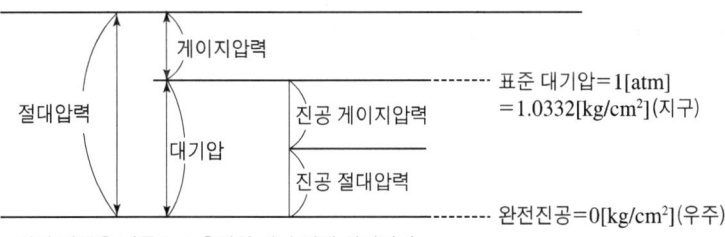

* 완전 진공을 기준으로 측정한 값이 절대 압력이다.

① **절대압력** = 대기압 + 게이지 압력
② **게이지 압력** = 절대압력 − 대기압
③ **대기압** = 절대압력 − 게이지 압력
④ **대기압** = 진공 게이지압력 + 진공 절대압력

여기서, $1.0332[\text{kg/cm}^2] = 760[\text{mmHg}]$

16. 용어 해설

① 비체적[m³/kg] : 단위 중량당 체적
② 밀도[kg/m³] : 단위 체적당 중량
③ 비중량[kg/m³] : 물의 비중량(1,000[kg/m³])
④ 비중 : 단위없음 $\quad S = \dfrac{rw}{r} = \dfrac{800([\text{kg/m}^3])}{1,000([\text{kg/m}^3])} = 0.8$

17. 열의 이동

① 전도 : 고체와 고체간의 열전도(퓨리에의 열전도 법칙)
② 대류 : 뉴톤의 냉각 법칙
③ 복사 : 스테판 볼쯔만의 법칙(복사열 전달율은 절대온도 4승에 비례한다)
④ 열 전도율 : kcal/mh℃
  열 관류율 = 열 통과율 = 열 전달율 : kcal/m²h℃

18. 열역학 법칙

① 열역학 0법칙 (열 평형의 법칙) : 온도를 정의한 법칙
② 열역학 제1법칙 (에너지 보존의 법칙) : 일은 열로 변환시킬 수 있고, 열은 일로 변환시킬 수 있다.
③ 열역학 제2법칙 (엔트로피의 법칙) : 일은 열로 변환시킬 수 있지만, 열은 일로 변환시킬 수 없다.
④ 열역학 제3법칙 : 어떠한 경우라도 절대온도 0[°K](−273[℃])에 도달할 수 없다는 법칙

19. 기체에 관한 법칙

① 보일의 법칙(온도가 일정)

$$P_1 V_1 = P_2 V_2 \qquad V_2 = \dfrac{P_1 \times V_1 (\text{분자})}{P_2 (\text{분모})}$$

❂ 온도가 일정할 때 기체의 체적(V_2)은 압력(P_2)에 반비례한다.

② 샬의 법칙 (압력이 일정)

$$\dfrac{V_1}{T_1} = \dfrac{V_2}{T_2} \qquad V_2 = \dfrac{V_1 \times T_2}{T_1}$$

❂ 압력이 일정할 때 기체의 체적은 절대온도(T_2)에 비례한다.

③ 보일 – 샬의법칙

$$\frac{P_1 V_1}{T_1} = \frac{P_2 V_2}{T_2} \qquad V_2 = \frac{P_1 \times V_1 \times T_2}{P_1 \times T_1}$$

◉ 기체의 체적은 압력에 반비례하고, 절대온도에 비례한다.

20. 증기

① 수격작용(Water hammering) : 주증기 밸브를 급개시 관내 응축수가 관벽을 치는 현상

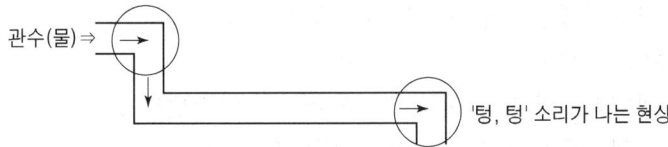

② 임계 압력 상승시
    ㉠ 증발 잠열이 감소한다.   ㉡ 포화수 엔탈피가 많아진다.
③ 임계 압력 상태의 잠열은 0[kcal/kg]이다.

1.3 보일러 부속장치

① **안전장치** : 안전밸브, 방폭문, 고, 저수위 경보기, 화염 검출기, 압력차단 스위치
② **송기장치** : 기수 분리기, 비수 방지관, 주증기 밸브, 감압밸브, 증기트랩, 증기헷더, 증기 축열기
③ **급수장치** : 급수펌프, 인젝터, 환원기, 급수내관
④ **여열장치** : 과열기, 재열기, 절탄기, 공기 예열기
⑤ **통풍장치** : 송풍기, 연돌
⑥ **분출장치** : 분출밸브, 분출콕크

1.4 안전장치

1. 안전밸브

① 설치 목적 : 동내부 이상 증기압 발생시 증기를 외부로 배출하여 사고를 방지하기 위함이다.
② 안전밸브 설치 : 전열면적 50[m^2] 이하인 경우 1개설치
 (단, 50[m^2] 초과인 경우 2개를 설치)
③ 종류 : 스프링식, 추식, 지렛대식
④ 증기 보일러에는 2개 이상의 안전밸브 설치
⑤ 과열기 : 출구에 1개 이상의 안전밸브 설치
⑥ 독립 과열기 : 입구 및 출구에 1개 이상의 안전밸브 설치
⑦ 설치 조건 : 몸체에 직접 붙여 '수직'으로 설치
⑧ 안전밸브 분출 용량 계산

  ㉠ 저양정식(W)[kg] = $\dfrac{(1.03P+1)AS}{22}$

  ㉡ 고양정식(W)[kg] = $\dfrac{(1.03P+1)AS}{10}$

  ㉢ 전양정식(W)[kg] = $\dfrac{(1.03P+1)AS}{5}$

  ㉣ 전양식(W)[kg] = $\dfrac{(1.03P+1)AS}{2.5}$

  여기서, S : 안전밸브 개수
  A : 밸브시트 단면적[mm^2]
  P : 최고 사용 압력[kg/cm^2]

✪ 안전밸브는 최고 사용 압력의 1.03배 이하 작동

⑨ 안전밸브 시트 누설원인
  ㉠ 스프링 장력 감쇄시
  ㉡ 밸브축이 이완된 경우
  ㉢ 밸브시트에 이물질이 낀 경우
  ㉣ 밸브시트, 밸브디스크 가공 불량
  ㉤ 조종 압력이 낮은 경우

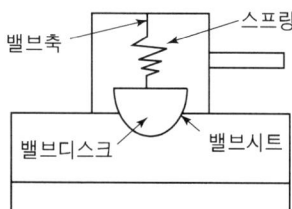

- ◎ 방출밸브(온수보일러)
  ① 온도가 120[℃] 이하 : 방출밸브 ┐ 지름 20A 이상(호칭지름)
  ② 온도가 120[℃] 초과 : 안전밸브 ┘
  - 방출관의 안지름
    전열면적 10[m²] 미만 : 25A 이상
    전열면적 10[m²] 이상 15[m²] 미만 : 30A 이상
    전열면적 15[m²] 이상 20[m²] 미만 : 40A 이상
    전열면적 10[m²] 이상 : 50A 이상
                여기서, A[mm], B[inch]

- ◎ 가용마개(가용전)

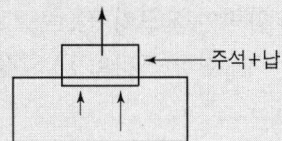
주석+납

- ◎ 방폭문
  연소실 연도내에서 연소가스가 폭발시 폭발가스를 외부로 배출 사고방지 함

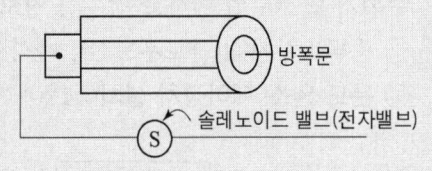
방폭문
솔레노이드 밸브(전자밸브)

2. 연소가스의 폭발원인

① 프리퍼지 및 포스트 퍼지 부족시
  ㉠ 프리퍼지(pre – purge) : 점화 전 연소실이나 연도내의 미 연소가스를 송풍기를 이용해 내 보내는 것
  ㉡ 포스트 퍼지(post – purge) : 점화 후 연소실이나 연도내의 미 연소가스를 송풍기를 이용해 내보내는 것
② 점화시 착화가 늦은 경우 (착화 시간이 5초 이상시)
③ 공기보다 연료 먼저 투입시
④ 연소실이나 연도 내의 미연소가스가 충만시
⑤ 점화 실패시
⑥ 외부에서 연료가 흘러 들어간 경우

3. 압력계

① 목적 : 고온, 고압의 증기로부터 압력계보호
② 종류 : 브르돈관식 압력계, 벨로우즈식 압력계, 다이어프램 압력계
③ 싸이폰관 내부에 들어 있는 것 : 물(80[℃])
    ㉠ 목적 : 고온, 고압의 증기로부터 압력계를 보호하기 위해
    ㉡ 동관 : 6.5[mm] 이상 (단, 증기의 온도가 210[℃] 이상시 사용금지)
    ㉢ 강관 : 12.7[mm] 이상
④ 압력계 문자판의 지름 : 100[mm] 이상
⑤ 압력계 검사 시기 : ㉠ 2개 설치시 지시값이 다른 경우
                     ㉡ 압력이 오르기 전
                     ㉢ 비수현상(프라이밍) 발생시

4. 수위 경보기 (저수위)

수위가 안전수위 이하로 감수시 경보를 발함과 동시에 연료공급을 차단
① 종류 : 부자식(플로우트식), 자석식, 전극식, 열팽창식(코우프스식)
② 온도 연소 제어장치 설치 : 120[℃] 초과

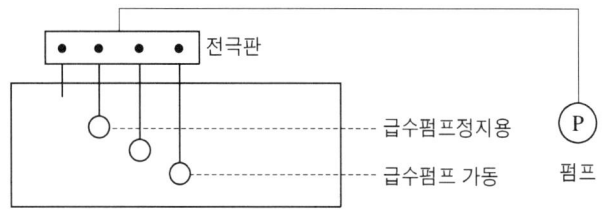

5. 화염 검출기(Flame detector)

① 설치 목적 : 연소실내의 갑작스런 실화, 소화, 불착화시 정상 연소 상태를 검출하여 정상 연소 상태가 아닐 때에 연료 공급을 차단, 사고를 방지한다.
② 종류
    ㉠ 플레임 아이 : 화염의 발광체 이용
    ㉡ 플레임 로드 : 화염의 이온화 현상 이용
    ㉢ 스텍 스위치 : 화염의 발열 현상 이용(버너분사정지에 수십초가 걸리므로 주로 소용량 보일러에 사용)

1.5 송기장치

1. 비수 방지관(Anti priming pipe)

증기중의 물방울을 제거하여 건조 증기를 얻기 위한 장치

비수 방지관의 크기 : 주증기 밸브 단면적의 1.5배 이상

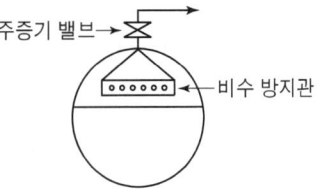

2. 기수 분리기(Steam seperator)

증기중의 수분을 제거하여 건조증기를 얻기 위한 장치

종류 : ㉠ 싸이클론식(원심력식)
㉡ 스크레버식(장애판)
㉢ 건조 스크린식(망)
㉣ 베플식(관성력 이용)

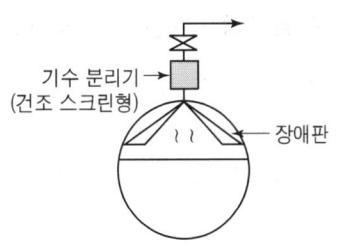

3. 송기시 장애원인

① 포밍(Forming) : 유지분, 고형분 등으로 인해 수면이 거품으로 뒤덮히는 현상
② 프라이밍(Priming) : 과열, 고수위, 압력의 변화 등으로 인해 수면에서 물방울이 튀어 오르면서 수면을 불안정하게 만드는 현상
③ 캐리오버(carry over, 기수공발) : 증기중이 수분이 함께 관 밖으로 이송되는 현상
④ 수격작용(Water hammering) : 주증기 밸브 급개로 인해 관내 응축수가 관벽을 치는 현상

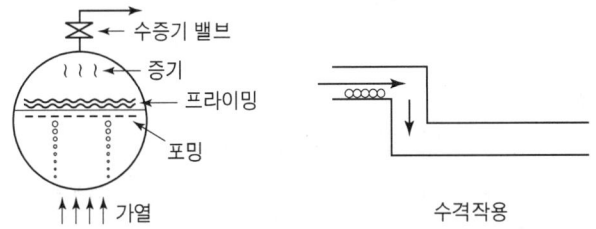

4. 청관제

가성소다(양잿물, NaOH), 탄산소다(Na_2CO_3), 인산소다(Na_2PO_3), 암모니아(NH_3), 히드라진(N_2H_4)

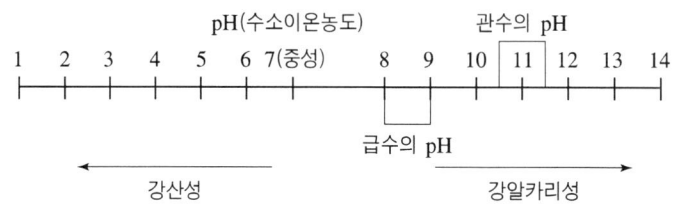

❂ **급수의 pH** : 8~9(7~9), **관수의 pH** : 10.5~11.8(약 알카리성), **보일러 수 = 관수(약 알카리성)**

5. 신축이음 (Expansion joint)

배관은 온도 변화에 따라 팽창과 수축을 반복하는데, 이러한 현상은 관 및 기기에 손상을 주는데 이러한 현상을 방지하기 위해 설치

① 루우프형
  ㉠ 만곡형, 신축 곡관형이라 한다.
  ㉡ 고압증기의 옥외 배관 사용(신축 허용 길이가 가장 크다)
  ㉢ 곡률 반경은 관 지름의 6배 이상
  ㉣ 응력이 생기는 결점이 있다.
  ㉤ 도시기호

② 슬리이브형
  ㉠ 미끄럼형, 슬라이드형이라 한다.
  ㉡ 나사 결합형 : 50A 이하
  ㉢ 플랜지 결합형 : 65A 초과
  ㉣ 도시기호

③ 벨로우즈형
  ㉠ 펙레스(packless)신축이음, 주름통식, 파상형이라 한다
  ㉡ 응력이 생기지 않는다.
  ㉢ 도시기호

④ 스위블형
  ㉠ 방열기용
  ㉡ 나사의 회전에 의한 신축흡수
  ㉢ 도시기호   (엘보우)

❂ **신축 허용 길이가 큰 순서**
루우프형 〉 슬리브형 〉 벨로우즈형 〉 스위블형
강관 : 30[m] 마다 1개, 동관 : 20[m] 마다 1개 설치 : 신축이음

6. 감압밸브(Pressurs reducing valve)

설치 목적   ㉠ 고압의 증기를 저압의 증기로 바꿈
　　　　　 ㉡ 부하측의 압력을 항상 일정하게 유지
　　　　　 ㉢ 고압과 저압의 증기를 동시 사용

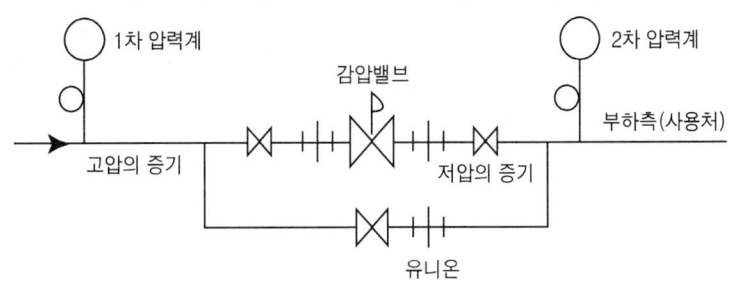

7. 증기트랩(Steam trap)

① 설치 목적 : 관내 응축수를 배출하여 수격작용 방지 및 부식방지
② 종류　　㉠ 기계적 트랩 : 포화수와 포화증기의 비중차를 이용
　　　　　　　(버킷트 트랩(상향, 하향), 플로우트(부자식)트랩)
　　　　　㉡ 온도조절 트랩 : 포화수와 포화증기의 온도차를 이용
　　　　　　　(바이메탈 트랩, 벨로우즈 트랩)
　　　　　㉢ 열 역학적 트랩 : 포화수와 포화증기의 열 역학적 특성차를 이용
　　　　　　　(오리피스 트랩, 디스크 트랩)
③ 구비조건
　　㉠ 작동이 확실할 것
　　㉡ 공기빼기가 가능할 것
　　㉢ 내식성, 내 마모성이 있을 것
　　㉣ 마찰 저항이 적을 것
　　㉤ 응축수를 연속적으로 배출 할 수 있을 것

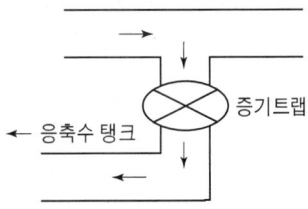

④ 워터 햄머(수격작용) : 주증기 밸브 급개로 인해 관내 응축수가 관벽을 치는 현상
　　㉠ 주증기 밸브를 서개한다 ─┐
　　㉡ 증기 트랩 설치 ─────────→ 발생원인 해결
　　㉢ 증기관 보온 ───────┘

8. 증기 축열기(스팀 어큐뮤레이터, Steam accumulator)

평상시에는 잉여 증기를 저장하였다가 응급시, 과부하시 그 잉여 증기를 공급하여 주는 장치

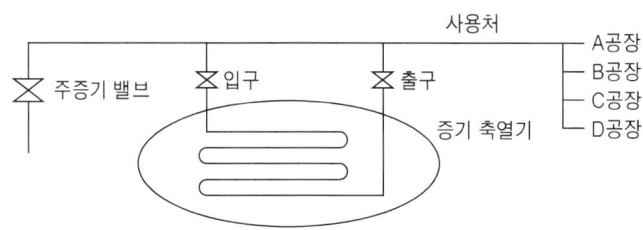

1.6 급수장치

1. 관경의 크기

① 급수밸브의 크기 : 15A 이상
  ㉠ 전열면적 10[m^2] 미만 : 15A 이상
  ㉡ 전열면적 10[m^2] 이상 : 20A 이상
② 팽창관 크기 : 15A 이상
③ 안전밸브, 압력 방출 장치 : 25A 이상
④ 송수관, 환수관 : 32A 이상

✪ 최고 사용 압력이 1[kg/cm^2] 이하인 경우 체크밸브를 생략할 수 있다

⑤ 급수펌프의 구비조건
  ㉠ 고온, 고압에 견디어야 한다.
  ㉡ 부하 변동에 대응할 수 있어야 한다.
  ㉢ 조작이 간편하고, 작동이 확실해야 한다.
  ㉣ 고속 회전에 적합해야 한다.
  ㉤ 병렬 운전에 지장이 없어야 한다.

2. 급수펌프의 동력 계산

$$PS = \frac{r \times Q \times H}{75 \times 효율} = \frac{r \times Q \times H}{75 \times 효율 \times 60} = \frac{r \times Q \times H}{75 \times 효율 \times 3600}$$

$$Kw = \frac{r \times Q \times H}{102 \times 효율} = \frac{r \times Q \times H}{102 \times 효율 \times 60} = \frac{r \times Q \times H}{102 \times 효율 \times 3600}$$

여기서, r = 물의 비중량(1,000[kg/m³])
Q = 유량[m³/sec]
H = 전양정(흡입양정 + 토출양정)

3. 급수펌프의 종류

① 원심펌프 : ㉠ 터빈 펌프 : 안내깃이 있다(가이드베인)
　　　　　　㉡ 볼류트 펌프 : 안내깃이 없다
② 왕복식펌프 : 워싱턴 펌프, 웨어 펌프, 플런져 펌프, 피스톤 펌프
③ 특수펌프 : 마찰펌프, 제트 펌프, 기포 펌프, 수격 펌프

4. 펌프의 이상현상

① 캐비테이션 : 급격한 압력 강하로 인하여 액체로부터 기포가 분리되면서 소음, 진동, 충격을 발생하는 현상
　㉠ 영향　　ⓐ 소음과 진동 발생
　　　　　　ⓑ 깃의 침식
　　　　　　ⓑ 양정, 효율이 저하
　㉡ 방지책　ⓐ 흡입측 손실 수두를 줄인다.
　　　　　　ⓑ 펌프의 설치 위치를 낮춘다.
　　　　　　ⓒ 임펠러를 액 중에 완전히 잠기게 한다.
　　　　　　ⓓ 관경을 크게 한다.
　　　　　　ⓔ 유속을 줄인다.
　　　　　　ⓕ 펌프를 2대 이상 설치한다.
② 써징현상(맥동현상) : 송출 유량과 송출 압력의 주기적인 변동으로 인해 압력계 지침이 흔들리는 현상
　㉠ 발생원인
　　　　　　ⓐ 배관 중에 물탱크나 공기탱크가 있을 경우
　　　　　　ⓑ 유량 조절 밸브가 탱크 뒤쪽에 있을 경우
　　　　　　ⓒ 펌프의 양정 곡선이 산고 곡선이고, 곡선의 상승부에서 운전했을 때

5. 인젝터(Injector)

보조 증기 변에서 발생된 증기를 이용, 급수하는 장치로 열 에너지, 운동 에너지, 압

력 에너지로 바꾸어 급수하는 장치

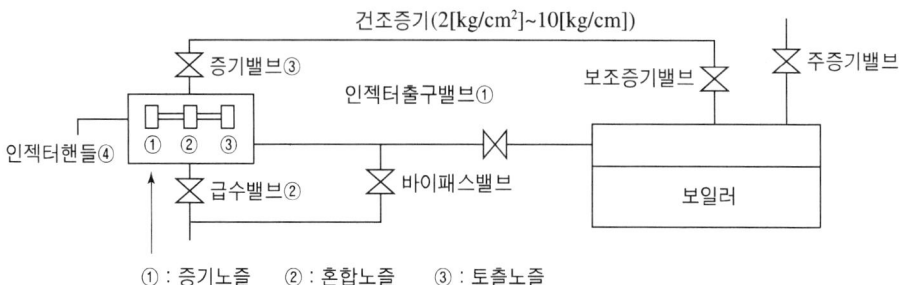

① 인젝터 작동 순서

　　인젝터 출구 밸브 → 급수밸브 → 증기밸브 → 인젝터 핸들

② 인젝터 정지 순서

　　인젝터 핸들 → 증기밸브 → 급수밸브 → 인젝터 출구 밸브

③ 인젝터 작동 불능원인

　　㉠ 급수 온도가 높을 때(50[℃] 이상시)

　　㉡ 증기 압력이 낮거나(2[kg/cm^2] 이하) 높을 때(10[kg/cm^2] 초과)

　　㉢ 증기 중에 수분 혼입시

　　㉣ 인젝터 노즐 불량시

　　㉤ 인젝터 자체의 과열

④ 인젝터 사용시 장점

　　㉠ 구조가 간단하고 소형이다.

　　㉡ 설치 장소를 적게 차지한다.

　　㉢ 별도의 동력(전기)이 필요 없다.

⑤ 인젝터 사용시 단점

　　㉠ 흡입 양정이 낮다.

　　㉡ 급수 조절이 잘 안된다.

6. 급수 내관(Feed water injection pipe)

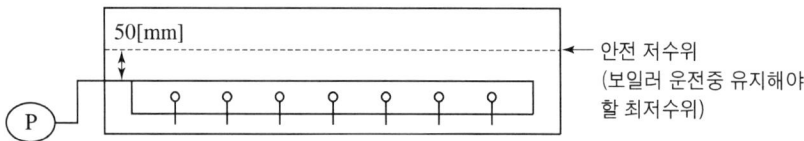

안전 저수위 보다 50[mm] 하부에 설치하여 열 응력을 방지하기 위해 설치한다.

7. 급수 밸브의 종류

① 게이트 밸브＝사절 밸브＝슬로우스 밸브
　일반 난방 배관용 (유량 조절용으로 부적합)
② 글로우브 밸브＝옥형 밸브＝스톱 밸브
　유량 조절용으로 사용 (가스, 증기)
③ 체크 밸브 : 유체의 역류 방지
　㉠ 스윙식 : 수평, 수직 배관에 사용
　㉡ 리프트식 : 수평배관에 사용

1.7 분출장치

1. 분출 장치의 종류

① 수면 분출 장치＝연속 분출 장치
② 수저 분출 장치＝단속 분출 장치

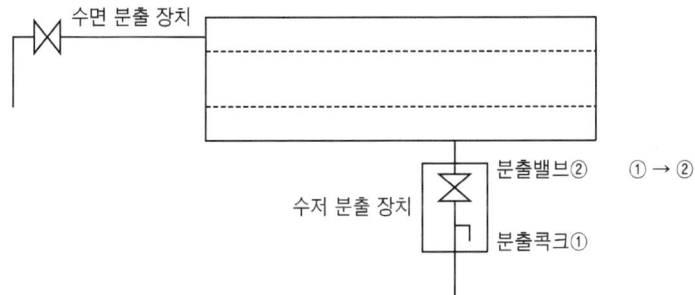

2. 분출 목적(급수 처리 목적)

① 관수 농축 방지　　② 관수 pH 조절
③ 슬러지, 스케일 생성 방지　④ 프라이밍, 포밍 발생 방지
⑤ 가성취화 방지　　⑥ 부식 방지

3. 가성취화

고온, 고압 보일러에서 알카리도가 '높아져' 생기는 Na, H 등이 강재의 결정 입계에 침투하여 재질을 열화 시키는 현상

4. 분출시기

① 프라이밍, 포밍 발생시 ② 슬러지나 스케일 생성시
③ 부하가 가장 가벼울 때 ④ 관수 농축시 (10.5~11.8)
⑤ 고 수위시

5. 분출시 주의사항

① 2인 1조로 행함
② 열 때는 분출 콕크를 먼저 열고, 분출 밸브로 양을 조절

6. 분출 밸브의 크기 : 25A 이상

① 전열면적 $10[m^2]$ 이하 : 20A 이상
② 전열면적 $10[m^2]$ 초과 : 25A 이상

7. 분출량과 분출율의 계산

① 분출량[l/day, ton/day] $= \dfrac{X(1-R)d}{r-d} = \dfrac{X \times d}{r-d}$

여기서, r[ppm] : 보일러 수의 허용 농도
d[ppm] : 급수중의 염화물 농도
R[ppm] : 응축수 회수율

② 분출율 $= \dfrac{d}{r-d} \times 100$

1.8 여열장치(폐열 회수 장치)

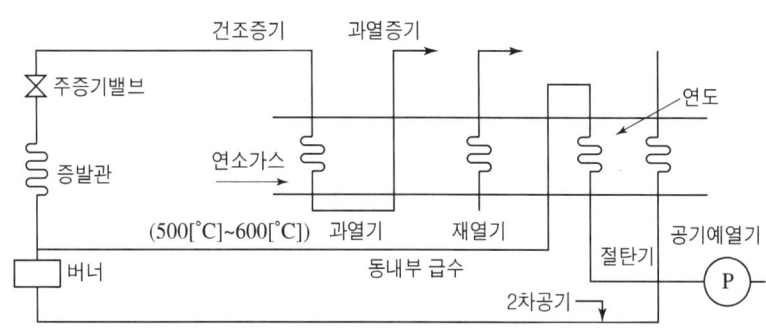

1차 공기 : 연료의 무화에 필요한 공기
2차 공기 : 완전 연소용 공기

1. 과열기(Super heater) 슈퍼 히터

① 열가스 흐름에 의한 분류
　㉠ 병류형 : 증기의 흐름 방향과 연소가스의 흐름 방향이 같다.
　㉡ 향류형 : 증기의 흐름 방향과 연소가스의 흐름 방향이 반대다.
　㉢ 혼류형 : 병류형과 향류형을 함께 사용하는 것

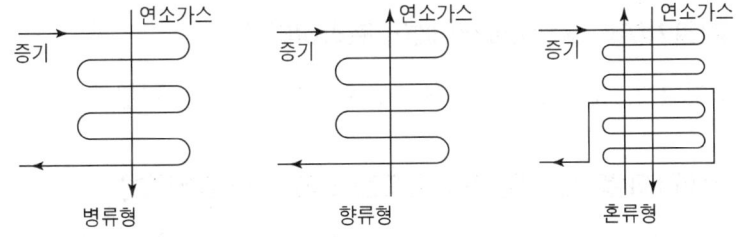

② 열가스 접촉에 의한 분류
　㉠ 접촉 과열기 (대류 과열기)
　㉡ 복사 과열기 (방사 과열기)
　㉢ 접촉, 복사 과열기 (대류, 방사 과열기)
③ 과열 증기의 온도조절 방법
　㉠ 과열 증기를 통하는 열가스량을 댐퍼로 조절
　㉡ 연소실 내의 화염의 위치를 바꾸는 방법
　㉢ 저온의 가스를 연소실 내로 재순환 시키는 방법
　㉣ 과열 증기에 습증기 일부를 혼합한다.
　㉤ 과열 저감기 (표면 냉각 분무기)의 사용하는 방법

2. 여열 장치 순서 (폐열 회수 장치)

버너 → 증발관 → 과열기 → 재열기 → 절탄기 → 공기 예열기 → 굴뚝

3. 절탄기(Economizer) 이코노마이져

연소 가스의 여열을 이용 급수를 예열하는 장치
① 장점　㉠ 열 효율 상승
　　　　㉡ 일부 불순물 제거

　　　　　　ⓒ 연료 소비량 감소
　　　　　　ⓔ 증발 능력 상승
　　② 단점 ㉠ 저온 부식 발생
　　　　　　ⓛ 통풍력 감소 (통풍 저항 증가)
　　　　　　ⓒ 연도내 재 및 퇴적물 생성
　　　　　　ⓔ 청소, 검사, 수리가 곤란(설비비가 비싸다)
　③ 절탄기에서 급수 온도를 10[℃] 높일 때 효율은 1.5[%] 상승
　　공기 예열기는 연소용 공기 온도가 25[℃] 높일 때 효율은 1[%] 상승

4. 공기 예열기(Air preheater) 에어 프리히터

종류 : 전열식, 증기식, 재생식(융그스트륨식), 강관형, 강판형

5. 고온 부식 (과열기, 재열기) : 온도는 550[℃]~600[℃]

연료중의 바나듐(V_2)이 산화(O_2)하여 V_2O_5(오산화 바나듐)을 생성하여 부식을 일으키는 것(V_2, V_2O_5)

① 방지책
　㉠ 연료중의 바나듐을 제거
　ⓛ 회분의 융점을 높여 고온 부식을 방지
　ⓒ 첨가제를 사용 (돌로 마이트, 알루미나 분말)
　ⓔ 고온 전열면의 표면에 내식 재료 사용 (보호 피막)
　ⓜ 양질의 연료를 선택한다.
　ⓗ 적정 공기비로 연소시킨다.

> ✪ 공기비(m) : 기체 연료→1.1~1.3
> 　　　　　　 액체 연료→1.2~1.4
> 　　　　　　 고체 연료→1.5~2.0
> 　과잉 공기율＝$(m-1) \times 100$
> 　$m = \dfrac{A(\text{실제 공기량})}{A_o(\text{이론 공기량})}$　　$A_o = \dfrac{A}{m}$　　$A = m \times A_o$
> 　$A = A_o + 과잉공기$　　$A_o = A - 과잉공기$　　과잉공기 $= A - A_o$

6. 저온부식(절탄기, 공기 예열기) : 온도는 150[℃] 이하

연료중의 황분(S)이 산화(O_2)하여 SO_2를 생성하고 이것이 다시 산화(O)하여 SO_3를 생성하고, 이것이 연소 가스의 물(H_2O)과 반응하여 H_2SO_4(황산)를 생성하여 부식

을 일으키는 것(S, SO_2, SO_3, H_2SO_4)

방지책 ㉠ 연료중의 황분을 제거
㉡ 배기가스 온도를 노점 온도 (이슬이 맺히는 온도) 이상 유지
㉢ 첨가제를 사용 (돌로 마이트, 암모니아, 아연)
㉣ 저온 전열면의 표면에 내식 재료 사용(보호 피막)
㉤ 양질의 연료를 선택한다.
㉥ 적정 공기비로 연소시킨다.

7. 수면계(Water gauge)

파손 원인 ㉠ 외부에서 충격을 가할 때
㉡ 무리한 너트의 조임
㉢ 급열, 급냉시
㉣ 유리관이 노화됐을 때

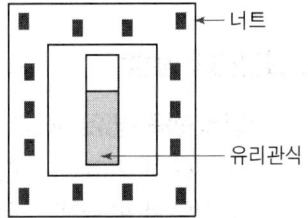

8. 보염장치

① 종류 : 윈드 박스, 스테빌라이져, 콤버스터, 버너타일
② 설치목적 : ㉠ 불꽃 안정 도모
㉡ 착화 도모
㉢ 연소용 공기의 흐름을 좋게 한다.
㉣ 화염의 형상 조절(각도 40~90)
㉤ 연료와 공기의 혼합을 촉진시킴

9. 매연 취출 장치 (슈트 블로우)

수관식 보일러에서 손으로는 쉽게 청소하지 못하는 곳에 증기분사, 공기분사(압축공기 → 콤프레샤), 물분사 등을 이용해서 전열면에 부착된 매연, 분진 등을 제거하는 장치

① 주의사항
㉠ 부하가 적거나 (50[%] 이하), 소화 후 사용 금지
㉡ 분출하기 전 연도내 배풍기를 사용 유인 통풍을 증가시킬 것
㉢ 분출기 내의 응축수를 배출시킨 후 사용할 것
㉣ 한곳으로 집중적으로 사용함으로 전열면에 무리를 가하지 말 것
② 종류 : 롱 트렉터블형, 쇼트 트렉터블형, 로터리형, 에어 히터 클리너

1.9 보일러 열정산 및 용량

1. 보일러 열정산

열정산의 목적
㉠ 열의 손실 파악
㉡ 열 설비의 성능력 파악
㉢ 열정산의 기초 자료
㉣ 열의 행방 파악
㉤ 조업 방법 개선

2. 열정산의 방법

① 입열 항목 (입열 사항)
  ㉠ 연료의 현열   ㉡ 공기의 현열   ㉢ 급수의 현열
  ㉣ 연료의 연소열   ㉤ 노내 분입 증기 보유열

② 출열 항목
  ㉠ 배기가스 손실열 (손실열 중 가장 크다)
  ㉡ 발생 증기 보유열 (이용이 가능한 열)
  ㉢ 불완전연소에 의한 손실열
  ㉣ 미 연소분에 의한 손실열
  ㉤ 방산에 의한 손실열

3. 보일러 효율

① 증기 보일러 효율

$$E = \frac{\text{실제증발량}(G) \times (\text{발생증기 엔탈피}[h''] - \text{급수 엔탈피}[h'])}{\text{연료 소비량}(G_f) \times \text{저위 발열량}(H_l)} \times 100$$

✪ **저위발열량** : 연료 1[kg]을 완전연소 했다고 보았을 때의 열량

$$E = \frac{\text{상당 증발량}(G_e) \times 539}{\text{연료 소비량}(G_f) \times \text{저위 발열량}(H_l)} \times 100$$

$E = $ 연소 효율 × 전열 효율 × 100

$$E = \frac{\text{실제발생열량}(Q_r)}{(H_l)} \times \frac{\text{유효열량}(Q_e)}{(Q_r)} \times 100 = \frac{Q_e}{H_l} \times 100$$

$$E = \frac{입열 - 출열}{입열} \times 100 \qquad E = \frac{유효열}{공급열} \times 100$$

4. 온수 보일러의 효율

$$\frac{질량(G) \times 비열(C) \times 온도차(\Delta t)}{연료\ 소비량(G_f) \times 저위\ 발열량(H_l)} \times 100$$

5. 연소실 열부하 (열 발생율)

$$연소실\ 열부하 = \frac{G_f \times H_l}{V} = \frac{\text{kg/h} \times \text{kcal/kg}}{\text{m}^3} = \frac{\text{kg/kcal}}{\text{m}^3 \times \text{h} \times \text{kg}} = \text{kcal/m}^3\text{h}$$

6. 열 계산의 기준 (열 정산의 기준)

① 측정 시간은 1시간
② 측정은 매 10분마다
③ 부하는 정격부하 상태(최대 연속 증발량)
④ 발열량은 저위 발열량 (B-C 9,750[kcal/kg])
⑤ 열 계산은 사용 연료 1[kg]에 대해
⑥ 증기의 건도 : 0.98
⑦ 온도는 외기 온도 기준
⑧ 압력 변동은 ±7[%] 이내
⑨ 증기 발생량 변동은 ±15[%] 이내
⑩ 연료의 비중은 0.963[kg/l]

7. 보일러 용량

① 보일러 크기 (용량 표기) : 정격 출력, 정격 용량, 보일러 마력, 상당 방열 면적, 전열면적, 상당 증발량 (기준 증발량=환산 증발량), 증기 압력, 동의 크기
② 상당 증발량 (환산 증발량 = 기준 증발량)

$$상당\ 증발량 = \frac{G \times (h'' - h')}{539}$$

③ 보일러 마력(B-HP)
  ㉠ 표준 상태에서 100[℃] 포화수 15.65[kg]을 1시간에 100[℃] 포화 증기로 바꿀 수 있는 능력
  ㉡ 상당 증발량이 15.65[kg]을 1시간에 증발 시킬 수 있는 능력으로서, 열량으로

는 8435[kcal/h]이다.

15.65[kg/h]×539[kcal/kg]=8435[kcal/h]

8. 보일러 마력

$$B-HP = \frac{G_e}{15.65} \quad \text{여기서, } G_e = \frac{G \times (h'' - h')}{539} \text{이므로} = \frac{G \times (h'' - h')}{15.65 \times 539}$$

9. 전열 면적

① 노통 보일러 : $0.465[m^2]$(1B-HP)
② 노통 연관, 수관 보일러 : $0.929[m^2]$(1B-HP)
　㉠ 코르니쉬 보일러(A) : πDL
　㉡ 랭커셔 보일러(A) : $4DL$
　㉢ 수관 보일러(A) : πDLN

　　　여기서, N=수관의 개수, D=외경[m], L=길이[m]

10. 난방부하 = 방열기 방열량×방열면적 (상당 방열 면적)

① 방열기 방열량
　㉠ 온수 난방 : $450[kcal/m^2 h]$
　㉡ 증기 난방 : $650[kcal/m^2 h]$

② 방열면적(온수난방) = $\dfrac{난방부하}{450(방열기\ 방열량)}$

③ 방열면적(증기난방) = $\dfrac{난방부하}{650(방열기\ 방열량)}$

11. 전열면 증발량

① 전열면 증발량

$$\frac{G}{A} = \frac{kg/h}{m^2} = kg/m^2 h$$

② 전열면 환산 증발량

$$\frac{G_e}{A} = \frac{G \times (h'' - h')}{A \times 539}$$

12. 전열면 열부하

전열면 열부하 = $\dfrac{G \times (h'' - h')}{A} = \dfrac{\text{kg/h} \times \text{kcal/kg}}{\text{m}^2} = \text{kcal/m}^2\text{h}$

① 증발배수 = $\dfrac{G(\text{실제 증발량})}{G_f(\text{연료 소비량})}$

② 환산증발배수 = $\dfrac{G_e}{G_f} = \dfrac{G \times (h'' - h')}{G_f \times 539} = \text{kg/kg}$

③ 증발 계수 = $\dfrac{h'' - h'}{539}$

1.10 보일러 연소

1. 연소의 조건

① 가연물 (가연성 물질)
② 산소
③ 점화원 (마찰, 정전기, 열복사, 전기불꽃, 자외선, 충격파)

2. 가연성분

① 가연성분 : C(탄소) H(수소) S(황)   G(가스)
② 중유 : B-A (예열하지 않음)
        B-B, B-C (예열을 함)

3. 연소형태

① 표면 연소 : 코크스, 목탄, 숯, 금속분
② 분해 연소 : 석탄, 목재, 플라스틱, 종이
③ 증발 연소 : 알콜, 에테르, 가솔린, 등유, 경유 (액체)
            나프탈렌, 장뇌, 파라핀 (고체)
④ 자기 연소 : 화약, 폭약
⑤ 확산 연소 : 수소, 아세틸렌 → 역화의 위험이 없다.
⑥ 예혼합 연소 : 기체 연료 → 역화의 위험이 있다.

4. 무화의 목적

① 단위 중량당 표면적을 크게 하기 위해서
② 연료와 공기의 혼합을 좋게 하기 위해서
③ 연소 효율 및 점화 효율 상승

5. 액체 연료의 무화방식

유압 무화식, 이류체 무화식, 회전이류체 무화식, 충돌 무화식, 진동 무화식, 정전기 무화식

6. 유압분무식

유압분무식(무화식) = 유압식($5 \sim 20[\text{kg/cm}^2]$)

Q(유량) = $\sqrt{P}$ (유압)

❂ 유량은 유압의 평방근(제곱근)에 비례한다.

7. 비중 측정법

① API(미국 석유 협회)도

$$\text{API} = \frac{141.5}{비중} - 131.5$$

② 유동점 = 응고점 + $2.5[°C]$

8. 중유 첨가제 및 작용

① 연소 촉진제 : 분무를 양호하게 한다.
② 안정제 (슬러지 조정제) : 슬러지 생성 방지
③ 탈수제 : 수분 분리
④ 유동점 강화제 : 중유의 유동점을 낮추어 송유를 양호하게 한다.
⑤ 회분 개질제 : 회분 융점을 높여 고온 부식 방지

9. 기체연료

① LNG의 주성분 : 메탄($-161.5[°C]$)
② LPG의 주성분 : 프로판($-42.1[°C]$)

③ 기체 연료의 특징
  ㉠ (적) 적은 공기량으로 완전 연소 시킬 수 있다.
  ㉡ (가) 가스 누설시 폭발의 위험이 있다.
  ㉢ (발) 발열량이 낮은 연료로 고온을 얻을 수 있다.
  ㉣ (운) 운반, 저장이 어렵다.
  ㉤ (황) 황분, 회분이 거의 없어 전열면 오손이 거의 없다.
  ㉥ (소) 연소 효율 및 점화 효율이 좋다.
  ㉦ (고) 고온을 얻을 수 있다.
  ㉧ (집) 집중가열, 균일가열 분위기 조성 가능

10. 산화염과 환원염

① 산화염 : 공기비를 많이 취했을 때 화염 중에 과잉 산소를 함유하는 화염
  (산화 : 산소를 얻는 것)
② 환원염 : 공기비를 적게 취했을 때 화염 중에 CO성분을 함유하는 화염
  (환원 : 산소를 잃는 것)

> ✪ 연소
> 완전 연소 : CO_2 (이산화 탄소)
> 불완전 연소 : CO (일산화 탄소)

11. 폭속 (폭굉)

가스 중의 화염의 전파 속도가 음속보다 빠른 경우의 폭발로서, 파면 선단에 충격파라고 하는 압력파가 생겨 격렬한 파괴 작용을 일으키는 것으로서, 속도는 1,000~3,500m/sec이다.

> ✪ 음속
> $= \sqrt{KgRT} = \sqrt{1.4 \times 9.8 \times 29.24 \times (273+0)} = 331[m/sec]$

12. 촉매

① 정촉매 : 반응을 활성화시키는 것
② 부촉매 : 반응을 억제시키는 것

13. 완전 연소 구비조건

① 연소실 온도가 높아야 한다.
② 배기가스 온도가 높아야 한다.

③ 연료와 공기의 혼합이 적정해야 한다.
④ 연소실 용적이 커야 한다.

14. 연료의 발생 열량 (고위 발열량)

① C + O_2 → CO_2 + 97200[kcal/kmol]
  12[kg]   32[kg]
  12[kg] = 97200[kcal]
  1[kg] =   X $X = \dfrac{1[kg] \times 97200[kcal]}{12[kg]} = 8100[kcal/kg]$

② H_2 + 1/2O_2 → H_2O + 68000[kcal/kmol]
  2[kg]   16[kg]
  2[kg] = 68000[kcal]
  1[kg] =   X $X = \dfrac{1[kg] \times 68000[kcal]}{2[kg]} = 34000[kcal/kg]$

③ S + O_2 → SO_2 + 80000[kcal/kmol]
  32[kg]   32[kg]
  32[kg] = 8000[kcal]
  1[kg] =   X $X = \dfrac{1[kg] \times 80000[kcal]}{32[kg]} = 2500[kcal/kg]$

15. 발열량

① 고위 발열량(H_h)

  $(H_h) = 8100C + 34000(H - O/8) + 2500S$

② 저위 발열량(H_l)

  $(H_l) = H_h - 600(9H + W)$

  $H_h = (H_l) + (9H + W)$

16. 가연물이 되기 쉬운 조건

① 산소와 친화력이 클 것
② 열 전도율이 적을 것
③ 활성화 에너지가 적을 것 (점화 에너지)
④ 발열량이 클 것
⑤ 수분이 적게 포함되어 있을 것

17. 발화점의 조건

① 발열량이 높을 수록 착화 온도가 낮아진다.
② 반응 활성도가 클수록 착화 온도가 낮아진다.
③ 분자 구조가 복잡할 수록 착화 온도가 낮아진다.
④ 산소 농도가 클수록 착화 온도가 낮아진다.
⑤ 압력이 클수록 착화 온도가 낮아진다.
⑥ 습도가 낮아지면 착화 온도가 낮아진다.

18. 연소장치

무화 연소 방식 : 중질류의 연료를 $10 \sim 50 [\mu m]$의 범위로 안개방울 같이 무화하여 단위 중량당 표면적을 크게 하여 공기와의 혼합을 양호하기 한 후 연소하는 방식

19. 오일 버너 선정시 유의할 점

① 노내 압력과 분위기 등에 따른 가열 조건이 적합할 것
② 버너 용량이 가열 용량과 보일러의 용량에 적합할 것
③ 부하 변동에 따른 유량조절 범위를 고려할 것
④ 보일러가 자동 제어인 경우 버너 형식과 관계를 고려할 것

20. 버너의 특성

버너형식	연료사용 범위[ℓ/h]	분무각도[℃]	유량조절 범위
유압식	30~3,000	40~90	1 : 1.5~3.0
회전식	5~1,000	40~80	1 : 5
고압기류식	2~2,000	30	1 : 10
저압공기식	2~300	30~60	1 : 5

※유압식의 압력은 $5 \sim 20 [kg/cm^2]$이다

21. 기체연료의 연소장치

① 확산 연소 방식 : 역화의 위험이 없다 ┐
② 예혼합 방식 : 역화의 위험이 있다. ┘ H_2(수소), C_2H_2(아세틸렌)

❂ 산소 – 아세틸렌($5[kg/cm^2] - 0.5[kg/cm^2]$) 10 : 1

22. 예열 온도에 따른 현상

중유의 예열 온도가 높을 때	중유의 예열 온도가 낮을 때
분사 각도가 흐트러 짐(분사불량)	무화 불량
탄화물 생성	불길이 한편으로 치우친다.
연료 소비량이 증가	그을음 및 분진이 생성된다.
기름의 열 분해가 일어난다.	

23. 착화에 필요한 전압

① 경유 : 10,000~15,000[V]
② 가스 : 5,000~7,000[V]

24. 솔레노이드 밸브와 연결된 장치

① 압력 차단 스위치
　　㉠ 압력 제한기, ㉡ 압력 조절기
② 화염 검출기
③ 저수위 경보기
④ 송풍기
이러한 것을 연결하는 장치를 '인터록 장치'라 한다.

25. 인터록 장치와 종류

① 인터록 장치 : 구비 조건에 맞지 않을 때 그 조건이 충족 될 때까지 다음 단계를 정지시키는 것
② 종류 : 저수위 인터록, 저연소 인터록, 불착화 인터록, 압력초과 인터록, 프리퍼지 인터록 (송풍기와 관련)

26. 도시 가스의 압력

① 저압 : 1[kg/cm^2] 미만(0.1[MPa])
② 중압 : 1[kg/cm^2] 이상~10[kg/cm^2] 미만
③ 고압 : 10[kg/cm^2] 이상

27. 연소시 발생하는 현상

① 불완전 연소의 원인
　　㉠ 공기 공급량 부족시　　　　㉡ 가스 조성이 맞지 않을 경우
　　㉢ 배기 및 환기 불충분시　　　㉣ 후레임 (불꽃)의 냉각시

② 선화의 원인
　　㉠ 가스의 공급 압력이 높은 경우　㉡ 노즐 구경이 큰 경우
　　㉢ 염공이 적은 경우　　　　　　㉣ 댐퍼개도 과대시

③ 역화의 원인
　　㉠ 가스 공급 압력이 낮은 경우　㉡ 염공이 큰 경우
　　㉢ 노즐 구멍이 작은 경우

28. 선화, 역화

① 선화 : 연소 속도보다 유출 속도가 큰 경우 화염이 염공으로부터 떨어져 연소되는 현상

② 역화 : 연소 속도가 유출 속도보다 작은 경우 화염이 연소기 내부로 침입하여 연소되는 현상

29. 연소 계산

※ 아보가드로 법칙 : 표준 상태에서 모든 기체의 체적은 1[Kmol]당 22.4[Nm^3]이고 분자수는 6.02×10^{23}개다.

※ 이론 산소량(O_o) 및 이론 공기량(A_o)의 계산(고체)

① 탄소

$$C \;+\; O_2 \;\rightarrow\; CO_2$$
$$12[kg] \quad\quad 32[kg] \quad\quad 44[kg]$$
$$22.4[Nm^3] \quad 22.4[Nm^3] \quad 22.4[Nm^3]$$

O_o　체적당[Nm^3/kg] : 12[kg] = 22.4[Nm^3]

$$1[kg] = X \quad X = \frac{1 \times 22.4}{12} = 1.867[Nm^3/kg]$$

　　중량당[kg/kg] : 12[kg] = 32[kg]

$$1[kg] = X \quad X = \frac{1 \times 32}{12} = 2.667[kg/kg]$$

A_o　체적당[Nm^3/kg] : $\dfrac{O_o}{0.21} = \dfrac{1.867}{0.21} = 8.89[Nm^3/kg]$

중량당[kg/kg] : $\dfrac{O_o}{0.232} = \dfrac{2.667}{0.232} = 11.49 [\text{kg/kg}]$

② 수소

$$H_2 \quad + \quad 1/2 O_2 \quad \rightarrow \quad H_2O$$
$$2[\text{kg}] \qquad 16[\text{kg}] \qquad \quad 18[\text{kg}]$$
$$22.4[\text{Nm}^3] \quad 11.2[\text{Nm}^3]$$

O_o 체적당[Nm^3/kg] : $2[\text{kg}] = 11.2[\text{Nm}^3]$

$\qquad\qquad\qquad\qquad 1[\text{kg}] = \quad X \qquad X = \dfrac{1 \times 11.2}{2} = 5.6[\text{Nm}^3/\text{kg}]$

중량당[kg/kg] : $\quad 2[\text{kg}] = 16[\text{kg}]$

$\qquad\qquad\qquad\qquad 1[\text{kg}] = \quad X \qquad X = \dfrac{1 \times 16}{2} = 8[\text{kg/kg}]$

A_o 체적당[Nm^3/kg] : $\dfrac{O_o}{0.21} = \dfrac{5.6}{0.21} = 26.67[\text{Nm}^3/\text{kg}]$

중량당[kg/kg] : $\dfrac{O_o}{0.232} = \dfrac{8}{0.232} = 34.5[\text{kg/kg}]$

③ 황

$$S \quad + \quad O_2 \quad \rightarrow \quad SO_2$$
$$32[\text{kg}] \qquad 32[\text{kg}] \qquad 64[\text{kg}]$$
$$22.4[\text{Nm}^3] \quad 22.4[\text{Nm}^3]$$

O_o 체적당[Nm^3/kg] : $32[\text{kg}] = 22.4[\text{Nm}^3]$

$\qquad\qquad\qquad\qquad 1[\text{kg}] = \quad X \qquad X = \dfrac{1 \times 22.4}{32} = 0.7[\text{Nm}^3/\text{kg}]$

중량당[kg/kg] : $\quad 32[\text{kg}] = 32[\text{kg}]$

$\qquad\qquad\qquad\qquad 1[\text{kg}] = \quad X \qquad X = \dfrac{1 \times 32}{32} = 1[\text{kg/kg}]$

A_o 체적당[Nm^3/kg] : $\dfrac{O_o}{0.21} = \dfrac{0.7}{0.21} = 3.33[\text{Nm}^3/\text{kg}]$

중량당[kg/kg] : $\dfrac{O_o}{0.232} = \dfrac{1}{0.232} = 4.31[\text{kg/kg}]$

※ 그러므로

체적당 이론 산소량(O_o) = $1.867C + 5.6(H - O/8) + 0.7S$

중량당 이론 산소량(O_o) = $2.667C + 8(H - O/8) + 1S$

체적당 이론 공기량(A_o) = $8.89C + 26.67(H - O/8) + 3.33S$

중량당 이론 공기량(A_o) = $11.49C + 34.5(H - O/8) + 4.31S$

30. 단순 기체의 완전 연소 반응식

$$C_mH_n + \left(\frac{m+n}{4}\right)O_2 \rightarrow mCO_2 + \left(\frac{n}{2}\right)H_2O$$

① $C_3H_8 + \left(3+\frac{8}{4}\right)O_2 \rightarrow 3CO_2 + \frac{8}{2}H_2O$

② $CH_4 + \left(1+\frac{4}{4}\right)O_2 \rightarrow 1CO_2 + \frac{4}{2}H_2O$

③ $C_4H_{10} + \left(4+\frac{10}{4}\right)O_2 \rightarrow 4CO_2 + \frac{10}{2}H_2O$

31. 이론 산소량 및 이론 공기량의 계산 - 기체

① 프로판

$$C_3H_8 \;+\; 5O_2 \;\rightarrow\; 3CO_2 \;+\; 4H_2O$$

1[kmol]　　　5[Kmol]　　　3[kmol]　　　4[kmol]

44[kg]　　　5×32[kg]　　3×44[kg]　　4×18[kg]

22.4[Nm³]　5×22.4[Nm³]　3×22.4[Nm³]　4×22.4[Nm³]

O_o　체적당[Nm³/Nm³] : $22.4[Nm^3] = 5 \times 22.4[Nm^3]$

$$1[Nm^3] = X \quad X = \frac{1 \times 5 \times 22.4}{22.4} = 5[Nm^3/Nm^3]$$

중량당[Nm³/kg] : $44[kg] = 5 \times 22.4[Nm^3]$

$$1[kg] = X \quad X = \frac{1 \times 5 \times 22.4}{44} = 2.545[Nm^3/kg]$$

A_o　체적당[Nm³/Nm³] : $\dfrac{O_o}{0.21} = \dfrac{5}{0.21} = 23.8[Nm^3/Nm^3]$

중량당[Nm³/kg] : $\dfrac{O_o}{0.232} = \dfrac{2.545}{0.232} = 10.9[Nm^3/kg]$

② 메탄

$$CH_4 \;+\; 2O_2 \;\rightarrow\; CO_2 \;+\; 2H_2O$$

1[kmol]　　　2[kmol]　　　1[kmol]　　　2[kmol]

16[kg]　　　2×32[kg]　　　44[kg]　　　2×18[kg]

22.4[Nm³]　2×22.4[Nm³]　22.4[Nm³]　2×22.4[Nm³]

O_o　체적당[Nm³/Nm³] : $22.4[Nm^3] = 2 \times 22.4[Nm^3]$

$$1[Nm^3] = X \quad X = \frac{1 \times 2 \times 22.4}{22.4} = 2[Nm^3/Nm^3]$$

중량당[Nm³/kg] : $16[kg] = 2 \times 22.4[Nm^3]$

$$1[kg] = X \quad X = \frac{1 \times 2 \times 22.4}{16} = 2.8[Nm^3/kg]$$

A_o 체적당[Nm³/Nm³] : $\dfrac{O_o}{0.21} = \dfrac{2}{0.21} = 9.52[Nm^3/Nm^3]$

중량당[Nm³/kg] : $\dfrac{O_o}{0.232} = \dfrac{2.8}{0.232} = 12.07[Nm^3/kg]$

③ 부탄

$$C_4H_{10} \quad + \quad 6.5O_2 \quad \rightarrow \quad 4CO_2 \quad + \quad 5H_2O$$

1[kmol]	6.5[kmol]	4[kmol]	5[kmol]
58[kg]	6.5×32[kg]	4×44[kg]	5×18[kg]
22.4[Nm³]	6.5×22.4[Nm³]	4×22.4[Nm³]	5×22.4[Nm³]

O_o 체적당[Nm³/Nm³] : $22.4[Nm^3] = 6.5 \times 22.4[Nm^3]$

$$1[Nm^3] = X \quad X = \frac{1 \times 6.5 \times 22.4}{22.4} = 6.5[Nm^3/Nm^3]$$

중량당[Nm³/kg] : $58[kg] = 6.5 \times 22.4[Nm^3]$

$$1[kg] = X \quad X = \frac{1 \times 6.5 \times 22.4}{58} = 2.51[Nm^3/kg]$$

A_o 체적당[Nm³/Nm³] : $\dfrac{O_o}{0.21} = \dfrac{6.5}{0.21} = 30.95[Nm^3/Nm^3]$

중량당[Nm³/kg] : $\dfrac{O_o}{0.232} = \dfrac{2.51}{0.232} = 10.81[Nm^3/kg]$

32. 실제 공기량

실제 공기량$(A) = A_o +$ 과잉공기 $= m \times A_o$

① $A_o = A -$ 과잉공기 ② 과잉공기 $= A - A_o$
③ $m = A/A_o$ ④ $A_o = A/m$
⑤ 과잉 공기율 $= (m-1) \times 100$

여기서, 공기비(과잉공기 계수, m) : 1.1~1.3(기체)
: 1.2~1.4(액체)
: 1.5~2.0(고체)

★ 공기비 $= \dfrac{\text{실제사용공기량}}{\text{이론사용공기량}}$

33. 공기비가 적을 경우의 장해
① 불완전 연소되기 쉽다.
② 미연소에 의한 열손실이 증가한다.
③ 미연소 가스로 인한 역화의 위험성이 있다.

34. 공기비가 클 경우의 장해
① 배기가스량이 많아져 배기가스에 의한 열손실이 증가한다.
② 연소실 내의 온도가 내려간다.
③ 연소 가스중의 NO_2 발생이 심하여 대기 오염을 초래 한다.

1.11 통풍 및 집진장치

1. 통풍방식
① **자연통풍** : 배기가스와 외기와의 비중차에 의한 통풍
② **강제통풍**
    ㉠ 압입통풍 : ⓐ 연소실 입구에 송풍기 설치
                   ⓑ 배기가스 유속 8[m/sec] 이하
                   ⓒ 정압을 얻을 수 있다.
    ㉡ 흡입통풍   ⓐ 연도 중심부 설치
                   ⓑ 배기가스 유속 8~10[m/sec] 이하
                   ⓒ 부압을 얻을 수 있다.
    ㉢ 평형통풍   ⓐ 연소실 입구 + 연도 중심부 설치
                   ⓑ 배기가스 유속 10[m/sec] 초과
                   ⓒ 정압 + 부압을 얻을 수 있다.
                   ⓓ 가장 큰 통풍력을 얻을 수 있다.

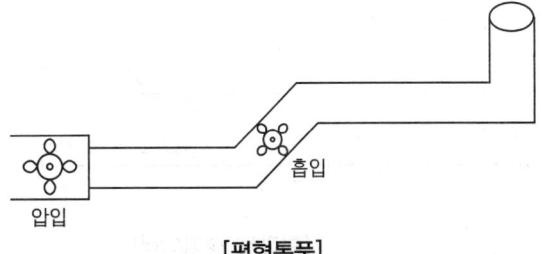

[평형통풍]

2. 송풍기의 성능

풍량 = $Q_1 \times \left(\dfrac{N_2}{N_1}\right)^1$

풍압 = $P_1 \times \left(\dfrac{N_2}{N_1}\right)^2$

풍마력 = $HP_1 \times \left(\dfrac{N_2}{N_1}\right)^3$

여기서, N_1[rPM] : 처음 회전수
N_2[rPM] : 나중 회전수

> ✪ 풍량은 회전수의 1승에 비례한다.
> 풍압은 회전수 2승에 비례한다.
> 풍마력은 회전수의 3승에 비례한다.

3. 송풍기 마력

$\text{PS} = \dfrac{Q \times P}{75 \times E} = \dfrac{Q \times P}{75 \times E \times 60} = \dfrac{Q \times P}{75 \times E \times 3600}$

여기서, $Q[\text{m}^3/\text{min}]$ = 풍량,
$P[\text{mmH}_2\text{O} = \text{kg/m}^2]$ = 풍압

$\text{KW} = \dfrac{Q \times P}{102 \times E} = \dfrac{Q \times P}{102 \times E \times 60} = \dfrac{Q \times P}{102 \times E \times 3600}$

4. 댐퍼(Damper)

① 설치 목적 : ㉠ 연소가스의 흐름을 차단
㉡ 연소가스의 양을 조절 (통풍력 조절)
㉢ 주연도에서 부연도로 전환가능
② 종류 : 회전식, 승강이식

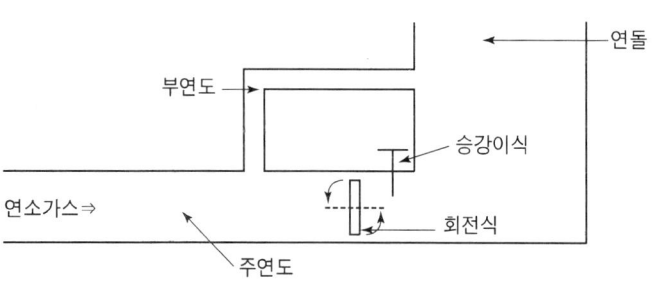

[회전식, 승강이식]

5. 이론 통풍력의 계산

$$Z = H(r_a - r_g)$$

$$Z = 273H\left(\frac{r_a}{T_a} - \frac{r_a}{T_g}\right)$$

여기서, Z : 통풍력[mmAq], H : 연돌 높이[m]
r_a : 외기공기 비중량[kg/m^3]
r_g : 배기가스 비중량[kg/m^3]
T_a : 외기공기의 절대온도[°K]
T_g : 배기가스의 절대온도[°K]

6. 연돌 상부 단면적의 계산

$$A = \frac{G \times (1 + 0.0037t)}{3600 \times V}$$

여기서, A : 연돌의 최소 단면적[m^2]
G : 전연소 가스량[Nm^3/h]
t : 출구가스 온도[℃]
V : 출구가스 속도[m/s]

7. 관 경의 계산 (굴뚝 정상부 구경)

$$D = \sqrt{\frac{4A}{\pi}}$$

여기서, D : 굴뚝 정상부 구경[m]
A : 연돌의 최소 단면적[m^2]

8. 매연의 발생원인

① 공기량이 부족할 때 (연료와 공기의 혼합이 적당하지 않을 때)
② 통풍력이 너무 지나친 경우
③ 연소실의 온도가 낮을 때
④ 연소실의 용적이 작을 때
⑤ 연소 중에 수분, 슬러지분이 혼입될 때
⑥ 무리하게 연소한 경우
⑦ 연료와 연소장치가 맞지 않을 때
⑧ 기름의 압력과 기름의 예열 온도가 부적당한 경우

9. 매연 농도의 측정

① 링겔만 매연 농도표 : 0번~5번(총 6종류)
　㉠ 0번~2번까지가 가장 좋다.
　㉡ 1번 : 엷은 회색 (1도)
　㉢ 2번 이하 유지 : 회색 (2도)
② 매연 농도율 = $\dfrac{\text{총 매연 농도치}}{\text{총 측정 시간}} \times 20$

1.12 집진장치

배기 가스중의 매연, 분진 등을 포집하는 장치

1. 건식 집진장치

① 중력 침강식
② 관성력식
③ 싸이클론식 : 비교적 입경이 클 경우, 경제성과 집진 성능 고려
④ 여과식 : 대표적으로 백 필터가 있고, 0.5~1[μ] 이하 포집
⑤ 전기식
　㉠ 대표적으로 코트렐 집진장치
　　(코로나 방전 : +극, -극을 이용하여 분진, 매연을 포집)
　㉡ 집진 효율이 가장 좋다.
　㉢ 0.5[μ] 이하 포집

2. 습식 집진장치

① 세정식 : 연소가스를 고도로 청정하고자 할 때
② 유수식
③ 가압 수식　㉠ 벤튜리 스크레버식
　　　　　　㉡ 싸이클론 스크레버식
　　　　　　㉢ 충진탑

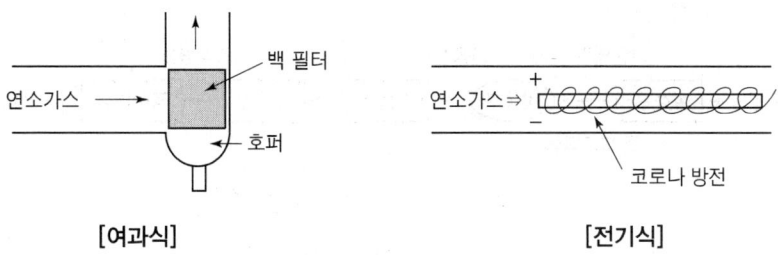

[여과식]   [전기식]

1.13 보일러 자동제어

1. 자동제어의 종류

① **시퀀스 제어** : 처음 정해진 순서에 의해 제어(승강기, 신호기, 에스컬레이터)
② **피드백 제어** : 출력속의 신호를 입력 측으로 되돌려 정정 동작을 하는 제어(보일러)
③ **블록 선도를 구성하는 요소의 용어 해설**
　㉠ 목표치 : 목표치를 어떠한 제어 장치에서 제어량의 목표 값으로, 정치 제어의 경우에는 설정값이라고도 한다.
　㉡ 제어대상 : 조작량 만큼의 제어 결과, 즉 제어량을 발생한다.
　　이 제어량은 외란에 의해 발생한다.
　㉢ 기준입력 비교부 : 목표치로부터 기준 입력에의 변환은 설정부에 의하여 이루어진다.
　㉣ 동작신호 : 기준 입력과 제어량과의 차이로 제어 동작을 일으키는 신호로 편차라고도 한다.
　㉤ 조작량 : 제어량을 조정하기 위해 제어장치가 제어 대상으로 주로 양을 말한다.
　㉥ 검출부 : 압력이나 온도, 유량 등의 제어량을 측정하고, 그 값을 신호로 만들어서 주피드 백 신호로 하여 비교부로 만드는 부분이다.
　㉦ 조절부 : 동작 신호에 의하여 이에 대응하는 연산 출력을 만드는 곳으로 조작 신호를 조작부에 내보내는 부분이다.
　㉧ 조작부 : 조절부로부터의 신호를 조작량으로 바꾸어서 제어 대상으로 작용시키는 부분이다.
　㉨ 비교부 : 기준입력 신호와 주피드 백 신호가 합류하여 생기는 제어 편차량을 산출하는 부분이다(비교부는 독립 기구가 아니고, 조절기의 한 부분이다).

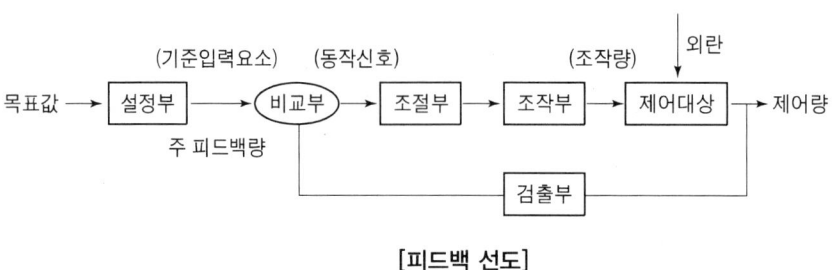

[피드백 선도]

- **목표값** : 제어계 밖에서 주어진 값
  조작량 : 제어대상에 가해주는 양
  동작신호 : 조절부에 보내는 신호
  검출부 : 온도, 압력, 유량을 검출하여 신호로 만드는 부분
  외란 : 온도, 유량, 가스공급압 등을 혼란시키는 외적 작용
  자동제어의 동작 순서 : 검출→비교→판단→조작

2. 추치제어

목표값이 변화되어 목표값을 측정하면서 제어 목표량을 목표량에 맞도록 하는 제어
① **추종제어** : 목표값이 시간에 따라 임의로 변함
② **비율제어** : 2개 이상의 제어값의 값이 정해진 비율을 보유
③ **프로그램 제어** : 목표값이 시간에 따라 미리 결정된 일정한 제어
④ **캐스케이드 제어** : 1차 제어 장치가 제어명령을 하고, 2차 제어 장치가 1차 명령을 바탕으로 제어량을 조절하는 측정제어

3. 제어 동작에 따라

① 연속 동작
   ㉠ P동작(비례동작) : 잔류 편차 남는 동작
   ㉡ I동작(적분동작) : 잔류 편차 남지 않는 동작
   ㉢ D동작(미분동작) : 편차 변화 속도에 비례하여 조작량 가감
② 불연속 동작(on – off동작)
   ㉠ 이 위치 동작
   ㉡ 다 위치 동작
   ㉢ 불연속 속도 조작

4. 신호 전달방식

① 공기압식
  ㉠ 신호 전달 거리 100~150[m]
  ㉡ 사용 조작 압력 0.2~1[kg/cm²]
  ㉢ 배관 보존용이
  ㉣ 신호 전달의 지연이 있다.

② 유압식
  ㉠ 신호 전달 거리 150~300[m]
  ㉡ 사용 조작 압력 0.2~1[kg/cm²]
  ㉢ 인화의 위험성이 있다

③ 전기식
  ㉠ 산호 전달 거리 300~10,000[m]
  ㉡ 신호 전달의 지연이 없다.
  ㉢ 대규모 시설에 사용

5. 보일러 자동제어

① S.T.C (증기 온도 제어)Steam Temperature Control
② F.W.C (급수 제어)Feed Water Control
③ A.C.C (자동 연소 제어)Automatic Combustion Control
④ L.C (로컬 제어)Local Contron : 유온이나 유량 제어

6. 제어량과 조작량의 관계

	제어량	조작량
S.T.C (증기 온도 제어)	과열 증기 온도	전열량
F.W.C (급수 제어)	보일러 수위	급수량
A.C.C (자동 연소 제어)	증기 압력계 제어	연료량, 공기량
	노내 압력계 제어	연소가스량, 송풍량

7. 수위 제어 검출방식

부자식(플로우트식), 자석식, 전극식, 열팽창식

● 열팽창식(코우프스식) : 금속관의 열 팽창 이용

8. 수위 제어방식

① 1요소식 : 수위만 제어
② 2요소식 : 수위, 증기량 제어
③ 3요소식 : 수위, 증기량, 급수량 제어

9. 인터록이란?

구비 조건이 맞지 않을 때 그 조건이 충족될 때까지 다음 단계를 정지시키는 것
① 저수위 인터록 (저수위 경보기와 관련)
② 저연소 인터록
③ 불착화 인터록 (화염 검출기와 관련)
④ 압력초과 인터록 (압력차단 스위치와 관련)
⑤ 프리퍼지 인터록 (송풍기와 관련)

10. 온수 보일러의 제어 장치

① **프로텍터 릴레이** : 버너 부착
② **콤비네이션 릴레이** : 보일러 본체에 부착
③ **스텍 릴레이** : 연도 부착 (연소 가스 출구 300[mm])

제 2 장
보일러의 시공, 취급 및 안전관리

2.1 난방부하 및 난방설비

1. 난방부하

① 난방부하의 계산 = 방열기 방열량 × 방열면적(상당 방열면적)
　　　　　　　　 = 열 손실지수 × 방열면적(상당 방열면적)

② 방열면적(상당 방열면적) = $\dfrac{난방부하}{방열기\ 방열량}$

③ 방열기 방열량
　㉠ 온수난방 : 450[kcal/m²h]
　㉡ 증기난방 : 650[kcal/m²h]

④ 방열계수
　㉠ 온수난방 : 7.2[kcal/m²h℃]
　㉡ 증기난방 : 8[kcal/m²h℃]

⑤ 방열기 쪽수 (온수, 증기난방시)

　방열기 쪽수 = $\dfrac{난방부하}{방열기\ 방열량 \times 쪽당\ 방열면적}$

⑥ 온도차 계산 = $\dfrac{방열기\ 입구온도 + 방열기\ 출구온도}{2}$ − 실내온도

⑦ 온수 순환량 = $\dfrac{난방부하}{온수의비열 \times (송수온도 - 환수온도)}$

⑧ 열 손실 열량으로부터 난방부하 계산 = $K \cdot A \cdot \Delta t$
　　　　　여기서, K(열 관류율)[kcal/m²h℃]
　　　　　　　　　A(면적)[m²]
　　　　　　　　　Δt(온도차) $t_2 - t_1$

⑨ 온수 보일러의 효율계산 = $\dfrac{G \cdot C \cdot \Delta t}{G_f \times H_l} \times 100$

⑩ 온수 보일러의 급탕 부하 계산 = $G \cdot C \cdot \Delta t$

⑪ 자연 순환 수두 = $(r_2 - r_1) r \times h$

여기서, $r(1,000[\text{kg/m}^3])$,
$h[\text{m}]$배관의 높이
r_2(보일러 가동전 물의 밀도)
r_1(보일러 가동후 물의 밀도)

⑫ 온수 팽창량의 계산

= 보일러내의 물의 양 $\times \left(\dfrac{1}{송수밀도} - \dfrac{1}{보일러\ 가동전\ 밀도} \right)$

2. 난방방식

① 온수 난방법
  ㉠ 배관 방식에 따른 분류 - 단관식, 복관식
  ㉡ 증기 공급 방식에 따른 분류 - 상향 순환식, 하향 순환식
  ㉢ 응축수 환수 방법에 따른 분류 - 중력 환수식, 기계 환수식, 진공 환수식

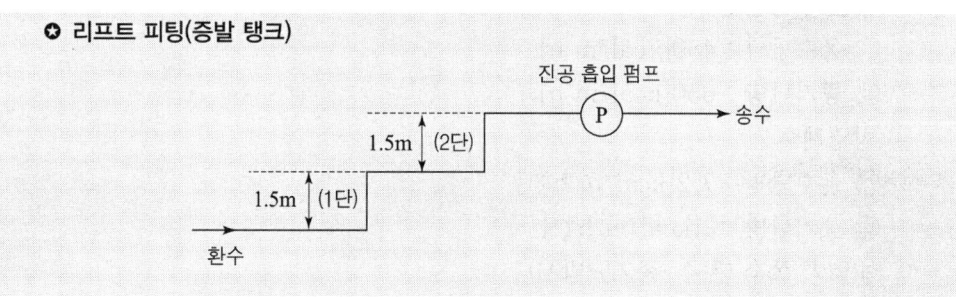

3. 복사 난방의 장, 단점

① 장점 ㉠ 실내온도가 균일하여 쾌감도가 높다.
  ㉡ 방열기의 설치가 불필요하여 바닥면의 이용도가 높다.
  ㉢ 동일 방열량에 대해 열손실이 대체로 적다.
  ㉣ 공기의 대류가 적어서 공기의 오염도가 작다.
  ㉤ 평균 온도가 낮아서 열 손실이 적다.
  ㉥ 천장이 높은 집에 난방이 적당하다.

② 단점 ㉠ 외기 온도 변화에 따른 조작이 어렵다.
  ㉡ 배관을 매설하기 때문에 시공이 어렵다.

ⓒ 고장시 발견이 어렵고, 벽 표면이나 시멘트 모르타르 부분에 균열이 발생한다.
ⓔ 단열재의 시공이 필요하다.

4. 방열기 배치

① 벽과의 거리(주형 방열기) : 50~60[mm]
② 벽걸이형은 바닥에서 : 150[mm]
③ 컨벡터(대류 방열기) : 지면에서 90[mm]

5. 방열기 호칭

방열기 종류
① 2주형
② 3주형
③ 3세주형
④ 5세주형
⑤ W-H
⑥ W-V
 (벽걸이형, 수평형)　(벽걸이형, 수직형)

6. 팽창 탱크

① 설치목적　㉠ 체적팽창이나 이상 팽창 압력 흡수
　　　　　　㉡ 보충수 공급 역할
　　　　　　㉢ 온수의 온도를 일정하게 유지
② 종류 : 개방식 팽창 탱크, 밀폐식 팽창 탱크

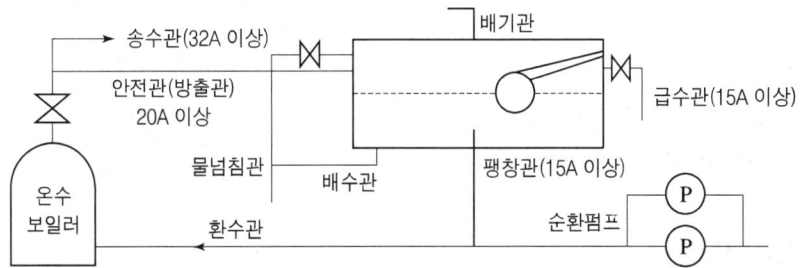

2.2 설치 시공 기준

1. 구조물과의 거리

보일러 동체 최상부로부터 천정, 배관등 보일러 상부 구조물까지의 거리 : 1.2[m] 이상(소용량 보일러 0.6[m] 이상)

2. 연료저장탱크와의 거리

연료를 저장할 때는 보일러 외측으로부터 : 2[m] 이상 (소용량 보일러 1[m] 이상)

3. 배관의 이음부와 거리

① 전선 : 15[cm] 이상
② 접속기, 점멸기, 굴뚝 : 30[cm] 이상
③ 안전기, 계량기, 개폐기 : 60[cm] 이상

4. 배관의 고정

① 관경이 13[mm] 미만 : 1[m] 마다
② 관경이 13[mm] 이상~33[mm] 미만 : 2[m] 마다
③ 관경이 33[mm] 이상 : 3[m] 마다

5. 배관의 표시

① 4000mmAq : 최고 사용 압력
② ⟶ : 가스 흐름 방향
③ 도시가스 : 사용가스명
④ 지상 배관의 표면 색상 : 황색

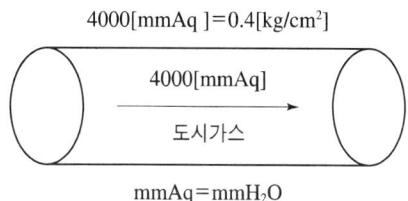

$4000[mmAq] = 0.4[kg/cm^2]$

$mmAq = mmH_2O$

6. 체크 밸브

유체의 역류방지(최고 사용 압력이 $1[kg/cm^2]$ 이하인 경우 체크 밸브 생략)

7. 각종 밸브 및 관의 크기

① 급수 밸브의 크기 : 15A 이상

㉠ 전열 면적 10[m^2] 이하 : 15A 이상
㉡ 전열 면적 10[m^2] 초과 : 20A 이상
② 안전 밸브의 크기
㉠ 전열 면적 5[m^2] 이하 : 25A 이상
㉡ 전열 면적 5[m^2] 초과 : 30A 이상
③ 급탕관의 크기
㉠ 보일러의 용량 5만[kcal/h] 이하 : 15A 이상
㉡ 보일러의 용량 5만[kcal/h] 초과 : 20A 이상
④ 송수 주관 및 환수관의 크기
㉠ 보일러의 용량 3만[kcal/h] 이하 : 25A 이상
㉡ 보일러의 용량 3만[kcal/h] 초과 : 30A 이상
⑤ 팽창관 및 방출관의 크기
㉠ 보일러의 용량 3만[kcal/h] 이하 : 15A 이상
㉡ 보일러의 용량 3만[kcal/h] 이상~15만[kcal/h] 이하 : 25A 이상
㉢ 보일러의 용량 15만[kcal/h] 초과 : 30A 이상

8. 안전 밸브 및 압력 방출 장치의 크기 (25A 이상→20A로 할 수 있는 경우)

① 최고 사용 압력이 1[kg/cm^2] (0.1[Mpa]) 이하의 보일러
② 최고 사용 압력이 5[kg/cm^2] (0.5[Mpa]) 이하이고, 동체 안지름이 500[mm] 이하이고, 동체의 길이가 1,000[mm] 이하인 것
③ 최고 사용 압력이 5[kg/cm^2] (0.5[Mpa]) 이하이고, 전열 면적이 2[m^2] 이하인 것
④ 최대 증발량이 5[T/h] 이하인 관류 보일러
⑤ 소용량 보일러

9. 안전밸브 설치

① 과열기 출구 : 1개 이상의 안전 밸브 설치
② 재열기, 독립 가열기 : 입구 및 출구에 1개 이상의 안전 밸브 설치

10. 온수 발생 보일러

① 온도 120[℃] 이하 : 방출 밸브 설치 ⎤
② 온도 120[℃] 초과 : 안전 밸브 설치 ⎦ 호칭 지름 20A 이상

11. 수면계

① 개수 2개 이상 설치 (단, 단관식 관류 보일러는 설치하지 않는다.)
② 최고 사용 압력이 10[kg/cm^2] 이하이고, 동체 안지름이 750[mm] 이하인 경우 수면계 중 한 개는 다른 종류의 수면 측정 장치로 할 수 있다.
③ 2개 이상의 원격지시 수면계를 설치하는 경우 : 유리 수면계 1개 이상 설치

> ✪ 수위계
> 수위계의 최고 눈금, 최고 사용 압력의 1배 이상 3배 이하

12. 온도계 설치

① 급수 입구 : 급수 온도계
② 급유 입구 : 급유 온도계
③ 보일러 본체 : 배기 가스 온도계
④ 절탄기, 공기 예열기가 있는 경우 : 입구 및 출구 온도계
⑤ 과열기, 재열기가 있는 경우 : 출구 온도계

13. 공기 유량 자동조절 기능

① 가스용 보일러 및 용량 5[T/h] (난방 전용은 10[T/h]) 이상인 유류 보일러에는 연료 공급량과 연소 공기를 조절하는 기능이 있어야 한다.
② 1[T/h]=60만[kcal/h] 이다.

14. 분출 밸브의 크기 : 25A 이상

① 전열 면적이 10[m^2] 이하 : 20A 이상
② 전열 면적이 10[m2] 초과 : 25A 이상
③ 분출 밸브 최고 사용 압력 : 7[kg/cm^2] 이상

15. 배기 가스의 온도

① 보일러의 용량이 5[T/h] 이하 : 300[℃]
② 보일러의 용량이 5[T/h]~20[T/h] 이하 : 250[℃]
③ 보일러의 용량이 20[T/h] 이상 : 210[℃]

16. 열매체 보일러와 배기가스 온도차

① 열매체 보일러의 배기 가스 온도는 출구 열매 온도와의 차이가 150[℃] 이하
② 열매체 보일러와 출구 열매 온도와의 차이가 200[℃] 이하
   ([℃]가 [°K]로 나올 수 있다.)

 ✪ 보일러 외벽 온도는 주위 온도보다 30[℃] 초과 금지

17. 보일러 설치 검사기준 및 계속 사용 검사기준

① 시험 수압은 규정 압력의 6[%] 초과 금지 (30분)
② 안전 밸브 2개 이상 설치 : 1개는 최고 사용 압력에서 작동하고, 1개는 최고 사용 압력의 1.03배 이하에서 작동한다.
③ 증기 건도 ㉠ 주철제 보일러 : 0.97(97[%])
　　　　　　㉡ 강철제 보일러 : 0.98(98[%])

18. 열효율표

용량[T/h]	열효율[%]
1 이상 1.5 미만	71 이상
1.5 이상 2 미만	73 이상
2 이상 3.5 미만	74 이상
3.5 이상 6 미만	77 이상
6 이상 12 미만	79 이상
12 이상 20 이하	80 이상
20 초과	82 이상

2.3 보일러의 부식

1. 보일러의 외부, 내부 부식, 청소

① 외부 부식 : 고온 부식, 저온 부식
② 내부 부식 : 점식(피팅＝용존산소), 전면 부식, 알카리 부식
　　　　　　 구식(구루빙) - 수면선을 따라 얇은 패임(V, U)의 띠 모양을 형성하는 부식

2. 고온 부식 (과열기, 재열기) : 온도는 550[℃]~600[℃]

연료중의 바나듐(V_2)이 산화(O_2)하여 V_2O_5(오산화 바나듐)을 생성하여 부식을 일으키는 것(V_2, V_2O_5)

방지책 ㉠ 연료중의 바나듐을 제거
㉡ 회분 개질제를 사용, 회분의 융점을 높여 고온 부식을 방지
㉢ 첨가제를 사용 (돌로 마이트, 알루미나 분말)
㉣ 고온 전열변의 표면에 내식 재료 사용 (보호 피막)
㉤ 양질의 연료를 선택한다.(기체 연료)
㉥ 적정 공기비로 연소시킨다.

3. 저온 부식 (절탄기, 공기 예열기) : 온도는 150[℃] 이하

연료 중 황분(S)이 산화(O_2)하여 SO_2를 생성하고 이것이 다시 산화(O)하여 SO_3를 생성하고, 이것이 연소가스의 물(H_2O)과 반응하여 H_2SO_4(황산)를 생성하여 부식을 일으키는 것(S, SO_2, SO_3, H_2SO_4)

방지책 ㉠ 연료중의 황분을 제거
㉡ 배기가스 온도를 노점 온도 (이슬이 맺히는 온도) 이상 유지
㉢ 첨가제를 사용 (돌로 마이트, 암모니아, 아연)
㉣ 저온 전열면의 표면에 내식 재료 사용 (보호 피막)
㉤ 양질의 연료를 선택한다.
㉥ 적정 공기비로 연소시킨다.

4. 구식 방지법

① 브리징 스페이스를 크게 한다. (225[mm] 이상)
② 플랜지 만곡부를 크게 한다.

5. 외부 청소법 (수관 보일러에 사용)

① 에어 쇼킹법 : 압축 공기로 분무하는 방법
② 스팀 쇼킹법 : 증기 압력으로 분사하는 방법
③ 워터 쇼킹법 : 가압 펌프로 물 분사하는 방법
④ 샌드 블라스트법 : 압축 공기에 모래를 분사하는 방법
⑤ 스틸 쇼트 크리닝법 : 압축 공기에 쇠 알갱이를 분사하는 방법

2.4 보일러의 화학 세관과 보존

1. 화학 세관 방법

① 산 세관 사용 약품 : 염산, 인산, 질산, 황산
② 알카리 세관 사용 약품 : 가성소다, 탄산소다, 인산소다, 질산소다
③ 유기산 세관 사용 약품 : 하트록산, 구연산, 옥살산, 설파민산, 의산, 초산

2. 염산의 세관

① 농도 : 5~10[%]
② 처리 온도와 처리 시간 : 60±5[℃], 4~6시간
③ 부식 억제제 (인히비터) : 0.2~0.6[%] 혼합처리

3. 스케일 용해 촉진제 : 불화 수소산

① 경질 스케일의 원인 : 황산염, 규산염
② 연질 스케일의 원인 : 탄산염, 인산염

4. 부식 억제제의 구비조건

① 부식 억제 능력이 클 것
② 물에 대한 용해도가 클 것
③ 점식 발생이 없을 것
④ 세관액의 온도, 농도에 영향이 적을 것

5. 염산의 특징

① 가격이 싸다.
② 스케일 용해 능력이 크다.
③ 물에 대한 용해도가 크다.

6. 중화 방청제

가성소다, 탄산소다, 인산소다, 암모니아, 히드라진

7. 가성취하 방지제

인산 나트륨 (소다), 질산 나트륨 (소다)

8. 유기산의 세관

처리온도와 처리 시간 ($90 \pm 5[℃]$, 4~6시간)

9. 소다 보링 (끓임)

신설 보일러에서 제작시 남아있는 페인트, 유지, 녹 등을 알카리성 약품 (가성소다, 탄산소다, 인산소다, 질산소다)을 투입하여 2~3일간 끓여 반복 분출 (사용 압력 $0.2~0.3[kg/cm^2]$)

10. 산 세척의 처리 공정

전처리 → 수세 → 산액처리 → 수세 → 방청처리 → 수세

11. 보일러 보존법

① 건조 보존법 (장기보존) : 6개월 이상
　흡수제　㉠ (CaO 산화 칼슘 = 생석회)
　　　　　㉡ $CaCl_2$(염화 칼슘)
　　　　　㉢ SiO_2(실리카겔 = 이산화 규소)
　　　　　㉣ Al_2O_3(산화 알루미늄 = 활성 알루미나)

② 만수 보존법 (단기보존) : 2~3개월
　　㉠ 첨가 약품 : 가성소다, 탄산소다, 아황산소다 등
　　㉡ pH : 12~13유지

③ 질소 보존법
　　㉠ 질소 가스를 $0.6[kg/cm^2]$ 가압 밀폐 보존
　　㉡ 질소의 순도는 99.5[%] 이상

2.5 보일러의 안전 관리

1. 안전 관리의 목적

① 인명의 존중 ② 사회복지 증진
③ 생산성 향상 ④ 경제성 향상

2. 화재의 등급 구분

① A급 화재 : 일반 화재 (목재, 종이)
② B급 화재 : 유류 및 가스
③ C급 화재 : 전기
④ D급 : 금속 화재(Mg분, Al분)

3. 고압 가스 용기 도색

(청 탄산 산록에서 황아세 안주삼아 수주잔 높이 들고 백암산 바라보니, 염소는 갈색으로 보이
　① ②　③　　　　　④　　　　　⑤　　　　　⑥
고, 쥐들은 기타를 치더라)
　⑦

① 탄산가스 : 청색　　② 산소 : 녹색
③ 아세틸렌 : 황색　　④ 수소 : 주황
⑤ 암모니아 : 백색　　⑥ 염소 : 갈색
⑦ 기타 : 쥐색 (회색)

4. 보일러 운전 중 사고 원인

① 제작상의 원인 : 재료 불량, 용접 불량, 강도 불량, 구조 불량, 설계 불량
② 취급상의 원인 : 역화, 저수위, 압력 초과 등

5. 보일러 점화 전 점검 사항

① 자동 제어 장치 점검
② 연료 및 연소 계통의 점검
③ 분출 및 분출 장치 점검
④ 수위 점검
⑤ 프리퍼지 및 포스트 퍼지 점검

6. 라미네이션(Lamination)

보일러 판이나 관의 내부에 층이 두 장(두 겹)으로 분리되어 있는 현상

7. 블리스터(Blister)

라미네이션 상태에서 고온의 열가스 접촉으로 인해 표면이 부풀어 오르는 현상

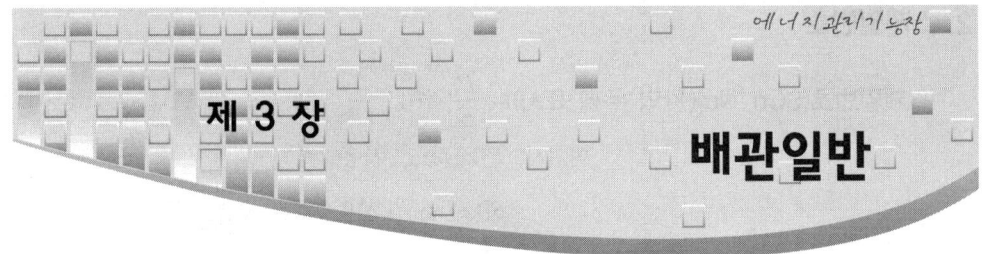

제 3 장 배관일반

1. 강관의 종류와 용도

① 배관용강관
  ㉠ SPP(배관용탄소강관) 사용압력이 10[kg/cm²] 이하인 증기, 기름, 물 배관에 사용
  ㉡ SPPS(압력배관용탄소강관) 사용압력이 10[kg/cm²] 이상 100[kg/cm²] 미만
  ㉢ SPPH(고압배관용탄소강관) 사용압력이 100[kg/cm²] 이상시 사용
  ㉣ SPHT(고온배관용탄소강관) 사용온도가 350[℃] 이상시 사용
  ㉤ SPA(배관용합금강강관)
  ㉥ SPLT(저온배관용탄소강관) 빙점 이하의 관사용
  ㉦ SPS×T(배관용스텐레스강관)

② 수도용
  ㉠ SPPW(수도용아연도금강관)
  ㉡ STPG(수도용도복장강관)

③ 열전달용
  ㉠ STH(보일러열교환기용 탄소강강관)
  ㉡ STHB(보일러열교환기용 합금강강관)
  ㉢ STS×TB(보일러열교환기용 스테인레스강관)

④ 구조용
  ㉠ STS(일반구조용 탄소강관)
  ㉡ SM(기계구조용 탄소강관)
  ㉢ STA(구조용 합금강강관)

2. 스케일번호

스케일번호(SCh, No)(관의 두께 표시) = $\dfrac{P}{S} \times 10$

여기서, $P[\text{kg/cm}^2]$ 사용압력

$S[\text{kg/mm}^2]$ 허용응력 = $\dfrac{\text{인장강도}}{\text{안전율}(4)}$

3. 동관의 분류

① 터프피치동관 : 1종과 2종이 있고 전기 및 열전도성이 좋아 열교환기용관, 급수관, 급유관, 압력계관 및 기타화학공업용으로 사용
② 인탈산동관 : 용접성이 우수하여 수도용, 냉난방용기기, 열교환기용, 급수관, 송유관, 급탕관에 사용
③ 황동관 : 동과 아연의 합금으로 기계적 성질, 내식성이 우수하여 구조용, 열교환기 각종기기의 부품으로 사용
④ 단동관 : 아연을 10~15[%] 포함한 황동관으로 내구성이 특히 강하다.
⑤ 규소청동관 : 규소(Si) 2.5~3.5[%]를 포함한 청동관으로 내산성이 특히 강하다.
⑥ 니켈동합금강 : 니켈 63~70[%]를 포함한 합금동관으로 내식 및 기계적강도가 크다.

4. 동관의 특징

① 알카리에는 강하나 산에는 약하다.
② 전연성이 풍부하고 가공이 용이하다.
③ 무게는 가벼우나 외부충격에 약하다.
④ 유기약품에 침식되지 않아 화학공업용으로 사용
⑤ 연수에 부식되는 성질이 있어 증류수 및 증기관에는 부적합
⑥ 전기 및 열전도성이 좋아 열교환기용으로 우수하게 사용

5. 석면시멘트관(에터니트관)

석면과 시멘트를 1 : 5로 혼합하여 로울러로 압력을 가해 성형시킨 관이다.

6. 관이음 재료

① 관 끝을 막을때 : 플러그, 캡
② 배관방향을 바꿀때 : 엘보우 벤드

③ 관을 도중에서 분기할 때 : 티이, 와이, 크로스
④ 같은 지름의 관을 직선 연결할 때 : 소켓, 유니온, 플랜지, 니플
⑤ 서로 다른 지름의 관을 연결할 때 : 이경소켓, 이경엘보우, 이경티, 부싱

7. 이음의 크기를 표시하는 방법

① 구경이 3개인 경우

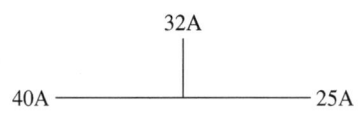

예) 40A × 25A × 32A

② 구경이 4개인 경우

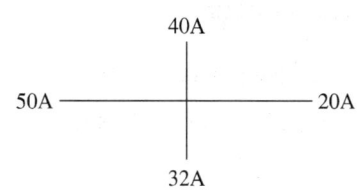

예) 50A × 20A × 40A × 32A

8. 관용공구

① 파이프바이스 : 관의 절단, 나사작업시 관이 움직이지 않도록 고정하는 것
  (크기 : 고정 가능한 파이프 지름의 치수)
② 수평바이스 : 관의 조립, 열간 벤딩시 관이 움직이지 않도록 고정하는 것
  (크기 : 조우(jew)의 폭)
③ 파이프커터 : 강관의 절단공구로 1개의 날과 2개의 로울러의 것과 3개의 날로 되어진 두 종류가 있으며 날의 전진과 커터의 호전에 의해 절단되므로 거스러미가 생기는 결점이 있다.
④ 파이프렌치 : 관의 결합 및 해체시 사용하는 공구로 200[mm] 이상의 강관은 체인 파이프렌치를 사용
  (크기 : 입을 최대로 벌려놓은 전장)
⑤ 파이프리머 : 거스러미 제거
⑥ 동력용나사절삭기
  ㉠ 다이헤드식 나사절삭기 : 나사절삭, 파이프절단, 거스러미제거
  ㉡ 오스타식 나사절삭기
  ㉢ 호브식 나사절삭기
⑦ 고속숫돌절단기 : 두께가 0.5~3[mm] 정도의 얇은 연삭 원판을 고속회전시켜 재료를 절단하는 기계로 숫돌그라인더, 연삭절단기, 커터그라인더라고 한다.

9. 관 벤딩용 기계

① 램식(유압식) : 유압펌프를 이용 관을 구부리는 것으로 현장용이다.
② 로우터리식 : 관에 심봉을 넣어 구부리는 것으로 대량생산용으로 단면의 변형이 없으며 두께에 관계없이 상온에서 어느 관이라도 가공할 수 있으며 굽힘반경은 관지름의 2.5배 이상

10. 동관용 공구

① 플레어링투울 : 동관의 압축 접합용 공구
② 익스펜더 : 동관의 확관용 공구
③ 튜브벤더 : 동관굽힘용 공구
④ 사이징투울 : 동관 끝을 정확하게 원형으로 가공하는 공구

11. 연관용 공구

① 봄보올 : 주관에 구멍을 뚫을 때 사용
② 드레서 : 연관 표면의 산화피막을 제거하는 공구
③ 벤드벤 : 연관의 굽힘 작업에 사용
④ 마이레트 : 나무해머

12. 주철관용공구

① 클립 : 소켓 접합시 용해된 납물의 비산방지
② 링크형커터 : 주철관 절단 전용공구
③ 코킹정 : 소켓 접합시 다지기에 사용하는 정

13. 관의 접합

파이프나사는 관용테이퍼나사로 테이퍼가 $\frac{1}{16}$(각도 55°)의 것으로 절삭됨

① 나사접합   ② 용접접합   ③ 플랜지접합

14. 곡관부 길이 계산

$$l = \frac{2\pi RQ}{360}$$

여기서, R[mm] 곡률반지름, Q (각도)

15. 열간굽힘

① 동관 : 600~700[℃]
② 연관 : 700~800[℃]
③ 강관 : 800~900[℃]

16. 주철관의 접합

① 소켓 접합 : 허브에 스피고트(spigot)를 삽입 얀을 단단히 꼬아 감고 정으로 다진 후 납을 채워 다시 정으로 다져 접합하는 방법
(얀은 기밀유지 및 굽힘성을 부여하고 납은 얀의 이탈을 방지)
② 기계적 접합 : 플랜지 접합과 소켓 접합의 장점을 취한 것으로 150[mm] 이하의 수도관에 사용, 스패너 하나만으로도 시공할 수 있고, 수중작업에도 용이
③ 플랜지 접합 : 플랜지가 달린 주철관을 서로 맞추어 보울트로 죄어 접합하는 것
④ 빅토리 접합 : 빅토리형 주철관을 고무링과 금속재 칼라를 이용 접합하는 곳으로 특히 관내의 압력이 증가함에 따라 고무링이 관벽에 밀착하여 더욱 더 기밀 유지
⑤ 타이톤 접합 : 원형의 고무링 하나 만으로 접합하는 방법

17. 동관의 접합

① 플레어 접합 : 동관 끝을 플레어링 투울 셋으로 넓혀 플레어로 접합하는 방식으로 일명 압축접합이라고도 한다. 관의 점검 및 보수를 위한 해체할 곳에 사용
② 납땜이음
  ㉠ 연납땜 : 유체의 온도(120[℃] 이하) 및 사용압력이 낮은 곳에 사용하는 방식으로 익스펜더로 관을 확관하여 연결할 관을 끼워 용제를 바른 뒤 플라스턴을 용해하여 틈새에 채워 접합. 가열온도 200~300[℃]
  ㉡ 경납땜 : 고온 및 사용압력이 높은 곳에 사용하는 방식으로 인동납, 은납을 틈새에 채워 접합하는 방법. 이 때의 가열온도 700~850[℃]
③ 용접 접합
④ 플랜지 접합

18. 연관의 접합

플라스턴 접합 : 플라스턴(Sn 40[%], Pb 60[%])를 녹여 232[℃]로 접합하는 것

19. 행거(hanger)

배관의 하중을 위에서 잡아주는 장치
① **스프링행거** : 턴버클 대신 스프링을 사용한 것
② **리지드행거** : I비임에 턴버클 이용 지지하는 것으로 상하방향에 변위에 없는 곳에 사용
③ **콘스탄트 행거** : 배관의 상·하 이동에 관계없이 관지지력이 일정한 것으로

20. 리스트레인

열팽창에 의한 배관의 이동을 구속 또는 제한하는 장치
① **앵커** : 관의 이동 및 회전을 방지하기 위해 지지점에 완전히 고정하는 장치
② **스톱** : 배관의 일정한 방향과 회전만 구속하고 다른 방향은 자유롭게 이동하게 하는 장치
③ **가이드** : 배관의 곡관 부분이나 신축조인트 부분에 설치하는 것으로 회전을 제한하거나 축방향의 이동을 허용하여 직각방향으로 구속하는 장치

21. 브레이스

펌프, 압축기 등에서 발생하는 진동, 서어징, 수격작용 등에 의한 진동, 충격 등을 완화하는 완충기이다.

22. 서포트

배관의 하중을 밑에서 떠 받쳐 지지해 주는 장치
① **스프링서포트** : 스프링의 탄성에 의해 상하 이동을 허용한 것
② **리지드서포드** : H 비임이나 I 비임으로 받침을 만들어 지지
③ **롤러서포트** : 관의 축방향의 이동을 허용한 지지구이다.
④ **파이프슈** : 관에 직접 접속하는 지지구로 수평배관과 수직배관의 연결부에 사용

23. 플랜지 패킹

① 고무패킹
  ㉠ 산이나 알카리에는 강하나 기름에 침식된다.
  ㉡ 100[℃] 이상의 고온배관에는 사용금지
  ㉢ 네오플렌의 합성고무는 내열범위가 −46~121[℃]로 증기배관 사용

② 오일시일패킹 : 한지를 내유 가공한 것으로 내열도가 낮아 펌프, 기어 박스에 사용
③ 합성수지패킹 : 가장 우수한 것으로 테프론이 있으며 내열범위 $-260 \sim 260[℃]$ 까지이다.
④ 석면 조인트시트 : 광물질의 미세한 섬유로 $450[℃]$의 고온배관에도 사용

24. 글랜드패킹

① 아마존패킹 : 면포와 내열고무 콤파운드를 가공 성형한 것으로 압축기용 글랜드에 사용
② 모울드패킹 : 석면, 흑연, 수지를 배합 성형한 것으로 밸브, 펌프 등의 글랜드에 사용
③ 석면각형패킹 : 석면을 각형으로 짜서 만든 것으로 내열, 내산성이 좋아 대형밸브 글랜드로 사용
④ 석면얀 : 석면을 꼬아서 만든 것으로 소형밸브, 수면계. 콕크 등 주로 소형밸브 글랜드에 사용

25. 나사용패킹

① 일산화연 : 페인트에 소량의 일산화연을 혼합 사용하여 냉매 배관사용
② 액상합성수지 : 내열범위가 $-30 \sim 130[℃]$정도로 약품에 강하고 내유성이 강해 증기, 기름, 약품배관에 사용

26. 방청용도료

① 광명단 도료 : 연단을 아마인유와 혼합한 것으로 녹을 방지하기 위해 페인트밑칠용 사용
② 산화철도료 : 산화제2철을 보일유나 아마인유에 혼합한 것으로 도막이 부드럽고 가격이 싸지만 녹 방지가 완벽하지 못하다.
③ 알루미늄도료(은분) : 알루미늄분말을 유성바니스에 혼합한 것으로 열을 잘 반사하여 방열기에 사용. $400 \sim 500[℃]$의 내열성을 가지며 방청효과가 매우 좋다.

27. 보온재의 구비조건

① 열전도율이 적어야 한다.(보온능력이 커야 한다.)
② 비중이 적어야 한다.(가벼워야 한다.)
③ 사용온도에 견디고 변질되지 알아야 한다.

④ 기계적 강도가 있어야 한다.
⑤ 다공질이며 기공이 균일해야 한다.

28. 유기질 보온재

① 폼류
  ㉠ 경질우레탄 폼
  ㉡ 염화비닐폼   } 80[℃] 이하
  ㉢ 폴리스틸렌폼

② 펠트류
  ㉠ 양모펠트
  ㉡ 우모펠트   } 100[℃] 이하

③ 텍스류
  ㉠ 톱밥
  ㉡ 녹재   } 120[℃] 이하
  ㉢ 펄프

④ 콜크류   탄화콜크 : 130[℃] 이하

⑤ 기포성수지

29. 무기질 보온재

① 탄산마그네슘
  ㉠ 염기성 탄산마그네슘에 석면을 8~15[%] 정도 혼합하여 만든 것
  ㉡ 안전사용온도 : 250[℃]

② 그라스울(유리섬유)
  ㉠ 유리를 용융시켜 압축 공기나 원심력을 주어 섬유화한 것
  ㉡ 안전사용온도 : 300[℃]

③ 석면(아스베스토질)
  ㉠ 진동을 받는 부분에 사용
  ㉡ 석면 가루는 폐암 유발
  ㉢ 안전사용온도 : 400[℃]

④ 규조토
  ㉠ 진동을 받는 부분에 사용 못함
  ㉡ 안전사용온도 : 500[℃]

⑤ 암면
  ㉠ 꺾어지기 쉽다.
  ㉡ 흡습성이 적고 산에 약하다.
  ㉢ 안전사용온도 : 600[℃]

⑥ 규산칼슘
  ㉠ 규산분말에 소석회와 35[%] 석면을 가하여 성형
  ㉡ 압축강도가 크며, 내수, 내구성 크다.
  ㉢ 시공이 용이하다.
  ㉣ 안전사용온도 : 650[℃]
⑦ 실리카화이버
  ㉠ SiO_2를 주성분으로 압축성형
  ㉡ 안전사용온도 : 1100[℃]
⑧ 세라믹화이버
  ㉠ ZrO_2(산화지르코늄)를 주성분으로 압축성형
  ㉡ 안전사용온도 : 1300[℃]

30. 높이표시

① EL표시 : 배관의 높이를 관의 중심을 기준으로 표시
② BOP(Bottom ofpipe) : 지름이 서로 다른 관의 높이 표시방법으로 관 바깥 지름의 아랫면까지의 높이를 기준으로 표시한 것
③ TOP(Top of pipe) : 관의 바깥 지름의 윗면을 기준으로 표시

31. 유체의 종류와 기호

① A : 공기   ② G : 가스   ③ O : 유류
④ S : 수증기 ⑤ W : 물

제 4 장 계측기기

1. 접촉식 온도계

① 유리온도계
  ㉠ 수은 유리온도계 : -35~350[℃]
  ㉡ 알콜온도계 : -100[℃], 저온측정용
  ㉢ 베크만온도계 : 150[℃] 이내
② 바이메탈식온도계 : -50~500[℃], 선팽창계수가 다른 두 종류의 금속판을 하나로 합쳐 온도차이에 따라 정도가 다른 점을 이용
③ 전기저항온도계
  ㉠ 백금저항온도계 : -200~500[℃]
  ㉡ 니켈저항온도계 : -50~150[℃]
  ㉢ 더미스터온도계 : -100~300[℃]
④ 열전대온도계
  ㉠ PR(백금-백금로듐) : 0~1600[℃]
  ㉡ CA(크로멜-알루멜) : 0~1200[℃]
  ㉢ CC(동-콘스탄탄) : -200~350[℃]
  ㉣ IC(철-콘스탄탄) : -20~850[℃]

2. 비접촉식온도계

① 광고온도계 : 700~3000[℃]
② 방사온도계 : 500~3000[℃]
③ 색온도계 : 600~3500[℃]
④ 광전광식온도계 : 700~300[℃]

3. 전기저항온도계

금속의 도체 및 반도체의 온도상승에 의해 전기저항이 증가하여 변화하는 현상 이용

① 저항온도계 특징
　㉠ 원격조정이 가능
　㉡ 자동제어 및 기록이 용이
　㉢ 정도가 높다.
　㉣ 비교적 낮은 온도를 정밀하게 측정
② 저항선의 조건
　㉠ 동일 특성의 성질을 얻기 쉬운 금속일 것
　㉡ 온도 및 전기저항의 관계가 안정될 것
　㉢ 온도 이외의 조건에서 변화하지 않을 것
　㉣ 저항의 온도계수가 가능한 크고 내식성이 좋을 것

4. 면적식 유량계

교축기구, 전·후의 압력차를 일정하게 유지하도록 교축의 면적을 측정하여 순간유량 알아내는 방법, 베루누이 정리이용
① **종류** : 로터미터, 피스톤식
② **특징** : ㉠ 고점도 및 소량의 유체에 대한 측정이 가능하다.
　　　　　㉡ 부식성 유체나 슬러리 유체측정 적합
　　　　　㉢ 유량에 따른 균등 눈금을 읽는다.
　　　　　㉣ 압력손실이 적으며 정도가 $\pm 1 \sim 2[\%]$ 이다.

5. 용적식 유량계

용적과 시간의 적산에 의한 측정
① **종류** : 습식, 건식, 오우벌식, 루트식, 로터리피스톤, 로터리베인
② **특징** : ㉠ 고형물의 혼입을 막기 위해 입구 측에 반드시 여과기 설치
　　　　　㉡ 고점도 유체측정에 적합
　　　　　㉢ 회전자의 재질은 주철, 포금, 스텐레스

6. 차압식유량계

교축기구의 전 후 압력차에 의한 측정, 베루누이 정리 이용
① **벤츄리미터**
　㉠ 구조가 복잡하다.　　　㉡ 침전물생성이 없고 대형이다.
　㉢ 압력손실이 가장 적다.　㉣ 정밀도가 높고 내구성이 좋다.
　㉤ 가격이 고가이며 교환이 어렵다.

② 플로우미터
　㉠ 측정 유량이 오리피스보다 많다.
　㉡ 고압유체측정 용이(레이놀드수가 클때)
　㉢ 다소의 슬러리 유체에도 사용
③ 오리피스미터
　㉠ 구조가 간단하다.　　　㉡ 압력손실이 가장 크다.
　㉢ 제작 및 부착이 쉽다.

7. 유속식유량계

임펠러의 회전변환으로 회전수의 적산에 의한 측정
종류 : 수도미터, 축류익차식

8. 전자식 유량계

전자유도에 의한 페러데이 법칙 이용
특징 : ㉠ 도전성의 유체측정
　　　㉡ 고점도 및 슬러리 유체측정에 정도가 높다.
　　　㉢ 유량에 대한 직선의 눈금을 얻을 수 있다.
　　　㉣ 검출의 시간지연이나 압력손실이 거의 없다.

9. 열전대의 특징

① 전원 장치가 필요 없다.
② 원격지시기록이 가능
③ 고온측정에 적합
④ 지시계 및 기록계로 할 수 있다.
⑤ 측정할 곳에 직접 열접점을 넣어야 한다.
⑥ 보상도선이나 냉접점으로 인해 오차가 발생하기 쉽다.

10. 비접촉시 온도계

① 광고온도계 : 고온체인 전주의 필라멘트 휘도를 특색 파장을 통하여 육안으로 휘도를 비교 관측하여 온도를 측정
　특징 : ⓐ 비접촉식 중 가장 정확한 온도 측정
　　　　ⓑ 연속측정이 곤란하고 700[℃] 이하에서는 측정이 곤란

ⓒ 방사율에 의한 보정량이 적다.
ⓓ 개인오차가 발생하므로 다수의 사람이 정밀 측정
ⓔ 측정시 수동을 요하므로 자동제어가 불가능

② 방사온도계 : 물체 온도가 올라가면 복사에너지가 높아지는데 이를 이용 온도측정 복사에너지는 절대온도 4승에 비례한다는 스테판 볼쯔만의 법칙이 이용

특징 : ⓐ 이동하는 물체의 표면을 고온 측정한다.
ⓑ 자동제어 및 기록이 가능
ⓒ 측정거리의 영향을 받음
ⓓ 방사율에 의한 보정량이 크고 정밀한 정도가 어렵다.

③ 색온도계
㉠ 측정온도 범위와 색

색의 종류	온도
암적색	700[℃]
적색	800[℃]
오렌지색	1000[℃]
황색	1200[℃]
눈부신 황백색	1500[℃]
눈부신 백색	2000[℃]
푸른기가 있는 눈부신 백색	2500[℃]

11. 피토우관식 유량계

유속측정에 의한 측정

① $V = \dfrac{\sqrt{2g(P_1 - P_2)}}{r} = 2gh$

여기서, $Q = A \times C \times V$ 에서

$= A \times C \times \dfrac{\sqrt{2g(P_1 - P_2)}}{r}$

② 특징 : ㉠ 유체의 흐름방향에 평행하게 피토우관 설치
㉡ 더스트, 미스트 등이 많은 유체의 측정은 부적합
㉢ 기체의 속도가 5[m/sec] 이하는 부적합

12. 와류 유량계

유체의 흐름 속에 원주나 각주 등을 두면 인위적으로 와류가 형성되어 유체가 진동하는 것은 이용 유량측정

13. 직접식 액면측정

① 직관식 액면계
② 부자식 액면계(플로우트식)

14. 간접식 액면 측정

① 차압식 액면계
　㉠ 고압 밀폐탱크에 적합
　㉡ 종류로는 변위평형식, u자관식, 힘평형식
② 기포식 액면계 : 기포관을 액체탱크 밑바닥에 파이프르 연결하여 일정량의 기포로부터 압축공기를 적당한 유량으로 보내어 선란으로부터 기포를 방출시키면 기포관의 배압은 액의 전압과 같아지는데 기포관의 배압을 측정하여 간접적으로 액면 측정
③ 다이어프램식 액면계
④ 압력검출식 액면계
⑤ 정전용량식 액면계
⑥ 초음파식 액면계
⑦ 방사선식 액면계 : 투과력이 큰 방사선을 사용하여 탱크의 외부로부터 액면의 위치를 측정할 수 있으며 특히 탱트 내에 검출기를 설치할 수 없는 고온, 고압 등의 보통 액면계로 이용이 곤란한 장소에 사용

15. 가스분석기의 특징

① 선택성에 대한 고려
② 교정시 표준시료 가스 사용
③ 가스의 온도, 압력, 유속변화에 의한 오차에 주의
④ 다른 계측기에 비해 구조가 복잡하다.

16. 더미스터 온도계

온도변화에 따른 저항체가 크게 변하는 일종의 반도체로서 더미스터의 저항체는 측정이 가능하고, 온도계수가 크며(백금의 약10배) 응답속도가 매우 빠르다. 또한 좁은 측정범위에서는 국부적인 온도측정에 적합하여 온도의 범위는 $-100 \sim 300[°C]$이다.

17. 열전대 온도계

두 개의 서로 다른 금속선을 양단에 연결하여 폐회로를 구성하여 양단접점에 온도차를 주어 열기전력이 발생하는 제백효과 원리를 이용한 것

① 열전대의 종류
　　㉠ PR(백금－백금로듐) : 0~1600[℃]로 고온측정용으로 산화성 분위기로 정도가 높고 안정성이 있고, 금속증기에 침식되고 가격이 비싸다.
　　㉡ CA(크로멜－알루멜) : 0~1200[℃] 정도까지 사용, 산화성분위기에 노화가 빠름
　　㉢ CC(동－콘스탄탄) : －200~350[℃] 정도 측정, 수분에 의한 내식성이 강함
　　㉣ IC(철－콘스탄탄) : －20~850[℃] 정도 측정, 환원성 분위기에 강함

② 열전대의 구비조건
　　㉠ 기전력이 크고 온도변화에 따라 연속 상승할 것
　　㉡ 장시간 사용해도 기전력이 안정될 것
　　㉢ 외부온도변화에 신속하게 반응할 것
　　㉣ 내열성 가스의 기밀유지 및 내식성이 클 것
　　㉤ 열전도율, 전기저항, 온도계수가 적을 것

③ 열전대 구조
　　㉠ 보상도선 : ⓐ 일반용 : 105[℃]
　　　　　　　　　ⓑ 내열용 : 200[℃]

18. 비금속 보호관

① 석영관(1000~1050[℃])
　　㉠ 내산, 내열성이 좋아 기계적 강도가 크다.
　　㉡ 환원성 가스에 기밀성이 약간 떨어진다.
② 자기관(1450~1550[℃])
　　㉠ 내열성 및 알카리에 약함
　　㉡ 용융금속 등 연소가스에 강하다.
③ 카보란담(1600~1700[℃])
　　㉠ 2중 보호관 및 방사 고온도계용
　　㉡ 다공질로서 급냉, 급열에 강함

19. 제겔콘 온도계

내화물의 내화도 측정, 측정범위는 600~2000[℃]

20. 액주식 압력계

① u자관식 압력계
② 단관식 압력계
③ 경사관식 압력계 : 미소차압을 측정하기 위해 수직거리에 높이를 경사 된 길이로 나타냄으로 작은 미압도 큰 거리의 차로 측정

$$P_2 = P_1 + r \times h = P_2 + r\sin\theta x$$

여기서, $h = \sin\theta x$

④ 2액마노미터 : 경계면이 명확한 두 가지 액을 이용 그 때에 나타나는 차압이 높이의 차로 현시한 압력계 유량계측에도 사용

$$\Delta P(압력차) = P_1 - P_2 = (\rho_1 - \rho_2)gh$$

⑤ 기준분동식 압력계(표준분동식) : 일반 압력계의 기준으로 사용하며 교정 및 검정용 표준기로 사용

21. 탄성식 압력계

① 브로돈관 압력계 : 가장 높은 압력측정(3000[kg/cm^2])
　㉠ 재료 : ⓐ 저압용 : 황동, 인청동, 니켈청동
　　　　　　ⓑ 고압용 : 스텐레스강, 합금강
② 다이어프램 압력계
　㉠ 재료 : 테프론, 스텐레스강, 고무, 양은
　㉡ 특징 : ⓐ 미소압력 측정
　　　　　　ⓑ 부식성 유체 측정 가능
　　　　　　ⓒ 온도의 영향을 받음
　　　　　　ⓓ 측정의 응답속도가 빠르다.
　　　　　　ⓔ 이상 압력으로 파손되어 위험성이 적다.
③ 벨로우즈 압력계
　㉠ 재료 : 인청동, 스텐레스, 베림률동

22. 화학적 가스 분석계

① 오르잣트법
  ㉠ 흡수액의 성분
    ⓐ CO_2의 흡수액 : KOH 30[%] 수용액
    ⓑ O_2의 흡수액 : 알카리성 피롤카롤 용액
    ⓒ CO_2의 흡수액 : 암모니아성 염화 제1동 용액
② 자동화학식 CO_2계
  ㉠ 연소식 O_2계 : 반응열이 산소농도에 따라 변화하는 점을 이용한 것으로 H_2의 혼합이 필요하며 촉매로 파라륨이 사용됨
  ㉡ $CO+H_2$계 : 미연소계라고도하며 연소식 O_2계와 반대로 O_2를 이용반응열에 의해 H_2, CO농도 측정

23. 물리적 가스 분석계

① 가스크로마토그래피 : 이동 속도차를 이용 열전도율계 등으로 검출하여 측정
  ㉠ 흡착제 : 활성탄, 실리카겔, 뮬레큘러시브
  ㉡ 캐리어가스 : 수소, 헬륨, 질소, 아르곤
② 세라믹식 O_2계(지르코니아식 O_2계) : ZrO_2(산화지르코늄)을 주원료로 한 양극의 기전력을 측정해 가스 중에서 산소농도 알아냄
③ 밀도식 CO_2계 : CO_2의 밀도와 점도를 이용한 것으로 가스 및 공기와 같은 크기의 모세관을 통과할 때 생기는 저항차에 의해 탄산가스량 측정
④ 열전도율형 CO_2계 : CO_2의 열전도율이 공기에 비해 극히 작은 점을 이용한 것으로 연소가스 CO_2분석에 사용
⑤ 자기식 O_2계 : 산소가 다른 가스와 비교하여 강한 상자성체이므로 자장에 흡입되는 성질을 이용한 것

제 5 장 에너지이용합리화법

1. 검사유효기간

① 유효기간없음 : ㉠ 개조검사   ㉡ 용접검사   ㉢ 구조검사
② 유효기간 1년 : ㉠ 계속사용 안전검사   ㉡ 계속사용 성능검사

2. 검사대상기기

① 강철제보일러   ② 주철제보일러   ③ 온수보일러
④ 1종압력 용기   ⑤ 2종압력 용기   ⑥ 철금속가열로

3. 벌금

① 1천만원 이하의 벌금
　㉠ 검사대상기기를 선임하지 아니한 자
　㉡ 검사를 거부, 방해 기피한자
　㉢ 특정열 사용기자재의 설치시공 확인을 받지 아니하고 특정열 사용기자재를 사용하게 한자
② 2천만원 이하의 벌금
　㉠ 생산 또는 판매금지 명령에 위반한 자
③ 1년 이하의 징역 또는 1천만원 이하의 벌금
　㉠ 검사대상기기의 검사를 받지 아니한 자
　㉡ 규정에 위반하여 검사대상기기 사용한 자
④ 2년 이하의 징역 또는 2천만원 이하의 벌금
　㉠ 규정에 의한 조정, 명령 등의 조치에 위반한 자
　㉡ 에너지 저장시설의 보유 또는 저장의무의부과시 정당한 이유 없이 이를 거부하거나 이행하지 아니한 자

4. 신고 · 해임

① 검사대상기기 채용기준 : 1구역당 1인 이상
② 특정열 사용기자재의 시공업에 대한 기술인력 교육 : 7일 이내
③ 검사대상기기 조종자가 퇴직하거나 조종자 채용하는 경우 : 해임 또는 퇴직이전
④ 축열식 전기보일러 : 정격 소비전력이 30[kW] 이하이며 최고사용압력이 3.5 [kg/cm^2] 이하
⑤ 연료 및 열과 전력의 연간사용량 합계 : 2000[TOE] 이상시 사용량 신고
⑥ 검사대상기기의 : ㉠ 설치자 변경신고 : 15일 이내
　　　　　　　　　㉡ 중지신고 : 15일 이내
　　　　　　　　　㉢ 폐기신고 : 15일 이내

5. 시 · 도지사의 위임

① 에너지사용신고의 접수
② 기록의 작성 및 보존에 대한 감독 확인
③ 시공업 등록의 말소 또는 시공업 전부 또는 일부 정지의 요청
④ 과태료부과 징수
⑤ 열사용 기자재의 제조, 수입, 판매, 시공 설치자에 대한 보고, 명령 및 검사실시

6. 모든 검사대상기기 조종자

① 보일러기능장　② 에너지관리기사　③ 에너지관리산업기사
④ 보일러산업기사　⑤ 보일러취급기능사

7. 인정검사대상기기 조종자가 조종할 수 있는 검사대상 기기

① 압력용기
② 온수발생 또는 열매체를 가열하는 보일러로서 출력이 0.5[MW] 이하인 것
③ 증기보일러로서 최고사용압력이 10[kg/cm^2] 이하이고 전열면적이 10[m^2] 이하
④ 관류보일러로서 전열면적이 30[m^2] 이하시
⑤ 온수발생보일러 출력이 50만[kcal/h] 이하

8. 특정열사용기자재

① 강철제보일러　② 주철제보일러　③ 온수보일러
④ 구멍탄용 온수보일러　⑤ 태양열집열기　⑥ 축열식 전기보일러

⑦ 1종압력용기 　　　　⑧ 2종압력용기 　　　　⑨ 요업요로
⑩ 금속요로

9. 검사대상기기 제외

① 최고사용압력이 0.1[MPa]이하이고 동체의 안지름이 300[mm] 이하이며 길이가 600[mm] 이하인 것
② 최고사용압력이 0.1[MPa]이하이고 전열면적이 5[m^2] 이하인 것
③ 온수를 발생시키는 보일러로서 대기개방인 것
④ 강철제 보일러 중 헤더의 안지름이 150[mm] 이하이고 전열면적이 5[m^2] 이하

10. 에너지관리공단위탁

① 검사증의 교부
② 검사의 연기
③ 에너지 절약 전문기업의 등록
④ 규정에 의한 검사대상기기의 검사
⑤ 검사대상기기조종자의 선임, 해임 또는 퇴직신고의 접수
⑥ 효율관리기자재에 대한 측정결과의 통보의 접수

11. 국가에너지 기본계획 : 10년 이상계획

① 국내외에너지 수급정세의 추이와 전망
② 환경피해요인의 최소화
③ 수요에너지의 안정적 확보 및 공급을 위한 대책
④ 기술개발의 촉진
⑤ 이산화탄소의 배출감소를 위한 대책
⑥ 에너지 관련기술의 개발 및 보급을 촉진하기 위한 대책

12. 소형온수 보일러로서 검사대상기기에 해당하는 것

① 도시가스열량 : 20만[kcal/h] 초과시
② 도시가스사용량 : 17[kg/h] 초과시

13. 에너지절약 전문기업의 등록이 취소되는 경우

① 허위기타부적합 방법으로 등록한 때

② 규정에 의한 등록기준에 미달하게 된 때
③ 정당한 사유 없이 등록한 후 3년 이내에 사업을 개시하지 아니한 때

14. 간이에너지조사

① 간이에너지조사 : 3년
② 에너지이용합리화 기본계획 : 5년
③ 검사대상기기의 계속 사용검사 유효기간 만료일이 9월 1일 이후인 경우 몇 개월 기간 내에서 이를 연기 : 4개월
④ 자발적 협약 : 에너지사용자가 에너지절감 목표를 수립하여 정부와 이행약속을 하는 제도
⑤ 목표에너지원단위 : 에너지를 사용하여 만드는 제품단위당 에너지 사용 목표량
⑥ 보일러설치시공범위 : 설치, 시공, 세관(배관)
⑦ 에너지공급설비 : 생산, 수송, 저장, 전환설비

15. 에너지 수급안정을 위한 비상조치

① 에너지의 배급
② 에너지의 비축과 저장
③ 에너지 사용의 제한 또는 금지
④ 에너지 배급
⑤ 에너지공급설비의 가동 및 조업
⑥ 에너지도입, 수출입 및 위탁가공

16. 에너지사용자가 매년 1월31일까지 신고해야 할 사항

① 전년도의 제품생산량 및 에너지 사용량
② 당해연도의 제품생산예정량 및 에너지 사용예정량
③ 에너지 사용기자재의 현황

17. 에너지 이용합리화법의 기본목적

① 에너지소비로 인한 환경피해 감소
② 에너지의 수급안정
③ 에너지의 효율적인 이용 증진
④ 에너지이용 효율의 증대
⑤ 국민경제의 건전한 발전과 국민복지 증진
⑥ 지구온난화를 최소화하려는 국제적 노력에 기여

18. 효율관리기자재

① 전기냉장고 ② 전기냉방기 ③ 전기세탁기 ④ 조명기기 ⑤ 자동차

19. 에너지이용합리화법에 의한 금융, 세재상 지원대상

① 노후된 보일러 및 산업용 요로 등 에너지 다소비 설비의 대체
② 대체연료사용을 위한 시설설치
③ 온실가스배출을 줄이기 위한 에너지기술 개발사업
④ 10[%] 이상의 에너지절약효과가 있다고 인정되는 에너지 절약형 설비 및 기자재의 제조 또는 설치

20. 에너지사용의 제한 또는 금지

① 차량 등 에너지 사용기자재의 사용제한
② 에너지 사용의 시기 및 방법의 제한
③ 위생접객업소, 기타 에너지사용시설의 에너지사용의 제한

21. 에너지사용기자재

① 에너지사용기자재 : 열사용기자재 및 기타 에너지를 사용하는 기자재
② 시험기관 : 에너지 효율관리기자재의 에너지소비효율 또는 사용량 측정
③ 국가에너지기본계획 : 국가에너지위원회의 심의
④ 지역에너지계획을 수립하여야 하는자 : 특별시장, 광역시장, 도지사

22. 정의

① 에너지 : 연료, 열, 전기(단, 우라늄은 제외)
② 연료 : 석탄, 석탄 대체 에너지로 기타 열을 발생하는 열원(핵원료 제외)
③ 에너지 사용자 : 에너지 사용 시설의 소유자, 관리자
④ 열사용 기자재 : 연료 및 열을 사용하는 기기, 축열식 전기기기, 단열성 자재
⑤ 에너지 공급 설비 : 에너지를 생산, 전환, 수송, 저장하기 위한 설비
⑥ 에너지 공급자 : 에너지를 생산, 수입, 전환, 수송, 판매하는 사업자

> ✪ 연료, 열 및 전기량의 에너지 환산(2000 TOE)
> 산업 자원부령에 의해 석유를 중심으로 환산(T.O.E = ton of energy)

23. 에너지 저장 의무 부과 대상자

① 전기 사업자
② 석유 정제업자 및 석유 수출업자
③ 도시가스 사업자
④ 석탄 가공업자
⑤ 집단 에너지사업자
⑥ 연간 2만 TOE 이상 에너지 사용자

24. 에너지 사용계획 수립 및 협의 대상자

① 연료 및 열을 사용하는 경우 : 연간 1만[TOE] 이상
② 전력을 사용하는 경우 : 연간 4천만[kW] 이상 사용 시설

25. 에너지 사용량 신고 : 에너지 광고 대상자

연료 및 열과 전력의 연간 사용량 합계 : 2000[TOE] 이상 사용자
→ 매년 1월 31일까지 지식경제부 장관에게 신고
① 전년도 에너지 사용량, 제품 생산량
② 당해 년도 에너지 사용 예정량, 제품 생산예정량
③ 에너지 사용 기자재 현황
④ 전년도 에너지 이용 합리화 실적 및 당해 년도 계획

26. 열사용기자재

① 보일러(강철제, 주철제, 소형 온수, 구멍탄용, 축열식 전기보일러)
② 태양열 집열기
③ 압력용기(1종, 2종)
④ 요로(요업, 금속)→타법의 규제를 받는 열사용 기자재 제외

27. 특정 열사용 기자재

① 기관(각종 보일러와 태양열 집열기)
② 압력 용기(1종, 2종)
③ 요업 요로(각종 가마)
④ 금속 요로(용선로, 가열로)

28. 특정 열사용 기자재 시공업 등록 : 국토해양부 장관에게 등록

① 특정 열사용 기자재 설치 시공시 : 시공기록 및 배관도면 3년간 보존
② 특정 열사용 기자재 설치 시공 기준 : 한국 산업 규격, 미 제공 고시
　　　　　　　　　　　　　　　　　산업자원부 장관이 정하는 기준
③ 시공표지판 부착 : 시공업자, 상호 또는 명칭, 연락처 및 설치시공 연월일

29. 특정 열사용 기자재의 설치 시공 확인 : 시·도지사의 확인

① 설치 시공 확인 대상 : 온수 보일러, 축열식 전기보일러
② 제외대상 : 국가, 지방자치단체 또는 대한주택공사가 건축하는 건물시공 일반건설업, 기계설비 공사업 면허를 받은 시공업자의 시공

30. 시공업 등록 취소

① 특정 열사용 기자재 설치 시공 기준에 따르지 아니하거나 시공 기록을 작성, 보존하지 않을 때
② 설치, 시공확인을 받지 아니하고 특정 열사용 기자재를 사용하게 할 때
③ 보고를 하지 않거나 허위보고, 검사의 거부, 방해, 기피 시
④ 이 법에 의한 명령, 처분 위반시

31. 난방 시공업 종별 업무

① 1종 난방 시공업 : 각종 보일러, 축열식 전기보일러, 태양열 집열기, 압력 용기
② 2종 난방 시공업 : 태양열 집열기, 5만[kcal/h] 이하 온수 보일러, 구멍탄 온수 보일러
③ 3종 난방 시공업 : 요업 요로, 금속 요로

32. 검사 대상기기 조종자 선임

① 검사 대상기기 설치자 : 검사 대상기기 조종자 선임, 해임, 퇴직시 시·도지사에게 신고, 에너지 관리공단위탁(1천만원 이하 벌금)→30일 이내
② 조종자 해임, 퇴직전 다른 조종자 선임
③ 채용기준 : 1구역당 1인 이상(1구역 : 한 시야로 볼 수 있는 범위, 중앙통제, 조종설비에 의해 1인이 통제, 조종할 수 있는 범위)
  ㉠ 에너지 관리기사, 에너지 관리산업기사, 보일러 산업기사, 보일러 취급기능사 : 모든 검사대상기기
  ㉡ 인정 검사 대상기기 조종자 교육 이수자
  ㉢ 증기보일러 : 10만[kg/cm^2] 이하, 전열면적 10[m^2] 이하
  ㉣ 온수보일러 : 50만[kcal/h] 이하
  ㉤ 압력용기

33. 검사 유효기간

① 용접, 구조, 개조검사 : 없음
② 설치검사, 계속 사용검사 : 보일러 1년, 압력 용기 및 철 금속 가열로 2년

34. 검사시 필요 조치사항

① 기계적 시험 준비
② 비파괴 검사 준비
③ 검사 대상기기 정비
④ 수압 시험 준비
⑤ 안전 밸브 및 수면 측정 장치 분해, 정비
⑥ 검사 대상기기 피복을 제거
⑦ 조립식인 검사 대상기기의 조립, 해체
⑧ 운전 성능 측정의 준비

35. 계속 사용 검사

① 계속 사용 검사 신청서 제출 : 유효기간 만료 10일 전
② 계속사용 검사 연기 : 당해 년도 말까지 연기 가능(단, 유효기간 만료일이 9월 1일 이후의 경우 4개월 이내의 기간 내에서 연기 가능)

> ✪ 검사 대상기기의 폐기, 사용 중지, 설치자 변경신고 : 공단 이사장에게 신고
> ① 폐기 : 폐기일 예정 15일 이전까지
> ② 사용 중지 : 사용 중지 예정 15일 이전까지
> ③ 설치자 변경 신고 : 설치자 변경 15일 이전까지

36. 일수의 정리

① 교육 : 7일 이내
② 변경, 중지, 폐기 신고 : 15일 이내
③ 에너지 관리자 채용, 해임 신고 ┐
   검사 대상자 채용, 해임 신고 ┘ 30일 이내
④ 유효기간 만료 : 10일 이내
⑤ 개선 명령 : 60일 이내
⑥ 연장 가능 개월 : 4개월

제 6 장 공업경영

1. 도수분포표

임금, 점수, 키, 몸무게 등 통계에서 조사된 요소의 수량
즉, 수량화된 조사결과를 변량이라고 하고 그 변량을 적당한 폭으로 구분했을 때 그 개개의 구분을 계급이라하며 각 계급에 속하는 요소의 수를 조사하여 이것을 계열화한 것을 변량의 도수분포를 표로 나타낸 것

① 모드 : 도수가 최대인 곳의 대표치
② 첨도 : 뽀족한정도, 정규분포의 경우를 표준으로 한다.
③ 비대칭도 : 비대칭의 방향 및 정도

2. 비용구배 및 총비용

① 비용구배(비용경사) : 일정통제를 할 때 1일당 그 작업을 단축하는데 소요되는 비용의 증가
② 총비용 : 직접비와 간접비의 합

3. 가공시간

① 서블릭기호는 동작분석에 사용
② 가공시간＝준비작업시간＋{로트수×정비작업시간(1＋여유율)}

4. 모집단(population)

어떤 집단을 통제적으로 관찰하여 평균이나 분산 등을 조사할 때 관찰의 대상이 되는 집단 전체를 조사하는 것이 여러 가지 이유로 어려울 경우에 전체에서 일부를 추출하여 그것을 조사함으로서 전체의 성질을 추정하는 방법

① 정확도(치우침) : 어떤 측정방법으로 동일시료를 무한횟수 측정하였을 때 데이터 분포의 평균치와 참값과의 차

② 정밀도(산포도) : 어떤 측정방법으로 동일시료를 무한횟수 측정하였을 때 얻어진 데이터는 반드시 흩어지는데 그 데이터분포의 폭의 크기를 뜻함
③ 오차 : 모집단의 참값과 측정데이터의 차이
④ 신뢰성 : 데이터를 신뢰할 수 있는가 없는가의 문제

5. 관리도(control chart)

제품의 품질특성(무게, 강도, 치수 등)을 세로축에 생산일자를 가로축으로 하여 한계로 하는 일정의 특성을 가로축에 잡아 그 하한과 상한의 두 선을 가로축에 평형하게 그어 전 관리한계선을 이루게 한다.
① 런(run) : 관리도내에서 점이 관리한계 내에 있고 중심선 한 쪽에 연속해서 나타나는 점
② 경향 : 연속 7점 이상의 점이 점점 올라가거나 내려가는 상태
③ 주기 : 점이 주기적으로 상하로 변동하여 파형을 나타내는 경우

6. 규준형 샘플링 검사와 열화

① 규준형 샘플링 검사 : 공급자에 대해 보호와 구입자에 대한 보증의 정도를 규정해 두고 공급자의 요구와 구입자의 요구 양쪽을 만족하도록 하는 샘플링 검사 방식
② 상대적열화 : 설비의 구식화에 의한 열화

7. 수요예측기법

① 최소자승법 : 동적 평균선을 관찰자와 경향치와의 편차자승의 총합계가 최소가 되도록 구하고 희귀직선을 연장해서 예측하는 방법
② 지수평활법 : 과거의 자료에 따라 예측을 행할 경우 현시점에 가장 가까운 자료에 가장 비중을 많이 주고 과거로 거슬러 올라갈수록 그 비중을 지수적으로 감소해 가는 소위 지수형의 가중이동 평균법
③ 이동평균법 : 평균을 취하는 N개의 함수의 각 데이터에 대해 가중치를 부여하는 방법

8. 도수분포표를 만드는 목적

① 원데이터를 규격과 대조하고 싶을 때
② 데이터의 흩어진 모양을 알고 싶을 때
③ 많은 데이터로부터 평균치와 표준편차를 구할 때

9. 스톱워치(stop watch)법

실제로 현장에서 이루어지는 모든 작업공정에 대해 사전에 미리 구분하여 별도의 측정 표준을 통해 표준시간을 산정하는 방법

① WS(work sampling method)법 : 측정자는 무작위로 현장에서 작업자가 작업하는 내용에 대해 측정율 및 가동시간에 대한 측정결과를 조합하여 표준시간을 설정하는 방법

② PTS(predetermuned time standards)법 : 기본적인 작업방법에 대해 미리 절차를 수립하여 생산시 미리 설정해 놓은 간을 가감해서 표준시간을 산정하는 방법

10. 실패코스트

품질관리활동의 초기단계에서 가장 큰 비율로 들어가는 코스트

① 의견 분석 : 신제품에 적합한 수요예측방법
② PERT/CPM에서 네트워크 작도시 무엇을 나타내는가 : 명목상의 활동

11. 관리도

① 관리도는 표준화가 불가능한 공정에는 사용할 수 없다.
② 관리도는 공정의 관리만이 아니라 공정의 해석에도 이용된다.
③ 관리도는 과거의 데이터해석에도 이용된다.

12. 워크샘플링법

① 기초이론은 확률이다.
② 업무나 활동의 비율을 알 수 있다.
③ 관측대상의 작업을 모집단으로 하고 임의의 시점에서 작업 내용을 샘플로 한다.

13. 관리도

① P_n 관리도 : 관리한계선을 구하는데 이항분포를 이용하여 관리선을 구하는 관리도
② u 관리도 : 평균결점수 관리도
③ $\overline{X}$ 관리도 : 평균값과 범위 관리도
④ X 관리도 : 결점수 관리도

14. 로트수

일정한 제조회수를 표기하는 개념

$$\text{로트의 크기} = \frac{\text{예정생산 목표량}}{\text{로트수}}$$

15. 공정분석도와 공정분석기호

① 작업(operation) : ○
② 운반(transportation) : ⇒
③ 검사(Inspection) : □
④ 지연(Delay) : D
⑤ 저장(storage) : ▽

16. 응용기호와 보조기호

① 폐기 : ✳
② 공정도생략 : ╪
③ 소관구분 : ∽
④ 양의검사 : □
⑤ 질의검사 : ◇
⑥ 양과 질의 검사 : ◇
⑦ 공정간의 대기 : ▽
⑧ 작업 중 일시대기 : ✡

17. 샘플링 검사의 목적

① 품질 향상의 자극
② 나쁜 품질인 로트의 불합격
③ 검사비용의 절감

18. 검사항목에 의한 분류

① TQC(Total Quality Control) : 전사적인 품질 정보를 교환으로 품질향상을 기도하는 기법
② P 관리도 : 계수값 관리도
③ 더미활동(dummy activity) : 실제활동은 아니며 활동의 선행조건을 네트워크에 명확히 표현하기 위한 활동
④ 검사항목에 의한 분류 : ㉠ 수량검사 ㉡ 중량검사 ㉢ 성능검사
　　　　　　　　　　　　 ㉣ 치수검사 ㉤ 외관검사

19. 제품공정분석법

① 단순지수 평활법을 이용하여 금월의 수요를 예측하려 한다면 이 때 필요한 자료
  ㉠ 지수평활계수   ㉡ 전월의 예측치와 실제치
② 검사를 판정의 대상에 의한 분류
  ㉠ 전수 검사   ㉡ 로트별 샘플링 검사   ㉢ 관리 샘플링 검사
③ 제품공정분석법 : 원재료가 제품화 되어가는 과정 즉, 가공, 검사, 운반, 지연, 저장에 대한 정보를 수집하여 분석하고 검토를 행하는 것

20. 파레토도

제품의 불량이나 결점 등의 데이터를 그 내용이나 원인별로 분류하여 발생 상황의 크기를 차례로 놓아 기둥모양으로 나타낸 그림
① 파레토그림에서 나타난 1~2개 부적합품(불량) 항목만 없애면 부적합 품율은 크게 감소한다.
② 현재의 중요문제점을 객관적으로 발견할 수 있으므로 관리방침을 수립할 수 있다.
③ 도수분포의 응용수법으로 중요한 문제점을 찾아내는 것으로서 현장에서 널리 사용

21. 설비보존 조직

① **부분보존** : 공장의 보존요원을 각 제조부분의 감독자 아래 배치
② **지역보존** : 지역별로 책임자를 두고 보존요원이 활동
③ **절충보존** : 지역보존 또는 부분보존과 집중보존을 결합하여 장점을 살리고 결점을 보완한다.
④ **집중보존** : 공장의 모든 보존 요원을 한 사람의 관리자 밑에 두고 활동

22. 시계열 변동

① 시계열 분석에서 시계열 변동
  ㉠ 순환변동   ㉡ 계절변동   ㉢ 추세변동
② R 관리도 : 계량치 관리도
③ 여력 $= \dfrac{능력 - 부하}{능력} \times 100$

23. 설비보존의 종류

① 예방보존(Preventive Maintenance) : 설비를 사용 중에 예방보존을 실시하는 쪽이 사후 보존을 하는 것보다 비용이 적게 드는 설비에 대해서 정기적인 점검 및 검사와 조기수리를 행함으로서 생산활동 중에 기계고장을 방지하는 방법
② 보존예방(Maintenance Prevention) : 설비의 설계 및 설치시에 고장이 적은 설비를 선택해서 설비의 신뢰성과 보존성을 향상시키는 방법
③ 사후보전(Breakdown Maintenance) : 고장이 난 후에 보존하는 쪽이 비용이 적게 드는 설비에 적용하는 방식으로 설비의 열화정도가 수리한계를 지난 경우에 사용하는 기법
④ 개량보존(Corrective Maintenance) : 고장원인을 분석하여 보존비용이 적게 들도록 설비의 기능일부를 개량해서 설비 그 자체의 체질을 개선하는 기법

24. PERT Network 관한 내용

① 네트워크는 일반적으로 활동과 단계의 상관관계로 구성된다.
② 명목상의 활동은 점선화살표(→)로 표시한다.
③ 활동은 하나의 생산작업요소로서 원(○)으로 표시한다.

25. 공수계획

① 공수계획 : 생산 계획을 완성하는데 필요한 인원과 계의 부하를 결정하여 이를 현재인원 및 기계의 능력과 비교하여 조정하는 것
② $\overline{X}-R$ 관리도 : 축의 완성지름, 철사의 인장강도, 아스피린 순도와 같은 데이터를 관리

26. TPM 활동의 3정 5S

① 3정
  ㉠ 정품 : 제품을 규격화하여 일정규격을 유지하는 것
  ㉡ 정량 : 최소량과 최대량을 항상 일정하게 유지하는 것
  ㉢ 정위치 : 필요제품의 위치를 표시하여 항상 제품을 일정한 장소에 위치하는 것
② 5S
  ㉠ 정리   ㉡ 정돈   ㉢ 청소   ㉣ 청결   ㉤ 생활화

27. 절차계획에서 다루어지는 중요한 내용

① 각 작업에 필요한 기계와 공구
② 각 작업의 실시순서
③ 각 작업의 소요시간

28. 작업자 공정분석

① 작업자 공정분석 : 작업자가 장소를 이동하면서 작업을 수행하는 경우에 그 과정을 가공, 검사, 운반, 저장 등의 기호를 사용하여 분석
② 관리사이클 : 계획 → 실행 → 검토 → 조처
③ u 관리도의 관리상한선과 관리하한선을 구하는 식 : $\bar{u} \pm 3\sqrt{\dfrac{\bar{u}}{n}}$

29. 샘플링방법

① 층별샘플링 : 모집단을 몇 개의 층으로 나누고 각 층으로부터 각각 랜덤하게 시료를 뽑는 샘플링 방법
② 단순샘플링 : 랜덤샘플링은 모집단의 어느 부분도 같은 확률로 시료 중에 뽑혀지도록 하는 샘플링 방법
③ 2단계샘플링 : 공정이나 로트와 같은 모집단으로부터 샘플을 뽑는 것을 샘플링이라 하며 2단계 샘플링은 각종 샘플링법의 종류
④ 계통샘플링 : 모집단으로부터 시간적 또는 공간적으로 일정한 간격을 두고 샘플링하는 방법

30. 위험물 평가법

① FTA(결합수 분석기법) : 하나의 특정한 사고 원인의 관계를 논리게이트를 이용하여 도해적으로 분석하여 연역적, 정량적 기법으로 해석해 가면서 위험성 평가
② PHA(예비위험 분석기법) : 시스템 안전프로그램에 있어서 최초개발단계의 분석으로 위험요소가 얼마나 위험한 상태인가를 정성적으로 평가
③ ETA(사건수 분석기법) : 미국에서 개발되어 변천해 온 것으로 설비의 설계, 심사, 제작, 검사, 보전, 운전, 안전대책의 과정에서 그 대응조치가 성공인가 실패인가를 확대해 가는 과정검토

31. 관리도

① C 관리도 : M타입의 자동차 또는 LCD TV를 조립, 완성한 후 부적합수(결점수)를 점검한 데이터
② P 관리도 : 공정을 불량율 P에 의거 관리할 경우에 사용하며 작성의 방법을 Pn 관리도와 같으나 다만 관리한계의 계산식이 약간 다르며 시료의 크기가 다를 때는 n에 따라서 한계의 폭이 변한다.
③ $\overline{X}-R$ 관리도 : 공정에서 채취한 시료의 길이, 무게, 시간, 강도, 성분, 수확률 등의 계량치 데이터에 대해서 공정을 관리하는 관리도
④ nP 관리도 : 공정을 불량개수 nP에 의해 관리할 경우에 사용하며 이 경우에 시료의 크기는 일정하지 않으면 안된다.

32. 검사의 판정 대상에 의한 분류

① 검사의 판정 대상에 의한 분류
  ㉠ 자주검사　　　㉡ 무검사　　　㉢ 전수검사
  ㉣ 관리 샘플링검사　㉤ 로트별 샘플링검사
② 샘플링검사의 목적에 따른 분류
  ㉠ 조정형　　　㉡ 선별형
  ㉢ 표준형　　　㉣ 연속생산형
③ ZD란 : 무결점운동
④ 가공시간 기입법 = $\dfrac{1개당\ 가공시간 \times 1로트의\ 수량}{1로트의\ 총가공시간}$

33. 경제적 주문량

경제적 주문량(Q) = $\sqrt{\dfrac{2RP}{CI}}$

여기서, Q : 로트의 크기(경제적 발주량)
　　　　R : 소비예측(연간소비량)
　　　　P : 준비비(1회 발주비용)
　　　　C : 단위비(구입단가)
　　　　I : 단위당 연간재고유지(이자, 보관, 손실)

34. 설비 열화형의 종류

① 화폐적 열화 : 신설비의 구입을 위한 구설비와의 가격차
② 물리적 열화 : 시간의 경과로 노후화하여 지능 저하형의 열화 발생
③ 기술적 열화 : 신설비의 출현으로 인한 구설비의 상대적 열화, 절대적 열화
④ 기능적 열화 : 기능적 저하가 별로 없이 조업 정지되는 지능정지형

35. 수요예측방법의 분류

① 시계열 분석 : 시계열에 따라 과거의 자료로부터 그 추세나 경향을 알아서 미래를 예측하는 것
② 회귀분석 : 과거의 자료부터 회귀방정식을 도출하고 이를 검정하여 미래를 예측
③ 구조분석 : 수요상황을 산정하는 구조모델을 추정하고 이것으로부터 미래를 예측하는 것
④ 의견분석 : 신제품의 경우와 같이 일반사용자의 의견을 집계 분석하여 미래를 예측하는 것

36. 로트의 크기

① 로트의 크기 = $\dfrac{\text{예정생산목표량}}{\text{로트수}}$
② 기계능력 = 유효가동시간 × 대수 = 월간실가동시간 × 가동율 × 대수
③ 가동율 = 출근율 × (1 − 간접작업률)
④ 인원능력 = 환산인원 × 취업시간 × 실동률
  = 월간실가동시간 × 출근율 × 인원수

37. 공수계획의 기본적인 방침

① 가동율의 향상
② 일정별 부하의 변동방지
③ 적성배치와 전문화의 촉진
④ 여유성
⑤ 부하와 능력의 균형화

38. 검사가 행해지는 공정에 의한 분류

① 검사가 행해지는 공정에 의한 분류
  ㉠ 수입검사　㉡ 공정검사　㉢ 최종검사　㉣ 출하검사

② 검사 성질에 의한 분류
  ㉠ 파괴검사   ㉡ 비파괴검사   ㉢ 관능검사

39. 관리도 종류

① 계량치관리도 : ㉠ $\bar{x}-R$ 관리도   ㉡ x 관리도
                  ㉢ $x-R$ 관리도
② 계수치관리도 : ㉠ C 관리도   ㉡ P 관리도
                  ㉢ u 관리도   ㉣ P_n 관리도

40. 1TMU

① 1TMU(Time Measurement Unit) = 0.00001시간
② 1TMU = 0.0006분   ③ 1TMU = 0.036초
④ 1초 = 27.8TMU   ⑤ 1분 = 1666.7TMU
⑥ 1시간 = 100000TMU

41. 검사공정에 의한 분류

① 공정검사   ② 출하검사   ③ 수입검사

42. 계수치 관리도

① P 관리도   ② C 관리도   ③ u 관리도

43. 품질관리 기능의 사이클

품질설계 → 공정관리 → 품질보증 → 품질개선

44. 반즈의 동작 경제 원칙

① 신체의 사용에 관한 원칙
② 작업장의 배치에 관한 원칙
③ 공구 및 설비의 디자인에 관한 원칙

에너지관리기능장

제 2 부

계산공식 문제

계산공식 문제

Question 001

보일러 급수량을 시간당 8950*l*로 하고, 파이프 내부흐름 유체의 유속을 1.7m/초로 하려면 급수파이프의 지름은 얼마로 해야 하는가?

해설 & 답

$$\sqrt{\frac{4 \times 8950}{3.14 \times 1000 \times 3600 \times 1.7}} = 0.043$$

∴ 0.043m

Question 002

유체가 흐르는 관로속에 피토우관을 넣으니 동압이 6.5m/s이다. 유속은 얼마인가?

해설 & 답

$$V = \sqrt{2gh} = \sqrt{2 \times 9.8 \times 6.5} = 11.287 \text{m/s}$$

Question 003

유량이 250kg/s의 양으로 관속을 흐른다. 내경이 300mm일 때, 이 유체의 유속을 구하시오.

해설 & 답

$$Q = A \times V \qquad 250 = \frac{\pi d^2}{4} \times V$$

$$V = \frac{Q}{V} \qquad \therefore V = \frac{(250 \div 1000)}{\frac{3.14 \times (0.3)^2}{4}} = \frac{0.25}{0.07065} = 3.54 \text{m/s}$$

Question 004

U자관 마노미타를 오리피스 유량계에 설치했다. 마노미터에는 수은($\rho=13.6g/cm^3$)이 들어있고 수은 윗부분은 사염화탄소($CCl_{4\rho}=1.6g/cm^3$)로 차있다. 마노미터가 20m를 가리킬 때 물($\rho=1g/cm^3$)의 높이로 표시된 압력차(mmH_2O)를 계산하여 답을 구하시오.

해설 & 답

$$\frac{(r_1-r)R}{r}=\frac{(13600-1600)\times 0.2}{1600}\times 1000 = 1500 mmH_2O$$

Question 005

관로 중의 오리피스(orifice) 전후 차압이 $1.936 mmH_2O$일 때의 유량은 얼마인지 계산하시오.

해설 & 답

유량은 유압의 평방근에 비례한다는 원리를 이용
$$\sqrt{1.936}:22=\sqrt{1.040}:x$$
$$\sqrt{\frac{1.040}{1.936}}\times 22 = 16.12 m^3/h$$

Question 006

연료 1kg의 원소분석 C 67.1%, H 9.2% O 0.2%, S 6.3%, 기타 0.1%이다. 이론공기량은 몇 Nm^3/kg인가?

해설 & 답

$$A_o = \left[1.867C+5.6\left(H-\frac{O}{8}\right)+0.7S\right]\times\frac{100}{21}$$
$$= \left[1.867\times 0.671\times 5.6\left(0.092-\frac{0.002}{8}\right)+0.7\times 0.063\right]\times\frac{1}{0.21}$$
$$= 8.6 Nm^3/kg$$

계산공식 문제

Question 007 배가스의 성분이 CO_2가 14%, O_2가 4%일 경우 CO_{2max}는 얼마인가?

해설 & 답

$$CO_{2max} = \frac{21 \times CO_2}{21 - O_2}[\%] = \frac{21 \times 14}{21 - 4} = \frac{294}{17} = 17.3\%$$

Question 008 시간당 20Ton/h의 증발능력 보일러에서 소비시킨 연료의 량이 1300kg/h이면 증발 배수는 얼마인가?

해설 & 답

$$환산증발배수 = \frac{매시환산증발량}{매시연료소비량}[kg/kg] = \frac{20000}{1300} = 15.4 kg/kg$$

Question 009 시간당 온수 발생량이 1200kg/h이고 온수의 온도가 120℃, 급수의 온도가 15℃이면 온수의 출력은 몇 kcal/h인가?

해설 & 답

$$1200 \times (120 - 15) = 126000 kcal/h$$

Question 010 연료의 연소시 배가스 온도가 260℃인 액체연료에서 실내 온도가 20℃이고 CO_2가 12%이다. 이 경우 배기가스 손실은 몇 %인가?

해설 & 답

$$0.59 \times \frac{배가스온도 - 실내온도}{CO_2} = 0.59 \times \frac{260 - 20}{12} = 11.8\%$$

Question 011

CO_2가 12%, CO_2max가 17%이다. 이 경우 공기비 m은 얼마인가?

해설 & 답

$$m = \frac{CO_2\max}{CO_2} = \frac{17}{12} = 1.42$$

Question 012

배가스 성분이 O_2가 6.4%, CO가 0.2%, CO_2가 11.4%이다. 이 경우 공기비 m은?

해설 & 답

$$\frac{N_2}{N_2 - 3.76(O_2 - 0.5 \times (CO))}$$

$$N_2 = 100 - (6.4 + 0.2 + 11.4) = 82\%$$

$$\frac{82}{82 - 3.76(6.4 - 0.5 \times 0.2)} = 1.41$$

Question 013

버너의 최대 연소 용량이 550kg/h이고 연료 1kg당 액체연료 저위 발열량이 4500kcal/kg이면 이 열량을 완전 흡수하는 보일러에서 최대 출력은 얼마인가?

해설 & 답

$550 \times 4500 = 2475000 \text{kcal/h}$

Question 014

부탄가스(C_4H_{10}) 1kg의 연소시 소요되는 이론산소량과 이론공기량과 질소량을 구하시오.

해설 & 답　　　　　　　　　　　　　Explanation & Answer

$$[C_4H_{10} + 6.5O_2 \leftarrow 4CO_2 + 5H_2O]$$
$$O_o = \frac{6.5 \times 22.4}{58} = 2.51 \text{Nm}^3/\text{kg}$$
$$A_o = \frac{6.5 \times 22.4}{58} \times \frac{100}{21} = 11.95 \text{Nm}^3/\text{kg}$$
$$N_2 = 11.95 \times 0.79 = 9.44 \text{Nm}^3/\text{kg}$$

Question 015

C₃H₈(프로판) 1kg의 연소시 이론 습배기가스량 G_{ow}와 실제 습배기가스량 G_w를 구하시오. (단, 과잉 공기율은 20%이다.)

해설 & 답　　　　　　　　　　　　　Explanation & Answer

$$G_{ow} = [(1-0.21)A_o + CO_2 + H_2O] \times \frac{22.4}{\text{분자량}}$$
$$= \left[(1-0.21) \times \frac{5}{0.21} + 7\right] \times \frac{22.4}{44} = 13.14 \text{Nm}^3/\text{kg}$$
$$G_w = [(m-0.21)A_o + CO_2 + H_2O] \times \frac{22.4}{44}$$
$$= \left[(1.2-0.21) \times \frac{5}{0.21} + 7\right] \times \frac{22.4}{44} = 15.56 \text{Nm}^3/\text{kg}$$

Question 016

프로판가스(C₃H₈) 1Nm³와 1kg의 연소시 생성되는 CO₂는 몇 Nm³인가?
[C₃H₈ + 5O₂ → 3CO₂ + 4H₂O]

해설 & 답　　　　　　　　　　　　　Explanation & Answer

① Nm³ 시는 3Nm³/Nm³

② kg시는 $\dfrac{3 \times 22.4}{44} = 1.527 = 1.53 \text{Nm}^3/\text{kg}$

⭐보충 프로판의 완전 연소 반응식
C₃H₈ + 5O₂ → 3CO₂ + 4H₂O

제 2 부 계산공식 문제

Question 017

중유의 H_l이 9700kcal/kg이다. 이 연료가 연소할 시 소요되는 이론 공기량은 몇 Nm³/kg가 되는가?

해설 & 답

$$12.38 \times \frac{9700 - 1100}{10000} = 10.646 = 10.65 \text{Nm}^3/\text{kg}$$

공식 : $12.38 \times \dfrac{H_l - 1100}{10000}$

Question 018

어느 연료속에 성분이 H가 11.75%이고 W가 1.10%이다. 실제 습배기 가스가 13.85Nm³이면 실제 건배기 가스량은 몇 Nm³/kg인가?

해설 & 답

$G_d = 13.85 - (11.2 \times 0.1175 + 1.244 \times 0.011) = 12.52 \text{Nm}^3/\text{kg}$

Question 019

과잉 공기계수(m)이 1.50이면 완전연소시 O_2의 양은 몇 %인가?

해설 & 답

$1.5 = \dfrac{21}{21 - O_2}$ 　　　$1.5(21 - O_2) = 21$

$31.5 - 1.5 O_2 = 21$ 　　　$\therefore\ 1.5 O_2 = 31.5 - 21$

공식 : $m = \dfrac{21}{21 - O_2}$ 　　 $O_2 = \dfrac{31.5 - 21}{1.5} = 7\%$

Question 020

중유의 성분이 H가 14%, W가 3%이고 고위 발열량이 10500kcal/kg이다. 저위 발열량 H_l은 얼마인가?

해설 & 답

$Hl = Hh - 600(9H + W) = 10500 - 600(9 \times 0.14 + 0.03) = 9726 \text{kcal/kg}$

Question 021

(60/60°F) 상태의 액체연료의 비중이 0.95이다. 비중 보오메도를 구하시오.

해설 & 답

$$\frac{140}{비중} - 130 = \frac{140}{0.95} - 130 = 17.368$$

Question 022

연료의 H_l이 9750kcal/kg이고 연소가스의 비열이 0.33kcal/Nm³℃이다. 이 경우 노내의 이론 연소 온도는 얼마인가?

해설 & 답

이론 연소온도 $= \dfrac{H_l}{G_{aw} \times CP}$

$G_{aw} = 15.75 \times \dfrac{H_l - 1100}{10000} - 2.18 = 15.75 \times \dfrac{9750 - 1100}{10000} - 2.18 = 11.44375 \text{Nm}^3/\text{kg}$

$\dfrac{9750}{11.44375 \times 0.33} = 2581.8℃$

Question 023

연돌 입구의 배가스온도가 300℃, 출구의 온도가 230℃이다. 평균 온도는 얼마인가?

해설 & 답

$t_m = \dfrac{t_1 - t_2}{2.3\log\dfrac{t_1}{t_2}} [℃]$

$\dfrac{300 - 230}{2.3\log\dfrac{300}{230}} = 263.75℃$

$\dfrac{300 - 230}{\ln\dfrac{300}{230}} = 263.45℃$

Question 024

보일러에 전양정식이 안전밸브에서 밸브좌의 면적이 1500mm²이고 증기의 사용압력이 7kg/cm²이다. 이 경우 분출용량은 시간당 몇 kg/h인가?

해설 & 답

$$W = \frac{(1.03P+1)S}{5} \text{kg/h} = \frac{(1.03 \times 7 + 1) \times 1500}{5} = 2463 \text{kg/h}$$

Question 025

용량 5Ton/h의 증기 보일러에서 발열량이 7700kcal/kg이다. 이 보일러에 설치된 버너의 용량은 얼마인가? (단, 중유의 비중은 1kg/l이다.)

해설 & 답

$$Q_B = \frac{용량 \times 539}{Hl \times r} = \frac{5 \times 1000 \times 539}{7700 \times 1} = 350 l/\text{h}$$

Question 026

풍량을 조절하기 위하여 2000rpm에서 풍압이 10mmH₂O이다. 2500rpm으로 증가시키면 풍압은 몇 mmH₂O인가?

해설 & 답

$$P_2 = P_1 \times \left(\frac{N_2}{N_1}\right)^2 \text{mmH}_2\text{O} = 10 \times \left(\frac{2500}{2000}\right)^2 = 15.625 \text{HP}$$

Question 027

송풍기의 효율이 65%, 송풍기의 전압이 2500mmH₂O, 풍량이 시간당 4500m³일 때 송풍기의 소요마력과 동력을 구하시오.

해설 & 답

$$HP = \frac{Q \times P_s}{4500 \times \eta} = \frac{250 \times 4500}{4500 \times 0.65 \times 60} = 6.4 \text{HP} \qquad HP = \frac{Q \times P_s}{75 \times E \times 60}$$

$$KW = \frac{Q \times P_s}{6120 \times \eta} = \frac{250 \times 4500}{6120 \times 0.65 \times 60} = 4.7 \text{KW} \qquad KW = \frac{Q \times P_s}{102 \times E \times 60}$$

Question 028

증기압력이 7kg/cm²인 노통연관 보일러의 지름이 1300mm가 되는 노통을 설치하고자 한다. 이 노통의 최소 두께는 얼마로 하는가?(단, 노통의 형태는 데이톤 형이다.)

해설 & 답

$$t = \frac{PD}{C} = \frac{7 \times 1300}{985} = 9.24\text{mm}$$

Question 029

상당 방열 면적이 150m²인 증기난방에서 배관내의 응축 수량을 방열기 내의 25%이다. 증기의 엔탈피가 690kcal/kg, 포화수 엔탈피가 185kcal/kg일 때 시간당 전 장치내의 응축수량은 몇 kg/h인가?

해설 & 답

$$Q_r = \frac{650}{r} \times (1 + \text{배관응축수량})(\%) \times F = \frac{650}{690-185} \times (1+0.25) \times 150$$
$$= 241\text{kg/h}$$

Question 030

수면의 높이가 80m이며 탱크속의 구멍으로 급수가 하강시 이 급수의 유속은 몇 m/s인가?

해설 & 답

$$V = \sqrt{2gh} = \sqrt{2 \times 9.8 \times 80} = 39.6\text{m/sec}$$

Question 031

수면의 높이를 측정하고자 한다. 이 수면의 유속이 6m/s일 때 높이는 몇 m인가?

해설 & 답

$$h = \frac{V^2}{2g} = \frac{(6)^2}{2 \times 9.8} = 1.84\text{m}$$

Question 032

열효율 26%의 열기관에서 1.5kw의 동력을 발생시키기 위하여 1시간에 몇 kcal의 열을 공급하여야 하는가?

해설 & 답

$$\eta_1 = \frac{AW}{Q_1}, \quad Q = \frac{AW}{\eta}, \quad \frac{1.5 \times 102 \times 3600}{427 \times 0.26} = 4961.2682 \text{kcal}$$

Question 033

플로우 노즐을 설치하여 초당 프로판 가스의 유량을 측정하고자 한다. 지름이 200mm, 안지름이 100mm의 크기이며 유량계수 $C=0.65$, 수은 마노미터의 읽음이 120mmHg이다. 이 경우 유량은 얼마인가?

해설 & 답

C_3H_8의 $\rho = \frac{44}{22.4} ≒ 1.96 \text{kg/m}^3$

$$Q = A \times C \times \sqrt{2g\left(\frac{S_o}{S}-1\right)R_1} \text{ m}^3/\text{s}$$

$$= \frac{3.14 \times (0.1)^2}{4} \times 0.65 \times \sqrt{2 \times 9.8\left(\frac{13600}{1.96}-1\right) \times 0.12}$$

$$= 0.6517961 \text{m}^3/\text{s}$$

보충

① 수은과 물 $\left(\frac{13.6}{1}-1\right) = \left(\frac{S_o}{S}-1\right)$

② 수은과 공기 $\left(\frac{13600}{1.293}-1\right) = \left(\frac{S_o}{S}-1\right)$

③ 물과 공기 $\left(\frac{1000}{1.293}-1\right) = \left(\frac{S_o}{S}-1\right)$

Question 034

유체가 흐르는 관로에 지름이 (500×250mm)인 표준 오리피스관을 설치하여 물의 양을 측정하고자 한다. 계수 $CV=0.91$이고, 전압이 750mmH$_2$O, 정압이 250mmH$_2$O이다. 초당 유량은 몇 m^3/s인가?

해설 & 답 — Explanation & Answer

$$Q = \frac{\pi d^2}{4} \times \frac{CV}{\sqrt{1-(m)^2}} \times \sqrt{2g\frac{P_1-P_2}{r}} = \text{m}^3/\text{s}$$

$$= \frac{3.14 \times (0.25)^2}{4} \times \frac{0.91}{\sqrt{1-\left(\frac{250}{500}\right)}} \times \sqrt{2 \times 9.8 \times \frac{750-250}{1000}} = 0.144 \text{m}^3/\text{s}$$

Question 035

대기압이 760mmHg, 공기의 온도가 34℃인 대기의 풍속을 피토관으로 측정하니 전압과 정압의 차가 120mmH₂O이다. 이 공기의 유속은 몇 m/s 인가?(단, 계수 C는 0.95 공기의 기체상수가 $R=29.27\text{kg}\cdot\text{m/kgK}$이다.)

해설 & 답 — Explanation & Answer

$$V = C\sqrt{2g\frac{\rho'-\rho}{\rho}h} = \text{m/s}$$

$$\rho = \frac{P \times 10^4}{RT} = \frac{1.0332 \times 10^4}{29.27 \times (273+34)} \fallingdotseq 1.15 \text{kg/m}^3$$

$$V = 0.95 \times \sqrt{2 \times 9.8 \times \frac{1000-1.15}{1.15} \times 0.12} = 42.94 \text{m/s}$$

Question 036

배가스의 유속을 측정하니 동압이 100mmH₂O이다. 배기가스 온도가 240℃이면 배가스의 유속은 초당 몇 m/s의 풍속인가? (단, 표준상태의 공기의 비중량은 1.3kg/Nm³이다.)

해설 & 답 — Explanation & Answer

$$\rho = 1.3 \times \frac{273}{273+240} = 0.6918128 \text{kg/m}^3 \quad \therefore \ 0.69\text{kg/m}^3$$

$$V = \sqrt{2 \times 9.8 \times \frac{1000-0.69}{0.69} \times 0.1} = 53.2786 \text{m/s}$$

Question 037

유속이 4m/s인 유체속에 피토우관의 차압이 몇 mmH₂O가 되겠는가?

해설 & 답

$$V^2 = 2gh, \quad H = \frac{V^2}{2g}$$

$$h = \frac{(4)^2}{2 \times 9.8} = 0.816 \text{mmH}_2\text{O}$$

Question 038

관로에 피토관을 세워보니 차압이 150mmH₂O이다. 이 경우 관로의 유체 유속은 몇 m/s인가?

해설 & 답

$$V = \sqrt{2gh} = \sqrt{2 \times 9.8 \times 0.15} = 1.71 \text{m/s}$$

Question 039

직경이 150mm인 관로에 급수의 유속이 15m/s이면 시간당 유량은 몇 m³/h인가?

해설 & 답

$$Q = A \times V = \frac{3.14 \times (0.15)^2}{4} \times 15 \times 3600 = 953.776 \text{m}^3/\text{h}$$

Question 040

직경이 600mm인 덕트를 통하는 가스의 선속도가 3m/sec일 때 가스 부피 유속(m³/min)을 구하시오.

해설 & 답

$$\frac{3.14 \times (0.6)^2}{4} \times 3 \times 60 = 50.87$$

$$\therefore 50.87 \text{m}^3/\text{min}$$

Question 041

차압식 유량계인 벤튜리미터를 설치하여 (36×18mm) 수은 마노미터의 읽음이 240mmHg로 나타났다. 시간당 유량은(물) 몇 m³/h인가? (단, 계수 $CV=0.96$이다.)

해설 & 답

$$Q = \frac{\pi d^2}{4} \times \frac{C_v}{\sqrt{1-(m)^2}} \times \sqrt{2g\left(\frac{S_o}{S}-1\right)R_1} \times 3600$$

$$= \frac{3.14 \times (0.018)^2}{4} \times \sqrt{2 \times 9.8 \times \left(\frac{13.6}{1}-1\right) \times 0.24} \times 3600 = 6.99 \text{m}^3/\text{h}$$

Question 042

차압식 유량계에서 차압이 2025[mmH₂O]일 때의 유량이 90[m³/h]이었다면 차압이 625[mmH₂O]일 때의 유량[m³/h]은 얼마인가?

해설 & 답

$$90 : \sqrt{2025} = x : \sqrt{625}$$

$$\therefore x = \sqrt{\frac{625}{2025}} \times 90 = 50 \text{m}^3/\text{hr} \doteq 50 \text{m}^3/\text{hr}$$

Question 043

증기관속에 시간당 95m³/h의 온수가 흐른다. 이 온수의 유속을 30m/s로 하면 증기관의 직경은 몇 m가 되겠는가?

해설 & 답

$$d = \sqrt{\frac{4Q}{\pi \cdot V \cdot 3600}} \, [\text{m}] = \sqrt{\frac{4 \times 95}{3.14 \times 30 \times 3600}} = 0.03347 \text{m}$$

Question 044

물의 깊이가 10m인 물탱크의 바닥에 구멍을 뚫었을 때 이 관경을 통해 방출하는 물의 속도[m/sec]를 구하시오. (단, 속도계수는 1.0이다.)

해설 & 답

$$V = C_v \sqrt{2gh} = 1 \times \sqrt{2 \times 9.8 \times 10} = 14 \text{m/sec}$$

Question 045

수면의 높이가 80m이며 탱크속의 구멍에서 급수가 하강시 이 급수의 유속은 몇 m/s인가?

해설 & 답

$$V = \sqrt{2gh} = \sqrt{2 \times 9.8 \times 80} = 39.6 \text{m/sec}$$

Question 046

3t/h의 보일러에서 실제 증기 발생량이 2650kg/h이다. 이 경우 보일러의 부하율은?

해설 & 답

$$\frac{2650}{3000} \times 100 = 88.33\%$$

Question 047

온수 난방에서 송수온도가 90℃, 환수온도가 60℃, 방열계수가 7.5 kcal/m²h℃이다. 방열기 1m²의 방열량을 구하시오. (단, 실내 온도는 18℃)

해설 & 답

$$Hr = Kr \times (온수평균온도 - 실내온도)$$

$$7.5 \times \left[\frac{90+60}{2} - 18 \right] = 427.5 \text{kcal/m}^2\text{h℃}$$

Question 048

증기 엔탈피가 680kcal/kg, 포화수 엔탈피가 190kcal/kg인 증기난방에서 방열기 1m²의 시간당 응축 수량은 몇 kg/h인가?

해설 & 답

$$\frac{650}{680-190} = 1.33 \text{kg/m}^2\text{h}$$

Question 049

주철제 증기보일러에서 화상 면적이 0.35m²시 안전밸브의 지름은 몇 mm인가?

해설 & 답

$D = 68G = 68 \times 0.35 = 23.8\text{mm}$

Question 050

유량이 250kg/s의 양으로 관속을 흐른다. 내경이 300mm일 때 이 유체의 유속을 구하시오.

해설 & 답

$Q = A \times V$

$250 = \frac{\pi d^2}{4} \times V \qquad V = \frac{Q}{A}$

$V = \frac{(250 \div 1000)}{\frac{3.14 \times (0.3)^2}{4}} = \frac{0.25}{0.07065} = 3.54 \text{m/s}$

Question 051

절대압력이 3kg/cm², 공기의 온도가 25℃, 공기의 기체상수가 29.27 kg·m/kgK이다. 공기의 밀도를 구하시오.

해설 & 답

$$\rho = \frac{P \times 10^4}{RT} = \frac{3 \times 10^4}{29.27 \times (273+25)} = 3.44 \text{kg/m}^3$$

Question 052

프로판 가스가 초당 4m/s의 유속으로 직경 50mm의 관을 흐른다. 시간당 이 기체의 유량은 몇 m³/h인가?

해설 & 답

$Q = [A \times V \times 3600]$

$A = \dfrac{3.14 \times (0.05)^2}{4} = 0.0019625 \text{m}^2$

$Q = 0.0019625 \times 4 \times 3600 = 28.26 \text{m}^3/\text{h}$

Question 053

증기 관속에 시간당 95m³/h의 온수가 흐른다. 이 온수의 유속을 30m/s로 하면 증기관의 몇 m가 되겠는가?

해설 & 답

$d = \sqrt{\dfrac{4Q}{\pi V 3600}} = [\text{m}] = \sqrt{\dfrac{4 \times 95}{3.14 \times 30 \times 3600}} = 0.03347 \text{m}$

Question 054

진공압이 650mmHg이다. 절대 압력은 몇 kg/cm²인가?

해설 & 답

$\dfrac{760 - 진공압}{760} \times 1.0332$ $\dfrac{760 - 650}{760} \times 1.0332 = 0.1495 \text{kg/cm}^2$

Question 055

0.5kWh의 전열기로 1kg의 물을 35℃에서 150℃로 가열시키려면 몇 시간이 소요되는가? (단, 전열기 효율은 70%이다.)

해설 & 답

$\dfrac{1 \times 1 \times (150 - 35)}{860 \times 0.5 \times 0.70} = 0.382$시간

Question 056

어느 기관실의 벽돌 두께가 10cm, 단열재 두께가 7cm, 일반 벽돌두께가 20cm, 벽돌의 열전도가 0.8kcal/mh℃, 단열재의 열전도가 0.25 kcal/mh℃, 일반 벽돌의 열전도가 0.9kcal/mh℃이다. 이 경우에 평균 열 전도율을 구하시고 시간당 방열량을 구하시오. (단, 내부 온도는 850℃ 외부 온도는 35℃이다.)

해설 & 답

① 평균열 전도율

$$\lambda_m = \frac{d_1 + d_2 + d_3}{\frac{d_1}{\lambda_1} + \frac{d_2}{\lambda_2} + \frac{d_3}{\lambda_3}} = \frac{0.10 + 0.07 + 0.20}{\frac{0.10}{0.8} + \frac{0.07}{0.25} + \frac{0.20}{0.9}} = 0.5899 \text{kcal/m}^2\text{hr}$$

② 손실열량

$$Q = \frac{850 - 35}{\frac{0.1}{0.8} + \frac{0.07}{0.25} + \frac{0.2}{0.9}} = 1299.37 \text{kcal/m}^2\text{hr}$$

Question 057

노벽의 두께가 150mm이고 노내의 온도가 1200℃, 외기온도 35℃, 노벽의 열전도률이 0.5kcal/mh℃, 노내의 가스와 노벽사이의 경막계수(열전달률) d_1이 1000kcal/m²h℃, 노벽과 공기 사이의 경막계수(열전달률) d_2가 50kcal/m²h℃이다. 이 경우 노벽 10m²로부터 시간당 손실 열량을 구하시오.

해설 & 답

$$Q = KF(t_1 - t_2)$$

$$K = \frac{1}{\frac{1}{1000} + \frac{0.15}{0.5} + \frac{1}{50}} = 3.115 \text{kcal/m}^2\text{h℃}$$

$$Q = 3.115 \times 10(1200 - 35) = 36289.75 \text{kcal/h}$$

Question 058

57번 문제에서 전열 저항계수 R을 구하시오.

해설 & 답

$$R = \frac{1}{\alpha_1} + \frac{d}{\lambda} + \frac{1}{\alpha_2}$$

$$R = \frac{1}{1000} + \frac{0.15}{0.5} + \frac{1}{50} = 0.321 \text{m}^2\text{h}\,℃/\text{kcal}$$

Question 059

벽돌 두께 250mm, 단열재 두께 300mm, 열전도율이 0.2kcal/mh℃, 0.1kcal/mh℃, 노내 온도가 1200℃, 실내온도 45℃이다. 노벽에 의한 손실량과 두 접촉면의 온도를 구하시오.

해설 & 답

$$Q = \frac{1200 - 45}{\frac{0.25}{0.2} + \frac{0.3}{0.1}} = 271.7647 \text{kcal/m}^3\text{h}$$

$$t = 271.7647 \times \frac{0.3}{0.1} + 45 = 860℃$$

Question 060

평균 벽의 두께의 450mm이고 열전도율이 0.25kcal/mh℃이며 내부 가스 온도가 1200℃, 실내 온도가 75℃일 때 시간당 방출 열량은 얼마인가?

해설 & 답

$$Q = \lambda \times \frac{t_2 - t_1}{d} F = 0.25 \times \frac{1200 - 75}{0.45} = 625 \text{kcal/m}^2\text{h}$$

Question 061

표면온도 155℃, 실내온도 28℃이다. 흑도가 0.9일 때 표면 복사 열전달률 α_r은 얼마인가?

해설 & 답 — Explanation & Answer

$$\alpha_r = \frac{0.9 \times 4.88 \left[\left(\frac{428}{100}\right)^4 - \left(\frac{301}{100}\right)^4\right]}{155 - 28} = 8.77 \text{kcal/m}^2\text{h}℃$$

Question 062

포화수 엔탈피가 120kcal/kg 증기의 엔탈피가 690kcal/kg 증기의 건조도가 95%이다. 이 증기의 발생증기 엔탈피는 얼마인가?

해설 & 답 — Explanation & Answer

$$h_2 = h' + r \times x = 120 + (690 - 120) \times 0.95 = 661.5 \text{kcal/kg}$$

Question 063

100℃의 물 500kg과 20℃의 물 1000kg의 혼합수의 온도가 몇 ℃인가? (단, 100℃의 비열은 0.7kcal/kg℃이고 20℃의 비열은 0.9kcal/kg℃이다.)

해설 & 답 — Explanation & Answer

$$℃ = \frac{G \times C_p \times d_t + G' \times C_p' \times d_t'}{G \times C_p + G' \times C_p'} = \frac{500 \times 0.7 \times 100 + 1000 \times 0.9 \times 20}{500 \times 0.7 + 1000 \times 0.9} = 42.4℃$$

Question 064

초당 공기 송풍량이 150m²/s이고 송풍기의 소요발생 압력이 2.1mmH$_2$O이며 송풍기의 효율이 60%이다. 몇 마력 짜리의 송풍기가 되겠는가?

해설 & 답 — Explanation & Answer

$$N = \frac{2.1 \times 150}{75 \times 0.6} = 7\text{HP}$$

Question 065

보일러 1일 급수량이 15000l이고 응축수 회수율이 80%, 관수 중의 경도 성분이 3000ppm이고 급수 중의 경도성분이 150ppm일 경우에 1일 분출량과 분출률을 구하시오.

해설 & 답

$$B = \frac{w(1-R)d}{r-d}[l/M]$$

분출률 $K = \dfrac{d}{r-d} \times 100\%$

$$B = \frac{15000(1-0.8) \times 150}{3000-150} = 157.89 \text{L/M}$$

$$K = \frac{150}{3000-150} \times 100 = 5.26\%$$

Question 066

흑도가 0.9, 방열기 표면 230℃, 실내온도 30℃인 방열기 1m²당 복사 열량은 얼마인가?

해설 & 답

$$Q = \epsilon \times C_b \times F \times \left[\left(\frac{T_1}{100}\right)^4 - \left(\frac{T_2}{100}\right)^4\right]$$

$$= 4.88 \times 0.9 \times 1 \times \left[\left(\frac{273+230}{100}\right)^4 - \left(\frac{273+30}{100}\right)^4\right] = 244 \text{kcal/m}^2\text{h}$$

Question 067

증기발생 열량이 1992000kcal/h이다. 중량으로는 몇 kg/h인가?

해설 & 답

$$\frac{1992000}{539} = 3695.7 \text{kg/h}$$

Question 068

코르니쉬 보일러의 동체 내경이 1300mm, 두께가 12mm, 길이가 4200mm이면 전열면적은 얼마인가?

해설 & 답

$3.14 \times (1.3 + 2 \times 0.012) \times 4.2 = 17.46 \text{m}^2$

$A = \pi DL = \pi(d + 2t)L$

Question 069

어느 보일러의 증기압력이 5kg/cm² 급수온도 60℃, 시간당 증기 발생량 1200kg/h, 증기엔탈피 650kcal/kg이다. 증발계수와 상당 증발량을 구하시오.

해설 & 답

① 계수 = $\dfrac{650 - 60}{539} = 1.09$

② 상당증발량 = $1200 \times 1.09 = 1308 \text{kg/h}$

증발계수 = $\dfrac{h'' - h'}{539}$ 상당증발량 = $\dfrac{G \times (h'' - h')}{539}$

Question 070

어느 보일러에서 가스 사용량이 250m³/h, 석탄의 H_l가 10500kcal/m³, 증기발생량이 1600kg/h, 증기의 열량이 660kcal/kg, 급수온도 45℃이다. 보일러 효율은?

해설 & 답

보일러 효율 = $\dfrac{G \times (h'' - h')}{G_f \times H_l} \times 100$

$= \dfrac{1600 \times (660 - 45)}{250 \times 10500} \times 100 = 37.48\%$

Question 071

10Ton/h의 수관보일러에서 증기압력 7kg/cm², 증기의 건도 90%, 증발량이 6300kg/h, 연료사용량이 510kg/h, 급수온도 30℃, 상당 증발량 보일러효율, 부하율, 증발배수를 구하시오. (단, h''은 659.7kcal/kg, h'은 165.6kcal/kg, 연료의 H_i은 9750kcal/kg이다.)

해설 & 답

① 상당증발량 = $\dfrac{6300\left[(165.6 + (659.7 - 165.6) \times 0.9) - 30\right]}{539}$ = 6782.61kg/hr

② 보일러 효율 = $\dfrac{6782.61 \times 539}{510 \times 9750} \times 100 = 73.52\%$

③ 부하율 = $\dfrac{6300}{10000} \times 100 = 63\%$

④ 증발배수 = $\dfrac{6782.61}{510} = 13.3$kg/kg

Question 072

소요전력 50kW, 펌프효율 75%, 전양정 30m로 양수하면 이 펌프의 송수량은 몇 m³/s인가?

해설 & 답

$50 = \dfrac{rQ \times H}{102 \times \eta}$ $Q = \dfrac{102 \times 0.75 \times 50}{30 \times 1000} = 0.1275 \text{m}^3/\text{s}$

보충 r(비중량 = 1000kg/m³)

Question 073

신축곡관에 쓰이는 관의 바깥지름이 200mm이고 배관의 신장 200mm를 흡수할 수 있는 신축곡관의 길이는 얼마인가?

해설 & 답

$0.073 \times \sqrt{200 \times 200} = 14.6$m

계산공식 문제

Question 074

보일러의 부하열량이 257000kcal/h이고 효율이 55%, 연료의 H_l이 10000kcal/kg이다. 오일 버너의 연료 소비량은 몇 kg인가?

해설 & 답

$$\frac{257000}{10000 \times 0.55} = 46.727 \text{kg/h}$$

Question 075

두께 170mm 열전도율이 1.45kcal/mh℃인 철근 콘크리트 벽의 열관류율을 구하시오. (단, 열전달에 의한 실내벽의 공기열저항 0.125 m²h℃/kcal, 실외벽의 공기 열저항 0.050m²h℃/kcal이다.)

해설 & 답

$$\frac{1}{\frac{0.17}{1.45} + 0.050 + 0.125} = 3.4218 \text{kcal/m}^2\text{h℃}$$

Question 076

벽체의 열관류율이 2.5kcal/m²h℃, 총면적 36m², 방위에 따른 부가계수 1.1, 내측벽 표면에 전열저항 R이 0.125m²h℃/kcal, 외측벽 표면의 전열저항 R이 0.050m²h℃/kcal, 외기온도 영하 15℃, 실내온도 20℃일 때 사무실의 난방 부하는 얼마인가?

해설 & 답

$2.5 \times 36 \times 35 \times 1.1 = 3465 \text{kcal/h}$

보충 $20 - (-15) = 35$

Question 077

굴뚝 배가스의 온도가 70℃, 외기 온도가 10℃, 굴뚝의 높이가 4m이면 굴뚝의 실제 통풍력은 얼마인가?

해설 & 답

$$H \times \left[\frac{353}{273+ta} - \frac{367}{273+tg} \right] \times 0.8$$

$$4 \times \left[\frac{353}{273+10} - \frac{367}{273+70} \right] \times 0.8 = 0.5676 \text{mmH}_2\text{O}$$

Question 078

연돌의 통풍력이 9.72mmH$_2$O, 배기가스의 비중량이 1.354kg/Nm^3, 외기온도 27℃, 이때의 비중량이 1.29kg/m^3, 연소가스의 평균온도가 237℃이다. 이 연돌의 높이를 구하시오.

해설 & 답

$$H = \frac{9.72}{273\left(\frac{1.29}{273+27} - \frac{1.354}{273+237}\right)} = 21.64\text{m}$$

공식 : $Z = 273H\left(\dfrac{ra}{273+ta} - \dfrac{rg}{273+tg}\right)$

Question 079

시간당 연료소비가 170l/h, 오일의 예열온도 70℃, 히터 입구 유온이 40℃, 연료의 비열이 0.45kcal/kg℃, 연료의 비중이 0.95, 히터의 효율이 85%일 때, 이 오일 프리히터의 용량은 얼마인가?

해설 & 답

$$\frac{170 \times 0.95 \times 0.45(70-40)}{860 \times 0.85} = 2.982\text{Kwh}$$

오일 프리히터 용량 $= \dfrac{G_f \times C_p \times \Delta t}{860 \times 효율}$

Question 080

굴뚝의 높이가 20m, 외기의 온도가 706K, 배가스의 온도가 1468K이다. 이론 통풍력을 구하시오.

해설 & 답 — Explanation & Answer

이론 통풍력 $= H\left(\dfrac{ra}{273+ta} - \dfrac{rg}{273+tg}\right) = H\left(\dfrac{353}{273+ta} - \dfrac{367}{273+tg}\right)$

$20 \times \left(\dfrac{356}{706} - \dfrac{363}{1468}\right) = 5\text{mmH}_2\text{O}$

보충
$273 \times 1.294 = 353$
$273 \times 1.345 = 367$

Question 081

연료를 500kg 소비한 회사의 보일러실에서 연소된 열이 4500000 kcal/h, 증기의 발생에 이용된 열이 4150000kcal/h이다. 보일러 효율, 전열효율, 연소효율을 계산하시오. (단, H_l은 9750kcal/kg이다.)

해설 & 답 — Explanation & Answer

① 보일러효율 $= \dfrac{4150000}{9750 \times 500} \times 100 = 85.12\%$

② 전열효율 $= \dfrac{4150000}{4500000} \times 100 = 92.22\%$

③ 연소효율 $= \dfrac{4500000}{500 \times 9750} \times 100 = 92.30\%$

Question 082

수관의 지름이 76mm, 안지름이 68mm, 유효길이 4500mm, 개수가 96개이며 전열면적 1m²당 증기 발생량은 26.1kg/h일 때 총전열면적과 시간당 증기 발생량은 총 몇 kg/h인가?

해설 & 답 — Explanation & Answer

① 전열면적 : $0.076 \times 3.14 \times 4.5 \times 96 = 103.09248\text{m}^2$
② 증기발생량 : $103.09248 \times 26.1 = 2690.7137\text{kg/h}$

Question 083

길이 100m의 강관이 지름이 150mm, 표면의 온도가 120℃인 것에 두께 3mm인 보온재를 시공하니 표면온도가 45℃로 줄었다. 외기온도 25℃, 열전도율이 25kcal/mh℃일 때 보온재로 시공한 후 절약되는 열량은 몇 %인가?

해설 & 답

① 보온전 손실 : $3.14 \times 0.15 \times 100 \times 25(120-25) = 111862.5 \text{kcal/h}$
② 보온후 손실 : $3.14 \times (0.15+0.003) \times 100 \times 25(45-25) = 32970 \text{kcal/h}$
③ 절약열량 : $\dfrac{111862.5 - 32970}{111862.5} \times 100 = 70.526\%$

Question 084

워싱턴 펌프에서 증기측의 실린더 직경이 30cm, 물의 실린더 직경이 15cm이다. 보일러 증기압력이 10kg/cm²이면 워싱턴 펌프의 토출 압력은 얼마인가?

해설 & 답

$$\dfrac{\dfrac{3.14 \times (30)^2}{4}}{\dfrac{3.14 \times (15)^2}{4}} \times 10 = 40 \text{kg/cm}^2$$

Question 085

급수펌프의 효율이 75%, 전체 양정이 8m, 급수량이 분당 10m³이다. 이 펌프의 소요마력은 얼마인가?

해설 & 답

$\dfrac{1000 \times 10 \times 8}{4500 \times 0.75} = 23.7 \text{HP}$

또는 $\dfrac{1000 \times 10 \times 8}{75 \times 0.75 \times 60} = 23.7 \text{HP}$

계산공식 문제

Question 086
고양정식 안전변에서 직경이 50mm 분출압력이 15kg/cm²이다. 시간당 증기의 분출량은 얼마인가?

해설 & 답

$$\frac{(1.03 \times 15 + 1) \times \dfrac{3.14 \times (50)^2}{4}}{10} = 3228.31 \text{kg/h}$$

Question 087
추식 안전밸브에서 안전변의 직경이 2cm, 분출압력이 6kg/cm²이다. 추의 중량은 얼마로 하여야 하는가?

해설 & 답

$$\frac{3.14 \times (2)^2}{4} \times 6 = 18.84 \text{kg}$$

Question 088
전열면적 15m²인 보일러에서 8시간에 8000kg의 증기가 발생하였다. 발률은 얼마인가?

해설 & 답

$$\frac{(8000 \div 8)}{15} = 66.67 \text{kg/m}^2\text{h}$$

Question 089
3시간 중유 소비량이 1500kg이고 연소실 용적이 5m³이며 연료의 1kg당의 H_l이 7500kcal/kg이다. 이 경우 열소실 열부하는?

해설 & 답

$$\frac{\dfrac{1500}{3} \times 7500}{5} = 750000 \text{kcal/m}^3\text{h} \qquad \therefore \text{연소실 열부하} = \frac{G_f \times H_l}{V}$$

Question 090

어느 기관실의 시간당 증기량이 3500kg 생성되고 전열면적이 15m²이며 증기의 엔탈피가 670kcal/kg, 급수의 온도가 15℃, 급수의 비열이 0.45kcal/kg℃이다. 전열면은 열부하는 얼마인가?

해설 & 답

$$\frac{3500(670-15\times 0.45)}{15} = 154758 \text{kcal/m}^2\text{h}$$

∴ **전열면 열부하** $= \dfrac{G\times (h'' - h')}{A}$

Question 091

복수기의 절대압력이 0.03kg/cm²이고 대기압이 750mmHg일 때 복수기의 진공압과 진공도를 구하시오.

해설 & 답

절대압력 = 대기압 − 진공압

대기압 $= 1.033 \times \dfrac{750}{760} = 1.0194 \text{kg/cm}^2$

진공압 $= 1.0194 - 0.03 = 0.9894 \text{kg/cm}^2$

진공도 $= \dfrac{0.9894}{1.0194} \times 100 = 97\%$

Question 092

대기압 750mmHg에서 보일러 게이지압이 15kg/cm²이다. 이 경우 절대압력은 얼마인가?

해설 & 답

$$1.033 \times \frac{750}{760} + 15 = 16 \text{kg/cm}^2$$

계산공식 문제

Question 093

상당증발량이 4,500kg/hr인 노통 연관식 증기 보일러로 매시 8,100kg/hr의 급탕을 사용하면 나머지 연출력으로 난방할 수 있는 방열기의 면적은 얼마인가? (단, 급수온도는 10℃, 급탕온도는 70℃이고, 배관부하율 α=20, 예열부하 β=1.25이다. 연료는 벙커 C유이며, 난방방식은 증기난방임.)

해설 & 답

$$\frac{\frac{4,500 \times 539}{(1+0.2) \times 1.25} - 8,100 \times (70-10)}{650} = 1,740 \text{m}^2$$

Question 094

중유 연소용 보일러에서 다음과 같은 결과를 얻었다. 이 보일러의 효율, 전열효율, 연소효율을 구하시오.

- 보일러 용량 : 10ton/h
- 증기압력 : 10kg/cm^2
- 연료소비량 : 500kg/h
- 연료의 발열량 : 9,700kcal/kg
- 연소실 내에서 실제로 발생한 발열량 : 4,400,000kcal/h
- 증기발생에 사용된 열량 : 4,200,000kcal/h

해설 & 답

효율 = $\dfrac{4,200,000}{500 \times 9,700} \times 100 = 86.60\%$

전열효율 = $\dfrac{4,200,000}{4,400,000} \times 100 = 95.45\%$

연소효율 = $\dfrac{4,400,000}{500 \times 9,700} \times 100 = 90.72\%$

Question 095

직경 650mm인 원통형 덕트(duct)를 통과하는 가스의 속도가 4m/sec일 때, 단위시간당 통과하는 가스의 부피(m³/h)는 얼마인가?

해설 & 답

$$\frac{3.14}{4} \times (0.65)^2 \times 4 \times 3600 = 4775.94 \mathrm{m^3/hr}$$

Question 096

연료조성이 C 80%, H 15%, S 5%인 중유가 있다. 이 연료를 공기비 1.2로 연소시켰을 때 이론공기량[Nm³/kg]과 실제 건배기가스량[Nm³/kg]을 구하시오.(단, 이론 건배기가스량은 10Nm³/kg이다.)

해설 & 답

이론공기량 : $8.89 \times 0.8 + 26.67\left(0.15 - \dfrac{O}{8}\right) + 3.33 \times 0.05 = 11.28 \mathrm{Nm^3/kg}$

실제 건배기가스량 : $10 + (1.2 - 1) \times 11.28 = 12.26 \mathrm{Nm^3/kg}$

Question 097

열정산 결과 다음 값을 얻었다. 이때 단위 연료당 공기의 현열(kcal/kg-연료)을 계산하시오.

> 연소용 공기온도 60℃, 외기온도 20℃, 공기비 1.3, 공기비열 0.31kcal/Nm³·℃, 연료 1kg당 이론공기량 10.4Nm³/kg

해설 & 답

공기현열 $= A_o \times m \times C \times \Delta t$
$= 10.4 \mathrm{Nm^3/kg} \times 1.3 \times 0.31 \mathrm{kcal/Nm^3 \cdot ℃} \times (60-20)℃$
$= 167.65 \mathrm{kcal/kg}$

계산공식 문제

Question 098

상당증발량 2,000kg/h의 보일러가 단위 kg당 9,800kcal의 발열량을 갖는 중유를 연소시킨다. 보일러의 효율이 80%일 때 단위시간당 연료 소비량(kg/h)을 계산하시오.

해설 & 답 — Explanation & Answer

$$\frac{2,000 \times 539}{9,800 \times 0.8} = 137.5 \text{kg/h}$$

Question 099

노내의 연소가스 온도가 1,200℃, 외기의 온도가 25℃, 노벽의 두께가 250mm, 열전도율 0.4kcal/mh℃인 노가 있다. 노내의 가스와 노벽사이의 경막계수 α_1 =1,500kcal/m²h℃, 노벽과 공기사이의 경막계수가 α_2 =16kcal/m²h℃일 때 열관류율(kcal/m²h℃)은 얼마인가?

해설 & 답 — Explanation & Answer

$$\frac{1}{\dfrac{1}{1,500}+\dfrac{0.25}{0.4}+\dfrac{1}{16}} = 1.45 \text{kcal/m}^2\text{h℃}$$

$$K = \frac{1}{R} = \frac{1}{\dfrac{1}{\alpha_1}+\dfrac{d_1}{\lambda_1}+\dfrac{1}{\alpha_2}}$$

Question 100

어떤 보일러의 배기가스 온도가 보일러 출구에서 370℃이었다. 여기에 폐열회수를 위하여 공기 예열기를 설치한 결과 배기가스 온도가 170℃로 되었다면 공기 예열기가 회수한 열량은 몇 kcal/hr인지 계산하시오. (단, 배기가스량 : 46Nm³/min, 배기가스 평균비열 0.33kcal/Nm³℃, 공기예열기 효율 80%이다.)

해설 & 답 — Explanation & Answer

$46 \times 60 \times 0.33 \times (370-170) \times 0.8 = 145728 \text{kcal/hr}$

Question 101

연소 gas 분석결과 $(CO_2)=12.6\%$, $(O_2)=6.4\%$, $(CO)=0\%$일 때 CO_{2max}를 구하시오.

해설 & 답

$$\frac{21 \times 12.6}{21-6.4} = 18.12\% \qquad \therefore CO_2(max)\% = \frac{21 \times CO_2}{21-O_2}$$

Question 102

배기가스 분석 결과 다음과 같은 자료를 얻었다. 물음에 대하여 계산하여 답을 구하시오. (단, 연소용 공기의 $O_2 : N_2$의 체적비는 21 : 79이다.)

(1) 최고 탄소율 CO_{2max}의 %를 구하시오.
(2) N_2, O_2, CO 값을 이용하여 공기비를 계산하시오.

성 분	%
CO_2	13
O_2	3
CO	2
N_2	82

해설 & 답

(1) $\dfrac{21 \times (13+2)}{21-3+0.395 \times 2} = 16.76\%$

(2) $\dfrac{82}{82-3.76(3-0.5 \times 2)} = 1.1$

$\therefore CO_2(max)\% = \dfrac{21 \times (CO_2 + CO)}{21 - O_2 + 0.395 CO}$

$\therefore m = \dfrac{N_2}{N_2 - 3.76(O_2 - 0.5 CO)}$

Question 103

수관보일러, 전열면적 외경=56mm, 내경=50.2mm, 길이=5,000mm, 본수=100개이다. 전열면적을 구하시오.

해설 & 답

$3.14 \times 0.056 \times 5 \times 100 = 87.92 m^2 \qquad \therefore A = \pi DLN$

Question 104

연소실의 열부하가 450,000kcal/m³hr이고, 상당증발량 4Ton/hr인 보일러 효율이 85%이다. 이 보일러의 연소실 용적을 구하시오.

해설 & 답

연소실 열부하 = $\dfrac{\text{매시연료사용량} \times \text{저위발열량}}{\text{연소실용적}}$ kcal/m³/h

보일러효율 = $\dfrac{\text{상당증발량} \times 539}{\text{매시연료사용량} \times \text{저위발열량}} \times 100$

∴ 매시연료사용량 × 저위발열량 = $\dfrac{\text{상당증발량} \times 539}{\eta(\text{보일러효율})}$

∴ $0.85 \times 450{,}000 = \dfrac{4000 \times 539}{x}$, $x = \dfrac{4000 \times 539}{0.85 \times 45000} = 5.64 \text{m}^2$

Question 105

외기온도 20℃에서 보일러 배기가스 온도가 280℃이다. 중유버너에서 배기가스 성분 중 CO_2 10%에서 공기비를 조절하여 CO_2를 13%까지 높이면 절감되는 열량은 연료 1kg당 몇 kcal인가? (단, CO_{2max}은 15.7%, 배기가스 비열 $g = 0.33$ kcal/Nm³℃, 이론배기가스량 $A_o = 10.709$ Nm³/kg이다.)

해설 & 답

$m = \dfrac{CO_2 \max}{CO_2}$ 이므로 CO_2 10%일 때 $m = \dfrac{15.7}{10} = 1.57$,

CO_2 13%일 때 $m = \dfrac{15.7}{13} = 1.21$

$Q = 10.709 \times (1.57 - 1.21) \times 0.33 \times (280 - 20) = 330.78$ kcal/kg

Question 106

3시간당 증발량 3,000kg, 압력 12kg/cm²(증기엔탈피=664.8kcal/kg, 연료사용량=120kg/h, 기화열=539kcal/kg, 급수온도=18℃)

해설 & 답

$\dfrac{3{,}000 \times \dfrac{1}{3}(664.8 - 18)}{539} = 1{,}200$ kg/h

Question 107

수량 50,000kg/hr의 물을 절탄기를 통해 60℃에서 90℃까지 높였다고 한다. 절탄기입구 가스온도가 340℃이면 출구가스의 온도는 몇 ℃인가? (단, 배기가스량은 75000kg/hr이고, 배기가스 비열은 0.25kcal/kg℃이며, 절탄기 효율은 80%이다.)

해설 & 답

$50,000 \times 1 \times (90-60) = 75000 \times 0.25 \times (340-x) \times 0.8$

$x = 340 - \dfrac{50,000 \times 1 \times (90-60)}{75000 \times 0.25 \times 0.8} = 240℃$

Question 108

공기비 1.4에서 1.2로 전환시 절감열량(kcal/kg)은?
공기비열=0.33kcal/Nm³℃=10.8Nm³/kg
배기가스온도=265℃
외기온도=15℃

해설 & 답

$10.8 \times 1.4 \times 0.33 \times (265-15) - 10.8 \times 1.2 \times 0.33 \times (265-15)$
$= 10.8 \times (1.4-1.2) \times 0.33 \times (265-15) = 178.2 \text{kcal/kg}$

Question 109

배기가스 중 산소=6%, A_o=8.5Nm³/kg일 경우 실제 공기량은?

해설 & 답

$\dfrac{21}{21.6} \times 8.5 = 11.9 \text{Nm}^3/\text{kg}$

$A = m \times A_o = \dfrac{21}{21-O_2} \times A_o$

Question 110

배기가스 분석 측정값이 CO_2=13.2%, O_2=3.2%인 보일러 버너의 공기비(m)를 구하시오. (단, 공기는 21%의 O_2와 79%의 N_2로 이루어져 있다.)

해설 & 답 Explanation & Answer

$N_2 = 100 - (13.2 + 3.2 + 0.3) = 83.3\%$

$m = \dfrac{83.3}{83.3 - 3.76(3.2 - 0.5 \times 0.3)} = 1.16$

Question 111

증기압력이 6kg/cm², 급수량 1,400kg/hr, 급수온도는 30℃, 매시 연료소비량이 1,200인 보일러의 증발계수 및 상당 증발 배수를 구하시오. (단, 증기압력 6kg/cm²에서 포화 증기 엔탈피는 658kcal/kg이며, 기압 100℃에서 물의 증발잠열은 539kcal/kg이다.)

해설 & 답 Explanation & Answer

① 증발계수 = $\dfrac{658 - 30}{539} = 1.17$

② $\dfrac{1,400(658 - 30)}{1,200 \times 539} = 1.36 \text{kg/kg} \div \dfrac{1.17 \times 1,400}{1,200} = 1.36$

상당증발배수 = $\dfrac{G \times (h'' - h')}{G_f \times 539}$

Question 112

어떤 보일러의 배기가스 온도가 300℃인 것을 공기예열기를 설치하여 150℃로 낮추었다. 이 경우 공기예열기에 의하여 회수된 열량은 몇 kcal/kg인가? (단, 외기온도 : 10℃, 배기가스비열 : 0.33kcal/Nm³℃, 실제습배기가스량 : 13.5Nm³/kg, 공기예열기 효율 : 85%이다.)

해설 & 답 Explanation & Answer

$Q = 13.5 \times 0.33 \times (300 - 150) \times 0.85 = 568.01 \text{kcal/kg}$

Question 113

탄소 1kg을 이론공기량 (A_o)으로 완전 연소시켰을 경우에 발생하는 연소 가스량(Nm^3)을 구하시오.

해설 & 답

$$C \quad + \quad O_2 \quad \rightarrow \quad CO_2$$
$$12kg \quad \quad 22.4Nm^3 \quad \rightarrow \quad 22.4Nm^3$$
$$O_o \rightarrow 1kg \quad \quad 1.867Nm^3 \quad \rightarrow \quad 22.4Nm^3$$
$$A_o \rightarrow 1kg \frac{1.867}{0.21} = 8.89Nm^3 \rightarrow 8.89Nm^3$$

연소가스량 $= \dfrac{22.4}{12 \times 0.21} = 8.89Nm^3$

$\doteqdot (1-0.21) \times \dfrac{1.867}{0.21} + 1.867 = 8.89Nm^3$

Question 114

시간당 연소가스량 10,900Nm^3을 배출하는 출구가스 속도가 8.5m/sec이고 가스온도가 120℃라면 굴뚝 상부의 최소 단면적은 몇 m^2가 되어야 하는지 계산하시오.

해설 & 답

$$\frac{10,900 \times \left(\dfrac{273+120}{273}\right)}{8.5 \times 3,600} = 0.51 \quad \therefore \ 0.51m^2$$

굴뚝상부 최소단면적 $= \dfrac{G \times \left(\dfrac{273+tg}{273}\right)}{3600 \times V} = \dfrac{G \times (1+0.0037t)}{3600 \times V}$

Question 115

어떤 보일러의 압력이 10kg/cm^2일 때의 전열량이 665.2kcal/kg이고, 급수 온도가 18℃, 매시간 증발량이 14,000kg, 석탄의 1시간 사용량이 1,400kg일 경우 상당 증발량은 몇 kg/h인가? (단, 물의 기화열은 539kcal/kg이다.)

해설 & 답

$$\frac{14{,}000(665.2-18)}{539} = 16810.3896 \quad \therefore\ 16810.39$$

$$Ge = \frac{G \times (h'' - h')}{539}$$

Question 116

외기온도 20℃에서 보일러 배가스 온도가 280℃이다. 중유버너에서 배기가스 성분 중 CO_2 10%에서 공기비를 조절하여 CO_2를 13%까지 높이면 절감되는 열량은 연료 1kg당 몇 kcal인가? (단, CO_{2max}은 15.7, 배기가스 비열 C_g =0.33kcal/Nm³·℃, 이론 배기가스량 A_o =10.709 Nm³/kg이다.)

해설 & 답

$10.709(1.57-1.21) \times 0.33 \times (280-20) = 330.779\text{kcal}$

Question 117

보일러 여열장치인 공기예열기로 아래 조건과 같이 공기를 예열하여 연소한 경우 단위시간당 공기의 한열 kcal/hr을 계산하시오.

- 연료소비량 G =20kg/hr
- 대기온도 t_o =20℃
- 공기소비량 A =7.5Nm³/kg-연료
- 공기예열온도 t_a =60℃
- 공기의 평균비열 C_p =5kcal/Nm³·℃

해설 & 답

$20 \times 7.5 \times 5 \times (60-20) = 30{,}000\text{kcal/kg}$

Question 118

배기가스 분석결과 다음과 같은 자료를 얻었다. 물음에 대하여 계산하여 답을 구하시오. (단, 연소용 공기의 O_2 : N_2 체적비는 21 : 79이다.)

(1) 최고 탄산가스율 $(CO_2)_{max}$의 %를 구하시오.
(2) N_2, O_2, CO값을 이용하여 공기비를 계산하시오.

성 분	%
CO_2	13
O_2	3
CO	2
N_2	82

해설 & 답

(1) $CO_{2max} = \dfrac{21 \times (13 + 2)}{21 - 3 + 0.395 \times 2} = 16.76\%$

(2) $m = \dfrac{82}{82 - 3.76(3 - 0.5 \times 2)} = 1.10$

Question 119

노통연관식 보일러에 설치된 버너의 중유 최대분사량은 430kg/h인 것을 95℃로 예열하여 공급하려면 전기식 히터를 몇 Wh 정도 되는 것을 설치하여야 되는가? (단, 히터 입구 중유온도 : 75℃, 비열 : 0.45kcal/kg℃, 히터의 효율 : 90%)

해설 & 답

$KWh = \dfrac{430 \times 0.45 \times (95 - 75)}{860 \times 0.9} = 5KWh$

Question 120

보일러의 증발량이 1일 50m³, 급수 중의 전 고형물농도 150ppm, 보일러수의 허용농도를 2,000ppm이라면 하루에 분출량은 몇 m³인가? (단, 응축수 회수는 없다.)

해설 & 답

$\dfrac{50 \times 150}{2,000 - 150} = 4.05 m^3/day$

Question 121

내경 20cm의 관속을 물이 흐르고 있다. 유속이 5m/sec라면 이 유체의 중량 유량은 몇 kg/sec인가? (단, 물의 비중량 : 1,000kg/m³, x = 3.14로 계산할 것)

해설 & 답 — **Explanation & Answer**

$$\frac{3.14}{4} \times (0.2)^2 \times 5 \times 1,000 = 157 \text{kg/sec}$$

Question 122

C=87%, H=12%, S=1%이고 연소가스 중 탄산가스(CO_2)가 12%일 경우 건연소 가스량 G를 구하시오.

해설 & 답 — **Explanation & Answer**

$$G = \frac{1.867 \times 0.87 + 0.7 \times 0.01}{0.12} = 13.59 \text{Nm}^2/\text{kg}$$

건연소가스량 $= \dfrac{1867C + 0.75}{CO_2(\%)}$

Question 123

보일러 급수펌프(원심)를 설치하고자 한다. 유량 Q : 0.5m³/min, 양정 H : 8m, 펌프효율 60%일 때 소요동력은 몇 KW인가?

해설 & 답 — **Explanation & Answer**

$$\text{KW} = \frac{0.5 \times 60 \times 8 \times 0.6}{102} = 1.4 \text{KW}$$

Question 124

연소가스 중 CO_2가 13.5%이고 CO_2max이 15.7%이면 과잉공기율은 몇 %인지 계산하시오.

해설 & 답

$m = \dfrac{15.7}{13.5} = 1.1629$에서 과잉공기율 $= (1.1629 - 1) \times 100\% = 16.29\%$

Question 125

증기난방에서 방열기 면적이 400m², 급탕량이 600*l*/h, 배관부하가 0.2이며, 급탕은 10℃에서 70℃로 가열하고 예열부하는 0.25이고, 보일러는 기름을 연료로 사용할 때

(1) 방열기 용량(방열기 방열량 및 급탕부하)은 몇 kcal/h인가? (단, 방열기의 방열량은 표준 방열량으로 한다.)
(2) 보일러 상용 출력은 몇 kcal/h인가?
(3) 보일러 정격출력은 몇 kcal/h인가?

해설 & 답

(1) $(400 \times 650) + \{600 \times 1 \times (70-10)\} = 296{,}000 \text{kcal/h}$
(2) $(400 \times 650) + \{600 \times 1 \times (70-10)\} \times (1+0.2) = 355{,}200 \text{kcal/h}$
(3) $(400 \times 650) + \{600 \times 1 \times (70-10)\} \times (1+0.2) \times (1+0.25) = 444{,}000 \text{kcal/h}$

Question 126

매초당 20*l*의 물을 송출시킬 수 있는 급수펌프에서 양정이 7.5m, 펌프효율이 75%일 경우 펌프의 소요동력은 몇 마력(HP)이어야 하는가?

해설 & 답

$\dfrac{1 \times 20 \times 7.5}{76 \times 0.75} = 2.63158 \text{HP}$

Question 127

1kg/cm² a,b,s에서의 증기 엔탈피는 639kcal/kg이다. 건조도 0.8일 때의 증기전열량은?

해설 & 답

$100 + (639 - 100) \times 0.8 = 531.2 \text{kcal/kg}$

Question 128

CO_{2max} : 18%, CO_2 : 13.2%, CO : 3%일 때 O_2(%)는?

해설 & 답

$18 = \dfrac{21 \times (13.2 + 3)}{21 - O_2 + 0.395 \times 3}$ 에서

$O_2 = (21 + 0.395 \times 3) - \dfrac{21 \times (13.2 + 3)}{18} = 3.29\%$

Question 129

연소 배기가스의 분석결과 CO_2 함량이 12.5%이 있다. 벙커 C유 550l/h, 연소에 필요한 공기량은 몇 Nm^3/min인가? (단, 벙커 C유의 이론공기량은 12.5Nm^3/kg이고, 밀도는 0.90kg/l이며, $(CO_2)_{max}$은 15.5l로 한다.)

해설 & 답

$\dfrac{\dfrac{15.5}{12.5} \times 12.5 \times 550 \times 0.9}{60} = 127.88$

Question 130

어떤 공장의 굴뚝에서 배출되는 연기의 농도를 측정한 결과 다음과 같았을 때 농도를 (%)을 계산하시오. (단, 측정시간은 60분이다.)

[측정결과]
- 농도 0도 : 10분
- 농도 1도 : 15분
- 농도 2도 : 20분
- 농도 3도 : 5분
- 농도 4도 : 5분
- 농도 5도 : 5분

해설 & 답

$\dfrac{(1 \times 15 + 2 \times 20 + 3 \times 15 + 4 \times 5 + 5 \times 5) \times 20}{60} = 58.3\%$

Question 131

벽체 총 면적이 50m²인 건물이 다음과 같은 조건일 때 이 건물벽체의 난방부하는 몇 kcal/h인지 계산하시오.
(조건 : 벽체의 열관류율 : 1.2kcal/m² · h · ℃, 외기온도 : −10℃, 실내온도 : 20℃, 방위에 따른 부가계수 : 1.05)

해설 & 답

$1.2 \times 50 \times 20 - (-10) \times 1.05 = 1{,}890 \text{kcal/h}$

Question 132

탄소(C) 86%, 수소(H) 14%의 조성을 갖는 역체연료를 매시 100kg 연소시킬 때 매시 소요되는 공기량(Nm^3/kg)은? (단, 공기 과잉계수는 1.2이다.)

해설 & 답

$(8.89 \times 0.86 + 26.67 \times 0.14) \times 1.2 = 13.66 \text{Nm}^3/\text{kg}$

Question 133

최대연속 증발량이 10Ton/h인 보일러에서 2시간동안 급수량이 16,480l이고 이때의 급수온도는 80℃였다. 다음 물음에 답하시오. (단, 80℃ 물의 비체적은 1.03l/kg이다.)
(1) 1시간당 급수량은 몇 kg인가?
(2) 부하율은 몇 %인가?

해설 & 답

(1) $\dfrac{16480}{2 \times 1.03} = 8000 \text{kg}$

(2) $\dfrac{\text{매시실제증발량}}{\text{매시최대증발량}} \times 100\% = \dfrac{8000}{10000} \times 100 = 80\%$

Question 134

급수량이 시간당 2,000kg이고, 보일러수의 허용농도는 2,000ppm이다. 급수속에 고형분은 100ppm 함유하고 있다고 가정하면 일일 분출량은 얼마이어야 하는지 계산하시오.

해설 & 답

$$\frac{2,000 \times 100 \times 24}{2,000 - 100} = 2526.32 \text{kg/day}$$

Question 135

평균 난방 부하가 150kcal/m²인 건물의 1일 소요되는 보일러용 경유량은 몇 kg인가? (단, 보일러의 효율 80%, 난방면적 100m², 경유의 저위발열량은 9,000kcal/kg)

해설 & 답

$$\frac{150 \times 100}{0.8 \times 9,000} = 2.08 \text{kg}$$

Question 136

방열기의 총방열면적이 400m²이고 급탕량 420kg/h에 사용할 수 있는 주철제 보일러의 용량을 구하시오. (단, 급수온도 : 10℃, 출탕온도 : 80℃, 배관부하 : 0.25, 예열부하 : 1.5, 출력저하계수 : 1, 방열기의 1m²당 방열량 : 600kcal/h)

해설 & 답

$$\frac{\{(400 \times 600) + (420 \times 70)\} \times (1 + 0.25) \times 1.5}{1} = 505,125 \text{kcal/h}$$

보일러 용량 $= \dfrac{(Q_1 + Q_2)(1+2)\beta}{K}$

Question 137

연소가스 중의 산소는 6%였다. 이 경우의 공기비(m)를 계산하면 얼마인가?

해설 & 답

$$m = \frac{21}{21-O_2} \qquad m = \frac{21}{21-6} = 1.4$$

Question 138

전손실 열량이 9,750kcal/hr인 사무실에 3세주 650mm의 주철제 증기 방열기를 설치하려 한다. 섹션 수는 몇 쪽으로 해야 되는가? (단, 방열기 방열량은 표준 방열량으로 하며, 1쪽당 면적은 0.15m²이다.)

해설 & 답

$$\frac{9,750}{650 \times 0.15} = 100쪽$$

$$쪽수 = \frac{난방부하}{방열기\ 방열량 \times 쪽당\ 방열면적}$$

Question 139

석유계 연료의 연소가스 분석 결과 용량으로 CO_2 : 11%, O_2 : 4%, CO : 1%이고, 이 연료의 1kg당 이론 공기량 A_o는 11Nm³이었다. 다음 물음에 답하시오.

(1) 공기비 m은 얼마인가?
(2) 실제공기량 A는 얼마인가?

해설 & 답

(1) $\dfrac{84}{84 - 3.76(4 - 0.5 \times 1)} = 1.1857 \quad \therefore\ 1.19$

(2) $1.19 \times 11 = 13.09 \text{Nm}^3/\text{kg}$

Question 140

관로 중의 오리피스(orifice) 전후 차압이 1.936mmH₂O일 때, 유량이 22m³/h이었다. 차압이 1.040mmH₂O일 때의 유량은 얼마인지 계산하시오.

해설 & 답 — Explanation & Answer

유량은 유압의 평방근에 비례한다는 원리를 이용

$\sqrt{1.936} : 22 = \sqrt{1.040} : x$

$\sqrt{\dfrac{1.040}{1.936}} \times 22 = 16.12 \mathrm{m^3/h}$

Question 141

1kg/cm²abs의 포화증기의 엔탈피는 639kcal/kg이다. 건조도가 0.8일 때는 이 증기의 전열량은 얼마인가?

해설 & 답 — Explanation & Answer

전열량 $= 100 + 539 \times 0.8 = 531.2 \mathrm{kcal/kg}$

Question 142

비중(60/60°F)이 0.95인 액체연료의 API도 및 보메도(Baume)를 계산하시오.

해설 & 답 — Explanation & Answer

$API = \dfrac{141.5}{0.95} - 131.5 = 17.45$

$보메도 = \dfrac{140}{0.95} - 130 = 17.35$

Question 143

프로판 Nm^n 연소시 이론 산소량과 이론 공기량을 구하시오.

Explanation & Answer

① 이론산소량 : $5 \times 5 = 25 Nm^3$

② 이론공기량 : $\dfrac{5}{0.21} \times 5 = 119.05 Nm^2$

보충 프로판의 완전 연소 반응식
$C_3H_8 + 5O_2 \rightarrow 3CO_2 + 4H_2O$

Question 144

수분 정량용 시료 930g 건조후 시료중량이 850g일 때 수분(%)은?

Explanation & Answer

$\dfrac{930 - 850}{930} \times 100 = 8.60\%$

Question 145

Drum(드럼)의 두께가 9mm이고, 내경이 4,000mm Drum(드럼)의 길이가 5500mm인 란카샤 보일러의 전열면적(m^2)은 얼마인가? (단, 답은 소수 첫째자리에서 반올림)

Explanation & Answer

$H_s = 4DL = 4 \times (4 + 2 \times 0.009) \times 5.5 = 88 m^2$

Question 146

관경이 20cm이고 유속이 5m/sec일 때 중량 유량은? (단, 물의 비중량은 1000kg/m^3, π는 3.14로 한다.)

Explanation & Answer

$\dfrac{3.14 \times 0.2^2}{4} \times 5 \times 1000 = 157 kg/sec$

계산공식 문제

Question 147
연소실 용적 30m³, 발열량 6000kcal/kg, 시간당 1500kg을 연소시킬 때 연소실 열부하는?

해설 & 답

$$\frac{1500 \times 6000}{30} = 300,000 \text{kcal}/\text{m}^3\text{h}$$

Question 148
지름 200mm인 펌프의 양수량이 3.6m³/min일 때 유속은 몇 m/sec인가?

해설 & 답

$$\frac{3.6}{\frac{3.14 \times 2^2}{4}} \times \frac{1}{60} = 1.9108$$

$$Q = A \times V \qquad V = \frac{Q}{A}$$

Question 149
상당 증발량이 1.5ton/h, 급수온도가 10℃, 발생증기 엔탈피가 659 kcal/kg일 때 실제증발량은 몇 kg/h인가?

해설 & 답

$$G_a = \frac{539 \times 1500}{659 - 10} = 1245.7627 \text{kg/h}$$

Question 150
중유를 매시간 350kg, 공기비 1.2로 연소시켰을 때 배가스의 보유열량(kcal/hr)을 구하시오. (단, 배가스온도 : 250℃, 배가스 평균비열 : 0.33kcal/Nm³℃, 외기온도 : 20℃, 이론 배가스량 : 11.7Nm³/kg, 이론 공기량 : 10.9Nm³/kg)

해설 & 답

$$\{11.7 + (1.2 - 1) \times 10.9\} \times 0.33 \times (250 - 20) \times 350 = 368722.2 \text{kcal/hr}$$

Question 151

다음 그림의 평판 전열체에서 $t_h=1500℃$, $t_c=200℃$, $α_h$(내측 열전달률)=50kcal/m²h℃, $α_c$(외측 열전달률)=2000(kcal/m²h℃), s(벽두께)=25mm, $λ$(평판 열전도율)=40(kcal/mh℃)일 때 다음 물음에 답하시오. (단, 계의 저장되는 열을 무시한다.)

(1) 이 평판의 열관류율(kcal/m²h℃)은 얼마인가? (단, 답은 소수둘째자리에서 반올림)
(2) 이 평판 10m²에서 시간당 전달되는 열량은 몇 kcal/h인가?
(3) 전열면 내면, 고온측의 온도(t_1)은 몇 ℃인가?

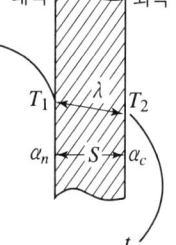

해설 & 답

(1) 관류율 = $\dfrac{1}{\dfrac{1}{50}+\dfrac{0.025}{40}+\dfrac{1}{2000}}$ = 47.3kcal/m²h℃

(2) 열량 = $K \cdot F \cdot \Delta T$ = 47.3 × 10 × (1500 − 200) = 614900kcal/H

(3) 온도 = $1500 - \dfrac{1}{50} \times \dfrac{614900}{10}$ = 27.02℃

Question 152

피스톤 직경 2cm의 자유피스톤 압력계를 사용하여 브르돈관 압력계의 검사를 하고 있다. 추와 피스톤의 합계무게가 10kg일 때 브르돈관 압력계의 눈금지시가 3kg/cm²이었다면 이 브르돈관 압력계의 보정률은 몇 %인가?

해설 & 답

$P = \dfrac{W}{A} = \dfrac{10}{0.785 \times 2^2} = 3.18\,\text{kg/cm}^2$

∴ $\dfrac{3.18-3}{3.18} \times 100 = 5.66\%$

에너지관리기능장

제 3 부

필기
기출문제

2015년도 제 57 회

문제 01
다음 중 복사난방에서 방열관의 열전도율이 큰 순서대로 나열된 것은?

① 강관 〉 폴리에틸렌관 〉 동관　② 동관 〉 폴리에틸렌관 〉 강관
③ 동관 〉 강관 〉 폴리에틸렌관　④ 폴리에틸렌관 〉 동관 〉 강관

해설 복사난방에서 방열관의 열전도율이 큰 순서대로 나열된 것
동관 〉 강관 〉 폴리에틸렌관

문제 02
관류 보일러(단관식)의 특징을 설명한 것으로 틀린 것은?

① 관로만으로 구성되어 기수드럼을 필요로 하지 않고 관을 자유로이 배치할 수 있다.
② 전열면적에 비해 보유수량이 많아 기동에서 소요증기 발생까지의 시간이 길다.
③ 부하변동에 비해 압력변동이 생기기 때문에 응답이 빠르고 급수량 및 연료량의 자동제어 장치가 필요하다.
④ 작고 가느다란 관내에서 급수의 전부 또는 거의가 증발되기 때문에 제대로 처리된 급수를 사용해야 한다.

해설 관류 보일러의 특징
① 관로만으로 구성되어 기수드럼을 필요치 않고 관을 자유로이 배치할 수 있다.
② 전열면적에 비해 보유수량이 적어 기동에서 소요증기 발생시간이 짧다.
③ 작고 가느다란 관내에서 급수의 전부 또는 거의가 증발되기 때문에 제대로 처리된 급수를 사용해야 한다.
④ 부하변동에 대한 압력변동이 생기기 때문에 응답이 빠르고 급수량 및 연료량의 자동제어장치가 필요하다.
⑤ 순환비 $\left(\dfrac{급수량}{증발량}\right)$가 1이다.
⑥ 구조가 복잡하여 청소, 검사, 수리가 어렵다.

해답 01. ③　02. ②

문제 03

실제 증발량 4ton/h인 보일러의 효율이 85%이고, 급수 온도가 40℃, 발생증기 엔탈피가 650kcal/kg이다. 이 보일러의 연료소비량은? (단, 연료의 저위발열량은 9,800kcal/kg이다.)

① 361 kg/h ② 293 kg/h
③ 250 kg/h ④ 395 kg/h

해설

연료소비량 = $\dfrac{\text{실제증발량}(\text{발생증기 엔탈피} - \text{급수엔탈피 또는 급수온도})}{\text{저위발열량} \times \text{효율}}$

$= \dfrac{4 \times 1000 \times (650 - 40)}{9800 \times 0.85}$

$= 292.91 \, \text{kg/h}$

문제 04

지역난방의 특징에 대한 설명으로 틀린 것은?

① 각 건물에 보일러를 설치하는 경우에 비해 건물의 유효면적이 증대된다.
② 각 건물에 보일러를 설치하는 경우에 비해 열효율이 좋아진다.
③ 설비의 고도화에 따라 도시매연이 감소된다.
④ 열매체로 증기보다 온수를 사용하는 것이 관내 저항손실이 적으므로 주로 온수를 사용한다.

해설 지역난방의 특징

① 설비의 고도화에 따라 도시 매연이 감소된다.
② 각 건물에 보일러를 설치하는 경우에 비해 열효율이 좋아진다.
③ 각 건물에 보일러를 설치하는 경우에 비해 건물의 유효면적이 증대된다.
④ 폐열의 회수 및 쓰레기의 소각 등으로 연료비가 적게 든다.
⑤ 작업인원 절감으로 인건비를 줄일 수 있다.
⑥ 고압의 증기, 고온수이므로 관경을 적게 할 수 있다.
⑦ 시설비가 많이 든다.
⑧ 설비가 길어지므로 배관 손실이 있다.

해답 03. ② 04. ④

문제 05

증기보일러의 사용 전 준비사항으로 적절하지 않은 것은?

① 보일러 가동 전 압력계의 지침은 0점에 있어야 한다.
② 주증기 밸브를 열어 놓은 후 보일러를 가동한다.
③ 원심식 펌프는 수동으로 회전시켜 이상 유무를 살펴본다.
④ 자동급수장치의 전원을 넣을 때 전류흐름의 지침이나 표시전등의 정상 유무를 확인한다.

해설 주증기 밸브를 닫은 후 보일러를 가동한다.

문제 06

액상식 열매체 보일러 및 온도 120℃ 이하의 온수발생 보일러에 설치하는 방출밸브 지름은 몇 mm 이상으로 하는가?

① 5mm ② 10mm
③ 15mm ④ 20mm

해설 **온수발생 보일러** ┌ 온도가 120℃ 이하 : 방출밸브 설치
└ 온도가 120℃ 초과 : 안전밸브 설치
이때 방출밸브 지름 20mm 이상으로 한다.

문제 07

집진장치의 종류 중 집진효율이 가장 높고, 0.05~20㎛ 정도의 미립자까지 집진이 가능한 장치는?

① 전기 집진장치 ② 관성력 집진장치
③ 세정 집진장치 ④ 원심력 집진장치

해설 **건식 집진장치**
① 사이클론 집진장치 : 비교적 입경이 클 경우 포집
② 여과식 집진장치 : 0.5~1㎛ 이하 포집. 대표적으로 백필터가 있다.
③ 전기식 집진장치 : 0.05~20㎛ 정도의 입자 포집. 집진효율이 가장 좋다. 대표적으로 코트렐 집진장치가 있다.

해답 05. ② 06. ④ 07. ①

문제 08

개방식과 밀폐식 팽창탱크에 공통적으로 필요한 것은?

① 통기관 ② 압력계
③ 팽창관 ④ 안전밸브

해설 **개방식 팽창탱크**
① 방출관(안전관) ② 팽창관 ③ 배기관 ④ 급수관
⑤ 오버플로관 ⑥ 배수관
밀폐식 팽창탱크
① 압축공기관 ② 팽창관 ③ 압력계 ④ 수면계
⑤ 급수관 ⑥ 배수관 ⑦ 도피밸브

문제 09

교축열량계는 무엇을 측정하는 것인가?

① 증기의 압력 ② 증기의 온도
③ 증기의 건도 ④ 증기의 유량

해설 교축열량계는 증기의 건도 측정

문제 10

보일러의 부속장치에서 슈트 블로어(soot blower)의 사용 시 주의사항으로 가장 거리가 먼 것은?

① 보일러의 부하가 60% 이상인 때는 사용하지 않는다.
② 소화 후에는 슈트 블로어 사용을 금지한다.
③ 분출 시에는 유인 통풍을 증가시킨다.
④ 분출 전에는 분출기 내부에 드레인을 제거시킨다.

해설 **슈트 블로어 사용 시 주의사항**
① 보일러의 부하가 50% 이하인 경우는 사용하지 말 것.
② 소화 후에는 슈트 블로어 사용 금지
③ 분출 시에는 유인통풍을 증가시킨다.
④ 분출 전에는 분출기 내부에 드레인을 제거시킨다.
⑤ 한곳으로 집중적으로 사용함으로써 전열면에 무리를 가하지 말 것.
⑥ 연료의 종류, 분출 위치, 증기의 온도 등에 따라 분출시기를 결정할 것.

해답 08. ③ 09. ③ 10. ①

문제 11

건조공기 성분 중 산소와 질소의 용적비율로 가장 적절한 것은? (단, 공기는 산소와 질소로만 이루어진 것으로 가정한다.)

① 산소 21%, 질소 79%   ② 산소 30%, 질소 70%
③ 산소 11%, 질소 89%   ④ 산소 35%, 질소 65%

해설 공기중 ┌ N_2(질소) : 79% × 28g = 22.12g ┐ 28.84g
              └ O_2(산소) : 21% × 32g = 6.82g ┘
∴ 공기의 평균분자량 ≒ 29g

문제 12

어떤 보일러의 원심식 급수펌프가 2,500rpm으로 회전하여 200m³/h의 유량을 공급한다고 한다. 이 펌프를 1,500rpm으로 회전시키면 공급되는 유량은?

① 100m³/h   ② 120m³/h
③ 140m³/h   ④ 160m³/h

해설
유량 $= Q \times \left(\dfrac{N_2}{N_1}\right)^1 = 200 \times \left(\dfrac{1500}{2500}\right) = 120\,\text{m}^3/\text{h}$

양정 $= H \times \left(\dfrac{N_2}{N_1}\right)^2$ 동력 $= kW \times \left(\dfrac{N_2}{N_1}\right)^3$

문제 13

복사난방의 특징에 대한 설명으로 틀린 것은?

① 방열기의 설치가 불필요하여 바닥면의 이용도가 높다.
② 실내 평균온도가 높아 손실열량이 크다.
③ 건물 구조체에 매입배관을 하므로 시공 및 고장수리가 어렵다.
④ 예열시간이 많이 걸려 일시적 난방에는 부적당하다.

해설 복사난방의 특징
① 높이에 따른 온도분포가 균일하다.
② 방열기 등의 설치공간이 불필요하여 실내공간의 이용률이 높다.
③ 공기 등의 미진을 태우지 않아 쾌감도가 좋다.
④ 동일 방열량에 비해 열손실이 적다.

11. ①   12. ②   13. ②

⑤ 예열이 길어 부하에 대응하기 어렵다.
⑥ 설비비가 많이 든다.
⑦ 매입배관으로 고장, 수리, 점검이 어렵다.
⑧ 표면부의 균열 발생이 쉽다.

 **14** 증기난방의 설명 중 틀린 것은?

① 단관중력환수식은 환수관이 별도로 없어서 방열기 상부에 공기빼기 장치가 필요하다.
② 기계환수식은 응축수를 일단 급수탱크에 모아서 펌프를 사용하여 보일러로 급수한다.
③ 진공환수식은 방열기마다 공기빼기장치가 필요하다.
④ 진공환수식은 대규모 설비에서 사용되며 방열량이 광범위하게 조절된다.

[해설] 진공환수식은 방열기마다 공기빼기가 필요없다.

 **15** 유압분무식 버너의 특성에 대한 설명으로 틀린 것은?

① 유압펌프로 기름에 고압력($5 \sim 20 \text{kgf/cm}^2$)을 주어서 버너팁에서 노내로 분출하여 무화시킨다.
② 분무각도는 설계에 따라 $40 \sim 90°$ 정도의 넓은 각도로 할 수 있다.
③ 유량은 유압의 평방근에 반비례한다.
④ 무화매체인 공기나 증기가 필요 없다.

[해설] **유압분무식 버너의 특징**
① 유량은 유압의 평방근에 비례한다.($Q = \sqrt{P}$)
② 분무각도는 설계에 따라 $40 \sim 90°$ 정도의 넓은 각도로 할 수 있다.
③ 무화매체인 증기나 공기가 필요없다.
④ 유압펌프로 기름에 고압력($5 \sim 20 \text{kg/cm}^2$)을 주어서 버너팁에서 노내로 분출하여 무화시킨다.
⑤ 대용량의 제작에 용이하다.
⑥ 유량조절범위가 좁다.(1 : 1.5)
⑦ 흡입력이 적어 착화 안전장치가 필요하다.
⑧ 설비가 간단하여 분무상태가 양호하다.

해답   14. ③   15. ③

문제 16
보일러 연료로서 중유가 석탄보다 좋은 점을 설명한 것으로 틀린 것은?

① 연소장치가 필요 없다.
② 단위중량당 발열량이 크다.
③ 운반과 저장이 편리하다.
④ 그을음이 적고 재의 처리가 간단하다.

[해설] 중유가 석탄보다 좋은 점
① 품질이 균일하여 발열량이 높다.   ② 연소효율 및 열효율이 좋다.
③ 운반 및 저장 취급이 용이   ④ 회분이 적고 연소 조절이 쉽다.
⑤ 연소온도가 높아 국부가열 위험성이 많다.
⑥ 화재 및 역화의 위험성이 있다.   ⑦ 연소장치가 반드시 필요.

문제 17
자동제어의 종류 중 주어진 목표값과 조작된 결과의 제어량을 비교하여 그 차를 제거하기 위하여 출력측의 신호를 입력측으로 되돌려 제어하는 것은?

① 피드백 제어   ② 시퀀스 제어
③ 인터록 제어   ④ 캐스케이드 제어

[해설] 피드백 제어 : 주어진 목표값과 조작된 결과의 제어량을 비교하여 그 차를 제거하기 위하여 출력측의 신호를 입력측으로 되돌려 제어
인터록 제어 : 구비조건이 맞지 않을 때 구비조건이 충족될 때까지 다음 단계를 정지시키는 제어
시퀀스 제어 : 처음 정해진 순서에 의해 제어 단계를 순차적으로 제어
캐스케이드 제어 : 1차 제어장치가 제어 명령을 말하고 2차 제어장치가 이 명령을 바탕으로 제어

문제 18
관성력 집진장치의 형식 분류에 속하지 않는 것은?

① 포켓형   ② 직관형
③ 곡관형   ④ 루버형

[해설] 관성력 집진장치의 형식 분류
① 포켓형 ② 곡관형 ③ 루버형

해답 16. ①   17. ①   18. ②

문제 19 2장의 전열 판을 일정한 간격을 둔 상태에서 시계의 태엽 모양으로 감아 나간 것으로 저유량에서 심한 난기류 등이 유발되는 곳에 사용하는 열교환기의 형식은?

① 플레이트식 열교환기
② 2중관식 열교환기
③ 스파이럴형 열교환기
④ 쉘 엔 튜브식 열교환기

해설 **스파이럴형 열교환기** : 2장의 전열판을 일정한 간격을 둔 상태에서 시계의 태엽 모양으로 감아 나간 것으로 저유량에서 심한 난기류 등이 유발되는 곳에 사용

문제 20 감압밸브의 설치 시 이점에 대한 설명으로 틀린 것은?

① 증기를 감압시키면 잠열이 증가되므로 최대한의 열을 이용할 수 있다.
② 포화증기는 일정한 온도를 가지므로 특정온도를 유지할 수 있다.
③ 고압증기를 저압증기로 변화시키면 증기의 건도를 향상시킬 수 있다.
④ 고압증기보다 저압증기를 공급하면 배관 관경을 작게 할 수 있으며 경제적이다.

해설 **감압밸브 설치 시 이점**
① 고압의 증기를 저압증기로 변화시키면 증기의 건도를 향상시킬 수 있다.
② 포화증기는 일정한 온도를 가지므로 특정온도를 유지할 수 있다.
③ 증기를 감압시키면 잠열이 증가되므로, 최대한의 열을 이용할 수 있다.
④ 부하측의 압력을 일정하게 유지할 수 있다.
⑤ 고압과 저압의 증기를 동시에 사용이 가능하다.

문제 21 보일러의 연소실이나 연료에 따라 연소가스 폭발을 대비하여 설치하는 안전장치는?

① 파괴 판
② 안전밸브
③ 방폭문
④ 가용전

해설 **방폭문** : 연소가스의 폭발을 방지하기 위하여 설치
안전밸브 : 동 내부 증기압력 이상상승 시 증기를 외부로 배출하여 사고 방지

해답 19. ③ 20. ④ 21. ③

문제 22

보일러의 자연통풍력에 대한 설명으로 틀린 것은?

① 외기온도가 높으면 통풍력은 증가한다.
② 연돌의 높이가 높으면 통풍력은 증가한다.
③ 배기가스온도가 높으면 통풍력은 증가한다.
④ 연돌의 단면적이 클수록 증가한다.

해설 보일러의 자연통풍력
① 외기온도가 높으면 통풍력은 감소한다.
② 연돌의 단면적이 클수록 증가한다.
③ 배기가스온도가 높을수록 통풍력은 증가한다.
④ 연돌의 높이가 높으면 통풍력은 증가한다.

문제 23

과열기(super heater)에 대한 설명으로 옳은 것은?

① 포화증기의 온도를 높이기 위한 장치이다.
② 포화증기의 압력과 온도를 높이기 위한 장치이다.
③ 급수를 가열하기 위한 장치이다.
④ 연소용 공기를 가열하기 위한 장치이다.

해설 **과열기** : 포화증기의 온도를 높이기 위한 장치이다.
절탄기 : 연소가스 예열을 이용하여 급수를 예열하는 장치
공기예열기 : 연소가스 예열을 이용하여 연소용 공기를 예열하는 장치

문제 24

고압 보일러에 사용되는 청관제 중 탈산소제로 사용되는 것은?

① 하이드라진   ② 수산화나트륨
③ 탄산나트륨   ④ 암모니아

해설 **탈산소제** : 탄닌, 아황산소다, 히드리진
슬러지 조정제 : 리그닌, 녹말, 탄닌
pH조정제 : 인산소다, 암모니아, 수산화나트륨
연화제 : 인산소다, 탄산소다, 수산화나트륨

해답 22. ① 23. ① 24. ①

문제 25
보일러의 건조보존법에서 질소가스를 사용할 때 질소의 보존압력은?

① 0.03 MPa ② 0.06 MPa
③ 0.12 MPa ④ 0.15 MPa

해설 건조보존법에서 질소 사용 시 질소의 보존압력
0.6kg/cm² (0.06MPa)

문제 26
청관제의 작용에 해당되지 않는 것은?

① 관수의 탈산작용 ② 기포 발생 촉진
③ 경도 성분 연화 ④ 관수의 pH 조정

해설 청관제의 작용
① 관수의 탈산작용
② 경도 성분 연화
③ 관수의 pH 조정
④ 슬러지 제거

문제 27
카르노 사이클의 열효율 η, 공급열량 Q_1, 배출열량을 Q_2라 할 때 옳은 관계식은?

① $\eta = 1 + \dfrac{Q_2}{Q_1}$ ② $\eta = 1 - \dfrac{Q_2}{Q_1}$
③ $\eta = 1 - \dfrac{Q_1}{Q_2}$ ④ $\eta = \dfrac{Q_1 + Q_2}{Q_2}$

해설 관계식 $= 1 - \dfrac{Q_2}{Q_1}$

여기서, Q_1 : 공급열량
Q_2 : 배출열량

해답 25. ② 26. ② 27. ②

문제 28 높이가 2m 되는 뚜껑이 없는 용기 안에 비중이 0.8인 기름이 가득 차 있다면 밑면의 압력은? (단, 물의 비중량은 1,000kgf/m³이다.)

① 1,600 kgf/cm² ② 16 kgf/cm²
③ 1.6 kgf/cm²   ④ 0.16 kgf/cm²

해설
$$P = r \times h = 0.8 \times 1000 \text{kg/m}^3 \times 2\text{m}$$
$$= 1600 \text{kg/m}^2 \div 10000$$
$$= 0.16 \text{kg/cm}^2$$

문제 29 다음 중 물때(scale)가 부착됨으로써 보일러에 미치는 영향으로 가장 거리가 먼 것은?

① 포밍을 일으킨다.
② 연료 손실을 일으킨다.
③ 관의 부식을 일으킨다.
④ 국부 과열로 보일러의 동관을 손상시킨다.

해설 물때가 부착됨으로써 보일러에 미치는 영향
① 스케일이 생성된다.
② 국부과열로 보일러의 동관을 손상시킨다.
③ 관의 부식을 일으킨다.
④ 연료의 손실을 일으킨다.

문제 30 유체 속에 잠겨진 경사 평면벽에 작용하는 전압력에 대한 설명으로 옳은 것은?

① 경사진 각도에만 관계된다.
② 유체의 비중량과 단면적을 곱한 것과 같다.
③ 잠겨진 깊이와는 무관하다.
④ 벽면의 도심에서의 압력에 평면의 면적을 곱한 것과 같다.

해설 유체 속에 잠겨진 경사 평면벽에 작용하는 전압력
벽면의 도심에서의 압력에 평면의 면적을 곱한 것과 같다.

해답   28. ④   29. ①   30. ④

문제 31

기체의 정압비열과 정적비열의 관계를 설명한 것으로 옳은 것은?

① 정압비열이 정적비열보다 항상 작다.
② 정압비열이 정적비열보다 항상 크다.
③ 정압비열과 정적비열은 항상 같다.
④ 비열비는 정압비열과 정적비열의 차를 나타낸다.

해설 비열비 $(k) = \dfrac{C_p}{C_v}$ (여기서, C_v : 정적비열, C_p : 정압비열)

∴ 정압비열이 항상 크다.

문제 32

보일러 급수 중의 용존 고형물을 처리하는 방법이 아닌 것은?

① 가성소다법 ② 석회소다법
③ 응집침강법 ④ 이온교환법

해설 **외처리법**

① 용존산소 제거법 ─┬─ 탈기법 : CO_2, O_2 가스체 제거
                        └─ 기폭법 : Fe, Mm, CO_2, O_2 가스체 제거

② 현탁질 고형물 제거법 ─┬─ 침전법
   (불순물 제거법)   ├─ 여과법
                          └─ 응집법

③ 용해 고형물 제거법 ─┬─ 이온교환법
                      ├─ 약제법
                      ├─ 증류법
                      ├─ 가성소다법
                      └─ 석회소다법

문제 33

배관 설비에 있어서 관경을 구할 때 사용하는 공식은? (단, V : 유속, Q : 유량, d : 관경)

① $d = \sqrt{\dfrac{\pi V}{4Q}}$ ② $d = \sqrt{\dfrac{Q}{\pi V}}$

③ $d = \sqrt{\dfrac{4Q}{\pi V}}$ ④ $d = \sqrt{\dfrac{VQ}{4\pi}}$

해답 31. ② 32. ③ 33. ③

해설 $Q = A \times V$ 에서 $Q = \dfrac{\pi d^2 V}{4}$

$\pi d^2 V = 4Q$ ∴ $d^2 = \dfrac{4Q}{\pi V}$ ∴ $d = \sqrt{\dfrac{4Q}{\pi V}}$

문제 34 보일러의 연소실 내부에서 전열면으로 열이 전달되는 형태 중 가장 크게 작용하는 열전달 방식은?

① 전도 ② 대류
③ 복사 ④ 비등

해설 보일러의 연소실 내부에서 전열면으로 열이 전달되는 형태 중 가장 크게 작용하는 열전달 방식은 복사이다.

문제 35 응축수 회수기는 고온의 응축수를 온도강하 없이 보일러에 급수할 수 있는 장치로서 압력계가 상승하며 동시에 배출구에서도 가압기체가 계속 나오는 이상발생의 원인으로 틀린 것은?

① 디스크 밸브 내에 먼지가 끼어 기밀이 잘 되지 않는다.
② 장치 내부의 배기밸브에 먼지나 이물질이 끼어 있다.
③ 디스크 밸브가 불량이다.
④ 가압기체가 공급되지 않는다.

해설 응축수 회수기의 압력계가 상승하며 동시에 배출구에서도 가압기체가 계속 나오는 이상발생 원인
① 가압기체가 계속 공급되고 있다.
② 디스크 밸브가 불량이다.
③ 장치 내부의 배기밸브에 먼지나 이물질이 끼어 있다.
④ 디스크 밸브 내에 먼지가 끼어 기밀이 잘 되지 않는다.

해답 34. ③ 35. ④

문제 36

2MPa의 고압증기를 0.12MPa로 감압하여 사용하고자 한다. 감압밸브 입구에서의 건도가 0.9라고 할 때 감압 후의 건도는? (단, 감압과정을 교축과정으로 본다. 압력에 따른 비엔탈피는 다음과 같다.)

압력(MPa)	포화수의 비엔탈피(kJ/kg)	포화증기의 비엔탈피(kJ/kg)
0.12	439.362	2683.4
2	908.588	2797.2

① 0.65 ② 0.79
③ 0.83 ④ 0.97

문제 37

노통연관식 보일러에서 노통의 상부가 압궤되는 주된 요인은?

① 수처리 불량 ② 저수위 차단 불량
③ 연소실 폭발 ④ 과부하운전

[해설] 노통연관식 보일러에서 노통의 상부가 압궤되는 주요 요인
저수위 차단 불량

문제 38

스테판–볼츠만의 법칙에 대한 설명으로 옳은 것은?

① 완전흑체 표면에서의 복사열 전달열은 절대온도의 4승에 비례한다.
② 완전흑체 표면에서의 복사열 전달열은 절대온도의 4승에 반비례한다.
③ 완전흑체 표면에서의 복사열 전달열은 절대온도의 2승에 비례한다.
④ 완전흑체 표면에서의 복사열 전달열은 절대온도에 반비례한다.

[해설] 스테판–볼츠만의 법칙 : 완전흑체 표면에서의 복사열, 전달열은 절대온도의 4승에 비례한다.

$$복사열\ 전달열 = \frac{4.88 \times \varepsilon \times \left[\left(\frac{t_1}{100}\right)^4 - \left(\frac{T_2}{100}\right)^2\right]}{t_1 - t_2}$$

해답 36. ④ 37. ② 38. ①

여기서, ε : 흑도
T_1 : 표면부의 절대온도(°K)
T_2 : 실내의 절대온도(°K)
A : 면적
t_1 : 표면부의 온도(℃)
t_2 : 실내온도(℃)

문제 39 열관류율의 단위로 옳은 것은?

① kcal/kg·h ② kcal/kg·℃
③ kcal/m·℃·h ④ kcal/m²·℃·h

 단위
① 열관류율 = 열통과율 = 열전달률 : kcal/m²h℃
② 비열 : kcal/kg℃
③ 열전도율 : kcal/mh℃
④ 증발배수 : kg/kg
⑤ 연소실 열부하 : kcal/m³h
⑥ 전열면 열부하 : kcal/m²h
⑦ 전열면 증발률 : kg/m²h

문제 40 보일러의 내부부식의 주요 원인으로 볼 수 없는 것은?

① 급수 중에 유지류, 산류, 탄산가스, 염류 등의 불순물을 함유하는 경우
② 일반 전기배선에서의 누전으로 인하여 전류가 장시간 흐르는 경우
③ 연소가스 속의 부식성 가스에 의한 경우
④ 강재의 수축 표면에 녹이 생겨서 국부적으로 전위차가 발생하여 전류가 흐르는 경우

보일러의 내부부식의 주요 요인
① 강재의 수축 표면에 녹이 생겨서 국부적으로 전위차가 발생하여 전류가 흐르는 경우
② 일반 전기배선에서의 누전으로 인하여 전류가 장시간 흐르는 경우
③ 급수 중에 유지류, 산류, 탄산가스, 염류 등의 불순물을 함유하는 경우

39. ④ 40. ③

문제 41

에너지이용합리화법의 에너지저장시설의 보유 또는 저장의무의 부과 시 정당한 이유 없이 이를 거부하거나 이행하지 아니한 자에 대한 벌칙은?

① 1년 이하의 징역 또는 1천만원 이하의 벌금에 처한다.
② 2년 이하의 징역 또는 2천만원 이하의 벌금에 처한다.
③ 3년 이하의 징역 또는 3천만원 이하의 벌금에 처한다.
④ 500만원 이하의 벌금에 처한다.

해설 2년 이하의 징역 또는 2천만원 이하의 벌금
① 에너지저장시설의 보유 또는 저장의무의 부과 시 정당한 이유 없이 이를 거부하거나 이행하지 아니한 자
② 조정 명령 등의 조치를 위반한 자
③ 직무상 알게 된 비밀을 누설하거나 도용한 자
1년 이하의 징역 또는 2천만원 이하의 벌금
① 검사대상기기의 검사를 받지 아니한 자
② 검사에 합격하지 아니한 검사대상기기 사용자
2천만원 이하의 벌금
① 생산 또는 판매 금지 명령을 위반한 자
1천만원 이하의 벌금
① 검사대상기기 조종자를 선임하지 아니한 자
② 검사를 거부, 방해 또는 기피한 자

문제 42

응축수의 부력을 이용해 밸브를 개폐하여 간헐적으로 응축수를 배출하는 증기트랩은?

① 벨로즈 트랩   ② 디스크 트랩
③ 오리피스 트랩 ④ 버킷 트랩

해설 증기트랩 : 관내 응축수를 배출하여 수격작용 방지
① 기계적 트랩 : 포화수와 포화증기의 비중차 이용[버킷 트랩, 플로트 트랩 (부자식 트랩)] : 부력 이용
② 온도 조절 트랩 : 포화수와 포화증기 온도차 이용(바이메탈 트랩, 온도 조절 트랩)
③ 열역학적 트랩 : 포화수와 포화증기의 열역학적 특성차 이용(오리피스, 디스크 트랩)

해답 41. ② 42. ④

43 에너지사용량이 기준량 이상인 에너지다소비사업자가 시·도지사에 신고해야 하는 사항으로 틀린 것은?

① 전년도의 분기별 에너지사용량·제품생산량
② 해당년도의 분기별 에너지사용예정량·제품생산예정량
③ 해당년도의 에너지이용합리화 실적 및 전년도의 계획
④ 에너지사용기자재의 현황

해설 에너지다소비사업자가 시·도지사에 신고하는 사항
① 에너지사용기자재의 현황
② 해당년도의 에너지사용예정량·제품생산예정량
③ 전년도의 에너지이용합리화 실적 및 해당년도의 계획
④ 전년도의 에너지사용량·제품생산량

44 부정형 내화물이 아닌 것은?

① 캐스터블 내화물　　② 포스테라이트 내화물
③ 플라스틱 내화물　　④ 래밍 내화물

해설 부정형 내화물의 종류
① 캐스터블 내화물　② 플라스틱 내화물　③ 래밍 내화물

45 동관용 공구에 대한 설명 중 틀린 것은?

① 튜브 벤더(tube bender) : 관을 구부리는 공구
② 사이징 툴(sizing tool) : 관경을 원형으로 정형하는 공구
③ 플레어링 툴 세트(flaring tool sets) : 동관의 관 끝을 오무림하는 압축접합 공구
④ 익스팬더(expander) : 동관 끝의 확관용 공구

해설 플레어링 툴 : 동관의 압축 접합용 공구

해답　43. ③　44. ②　45. ③

문제 46 사용하는 재료의 안전율에 대하여 고려해야 할 요소로 가장 거리가 먼 것은?

① 사용하는 장소
② 가공의 정확성
③ 사용자의 연령
④ 발생하는 응력의 종류

해설 사용하는 재료의 안전율에 대해 고려해야 할 사항
① 사용하는 장소 ② 가공의 정확성 ③ 발생하는 응력의 종류

문제 47 배관 설계도의 치수 기입법에 대한 설명 중 옳은 것은?

① TOP, BOP 표시와 같은 목적으로 사용되면 관의 아랫면을 기준으로 표시한다.
② BOP 표시는 지름이 다른 관의 높이를 나타내며 관 외경의 중심까지를 기준으로 표시한다.
③ GL 표시는 포장이 안 된 바닥을 기준으로 하여 배관장치의 높이를 표시한다.
④ EL 표시는 배관의 높이를 관의 중심을 기준으로 표시한다.

해설 배관 설계도의 치수 기입법
① TOP : 관의 윗면 기준   ② BOP : 관의 아랫면 기준
③ EL : 관의 중심 기준   ④ FL : 1층 바닥면 기준

문제 48 스테인리스강의 내식성과 가장 관계가 깊은 것은?

① 철(Fe)
② 크롬(Cr)
③ 알루미늄(Al)
④ 구리(Cu)

해설 스테인리스강의 내식성과 가장 관계가 깊은 것 : 크롬

해답 46. ③ 47. ④ 48. ②

 증기와 응축수의 열역학적 특성값에 의해 작동하는 트랩은?

① 플로트 트랩　　② 버킷 트랩
③ 디스크 트랩　　④ 바이메탈 트랩

해설 문제 42번 참조.

 배관의 중량을 밑에서 받쳐 주는 장치로서 배관의 축 방향이 이동을 자유롭게 하기 위해 배관을 지지하는 것은?

① 리지드 행거(rigid hanger)　　② 콘스탄트 행거(constant hanger)
③ 앵커(anchor)　　④ 롤러 서포트(roller support)

해설 **서포트** : 배관의 하중을 아래에서 위로 받쳐 지지
① 롤러 서포트 : 관의 축방향 이동을 허용한 지지구
② 스프링 서포트 : 스프링의 탄성에 의해 상·하 이동을 허용한 것
③ 리지드 서포트 : H빔이나 I빔으로 받침을 만들어 지지
④ 파이프 슈 : 관에 직접 접속하는 지지구로 수평배관과 수직배관의 연결부에 사용

 강관 이음 시 사용하는 패킹에 대한 설명으로 틀린 것은?

① 나사용 패킹으로 광명단을 섞은 페인트를 사용하기도 한다.
② 플랜지 패킹으로 석면 조인트 시트는 내열성이 나쁘다.
③ 테프론 테이프는 탄성이 부족하다.
④ 액상합성수지는 화학약품에 강하며 내유성이 크다.

해설 **강관 이음 시 사용하는 패킹**
① 나사용 패킹
　㉠ 페인트 : 광명단을 혼합 사용하는 것으로 오일 배관 사용 못함.
　㉡ 일산화연 : 페인트에 소량의 일산화연을 혼합 사용하며 냉매 배관에 많이 사용.
　㉢ 액상합성수지 : 내열범위가 -30~130℃ 정도로 약품에 강하고 내유성이 강해 증기, 기름, 약품 배관에 사용

해답　49. ③　50. ④　51. ②

② 플랜지 패킹
  ㉠ 석면 조인트 시트 : 광물질의 미세한 섬유로 450℃의 고온 배관에도 사용.
  ㉡ 합성수지 패킹 : 가장 우수한 것으로 테프론이 있으며, 내열범위는 −260~260℃이다.
  ㉢ 오일 실 패킹 : 한지를 내유 가공한 것으로, 내열도가 낮아 펌프, 기어 박스 등에 사용.
③ 글랜드 패킹
  ㉠ 석면각형 패킹 : 석면을 각형으로 짜서 만든 것으로 내열, 내산성이 좋아 대형 밸브 그랜드로 사용.
  ㉡ 석면 얀 : 석면을 꼬아서 만든 것으로 소형 밸브, 수면계, 콕 등 주로 소형 밸브 그랜드로 사용.
  ㉢ 아마존 패킹 : 면포와 내열고무 콤파운드를 가공 성형한 것으로 압축기의 그랜드로 사용
  ㉣ 몰드 패킹 : 석면, 흑연, 수지 등을 배합 정형한 것으로, 밸브, 펌프 등의 그랜드에 사용.

52. 전기저항 용접의 종류가 아닌 것은?

① 스폿 용접
② 버트 심 용접
③ 심(seam) 용접
④ 서브머지드 용접

해설 전기저항 용접 ─ 겹치기 용접 ─ 점용접
                              ─ 심용접
                              ─ 프로젝션 용접
                  └ 맞대기 용접 ─ 포일 심 용접
                              ─ 퍼커션 용접
                              ─ 플래시 용접
                              └ 업셋 용접

53. 저압 증기보일러에서 보일러수가 환수관으로 역류하거나 누출하는 것을 방지하기 위하여 설치하는 배관 방식은?

① 리프트 피팅법
② 하트포드 접속법
③ 에어 루프 배관
④ 바이패스 배관

해답 52. ④ 53. ②

해설 하트포드 접속법 : 저압 증기보일러에서 보일러수가 환수관으로 역류하거나 누출하는 것을 방지하기 위하여 설치

문제 54
동관의 분류 중 사용된 소재에 따른 분류가 아닌 것은?
① 인 탈산 동관 ② 타프피치 동관
③ 무산소 동관 ④ 반경질 동관

해설 동관의 분류 중 사용된 소재에 따른 분류
① 인탈산 동관 ② 타프피치 동관 ③ 무산소 동관 ④ 황동관 ⑤ 규소 청동관

문제 55
생산보전(PM : Productive Maintenance)의 내용에 속하지 않는 것은?
① 보전예방 ② 안전보전
③ 예방보전 ④ 개량보전

해설 생산보전 : ① 예방보전 ② 보전예방 ③ 개량보전

문제 56
품질 특성을 나타내는 데이터 중 계수치 데이터에 속하는 것은?
① 무게 ② 길이
③ 인장강도 ④ 부적합품률

해설 품질 특성을 나타내는 데이터 중 계수치 데이터 : 부적합품률

문제 57
모든 작업을 기본동작으로 분해하고, 각 기본동작에 대하여 성질과 조건에 따라 미리 정해 놓은 시간치를 적용하여 정미시간을 산정하는 방법은?
① PTS법 ② Work Sampling법
③ 스톱워치법 ④ 실적자료법

해답 54. ④ 55. ② 56. ④ 57. ①

PTS법 : 모든 작업을 기본동작으로 분해하고 각 기본동작에 대하여 성질과 조건에 따라 미리 정해 놓은 시간치를 적용하여 정미시간을 산정하는 방법
Work Sampling법 : 측정자는 무작위로 현장에서 작업자가 작업하는 내용에 대해 측정률 및 가동시간에 대한 측정결과를 조합하여 표준시간을 설정하는 방법
스톱워치법 : 실제로 현장에서 이루어지는 모든 작업공정에 대해 사전에 미리 구분하여 별도의 측정표준을 통해 표준시간을 산정하는 방법

 관리도에서 측정한 값을 차례로 타점했을 때 점이 순차적으로 상승하거나 하강하는 것을 무엇이라 하는가?

① 연(run) ② 주기(cycle)
③ 경향(trend) ④ 산포(dispersion)

 경향 : 관리도 내에서 측정한 값을 차례로 타점했을 때 점이 순차적으로 상승하거나 하강하는 것
런 : 관리도 내에서 점이 관리한계 내에 있고 중심선 한쪽에 연속해서 나타나는 점
주기 : 점이 주기적으로 상하로 변동하여 파형을 나타내는 경우

 어떤 공장에서 작업을 하는 데 있어서 소요되는 기간과 비용이 다음 표와 같을 때 비용구배는? [단, 활동시간의 단위는 일(日)로 계산한다.]

정상작업		특급작업	
기간	비용	기간	비용
15일	150만원	10일	200만원

① 50,000원 ② 100,000원
③ 200,000원 ④ 500,000원

 비용구배 = $\dfrac{200만원 - 150만원}{15 - 10}$ = 100만원

58. ③ 59. ②

문제 60 200개들이 상자가 15개 있을 때 각 상자로부터 제품을 랜덤하게 10개씩 샘플링할 경우, 이러한 샘플링 방법을 무엇이라 하는가?

① 층별 샘플링   ② 계통 샘플링
③ 취락 샘플링   ④ 2단계 샘플링

해설 **층별 샘플링** : 200개들이 상자가 15개 있을 때 각 상자로부터 제품을 랜덤하게 10개씩 샘플링할 경우
계통 샘플링 : 모집단으로부터 시간적 또는 공간적으로 일정한 간격을 두고 샘플링
2단계 샘플링 : 공정이나 로트와 같은 모집단으로부터 샘플을 뽑는 것을 샘플링이라 함.
단순 샘플링 : 랜덤 샘플링은 모집단의 어느 부분도 같은 확률로, 시료 중에 뽑혀지도록 하는 샘플링

60. ①

2015년도 제 58 회

문제 01 보일러 집진방법 중 함진가스에 선회운동을 주어 분진입자에 작용하는 원심력에 의하여 입자를 분리하는 것은?

① 중력하강법 ② 관성법
③ 사이클론법 ④ 원통여과법

해설 **건식 집진장치**
① 사이클론식 : 함진가스에 선회운동을 주어 분진입자에 작용하는 원심력에 의해 입자를 분리, 비교적 입경이 클 경우 포집
② 여과식 : 대표적으로 백필터가 있고, 0.5~1㎛ 이하 포집
③ 전기식 : 대표적으로 코트렐 집진장치가 있고, 집진효율이 가장 좋다. 코로나 방전을 이용, 포집

문제 02 스팀트랩 중 기계식 트랩으로서 증기와 응축수 사이의 부력 차이에 의해 작동되는 타입으로 에어벤트가 내장되어 불필요한 공기를 제거하도록 되어 있으며 응축수가 생성되는 것과 거의 동시에 배출시키는 트랩은?

① 플로트식 증기트랩 ② 서모다이나믹 증기트랩
③ 온도조절식 증기트랩 ④ 버킷식 증기트랩

해설 **증기트랩** : 관내 응축수를 제거하여 수격작용 방지
① 기계적 트랩 : 포화수와 포화증기의 비중차 이용[버킷, 플로트(부자식) 트랩 : 부력에 의해 작동]
② 온도조절 트랩 : 포화수와 포화증기의 온도차 이용(바이메탈, 벨로즈, 다이어프램식)
③ 열역학적 트랩 : 포화수와 포화증기의 열역학적 특성차 이용(오리피스, 디스크 트랩)

해답 01. ③ 02. ①

문제 03
지역난방 서브-스테이션(sub-station) 시스템의 중계 방식으로 가장 거리가 먼 것은?
① 직접방식　　　② 간접방식
③ 브리드 인 방식　④ 열교환기 방식

해설 지역난방 서브-스테이션(sub-station) 시스템의 중계 방식
① 직접방식　② 브리드인 방식　③ 열교환기 방식

문제 04
보일러 용량 표시 방법으로 틀린 것은?
① 정격출력　　　② 상당 증발량
③ 보일러 마력　　④ 과열기 면적

해설 보일러의 용량 표시 방법
① 정격출력　② 정격용량　③ 보일러 마력　④ 상당 증발량
⑤ 상당 방열면적　⑥ 전열면적

문제 05
보일러의 증기난방 시공에 대한 설명으로 틀린 것은?
① 온수의 온도 상승으로 인한 체적 팽창에 의한 보일러의 파손을 방지하기 위한 팽창탱크를 설치한다.
② 진공 환수방식에서 방열기의 설치위치가 보일러보다 아래쪽에 설치된 경우 적용되는 이음방식을 리프트 피팅이라 한다.
③ 증기관과 환수관을 연결한 밸런스 관을 설치하며 안전 저수위면 위쪽으로 환수관을 설치하는 배관방식은 하트포드 접속법이다.
④ 증기 공급관의 관말부의 최종 분기 이후에서 트랩에 이르는 배관은 여분의 증기가 충분히 냉각되어 응축수가 될 수 있도록 보온 피복을 하지 않은 나관 상태로 1.5m 이상의 냉각래그를 설치한다.

해설 팽창탱크 설치 목적
① 체적팽창 및 이상팽창압력 방지
② 보충수 공급
③ 온수의 온도 일정하게 유지

해답　03. ②　04. ④　05. ①

문제 06 온도조절식 증기트랩의 종류가 아닌 것은?

① 벨로즈식　　② 바이메탈식
③ 다이어프램식　　④ 버킷식

[해설] 문제 02번 참조.

문제 07 일반적인 연소에 있어서 이론 공기량이 A_o, 실제 공기량이 A일 때, 공기비 m을 구하는 식은?

① $m = (A_o/A) - 1$　　② $m = (A_o/A) + 1$
③ $m = A_o/A$　　④ $m = A/A_o$

[해설] $$m(공기비) = \frac{A}{A_o} = \frac{21}{21 - O_2} = \frac{N_2}{N_2 - 3.76 O_2}$$

문제 08 연소장치에 대한 설명으로 틀린 것은?

① 윈드박스는 공기흐름을 적절히 유지하며 동압을 정압상태로 바꾸어 착화나 화염을 안정시키는 장치이다.
② 컴버스터(combustor)는 저온의 노에서도 연소를 안정시켜 분출흐름의 모양을 안정시킨 장치이다.
③ 유류버너의 고압기류식 버너는 연료 자체의 압력에 의해 노즐에서 고속으로 분출시켜 미립화시키는 버너이다.
④ 유류버너에서 비환류형 버너는 연소량이 감소하는 경우에는 와류실의 선회력이 감소하여 분무특성이 나빠지는 결점이 있다.

[해설] 연소장치
① 유압분무식 버너는 연료 자체의 압력(5~20kg/cm²)에 의해 노즐에서 고속으로 분출시켜 미립화시키는 버너
② 윈드박스는 공기흐름을 적절히 유지하며 동압을 정압상태로 바꾸어 착화나 화염을 안정시키는 장치
③ 컴버스터는 저온의 노에서도 연소를 안정시켜 분출 흐름의 모양을 안정시킨 장치

해답　06. ④　07. ④　08. ③

④ 스태빌라이저는 연료유의 분무 흐름이나 연소공기 사이에서 저유속 흐름을 유도함으로 불꽃의 안정성을 유지케 하는 장치
⑤ 버너 타일은 버너의 첨단부분을 보호하며 화염의 모양을 형성시켜 연속화염을 안정시키는 내화재로 구축된 장치

아래의 식을 이용하여 보일러 용량 계산 시 다음 중 옳은 것은? (단, H_1은 난방부하를 나타낸다.)

$$K = (H_1 + H_2)(1+\partial)\,\beta/R$$

① ∂ : 발열량   ② H_2 : 예열부하
③ β : 여력계수   ④ R : 출력상승계수

[해설]
$$K = \frac{(H_1 + H_2)(1+\delta)B}{R}$$

여기서, H_1 : 난방부하
H_2 : 급탕부하
δ : 배관부하계수
B : 예열부하계수(여력계수)
K : 출력저하계수

기수분리기를 설치하는 목적으로 가장 적절한 것은?

① 폐증기를 회수, 재사용하기 위해서
② 발생된 증기 속에 남은 물방울을 제거하기 위해서
③ 보일러에 녹아 있는 불순물을 제거하기 위해서
④ 과열증기의 순환을 되도록 빨리 하기 위해서

[해설] 기수분리기 : 증기중에 수분을 제거하여 건조증기를 얻기 위한 장치
종류 : ─ 사이클론식(원심력식)
　　　　─ 스크레버식(장애판)
　　　　─ 건조스크린식(망 이용)
　　　　─ 배플식(관성력 이용)

해답　　09. ③　10. ②

문제 11

증기난방에 대한 설명으로 옳은 것은?

① 증기를 공급하여 증기의 전열을 이용하여 가열하므로 에너지비용이 적게 든다.
② 증기난방에서는 응축수의 열도 이용하므로 응축수를 회수하지 않아도 된다.
③ 중력환수식 증기난방에서 응축수를 회수할 때는 응축수탱크가 방열기보다 높은 위치에 있다.
④ 응축수환수법에는 중력환수식, 기계환수식 및 진공환수식 등이 있다.

해설 응축수 환수방법
① 중력환수식 ② 기계환수식 ③ 진공환수식

문제 12

화염의 전기전도성을 이용한 검출기로 화염중 가스는 고온이고, 도전식과 정류식이 있는 화염검출기는?

① 플레임 로드   ② 스택 스위치
③ 플레임 아이   ④ 센터 파이어

해설 화염검출기의 종류
① 플레임 아이 : 화염의 발광체 이용
② 플레임 로드 : 화염의 이온화(전기전도성 이용)
③ 스택 스위치 : 화염의 발열 이용(버너분사 정지에 수십 초가 걸리므로 주로 소용량 보일러에 사용)

문제 13

기수분리기의 종류가 아닌 것은?

① 백 필터식   ② 스크린식
③ 배플식   ④ 사이클론식

해설 문제 10번 참조.

해답 11. ④ 12. ① 13. ①

문제 14

분젠버너의 가스유속을 빠르게 했을 때 불꽃이 짧아지는 이유로 옳은 것은?

① 유속이 빨라서 연소하지 못하기 때문이다.
② 층류현상이 생기기 때문이다.
③ 난류현상으로 연소가 빨라지기 때문이다.
④ 가스와 공기의 혼합이 잘 안 되기 때문이다.

해설 분젠버너의 가스유속을 빠르게 했을 때 불꽃이 짧아지는 이유 : 난류현상으로 연소가 빨라지기 때문

문제 15

복사난방에 대한 설명으로 틀린 것은?

① 환기에 의한 손실열량이 비교적 많다.
② 실내 평균온도가 낮기 때문에 같은 방열량에 대해서 손실열량이 적다.
③ 실내공기의 대류가 적기 때문에 공기 유동에 의한 먼지가 적다.
④ 난방배관의 시공이나 수리가 어렵고 설치비가 비싸다.

해설 복사난방의 특징
① 환기에 의한 손실열량이 적다.
② 실내평균온도가 낮기 때문에 같은 방열량에 대해서 손실열량이 적다.
③ 난방배관의 시공이나 수리가 어렵고 설치비가 비싸다.
④ 실내공기의 대류가 적기 때문에 공기 유동에 의한 먼지가 적다.
⑤ 높이에 따른 온도 분포가 균일하다.
⑥ 방열기 등의 설치공간이 불필요하여 실내공간의 이용률이 높다.
⑦ 공기 등의 미진을 태우지 않아 쾌감도가 좋다.
⑧ 예열이 길어 부하에 대응하기 어렵다.

해답 14. ③ 15. ①

문제 16

보일러의 통풍장치 방식에서 흡입통풍 방식에 관한 설명으로 옳은 것은?

① 노 앞과 연돌 하부에 송풍기를 설치하여 노내압을 대기압보다 약간 낮은 압력으로 유지시키는 방식이다.
② 연도에서 연소가스와 외부공기와의 밀도 차에 의해서 생기는 압력차를 이용한 방식이다.
③ 연도의 끝이나 연돌 하부에 송풍기를 설치하여 연소가스를 빨아내는 방식이다.
④ 노 입구에 압입송풍기를 설치하여 연소용 공기를 밀어 넣는 방식이다.

해설
흡입통풍방식 : 연도의 끝이나 연돌 하부에 송풍기를 설치하여 연소가스를 빨아내는 방식
압입통풍방식 : 노 입구에 압입송풍기를 설치하여 연소용 공기를 밀어넣는 방식
평형통풍방식 : 노 앞과 연돌 하부에 송풍기를 설치하여 노내압을 대기압보다 약간 낮은 압력으로 휴지시키는 방식
자연통풍방식 : 연도에서 연소가스와 외부공기와의 밀도차에 의해 생기는 압력차를 이용한 방식

문제 17

과열기를 전열방식에 의한 분류와 열 가스 흐름 방향에 의한 분류로 나눌 때 열가스 흐름 방향에 의한 분류에 따른 종류가 아닌 것은?

① 병류형
② 향류형
③ 복사접촉형
④ 혼류형

해설
열가스 흐름에 의한 분류 : ① 병류형 ② 향류형 ③ 혼류형
열가스 접촉에 의한 분류 : ① 접촉과열기(대류과열기)
　　　　　　　　　　　　　② 복사과열기(방사과열기)
　　　　　　　　　　　　　③ 접촉, 복사과열기

해답 16. ③ 17. ③

문제 18

어떤 원심 펌프가 1,800rpm에 전양정 100m, 0.2m³/s의 유량을 방출할 때 축동력은 300ps이다. 이 펌프와 상사로서 치수가 2배이고 회전수는 1,500rpm으로 운전할 때 축동력을 구하면?

① 16,589ps ② 17,589ps
③ 18,589ps ④ 19,589ps

해설

유량 $= Q \times \left(\dfrac{N_2}{N_1}\right) \times \left(\dfrac{D_2}{D_1}\right)^3$

양정 $= H \times \left(\dfrac{N_2}{N_1}\right)^2 \times \left(\dfrac{D_2}{D_1}\right)^2$

동력(PS) $= kW \times \left(\dfrac{N_2}{N_1}\right)^3 = 300 \times \left(\dfrac{1800}{1500}\right)^3 \times (2)^5 = 16588.8\,PS$

동력(PS) $= kW \times \left(\dfrac{N_2}{N_1}\right)^3 \times \left(\dfrac{D_2}{D_1}\right)^5$

문제 19

중유 연소장치에서 급유펌프로 가장 적당한 것은?

① 워싱톤 펌프 ② 기어 펌프
③ 플런저 펌프 ④ 웨어 펌프

해설 중유 연소장치에서 급유펌프로 가장 적당한 것 : 기어 펌프

문제 20

보일러의 매연을 털어내는 매연분출장치가 아닌 것은?

① 롱레트랙터블형 ② 쇼트레트랙터블형
③ 정치 회전형   ④ 튜브형

해설 매연분출장치의 종류
① 롱레트랙터블형 ② 쇼트레트랙터블형 ③ 건타입형
④ 로터리형   ⑤ 프레임형   ⑥ 트래벌링형

해답 18. ① 19. ② 20. ④

문제 21
보일러 연료의 연소 형태 중 버너연소가 아닌 것은?

① 기름연소 ② 수분식 연소
③ 가스연소 ④ 미분탄연소

[해설] 연료의 연소 형태 중 버너연소 종류
① 기름연소 ② 가스연소 ③ 미분탄연소

문제 22
보일러의 자동제어에서 제어동작과 관계가 없는 것은?

① 비례동작 ② 적분동작
③ 연결동작 ④ 온·오프동작

[해설] 자동제어의 제어동작
① 비례동작 ② 적분동작 ③ 미분동작
④ 비례·적분동작 ⑤ 비례·미분동작 ⑥ 비례·적분·미분동작
⑦ on-off동작(불연속동작)

문제 23
실제 증발량 1,400kg/h, 급수온도 40℃, 전열면적 50m² 인 연관식 보일러의 전열면 환산 증발률은? (단, 발생 증기 엔탈피는 659.7kcal/kg 이다.)

① 68 kg/m² · h ② 56 kg/m² · h
③ 47 kg/m² · h ④ 32 kg/m² · h

[해설] 전열면 환산 증발량 $= \dfrac{G \times (h'' - h')}{539 \times A} = \dfrac{1400 \times (659.7 - 40)}{539 \times 50} = 32.19 \, kg/h$

문제 24
보일러 점화 전 가장 우선적으로 점검해야 할 사항은?

① 과열기 점검 ② 증기압 점검
③ 매연농도 점검 ④ 수위 확인 및 급수계통 점검

해답 21. ② 22. ③ 23. ④ 24. ④

해설 보일러 점화 전 가장 우선적으로 점검해야 할 사항 : 수위 확인 및 급수계통 점검

문제 25 50℃의 물 2kg을 대기압 하에서 100℃ 증기 2kg으로 만들려면 필요한 열량은? (단, 전열효율은 100%이다.)

① 약 100kcal
② 약 579kcal
③ 약 1,178kcal
④ 약 1,567kcal

해설 $Q_1 = G \cdot C \cdot \Delta t$ (50℃물 → 100℃물)
$= 2\text{kg} \times 1 \times (100-50) = 100\,\text{kcal}$
$Q_2 = G_2 \cdot r_2$ (100℃물 → 100℃증기)
$= 2\text{kg} \times 539 = 1078\,\text{kcal}$
∴ $Q_1 + Q_2 = (100 + 1078) = 1178\,\text{kcal}$

문제 26 관로 속 물의 흐름에 관한 설명으로 틀린 것은? (단, 정상흐름으로 가정한다.)

① 관경이 작은 관에서 큰 관으로 물이 흐를 때 유량은 많아진다.
② 마찰손실을 무시할 때 물이 가지는 위치수두, 압력수두, 속도수두를 합한 값은 어느 곳에서나 일정하다.
③ 관내 유수를 급히 정지시키거나 탱크 내에 정지하고 있던 물을 갑자기 흐르게 하면 수격작용이 발생한다.
④ 관내 유수는 레이놀즈수에 따라 층류와 난류로 구분된다.

해설 관경이 작은 관에서 큰 관으로 물이 흐를 때 유량은 적어진다.

문제 27 대기압이 750mmHg일 때, 탱크 내의 압력게이지가 9.5kgf/cm²를 지침하였다면, 탱크 내의 절대압력은?

① 9.52 kgf/cm²
② 13.02 kgf/cm²
③ 10.52 kgf/cm²
④ 11.58 kgf/cm²

해답 25. ③ 26. ① 27. ③

해설 절대압력 = 게이지압력 + 대기압
$$= 9.5\,\text{kg/cm}^2 + \frac{750}{760} \times 1.0332\,\text{kg/cm}^2$$
$$= 10.519\,\text{kg/cm}^2$$

문제 28 보일러 동체 내부에 점식을 일으키는 주요 요인은?

① 급수 중의 포함된 탄산칼슘 ② 급수 중의 포함된 인산칼슘
③ 급수 중의 포함된 황산칼슘 ④ 급수 중의 포함된 용존산소

해설 보일러 동체 내부에 점식을 일으키는 주요 요인 : 급수 중에 포함된 용존산소

문제 29 보일러 관수의 탈산소제가 아닌 것은?

① 아황산나트륨   ② 암모니아
③ 탄닌   ④ 하이드라진

해설 **탈산소제** : 탄닌, 아황산소다, 히드라진(하이드라진)
슬러지 조정제 : 리그닌, 녹말, 탄닌
pH 조정제 : 인산소다, 암모니아, 수산화나트륨
연화제 : 인산소다, 탄산소다, 수산화나트륨

문제 30 물의 임계온도는?

① 374.15℃   ② 225.56℃
③ 157.5℃   ④ 132.4℃

해설 물의 임계온도 : 374.15℃
물의 임계압력 : 225.65 kg/cm²

해답 28. ④   29. ②   30. ①

 신설 보일러에서 소다 끓이기(soda boiling)는 주로 어떤 성분을 제거하기 위하여 하는가?
① 스케일
② 고형물
③ 소석회
④ 유지

해설 소다 끓이기는 주로 페인트, 유지, 녹 등을 제거하기 위해

 보일러에서 열의 전달방법 중 대류에 의한 열전달에 관한 설명으로 틀린 것은?

① 온도가 다른 고체와 유체가 서로 접촉하고 있을 때 유체의 유동이 생기면서 열이 이동하는 현상을 말한다.
② 대류 열전달을 나타내는 기본법칙은 뉴턴의 냉각법칙이다.
③ 전자파의 형태로 한 물체에서 다른 물체로 열이 전달되는 현상을 말한다.
④ 대류 열전달계수의 단위는 kcal/m² · h · ℃이다.

해설 **대류에 의한 열전달**
① 대류 열전달계수의 단위는 kcal/m²h℃이다.
② 대류 열전달을 나타내는 기본법칙은 뉴턴의 냉각법칙이다.
③ 온도가 다른 고체와 유체가 서로 접촉하고 있을 때, 유체의 유동이 생기면서 열이 이동하는 현상

 가역 단열변화에서 단열방정식으로 옳은 것은? (단, T=온도, P=압력, V=체적, k=비열비이다.)

① $T \cdot V^k = C$
② $P \cdot V^k = C$
③ $P \cdot V^{k-1} = C$
④ $P \cdot V = C$

해설 가역 단열변화에서 단열방정식 : $P \cdot V^k = C$

 31. ④ 32. ③ 33. ②

문제 34

상온에서 중성인 물의 pH 값은?

① pH > 7   ② pH < 7
③ pH = 7   ④ pH < 5

해설

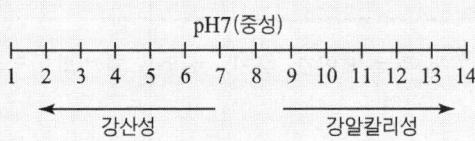

① 급수의 pH : 8~9
② 관수의 pH : 10.5~11.8

문제 35

불완전 연소의 원인과 가장 거리가 먼 것은?

① 연료유의 분무 입자가 크다.
② 연료유와 연소용 공기의 혼합이 불량하다.
③ 연소용 공기량이 부족하다.
④ 연소용 공기를 예열하였다.

해설 불완전 연소의 원인
① 연소용 공기의 예열 부족   ② 연소용 공기량 부족
③ 연료유와 연소용 공기의 혼합이 불량하다.
④ 연료유의 분무입자가 크다.   ⑤ 통풍의 과다 및 부족 시
⑥ 연소기술의 미숙   ⑦ 연소실 용적이 적을 때

문제 36

뉴턴(Newton)의 점성법칙과 가장 밀접한 관계가 있는 것은?

① 전단응력, 점성계수   ② 압력, 점성계수
③ 전단응력, 압력   ④ 동점성계수, 온도

해설 뉴턴의 점성법칙과 관련 : 전단응력, 점성계수

$$\tau = \mu \frac{du}{dy}$$

(전단응력)   점성계수 속도계수

해답 34. ③ 35. ④ 36. ①

문제 37 연도에서 폭발이 발생했을 때 그 원인을 조사하기 위해서 가장 먼저 조치할 사항으로 적절한 것은?

① 급수펌프를 중지한다.   ② 주 증기밸브를 차단한다.
③ 연료밸브를 차단한다.   ④ 송풍기 가동을 중지한다.

해설 연도에서 폭발이 발생할 경우 가장 먼저 조치할 사항 : 연료밸브를 차단한다.

문제 38 액체 속에 잠겨 있는 곡면에 작용하는 수직분력의 크기는?

① 물체 끝에서의 압력과 면적을 곱한 것과 같다.
② 곡면 윗부분에 있는 액체의 무게와 같다.
③ 곡면의 수직 투영면에 작용하는 힘과 같다.
④ 곡면의 면적에 유체의 비중을 곱한 것과 같다.

해설 액체 속에 잠겨 있는 곡면에 작용하는 수직분력의 크기 : 곡면 윗부분에 있는 액체의 무게와 같다.

문제 39 보일러 가성취화 현상의 특징으로 틀린 것은?

① 극히 미세한 불규칙적인 방사상 형태를 하고 있다.
② 고압보일러에서 보일러수의 알칼리 농도가 높은 경우에도 발생한다.
③ 수면 아래의 리벳부에서도 발생한다.
④ 관 구멍 등 응력이 분산하는 곳의 틈이 적은 곳에서 발생한다.

해설 가성취화 현상
① 수면 아래의 리벳부에서도 발생
② 고압 보일러에서 보일러수의 알칼리농도가 높은 경우에도 발생한다.
③ 극히 미세한 불규칙적인 방사상 형태를 하고 있다.

문제 40 관류 보일러의 발생증기압력 측정위치로 적절한 곳은?

① 증기 헤더 입구   ② 기수분리기 최종 출구
③ 기수분리기 입구   ④ 증기 헤더 최종 출구

해답 37. ③ 38. ② 39. ④ 40. ②

해설 관류 보일러의 발생증기압력 측정위치 : 기수분리기 최종 출구

문제 41 관의 분해·수리·교체가 필요할 때 사용되는 배관 이음쇠는?
① 소켓 ② 티
③ 유니언 ④ 엘보

해설 배관 방향을 바꿀 때 : 엘보, 벤드
관을 도중에서 분기할 때 : 티, 와이, 크로스
같은 지름의 관을 직선 연결 시 : 소켓, 유니온, 플랜지, 니플
서로 다른 지름의 관을 연결 시 : 이경소켓, 이경엘보, 이경티
관 끝을 막을 때 : 플러그, 캡
∴ 관의 분해수리 교체가 필요 시 : 유니온, 플랜지

문제 42 가스절단에서 표준 드래그(drag) 길이는 보통 판 두께의 어느 정도 인가?
① 1/3 ② 1/4
③ 1/5 ④ 1/6

해설 표준 드래그 길이 = 보통 판 두께 × $\dfrac{1}{5}$

문제 43 다음 중 1년 이하의 징역 또는 1천만원 이하의 벌금에 처하는 경우는?
① 직무상 알게 된 비밀을 누설하거나 도용한 경우
② 효율관리기자재에 대한 에너지사용량의 측정결과를 신고하지 아니한 경우
③ 검사대상기기의 검사를 받지 않은 경우
④ 최저 소비효율 기준에 미달하는 효율관리기자재의 생산 또는 판매금지 명령을 위반한 경우

해답 41. ③ 42. ③ 43. ③

해설 **2년 이하의 징역 또는 2천만원 이하의 벌금**
① 에너지저장시설의 보유 또는 저장의무의 부과 시 정당한 이유 없이 이를 거부하거나 이행하지 아니한 자
② 조정명령 등의 조치를 위반한 자
③ 직무상 알게 된 비밀을 누설하거나 도용한 자
1년 이하의 징역 또는 2천만원 이하의 벌금
① 검사대상기기의 검사를 받지 아니한 자
② 검사에 합격하지 아니한 검사대상기기의 사용자
2천만원 이하의 벌금
① 생산 또는 판매금지명령 위반자
1천만원 이하의 벌금
① 검사대상기기 조종자를 선임하지 아니한 자
② 검사를 거부, 방해, 기피한 자

 동력 파이프 나사 절삭기의 종류 중 관의 절단, 나사 절삭, 거스러미 제거 등의 일을 연속적으로 할 수 있는 것은?

① 다이헤드식 ② 호브식
③ 오스터식   ④ 리드식

해설 다이헤드식 : 나사 절삭, 거스러미 제거, 파이프 절단

 배관의 지지 장치에 대한 설명으로 옳은 것은?

① 배관의 중량을 지지하기 위하여 달아매는 것을 서포트(support)라고 한다.
② 배관의 중량을 아래에서 위로 떠받치는 것을 가이드(guide)라고 한다.
③ 관의 회전을 구속하기 위하여 사용하는 것을 브레이스(brace)라고 한다.
④ 배관 지지점에서의 이동 및 회전을 방지하기 위해 지지점 위치에 완전히 고정할 때 사용하는 것을 앵커(anchor)라고 한다.

해답 44. ① 45. ④

해설 배관의 중량을 지지하기 위하여 달아매는 것을 행거라 한다.
배관의 중량을 아래에서 위로 떠받치는 것을 가이드라 한다.
리스트레인 : 열팽창에 의한 배관의 상·하·좌·우 이동을 구속 또는 제한하는 장치
① 앵커 : 배관 지지점에서의 이동 및 회전을 방지하기 위해 지지점 위치에 완전히 고정 시 사용
② 스톱 : 배관의 일정한 방향과 회전만 구속하고 다른 방향은 자유롭게 이동하게 하는 장치
③ 가이드 : 배관의 곡관 부분이나 신축 조인트 부분에 설치하는 것으로 회전을 제한하거나 축방향의 이동을 허용하여 직각방향으로 구속하는 장치

문제 46
연강용 피복 아크 용접봉의 종류와 기호가 바르게 짝지어진 것은?

① 일미나이트계 : E4302
② 고셀룰로오스계 : E4310
③ 고산화티탄계 : E4311
④ 저수소계 : E4316

해설 **연강용 피복 아크 용접봉의 종류**
① E4301 : 일미나이트계
② E4303 : 라임티탄계
③ E4313 : 고산화티탄계
④ E4311 : 고셀룰로오스계
⑤ E4316 : 저수소계
⑥ E4324 : 철분산화티탄계
⑦ E4326 : 철분저수소계
⑧ E4327 : 철분산화철계
⑨ E4340 : 특수계

문제 47
탄산마그네슘 보온재에 관한 설명으로 틀린 것은?

① 400~450℃에서 열분해를 일으킨다.
② 무기질보온재에 해당한다.
③ 습기가 많은 옥외 배관에 알맞다.
④ 탄산마그네슘 85%에 석면 10~15%를 첨가한 것이다.

해설 **탄산마그네슘**
① 안전사용온도 : 250℃ 이하
② 무기질 보온재이다.
③ 습기가 많은 옥외 배관에 알맞다.
④ 탄산마그네슘 85% + 석면 10~15%를 첨가한 것

해답 46. ④ 47. ①

문제 48 증기주관에는 증기주관을 통과하는 공기 중에 떠다니는 물방울 외에도 관 내벽에 수막이 존재한다. 이를 제거하기 위하여 트랩장치 외에 추가로 부착하는 장치는?

① 스팀 세퍼레이터 ② 에어벤트
③ 바이패스   ④ U형 스트레이너

해설 관 내벽에 수막이 존재하는 것을 제거하기 위하여 트랩장치 외에 추가로 부착하는 장치 : 스팀 세퍼레이터

문제 49 온수난방 시공 시 각 방열기에 공급되는 유량 분배를 균등하게 하여 전후방 방열기의 온도차를 최소화하는 방식은?

① 역귀환 방식   ② 직접귀환 방식
③ 단관식 방식   ④ 중력순환식 방식

해설 역귀환 방식 : 온수난방 시공 시 각 방열기에 공급되는 유량 분배를 균등하게 하여 전·후방 방열기의 온도차를 최소화하는 방식

문제 50 다음 그림과 관계가 있는 경도 시험은?

① 로크웰(H_R)
② 쇼어(H_s)
③ 비커스(H_v)
④ 브리넬(H_B)

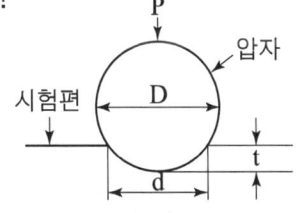

해설 경도 시험
① 브리넬 경도 : 특수강구를 일정한 하중(3000, 1000, 750, 500kgf)으로 시험편의 표면을 압인한 후, 이때 생긴 오목자국의 표면적을 측정하여 나타낸 값.

$$H_B = \frac{하중[kgf]}{오목자국\ 표면적[mm^2]} = \frac{P}{\pi Dt}$$

해답 48. ① 49. ① 50. ④

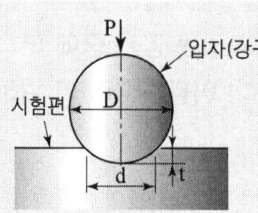

여기서, P : kg
D : 강구의 지름
d : 눌린 부분의 지름(mm)
t : 눌린 부분의 깊이

② **로크웰 경도** : 지름 1/16″인 강구(B스케일), 꼭지각이 120°인 원뿔형(C스케일)의 다이아몬드 압입자를 사용하여 기본하중 10[kgf]을 주면서 경도계의 지시계를 0점에 맞춘 다음, B스케일일 때 100[kgf]의 하중을 가하고, C스케일일 때는 150[kgf]의 하중을 가한 다음 하중을 제거하면 오목자국의 깊이가 지시계에 나타나서 경도를 표시.

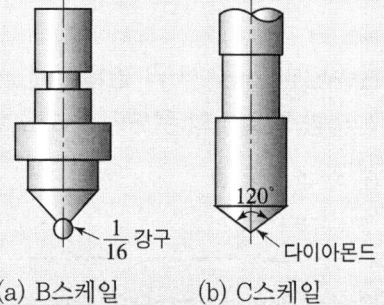

(a) B스케일   (b) C스케일

③ **비커스경도** : 꼭지각이 136°인 다이아몬드 4각추의 압자를 1~120[kgf]의 하중으로 시험편에 압인한 후 생긴 오목자국의 대각선을 측정.

$$H_v = \frac{1.8544P}{D^2}$$

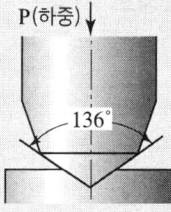 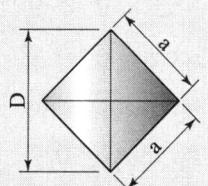

④ **쇼어경도** : 쇼어의 추를 일정 높이에서 낙하시켜 튀어 오르는 높이에 의하여 경도를 측정.

$$H_S = \frac{10,000}{65} \times \frac{h}{h_o}$$

여기서, h_o : 낙하물체의 높이(25cm)
h : 낙하물체의 튀어 오른 높이

관 지지 장치의 필요조건이 아닌 것은?

① 외부로부터의 충격과 진동에 견딜 수 있어야 한다.
② 적당한 지지간격으로 설치하여야 한다.
③ 피복제를 제외한 배관의 자중과 유체의 중량에 견딜 수 있어야 한다.
④ 관의 신축에 적절하게 대응할 수 있는 구조여야 한다.

해설 관 지지 장치의 필요조건
① 관의 신축에 적절하게 대응할 수 있는 구조이어야 한다.
② 적당한 지지간격으로 설치하여야 한다.
③ 외부로부터의 충격과 진동에 견딜 수 있어야 한다.

저탄소녹색성장기본법의 관리업체 지정기준에 대한 내용으로 틀린 것은?

① 최근 3년간 업체의 모든 사업장에서 배출한 온실가스와 소비한 에너지의 연평균 총량을 기준으로 한다.
② 부문별 관장기관은 업체를 관리업체의 대상으로 선정하여 매년 4월 30일까지 환경부장관에게 통보하여야 한다.
③ 환경부장관은 매년 9월 30일까지 관리업체를 지정하여 관보에 고시한다.
④ 관리업체는 지정에 이의가 있을 경우 고시된 날로부터 30일 이내에 이의를 신청할 수 있다.

해설 저탄소녹색성장기본법의 관리업체 지정기준
① 관리업체는 지정에 이의가 있을 경우 고시된 날로부터 30일 이내에 이의를 신청할 수 있다.
② 부분별 관장기관은 업체를 관리업체의 대상으로 선정하여 매년 4월 30일까지 환경부장관에게 통보하여야 한다.
③ 최근 3년간 업체의 모든 사업장에서 배출한 온실가스와 소비한 에너지의 연평균 총량을 기준으로 한다.

해답 51. ③ 52. ③

문제 53
파이프의 이음 방식의 하나인 파이프 홈 조인트로 파이프와 파이프를 홈 조인트로 체결하기 위한 파이프 끝을 가공하는 기계는?

① 베벨 조인트 머신
② 로터리식 조인트 머신
③ 그루빙 조인트 머신
④ 스웨징 조인트 머신

해설 **그루빙 조인트 머신** : 파이프와 파이프를 홈 조인트로 체결하기 위한 파이프 끝을 가공하는 기계

문제 54
다른 착색도료의 초벽으로 우수하며, 강관의 용접이음 시공 후 용접부에 사용되는 도료는?

① 산화철 도료
② 알루미늄 도료
③ 광명단 도료
④ 합성수지 도료

해설 **광명단 도료** : 다른 착색도료의 초벽으로 우수하며, 강관의 용접이음 시공 후 용접부에 사용되는 도료

문제 55
미리 정해진 일정 단위 중에 포함된 부적합수에 의거하여 공정을 관리할 때 사용되는 관리도는?

① c 관리도
② P 관리도
③ X 관리도
④ np 관리도

해설 **C관리도** : 미리 정해진 일정 단위 중에 포함된 부적합수에 의거하여 공정을 관리할 때 사용

문제 56
도수분포표에서 알 수 있는 정보로 가장 거리가 먼 것은?

① 로트 분포의 모양
② 100단위당 부적합 수
③ 로트의 평균 및 표준편차
④ 규격과의 비교를 통한 부적합품률의 추정

해답 53. ③ 54. ③ 55. ① 56. ②

> **해설** 도수분포표에서 알 수 있는 정보
> ① 로트 분포의 모양 ② 로트의 평균 및 표준편차
> ③ 규격과의 비교를 통한 부적합품률의 추정

문제 57

ASME(American Society of Mechanical Engineers)에서 정의하고 있는 제품공정 분석표에 사용되는 기호 중 "저장(storage)"을 표현한 것은?

① ○   ② □
③ ▽   ④ ⇨

문제 58

자전거를 셀 방식으로 생산하는 공장에서, 자전거 1대당 소요공수가 14.5H이며, 1일 8H, 월 25일 작업을 한다면 작업자 1명 당 월 생산 가능 대수는 몇 대인가? (단, 작업자의 생산종합효율은 80%이다.)

① 10대   ② 11대
③ 13대   ④ 14대

> **해설** 월 생산 가능 대수 : $\dfrac{8 \times 25}{14.5} \times 0.8 = 11.03$

문제 59

TPM 활동 체제 구축을 위한 5가지 기둥과 가장 거리가 먼 것은?

① 설비초기관리체제 구축 활동
② 설비 효율화의 개별 개선 활동
③ 운전과 보전의 스킬 업 훈련 활동
④ 설비경제성 검토를 위한 설비투자분석 활동

> **해설** TPM 체제 구축을 위한 활동
> ① 운전과 보전의 스킬업 훈련 활동
> ② 설비 효율화의 개별 개선 활동
> ③ 설비초기관리체제 구축 활동

해답 57. ③ 58. ② 59. ④

문제 60 로트에서 랜덤하게 시료를 추출하여 검사한 후 그 결과에 따라 로트의 합격, 불합격을 판정하는 검사방법을 무엇이라 하는가?

① 자주검사 ② 간접검사
③ 전수검사 ④ 샘플링 검사

해설 **샘플링 검사** : 로트에서 랜덤하게 시료를 추출하여 검사한 후 그 결과에 따라 로트의 합격, 불합격을 판정하는 검사방법

60. ④

2016년도 제 59 회

문제 01 증기난방의 특징에 대한 설명으로 틀린 것은?

① 이용하는 열량은 증발잠열로서 매우 크다.
② 예열시간이 길고 응답속도가 느리다.
③ 증기공급방식에는 상향·하향공급식이 있다.
④ 증기를 공급하는 힘은 발생증기압으로 별도의 동력을 필요로 하지 않는다.

해설 **증기난방의 특징**
① 예열시간이 짧고 응답속도가 빠르다.
② 증기를 공급하는 힘은 발생증기압으로 별도의 동력을 필요로 하지 않는다.
③ 이용하는 열량은 증발잠열로서 매우 크다.
④ 증기공급방식에는 상향공급식, 하향공급식이 있다.

문제 02 증기 보일러의 눈금판 바깥지름이 100mm 이상의 압력계를 부착해야 하는 반면, 다음 중 바깥지름이 60mm 이상의 압력계 부착이 가능한 보일러는?

① 대용량 보일러
② 최대 증발량이 5ton/h 이하인 관류 보일러
③ 최고 사용압력이 0.5MPa(5kg/cm^2) 이하로서 전열면적이 2m^2 이상인 보일러
④ 최고 사용압력이 0.5MPa(5kg/cm^2) 이하이고, 동체의 안지름이 1,000mm 이하인 보일러

해답 01. ② 02. ②

해설 **바깥지름이 60mm 이상의 압력계 부착이 가능한 보일러**
① 최고 사용압력 1kg/cm² 이하인 보일러
② 최고 사용압력 5kg/cm² 이하인 보일러로서 동체 안지름 500mm, 동체의 길이가 1,000mm 이하의 것
③ 최고 사용압력이 5kg/cm² 이하이고 전열면적이 2m² 이하인 것
④ 최대 증발량이 5T/h 이하인 관류 보일러
⑤ 소용량 보일러

문제 03 절탄기에 대한 설명으로 가장 적절한 것은?

① 증기를 이용하여 급수를 예열하는 장치
② 보일러의 배기가스 여열을 이용하여 급수를 예열하는 장치
③ 보일러의 여열을 이용하여 공기를 예열하는 장치
④ 연도 내에서 고온의 증기를 만드는 장치

해설 **절탄기**(이코노마이저) : 배기가스 여열을 이용하여 급수를 예열하는 장치
[장점] ① 보일러의 열효율 증가
② 급수와 보일러수의 온도차를 적게 하여 열응력을 방지
③ 급수에 포함된 일부 불순물 제거
[단점] ① 저온 부식이 발생한다.
② 통풍력의 감소
③ 청소 및 점검이 어렵다.

문제 04 비접촉식 온도계의 특징에 관한 설명으로 옳은 것은?

① 피측정체의 내부온도만을 측정한다.
② 방사율의 보정이 필요하다.
③ 측정 정도가 높은 편이다.
④ 연속측정이나 자동제어에 적합하다.

해설 **비접촉식 온도계** : 광고온도계, 방사온도계, 색온도계, 광전관식 온도계
[특징] ① 방사율의 보정을 요한다.
② 표면온도를 측정한다.
③ 움직이는 물체의 온도 측정 가능
④ 700℃ 이하의 온도 측정은 곤란하나 주로 고온 측정용(3,000℃)
⑤ 내구성의 문제 고려가 필요 없다.

해답 03. ② 04. ②

① **광고온계** : 물체의 방사휘도와 고온계에 들어 있는 기준온도의 고온체인 전구의 필라멘트 휘도를 특색파장(적색유리)을 통하여 육안으로 휘도를 비교 관측하여 온도를 측정한다.
[특징]
㉠ 방사율에 의한 보정량이 적다.
㉡ 개인오차가 발생하므로 다수의 사람이 정밀 측정한다.
㉢ 휴대 및 취급이 용이하다.
㉣ 비접촉 중 가장 정확한 온도를 측정한다.(±10~15℃)
㉤ 측정 시 수동을 요하므로 자동제어가 불가능하다.
㉥ 연속측정이 곤란하고 700℃ 이하에서는 측정이 곤란하다.(측정온도범위 700~3,000℃)

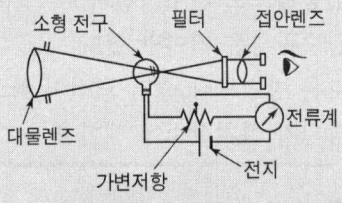

〈광고온계의 구조〉

② **광전관식 온도계** : 광고온계와 같은 측정원리로 장점을 보다 효율적으로 이용하고 단점을 보완하여 두 개의 광전관을 통해 측온체로부터 빛을 얻어 양자의 휘도를 같도록 하여 필라멘트 전류로부터 온도지시 위치를 얻게 한다.
[특징]
㉠ 응답속도가 매우 빠르다. ㉡ 자동제어 및 기록이 용이하다.
㉢ 이동하는 물체의 측정이 용이하다. ㉣ 구조가 복잡하다.

③ **방사온도계** : 물체 온도가 올라가면 복사에너지가 높아진다. 이를 이용하여 온도를 측정하는 것으로 비교적 높은 온도와 온도측정을 하는데 이러한 복사에너지는 절대온도의 4제곱에 비례한다. 즉, 복사에너지

$$E = \varepsilon_1 \cdot \alpha \cdot T^4 = 4.88 \times \varepsilon \times \left(\frac{T}{100}\right)^4 \text{kcal/m}^2\text{h}$$

(여기서, E : 복사 에너지 열량, ε : 전방사율, α : 비례상수, T : 절대온도)
이는 스테판볼츠만의 법칙을 적용한다.

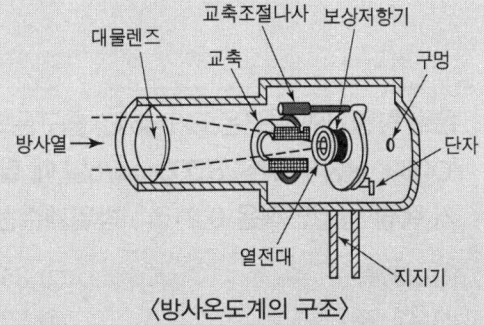

〈방사온도계의 구조〉

㉠ 특징 : ⓐ 측정지연시간이 적다.
ⓑ 자동제어 및 기록이 가능하다.
ⓒ 이동하는 물체의 표면을 고온 측정한다.
ⓓ 방사율에 의한 보정량이 크고 정밀한 정도가 어렵다.
ⓔ 측정거리의 영향을 받는다.
㉡ 측정온도범위 : 50~3,000℃

문제 05

증기난방의 진공 환수식에 관한 설명으로 틀린 것은?

① 진공펌프로 환수시킨다.
② 환수관경은 커야만 한다.
③ 다른 방법보다 증기 회전이 빠르다.
④ 방열기 설치장소에 제한을 받지 않는다.

해설 증기난방의 진공 환수식
① 환수관경은 적어야 한다.   ② 방열기 설치장소에 제한을 받지 않는다.
③ 진공펌프로 환수시킨다.   ④ 다른 방법보다 증기 회전이 빠르다.

문제 06

안전밸브를 부착하지 않는 곳은?

① 보일러 본체   ② 절탄기 출구
③ 과열기 출구   ④ 재열기 입구

해설 안전밸브를 부착하지 않는 곳
① 절탄기 입구 및 출구 : 온도계 설치
② 공기예열기 입구 및 출구 : 온도계 설치

문제 07

온수 방열기의 입구온도가 85℃, 출구온도가 60℃이고, 실내온도가 20℃이다. 난방부하가 28,000kcal/h일 때 필요한 방열기 쪽수는? (단, 방열기 쪽당 방열면적은 0.21m², 방열계수는 7.2kcal/m² · h · ℃이다.)

① 297쪽   ② 353쪽
③ 424쪽   ④ 578쪽

해답   05. ②   06. ②   07. ②

해설 방열기 쪽수 = $\dfrac{난방부하}{방열기\ 방열량 \times 쪽당\ 방열면적} = \dfrac{28000}{378 \times 0.21} = 352.73$ 쪽

방열기 방열량 = 방열계수 $\times \left(\dfrac{입구온도+출구온도}{2} - 실내온도\right)$

$= 7.2\,\text{kcal/m}^2\text{h}℃ \times \left(\dfrac{85+60}{2} - 20\right) = 378\,\text{kcal/m}^2\text{h}$

문제 08 보일러에 사용되는 직접식(실측식) 가스미터의 종류에 속하지 않는 것은?

① 습식 가스미터　　② 막식 가스미터
③ 루트식 가스미터　④ 터빈식 가스미터

해설 가스미터의 종류
① 실측식 : ㉠ 건식 가스미터 ┬ 막식 : 그로바식, 독립내기식
　　　　　　　　　　　　　　└ 회전식 : 루트식, 오벌식, 독립내기식
　　　　　　㉡ 습식 가스미터
② 추측식(추량식) : ㉠ 오리피스 ㉡ 터빈 ㉢ 벤투리식 ㉣ 피토관 ㉤ 선근차식

문제 09 단열 및 보온재는 무엇을 기준으로 해서 구분하는가?

① 최고 사용온도　　② 최저 사용온도
③ 안전 사용온도　　④ 상용 온도

해설 보온재의 구분 : 안전 사용온도

보충 유기질 보온재
① 폼류 : ㉠ 경질우레탄 폼 ┐
　　　　　 ㉡ 염화비닐 폼　 │ 80℃ 이하
　　　　　 ㉢ 폴리스틸렌 폼 ┘
② 펠트류 : ㉠ 양모 펠트 ┐ 100℃ 이하
　　　　　　 ㉡ 우모 펠트 ┘
③ 텍스류 : ㉠ 톱밥 ┐
　　　　　　 ㉡ 녹재 │ 120℃ 이하
　　　　　　 ㉢ 펄프 ┘
④ 코르크류 : 탄화코르크 - 130℃ 이하
⑤ 기포성 수지

해답　08. ④　09. ③

문제 10

보일러의 보수유지관리에서 압력계의 정비 시 주의사항으로 틀린 것은?

① 압력계 등은 양손으로 잡고 회전시켜 분리해서는 안 된다.
② 압력계와 미터콕은 나사 삽입 연결의 개스킷으로 적정한 것을 사용한다.
③ 압력계는 적어도 1년에 한 번은 기준압력계와 비교검사를 한다.
④ 사이펀관에는 부착 전에 반드시 물이 없도록 한다.

해설 사이펀관 부착 전에 반드시 물이 있도록 한다.
① 사이펀관 안지름 : 동관(6.5mm 이상)
　　　　　　　　　강관(12.7mm 이상)

문제 11

보일러의 자동제어장치에 해당되지 않는 것은?

① 안전밸브　　　　　　② 노내압 조절장치
③ 압력조절기　　　　　④ 저수위 차단장치

해설 자동제어장치
① 압력조절기　② 저수위 차단장치　③ 노내압 조절장치
④ 화염검출기　⑤ 송풍기

문제 12

보일러의 성능을 표시하는 방법이 아닌 것은?

① 상당증발량(kgf/h)　　② 보일러마력
③ 보일러 전열면적(m^2)　④ 보일러 지름(mm)

해설 보일러 성능(크기, 용량) 표시 방법
① 정격출력　② 정격용량　③ 보일러 마력
④ 상당증발량　⑤ 상당방열면적　⑥ 전열면적
⑦ 동의 크기　⑧ 증기압력

해답　10. ④　11. ①　12. ④

문제 13 열효율을 높이는 부속장치에 대한 설명으로 틀린 것은?

① 과열기 사용 시에는 같은 압력의 포화증기에 비하여 엔탈피가 적어지나, 증기의 마찰저항이 증가된다.
② 과열기의 설치형식에는 공기의 흐름방향에 의해 분류하였을 때 병행류, 대향류, 혼류식으로 나눌 수 있다.
③ 절탄기의 사용 시에는 급수와 관수의 온도차가 적어서 본체의 응력을 감소시킨다.
④ 공기예열기 종류는 전도식과 재생식이 있다.

해설 과열증기 사용 시에는 같은 압력의 포화증기에 비하여 엔탈피가 많아지고 증기의 마찰저항이 감소한다.

문제 14 불필요한 증기 드럼을 없애고 초 임계압력 이상의 고압 증기를 발생할 수 있는 관류 보일러로 옳은 것은?

① 슐처 보일러　　　② 레플러 보일러
③ 스코치 보일러　　④ 스털링 보일러

해설 관류 보일러 : 초 임계압력 이상의 고압의 증기를 발생할 수 있는 보일러
[종류] ㉠ 슐처 보일러　　㉡ 엣모스 보일러　　㉢ 벤슨 보일러
　　　 ㉣ 람진 보일러　　㉤ 가와사키 보일러

문제 15 보일러에 댐퍼(damper)를 설치하는 목적과 가장 거리가 먼 것은?

① 가스의 흐름을 차단한다.
② 매연을 멀리 집중시켜 대기오염을 줄인다.
③ 통풍력을 조절하여 연소효율을 상승시킨다.
④ 주연도와 부연도가 있을 경우 가스 흐름을 전환한다.

해설 댐퍼의 설치 목적
① 연소가스의 흐름 차단
② 통풍력 조절
③ 주연도와 부연도가 있을 경우 가스 흐름을 전환

해답 13. ① 14. ① 15. ②

문제 16

보일러 집진장치 중 세정 집진장치의 작동 순서로 옳은 것은?

① 충돌-확산-증습-누설-응집
② 충돌-확산-증습-응집-누설
③ 확산-충돌-증습-누설-응집
④ 확산-충돌-증습-응집-누설

해설 세정식 집진장치의 작동 순서 : 충돌-확산-증습-응집-누설

문제 17

다음 중 방열기는 창문 아래에 설치하는데 방열량을 고려하여 벽면으로부터 약 몇 mm 정도의 간격을 두어야 가장 적합한가?

① 10~20mm
② 50~70mm
③ 100~120mm
④ 150~170mm

해설 방열기 설치
① 벽과의 간격 : 50~60mm
② 지면으로부터 : 150mm
③ 컨벡터(대류) : 90mm(지면으로부터)

문제 18

보일러 급수장치의 하나인 인젝터에 대한 설명으로 틀린 것은?

① 인젝터는 벤투리의 원리를 응용해서 증기를 분출하고, 그 부근의 압력강하로 생기는 진공을 이용하여 물을 빨아올린다.
② 응축작용에 의해 보유하는 열에너지를 물에 주어 고속의 수류를 만들고 이를 압력에너지로 바꾸어 보일러에 급수한다.
③ 인젝터는 일반적으로 급수압력 1MPa 미만이면 작동불량을 초래하기 때문에 주의해야 한다.
④ 증기 속의 드레인이 많을 때에는 인젝터의 성능이 저하하기 때문에 이러한 일이 없도록 한다.

해설 인젝터 작동 불능 원인
① 급수온도가 너무 높을 때(50℃ 이상 시)
② 증기압력이 낮거나(0.2Mpa 이하) 높을 때(1MPa 이하)
③ 증기 중에 수분 함유 시
④ 인젝터 노즐 불량 시
⑤ 인젝터 자체 불량 시

해답 16. ② 17. ② 18. ③

 화염검출기와 사용연료와의 적합성 내용으로 틀린 것은?

① CdS셀 : A중유, B·C중유
② PbS셀 : 가스, 등유, A중유, B·C중유
③ 광전관 : B·C중유
④ 플레임 로드 : 중유, 등유

해설 플레임 로드 : 등유

 상당증발량이 5ton/h인 증기 보일러의 연료 소비량이 6kg/min이다. 이 보일러의 효율은? (단, 연료는 중유이며, 저위발열량은 9,200 kcal/kg이다.)

① 76% ② 81%
③ 88% ④ 92%

해설 효율 $= \dfrac{G \times (h'' - h')}{G_f \times H_l} \times 100 = \dfrac{G_e \times 539}{G_f \times H_l} \times 100$

여기서, G[kg/h] : 실제증발량, h''[kcal/kg] : 발생증기엔탈피,
h'[kcal/kg·℃] : 급수엔탈피 또는 급수온도,
G_f[kg/h] : 연료소비량, H_l[kcal/kg] : 저위발열량,
G_e[kg/h] : 상당증발량

$\therefore \dfrac{5 \times 1000 \, \text{kg/h} \times 539 \, \text{kcal/kg}}{6 \, \text{kg/min} \times 9200 \times 60} \times 100 = 81.37\%$

 보일러의 자동제어장치인 인터록 제어에 대한 설명으로 가장 적합한 것은?

① 조건이 충족되지 않을 때 다음 동작이 정지되는 것
② 제어량과 설정목표치를 비교하여 수정 동작시키는 것
③ 점화나 소화가 정해진 순서에 따라 차례로 진행하는 것
④ 증기의 압력, 연료량, 공기량을 조절하는 것

19. ④ 20. ② 21. ①

해설 **인터록 제어** : 구비조건이 충족되지 않을 때 그 조건이 충족될 때까지 다음 단계를 정지시키는 것
[종류] ① 저수위 인터록 ② 저연소 인터록 ③ 불착화 인터록
④ 압력초과 인터록 ⑤ 프리퍼지 인터록

문제 22 보일러 설비의 계획에 있어서 연소장치의 선택은 가장 중요하다. 연소장치 종류가 아닌 것은?

① 버너
② 송풍기
③ 윈드 박스
④ 급유펌프

해설 **연소장치의 종류**
① 급유펌프 ② 버너 ③ 윈드 박스 ④ 스태빌라이저 ⑤ 컴버스터

문제 23 절대압력 5kg/cm²인 상태로 운전되는 보일러의 증발량이 시간당 5000kg이었다면, 이 보일러의 상당증발량은? (단, 이 때 급수온도는 30℃이었고, 발생증기의 건도는 98%이었으며, 증기표 값은 다음과 같다.)

증기압 (절대) (kg/cm²)	포화수 엔탈피 (kcal/kg)	포화증기 엔탈피 (kcal/kg)
5	152.1	656.0

① 6085kg/h
② 5992kg/h
③ 5807kg/h
④ 6032kg/h

해설 상당증발량 $= \dfrac{G \times (h'' - h')}{539}$

$= \dfrac{5000\,\text{kg/h} \times (680.32 - 30)\,\text{kcal/kg}}{539} = 6032.65\,\text{kg/h}$

h'' = 포화수 엔탈피 $+ x \times r$
$= 152.1 + 0.98 \times 539$
$= 680.32\,\text{kcal/kg}$

해답 22. ② 23. ④

문제 24 보일러 내처리에 사용되는 약제의 종류 및 작용에서 탈산소제로 쓰이는 약품이 아닌 것은?

① 수산화나트륨　　② 탄닌
③ 히드라진　　　　④ 아황산나트륨

해설 내처리
① PH 조정제 : ㉠ 인산소다 ㉡ 암모니아 ㉢ 수산화나트륨
② 연 화 제 : ㉠ 인산소다 ㉡ 탄산소다 ㉢ 수산화나트륨
③ 탈산소제 : ㉠ 탄닌 ㉡ 아황산나트륨 ㉢ 히드라진
④ 슬 러 지 조정제 : ㉠ 리그닌 ㉡ 녹말 ㉢ 탄닌
⑤ 가성취화 방지제 : ㉠ 리그닌 ㉡ 황산소다 ㉢ 탄닌

문제 25 열역학 법칙 가운데 에너지 보존법칙을 명확하게 나타낸 것은?

① 열역학 제0법칙　　② 열역학 제1법칙
③ 열역학 제2법칙　　④ 열역학 제3법칙

해설 **열역학 제0법칙** : 열평형의 법칙
열역학 제1법칙 : 에너지 보존의 법칙(열과 일은 같은 것이며 열은 일로, 다시 일은 열로 변환시킬 수 있다.) (제1종 영구기관)
열역학 제2법칙 : 일을 할 수 있는 능력에 관한 법칙(열의 그 자신으로는 다른 물체에 아무런 변화도 주지 않고선 저온의 물체에서 고온의 물체로 이동하지 않는다.)
① 켈빈-플랭크 : 고온체로부터 받은 열을 전부 일로 전환시키는 열기관은 있을 수 없으며 그 일부는 반드시 저온체로 전달되어야 한다. 따라서 열효율이 100%인 기관은 만들 수 없다.
② 클라시우스 : 일을 소비하지 않고 열을 저온에서 고온체로 이동시킬 수 없다.

문제 26 압력의 단위로서 국제단위계에서 Pa(파스칼)은?

① N/cm^2　　② N/m^2
③ kgf/m^2　　④ kgf/cm^2

해설 $101325Pa = 101325N/m^2$

24. ①　25. ②　26. ②

문제 27

지름이 100mm에서 지름 200mm로 돌연 확대되는 관에 물이 0.04m³/s의 유량으로 흐르고 있다. 이 때 돌연 확대에 의한 손실수두는? (단, 마찰은 무시한다.)

① 0.32m　　② 0.53m
③ 0.75m　　④ 1.28m

해설 돌연 확대에 의한 손실수두 $= \dfrac{(V_1 - V_2)^2}{2g} = \dfrac{(5.09 - 1.27)^2}{2 \times 9.8} = 0.7445\text{m}$

$V_1 = \dfrac{0.04}{0.785 \times 0.1^2} = 5.09\,\text{m/sec}, \quad V_2 = \dfrac{0.04}{0.785 \times 0.2^2} = 1.27\,\text{m/sec}$

문제 28

유체의 층류 흐름과 난류 흐름의 구분에 사용되는 수는?

① 프로트수　　② 레이놀즈수
③ 아보가드로수　　④ 웨버수

해설 유체의 층류 흐름과 난류 흐름의 구분 : 레이놀즈수

보충
① 난류 예혼합화염 연소속도는 층류 예혼합화염 연소속도보다 수 배 내지 수십 배 빠르다.
② 난류 예혼합화염 휘도는 층류 예혼합화염 휘도보다 높다.
③ 난류 예혼합화염은 다량의 미연소분 존재
④ 난류 예혼합화염의 두께가 층류 예혼합화염의 두께보다 크다.
⑤ 아보가드로수 : 1몰의 물질에 들어 있는 입자의 수
⑥ 프로트수 : 주어진 프로트수가 소수인자를 판정하는 테스트에 사용
⑦ 웨버수 : 유체에서 표면장력의 영향을 표시하는 무차원 계수

문제 29

엑서지(exergy)에 대한 설명으로 틀린 것은?

① 열에너지를 전부 기계적 에너지로 변환시킬 수 없다.
② 열에너지로부터 얼마만큼의 기계적 일을 내게 할 수 있는가를 나타낸다.
③ 열에너지는 엑서지와 에너지의 합이다.
④ 환경온도(열기관의 저열원)가 높을수록 엑서지는 크다.

해답　27. ③　28. ②　29. ④

해설 엑서지에 대한 설명(이론적으로 얻을 수 있는 최대한 유효한 일의 양)
① 환경온도(열기관의 저열원)가 높을수록 에너지는 낮다.
② 열에너지는 엑서지와 에너지의 합이다.
③ 열에너지로부터 얼마만큼의 기계적 일을 내게 할 수 있는가를 나타낸다.
④ 열에너지를 전부 기계적 에너지로 변환시킬 수 없다.

보충 감소하는 과정
고온 > 저온, 고압 > 저압, 고농도 > 저농도, 높은 위치 > 낮은 위치, 높은 전위 > 낮은 전위

문제 30 보일러 연료의 연소 시에 발생하는 가마 울림의 방지 대책으로 가장 거리가 먼 것은?

① 수분이 적은 연료를 사용한다.
② 2차 공기의 가열 통풍 조절을 개선한다.
③ 연소실과 연도를 개선한다.
④ 연소속도를 천천히 한다.

해설 가마 울림의 방지 대책
① 연소속도를 빠르게 한다. ② 연소실과 연도를 개선한다.
③ 2차 공기의 가열 통풍 조절을 개선한다. ④ 수분이 적은 연료를 사용한다.

문제 31 과열증기의 설명으로 가장 적합한 것은?

① 습포화 증기의 압력을 높인 것
② 습포화 증기에 열을 가한 것
③ 포화증기에 열을 가하여 포화온도보다 온도를 높인 것
④ 포화증기에 압을 가하여 증기압력을 높인 것

문제 32 평판을 사이에 두고 고온유체와 저온유체가 접하고 있는 경우 열관류율에 영향을 미치지 않는 것은?

① 평판의 열전도율 ② 평판의 중량
③ 평판의 두께 ④ 고온 및 저온유체 열전달률

해답 30. ④ 31. ③ 32. ②

해설 열관류율에 영향을 미치는 것
① 평판의 열전도율 ② 평판의 두께 ③ 고온 및 저온유체 열전달률

문제 33 부력(浮力)은 그 물체가 배제한 유체의 중량과 같은 힘을 수직 상방으로 받는 것을 말하는데 이는 어떤 원리인가?
① 아르키메데스 ② 파스칼
③ 뉴턴 ④ 오일러

해설 **뉴턴의 운동법칙** : ① 관성의 법칙(제1법칙)
② 가속도의 법칙(제2법칙)
③ 작용과 반작용의 법칙(제3법칙)
파스칼 : 배관의 내압 측정 유체의 어느 한 부분이 가해진 압력의 변화가 다른 부분에 그대로 전달된다는 원리
오일러 : 삼각형의 접원 반지름 R, 내접원 반지름 r이라 할 때 외심과 내심과의 거리

문제 34 보일러 부속장치 중 고온 부식이 유발될 수 있는 장치는?
① 절탄기 ② 과열기
③ 응축기 ④ 공기예열기

해설 **고온 부식** : 과열기, 재열기
저온 부식 : 절탄기, 공기예열기

문제 35 보일러 부식의 원인이 아닌 것은?
① 수중의 용존산소 ② 염화마그네슘
③ 수산화나트륨 ④ 질소

해설 **보일러 부식의 원인**
① 탄산가스 ② 산분 ③ 알칼리분
④ 용존산소 ⑤ 염화마그네슘 ⑥ 수산화나트륨

해답 33. ① 34. ② 35. ④

문제 36
보일러 세관 작업을 염산으로 하는 경우 염산의 농도(%), 처리온도(℃), 순환시간으로 가장 적합한 것은?

① 1~3%, 30~40℃, 4~6시간
② 5~10%, 55~65℃, 4~6시간
③ 10~15%, 30~40℃, 7~9시간
④ 15~20%, 60~70℃, 10~12시간

해설 산 세관 : 염산 5~10%, 부식억제제(인히비터) 0.2~0.6%를 혼합하여 처리온도 60±5℃(55~65℃), 처리시간 4~6시간을 정해 순환시켜 세정한다. 무기산으로는 유산과 설파민산, 유기산으로는 히트록산, 옥살산, 구연산 등이 사용된다.
산 세관 시는 강의 부식을 촉진시키므로 중화방청제(가성소다, 탄산소다, 인산소다, 히드라진)을 사용, 방청 처리한다.

문제 37
보일러 매연 발생의 원인으로 가장 거리가 먼 것은?

① 불순물 혼입   ② 연소실 과열
③ 통풍력 부족   ④ 점화 조작 불량

해설 매연 발생 원인
① 연소기술의 미숙   ② 통풍의 과다 및 부족 시
③ No, NO₂ 등의 질소산화물   ④ 연소실의 온도가 너무 낮다.
⑤ 연료에 따른 연소장치의 부적정 ⑥ 연료 속에 수분, 슬러지 등의 혼입 시
⑦ 점화 조작 불량

문제 38
수중에서 받는 압력은 깊이에 무엇을 곱한 값인가?

① 체적   ② 면적
③ 부피   ④ 비중량

해설
$$h = \frac{P(\text{kg/m}^2)}{r(\text{kg/m}^3)} = m$$
$$\therefore p = r \times h$$

해답 36. ② 37. ② 38. ④

문제 39

1kg의 습증기 속에 수분이 x kg 포함되어 있을 때 건도는?

① x ② $x-1$
③ $1-x$ ④ $x/(1-x)$

해설
포화수 엔탈피(x)=0 (100kcal/kg)
습포화증기 엔탈피(x)= 포화수 엔탈피+$x \times r$
건포화증기 엔탈피(x)=1 (포화수 엔탈피+539)
과열증기 엔탈피(x)=1 이상 (건포화증기 엔탈피+$C \times \Delta t$)

문제 40

보일러 급수 중 가스 제거 방법에 대하여 설명한 것으로 틀린 것은?

① 용존가스 제거 방법은 기폭법, 탈기법 등이 있다.
② 탈기에 의한 방법은 산소, 탄산가스 등을 제거하는 경우에 쓰인다.
③ 기폭에 의한 방법은 산소, 탄산가스 등은 제거하나 철분, 망간을 제거하지는 못한다.
④ 기폭에 의한 처리 방법은 보통 급수를 분무 또는 탑상에서 우화(雨化)시키는 방법을 취하고 있다.

해설 외처리법
① 용존산소 제거법 : ㉠ 탈기법 : 용존산소 및 탄산가스 제거
　　　　　　　　　㉡ 기폭법 : 탄산가스나 철, 망간 등을 제거
② 현탁고형물 제거법
　㉠ 침전법 : 일정수 수탱크에 물을 체류시켜 부유물을 자연 침강시키는 방법
　㉡ 여과법 : 수중 불순물을 거르는 방법으로, 완속여과방법, 급속여과방법이 있다.
　㉢ 응집법 : 불순물의 입자가 어느 정도 적게 되면 침강속도가 늦고 여과로도 어렵다. 이러한 입자의 불순물을 흡착, 결합, 침전시키는 방법. 응집제로는 명반, 유산알루미늄이 있다.
③ 용해 고형물 제거법
　㉠ 이온교환법 : 합성수지나 천연 제올라이트 등의 이온교환수지를 통해 경도 성분의 수를 통과시켜 Ca, Mg 성분을 나트륨과 교환하는 방법
　㉡ 증류법 : 물을 가열시켜 증기를 발생시키고, 냉각하여 응축수를 만들어 사용하는 방법
　㉢ 약제 첨가법 : 약품의 첨가로 경도 성분을 불용성 화합물로서 침전여과에 의해 제거. 가성소다법, 인산소다법, 석회소다법 등이 있다.

해답 39. ③　40. ③

문제 41

저탄소 녹색성장 기본법에서 온실가스·에너지 목표관리의 원칙 및 역할에 대한 설명으로 틀린 것은?

① 환경부장관은 온실가스 감축 목표의 설정·관리 및 필요한 조치에 관하여 총괄·조정 기능을 수행한다.
② 건물·교통 분야의 관장기관은 국토교통부이다.
③ 환경부장관은 농림축산식품부와 공동으로 해당 분야 관리업체의 실태조사를 할 수 있다.
④ 국토교통부장관은 부문별 관장기관의 소관 사무에 대해 점검할 수 있으며, 그 결과에 따라 부문별 관장기관에게 관리업체에 대한 개선 명령을 요구할 수 있다.

문제 42

보일러에 설치되는 원통형 파이프 강도 계산 시 길이 방향 응력(kg/cm²) 계산식은? [단, P는 원통 내부의 압력(kg/cm²), D는 보일러 내경(cm), t는 동판의 두께(cm)이다.]

① $\dfrac{PD}{2t}$
② $\dfrac{P}{4t}$
③ $\dfrac{PD}{4t}$
④ $\dfrac{D}{4t}$

해설 원주방향 응력 = $\dfrac{PD}{2t}$

축방향 응력 = $\dfrac{PD}{4t}$

문제 43

신축으로 인한 배관의 좌우, 상하 이동을 구속하고 제한하는 목적에 사용되는 배관 지지구인 리스트레인트(restraint)의 종류가 아닌 것은?

① 브레이스 ② 앵커
③ 스토퍼   ④ 가이드

해답 41. ④ 42. ③ 43. ①

해설 **리스트레인트의 종류** : 열팽창에 의한 배관의 상하, 좌우 이동을 구속 또는 제한하는 장치

① 앵커 : 관의 이동 및 회전을 방지하기 위해 지지점에 완전히 고정하는 장치
② 스토퍼 : 배관의 일정한 방향과 회전만 구속하고 다른 방향은 자유롭게 이동하게 하는 장치
③ 가이드 : 배관의 곡관부분이나 신축 조인트 부분에 설치하는 것으로 회전을 제한하거나 이동을 허용하며 직각방향으로 구속하는 장치

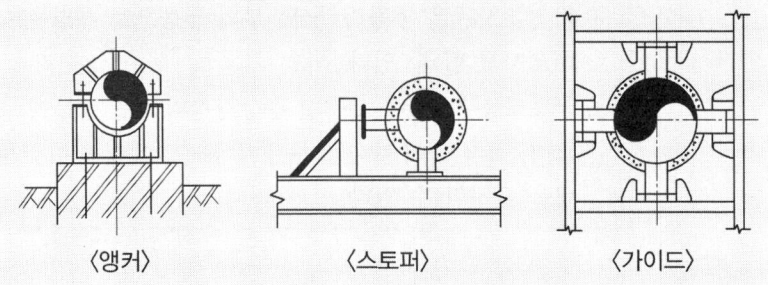

〈앵커〉　　　　〈스토퍼〉　　　　〈가이드〉

보충 **브레이스** : 펌프나 압축기 등에서 발생하는 진동, 서징, 수격작용 등에 의한 진동, 충격 등을 완화하는 완충기이다.

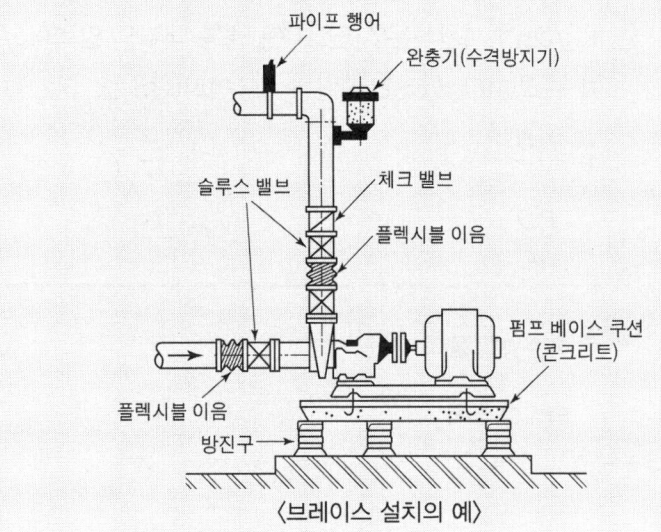

〈브레이스 설치의 예〉

문제 44 개스킷의 재질 중 동물성 섬유류로 거칠지만 강인하며 압축성이 풍부하고 약산에 잘 견디며 내유성이 커서 기름 배관에 적합한 것은?

① 가죽　　　　　　　　② 펠트
③ 형석　　　　　　　　④ 오일시트

해답 44. ②

문제 45

담금질한 강에 강인성을 부여하기 위해 특정 변태점 이하의 온도에서 가열하는 열처리 방법은?

① 표면경화법 ② 풀림
③ 불림 ④ 뜨임

해설 열처리 방법
① 담금질＝퀜칭＝소입 : A_1 변태 및 Acm 변태에서 30~50℃로 가열 후 수냉시키는 방법. 경도 및 강도 증가
② 뜨임＝템퍼링＝소려 : 담금질한 강에 강인성을 부여하기 위해 특정 변태점 이하의 온도에서 가열하는 열처리
③ 풀림＝어닐링＝소둔 : 가공응력 및 내부응력제거
④ 불림＝노멀라이징＝소준 : A_1 및 Acm 변태에서 30~50℃로 가열 후 공냉시키는 방법. 가공조직의 균일화, 결정립의 미세화, 기계적 성질의 향상, 잔류응력 제거

문제 46

피복금속 아크 용접에서 교류 용접기와 비교한 직류 용접기의 장점이 아닌 것은?

① 극성의 변화가 쉽다. ② 전격 위험이 적다.
③ 역률이 양호하다. ④ 자기 쏠림 방지가 가능하다.

해설 교류 아크 용접기와 비교한 직류 아크 용접기의 장점

비교	직류	교류
아크 안정	안정	불안정
극성 변화	가능	불가능
무부하전압	40~60V	70~80V
구조	복잡	간단
고장	많다	적다
역률	우수	떨어짐
가격	고가	저가
판 이용	박판	후판
아크 쏠림	일어남	방지 가능
전격 위험	적다	많다

해답 45. ④ 46. ④

문제 47 아래에 주어진 평면도를 등각투상도로 나타낼 때 옳은 것은?

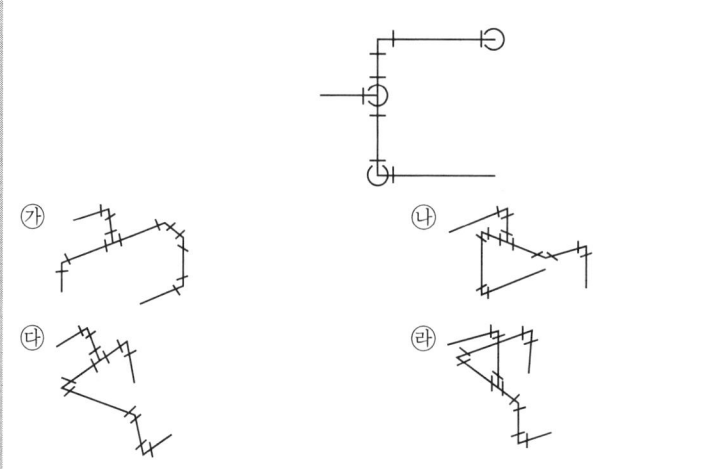

문제 48 다음 중 동관의 납땜 이음 순서로 옳은 것은?

㉠ 이음부의 안팎을 샌드페이퍼로 닦아 산화물을 제거한다.
㉡ 사이징 툴(sizing tool)로 파이프 끝을 둥글게 가공한다.
㉢ 가열 토치로 접합부 주위를 골고루 가열하여 땜납이 모세관 작용으로 빨려들도록 한다.
㉣ 이음부에 용제를 바르고 관을 끼워 맞춘다.
㉤ 이음부의 간격이 0.1mm 정도가 되도록 관의 지름을 넓힌다.

① ㉡-㉤-㉠-㉢-㉣
② ㉡-㉠-㉢-㉣-㉤
③ ㉡-㉤-㉠-㉣-㉢
④ ㉡-㉠-㉣-㉢-㉤

문제 49 에너지법 시행규칙에 의거, 일반적으로 에너지열량 환산기준은 몇 년마다 작성하는가?

① 1년
② 3년
③ 4년
④ 5년

해답 47. ④ 48. ③ 49. ④

문제 50 알루미늄 도료에 관한 설명 중 틀린 것은?

① 400~500℃의 내열성을 지니고 있어 난방용 방열기 등의 외면에 도장한다.
② 알루미늄 도막은 금속광택이 있고 열을 잘 반사한다.
③ 은분이라고도 하며 방청효과가 크고 습기가 통하기 어렵기 때문에 내구성이 풍부한 도막이 형성된다.
④ 알루미늄 분말에 아마인유와 혼합하여 만든다.

해설 **광명단 도료** : 연단을 아마인유와 혼합한 것으로 밀착력 및 풍화에 강해 녹을 방지하기 위한 페인트 밑칠용으로 사용
산화철 도료 : 산화 제2철을 보일유나 아마인유에 혼합한 것으로 도막이 부드럽고 가격이 싸지만 녹 방지가 완벽하지 못하다.

문제 51 높은 온도의 응축수가 압력이 낮아져 재증발할 때 생기는 부피의 증가를 밸브의 개폐에 이용한 증기 트랩으로 응축수 양에 비해 극히 소형인 트랩은?

① 바이메탈식
② 버킷식
③ 디스크식
④ 벨로즈식

해설 **증기 트랩** : 관내 응축수를 배출하여 수격작용 및 부식 방지
① 기계적 트랩 : 포화수와 포화증기의 비중차 이용[버킷 트랩, 플로트식(부자식) 트랩]
② 온도 조절 트랩 : 포화수와 포화증기의 온도차 이용(바이메탈 트랩, 벨로즈 트랩)
③ 열역학적 트랩 : 포화수와 포화증기의 열역학적 특성차 이용(디스크식 트랩, 오리피스 트랩)

문제 52 다음 중 연관용 공구 중 분기관 따내기 작업 시 주관에 구멍을 뚫는 공구는?

① 봄볼
② 드레서
③ 벤드벤
④ 턴핀

해답 50. ④ 51. ③ 52. ①

해설 연관용 공구
① 봄볼 : 주관에 구멍을 뚫을 때 사용하는 도구
② 드레서 : 연관 표면의 산화피막 제거
③ 벤드벤 : 연관의 굽힘작업에 사용
④ 턴핀 : 관 끝을 접합하기 쉽게 관 끝부분에 끼우고, 마아레트로 정형한다.
⑤ 마아레트 : 나무 해머

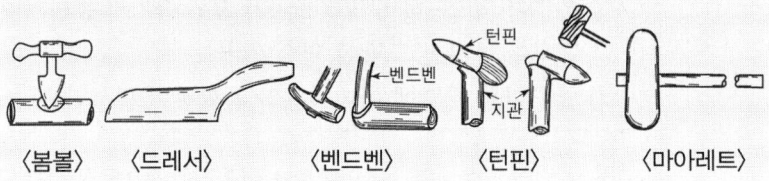

⟨봄볼⟩ ⟨드레서⟩ ⟨벤드벤⟩ ⟨턴핀⟩ ⟨마아레트⟩

문제 53
에너지이용 합리화법상 검사대상기기 설치자가 검사대상기기 조종자를 선임하지 않았을 때 해당되는 벌칙은?

① 2년 이하의 징역 또는 2천만원 이하의 벌금
② 1년 이하의 징역 또는 1천만원 이하의 벌금
③ 2천만원 이하의 벌금
④ 1천만원 이하의 벌금

해설 벌칙
① 1천만원 이하의 벌금
  ㉠ 검사대상기기 조종자를 선임하지 아니한 자
  ㉡ 검사를 거부, 방해, 기피한 자
② 2천만원 이하의 벌금
  ㉠ 생산 또는 판매금지 명령 위반 시
③ 1년 이하의 징역 또는 1천만원 이하의 벌금
  ㉠ 검사대상기기의 검사를 받지 아니한 자
  ㉡ 검사에 합격하지 아니한 검사대상기기 사용자
④ 2년 이하의 징역 또는 2천만원 이하의 벌금
  ㉠ 에너지 저장시설의 보유 또는 저장의무의 부과 시 정당한 이유 없이 이를 거부하거나 이행하지 아니한 자
  ㉡ 직무상 알게 된 비밀을 누설하거나 도용한 자
  ㉢ 조정, 명령 등의 조치 위반자

53. ④

문제 54

관의 길이 팽창은 일반적으로 관경에는 관계없고 길이에만 영향이 있다. 강관인 경우 온도차 1℃일 때 1m 당 신축길이는? (단, 철의 선팽창계수는 1.2×10^{-5}이다.)

① 1.2mm
② 0.12mm
③ 0.012mm
④ 0.0012mm

해설 신축길이$(\Delta L) = \alpha \cdot l \cdot \Delta t = 1.2 \times 10^{-5} \times 1 \times 1000 \times 1 = 0.012\,mm$

문제 55

계수 규준형 샘플링 검사의 OC 곡선에서 좋은 로트를 합격시키는 확률을 뜻하는 것은? (단, α는 제1종 과오, β는 제2종 과오이다.)

① α
② β
③ $1 - \alpha$
④ $1 - \beta$

문제 56

계량값 관리도에 해당되는 것은?

① c 관리도
② u 관리도
③ R 관리도
④ np 관리도

해설 계량값 관리도
① $\bar{x} - R$ 관리도 ② $x - R$ 관리도 ③ x 관리도
계수치 관리도
① C 관리도 ② P 관리도 ③ u 관리도 ④ Pn 관리도

문제 57

어떤 작업을 수행하는데 작업소요시간이 빠른 경우 5시간, 보통이면 8시간, 늦으면 12시간 걸린다고 예측되었다면 3점 견적법에 의한 기대 시간치와 분산을 계산하면 약 얼마인가?

① $t_e = 8.0$, $\sigma^2 = 1.17$
② $t_e = 8.2$, $\sigma^2 = 1.36$
③ $t_e = 8.3$, $\sigma^2 = 1.17$
④ $t_e = 8.3$, $\sigma^2 = 1.36$

해답 54. ③ 55. ③ 56. ③ 57. ②

문제 58

정규분포에 관한 설명 중 틀린 것은?

① 일반적으로 평균치가 중앙값보다 크다.
② 평균을 중심으로 좌우대칭의 분포이다.
③ 대체로 표준편차가 클수록 산포가 나쁘다고 본다.
④ 평균치가 0이고 표준편차가 1인 정규분포를 표준정규분포라 한다.

해설 정규분포
① 평균치가 0이고 표준편차가 1인 정규분포를 표준정규분포라 한다.
② 대체로 표준편차가 클수록 산포가 나쁘다고 본다.
③ 평균을 중심으로 좌우대칭의 분포이다.
④ 일반적으로 평균치가 중앙값보다 적다.

문제 59

작업 측정의 목적 중 틀린 것은?

① 작업 개선
② 표준시간 설정
③ 과업 관리
④ 요소작업 분할

해설 작업 측정의 목적
① 표준시간 설정 ② 과업 관리 ③ 작업 개선

문제 60

일반적으로 품질 코스트 가운데 가장 큰 비율을 차지하는 것은?

① 평가 코스트
② 실패 코스트
③ 예방 코스트
④ 검사 코스트

해설 **실패 코스트** : 품질관리 활동의 초기 단계에서 가장 큰 비율로 들어가는 코스트

해답 58. ① 59. ④ 60. ②

2016년도 제 60 회

문제 01

급탕량이 10,000kg/h인 온수 보일러의 급수 온도가 5℃이고 출구 온수 온도가 59℃일 때, 연료 소비량은? (단, 보일러 효율은 90%이며 사용연료는 도시가스이고, 저위 발열량이 10,000kcal/kg이다.)

① 100kg/h
② 90kg/h
③ 54kg/h
④ 60kg/h

해설

연료 소비량 = $\dfrac{\text{급수량} \times (\text{출구 온수 온도} - \text{급수 온도}) \times 100}{\text{효율} \times \text{저위 발열량}}$

$= \dfrac{10,000 \times (59-5) \times 100}{90\% \times 10,000} = 60\,\text{kg/h}$

또는 $= \dfrac{10,000 \times (59-5)}{0.9 \times 10,000} = 60\,\text{kg/h}$

문제 02

보일러 집진장치 중 가압수식 집진기가 아닌 것은?

① 충전탑
② 유수식
③ 벤투리 스크러버
④ 사이클론 스크러버

해설
가압수식 집진기
① 벤투리 스크러버 ② 사이클론 스크러버 ③ 충전탑

보충
건식 집진장치
① 중력침강식 : 함진 배기중의 입자를 중력에 의해 포집하는 방식. 수십 μm 이상의 거칠은 입자의 포집에 사용되며 압력손실은 대략 5~10mmAq 정도이다.
② 관성력식 : 함진가스를 방해판 등에 충돌시켜 기류의 급격한 전환에 의해 침강력을 가지게 될 때 분리 포집
③ 원심력식(사이클론식) : 함진가스에 선회운동을 주어 입자에 작용하는 원심력에 의하여 입자를 분리하는 방식

해답 01. ④ 02. ②

④ 여과식 : 함진가스를 필터(여과제)를 통하여 분리 포집. 대표적인 백 필터가 있다.
⑤ 전기식 : 고압의 직류 전원을 사용하여 발전극 근처에서 양이온과 자유전자로부터 이루어지는 플라스마 형성에 의해 입자를 전기하는 방식. 대표적으로 코트렐 집진장치가 있다.

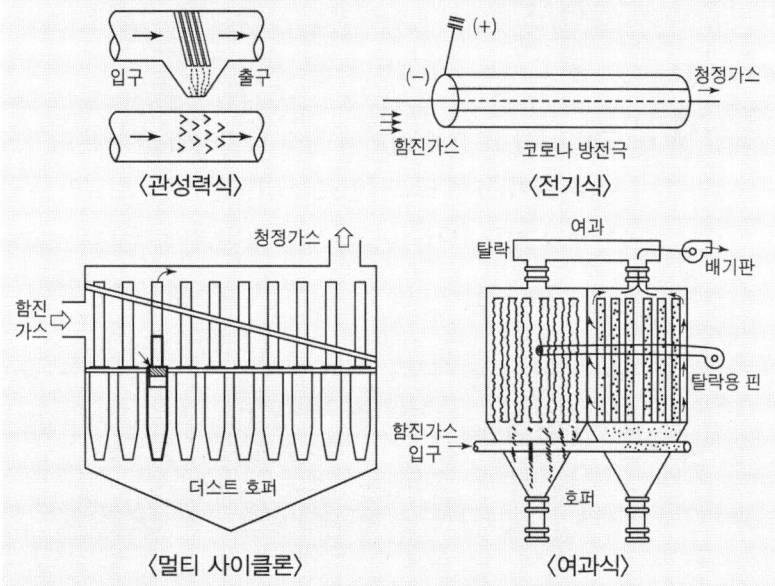

온수 난방 분류에서 각 층, 각 실 간에 온수의 순환율이 동일하고 온도차를 최소화시키는 방식으로, 배관길이가 다소 길고 마찰저항이 커지는 단점이 있는 배관방법은?

① 직접귀환방식 ② 역귀환방식
③ 중력순환식   ④ 강제순환식

보일러의 운전 성능을 향상시키는 방법으로 틀린 것은?

① 공기비를 가급적 크게 한다.
② 연소용 공기를 예열한다.
③ 가급적 연속 가동을 하여 종합적인 연소 효율을 향상시킨다.
④ 배기가스 열을 회수하여 최종 배기가스 온도를 적정범위 내에서 최대한 낮춘다.

해답 03. ② 04. ①

보일러의 운전 성능을 향상시키는 방법
① 공기비를 가급적 적정하게 한다.
② 연소용 공기를 예열한다.
③ 배기가스 예열을 회수하여 최종 배기가스온도를 적정범위 내에서 최대한 낮춘다.
④ 가급적 연속가동을 하여 종합적인 연소효율을 향상시킨다.
⑤ 폐열회수장치를 설치하여 보일러 효율을 높인다.

문제 05 강철제 증기 보일러의 전열면적이 10m²를 초과하는 경우 급수밸브의 크기는 호칭지름이 얼마 이상이어야 하는가?

① 15A ② 25A
③ 30A ④ 40A

 급수밸브의 크기
① 전열면적이 10m² 이하 : 15A 이상
② 전열면적이 10m² 초과 : 20A 이상

★보충 **안전밸브** : ① 전열면적이 5m² 이하 : 25A 이상
② 전열면적 5m² 초과 : 30A 이상
급수관의 크기 : 15A 이상 **팽창관의 크기** : 15A 이상
방출관의 크기 : 20A 이상 **안전밸브의 크기** : 25A 이상
송수주관, 환수주관의 크기 : 32A 이상

문제 06 굴뚝 높이 140m, 배기가스의 평균온도 200℃, 외기온도 27℃, 굴뚝 내 가스의 외기에 대한 비중이 1.05일 때, 연돌의 통풍력은?

① 36.3mmAq ② 49.8mmAq
③ 51.3mmAq ④ 55.0mmAq

연돌의 통풍력$(Z) = H(r_a - r_g) = 273H\left(\dfrac{r_a}{T_a} - \dfrac{r_g}{T_g}\right) = 355H\left(\dfrac{1}{T_a} - \dfrac{1}{T_g}\right)$

$$Z = H\left(\dfrac{353}{T_a} - \dfrac{367}{T_g}\right)$$

$\therefore Z = H\left(\dfrac{353}{T_a} - \dfrac{367}{T_g}\right) = 140\left(\dfrac{353}{273+27} - \dfrac{367}{273+200}\right) = 57.77 \div 1.05$
$= 55\,\text{mmAq}$

05. ② 06. ④

문제 07

관류 보일러의 특징에 대한 설명으로 틀린 것은?

① 관로만으로 구성되어 기수 드럼이 필요하지 않다.
② 급수량 및 연료량의 자동제어장치가 필요하다.
③ 관을 자유로이 배치할 수 있다.
④ 열효율이 높고, 전열 면적당 보유수량이 많다.

해설 관류 보일러의 특징
① 열효율이 높고, 전열 면적당 보유수량이 적다.
② 관을 자유로이 배치할 수 있다.
③ 급수량 및 연료량의 자동제어장치가 필요하다.
④ 관로만으로 구성되어 기수 드럼이 필요하지 않다.
⑤ 순환비 $\left(\dfrac{급수량}{증발량}\right)$가 1이어서 드럼이 필요 없다.
⑥ 고압이므로 증기의 열량이 크다.
⑦ 가동부하(예열부하)가 짧아 부하 측에 대응하기 쉽다.
⑧ 급수의 유속을 균일하게 유지해야 한다.
⑨ 내부구조가 복잡하여 청소, 검사, 수리가 곤란하다.
⑩ 완벽한 급수처리를 해야 한다.

보충 종류 : ① 슐처 보일러 ② 엣모스 보일러 ③ 벤슨 보일러 ④ 람진 보일러

문제 08

다음 기체 중 가연성인 것은?

① CO_2
② N_2
③ H
④ He

해설 가연성 가스 : 폭발하한이 10% 이하이거나 상한과 하한의 차가 20% 이상인 가스
  H_2(수소) : 4~75% CH_4(메탄) : 5~15%
  C_3H_8(프로판) : 2.1~9.5% C_4H_{10}(부탄) : 1.8~8.4%
  C_2H_6(에탄) : 3~12.5% C_2H_2(아세틸렌) : 2.5~81% 등

조연성 가스(지연성 가스) : 공기, 불소, 염소, 이산화질소, 산소
불연성 가스 : N_2, CO_2
불활성 가스 : He, Ne, Ar, Kr, Xe, Rn
  헬륨 네온 아르곤 크립톤 크세논 라돈

07. ④ 08. ③

문제 09

버너 착화를 원활하게 하고 화염의 안정을 도모하는 장치는?

① 윈드 박스 ② 보염기
③ 버너 타일 ④ 플레임 아이

해설 보염기(보염장치) 설치 목적
① 화염의 안정, 안정된 착화를 도모한다.
② 화염의 형상을 조절한다.
③ 연료의 분무를 돕고 공기와의 혼합을 좋게 한다.
④ 연소가스의 체류시간을 지연시켜 돕는다.
⑤ 연소실의 온도분포를 고르게 하고 국부과열을 방지한다.

문제 10

보일러의 자동제어에서 증기압력제어는 어떤 것을 조작하는가?

① 노내 압력량과 기압량 ② 급수량과 연료공급량
③ 수위량과 전열량 ④ 연료공급량과 연소용 공기량

해설 제어량과 조작량의 관계

종 류	제어량	조작량
S.T.C.(증기온도제어)	과열증기온도	전열량
F.W.C.(급수제어)	보일러 수위	급수량
A.C.C.(자동연소제어)	증기압력계 제어	연료량, 공기량
	노내압력계 제어	연소가스량

문제 11

보일러 관수 중 불순물에 의한 장해를 방지하기 위한 분출의 직접적인 목적으로 가장 거리가 먼 것은?

① 관수의 pH를 조정하기 위해서
② 프라이밍, 포밍 현상 방지를 위해서
③ 발생하는 증기의 건조도를 높이기 위해서
④ 슬러지 성분을 배출하기 위해서

해설 분출 목적
① 관수 농축 방지 ② 관수의 pH 조절
③ 프라이밍, 포밍 발생 방지 ④ 슬러지나 스케일 생성 방지
⑤ 부식 방지

해답 09. ② 10. ④ 11. ③

문제 12

다음 내용의 ( ) 안에 들어갈 알맞은 용어는?

> 사이클론 집진기는 연소가스가 회전운동을 일으켜 이 원심력으로 분진을 분리하는 것으로 30~60μm 정도의 분진에 유효하다. 이 사이클론은 연소가스의 유입방법에 따라 접선유입식과 ( )식이 있다.

① 축류   ② 원심
③ 사류   ④ 와류

문제 13

진공환수식 증기 난방에 관한 설명으로 틀린 것은?

① 진공 펌프에 버큠 브레이커(vacuum breaker)를 설치하여 진공도가 높아지면 밸브를 열어서 진공도를 낮춘다.
② 배관 및 방열기 내의 공기를 뽑아내므로 증기의 순환이 빠르다.
③ 환수 파이프와 보일러 사이에 진공 펌프를 설치하여 응축수를 환수시킨다.
④ 방열기 설치장소에 제한을 받고 방열기의 밸브로 방열량을 조절할 수 없다.

해설 방열기 설치장소에 제한을 받지 않고 방열기 밸브로 방열량을 조절이 쉽다.

문제 14

보일러의 증발계수에 대하여 옳게 설명한 것은?

① 상당 증발량을 실제 증발량으로 나눈 값이다.
② 실제 증발량을 상당 증발량으로 나눈 값이다.
③ 상당 증발량을 539로 나눈 값이다.
④ 실제 증발량을 539로 나눈 값이다.

해설

증발계수 $= \dfrac{h'' - h'}{539}$

연소실 열부하 $= \dfrac{G_f \times H_l}{V}$

상당 증발량 $(G_e) = \dfrac{G \times (h'' - h')}{539}$

증발배수 $= \dfrac{G}{G_f}$

실제 증발량 $(G) = \dfrac{G_e \times 539}{(h'' - h')}$

여기서, h'' : 발생증기 엔탈피[kcal/kg] h' : 급수 엔탈피[kcal/kg]
G_f : 연료소비량[kg/h] H_l : 저위발열량[kcal/kg]

해답 12. ① 13. ④ 14. ①

문제 15
다음 중 탄성식 압력계에 속하지 않는 것은?

① 피스톤식   ② 벨로즈식
③ 부르동관식   ④ 다이어프램식

해설 탄성식 압력계 종류
① 부르동관 ② 벨로즈 ③ 다이어프램

문제 16
배기가스 분석 방법에서 수동식 가스분석계 중 화학적 가스 분석 방법에 해당되지 않는 것은?

① 오르자트법   ② 헴펠법
③ 검지관법   ④ 세라믹법

해설 화학적 가스 분석 방법
① 오르자트법 ② 헴펠법 ③ 게겔법 ④ 검지관법

문제 17
탄소(C) 1kg을 완전 연소시키는 데 필요한 이론 공기량은?

① $8.89 Nm^3/kg$ ② $3.33 Nm^3/kg$
③ $1.87 Nm^3/kg$ ④ $22.4 Nm^3/kg$

해설
$$C + O_2 \rightarrow CO_2$$
12kg   22.4Nm³
1kg x

$x = \dfrac{1kg \times 22.4 Nm^3}{12 kg} = 1.867 Nm^3/kg$ (이론 산소량)

A_0(이론 공기량) $= \dfrac{이론\ 산소량}{0.21} = \dfrac{1.867}{0.21} = 8.89 Nm^3/kg$

해답 15. ① 16. ④ 17. ①

 **18** 특수 보일러인 열매체 보일러의 특징 중 틀린 것은?

① 관 내부의 열매체를 물 대신 다우섬, 수은 등을 사용한 보일러이다.
② 동파의 우려가 적다.
③ 높은 압력 하에서 고온을 얻는 것이 특징이다.
④ 물처리 장치나 청관제 주입장치가 불필요하다.

해설 열매체 보일러의 특징
① 낮은 압력에서도 고온의 증기를 얻을 수 있다.
② 물처리 장치나 청관제 주입장치가 불필요하다.
③ 관 내부의 열매체를 물 대신 수은, 다우섬, 카레크롤, 세큐리티 53 등을 사용한 보일러이다.
④ 동파의 우려가 적다.

 **19** 다음 배관 및 부속기기에 관한 설명으로 옳은 것은?

① 배관의 신축이음은 증기 배관에만 설치하고 응축수 배관에는 필요가 없다.
② 각 설비로 공급하는 증기 배관을 증기 주관의 하부에 연결하면 스팀 트랩을 설치하지 않아도 된다.
③ 축열기의 설치 목적은 보일러의 캐리오버를 방지하기 위한 것이다.
④ 주증기 밸브를 개방할 때에는 서서히 개방하여야 보일러의 캐리오버를 줄일 수 있다.

해설 ① 축열기의 설치 목적은 과부하 시나 응급 시에 그 잉여증기를 공급해 주는 장치이다.
② 각 설비로 공급하는 증기 배관을 증기 주관의 하부에 연결하면 스팀 트랩을 설치하여야 한다.
③ 배관의 신축이음은 증기 배관에도 설치하고 응축수 배관에도 설치한다.

18. ③ 19. ④

문제 20

대류난방과 비교하여 복사난방에 대한 특징을 설명한 것으로 틀린 것은?

① 외기 온도급변에 대한 온도 조절이 쉽다.
② 하자 발생 시 보수작업이 번거롭고 힘들다.
③ 실내온도가 비교적 균등하다.
④ 동일 방열량에 대해 열손실이 비교적 적다.

해설 복사난방의 특징
① 하자 발생 시 보수작업이 어렵고 힘들다.
② 실내온도가 비교적 균등하다.
③ 동일 방열량에 대해 열손실이 비교적 적다.
④ 공기 등의 미진을 태우지 않아 쾌감도가 좋다.
⑤ 방열기 등의 설치공간이 불필요하며 실내공간의 이용률이 높다.
⑥ 예열이 깊어 부하에 대응하기 어렵다.
⑦ 설비비가 많이 든다.
⑧ 표면부의 균열 발생이 쉽다.

문제 21

방열기 내 공기가 빠지지 않아 방열기가 뜨거워지는 것을 방지하기 위해 공기 빼기를 목적으로 설치하는 밸브는?

① 체크 밸브
② 솔레노이드 밸브
③ 에어벤트 밸브
④ 스톱 밸브

해설 체크 밸브 : 유체의 역류 방지

문제 22

보일러의 안전밸브 또는 압력 릴리프 밸브에 요구되는 기능에 관한 설명으로 틀린 것은?

① 적절한 정지압력으로 닫힐 것.
② 방출할 때는 규정의 리프트가 얻어질 것.
③ 설정된 압력 이하에서 방출할 것.
④ 밸브의 개폐동작이 안정적일 것.

해설 설정된 압력 이상에서 방출될 것.

해답 20. ① 21. ③ 22. ③

제 3 부 필기 기출문제

 **23** 체적과 시간으로부터 직접 유량을 구하는 유량계는?

① 피토관 ② 벤투리관
③ 로터미터 ④ 노즐

[해설] 면적식 유량계 : 체적과 시간으로부터 직접 유량을 구하는 유량계
① 종류 : 로터미터, 피스톤식, 부력식
② 특징 : ㉠ 고점도 및 소량의 유체에 대한 측정이 가능하다.
㉡ 유량에 따른 균등 눈금을 얻는다.
㉢ 부식성 유체나 슬러리 유체의 측정에 적합
㉣ 진동이 적은 장소에 수직으로 설치한다.

 **24** 다음 물질 중 상온에서 열의 전도도가 가장 낮은 것은?

① 구리(동) ② 철
③ 알루미늄 ④ 납

[해설] 열전도도 순서
은 > 구리 > 금 > 알루미늄 > 마그네슘 > 아연 > 니켈 > 철 > 납

 **25** 다음 설명에 해당되는 보일러 손상 종류는?

고온, 고압의 보일러에서 발생하나 저압보일러에서도 열부하가 클 경우 발생되며, 발생하는 장소로는 용접부의 틈이 있는 경우나 관공 등 응력이 집중하는 틈이 많은 곳이다. 외관상으로는 부식성이 없고 극히 미세한 불규칙적인 방사형을 하고 있다.

① 가성취화 ② 크랙(균열)
③ 블리스터 ④ 라미네이션

[해설] 라미네이션 : 보일러 강판이나 판의 두께 속에 두 장의 층을 형상하고 있는 것
블리스터 : 라미네이션 상태에서 화염과 접촉하여 높은 열을 받아 부풀어 오르거나 표면이 타서 갈라지는 상태

23. ③ 24. ④ 25. ①

문제 26 0℃일 때 2.5m인 강철제 레일이 온도가 40℃가 되면 늘어나는 길이는? (단, 강철의 선팽창계수는 1.1×10^{-5} mm/m·℃이다.)

① 0.011cm　　② 0.11cm
③ 1.1cm　　④ 1.75cm

해설
$\Delta l = \alpha \times l \times \Delta t$
$= 1.1 \times 10^{-5}$ mm/m℃ $\times 25 \times 1000$mm $\times (40-0)$
$= 11$mm
$= 0.11$cm

문제 27 유체 속에 잠긴 경사 평면에 작용하는 전압력의 작용점의 위치는?

① 경사 평면의 중심에 있다.
② 경사 평면의 좌측에 있다.
③ 경사 평면의 중심보다 위에 있다.
④ 경사 평면의 중심보다 아래에 있다.

해설 유체 속에 잠긴 경사 평면에 작용하는 전압력의 작용점 : 경사 평면의 중심보다 아래에 있다.

문제 28 보일러 연소 시 역화가 발생하는 경우와 가장 거리가 먼 것은?

① 점화 시 착화가 빠를 경우
② 프리퍼지가 부족한 상태에서 점화하는 경우
③ 연도 댐퍼가 닫혀 있는 상태에서 점화하는 경우
④ 점화 시 공기보다 연료가 노내에 먼저 공급되었을 경우

해설 **역화의 원인**
① 점화 시 착화가 늦은 경우
② 공기보다 연료 먼저 투입 시
③ 프리퍼지 및 포스트퍼지 부족 시
④ 연도 댐퍼가 닫혀 있는 상태에서 점화하는 경우
⑤ 압입통풍이 강할 경우
⑥ 흡입통풍 부족 시
⑦ 2차 공기의 예열 부족 시

26. ②　27. ④　28. ①

문제 29

보일러 가동 시 매연 발생 원인으로 가장 거리가 먼 것은?

① 연소장치가 부적당할 때
② 통풍력과 공기량이 부족할 때
③ 연소기기의 취급을 잘못하였을 때
④ 연료 중에 수분이나 불순물이 없을 때

해설 매연 발생 원인
① 연료 중에 수분이나 불순물이 없을 때
② 연소기기의 취급을 잘못하였을 때
③ 통풍력과 공기량이 부족 시
④ 연소장치 부적당 시
⑤ 연소실 용적이 적을 경우
⑥ 연소실 온도가 낮을 경우

문제 30

증기의 교축(throttle) 시에 항상 증가하는 것은?

① 압력
② 엔트로피
③ 엔탈피
④ 온도

해설 **단열압축** : 엔탈피 증가
단열팽창(증기의 교축) : 엔트로피 증가

문제 31

보일러 가스폭발을 방지하는 방법이 아닌 것은?

① 급격한 부하변동(연소량의 증감)은 피한다.
② 점화할 때는 미리 충분한 프리퍼지를 한다.
③ 연료 속의 수분이나 슬러지 등은 충분히 배출한다.
④ 안전 저연소율보다 부하를 낮추어서 연소시킨다.

해설 안전 저연소율보다 부하를 높여서 연소시킨다.

해답 29. ④ 30. ② 31. ④

문제 32

밀폐된 용기 속의 유체에 압력을 가(加)했을 때 그 압력이 작용하는 방향은?

① 압력을 가하는 방향으로 작용 ② 압력을 가하는 반대 방향으로 작용
③ 용기 내 모든 방향으로 작용   ④ 용기의 하부 방향으로만 작용

해설 밀폐된 용기 속의 유체에 압력을 가할 때 그 압력이 작용하는 방향 : 용기 내 모든 방향으로 작용

문제 33

프라이밍에 관한 설명으로 틀린 것은?

① 이상 증발 현상의 하나임.
② 보일러 부하를 급증시켰을 때 발생
③ 보일러 수위가 낮을 때 발생
④ 보일러 청정제를 다량 투입했을 때 발생

해설 보일러 수위가 높을 때 발생

문제 34

압력 $3kg/cm^2$에서 물의 증발잠열이 517.1kcal/kg이며, 포화온도는 132.88℃이다. 물 5kg을 동일 압력에서 증발시킬 때 엔트로피의 변화량은?

① 1.32kcal/K   ② 4.42kcal/K
③ 6.37kcal/K   ④ 8.73kcal/K

해설 엔트로피 $= \dfrac{\Delta Q}{T} = \dfrac{(517.1 \times 5)}{(273+132.88)} = 6.37\,kcal/K$

문제 35

물 중의 불순물 농도를 표시하는 단위인 ppb의 설명으로 옳은 것은?

① 만 단위중량분의 1단위 중량   ② 백만 단위중량분의 1단위 중량
③ 10억 단위중량분의 1단위 중량   ④ 용액 $1l$ 중 1mg 해당량

해답 32. ③ 33. ③ 34. ③ 35. ③

해설 수질의 용어

① ppm(parts per million) : 용액 1kg 중의 용질 1mg으로 중량 $\frac{1}{100만}$ 분율을 말한다.

② ppb(parts per billion) : 용액 1Ton 중의 용질 1mg으로 중량 $\frac{1}{10억}$ 분율을 말한다.

③ epm(equivalents per million) : 용액 1kg 중의 용질 1mg당 량 $\frac{1}{100만}$ 분율을 말한다.

문제 36 선택적 캐리오버(selective carry over)는 무엇이 증기에 포함되어 분출되는 현상인가?

① 액적 ② 거품
③ 탄산칼슘 ④ 실리카

해설 선택적 캐리오버는 실리카가 증기에 포함되어 분출되는 현상이다.

문제 37 다음 보기는 보일러의 산 세정 공정의 일부를 나열한 것이다. 순서대로 바르게 된 것은?

〈보기〉
1. 산 세정   2. 중화 방청 처리   3. 연화 처리   4. 예열

① 1 → 4 → 2 → 3 ② 1 → 2 → 4 → 3
③ 4 → 1 → 3 → 2 ④ 4 → 3 → 1 → 2

해설 산 세정 공정 순서
예열 – 연화 처리 – 알칼리 처리 – 수세 – 산 처리 – 수세 – 중화 처리 – 수세 – 방청 처리

문제 38 2개의 단열 변화와 2개의 등압 변화로 구성되며 증기와 액체의 상변화가 이루어지는 사이클은?

① 랭킨 사이클 ② 재열 사이클
③ 재생 사이클 ④ 재생–재열 사이클

36. ④   37. ④   38. ①

해설 랭킨 사이클

증기원동소의 기본 사이클은 랭킨 사이클(Rankine cycle)이라 하며, 그림과 같이 2개의 단열과정과 2개의 등압과정으로 구성된다.

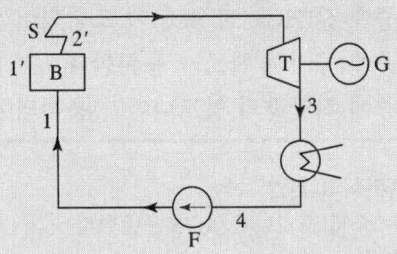

B : 보일러(Boiler)
S : 과열기(Super heater)
T : 터빈(Turbine)
G : 발전기(Generator)
C : 복수기(Condenser)
F : 급수펌프(Feed pump)

〈랭킨 사이클의 구성〉

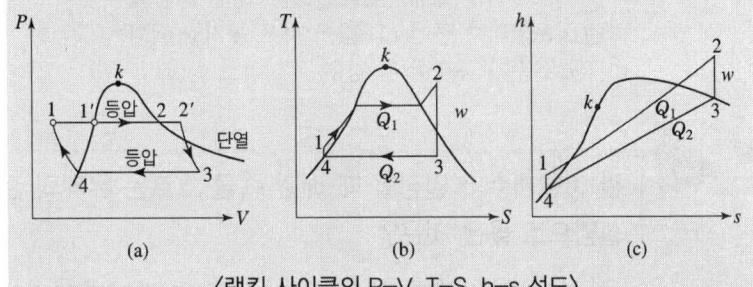

〈랭킨 사이클의 P-V, T-S, h-s 선도〉

① 등압가열(1-2) : 급수펌프에서 이송된 압축수를 보일러에서 등압가열하여 포화수가 되고, 계속 가열하여 건포화증기가 되고, 과열기(super heater)에서 다시 가열하여 과열증기가 된다.
② 단열팽창(2-3) : 과열증기가 터빈에 유입되어 단열팽창으로 일을 하고 습증기가 된다.
③ 등압방열(3-4) : 터빈에서 유출된 습증기는 복수기에서 등압방열되어 포화수가 된다.
④ 단열압축(4-1) : 일명 등적압축과정이며, 복수기에서 나온 포화수를 복수펌프로 대기압까지 가압하고 다시 급수펌프로 보일러 압력까지 보일러에 급수한다.

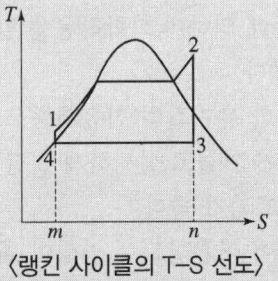

〈랭킨 사이클의 T-S 선도〉

문제 39 보일러 내부부식의 원인이 아닌 것은?

① 보일러수의 pH 값이 너무 높거나 낮다.
② 보일러수 중에 산(HCl, H_2SO_4)이 포함되어 있다.
③ 보일러수 중에 공기나 산소가 용존한다.
④ 보일러수 중에 적당량의 암모니아가 용해되어 있다.

[해설] 보일러 내부부식의 원인
① 보일러수 중에 공기나 산소가 용존한다.
② 보일러수 중에 탄산가스가 용존한다.
③ 보일러수 중에 산(HCl, H_2SO_4)이 포함되어 있다.
④ 보일러수 중에 pH 값이 너무 높거나 낮다.
⑤ 관수가 농축이 된 경우

문제 40 관 마찰계수가 일정할 때 배관 속을 흐르는 유체의 손실수두에 관한 설명으로 옳은 것은?

① 유속에 반비례한다.   ② 관 길이에 반비례한다.
③ 유속의 제곱에 비례한다.   ④ 관 직경에 비례한다.

[해설] 손실수두 $= \dfrac{\lambda l V^2}{2gd}$ [여기서, λ : 마찰계수, g : 중력가속도(9.8m/sec), l : 관 길이, d : 관경, V : 유속]

∴ 마찰계수에 비례,   관 길이에 비례
  유속의 제곱에 비례,   관경에 반비례

문제 41 유리섬유(glass wool) 보온재에 대한 특징으로 틀린 것은?

① 물 등에 의하여 화학작용을 일으키지 않으므로 단열·내열·내구성이 좋다.
② 순수한 유기질의 섬유제품으로서 불에 타지 않는다.
③ 섬유가 가늘고 섬세하게 밀집되어 다량의 공기를 포함하고 있으므로 보온효과가 좋다.
④ 외관이 아름답고 유연성이 좋아 시공이 간편하다.

[해설] 순수한 유기질의 섬유제품도 불에 탄다.

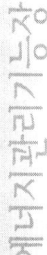

해답 39. ④ 40. ③ 41. ②

문제 42

보온재와 보냉재, 단열재는 무엇을 기준으로 하여 구분하는가?

① 압축강도
② 내화도
③ 열전도도
④ 안전 사용온도

해설 보온재, 보냉재, 단열재 기준 : 안전 사용온도

보충 유기질 보온재 : 폼류 : ① 폴리스틸렌 폼 ② 염화비닐 폼 ③ 경질우레탄 폼
펠트류 : ① 양모 펠트 ② 우모 펠트
텍스류 : ① 톱밥 ② 녹재 ③ 펄프
코르크류 : ① 탄화코르크
무기질 보온재 : 탄산마그네슘 : 250℃   글라스울 : 300℃
석 면 : 400℃   규조토 : 500℃
암 면 : 600℃   규산칼륨 : 650℃

문제 43

도료의 분류에서 성분(도막 주요소)에 의한 분류로 가장 거리가 먼 것은?

① 유성 도료
② 수성 도료
③ 프탈산 수지 도료
④ 내알칼리 도료

해설 도료에 의한 분류에서 성분에 의한 분류
① 수성 도료 ② 유성 도료 ③ 프탈산 수지 도료

문제 44

용접식 관 이음쇠인 롱 엘보(long elbow)의 곡률 반경은 강관 호칭지름의 몇 배인가?

① 1배
② 1.5배
③ 2배
④ 2.5배

해설 롱 엘보의 곡률반경은 강관 호칭지름의 1.5배이다.

문제 45

강관의 전기용접 접합에서 사용되는 용접봉의 기호가 E4301로 표시되어 있을 때 43의 뜻은?

① 사용 가능한 용접자세
② 용접봉 심선의 굵기
③ 용착금속의 최소 인장강도
④ 심선의 최고 인장강도

해답 42. ④   43. ④   44. ②   45. ③

해설 E4301
① E : 전기용접봉
② 43 : 용착금속의 최소인장강도
③ 0 : 용접자세
　1 : 전자세(F : 아래보기, H : 수평, V : 수직, O : 위보기)
④ 1 : 피복제 계통

문제 46 배관 지지 장치의 종류 중 배관의 열팽창에 의한 이동을 구속 제한할 목적으로 사용되며 종류에는 앵커, 스토퍼, 가이드 등이 있는데 이와 같은 지지 장치를 무엇이라 하는가?

① 리스트레인트(restraint)
② 브레이스(brace)
③ 행거(hanger)
④ 서포트(support)

해설 리스트레인트(restraint)
열팽창에 의한 배관의 상하·좌우 이동을 구속 또는 제한하는 장치이다.
① 앵커(anchor) : 리지드 서포트의 일종으로 관의 이동 및 회전을 방지하기 위해 지지점에 완전히 고정하는 장치이다.
② 스토퍼(stopper) : 배관의 일정한 방향과 회전만 구속하고 다른 방향은 자유롭게 이동하게 하는 장치이다.
③ 가이드(guide) : 배관의 곡관 부분이나 신축 조인트 부분에 설치하는 것으로 회전을 제한하거나 축방향의 이동을 허용하며 직각방향으로 구속하는 장치이다.

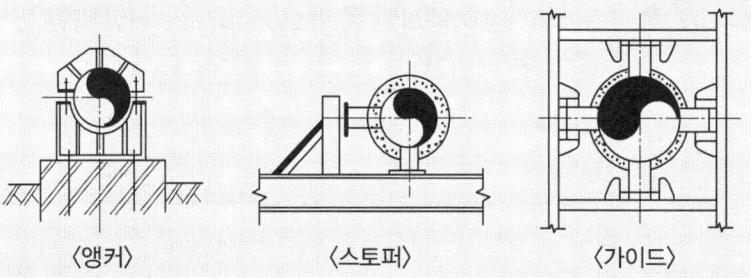

〈앵커〉　　〈스토퍼〉　　〈가이드〉

보충 파이프 슈(pipe shoe) : 관에 직접 접속하는 지지구로 수평배관과 수직배관의 연결부에 사용된다.
리지드 서포트(rigid support) : H빔이나 I빔으로 받침을 만들어 지지한다.
스프링 서포트(spring support) : 스프링의 탄성에 의해 상하 이동을 허용한 것이다.
롤러 서포트(roller support) : 관의 축방향의 이동을 허용한 지지구이다.

해답 46. ①

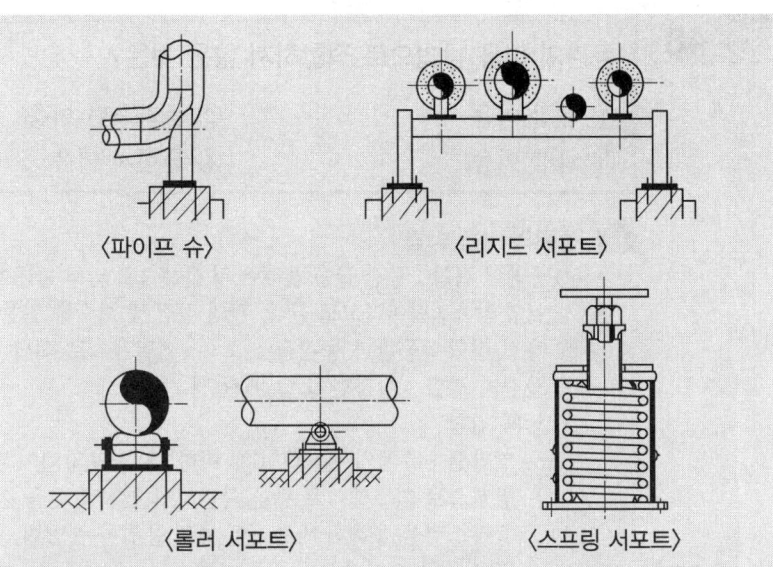

〈파이프 슈〉 〈리지드 서포트〉

〈롤러 서포트〉 〈스프링 서포트〉

행거 : 배관의 하중을 위에서 잡아주는 장치이다.
① 리지드 행거(rigid hanger) : I빔에 턴버클을 이용, 지지하는 것으로 상하 방향에 변위에 없는 곳에 사용한다.
② 스프링 행거(spring hanger) : 턴버클 대신 스프링을 사용한 것이다.
③ 콘스탄트 행거(constant hanger) : 배관의 상하이동에 관계없이 관지지력이 일정한 것으로 중추식과 스프링식이 있다.

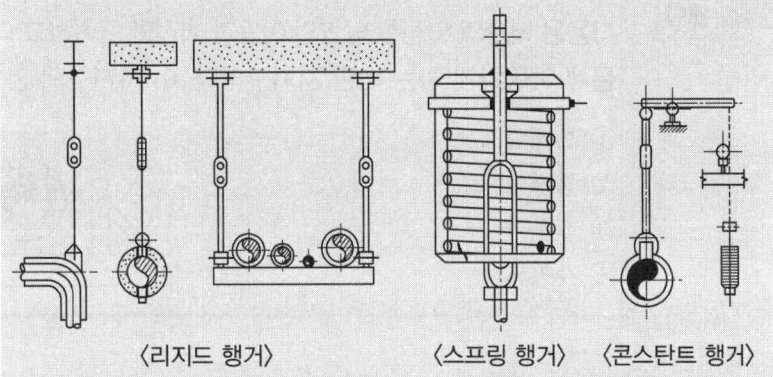

〈리지드 행거〉 〈스프링 행거〉 〈콘스탄트 행거〉

문제 47 에너지법상의 에너지공급자란?

① 에너지 사용처의 사장
② 한국에너지공단의 이사장
③ 에너지 관리 공장장
④ 에너지를 생산·수입·전환·수송·저장·판매하는 사업자

해답 47. ④

제 3 부 필기 기출문제

**48** 동관의 이음 방법으로 적합하지 않은 것은?

① 용접 이음
② 플라스턴 이음
③ 납땜 이음
④ 플랜지 이음

해설 **동관의 이음 방법**
① 플레어 접합 : 동관 끝을 플레어 링 툴셋으로 넓혀 플레어로 접합하는 방식. 일명 압축접합이라고도 한다. 관의 점검 및 보수를 위한 해체한 곳에 사용.
② 용접 접합 : 동관과 동관을 산소-아세틸렌으로 접합
③ 플랜지 접합 : 상당한 고압 배관 시 사용
④ 납땜 접합
  ㉠ 연납땜 : 유체의 온도(120℃ 이하) 및 사용압력이 낮은 곳에 사용하는 방식으로 익스팬더로 관을 확관하여 연결할 관을 끼워 용제를 바른 뒤 플라스턴을 용해하여 틈새에 채워 용접하는 방법. 이때의 가열온도는 200~300℃이다.
  ㉡ 경납땜 : 고온 및 사용압력이 높은 곳에 사용하는 방식으로 인동납(BCuP), 은납(BAg)을 틈새에 채워 접합하는 방법. 이때의 가열온도는 700~850℃이다.

**49** 다음은 배관의 일정한 방향의 이동과 회전만 구속하고 다른 방향은 자유롭게 이동하게 하는 배관 지지구이다. 이 지지구의 명칭은 무엇인가?

① 브레이스
② 앵커
③ 스토퍼
④ 가이드

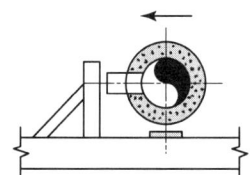

**50** 오리피스형 증기 트랩에 관한 설명으로 틀린 것은?

① 작동 및 구조상 증기가 약간 누설되는 결점이 있다.
② 오리피스를 통과할 때 생성된 재증발 증기의 교축효과를 이용한 것이다.
③ 취급되는 응축수의 양에 비하여 대형이다.
④ 고압, 중압, 저압의 어느 곳에나 사용된다.

해답   48. ②   49. ③   50. ③

해설 취급하는 응축수의 양에 비해 소형이다.

문제 51 에너지이용 합리화법에 따라 에너지관리의 효율적인 수행과 특정열사용기자재의 안전관리를 위하여 에너지관리자, 시공업의 기술인력 및 검사대상기기 조종자에 대하여 교육을 실시하는 자는?

① 고용노동부장관 ② 국토교통부장관
③ 산업통상자원부장관 ④ 한국에너지공단이사장

문제 52 다음의 인장시험 곡선에서 하중을 제거하였을 경우 처음 상태로 되돌아가는 탄성변형의 구간은?

① O~F
② O~A
③ O~D
④ O~E

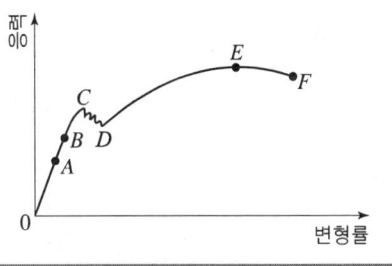

해설 **응력 변형도**

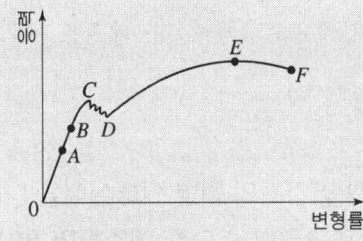

A : 비례 한계점
B : 탄성 한계점
C : 상항복점
D : 하항복점
E : 극한(인장)강도점
F : 파괴점

① 비례한도 : 응력이 작은 사이는 응력과 변형률이 비례하여 증가하나 B점에 달하면 응력의 증가에 비해 변형률의 증가가 크게 된다.
② 탄성한도 : B점 이하에서는 하중을 제거하면 원상태로 복귀된다. 또한 탄성한도 내에서는 응력과 변형이 비례한다.(후크의 법칙)
③ 항복점(yield-point) : 재료에 가하는 하중을 점차 증가하면 하중에 따라 재료의 변형이 증가되며 하중의 어느 정도까지 증가하면 하중을 더 이상 증가하지 않아도 변형을 일으키는 경우를 말한다.
④ 극한(인장)강도 : 재료의 시험편이 견딜 수 있는 최대 하중을 말한다.
⑤ 파괴점 : 재료가 극한 강도를 넘어 파괴하는 지점을 말하며 이때의 응력을 파단응력이라 한다.

해답 51. ③ 52. ②

 **53** 에너지이용 합리화법에서 특정열사용기자재에 포함되지 않는 것은?

① 태양열 집열기　　② 1종 압력용기
③ 온수 보일러　　　④ 버너

해설 **특정열사용기자재**
① 보일러 : 강철제 보일러, 주철제 보일러, 온수 보일러, 태양열 집열기, 축열식 전기보일러
② 압력용기 : 1종 압력용기, 2종 압력용기
③ 요업요로
④ 금속요로

 **54** 증기 배관의 증기 트랩 설치 시공법을 설명한 것으로 틀린 것은?

① 응축 수량이 많이 발생하는 증기관에는 다량 트랩이 적합하다.
② 관말부의 최종 분기부에서 트랩에 이르는 배관은 충분히 보온해 준다.
③ 증기 트랩의 주변은 점검이나 고장 시 수리 및 교체가 가능하도록 공간을 두어야 한다.
④ 트랩 전방에 스트레이너를 설치하여 이물질을 제거한다.

해설 관말부의 최종 분기부에서 트랩에 이르는 배관은 보온을 하지 않는다.

 **55** 다음 표는 어느 자동차 영업소의 월별 판매실적을 나타낸 것이다. 5개월 단순이동평균법으로 6월의 수요를 예측하면 몇 대인가?

월	1월	2월	3월	4월	5월
판매량	100대	110대	120대	130대	140대

① 120대　　　　　　② 130대
③ 140대　　　　　　④ 150대

해설 6월의 수요 예측 $= \dfrac{1}{5}(100+110+120+130+140) = 120$대

 해답　　　53. ④　54. ②　55. ①

문제 56

이항분포(binomial distribution)에서 매 회 A가 일어나는 확률이 일정한 값 P일 때, n회의 독립시행 중 사상 A가 x회 일어날 확률 $P(x)$를 구하는 식은? (단, N은 로트의 크기, n은 시료의 크기, P는 로트의 모부적합품률이다.)

① $P(x) = \dfrac{n!}{x!(n-x)!}$

② $P(x) = e^{-x} \cdot \dfrac{(nP)^x}{x!}$

③ $P(x) = \dfrac{\binom{NP}{x}\binom{N-NP}{n-x}}{\binom{N}{n}}$

④ $P(x) = \binom{n}{x} P^x (1-P)^{n-x}$

문제 57

표준시간 설정 시 미리 정해진 표를 활용하여 작업자의 동작에 대해 시간을 산정하는 시간연구법에 해당되는 것은?

① PTS법
② 스톱워치법
③ 워크샘플링법
④ 실적자료법

해설 **스톱워치법** : 실제로 현장에서 이루어지는 모든 작업 공정에 대해 사전에 미리 구분하여 별도의 측정 표준을 통해 표준시간을 산정하는 방법
WS(워크샘플링법) : 측정자는 무작위로 현장에서 작업자가 작업하는 내용에 대해 측정률 및 가동시간에 대한 측정결과를 조합하여 표준시간을 설정하는 방법

문제 58

다음 내용은 설비보전 조직에 대한 설명이다. 어떤 조직의 형태에 대한 설명인가?

[다음] 보전작업자는 조직상 각 제조부문의 감독자 밑에 둔다.
• 단점 : 생산우선에 의한 보전작업 경시, 보전기술 향상의 곤란성
• 장점 : 운전자와 일체감 및 현장감독의 용이성

① 집중보전
② 지역보전
③ 부문보전
④ 절충보전

해답 56. ④ 57. ① 58. ③

해설 **설비보전의 조직**
① 부문보전 : 공장의 보전요원을 각 제조부문의 감독자 아래 배치
② 지역보전 : 지역별로 책임자를 두고 보전요원이 활동
③ 절충보전 : 지역보전 또는 부문보전과 집중보전을 결합하여 장점을 살리고 결점을 보완한다.
④ 집중보전 : 공장의 모든 보전요원을 한 사람의 관리자 밑에 두고 활동

문제 59 샘플링에 관한 설명으로 틀린 것은?

① 취락 샘플링에서는 취락 간의 차는 작게, 취락 내의 차는 크게 한다.
② 제조 공정의 품질 특성에 주기적인 변동이 있는 경우 계통 샘플링을 적용하는 것이 좋다.
③ 시간적 또는 공간적으로 일정 간격을 두고 샘플링하는 방법을 계통 샘플링이라고 한다.
④ 모집단을 몇 개의 층으로 나누어 각 층마다 랜덤하게 시료를 추출하는 것을 층별 샘플링이라고 한다.

해설 **계통 샘플링** : 모집단으로부터 시간적 또는 공간적으로 일정 간격을 두고 샘플링하는 방법

문제 60 다음은 관리도의 사용 절차를 나타낸 것이다. 관리도의 사용 절차를 순서대로 나열한 것은?

[다음] ㉠ 관리하여야 할 항목의 선정
㉡ 관리도의 선정
㉢ 관리하려는 제품이나 종류 선정
㉣ 시료를 채취하고 측정하여 관리도를 작성

① ㉠ → ㉡ → ㉢ → ㉣
② ㉠ → ㉢ → ㉣ → ㉡
③ ㉢ → ㉠ → ㉡ → ㉣
④ ㉢ → ㉣ → ㉠ → ㉡

해답 59. ② 60. ③

2017년도 제 61 회

문제 01 작동방법에 따른 감압밸브의 분류에 포함되지 않는 것은?

① 로터리형　　　　② 벨로즈형
③ 다이어프램형　　④ 피스톤형

해설 감압밸브 : ① 고압의 증기를 저압의 증기로 바꾸어 줌
　　　　　② 부하측의 압력을 항상 일정하게 한다.
　　　　　③ 고압과 저압을 동시 사용
　　　종류 : ① 벨로우즈형　② 다이어프램형　③ 피스톤형

문제 02 온수난방 방열기의 방열량 3600kcal/h, 입구온수 온도가 75℃, 출구 온수 온도가 65℃로 했을 경우, 1분당 유입 온수유량은 몇 kg인가?

① 6　　　　② 10
③ 12　　　　④ 40

해설 $Q = G \cdot C \cdot \Delta t$에서
$G = \dfrac{Q}{C \times \Delta t} = \dfrac{3600}{1 \times (75-65)} = 360 \text{kg/h} \div 60 \text{min/1h}$
$= 6 \text{kg/min}$

문제 03 긴 수관으로만 구성된 보일러로 초임계압력 이상의 고압증기를 얻을 수 있는 관류 보일러는?

① 슈미트 보일러　　② 베록스 보일러
③ 라몬드 보일러　　④ 슐쳐 보일러

해답　01. ①　02. ①　03. ④

해설 **관류보일러** : 긴 수관으로만 구성된 보일러로 초임계압력 이상의 고압증기를 얻을 수 있는 보일러
종류 : 슐처, 엣모스, 벤숀, 람진, 가와가키보일러

문제 04
부하변동에 적응성이 좋으며 응축수를 연속적으로 배출하고 자동공기 배출이 이루어지고 볼과 레버가 수격작용에 파손이 생기기 쉽고 겨울철에 동파위험이 있는 증기트랩은?

① 버킷 트랩
② 플로트 트랩
③ 바이메탈식 트랩
④ 벨로즈 트랩

해설 **증기트랩** : 관내 응축수를 배출해서 수격작용 및 부식방지
종류 :
① 기계적 트랩 : 포화수와 포화증기의 비중차 이용(버킷, 플로우트트랩)
② 온도조절 트랩 : 포화수와 포화증기의 온도차 이용(바이메탈, 벨로우즈)
③ 열역학적 트랩 : 포화수와 폴화증기의 열역학적 특성치 이용(오리피스, 디스크)

문제 05
수소(H_2)의 영향을 가장 많이 받으며, 휘스톤브리지 회로를 구성한 가스 분석계는?

① 밀도식 CO_2계
② 오르자트식 가스분석계
③ 가스크로마토그래피
④ 열전도율형 CO_2계

해설 **밀도식 CO_2계** : CO_2의 밀도와 점도를 이용한 것으로 가스 및 공기와 같은 크기의 모세관을 통과할 때 저항차에 의해 탄산가스량을 측정하는 것
오르자트 가스분석계 흡수액의 성분
① CO_2의 흡수액 : KOH 30% 수용액
② O_2의 흡수액 : 알카리성 피롤카놀 용액
③ CO의 흡수액 : 암모니아성 염화제1동 용액

해답 04. ② 05. ④

문제 06
보일러의 압력계 부착 방법에 관한 설명으로 틀린 것은?

① 증기온도가 210℃가 넘을 때는 동관을 사용하여야 한다.
② 압력계에 연결되는 증기관은 동관일 경우 안지름 6.5mm 이상이어야 한다.
③ 압력계의 코크 대신에 밸브를 사용할 경우에는 한 눈에 개·폐 여부를 알 수 있는 구조로 하여야 한다.
④ 압력계에 연결되는 관은 사이폰관을 부착하여 증기가 직접 압력계에 들어가지 않도록 하여야 한다.

해설 증기온도가 210℃를 넘을 때는 동관사용금지

문제 07
자동제어 방법에서 추치제어의 종류가 아닌 것은?

① 추종 제어　　② 정치 제어
③ 비율 제어　　④ 프로그램 제어

해설 추치제어 : 목표값이 변화되는 것으로 목표값을 측정하면서 제어 목표량을 목표값에 맞추는 제어방식
① 추종제어 : 목표값이 시간에 따라 임의로 변화되는 값으로 부여한 제어
② 비율제어 : 2개 이상의 제어값의 값이 정해진 비율을 보유하여 제어
③ 프로그램제어 : 목표값이 시간에 따라 미리 결정된 일정한 제어
④ 캐스케이드제어 : 1차 제어 장치가 제어 명령을 말하고 2차 제어장치가 이 명령을 바탕으로 제어량을 조절

문제 08
원심펌프가 회전수 600rpm에서 양정이 20m이고, 송출량이 매분 0.5m^{3}이다. 이 펌프의 회전수를 900rpm으로 바꾸면 양정은 얼마가 되는가?

① 25m　　② 30m
③ 45m　　④ 60m

해답　06. ①　07. ②　08. ③

해설

$$Q' = Q \times \left(\frac{N_2}{N_1}\right)^1$$

$$H' = H \times \left(\frac{N_2}{N_1}\right)^2 = 20\text{m} \times \left(\frac{900}{600}\right)^2 = 45\text{m}$$

$$kw' = kw \times \left(\frac{N_2}{N_1}\right)^3$$

문제 09 난방부하에 관한 설명으로 옳은 것은?

① 틈새바람의 양을 예측하는 방법으로 환기횟수법이 있다.
② 건축물 구조체에서의 열전달은 열전달계수와 관련이 있다.
③ 표면열전달계수는 풍속과는 관련이 없고 재질에 영향을 받는다.
④ 위험율 2.5% 온도는 최대부하에 근거한 외기온도보다 2.5% 낮은 온도를 기준한다.

문제 10 전양식 안전밸브를 사용하는 증기보일러에서 분출압력이 15kg/cm² 이고, 밸브시트 구멍의 지름이 50mm일 때 분출용량은 약 몇 kg/h인가?

① 12985
② 12920
③ 12013
④ 11525

해설 안전밸브 분출용량

① 저양정식 $(Q) = \dfrac{(1.03P+1)AS}{22}$

② 고양정식 $(Q) = \dfrac{(1.03P+1)AS}{10}$

③ 전양정식 $(Q) = \dfrac{(1.03P+1)AS}{5}$

④ 전양식 $(Q) = \dfrac{(1.03P+1)AS}{2.5} = \dfrac{(1.03 \times 15 + 1) \times 0.785 \times 50^2}{2.5}$
$= 12913.25\text{kg/h}$

해답 09. ① 10. ②

증기 난방방식에서 응축수 환수방식에 의한 분류 중 진공 환수방식에 대한 설명으로 틀린 것은?

① 환수주관의 말단에 진공펌프를 설치한다.
② 환수관에서의 진공도는 20~30mmHg이다.
③ 방열량을 광범위하게 조절할 수 있어서 대규모 난방에 적합하다.
④ 방열기 설치 위치에 제한을 받지 않는다.

해설 **진공 환수방식의 특징**
① 환수주관의 말단에 진공펌프를 설치한다.
② 방열량을 광범위하게 조절할 수 있어서 대규모 난방에 적합
③ 방열기 설치 위치에 제한을 받지 않는다.
④ 중력, 기계 환수식보다 순환이 가장 빠르다.
⑤ 구배에 큰 애로가 없다.
⑥ 환수관의 관경을 적게 할 수 있다.
⑦ 버큠브레이커(Vacuum breaker)를 사용하여 진공을 일정히 유지해야 한다.

보일러 연돌의 통풍력에 관한 설명으로 틀린 것은?

① 연돌의 높이가 높을수록 통풍력이 크다.
② 연돌의 단면적이 클수록 통풍력이 크다.
③ 연돌 내 배기가스의 온도가 높을수록 통풍력이 크다.
④ 연돌의 온도 구배가 작을수록 통풍력이 크다.

해설 **연돌의 통풍력**
① 연돌의 높이가 높을수록 통풍력이 크다.
② 연돌의 단면적이 클수록 통풍력이 크다.
③ 연돌 내 배기가스의 온도가 높을수록 통풍력이 크다.
④ 굴곡부를 줄인다.
⑤ 연돌의 온도 구배가 클수록 통풍력이 크다.

해답 11. ② 12. ④

문제 13

보일러 급수장치는 주펌프 세트 외에 보조펌프 세트를 갖추어야 하는데 관류 보일러의 경우 전열면적이 몇 m² 이하이면 보조펌프를 생략할 수 있는가?

① 12m² ② 14m²
③ 50m² ④ 100m²

해설 보조펌프 생략
① 전열면적 12m² 이하의 보일러
② 전열면적 14m² 이하의 가스용 온수보일러
③ 전열면적 100m² 이하의 관류보일러

문제 14

고압기류식 분무버너의 특징에 관한 설명으로 옳은 것은?

① 연료유의 점도가 크면 비교적 무화가 곤란하다.
② 연소 시 소음의 발생이 적다.
③ 유량 조절범위가 1 : 3 정도로 좁다.
④ 공기 또는 증기를 분사시켜 기름을 무화하는 방식이다.

해설 고압기류식 버너 특징
① 저압공기(증기) 분무식버너 : 비교적 고점도 유체라도 무화가 양호하고 유량조절범위 1:5 이상 분무각 30~60℃ 정도의 구조가 간단하고 가격이 싸다.
② 고압공기(증기) 분무식버너 : 저압공기 분무와 동일한 원리로 2~7kg/cm²의 고압증기를 사용, 공기와 연료의 혼합방식에 따라 외부혼합식과 내부혼합식으로 구분되고 유량조절범위는 1:10 정도로 넓다.

문제 15

버너에서 착화를 확실히 하고, 화염이 꺼지지 않도록 화염의 안정을 도모하기 위해 설치되는 장치는?

① 스택스위치 ② 플레임아이
③ 플레임로드 ④ 보염기

해답 13. ④ 14. ④ 15. ④

해설 **보염기 설치 목적**
① 안정된 착화를 도모한다.
② 화염의 형상을 조절한다.
③ 연료의 분무를 돕고 공기와의 혼합을 양호하게 한다.
④ 연소가스의 체류시간을 지연시켜 돕는다.
⑤ 연소실의 온도 분포를 고르게 하고 국부가열 방지

종류
① 스테이 빌라이저 : 연료유의 분무 흐름이나 연소공기 사이에서 저 유속 흐름을 유도함으로 불꽃의 안정성을 유지케 하는 장치이다.
② 윈드 박스(Wind box) : 버너 벽면에 설치된 밀폐상자로 공기흐름을 적절히 유지하며 동압을 정압 상태로 바꾸어 착화나 연속화염을 안정시키는 장치이다.
③ 버너 타일 : 버너의 첨단부분을 보호하며 화염의 모양을 형성시켜 연속화염을 안정시키는 내화재로 구축된 장치이다.
④ 콤버스터 : 저온의 노에서도 연소를 안정시켜 분출흐름의 모양을 안정시킨 장치이다.

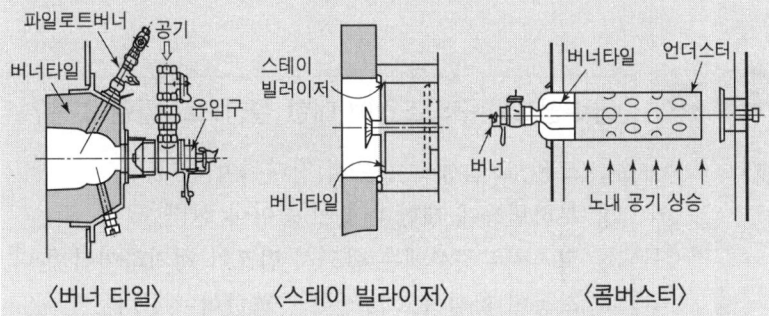

〈버너 타일〉   〈스테이 빌라이저〉   〈콤버스터〉

문제 16

일정한 조건 아래에서 휘발성 물질의 증기가 다른 작은 불꽃에 의하여 불이 붙는 가장 낮은 온도를 무엇이라고 하는가?

① 인화점   ② 임계점
③ 연소점   ④ 유동점

해설 **임계점**
① 임계온도 : 액화할 수 있는 최고의 온도
② 임계압력 : 액화할 수 있는 최저의 압력
연소점 : 연소가 시작되기 위한 온도로서 인화점보다 10℃ 이상 높은 온도
유동점 : 응고점+2.5℃

해답 16. ①

문제 17 송기장치 배관에 대한 설명으로 옳은 것은?

① 증기 헤더의 직경은 주증기관의 관경보다 작아도 된다.
② 벨로즈형 신축이음쇠는 일명 신축곡관이라고 하며, 고압배관에 적당하다.
③ 트랩의 구비조건은 마찰저항이 크고 응축수를 단속적으로 배출할 수 있어야 한다.
④ 감압밸브는 고압측압력의 변동에 관계없이 저압측압력을 항상 일정하게 유지한다.

해설
- 증기 헤더의 직경은 주증기관의 관경의 2배 이상
- 벨로즈형 신축이음쇠를 팩레스 신축이음이라고 한다.
- 트랩의 구비조건은 마찰저항이 적고 응축수를 연속적으로 배출할 수 있어야 한다.

문제 18 급수펌프의 구비조건에 대한 설명으로 틀린 것은?

① 고온, 고압에도 충분히 견디어야 한다.
② 부하변동에 대한 대응이 좋아야 한다.
③ 고·저부하시에는 반드시 펌프가 정지하여야 한다.
④ 작동이 확실하고 조작이 간편하여야 한다.

해설 급수펌프의 구비조건
① 고온, 고압에 충분히 견디어야 한다.
② 부하변동에 대응하여야 한다.
③ 고속회전에 지장이 없어야 한다.
④ 작동이 확실하고 조작이 간편해야 한다.
⑤ 병렬운전에 지장이 없어야 한다.

문제 19 천장이나 벽, 바닥 등에 코일을 매설하여 온수 등 열매체를 이용하여 복사열에 의해 실내를 난방 하는 것은?

① 대류난방 ② 패널난방
③ 간접난방 ④ 전도난방

해답 17. ④ 18. ③ 19. ②

해설 패널난방(복사난방) : 천장이나 벽, 바닥 등에 코일을 매설하여 온수 등 열매체를 이용하여 복사열에 의해 실내를 난방하는 것

문제 20 탄소 12kg을 연소시키기 위하여 필요한 산소량은?

① 16kg   ② 24kg
③ 32kg   ④ 36kg

해설
$C + O_2 \rightarrow CO_2$
12kg 32kg   44kg

문제 21 수관식 보일러에서 전열면의 증발률(Be_1)을 구하는 식은?

① $Be_1 = \dfrac{총증기발생량}{전열면적}$ ② $Be_1 = \dfrac{매시실제증기발생량}{전열면적}$

③ $Be_1 = \dfrac{전열면적}{총증기발생량}$ ④ $Be_1 = \dfrac{전열면적}{매시실제증기발생량}$

해설
전열면 증발율 $= \dfrac{G}{A}$　　　연소실 열부하 $= \dfrac{Gf \times Hl}{V}$

전열면 열부하 $= \dfrac{G \times (h'' - h')}{A}$　　증발배수 $= \dfrac{G}{Gf} = \dfrac{Ge}{Gf} = \dfrac{G \times (h'' - h')}{Gf \times 539}$

상당증발량(Ge) $= \dfrac{G \times (h'' - h')}{539}$

효율(%) $= \dfrac{G \times (h'' - h')}{Gf \times Hl} \times 100 = \dfrac{Ge \times 539}{Gf \times Hl} \times 100 = \dfrac{G \cdot C \cdot \Delta t}{Gf \times Hl} \times 100$

여기서, G : 실제증발량(kg/h), A : 전열면적(m²)
　　　　Gf : 연료소비량(kg/h), Hl : 저위발열량(kcal/kg)
　　　　h'' : 발생증기엔탈피(kcal/kg)
　　　　h' : 급수온도 또는 급수엔탈피(kcal/kg)

문제 22 가압수식 집진장치가 아닌 것은?

① 벤튜리 스크러버   ② 사이클론 스크러버
③ 제트 스크러버   ④ 타이젠 와셔식

해답　20. ③　21. ②　22. ④

 **가압수식 집진장치**
① 벤튜리 스크러버 ② 사이클론 스크러버
③ 제트 스크러버 ④ 충전탑

문제 23

복사난방에 관한 설명으로 틀린 것은?

① 별도의 방열기가 없으므로 공간 활용도가 높아진다.
② 열용량이 작고, 방열량 조절 시간이 짧아 간헐 난방에 적합하다.
③ 화상을 입을 염려가 없고, 공기의 오염이 적다.
④ 매립코일의 고장 시 수리가 어렵다.

 **복사난방의 특징**
① 별도의 방열기가 없으므로 공간 활용도가 높아진다.
② 동일방열량에 비해 열손실이 적다.
③ 공기 등의 미진을 태우지 않아 쾌감도가 좋다.
④ 높이에 따른 온도분포가 균일하다.
⑤ 화상을 입을 염려가 없고 공기의 오염이 적다.
⑥ 예열이 길어 부하에 대응하기 어렵다.
⑦ 설비비가 많이 든다.
⑧ 매입배관으로 고장수리 점검이 어렵다.
⑨ 표면부의 균열 발생이 쉽다.

문제 24

증기 선도에서 임계점이란?

① 고체, 액체, 기체가 불평형을 유지하는 점이다.
② 증발잠열이 어느 압력에 달하면 0이 되는 점이다.
③ 증기와 액체가 평형으로 존재할 수 없는 상태의 점이다.
④ 건포화증기를 계속 가열하면 압력 변동 없이 온도만 상승하는 점이다.

해설 임계점 : 증발잠열이 어느 압력에 달하면 0이 되는 점

해답 23. ② 24. ②

문제 25

표준 대기압에 해당되지 않는 것은?

① 760mmHg ② 101325N/m²
③ 10.3323mAq ④ 12.7psi

해설 표준대기압 : 1atm = 1.0332kg/cm² = 1033.2g/cm² = 10332kg/m²
= 76cmHg = 760mmHg = 0.76mHg = 10.332mAq
= 1033.2cmAq = 10332mmAq = 30inHg = 14.7PSI
= 101325N/m² = 101325Pa = 1.013bar = 1013mbar
= 101.3kPa = 0.10332MPa

문제 26

냉동 사이클의 이상적인 사이클은 어느 것인가?

① 오토 사이클 ② 디젤 사이클
③ 스털링 사이클 ④ 역카르노 사이클

해설 냉동 사이클의 이상적인 사이클은 : 역카르노 사이클

문제 27

물속에 경사지게 평판이 잠겨 있다. 이 경사 평판에 작용하는 압력의 중심에 대한 설명으로 옳은 것은?

① 압력의 중심은 도심의 아래에 있다.
② 압력의 중심은 도심과 동일하다.
③ 압력의 중심은 도심보다 위에 있다.
④ 압력의 중심은 도심과 같은 높이의 우측에 있다.

문제 28

이상기체가 일정한 압력 하에서의 부피가 2배가 되려면 초기온도가 27℃인 기체는 몇 ℃가 되어야 하는가?

① 54℃ ② 108℃
③ 300℃ ④ 327℃

해답 25. ④ 26. ④ 27. ① 28. ④

해설
$$\frac{V_1}{T_1} = \frac{V_2}{T_2}$$
$$\therefore T_2 = \frac{T_1 \times V_2}{V_1} = \frac{(273+27) \times 2}{1} = 600°K - 273 = 327℃$$

문제 29 가성취화 현상에 관한 설명으로 옳은 것은?

① 물과 접촉하고 있는 강재의 표면에서 철이온이 용출하여 부식되는 현상이다.
② 보일러 강판과 관이 화염의 접촉으로 화학작용을 일으켜 부식되는 현상이다.
③ 청관제인 탄산나트륨을 과다하게 공급하여 보일러수가 알칼리화 되어 부식되는 현상이다.
④ 보일러판의 리벳트 구멍 등에 고농도 알칼리작용에 의해 강 조직을 침범하여 균열이 생기는 현상이다.

해설 **가성취화**
① 보일러판의 리벳트 구멍 등에 고농도 알칼리작용에 의해 강 조직을 침범하여 균열이 생기는 현상
② 고온, 고압보일러에서 알카리도가 높아져 생기는 Na, H등이 강재의 결정 입계에 침투하여 재질을 연화시키는 현상

문제 30 증기보일러에 부착된 저양정식 안전밸브의 분출압력이 0.1MPa, 밸브의 단면적이 100mm²이다. 이 밸브의 증기 분출용량(kg/h)은?(단, 계수는 1로 한다.)

① 9.23kg/h ② 20.31kg/h
③ 51.36kg/h ④ 82.47kg/h

해설 분출용량 = $\frac{(1.03P+1)AS}{22} = \frac{(1.03 \times 1+1) \times 100 \times 1}{22} = 9.227$ kg/h

29. ④ 30. ④

 **31** 보일러 수의 관내처리를 위하여 투입하는 청관제의 사용 목적으로 가장 거리가 먼 것은?

① pH 조정
② 탈산소
③ 가성취화 방지
④ 기포발생 촉진

해설 청관제의 사용 목적
① 슬러지, 스케일생성방지 ② 관수 pH 조절
③ 가성취화 방지 ④ 탈산소

 **32** 열전도율의 단위로 옳은 것은?

① kcal/m · h · ℃
② kcal/m² · h · ℃
③ kcal · ℃/m · h
④ m² · h · ℃/kcal

해설 단위
① 열전도율 : kcal/mh℃
② 열전달율=열관류율=열통과율 : kcal/m²h℃
③ 비열 : kcal/kg℃
④ 열용량 : kcal/℃
⑤ 연소실 열부하 : kcal/m³h
⑥ 전열면 열부하 : kcal/m²h
⑦ 증발배수 : kg/kg
⑧ 전열면 증발율 : kg/m²h

 33 다음의 베르누이 방정식에서 $\dfrac{P}{\gamma}$ 항은 무엇을 의미하는가?(단, H : 전수두, P : 압력, γ : 비중량, V : 유속, g : 중력가속도, Z : 위치수두)

$$H = \dfrac{P}{\gamma} + \dfrac{V^2}{2g} + Z$$

① 압력수두
② 속도수두
③ 공압수두
④ 유속수두

해설 전수두(H) = $\dfrac{P}{r} + \dfrac{V^2}{2g} + Z$

① $\dfrac{P}{r}$: 압력수두 ② Z : 위치수두 ③ $\dfrac{V^2}{2g}$: 속도수두

31. ④ 32. ① 33. ①

문제 34

보일러 내면에 발생하는 점식(pitting)의 방지법이 아닌 것은?

① 용존산소를 제거한다. ② 아연판을 매단다.
③ 내면에 도료를 칠한다. ④ 브리딩 스페이스를 작게 한다.

해설 점식 방지 방법
① 용존산소제거
② 아연판을 매단다.
③ 내면에 도료를 칠한다.

문제 35

신설 보일러의 소다 끓임 조작 시 사용하는 약품의 종류가 아닌 것은?

① 탄산나트륨 ② 수산화나트륨
③ 질산나트륨 ④ 제3인산나트륨

해설 소다보링(끓임) : 설치제작 시 부착된 페인트 유지, 녹 등을 제거하기 위해 동 내부에 소다계통의 약액을 주입하고 가압하여 ($0.3 \sim 0.5 kg/cm^2$) 2~3일간 끓여 반복 분출한다.
• **사용약액** : ① 탄산소다(Na_2O_3) = 탄산나트륨
② 가성소다(NaOH) = 수산화나트륨
③ 제3인산소다($Na_3PO_4 12H_2O$)

문제 36

증기난방에서 수격작용 방지법이 아닌 것은?

① 주증기관을 냉각 후 송기한다. ② 주증기 밸브를 서서히 연다.
③ 증기관 경사도를 준다. ④ 과부하를 피한다.

해설 **수격작용** : 주 증기밸브 급개로 인하여 관내응축수가 관 벽을 치는 현상
• **방지법** : ㉠ 주 증기밸브를 멈추게 한다.
㉡ 관을 굴곡을 피한다.
㉢ 증기관의 경사도를 준다.
㉣ 증기 트랩을 설치한다.
㉤ 증기관을 보온한다.

해답 34. ④ 35. ③ 36. ①

문제 37

보일러 전열면의 고온부식을 일으키는 연료의 주성분은?

① O₂(산소) ② H₂(수소)
③ S(유황)   ④ V(바나듐)

해설 고온부식을 일으키는 원인 : V, V₂O₅
저온부식을 일으키는 원인 : S, SO₂, SO₃, H₂SO₄

문제 38

유체에서 체적탄성계수의 단위는?

① N/m^2 ② m^2/N
③ $N \cdot m$ ④ N/m^3

해설 유체에서 체적탄성계수의 단위 : N/m^2

문제 39

유체의 흐름에서 관이 확대되면 압력은?

① 높아진다.   ② 낮아진다.
③ 일정하다.   ④ 높아지다가 일정해진다.

해설 유체의 흐름에서 관이 확대되면

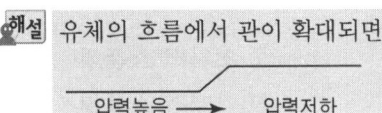

문제 40

보일러 급수 중의 용존가스(O₂, CO₂)를 제거하는 방법으로 가장 적합한 것은?

① 석회소다법   ② 탈기법
③ 이온교환법   ④ 침강분리법

해답 37. ④ 38. ① 39. ② 40. ②

해설 **외처리법**
① 용존산소제거법
  ㉠ 탈기법 : CO_2, O_2제거
  ㉡ 기폭법 : Fe, Mn, O_2제거
② 현탁질 고형물 제거법(불순물 제거법)
  ㉠ 침전법 ㉡ 여과법 ㉢ 응집법
③ 용해 고형물 제거법
  ㉠ 이온교환법 ㉡ 약제법 ㉢ 증류법

문제 41 압력배관용 강관의 사용압력이 30kg/cm², 인장강도가 20kg/mm²일 때의 스케줄 번호는?(단, 안전율은 4로 한다.)
① 30
② 40
③ 60
④ 80

해설 스케줄 번호 $= \dfrac{P}{S} \times 10 = \dfrac{30}{\left(\dfrac{20}{4}\right)} = 60$

문제 42 내화물의 균열 현상을 나타내는 스폴링의 분류에 해당되지 않는 것은?
① 열적 스폴링
② 조직적 스폴링
③ 화학적 스폴링
④ 기계적 스폴링

해설 스폴링의 분류
① 열적 스폴링 ② 기계적 스폴링 ③ 조직적 스폴링

문제 43 동관과 강관의 이음에 사용되는 것으로 분해, 조립이 비교적 자유로운 이음방식은?
① 플라스턴 이음
② MR 이음
③ 용접 이음
④ 플랜지 이음

해답 41. ③ 42. ③ 43. ④

해설 동관과 강관의 이음에 사용되는 것으로 분해, 조립이 비교적 자유로운 이음방식 : 플랜지 이음(고압), 유니온 이음(저압)

문제 44 보일러에서 발생한 증기는 수증기 헤더를 통해서 각 사용처에 공급된다. 증기헤더의 설치목적으로 가장 적당한 것은?

① 각 사용처에 양질의 증기를 안정적으로 공급하기 위하여
② 보일러실 근무자가 스팀 사용량을 통제하여 보일러를 보호하기 위하여
③ 발생 증기의 1차 저장 기능을 가지기 위하여
④ 증기의 압력을 자동으로 조정하여 일정하게 저장하기 위하여

해설 증기헤더의 설치목적 : 각 사용처에 양질의 증기를 안정적으로 공급하기 위해

문제 45 배관 지지의 필요조건에 해당되지 않는 것은?

① 관의 합계 중량을 지지하는데 충분한 재료이어야 한다.
② 진동과 충격에 대해서 견고해야 한다.
③ 관의 신축에 대하여 적합해야 한다.
④ 관의 시공 시 구배 조정과는 관계없다.

해설 배관 지지의 필요조건
① 관의 신축에 대하여 적합해야 한다.
② 진동과 충격에 대해서 견고해야 한다.
③ 관의 합계 중량을 지지하는데 충분한 재료이어야 한다.

문제 46 루프형 신축 곡관에서 곡관의 외경(d)이 25mm이고, 길이(L)가 1m일 때 흡수할 수 있는 배관의 신장(Δl)길이는 약 얼마인가?

① 0.3mm ② 0.75mm
③ 3mm   ④ 7.5mm

44. ① 45. ④ 46. ④

해설
$$l = 0.073\sqrt{d\Delta l}$$
$$l^2 = 0.073^2 \times d \times \Delta l$$
$$\Delta l = \frac{1^2}{0.073^2 \times 25} = 7.5\text{mm}$$

문제 47

무기질 보온재 중 암면을 가공한 것으로 빌딩의 덕트, 천장, 마루 등의 단열재로 한 쪽 면은 은박지 등을 부착하였으며, 사용온도가 600℃ 정도인 것은?

① 로코트(rocoat) ② 펠트(felt)
③ 블랭킷(blanket) ④ 하이 울(high wool)

해설 블랭킷 : 암면을 가공한 것으로 빌딩의 덕트, 천장, 마루 등의 단열재로 한 쪽 면은 은박지 등을 부착하였으며, 사용온도가 600℃ 정도

문제 48

서브머지드 아크 용접에서 이면 비드에 언더컷의 결함이 발생하였다. 그 원인으로 옳은 것은?

① 용접 전류의 과대 ② 용접 전류의 과소
③ 용제 산포량 과대 ④ 용제 산포량 과소

해설 언더컷의 원인
① 용접 전류의 과대(전류가 높을 때)
② 부적당한 용접봉 사용 시
③ 용접 속도가 빠를 때
④ 아크길이가 길 때

문제 49

증기트랩의 점검방법으로 틀린 것은?

① 배출상태로 확인 ② 수작업으로 감지 확인
③ 초음파 탐지기를 이용하여 점검 ④ 사이트 그라스를 이용하여 점검

해답 47. ③ 48. ① 49. ②

해설 **증기트랩의 점검방법**
① 배출상태로 확인
② 초음파 탐지기를 이용하여 점검
③ 사이트 그라스를 이용하여 점검
④ 입구와 출구온도차를 이용점검

문제 50 배관의 동력 절단기 종류가 아닌 것은?

① 포터블 소잉 머신 ② 고정식 소잉 머신
③ 커팅 휠 전단기   ④ 리드형 전단기

해설 **배관의 동력 절단기 종류**
① 포터블 소잉 머신 ② 고정식 소잉 머신 ③ 커팅 휠 전단기

문제 51 호칭지름 15A의 관을 반지름 90mm, 각도 90°로 구부리고자 할 때 필요한 곡선부의 길이는?

① 135.0mm   ② 141.4mm
③ 158.6mm   ④ 160.8mm

해설 $l = \dfrac{2\pi RQ}{360} = \dfrac{2 \times 3.14 \times 90 \times 90}{360} = 141.3\text{mm}$

문제 52 에너지이용 합리화법에 따라 산업통상자원부 장관 또는 시·도지사가 소속 공무원 또는 한국에너지공단으로 하여금 검사하게 할 수 있는 사항이 아닌 것은?

① 에너지절약전문기업이 수행한 사업에 관한 사항
② 고효율시험기관의 지정을 위한 시험능력 확보 여부에 관한 사항
③ 에너지다소비사업자의 에너지 사용량 신고 이행 여부에 관한 사항
④ 에너지 절약전문기업의 경우 영업실적(연도별 계약 실적을 포함한다.)

해답 50. ④ 51. ② 52. ④

> **해설** 에너지이용 합리화법에 따라 산업통상자원부 장관 또는 시·도지사가 소속 공무원 또는 한국에너지공단으로 하여금 검사하게 할 수 있는 사항
> ① 에너지다소비사업자의 에너지 사용량 신고 이행 여부에 관한 사항
> ② 에너지절약전문기업이 수행한 사업에 관한 사항
> ③ 고효율시험기관의 지정을 위한 시험능력 확보 여부에 관한 사항

문제 53
배관도에서 "EL-300 TOP"의 표시에 관한 설명으로 옳은 것은?

① 파이프 윗면이 기준면보다 300mm 높게 있다.
② 파이프 윗면이 기준면보다 300mm 낮게 있다.
③ 파이프 밑면이 기준면보다 300mm 높게 있다.
④ 파이프 밑면이 기준면보다 300mm 낮게 있다.

> **해설** 배관도에서 "EL-300 TOP"의 표시설명
> 파이프 윗면이 기준면보다 300mm 낮게 있다.

문제 54
가스절단 장치에 관한 설명으로 틀린 것은?

① 독일식 절단 토치의 팁은 이심형이다.
② 프랑스식 절단 토치의 팁은 동심형이다.
③ 중압식 절단 토치는 아세틸렌 가스 압력이 보통 $0.05\,\text{kgf/cm}^2$ 미만에서 사용된다.
④ 산소나 아세틸렌 용기내의 압력이 고압이므로 그 조정을 위해 압력조정기가 필요하다.

> **해설** 저압식 절단토치 : $0.07\,\text{kgf/cm}^2$ 미만
> 중압식 절단토치 : $0.07\,\text{kgf/cm}^2$ 이상 $1.3\,\text{kgf/cm}^2$ 미만
> 고압식 절단토치 : $1.3\,\text{kgf/cm}^2$ 이상

해답 53. ② 54. ③

문제 55 워크 샘플링에 관한 설명 중 틀린 것은?
① 워크 샘플링은 일명 스냅리딩(Snap Reading)이라 불린다.
② 워크 샘플링은 스톱워치를 사용하여 관측대상을 순간적으로 관측하는 것이다.
③ 워크 샘플링은 영국의 통계학자 L.H.C.Tippet가 가동률 조사를 위해 창안한 것이다.
④ 워크 샘플링은 사람의 상태나 기계의 가동상태 및 작업의 종류 등을 순간적으로 관측하는 것이다.

문제 56 설비보전보직 중 지역보전(area maintenance)의 장·단점에 해당하지 않는 것은?
① 현장 왕복 시간이 증가한다.
② 조업요원과 지역보전요원과의 관계가 밀접해진다.
③ 보전요원이 현장에 있으므로 생산 본위가 되며 생산의욕을 가진다.
④ 같은 사람이 같은 설비를 담당하므로 설비를 잘 알며 충분한 서비스를 할 수 있다.

문제 57 3σ법의 $\overline{X}$관리도에서 공정이 관리상태에 있는데도 불구하고 관리상태가 아니라고 판정하는 제1종 과오는 약 몇 %인가?
① 0.27   ② 0.54
③ 1.0   ④ 1.2

문제 58 검사의 종류 중 검사공정에 의한 분류에 해당되지 않는 것은?
① 수입검사   ② 출하검사
③ 출장검사   ④ 공정검사

해답 55. ② 56. ① 57. ① 58. ③

문제 59 부적합품률이 20%인 공정에서 생산되는 제품을 매시간 10개씩 샘플링 검사하여 공정을 관리하려고 한다. 이때 측정되는 시료의 부적합품 수에 대한 기대값과 분산은 약 얼마인가?

① 기대값 : 1.6, 분산 : 1.3
② 기대값 : 1.6, 분산 : 1.6
③ 기대값 : 2.0, 분산 : 1.3
④ 기대값 : 2.0, 분산 : 1.6

문제 60 설비배치 및 개선의 목적을 설명한 내용으로 가장 관계가 먼 것은?

① 재공품의 증가
② 설비투자 최소화
③ 이동거리의 감소
④ 작업자 부하 평준화

2017년도 제 62 회

문제 01 공기예열기를 설치하였을 경우 나타나는 현상이 아닌 것은?

① 예열공기의 공급으로 불완전 연소가 증가한다.
② 노 내의 연소속도가 빨라진다.
③ 보일러의 열효율이 높아진다.
④ 배기가스의 열손실이 감소된다.

해설 공기예열기를 설치 시 특징
① 연소 및 전열 효율을 향상시킨다.
② 보일러의 열효율을 향상시킨다.
③ 연료의 완전연소를 가능하게 한다.
④ 수분이 많은 저질탄 연료도 연소가 가능
⑤ 배기가스 손실 열을 줄일 수 있다.
⑥ 보일러용량 증대
⑦ 연료 내 통풍력이 감소한다.
⑧ 취급자의 운전범위가 넓어진다.
⑨ 저온, 고온 부식에 주의해야 한다.

문제 02 전열면적이 12m²인 온수발생 보일러에 대해 방출관의 안지름 크기 기준은?

① 15mm 이상　　② 20mm 이상
③ 25mm 이상　　④ 30mm 이상

해설 온수발생 보일러에 방출관의 안지름
① 전열면적 10m² 미만 20A 이상
② 전열면적 10m² 이상 15m² 미만 30A 이상
③ 전열면적 15m² 이상 20m² 미만 40A 이상
④ 전열면적 20m² 이상 50A 이상

해답 01. ① 02. ④

문제 03
안전밸브의 설치 및 관리에 대한 설명으로 옳은 것은?

① 안전밸브가 누설하여 증기가 새는 경우 스프링을 더 조여 누설을 막는다.
② 설정압력에 도달하여도 안전밸브가 동작하지 않을 때 밸브몸체를 두드려 동작이 되는지 확인하다.
③ 안전밸브의 분해 수리를 위하여 안전밸브 입구 측에 스톱밸브를 설치한다.
④ 안전밸브의 작동은 확실하고 안정되어 있어야 한다.

해설 안전밸브의 설치 시 주의사항
① 안전밸브의 작동은 확실하고 안정되어 있어야 한다.
② 압력계의 파이프나 연결장치에 수직으로 곧게 설치한다.
③ 배관과 밸브사이에 유체가 잘 흐르도록 가능한 짧게 배관한다.
④ 분출관은 반드시 안전한 곳에 설치한다.
⑤ 분출관경은 출구관경보다 크고 가능한 곡부가 없어야 한다.

문제 04
소형보일러가 옥내에 설치되어 있는 보일러실에 연료를 저장할 때에는 보일러 외측으로부터 최소 몇 m 이상 거리를 두어야 하는가?(단, 반격벽이 설치되어 있지 않은 경우이다.)

① 1m ② 2m
③ 3m ④ 4m

 연료를 저장할 때는 보일러 외측으로부터 2m 이상 거리를 두거나 방화격벽을 설치하여야 한다. 단, 소형보일러의 경우에는 1m 이상의 거리를 두거나 방화격벽을 설치하여야 한다.

문제 05
보일러의 부속 장치 중 감압밸브 사용 시 옳은 것은?

① 응축수 회수관이나 탱크에 재 증발 증기 발생량이 증가한다.
② 감압 전후의 1차측과 2차측의 증기의 총열량은 변하지 않는다.
③ 고압증기를 감압시켜 저압 증기로 변화시키면 현열이 증가한다.
④ 고압증기는 저압증기보다 비체적이 크기 때문에 같은 양의 증기 수송 시 저압증기로 해야 보온 재료비가 적게 든다.

해답 03. ④ 04. ① 05. ②

> **해설** 감압밸브 설치 목적
> ① 고압의 증기를 저압의 증기로 사용한다.(고압측 : 1측, 저압측 : 2차측)
> ② 항상 부하측에 일정한 압력을 유지한다.
> ③ 고압과 저압을 동시 사용

문제 06 증기보일러에서 안전밸브 및 압력방출장치의 크기를 20A로 할 수 있는 경우는?

① 최고사용압력 1MPa 이하의 보일러
② 최고사용압력 0.5MPa 이하의 보일러로 전열면적 $2m^2$ 이하의 보일러
③ 최고사용압력 0.7MPa 이하의 보일러로 동체의 안지름이 500mm 이하이며 동체의 길이가 1200mm 이하의 보일러
④ 최대증발량 7t/h 이하의 관류보일러

> **해설** 안전밸브 및 압력방출장치의 크기를 25A 이상으로 하여야 한다.
> **크기를 20A 이상으로 할 수 있는 경우**
> ① 최고사용압력 $1kg/cm^2$ 이하의 보일러
> ② 최고사용압력 $5kg/cm^2$ 이하의 보일러로 동체의 안지름이 500mm 이하이고 동체의 길이가 1000mm 이하의 것
> ③ 최고사용압력 $5kg/cm^2$ 이하의 보일러로 전열면적 $2m^2$ 이하의 것
> ④ 최대증발량 5T/h 이하의 관류보일러
> ⑤ 소용량 보일러

문제 07 증기 보일러에서 규정 상용압력 이상시 파괴위험을 방지하기 위해 설치하는 밸브는?

① 개폐밸브 ② 역지밸브
③ 정지밸브 ④ 안전밸브

> **해설** **안전밸브** : 보일러 내부의 증기압이 이상 상승시 자동적으로 이상 증기압을 외부로 배출하여 사고 방지
> ① 종류 : ㉠ 스프링식 안전밸브
>   ㉡ 중추식 안전밸브
>   ㉢ 지렛대식 안전밸브

 06. ② 07. ④

② 안전밸브 분출용량 계산식
  ㉠ 저양정식(W) = $\dfrac{(1.03P+1)AC}{22}$
  ㉡ 고양정식(W) = $\dfrac{(1.03P+1)AC}{10}$
  ㉢ 전양정식(W) = $\dfrac{(1.03P+1)AC}{5}$
  ㉣ 전양식(W) = $\dfrac{(1.03P+1)AC}{2.5}$
  여기서, A_0 : 최소증기 통로의 면적
  C : 계수(분출압력이 120kg/cm² · g 이하, 280℃ 이하 시 : 1)
  P : 분출압력(kg/cm² · g)
  A : $\dfrac{\pi D^2}{4}$ (D : 밸브시트지름)

문제 08 복사난방의 패널구조에 의한 분류 중 강관이나 알루미늄 관에 강관이나 동관 등을 용접 또는 철물을 사용하여 부착하고 배면에는 단열재를 붙여 열손실을 방지하도록 하며, 일정한 규격의 제품을 조합하여 복사면을 구성하도록 한 방식은?

① 파이프매설식
② 유닛패널식
③ 덕트식
④ 벽패널식

문제 09 고체 및 액체연료 1kg에 대한 이론 공기량(kg/kg)을 중량으로 구하는 식은?(단, C : 탄소, H : 수소, O : 산소, S : 황)

① $11.49C + 34.5\left(H - \dfrac{O}{8}\right) + 4.31S$
② $12.49C + 34.5\left(H - \dfrac{O}{8}\right) + 8.31S$
③ $11.49C + 38.5\left(H - \dfrac{O}{8}\right) + 4.31S$
④ $12.49C + 38.5\left(H - \dfrac{O}{8}\right) + 4.31S$

해답 08. ② 09. ①

[해설]

체적당 이론산소량 $(O_o) = 1.867C + 5.6\left(H - \dfrac{O}{8}\right) + 0.7S \,(\text{Nm}^3/\text{kg})$

체적당 이론공기량 $(A_o) = 8.89C + 26.67\left(H - \dfrac{O}{8}\right) + 3.33S \,(\text{Nm}^3/\text{kg})$

중량당 이론산소량 $(O_o) = 2.667C + 8\left(H - \dfrac{O}{8}\right) + 1S \,(\text{kg}/\text{kg})$

중량당 이론공기량 $(A_o) = 11.49C + 34.5\left(H - \dfrac{O}{8}\right) + 4.31S \,(\text{kg}/\text{kg})$

[보충]

체적당 이론공기량 $= \dfrac{O_o}{0.21} = \dfrac{1.867}{0.21} = 8.89$

중량당 이론공기량 $= \dfrac{O_o}{0.232} = \dfrac{2.667}{0.232} = 11.49$

문제 10 굴뚝의 통풍력을 구하는 식으로 옳은 것은?(단, Z=통풍력(mmAq), H=굴뚝의 높이(m), γ_a=외기의 비중량(kgf/m³), γ_g=배기가스의 비중량(kgf/m³)이다.)

① $Z = (\gamma_g - \gamma_a)H$
② $Z = (\gamma_a - \gamma_g)H$
③ $Z = \dfrac{\gamma_g - \gamma_a}{H}$
④ $Z = \dfrac{\gamma_a - \gamma_g}{H}$

[해설] 이론 통풍력 계산

① $Z = H(\gamma_a - \gamma_g)$
② $Z = 273H\left(\dfrac{\gamma_a}{T_a} - \dfrac{\gamma_g}{T_g}\right)$
③ $Z = 355H\left(\dfrac{1}{T_a} - \dfrac{1}{T_g}\right)$
④ $Z = H\left(\dfrac{353}{T_a} - \dfrac{367}{T_g}\right)$

여기서, H(m) : 연돌 높이
Z : 통풍력(mmH₂O)
T_a : 외기공기의 절대온도(°K)
γ_a : 외기공기 비중량(kg/m²)
γ_g : 배기가스 비중량(kg/m³)
T_g : 배기가스의 절대온도(°K)

문제 11 사이클론(cyclone) 집진장치의 주 원리는?

① 압력차에 의한 집진
② 물에 의한 입자의 여과
③ 망(screen)에 의한 여과
④ 입자의 원심력에 의한 집진

[해답] 10. ② 11. ④

해설 **싸이클론 집진장치**(원심력식) : 함진가스에 선회운동을 주어 입자에 작용하는 원심력에 의하여 입자를 분리하는 방식

문제 12 연소 안전장치에서 플레임 로드에 관한 설명으로 옳은 것은?

① 열적 검출 방식으로 화염의 발열을 이용한 것이다.
② 화염의 방사선을 건기 신호로 바꾸어 이용한 것이다.
③ 화염의 전기 전도성을 이용한 것이다.
④ 화염의 자외선 광전관을 사용한 것이다.

해설 **화염검출기** : 연소실내의 갑작스런 실화, 소화, 불착화시, 정상연소상태를 검출하여 정상연소상태가 아닌 때에 연료 밸브를 닫아 연료 누입 방지
[종류]
① 플레이아이 : 화염의 발광체이용(종류 : 유화카드뮴광도전셋(cds), 유황연광도전셋(pbs), 광전관, 자외선광전관)
② 플레임로드 : 화염의 이온화(가스연료에만 적용)
③ 스텍스위치 : 화염의 발열현상 이용(응답속도가 느리므로 소용량 보일러에 사용)

문제 13 방열기에 대한 설명으로 옳은 것은?

① 방열기에서 표준방열량을 구하는 평균온도 기준은 온수가 80℃이고, 증기는 102℃이다.
② 주철제 방열기는 강제대류식이며 응축수가 가진 현열을 이용하므로 증기사용량이 감소한다.
③ 방열기는 증기와 실내공기의 온도차에 의한 복사열에 의해서만 난방을 한다.
④ 방열기의 표준방열량은 증기는 650W/m²이고, 온수는 450W/m²이다.

해설 **방열기 도표값**

구분	표준발열량 (kcal/m²h)	방열기내 평균온도 (℃)	실내온도 (℃)	방열계수 (kcal/mh℃)	온도차 (℃)
증기	650	102	21	8	81
온수	450	80	18	7.2	62

해답 12. ③ 13. ①

문제 14

증기 헤드(steam head)의 설치 목적으로 틀린 것은?

① 건도가 높은 증기를 공급하여 수격작용을 방지하기 위하여
② 각 사용처에 증기공급 및 정지를 편리하게 하기 위하여
③ 불필요한 증기 공급을 막아 열손실을 방지하기 위하여
④ 필요한 압력과 양의 증기를 사용처에 공급하기 좋게 하기 위하여

해설 증기 헤드의 설치 목적
① 증기의 공급량을 조절한다.
② 불필요한 열손실 방지
③ 헤더 밑부분에는 응축수 빼기가 되어 있다.
④ 제2종 압력용기에 속한다.

문제 15

강제순환 수관보일러에 있어서 순환비란?

① 순환 수량과 포화수의 비율
② 포화 증기량과 포화 수량의 비율
③ 순환 수량과 발생 증기량의 비율
④ 발생 증기량과 포화 수량의 비율

해설 순환비 = $\dfrac{급수량}{증기량}$ (1이다.)

문제 16

2장의 전열판을 일정한 간격을 둔 상태에서 시계의 태엽 모양으로 감아 나간 것으로 오염저항 및 저유량에서 심한 난기류 등이 유발되는 곳에 사용하는 열교환기의 형식은?

① 플레이트식 열교환기 ② 2중관식 열교환기
③ 스파이럴형 열교환기 ④ 쉘 엔 튜브식 열교환기

해답 14. ① 15. ③ 16. ③

문제 17 실내온도가 18℃, 외기온도가 −10℃이며, 열관류율이 5kcal/m² · h · ℃인 건물의 난방부하는?(단, 바닥, 천정, 벽체 등 총면적은 180m²이고, 방위계수는 1.15이다.)

① 21990kcal/h
② 22100kcal/h
③ 25200kcal/h
④ 28980kcal/h

해설 난방부하 $= K \cdot A \cdot \Delta t$
$= 5 \times 180 \times (18-(-10)) \times 1.15$
$= 28980 kcal/h$

문제 18 보일러의 그을음 취출장치인 수트 블로워(soot blower)에 대한 설명으로 틀린 것은?

① 수트 블로워의 설치목적은 전열면에 부착된 그을음을 제거하여 전열효율을 좋게 하기 위해서이다.
② 종류에는 장발형, 정치회전용, 단발형 및 건타입 수트 블로워 등이 있다.
③ 수트 블로워 분출(취출)시에는 통풍력을 크게 한다.
④ 수트 블로워 분출 전에는 저온부식방지를 위해 취출기 내부에 드레인 배출을 삼가 한다.

해설 **슈트 블로워** : 구조가 복잡한(수관식보일러) 보일러의 연소실에 설치하여 손으로는 쉽게 청소하지 못하는 곳의 그을음, 분진, 재 등을 청소하는 장치로 증기분사, 공기분사, 물분사를 이용 제거
① 슈트 블로워 사용시 주의사항
  ㉠ 부하가 적거나(50% 이하) 소화 후 사용하지 말 것
  ㉡ 분출하기 전 연도내 배풍기를 사용 유인 통풍을 증가시킬 것
  ㉢ 분출기 내의 응축수를 배출시킨 후 사용할 것
  ㉣ 한 곳으로 집중적으로 사용함으로 전열면에 무리를 가하지 말 것
  ㉤ 연료의 종류, 분출위치, 증기의 온도 등에 따라 분출시기를 결정할 것
② 종류
  ㉠ 롱 리트랙터블형(장발형) : 고온의 전열면 블로워
  ㉡ 쇼트 랙트블형(단발형) : 연소 노벽 블로워
  ㉢ 건타입형 : 전열면 블로워
  ㉣ 로우러저형(회전형) : 저온 전열면 블로워

해답 17. ④ 18. ④

보일러의 보염장치 설치 목적에 관한 설명으로 틀린 것은?

① 연소용 공기의 흐름을 조절하여 준다.
② 확실한 착화가 되도록 한다.
③ 연료의 분무를 확실하게 방지한다.
④ 화염의 형상을 조절한다.

해설 **보염장치의 설치목적**
① 화염의 형상조절
② 안정된 착화도모
③ 연료의 분무를 돕고 공기와의 혼합을 양호하게 한다.
④ 연소가스의 체류시간을 지연시켜 돕는다.
⑤ 연소실의 온도분포를 고르게 하여 국부과열 방지
[종류]
① 스테이 빌라이저 : 불꽃의 안정성 유지
② 윈드박스 : 동압을 정압으로 바꾸어 착화나 연속화염을 안정시키는 장치
③ 버너 타일 : 버너의 첨단부분 보호하며 연소화염을 안정시키는 내화재도 구축
④ 콤버스터 : 저온의 노에서도 연소를 안정시켜 분출흐름의 모양을 안정시킴

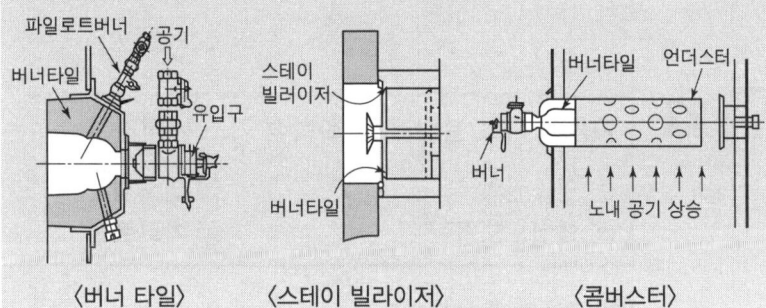

〈버너 타일〉 〈스테이 빌라이저〉 〈콤버스터〉

1일 급수량이 36000L인 보일러에서 급수 중 고형분 농도가 100ppm, 보일러수의 허용고형분이 2000ppm일 때 1일 분출량은?(단, 응축수는 회수하지 않는다.)

① 1625L/day ② 1785L/day
③ 1895L/day ④ 1945L/day

19. ③ 20. ③

해설

1일 분출량(Ton/h) $= \dfrac{x \times a}{b-a} = \dfrac{36000 \times 100}{2000-100} = 1894.73 l/day$

여기서, b : 보일러의 허용농도
　　　　a : 급수 중의 염화물의 농도
　　　　x : 급수량(Ton/h)

문제 21

보일러에서 측정한 배기가스 온도가 240℃, 배기 가스량이 100kg/h 이고, 외기온도가 20℃, 실내온도가 25℃인 경우 배출되는 배기가스의 손실열량은?(단, 배기가스 및 공기의 비열은 각각 0.33, 0.31kcal/kg · ℃이다.)

① 6045kcal/h　　　② 6820kcal/h
③ 7095kcal/h　　　④ 7260kcal/h

해설 배기가스 손실열량 $= G \cdot C \cdot \Delta t$
　　　　$= 100kg/h \times 0.33kcal/kg℃ \times (240-20)$
　　　　$= 7260kcal/h$

문제 22

자동식 가스 분석계 중 화학적 가스 분석계에 속하는 측정법은?

① 연소열법　　　② 밀도법
③ 열전도도법　　　④ 자화율법

해설 화학적 가스 분석계
① 오르자트 가스분석법
　㉠ CO_2 : KOH 30% 수용액
　㉡ O_2 : 알카리성 피롤카롤용액
　㉢ CO : 암모니아성 염화제1동용액
② 자동화학식 CO_2계
　㉠ 연소식 O_2계 : 반응열이 산소농도에 따라 변화하는 점 이용
　㉡ (CO+H_2계) = 미연연소계

해답　21. ④　22. ①

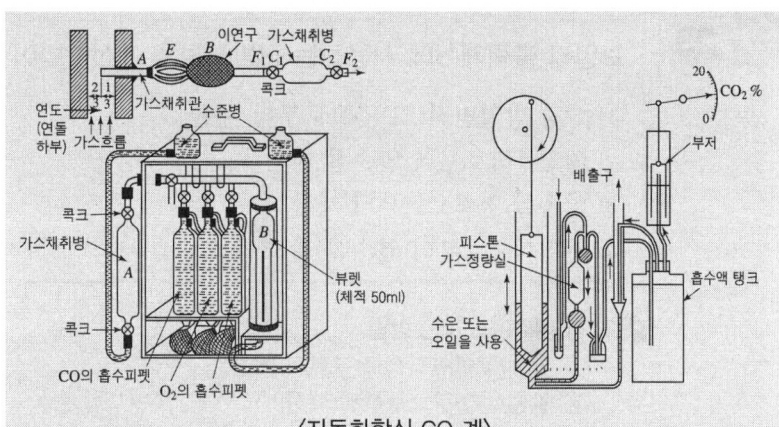

〈자동화학식 CO_2계〉

물리적 가스 분석계
① 가스크로마토 그래피
② 세라믹식 O_2계(지르코니아식 O_2계)
③ 밀도식 CO_2계
④ 열전도율형 CO_2계
⑤ 자기식 O_2계

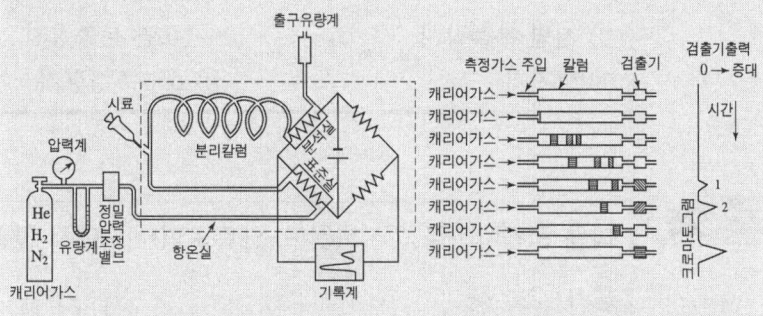

〈가스크로마토 그래피〉

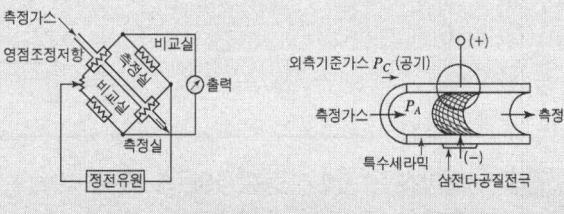

〈열전도율식 CO_2계〉 〈지르코니아식 O_2계의 내부구조〉

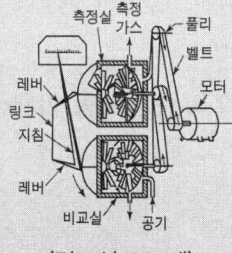

〈밀도식 CO_2계〉

문제 23
보일러 출력계산에 사용하는 난방부하의 계산방법이 아닌 것은?

① 상당 방열면적(EDR)으로부터 계산
② 예열부하로부터 열손실 계산
③ 열손실 열량으로부터 계산
④ 간이식으로부터 열손실 계산

해설 난방부하의 계산 방법
① 상당 방열면적으로 부터의 계산
② 열손실 열량으로부터 계산
③ 간이식으로부터 열손실 계산

문제 24
보일러 수중의 용존 가스를 제거하는 장치는?

① 저면 분출장치
② 표면 분출장치
③ 탈기기
④ pH 조정장치

문제 25
다음 랭킨사이클 $T-S$(온도-엔트로피)선도에서 단열팽창 구간은?

① 1-2
② 2-3-4
③ 5-6
④ 6-1

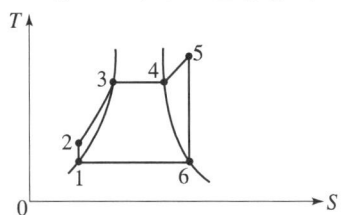

해설 단열압축 : 1-2 등압가열 : 2-3-4-5
단열팽창 : 5-6 등압냉각 : 1-6

문제 26
보일러 급수의 순환계통 외처리에서 부유 및 유기물의 제거방법이 아닌 것은?

① 폭기법
② 침전법
③ 응집법
④ 여과법

해답 23. ② 24. ③ 25. ③ 26. ①

[해설] 내처리 방법
① pH조정제 : 인, 암, 수(인산소다, 암모니아, 수산화나트륨(가성소다))
② 연화제 : 인, 탄, 수(인산소다, 탄산소다, 수산화나트륨)
③ 탈산소제 : 탄, 아, 히(탄닌, 아황산나트륨, 히드라진)
④ 슬러지조정제 : 리, 녹, 탄(리그닌, 녹말, 탄닌)

외처리 방법
① 용존산소 제거법
 ㉠ 털기법 : CO_2, O_2 가스체 제거
 ㉡ 기폭법 : Fe, Mn, CO_2, O_2 제거
② 현탁질 고형물 제거법(불순물 제거법)
 ㉠ 침전법 ㉡ 여과법 ㉢ 응집법
③ 용해 고형물 제거법
 ㉠ 이온교환법 ㉡ 약제법 ㉢ 증류법

문제 27 두께 3cm, 면적 2m²인 강판의 열전도량을 6000kcal/h로 하기 위한 강판 양면의 필요한 온도차는?(단, 열전도율 λ=45kcal/m·h·℃이다.)

① 2℃ ② 2.5℃
③ 3℃ ④ 3.5℃

 [해설]
$$Q = \frac{\lambda \cdot A \times \Delta t}{d}$$
$$\Delta t = \frac{Q \times d}{\lambda \times A} = \frac{6000\text{kcal/h} \times 0.03\text{m}}{45\text{kcal/m}^2\text{h}℃ \times 2\text{m}^2} = 2℃$$

문제 28 원관 속 층류 유동이 되고 있을 때, 압력손실에 관한 설명으로 옳은 것은?

① 유체의 점성에 비례한다. ② 관의 길이에 반비례한다.
③ 유량에 반비례한다. ④ 관경의 3제곱에 비례한다.

 **[해설]**
$$H_L = \frac{\lambda l V^2}{2gd}$$
여기서, λ(마찰계수에 비례한다.) l(관의 길이에 비례한다.)
V(유속의 제곱에 비례한다.) d(관경에 반비례한다.)

 해답 27. ① 28. ①

문제 29 실제 열 사이클에 있어서는 각부에서의 손실 때문에 이상 사이클과는 일치하지 않는데, 그 손실 요인으로 가장 거리가 먼 것은?

① 배관 손실　　② 과열기 손실
③ 터빈 손실　　④ 복수기 손실

문제 30 일의 열당량의 값은?

① $\dfrac{1}{427}$ kcal/kg　　② 427dyne/kg

③ $\dfrac{1}{427}$ kcal/kg·m　　④ 427kg·m/kcal

해설 일의 열당량 = $\dfrac{1\text{kcal}}{427\text{kg}\cdot\text{m}}$　　열의 일당량 = $\dfrac{427\text{kg}\cdot\text{m}}{1\text{kcal}}$

문제 31 보일러가 과열이 되면 그 부분의 강도가 저하되는데 이것이 심한 경우에는 보일러의 압력에 못 견디어 안쪽으로 오므라드는 것을 압궤라 한다. 압궤를 일으킬 수 있는 부분으로 가장 거리가 먼 것은?

① 수관　　② 연소실
③ 노통　　④ 연관

해설 팽출이 일어나는 곳 : ① 수관　② 연관　③ 보일러동저부
압궤가 일어나는 곳 : ① 노통　② 연소실　③ 관판

문제 32 수관내부에 부착되어 열전도를 저하시키는 스케일의 생성원인으로 가장 거리가 먼 것은?

① 농축에 의하여 포화상태로 석출되는 경우
② 물에 불용성의 물질이 유입되는 경우
③ 온도상승에 따라 용해도가 저하하여 석출되는 경우
④ 산성용액에서 용해도가 증가하여 석출되는 경우

해답　29. ②　30. ③　31. ①　32. ④

해설 스케일의 생성 원인
① 온도상승에 따라 용해도가 저하하여 석출되는 경우
② 물에 불용성의 물질이 유입 되는 경우
③ 농축에 의하여 포화상태로 석출되는 경우

문제 33 보일러수 중에 포함된 실리카(SiO_2)에 관한 설명으로 틀린 것은?

① 실리카 함유량이 많은 스케일은 연질이므로 제거가 쉽다.
② 알루미늄과 결합해서 여러 가지 형의 스케일을 생성한다.
③ 저압 보일러에서는 알칼리도를 높여 스케일화를 방지할 수 있다.
④ 보일러수에 실리카가 많으면 캐리오버에 의해 터빈날개 등에 부착하여 성능을 저하시킬 수 있다.

해설 수중에 포함된 실리카
① 보일러 수중에 실리카가 많으면 캐리오버에 의해 터빈날개 등에 부착하여 성능을 저하시킬 수 있다.
② 저압 보일러에서는 알카리도를 높여 스케일화를 방지할 수 있다.
③ 알루미늄과 결합해서 여러 가지형의 스케일을 생성한다.

문제 34 0.5kW의 전열기로 20℃의 물 5kg을 80℃까지 가열하는데 소요되는 시간은 약 몇 분인가?(단, 가열효율은 90%이다.)

① 46.5분   ② 21.0분
③ 32.3분   ④ 12.7분

해설
$0.5\text{kWh} = 0.5 \times 860\text{kcal/h} \times 0.9 = 387\text{kcal/h}$
$Q = Gg \cdot C \cdot \Delta t = 5\text{kg} \times 1\text{kcal/kg℃} \times (80-20) = 300\text{kcal}$
$\therefore \dfrac{300\text{kcal/h}}{387\text{kcal}} = 0.775\text{h} \times 60\text{min/h} = 46.51\text{min}$

문제 35 유체 속에 잠겨진 경사 평면에 작용하는 힘의 작용점은?

① 면의 도심에 있다.   ② 면의 도심보다 위에 있다.
③ 면의 중심에 있다.   ④ 면의 도심보다 아래에 있다.

해답 33. ① 34. ① 35. ④

문제 36
보일러 연소 관리에 관한 설명으로 틀린 것은?

① 보일러 본체 및 내화벽돌에 화염을 직접 충돌시키지 않는다.
② 연소량을 증가할 때에는 연료 공급량을 우선 늘리고, 연소량을 감소할 때는 통풍량부터 줄인다.
③ 연소상태 및 화염상태 등을 수시로 감시한다.
④ 노 내를 고온으로 유지한다.

해설 연소량을 증가시 통풍량을 먼저 늘리고 연료량을 늘린다.

문제 37
보일러수 내처리를 할 때 탈산소제로 쓰이지 않는 것은?

① 탄닌
② 아황산소다
③ 히드라진
④ 암모니아

해설 문제 26번 참고

문제 38
증기의 건도가 0인 상태는?

① 포화수
② 포화증기
③ 습증기
④ 건증기

해설 **포화수** : 증기의 건도 0
습증기 : 증기의 건도 0~0.9999
포화증기 : 증기의 건도 1
과열증기 : 증기의 건도 1 이상

문제 39
버너 정비시 오일 콘의 끝단이 홈이나 있으면 분무상태가 나빠지므로 눈금이 세밀한 줄을 사용하여 다듬질해야 하는 버너형식은?

① 고압분무식
② 회전식
③ 유압분무식
④ 건타입

36. ② 37. ④ 38. ① 39. ①

문제 40 이온교환처리장치의 운전공정에서 재생탑에 원수를 통과시켜 수중의 일부 또는 전부의 이온을 이온교환 또는 제거시키는 공정을 의미하는 것은?

① 통약   ② 압출
③ 부하   ④ 수세

문제 41 에너지이용 합리화법에 따라 검사대상기기의 계속사용검사에 대한 연기는 검사유효기간 만료일 기준으로 최대 언제까지 가능한가?(단, 만료일이 9월 1일 이후인 경우 제외한다.)

① 2개월 이내   ② 6개월 이내
③ 8개월 이내   ④ 당해연도 말까지

문제 42 연강용 피복 아크 용접봉 중 용입이 깊고, 비드가 깨끗하며, 작업성이 우수한 용접봉으로서 아래보기 수평 필릿용접에 가장 적합한 것은?

① E4316   ② E4313
③ E4303   ④ E4327

해설 연강용 피복아크 용접봉의 특징
① 일미나이트계(E4301) : 일미나이트계($TiO_2 \cdot FeO$)를 약 30%이상 함유. 광석 사철 등을 주성분으로 한 슬래그 생성제, 일본에서 처음 개발
  ㉠ 기계적 성질이 우수하다.
  ㉡ 용접성이 우수하다.
  ㉢ 70~100℃에서 1시간 정도 건조
② 라임티탄계(E4303) : 산화타탄(TiO_2)을 약 30% 이상 함유한 용접봉. 유럽에서 개발, 전 자세 가능, 비드의 외관이 아름답고 언더컷이 발생되기 어렵다.
③ 고셀룰로오스계(E4311) : 셀룰로오스를 20~30%정도 포함한 용접봉으로 좁은 홈의 용접. 수직상진, 수직하진 및 위보기 용접에서 우수한 용접, 피복제에 다량의 유기물이 함유되어 보관 시 습기가 흡수되기 쉬우므로 기공발생(건조칠요)
  • 70~100℃에서 30분~1시간 정도 건조

해답 40. ③   41. ②   42. ④

④ 고산화티탄계(E4313) : 비드표면이 고우며 작업성이 우수하다. 특히, 기계적 성질 면에서 보면 연신율이 낮고, 항복점이 높으므로 용접시공에 있어서 유의해야 하며, 고온크랙(hot crack)을 일으키기 쉬운 결점이 있다.
⑤ 저수소계(E4316) : 피복제 중에서 석회석($CaCO_3$), 형석(CaF_2)을 주성분으로 한 것으로 기계적 성질, 내균열성이 우수하다. 그러나 아크가 불완전하고 용접속도가 느리며, 용접시점에서 기공이 생기기 쉬우므로 백스텝법을 선택한다. 용접성은 다른 용접봉에 비해 우수하기 때문에 중요 부재의 용접, 후판 중구조물, 구속이 큰 용접, 고압용기, 탄소 당량이 높은 기계구조용강, 유황 함유량이 높은 강 등의 용접에 적합하다.
  ㉠ 용착금속 중에서 수소 함유량이 다른 피복봉에 비해 1/10 정도로 매우 낮음
  ㉡ 300~350℃에서 1~2시간 정도 건조 후 사용
⑥ 철분 산화티탄계(E4324) : 고산화티탄계 용접봉의 피복제에 철분을 첨가한 것이며, 스패터가 적고 용입이 얕으나 작업성이 좋다.
⑦ 철분 저수소계(E4326) : 저수소계 용접봉의 피복제에 30~50% 철분을 첨가한 것으로 용착속도가 크고 작업능률이 좋으며, 아래보기 및 수평 필릿 용접에만 사용한다.
⑧ 철분 산화철계(E4327) : 산화철이 철분을 첨가한 용접봉으로 대체로 규산염을 많이 포함하여 산성 슬래그를 생성하며, 특히 아래보기 및 수평 필릿 용접에 더 많이 사용한다.
⑨ 특수계(E4340) : 피복계의 계통이 특별히 규정되어 있지 않음

문제 43

에너지이용 합리화법에 따라 에너지저장시설의 보유 또는 저장의무의 부과 시 정당한 이유 없이 이를 거부하거나 이행하지 아니한 자에 대한 벌칙 기준은?

① 2년 이하의 징역 또는 2천만원 이하의 벌금
② 5백만원 이하의 벌금
③ 1년 이하의 징역 또는 1천만원 이하의 벌금
④ 1천만원 이하의 벌금

해설 벌칙 기준
① 1천만원 이하의 벌금
  ㉠ 검사대상기기를 선임하지 아니한 자
  ㉡ 검사를 거부, 방해 기피한자
  ㉢ 특정열 사용기자재의 설치시공 확인을 받지 아니하고 특정열 사용기자재를 사용하게 한자

43. ①

② 2천만원 이하의 벌금
  ㉠ 생산 또는 판매금지 명령에 위반한 자
③ 1년 이하의 징역 또는 1천만원 이하의 벌금
  ㉠ 검사대상기기의 검사를 받지 아니한 자
  ㉡ 규정에 위반하여 검사대상기기 사용한 자
④ 2년 이하의 징역 또는 2천만원 이하의 벌금
  ㉠ 규정에 의한 조정, 명령 등의 조치에 위반한 자
  ㉡ 에너지 저장시설의 보유 또는 저장의무 부과시 정당한 이유 없이 이를 거부하거나 이행하지 아니한 자

 **44** 온도조절밸브 선정 시 고려할 사항이 아닌 것은?

① 밸브의 구경 및 배관경
② 사용 유체의 종류, 압력, 온도와 유량
③ 가열 또는 냉각되는 유체의 종류와 압력
④ 최소 유량시 밸브의 허용압력 손실

해설 온도조정 밸브 선정 시 고려할 사항
① 가열 또는 냉각되는 유체의 종류와 압력
② 사용 유체의 종류, 압력, 온도와 유량
③ 밸브의 구경 및 배관경
④ 최대유량시 밸브의 허용압력손실

 **45** 내열온도가 400~500℃이고, 금속광택이 있으며 방열기 등의 외면에 도장하는 도료로 적당한 것은?

① 산화철 도료   ② 콜타르 도료
③ 알루미늄 도료   ④ 합성수지 도료

해설 방청용 도료
① 알루미늄 도료(은분) : 알루미늄 분말을 유성 바니스에 혼합한 것으로 열을 잘 반사하여 방열기에 사용. 400~500℃의 내열성을 가지며 방청효과가 좋다.
② 광명단 도료 : 연단을 아마인유와 혼합한 것으로 밀착력 및 풍화에 강해 녹을 방지하기 위해 페인트 밑칠용으로 사용
③ 산화용 도료 : 산화제2철을 보일유나 아마인유에 혼합한 것으로 도막이 부드럽고 가격이 싸지만 녹 방지가 완벽하지 못하다.

해답 44. ④ 45. ③

문제 46

배관을 고정하는 받침쇠인 행거(hanger)의 종류가 아닌 것은?

① 스프링 행거
② 롤러 행거
③ 콘스턴트 행거
④ 리지드 행거

해설 **행거** : 배관의 하중을 위에서 잡아주는 장치이다.
① 리지드 행거(rigid hanger) : I 비임에 턴버클을 이용 지지하는 것으로 상하방향에 변위에 없는 곳에 사용한다.
② 스프링 행거(sping hanger) : 턴버클 대신 스프링을 사용한 것이다.
③ 콘스탄트 행거(constant hanger) : 배관의 상하이동에 관계없이 관지지력이 일정한 것으로 중추식과 스프링식이 있다.

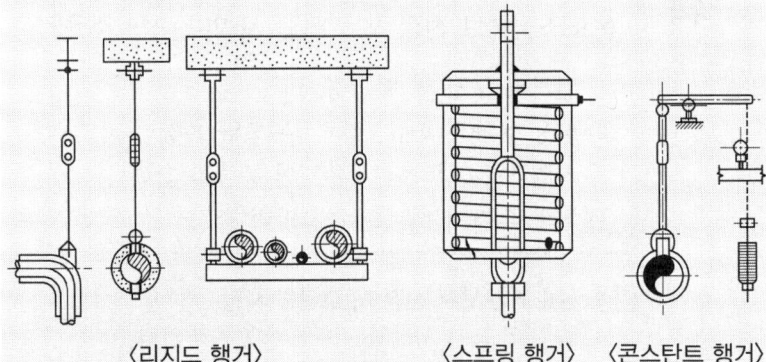

〈리지드 행거〉 〈스프링 행거〉 〈콘스탄트 행거〉

서포트(support) : 배관의 하중을 밑에서 떠받쳐 지지해 주는 장치이다.
① 파이프 슈(pipe shoe) : 관에 직접 접속하는 지지구로 수평배관과 수직배관의 연결부에 사용된다.
② 리지드 서포트(rigid support) : H 비임이나 I 비임으로 받침을 만들어 지지한다.
③ 스프링 서포트(sping support) : 스프링의 탄성에 의해 상하 이동을 허용한 것이다.
④ 로울러 서포트(roller support) : 관의 축 방향의 이동을 허용한 지지구이다.

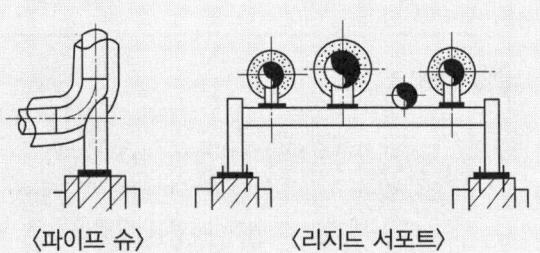

〈파이프 슈〉 〈리지드 서포트〉

해답 46. ②

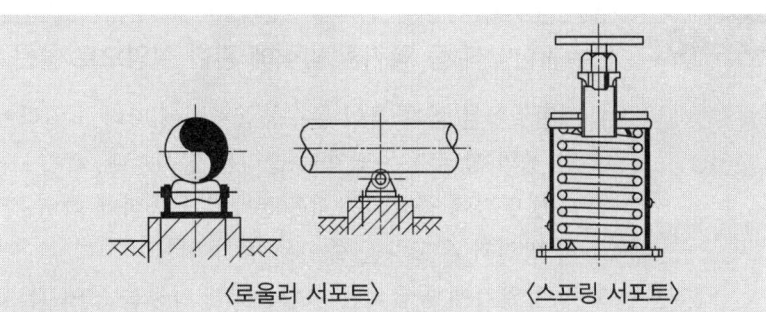

<리스트레인(restrain)> : 열팽창에 의한 배관의 이동을 구속 또는 제한하는 장치이다.
① 앵커(anchor) : 리지드 서포트의 일종으로 관의 이동 및 회전을 방지하기 위해 지지점에 완전히 고정하는 장치이다.
② 스톱(stop) : 배관의 일정한 방향과 회전만 구속하고 다른 방향은 자유롭게 이동하게 하는 장치이다.
③ 가이드(guide) : 배관의 곡관부분이나 신축 조인트부분에 설치하는 것으로 회전을 제한하거나 축방향의 이동을 허용하며 직각방향으로 구속하는 장치이다.

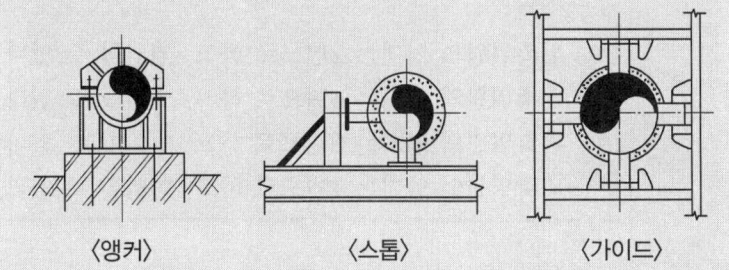

문제 47
관 장치의 설계, 제작, 시공, 운전, 조작, 공정수정 등에 도움을 주기 위해 주 계통의 라인, 계기, 제어기 및 장치기기 등에서 필요한 자료를 도시한 도면을 무엇이라고 하는가?

① 계통도(flow diagram)
② 관장치도
③ PID(Piping Instrument Diagram)
④ 입면도

해답   47. ③

 **문제 48** 온수귀환방식 중 역귀환 방식에 관한 설명으로 옳은 것은?

① 배관길이를 짧게 하여 온수공급거리에 따라 보일러에서 가까운 곳과 먼 곳의 방열기 온도차를 늘리는 방식이다.
② 각 방열기에 공급되는 유량분배를 균등하게 하여 가까운 곳과 먼 곳의 방열기 온도차를 줄이는 방식이다.
③ 각 방열기에 공급되는 유량분배에 차등을 두어 가까운 곳과 먼 곳의 방열기 온도차를 줄이는 방식이다.
④ 방열기를 통과한 귀환온수가 순차적으로 보일러에 귀환하여 가까운 곳과 먼 곳의 방열기 온도차를 늘리는 방식이다.

 **문제 49** 에너지법에서 정한 에너지위원회의 구성 및 운영에 관한 설명으로 옳은 것은?

① 위촉위원의 임기는 2년으로 하고, 연임할 수 있다.
② 위촉위원의 임기는 1년으로 하고, 연임할 수 있다.
③ 위촉위원의 임기는 2년으로 하고, 연임할 수 없다.
④ 위촉위원의 임기는 1년으로 하고, 연임할 수 없다.

 **문제 50** 폴리에틸렌관의 이음방법으로 틀린 것은?

① 테이퍼 조인트 이음   ② 인서트 이음
③ 용착슬리브 이음   ④ 심플렉스 이음

해설 폴리에틸렌관의 이음방법
① 용착 슬리브 이음
② 인서트 이음
③ 테이퍼 조인트 이음

해답 48. ② 49. ① 50. ④

문제 51

보온재의 구비조건으로 틀린 것은?

① 열전도율이 클 것
② 비중이 작을 것
③ 흡습성이 작을 것
④ 어느 정도 기계적 강도가 있을 것

[해설] 보온재의 구비조건
① 비중이 적어야 한다.(가벼워야 한다.)
② 열전도율이 적어야 한다.(보온능력이 커야 한다.)
③ 사용온도에 견디고 변질되지 말아야 한다.
④ 기계적 강도가 있어야 한다.
⑤ 다공질이며 기공이 균일해야 한다.
⑥ 흡습성이 적어야 한다.
⑦ 시공이 용이해야 한다.

문제 52

가옥트랩 또는 메인트랩으로서 건물 내의 배수 수평 주관의 끝에 설치하여 공공 하수관에서의 유독가스가 건물 안으로 침입하는 것을 방지하는 데 사용하는 트랩은?

① S트랩
② P트랩
③ U트랩
④ X트랩

문제 53

2개 이상의 엘보를 사용하여 신축을 흡수하는 이음은?

① 슬리브형 신축이음
② 벨로스형 신축이음
③ 스위블형 신축이음
④ 루프형 신축이음

[해설] 신축이음
① 루우프형 신축이음 : ㉠ 신축곡관형이라 한다.
　　　　　　　　　　㉡ 고압증기의 옥외배관에 사용
　　　　　　　　　　㉢ 곡률반경은 관지름의 6배 이상
　　　　　　　　　　㉣ 응력이 생기는 결점이 있다.
　　　　　　　　　　㉤ 도시기호 :

해답 51. ① 52. ③ 53. ③

② 슬리이브형 신축이음 : ㉠ 미끄럼형이라고도 한다.
　　　　　　　　　　　㉡ 나사결합형, 플랜지 결합형
③ 벨로우로형 신축이음 : ㉠ 펙레스 신축이음, 파상형, 주름통식
　　　　　　　　　　　　㉡ 응력이 생지지 않음
④ 스위블 이음 : ㉠ 방열기용
　　　　　　　　㉡ 나사의 회전에 의한 신축흡수
　　　　　　　　㉢ 2개 이상의 엘보우를 사용 시공

문제 54
스프링 백(spring back)이 일어나는 원인은?

① 탄성 복원력 때문에　　② 영구변형이 많이 일어나므로
③ 극한 강도가 너무 작으므로　　④ 원인이 없음

문제 55
다음 그림의 AOA(Activity-on-Arc) 네트워크에서 E작업을 시작하려면 어떤 작업들이 완료되어야 하는가?

① B
② A, B
③ B, C
④ A, B, C

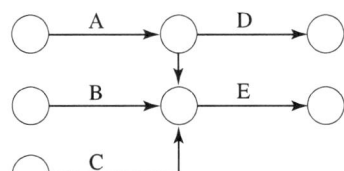

문제 56
표준시간을 내경법으로 구하는 수식으로 맞는 것은?

① 표준시간= 정미시간+ 여유시간
② 표준시간= 정미시간×(1+ 여유율)
③ 표준시간= 정미시간×$\left(\dfrac{1}{1-여유율}\right)$
④ 표준시간= 정미시간×$\left(\dfrac{1}{1+여유율}\right)$

해답　54. ①　55. ④　56. ③

문제 57 검사특성곡선(OC Curve)에 관한 설명으로 틀린 것은?(단, N : 로트의 크기, n : 시료의 크기, c : 합격판정개수이다.)

① N, n이 일정할 때 c가 커지면 나쁜 로트의 합격률은 높아진다.
② N, c가 일정할 때 n이 커지면 좋은 로트의 합격률은 낮아진다.
③ $N/n/c$의 비율이 일정하게 증가하거나 감소하는 퍼센트 샘플링 검사 시 좋은 로트의 합격률은 영향이 없다.
④ 일반적으로 로트의 크기 N이 시료 n에 비해 10배 이상 크다면, 로트의 크기를 증가시켜도 나쁜 로트의 합격률은 크게 변화하지 않는다.

문제 58 품질특성에서 X관리도로 관리하기에 가장 거리가 먼 것은?

① 볼펜의 길이
② 알코올 농도
③ 1일 전력소비량
④ 나사길이의 부적합품 수

문제 59 다음 데이터로부터 통계량을 계산한 것 중 틀린 것은?

[다음] 21.5, 23.7, 24.3, 27.2, 29.1

① 범위(R) = 7.6
② 제곱합(S) = 7.59
③ 중앙값(Me) = 24.3
④ 시료분산(s^2) = 8.988

문제 60 브레인스토밍(Brainstorming)과 가장 관계가 깊은 것은?

① 특성요인도
② 파레토도
③ 히스토그램
④ 회귀분석

해답 57. ③ 58. ③ 59. ② 60. ①

2018년도 제 63 회

문제 01 증기배관의 관 말부의 최종 분기 이후에서 트랩에 이르는 배관을 여분의 증기가 충분히 냉각되어 응축수가 될 수 있도록 보온피복을 하지 않은 나관 상태로 1.5m 설치하는 것을 무엇이라고 하는가?

① 하트포트 접속법
② 리프트피팅
③ 냉각레그
④ 바이패스 배관

해설 **리프트 피팅**(냉각레그)

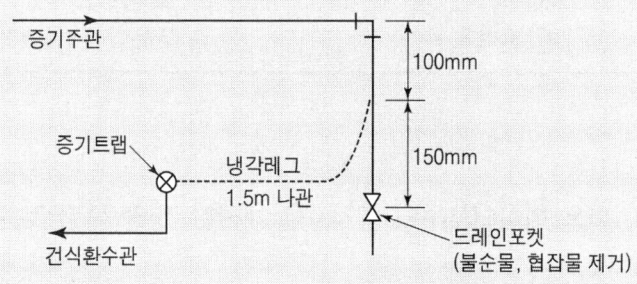

문제 02 실제증발배수(kg증기/kg연료)가 3인 보일러의 시간당 연료소비량(kg/h)은? (단, 발생 증기량은 1.2ton/h이며, 효율은 89%이다.)

① 300
② 340
③ 356
④ 400

해설 증발배수 = $\dfrac{\text{실제증발량}}{\text{연료소비량}}$

∴ 연료소비량 = $\dfrac{\text{실제증발량}}{\text{증발배수}} = \dfrac{1.2 \times 1000}{3} = 400\,\text{kg/h}$

해답 01. ③ 02. ④

다음 중 습식 집진장치의 종류가 아닌 것은?
① 유수식　　② 가압수식
③ 백필터식　　④ 회전식

해설 건식집진장치 : ① 관성력식　② 중력침강식　③ 싸이클론식
　　　　　　　　　　④ 여과식　　⑤ 전기식
습식집진장치 : ① 세정식　② 유수식　③ 가압수식
∴ 가압수식 : ㉠ 벤튜리 스크레버　㉡ 싸이클론 스크레버　㉢ 충전탑

보일러의 용량(ton/h)이 최소 얼마 이상이면 유량계를 설치해야 하는가?
① 0.5　　② 1
③ 1.5　　④ 2

해설 보일러 용량이 1ton/h 이상 시 유량계 설치

보일러 설치 시 유의사항으로 틀린 것은?
① 보일러의 저부하 운전을 방지하기 위해 사용압력은 특별한 경우 최고사용압력을 초과할 수 있도록 설치해야 한다.
② 기초가 약하여 내려앉거나 갈라지지 않아야 한다.
③ 수관식 보일러의 경우 전열면을 청소할 수 있는 구멍이 있어야 한다.
④ 강구조물은 빗물이나 증기에 의하여 부식이 되지 않도록 적절한 보호조치를 하여야 한다.

해설 사용압력은 최고사용압력 이하

해답 03. ③　04. ②　05. ①

문제 06

보일러의 매연을 털어내는 매연분출장치의 종류가 아닌 것은?

① 롱리트랙터블(long retractable)형
② 쇼트리트랙터블(short retractable)형
③ 정치 회전형
④ 튜브형

해설 **슈트블로우**(매연분출장치) : 수관식 보일러에서 손으로는 쉽게 청소를 못하는 곳의 그을음, 분진 등을 증기분사, 공기분사, 물분사 등을 이용 제거
① 슈트블로우 사용시 주의사항
  ㉠ 부하가 적거나(50% 이하) 소화 후 사용하지 말 것
  ㉡ 한 곳으로 집중적으로 사용함으로써 전열면에 무리를 가하지 말 것
  ㉢ 분출기 내의 응축수를 배출시킨 후 사용할 것
  ㉣ 분출하기 전 연도 내 배풍기를 사용 유인통풍을 증가시킬 것
② 종류
  ㉠ 고온의 전열면 : 롱레트렉터블형
  ㉡ 저온의 전열면 : 로우터리형
  ㉢ 연소노벽 : 쇼트렉터블형
  ㉣ 전열면 : 건타입형
  ㉤ 공기예열기 : 롱레트렉터블형

문제 07

다음 중 유량조절범위가 가장 넓은 오일 연소용 버너는?

① 고압기류식 버너
② 저압공기식 버너
③ 유압식 버너
④ 회전식 버너

해설 **연소용 버너의 유량조절범위**

버너 형식	연료사용범위[lb/h]	분무각도[°]	유량조절범위
유압식	30~3000	40~90°의 범위	논리턴식으로 1 : 1.5 리턴식으로 1 : 3.0
회전식	5~1000	40~80°의 범위	1 : 5
고압기류식	2~2000	약 30°	1 : 10
저압공기식	2~300	30~60°의 범위	1 : 5

06. ④ 07. ①

문제 08 효율이 80%인 보일러가 연료 150kg/h를 사용할 경우 손실열량(kcal/s)은? (단, 연료의 저위발열량은 8,800kcal/kg이다.)

① 49.3 ② 58.8
③ 68.7 ④ 73.3

해설 손실열량 = $E \times G_f \times H_i$ = 0.2 × 150 × 8800 = 26400kcal/h ÷ 3600sec/h
= 73.33kcal/sec

문제 09 보일러 안전밸브의 크기는 호칭지름 25A 이상이어야 하나, 보일러 크기나 종류에 따라 20A 이상으로 할 수 있다. 호칭지름 20A 이상으로 할 수 있는 경우의 보일러가 아닌 것은?

① 최대증발량 5t/h 이하의 관류보일러
② 최고사용압력 0.1MPa 이하의 보일러
③ 전열면적 10m² 이하의 보일러
④ 소용량 강철제 보일러

해설 보일러의 안전밸브 크기는 호칭지름 25A 이상이어야 하나 20A로 할 수 있는 경우
① 최고사용압력이 1kg/cm²(0.1MPa) 이하의 보일러
② 최대증발량이 5T/H 이하의 관류보일러
③ 소용량보일러
④ 최고사용압력이 5kg/cm²(0.5MPa) 이하의 보일러로 동체의 안지름이 500mm 이하이며 동체의 길이가 1000mm 이하의 것
⑤ 최고사용압력이 5kg/cm²(0.5MPa) 이하의 보일러로 전열면적이 2m² 이하의 것

문제 10 보일러에 사용되는 자동제어계의 동작순서로 옳은 것은?

① 검출 → 비교 → 판단 → 조작   ② 조작 → 비교 → 판단 → 검출
③ 판단 → 비교 → 검출 → 조작   ④ 검출 → 조작 → 판단 → 비교

해설 자동제어계의 동작 순서
검출 → 비교 → 판단 → 조작

---

08. ④ 09. ③ 10. ①

문제 11. 공기예열기에 대한 설명으로 옳은 것은?

① 공기예열기를 설치하여도 연도에서 흡입하는 압력이 있으므로 운전에는 영향이 없다.
② LNG를 이용하는 경우에 산로점의 문제 때문에 배기가스 온도 130℃ 이상을 유지한다.
③ 연소 공기의 온도가 올라가면 배기가스 중의 NOₓ의 농도가 상승할 수 있으므로 주의가 요구된다.
④ 공기예열기는 기체인 공기를 가열하므로 동일한 열량의 급수예열기에 비해 전열면적이 작다.

문제 12. 열손실 난방부하와 관계없는 것은?

① 열관류율(kcal/m² · h · ℃)
② 예열부하계수
③ 전열면적(m²)
④ 온도차(℃)

[해설] 난방부하 = $G \cdot C \cdot \Delta t$ = 방열기 방열량 × 방열면적 = 열손실계수 × 난방면적

문제 13. 보일러에서 연돌의 자연 통풍력을 증대하는 방법으로 옳은 것은?

① 연돌의 높이를 낮게 한다.
② 연돌의 단면적을 작게 시공한다.
③ 연돌 내부, 외부 온도차를 작게 한다.
④ 연도의 길이를 짧게 한다.

[해설] 연돌의 자연통풍력을 증대하는 방법
① 연돌의 높이를 높게 한다.
② 연도의 길이를 짧게 한다.
③ 연돌의 단면적을 크게 한다.
④ 연돌 내·외부 온도차를 크게 한다.

해답 11. ③ 12. ② 13. ④

문제 14

다음 중 보일러의 안전장치 종류가 아닌 것은?

① 방출밸브 ② 가용마개
③ 드레인콕 ④ 수면고저경보기

해설 안전장치의 종류
① 안전밸브 ② 가용전 ③ 방출밸브 ④ 압력제한기
⑤ 압력조절기 ⑥ 방폭문 ⑦ 고·저수위경보기

문제 15

기체연료의 특징에 대한 설명으로 틀린 것은?

① 연소효율이 높고 소량의 공기로도 완전연소가 가능하다.
② 연소가 균일하고 연소조절이 용이하다.
③ 가스폭발 위험성이 있다.
④ 유황산화물이나 질소산화물의 발생이 많다.

해설 기체연료의 특징
① 적은 공기량으로 완전연소 가능
② 가스 누설 시 폭발의 위험이 있다.
③ 발열량이 낮은 연료로 고온을 얻을 수 있다.
④ 운반, 저장이 어렵다.
⑤ 황분, 회분이 거의 없어 전열면 오손이 없다.
⑥ 연소효율, 점화효율이 좋다.
⑦ 고온도 분위기 조성
⑧ 집중가열, 균일가열 분위기 조성 가능

문제 16

태양열 보일러가 80W/m²의 비율로 열을 흡수한다. 열효율이 75%인 장치로 10kW의 동력을 얻으려면 전열면적(m²)은 얼마가 되어야 하는가?

① 216.7 ② 166.7
③ 149.1 ④ 52.8

해설 전열면적 $= \dfrac{10 \times 1000}{80 \times 0.75} = 166.7 \text{cm}^2$

해답 14. ③ 15. ④ 16. ②

문제 17

강철제 보일러의 전열면적이 14m² 이하이고, 최고사용압력이 0.35MPa 이하일 때, 설치시공 후 실시하는 수압시험압력은 얼마이어야 하는가?

① 최고사용압력의 2배
② 최고사용압력의 1.3배
③ 최고사용압력의 1.5배
④ 최고사용압력의 1.3배+0.3MPa

해설 강철제 보일러의 수압시험 압력
① 최고사용압력이 0.43MPa 이하 : $P \times 2$
② 최고사용압력이 0.43~1.5MPa 이하 : $P \times 1.3 + 3$
③ 최고사용압력이 1.5MPa 초과 : $P \times 1.5$

문제 18

다음 중 저위발열량(H_l)을 구하는 식은? (단, H_h는 고위발열량(kcal/kg), h=연료 1kg 중의 수소량(kg), w=연료 1kg 중의 수분량(kg)이다.)

① $H_l = H_h - 600(h + 9w)$
② $H_l = H_h - 600(h - 9w)$
③ $H_l = H_h - 600(9h + w)$
④ $H_l = H_h - 600(9h - w)$

해설 저위발열량(H_l) = $H_h - 600(9H + W)$
$= 8100C + 34000\left(H - \dfrac{O}{8}\right) + 2500S - 600(9H + W)$

고위발열량(H_h) = $H_l + 600(9H + W)$

문제 19

난방방식에 대한 설명으로 옳은 것은?

① 증기난방은 증발잠열을 이용하는 난방법으로 방열량을 조절할 수 있다.
② 중력환수식 증기난방법에서 리프트피팅(lift fitting)을 적용하면 환수를 위쪽으로 끌어올릴 수 있다.
③ 온수난방은 예열시간이 짧으므로 반응이 빠르지만 방열량을 조절할 수 있다.
④ 복사난방은 쾌감도는 좋으나 하자발생 여부를 확인하기 어렵고 부하변동에 따른 즉각적인 대응이 어렵다.

해답 17. ① 18. ③ 19. ④

문제 20 증기난방 설비 중 진공환수식 응축수 회수방법에 대한 설명으로 틀린 것은?

① 환수관 내 유속이 다른 환수방식에 비해 빠르고 난방효과가 크다.
② 대규모 난방에 적합하다.
③ 공기빼기 밸브에 부착해야 한다.
④ 환수관의 관경을 작게 할 수 있다.

해설 공기빼기 밸브를 부착하면 안 된다.

문제 21 다음 중 고압(50~300kg/cm²)에서 레이놀즈수가 클 때, 유체의 유량 측정에 가장 적합한 유량계는?

① 플로 노즐 유량계   ② 오리피스 유량계
③ 벤투리 유량계   ④ 피토 유량계

해설 **플로우노즐 유량계** : 고압(50~30kg/cm²)에서 레이놀즈수가 클 때 유체의 유량 측정에 가장 적합

문제 22 다음 중 방열기(radiator)의 사용 재질과 가장 거리가 먼 것은?

① 주철   ② 강
③ 알루미늄   ④ 황동

해설 **방열기 재질** : ① 강   ② 알루미늄   ③ 주철

문제 23 지역난방의 특징에 대한 설명으로 틀린 것은?

① 각 건물에 보일러를 설치하는 경우에 비해 건물의 유효면적이 증대된다.
② 각 건물에 보일러를 설치하는 경우에 비해 열효율이 좋아진다.
③ 설비의 고도화에 따라 도시매연이 감소된다.
④ 열매체로 증기보다 온수를 사용하는 것이 관내 저항손실이 적으므로 주로 온수를 사용한다.

해답   20. ③   21. ①   22. ④   23. ④

해설 지역난방의 특징
① 고압의 증기, 고온수이므로 관경을 적게 할 수 있다.
② 작업인원 절감으로 인건비를 줄일 수 있다.
③ 한 곳에 집중설비함으로 건물의 공간을 유효하게 사용할 수 있다.
④ 열발생설비의 고효율화 · 대기오염 방지효과를 시행할 수 있다.
⑤ 폐열의 회수 및 쓰레기의 소각 등으로 연료비가 적게 든다.
⑥ 시설비가 많이 든다.
⑦ 설비가 길어지므로 배관 손실이 있다.
⑧ 고압의 증기, 고온수를 사용함으로 취급에 어려움이 있다.

문제 24 보일러 안전관리 수칙에 대한 설명으로 가장 거리가 먼 것은?

① 안전밸브 및 저수위 연료차단장치는 정기적으로 작동상태를 확인한다.
② 연료실 내 잔류가스 배출을 위해 댐퍼의 개방상태를 확인한다.
③ 보일러 연소상태를 수시 확인하고 적정 공기비를 유지한다.
④ 급수온도를 수시로 점검하여 온도를 80℃ 이상으로 유지한다.

해설 급수온도를 수시로 점검하여 80℃ 이하로 유지

문제 25 연료의 연소 시 과잉공기량에 대한 설명으로 옳은 것은?

① 실제공기량과 같은 값이다.
② 실제공기량에서 이론공기량을 뺀 값이다.
③ 이론공기량에서 실제공기량을 뺀 값이다.
④ 이론공기량과 실제공기량을 더한 값이다.

해설 **실제공기량**=이론공기량+과잉공기
∴ **과잉공기량**=실제공기량−이론공기량

24. ④ 25. ②

문제 26 여러 가지 물리량에 대한 설명으로 틀린 것은?

① 밀도는 단위체적당의 중량이다.
② 비체적은 단위중량당의 체적이다.
③ 비중은 표준대기압에서 4℃ 물의 비중량에 대한 유체의 비중량의 비(比)이다.
④ 유체의 압축률은 압력 변화에 대한 체적 변화의 비(比)이다.

[해설] 밀도(kg/m^3) : 단위체적당 질량

문제 27 보일러의 건조보존법에서 질소 가스를 사용할 때 질소 가스의 보존압력(MPa)은?

① 0.06
② 0.3
③ 0.12
④ 0.015

[해설] 보일러 보존법
① 건조보존법(장기보존) : 6개월 이상
  흡습제 : CaO, $CaCl_2$, SiO_2, Al_2O_3
② 만수보존법(단기보존) : 2~3개월
  첨가약품 : 가성소다, 아황산소다, 탄산소다

문제 28 다음 중 보일러 손상의 종류와 발생 부위에 대한 연결로 틀린 것은?

① 압궤 : 노통 또는 화실
② 팽출 : 수관, 동체
③ 균열 : 리벳 구멍, 플랜지 이음부
④ 수격작용 : 증기트랩 또는 기수분리기

[해설] 증기트랩 : 관내 응축수를 배출하여 수격작용 방지

[해답] 26. ① 27. ① 28. ④

문제 29 캐리오버(carry over)의 방지책이 아닌 것은?

① 보일러 수의 염소이온 농도를 높여야 한다.
② 수면이 비정상으로 높게 유지되지 않도록 한다.
③ 압력을 규정압력으로 유지해야 한다.
④ 부하를 급격히 증가시키지 않는다.

해설 **캐리오버(기수공발)의 방지책**
① 프라이밍, 포밍 발생 방지
② 주증기 밸브 서개
③ 부하를 급격히 증가시키지 않는다.
④ 압력을 규정압력으로 유지해야 한다.
⑤ 수면이 비정상적으로 높게 유지되지 않도록 한다.

문제 30 급수예열기의 취급방법으로 틀린 것은?

① 바이패스 연도가 있는 경우에는 연소가스를 바이패스시켜 물이 급수예열기 내를 유동하게 한 후 연소가스를 급수예열기 연도에 보낸다.
② 댐퍼 조작은 급수예열기 연도의 입구댐퍼를 먼저 연 다음에 출구댐퍼를 열고 최후에 바이패스 댐퍼를 닫도록 한다.
③ 바이패스 연도가 없는 경우에는 순환관을 이용하여 급수예열기 내의 물을 유동시킨다.
④ 순환관이 없는 경우에는 적정량의 보일러 수의 분출을 실시한다.

해설 바이패스 댐퍼를 열도록 한다.

문제 31 인젝터의 급수불량 원인으로 가장 거리가 먼 것은?

① 노즐이 마모된 경우
② 급수온도가 50℃ 이상으로 높은 경우
③ 증기압이 4kg/cm^2 정도로 낮은 경우
④ 흡입관에 공기가 유입된 경우

해답 29. ① 30. ② 31. ③

해설 인젝터 급수 불량 원인
① 급수온도가 높을 때(50℃ 이상 시)
② 증기압력이 낮거나($2kg/cm^2$ 이하) 높을 때($10kg/cm^2$ 초과)
③ 흡입관으로부터 공기가 유입된 경우
④ 노즐이 마모된 경우
⑤ 인젝터 자체 불량 시

문제 32 보일러 내부에 부착된 페인트, 유지, 녹 등을 제거하기 위해 사용되는 약품은?

① 탄산소다(Na_2CO_3)　　② 히드라진(N_2H_4)
③ 염화칼슘($CaCl_2$)　　④ 탄산마그네슘($MgCO_3$)

해설 소다보링 : 설치 제작 시 부착된 페인트, 유지, 녹 등을 제거하기 위해 동 내부에 소다 계통의 약액을 주입하고 가압하여($0.3\sim0.5kg/cm^2$) 2~3일간 끓여 반복 분출
사용약액 : ① 가성소다　② 탄산소다　③ 제3인산소다

문제 33 순수한 물 1lb(파운드)를 표준대기압하에서 1℉ 높이는 데 필요한 열량을 나타낼 때 쓰이는 단위는?

① CHu　　② MPa
③ Btu　　④ kcal

해설
- 1CHu/1b℃ : 순수한 물 1lb(파운드)를 (15.5~16.5) 1℃ 올리는 데 필요한 열량
- 1BTu/1b℉ : 순수한 물 1lb(파운드)를 (60.5~61.5) 1℉ 올리는 데 필요한 열량

문제 34 보일러의 건식보존 시 사용되는 약품이 아닌 것은?

① 생석회　　② 염화칼슘
③ 소석회　　④ 활성알루미나

해설 문제 27번 참고

해답 32. ①　33. ③　34. ③

문제 35

정체의 정압비열과 정적비열의 관계에 대한 설명으로 옳은 것은?

① 정압비열이 정적비열보다 항상 작다.
② 정압비열이 정적비열보다 항상 크다.
③ 정적비열과 정압비열은 항상 같다.
④ 정압비열은 정적비열보다 클 수도 있고 작을 수도 있다.

해설 비열비$(k) = \dfrac{C_p}{C_v}$

∴ 비열비(k)는 항상 1보다 크다.

문제 36

수관이나 동저부에 고열의 연소가스가 접촉하여 파열이 진행되는 순서는?

① 과열 → 가열 → 팽출 → 변형 → 파열
② 과열 → 가열 → 변형 → 팽출 → 파열
③ 가열 → 과열 → 팽출 → 변형 → 파열
④ 가열 → 과열 → 변형 → 팽출 → 파열

해설 수관이나 동저부에 고열의 연소가스가 접촉하여 파열이 진행되는 순서
가열 → 과열 → 변형 → 팽출 → 파열

문제 37

액체 속에 잠겨 있는 곡면에 작용하는 합력을 구하기 위해서는 힘을 수평 및 수직분력으로 나누어 계산해야 한다. 이 중 수직분력에 관한 설명으로 옳은 것은?

① 곡면에 의해서 배재된 액체의 무게와 같다.
② 곡면의 수직 투영면에 비중량을 곱한 값이다.
③ 중심에서 비중량, 압력, 면적을 곱한 값이다.
④ 곡면 위에 있는 액체의 무게와 같다.

해설 액체 속에 잠겨 있는 곡면에 작용하는 합력
① 수직분력 : 곡면 위에 있는 액체의 무게와 같다.
② 수평분력 : 곡면의 수평 투영면적에 작용하는 전압력과 같다.

해답 35. ② 36. ④ 37. ④

문제 38
유체의 원추 확대관에서 생기는 손실수두는?

① 속도에 비례한다. ② 속도에 반비례한다.
③ 속도의 제곱에 비례한다. ④ 속도의 제곱에 반비례한다.

해설
손실수두(h_L) = $\dfrac{flV^2}{2gd}$

돌연확대관의 손실수두 = $\dfrac{(V_1 - V_2)^2}{2g}$

문제 39
압력이 100kg/cm² 인 습증기가 있다. 포화수의 엔탈피가 334kcal/kg 이고, 건조포화증기 엔탈피가 652kcal/kg, 건조도가 80%일 때 이 습증기의 엔탈피(kcal/kg)는?

① 427 ② 575
③ 588 ④ 641

해설
습포화증기엔탈피 = 포화수엔탈피 + $x \times r$
= 334 + (652 − 334) × 0.8 = 588.4kcal/kg

문제 40
중유 연소 시 노 내의 상태가 밝고 공기량이 과다할 때 화염의 색깔은?

① 보라색 ② 회백색
③ 오렌지색 ④ 적색

해설 중유연소시 노내의 상태가 밝고 공기량 과다시 화염의 색깔 회백색

문제 41
다음 중 중성 내화벽돌에 속하는 것은?

① 탄소질 ② 규석질
③ 마그네시아질 ④ 샤모트질

해설
산성내화물 : ① 샤모트질 ② 규석질 ③ 점토질
중성내화물 : ① 탄소질 ② 크롬질 ③ 고산화알루미늄질
염기성내화물 : ① 마그네시아질 ② 돌로마이트질 ③ 크롬–마그네시아질

해답 38. ③ 39. ③ 40. ② 41. ①

문제 42

배관에 설치하는 신축 이음쇠의 종류가 아닌 것은?

① 루프형
② 벨로즈형
③ 스위블형
④ 게이트형

해설 **신축이음의 종류**
① 루프형 : ㉠ 신축곡관형, 만곡형이라 한다.
　　　　　 ㉡ 고압증기의 옥외배관에 사용
　　　　　 ㉢ 응력이 생긴다.
　　　　　 ㉣ 곡률반경은 관지름의 6배 이상
② 슬리브형 : ㉠ 미끄럼형, 슬라이드형이라고도 한다.
③ 벨로우즈형 : ㉠ 팩레스 신축이음, 주름통식, 파상형
　　　　　　　 ㉡ 응력이 생기지 않는다.
④ 스위블 이음 : ㉠ 방열기용
　　　　　　　　㉡ 2개 이상의 엘보우를 사용하여 시공
　　　　　　　　㉢ 나사의 회전에 의해 신축 흡수

문제 43

주철의 일반적인 특징에 대한 설명으로 옳은 것은?

① 주철은 강에 비해 용융점이 높고 유동성이 나쁜 특성을 지니고 있다.
② 가단 주철은 마그네슘, 세륨 등을 소량 첨가하여 구상 흑연으로 바꿔서 연성을 부여한 것이다.
③ 흑연이 비교적 다량으로 석출되어 파면이 회색으로 보이고 흑연은 보통 편상으로 존재하는 것을 반주철이라 한다.
④ 흑연의 형상을 미세, 균일하게 하기 위하여 Si, Ca-Si 분말을 첨가하여 흑연의 핵 형성을 촉진시킨 것을 미하나이트 주철이라 한다.

해설 ① **구상흑연주철** : 용융상태에서 마그네슘, 마그네슘-구리, 칼슘 등을 첨가하거나 그 밖에 특수한 열처리를 한 것
　　용도 : ㉠ 자동차용 주물 ㉡ 브레이크 드럼 ㉢ 캠축 자동차 크랭크축
② **마하나이트주철** : 펄라이트 바탕에 흑연이 미세하고 고르게 분포되어 있으며 내마멸성이 요구되는 자동차 부품에 많이 사용
③ **가단주철** : ㉠ 백심가단주철 ㉡ 흑심가단주철 ㉢ 펄라이트가단주철

42. ④ 43. ④

문제 44

강관용 플랜지와 관과의 부착방법에 따른 분류에 대한 각각의 용도를 설명한 것으로 틀린 것은?

① 웰딩넥형(welding neck type) - 저압배관용
② 랩조인트형(lap joint type) - 고압배관용
③ 블라인드형(blind type) - 관의 구멍 폐쇄용
④ 나사형(thread type) - 저압배관용

해설 웰딩넥형 : 고압배관용

문제 45

에너지이용 합리화법에 따라 검사기관의 장은 검사대상기기인 보일러의 검사를 받는 자에게 그 검사의 종류에 따라 필요한 사항에 대한 조치를 하게 할 수 있다. 그 조치에 해당되지 않는 것은?

① 기계적 시험의 준비
② 비파괴 검사의 준비
③ 조립식인 검사대상기기의 조립 해체
④ 단열재의 열전도 시험의 준비

해설 검사에 필요한 조치
① 조립식인 검사대상기기의 조립해체 ② 수압시험의 준비
③ 검사대상기기의 준비 ④ 안전밸브 및 수면측정장치의 분해
⑤ 비파괴검사의 준비 ⑥ 기계적 시험의 준비
⑦ 운전성능 측정의 준비

문제 46

에너지이용 합리화법에 따른 에너지관리지도 결과, 에너지 다소비 사업자가 개선명령을 받은 경우에는 개선명령일부터 며칠 이내에 개선계획을 수립·제출하여야 하는가?

① 60일 ② 45일
③ 30일 ④ 15일

44. ① 45. ④ 46. ①

문제 47

천연고무와 비슷한 성질을 가진 합성고무로서 내열성을 위주로 만들어진 알칼리성이며, 내열도 −46~121℃ 사이에서 사용되는 패킹 재료는?

① 네오프렌 ② 석면
③ 암면   ④ 펠트

해설 패킹 : 회전부, 접합부로부터의 기밀을 유지하기 위해 사용. 일명 가스켓이라고도 한다.
① 플랜지 패킹
  ㉠ 고무패킹 : 네오플렌의 합성고무는 내열범위가 −46~121℃로 증기 배관에도 사용
  ㉡ 오일시일패킹 : 한지를 내유가공한 것으로 내열도가 낮아 펌프나 기어 박스 등에 사용
  ㉢ 합성수지패킹 : 테프론이 있으며 내열범위는 −260~260℃이다.
  ㉣ 석면조인트시트 : 광물질의 미세한 섬유로 450℃의 고온배관에 사용
② 나사용 패킹
  ㉠ 일산화연 : 페인트에 소량의 일산화연을 혼합사용하며 냉매 배관에 많이 사용
  ㉡ 액상합성수지 : 내열범위가 −30~130℃ 정도로 내유성이 강해 증기, 기름, 약품 배관에 사용
③ 글랜드 패킹
  ㉠ 아마존 패킹 : 면포와 내열고무 콤파운드를 가공 성형한 것으로 압축기의 그랜드용에 사용
  ㉡ 모울드 패킹 : 석면, 흑연, 수지 등을 배합 성형한 것으로 밸브, 펌프 등에 사용
  ㉢ 석면 각형 패킹 : 석면을 각형으로 짜서 만든 것으로 내열, 내산성이 좋아 대형밸브 그랜드에 사용
  ㉣ 석면안 : 석면을 꼬아서 만든 것으로 소형밸브, 수면계 콕, 소형밸브 그랜드에 사용

보충 방청용 도료
① 광명단 도료 : 연단을 아마인유와 혼합한 것으로 밀착력 및 풍화에 강해 녹을 방지하기 위한 페인트 밑칠에 사용한다.
② 산화철 도료 : 산화제2철을 보일유나 아마인유에 혼합한 것으로 도막이 부드럽고 가격이 싸지만 녹방지가 완벽하지 못하다.
③ 알루미늄 도료(은분) : 알루미늄분말을 유성 바니스에 혼합한 것으로 열을 잘 반사하여 방열기에 사용한다. 400~500[℃]의 내열성을 가지며 방청효과가 매우 좋다.

해답 47. ①

문제 48 규조토질 단열재의 특징에 대한 설명으로 틀린 것은?

① 압축강도(5~30kg/cm²), 내마모성, 내스폴링성이 작다.
② 재가열·수축열이 크다.
③ 안전사용 온도가 1,300~1,500℃이다.
④ 기공률은 70~80% 정도이며, 350℃ 정도에서 열전도율은 0.12~0.2kcal/m·h·℃이다.

해설 규조토질 단열재의 특징
① 안전사용온도 900~1200℃
② 재가열, 수축열이 크다.
③ 기공률은 70~80% 정도
④ 350℃에서 열전도율은 0.12~0.2kcal/mh℃
⑤ 압축강도(5~30kg/cm²), 내마모성, 내스폴링성이 작다.

문제 49 전동밸브에 대한 설명으로 옳은 것은?

① 회전운동을 링크 기구에 의한 왕복운동으로 바꾸어서 밸브를 개폐한다.
② 고압유체를 취급하는 배관이나 압력용기에 주로 설치한다.
③ 실린더의 왕복운동을 캠 장치를 이용하여 회전운동으로 바꾸어 밸브를 개폐한다.
④ 고압관과 저압관 사이에 설치하며 밸브의 리프트를 제어하여 유량을 조절한다.

문제 50 응축수의 부력을 이용해 밸브를 개폐하여 간헐적으로 응축수를 배출하는 증기트랩은?

① 벨로즈 트랩   ② 디스크 트랩
③ 오리피스 트랩   ④ 버킷 트랩

해설 증기트랩 : 관내응축수를 배출하여 수격작용 및 부식 방지
① 기계적 트랩 : 포화수와 포화증기의 비중차(버킷트, 플로우트)
② 온도조절 트랩 : 포화수와 포화증기의 온도차(바이메탈, 벨로우즈)
③ 열역학적 트랩 : 포화수와 포화증기의 열역학적 특성차(오리피스, 디스크)

해답 48. ③   49. ①   50. ④

문제 51 다음 중 아크용접, 가스용접에 있어서 용접 중에 비산하는 슬래그 및 금속 입자를 의미하는 용어는?

① 자기 쏠림(magnetic blow)　② 핀치 효과(pinch effect)
③ 굴하 작용(digging action)　④ 스패터(spatter)

해설
- **스패터** : 아크용접이나 CO_2용접시 비산하는 슬래그
- **자기쏠림**(아크쏠림) : 직류아크용접시 아크가 한쪽으로 쏠리는 현상
- **용입** : 모재가 녹은 깊이
- **용융지** : 모재 일부가 녹은 쇳물부분
- **핀치효과** : 아크단면은 수축하고 전류밀도는 증가하여 아크전압이 높아지므로 대단히 높은 온도의 아크플라즈마가 얻어지는 성질

문제 52 배관의 높이를 관의 중심을 기준으로 표시할 때 표시 기호로 옳은 것은? (단, 기준선은 그 지방의 해수면으로 한다.)

① EL　② GL
③ TOP　④ FL

해설 높이 표시
① EL 표시 : 배관의 높이를 관의 중심을 기준
② BOP : 지름이 서로 다른 관의 높이 표시 방법으로 관 바깥지름의 아랫면까지의 높이를 기준
③ TOP : 관 바깥지름의 윗면을 기준
④ GL : 지면 높이를 기준
⑤ FL : 1층 바닥면 기준

문제 53 에너지이용 합리화법에 따라 검사에 불합격한 검사대상기기를 사용한 자에 대한 벌칙기준은?

① 1년 이하의 징역 또는 1천만 원 이하의 벌금
② 2년 이하의 징역 또는 2천만 원 이하의 벌금
③ 5백만 원 이하의 벌금
④ 2천만 원 이하의 벌금

해답 51. ④　52. ①　53. ①

해설 ① 2년 이하의 징역 또는 2천만원 이하의 벌금
　㉠ 에너지저장시설의 보유 또는 저장의무의 부과시 정당한 이유 없이 이를 거부하거나 이행하지 아니한 자
　㉡ 에너지수급의 안정을 기하기 위한 조정·명령 등의 조치를 위반한 자
　㉢ 공단의 임직원으로 근무하거나 근무하였던 사람이 직무상 알게 된 비밀을 누설하거나 도용한 자
② 1년 이하의 징역 또는 1천만원 이하의 벌금
　㉠ 검사대상기기의 검사를 받지 아니한 자
　㉡ 검사에 합격되지 아니한 검사대상기기를 사용한 자
③ 2천만원 이하의 벌금
　㉠ 효율 관리 기자재의 생산 또는 판매금지 명령에 위반한 자
④ 1천만원 이하의 벌금
　㉠ 검사대상기기조종자를 선임하지 아니한 자
⑤ 500만원 이하의 벌금
　㉠ 효율관리기자재 대한 에너지사용량의 측정결과를 신고하지 아니한 자
　㉡ 대기전력경고표지대상제품에 대한 측정결과를 신고하지 아니한 자
　㉢ 대기전력경고표지를 하지 아니한 자
　㉣ 대기전력저감우수제품임을 표시하거나 거짓 표시를 한 자
　㉤ 대기전력저감기준에 미달하는 경우 시정명령을 정당한 사유 없이 이행하지 아니한 자
　㉥ 고효율에너지인증대상기자재의 인증을 받은 자가 아닌 자는 해당 고효율에너지인증대상기자재에 고효율에너지기자재의 인증 표시를 위반하여 인증 표시를 한 자

문제 54 Ralph M. Barnes 교수가 제시한 동작경제의 원칙 중 작업장 배치에 관한 원칙(Arrangement of the workplace)에 해당되지 않는 것은?

① 가급적이면 낙하식 운반방법을 이용한다.
② 모든 공구나 재료는 지정된 위치에 있도록 한다.
③ 적절한 조명을 하여 작업자가 잘 보면서 작업할 수 있도록 한다.
④ 가급적 용이하고 자연스러운 리듬을 타고 일할 수 있도록 작업을 구성하여야 한다.

 동작경제의 원칙
① 신체 사용에 관한 원칙
　㉠ 손의 동작은 작업을 수행할 수 있는 최소동작 이상을 하여서는 안 된다.
　㉡ 양 팔은 각기 반대방향에서 대칭적으로 동시에 움직여야 한다.

54. ④

ⓒ 휴식시간 이외에 양손이 동시에 노는 시간이 있어서는 안 된다.
ⓔ 양손은 동시에 동작을 시작하고 또 끝마쳐야 한다.
ⓜ 작업동작은 율동이 맞아야 한다.
ⓗ 직선동보보다는 연속적인 곡선동작을 취하는 것이 좋다.
② 작업장 배치에 관한 원칙
ⓐ 공구 및 재료는 동작에 가장 편리한 순서로 배치
ⓑ 가능하면 낙하시키는 방법을 이용하여야 한다.
ⓒ 공구와 재료는 작업이 용이하도록 작업자의 주위에 있어야 한다.
ⓔ 모든 공구와 재료는 일정한 위치에 정돈되어야 한다.
ⓜ 채광 및 조명장치를 하여야 한다.
③ 공구 및 설비의 설계에 관한 원칙
ⓐ 공구류는 될 수 있는 대로 두 가지 이상의 기능을 조합한 것 사용
ⓑ 공구류 및 재료는 될 수 있는 대로 다음에 사용하기 쉽도록 놓아두어야 한다.
ⓒ 각종 손잡이는 손에 가장 알맞게 고안함으로써 피로를 감소시킬 수 있다.
ⓔ 각 손가락이 사용되는 작업에서는 각 손가락의 힘이 같지 않음을 고려하여 한다.

문제 55 펌프 등에서 발생하는 진동을 억제하는 데 필요한 배관 지지구는?

① 행거
② 리스트레인트
③ 브레이스
④ 서포트

해설 브레이스 : 펌프나 압축기 등에서 발생하는 진동, 서어징, 수격작용 등에 의한 충격 등을 완화하는 완충기

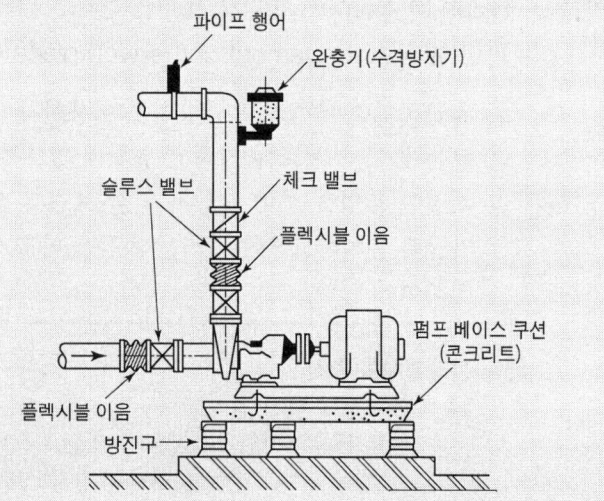

55. ③

 직물, 금속, 유리 등의 일정 단위 중 나타나는 홈의 수, 핀홀 수 등 부적합수에 관한 관리도를 작성하려고 할 때 가장 적합한 관리도는?

① c 관리도 ② np 관리도
③ p 관리도 ④ $\overline{X}-R$ 관리도

해설 관리도
① c 관리도 : 부적합 등의 결점수의 관리도
② p 관리도 : 불량률의 관리도
③ pn 관리도 : 불량 개수의 관리도
④ $\overline{X}-R$ 관리도 : 평균치와 범위의 관리도

 어떤 회사의 매출액이 80,000원, 고정비가 15,000원, 변동비가 40,000원일 때 손익분기점 매출액은 얼마인가?

① 25,000원 ② 30,000원
③ 40,000원 ④ 55,000원

 손익분기점 매출액 $=\dfrac{\text{고정비}}{1-\left(\dfrac{\text{변동비}}{\text{매출액}}\right)}=\dfrac{15000}{1-\left(\dfrac{40000}{80000}\right)}=30000$원

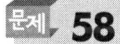 다음 데이터의 제곱합(sum of squares)은 약 얼마인가?

[데이터] : 18.8, 19.1, 18.8, 18.2, 18.4, 18.3, 19.0, 18.6, 19.2

① 0.129 ② 0.338
③ 0.359 ④ 1.029

 평균값 $=\dfrac{(18.8+19.1+18.8+18.2+18.4+18.3+19.0+18.6+19.2)}{9}=18.71$

제곱합 $=(18.8-18.71)^2+(19.1-18.71)^2+(18.8-18.71)^2+(18.2-18.71)^2$
$\qquad+(18.4-18.71)^2+(18.3-18.71)^2+(19.0-18.71)^2$
$\qquad+(18.6-18.71)^2+(19.2-18.71)^2$
$=1.029$

해답 56. ① 57. ② 58. ④

 **59** 전수검사와 샘플링검사에 관한 설명으로 맞는 것은?

① 파괴검사의 경우에는 전수검사를 적용한다.
② 검사항목이 많을 경우 전수검사보다 샘플링검사가 유리하다.
③ 샘플링검사는 부적합품이 섞여 들어가서는 안 되는 경우에 적용한다.
④ 생산자에게 품질향상의 자극을 주고 싶을 경우 전수검사가 샘플링검사보다 더 효과적이다.

 **60** 국제표준화의 의의를 지적한 설명 중 직접적인 효과로 보기 어려운 것은?

① 국제 간 규격 통일로 상호 이익 도모
② KS 표시품 수출 시 상대국에서 품질 인증
③ 개발도상국에 대한 기술 개발의 촉진을 유도
④ 국가 간의 규격 상이로 인한 무역장벽의 제거

해답 59. ② 60. ②

CBT 시행
2018년도 제 64 회

본 문제는 복원 기출문제입니다. 실제 문제와 다를 수 있으니 양해바랍니다.

문제 01 안지름이 500[mm]인 관속을 매초 2[m]의 속도로 유체가 흐를 때 단위시간당의 유량은?

① 0.39[m³/h] ② 23.4[m³/h]
③ 524.3[m³/h] ④ 1.414[m³/h]

해설
$$Q = A \times V = \frac{\pi D^2}{4} \times V = \frac{3.14 \times 0.5^2}{4} \times 2[m/sec] = 0.3925[m^3/sec]$$
∴ $0.3925[m^3/sec] \times 3600[sec/h] = 1413[m^3/h]$

문제 02 어떤 보일러의 성능시험 결과 급수량이 2,000[kg/h], 급수온도 15[℃], 증기온도 105[℃], 증기의 엔탈피 640[kcal/kg]이었다. 이 보일러의 상당증발량은?

① 334[kg/h] ② 1,985[kg/h]
③ 2,319[kg/h] ④ 2,000[kg/h]

해설 상당 증발량 = $\dfrac{G(h'' - h')}{539} = \dfrac{2000 \times (640 - 15)}{539} = 2319[kg/h]$

문제 03 대류(對流)열 전달방식을 2가지로 옳게 구분한 것은?

① 자유대류와 복사대류 ② 강제대류와 자연대류
③ 열판대류와 전도대류 ④ 교환대류와 강제대류

해설 대류에는 자연 대류와 강재 대류가 있다.

해답 01. ④ 02. ③ 03. ②

문제 04

목표값이 변화하지 않고 일정한 값을 갖는 자동제어는?

① 추종제어
② 비율제어
③ 프로그램 제어
④ 정치제어

해설
① **추종제어** : 목표 값이 시간에 따라 임의로 변화되는 값으로 부여한 제어
② **비율제어** : 2개 이상의 제어 값의 값이 정해진 비율을 보유하여 제어
③ **프로그램제어** : 목표 값이 시간에 따라 미리 결정된 일정한 제어
④ **정치제어** : 목표 값이 변화 없이 일정한 값을 갖는 제어

문제 05

다음 밸브 중 핸들을 90[°] 회전시켜 개폐 조작이 가능한 것은?

① 슬루스 밸브
② 게이트 밸브
③ 체크 밸브
④ 볼 밸브

문제 06

압력 3[kg/cm^2]에서 물의 증발잠열이 517.1[kcal/kg]이며, 포화온도는 132.88[℃]이다. 물 5[kg]을 3[kg/cm^2] 하에서 증발시킬 때 엔트로피의 변화량은?

① 6.37[kcal/K]
② 8.73[kcal/K]
③ 1.32[kcal/K]
④ 4.42[kcal/K]

해설 엔트로피 변화량 $= \dfrac{\Delta Q}{T} = \dfrac{517.1}{(273+132.88)} \times 5 = 6.37 [\text{kcal}/°\text{K}]$

문제 07

캐스터블 내화물을 옳게 설명한 것은?

① 내화성 골재에 수경성 알루미나 시멘트를 배합한 것
② 내화성 골재에 가소성 점토를 가하여 배합한 것
③ SiO$_2$를 휘발시키고 정제하고 결합제를 가하여 성형한 것
④ MgO를 천연 광석과 함께 분쇄한 후, 물, 유리를 가하여 소성한 것

해설 캐스터블 내화물 : 내화성 골재에 수경성 알루미나 시멘트를 배합한 것

해답 04. ④ 05. ④ 06. ① 07. ①

 배관의 신축이음 종류 중 고온, 고압용의 옥외배관에 많이 사용되며, 응력이 크게 작용하는 것은?

① 슬리브형   ② 루프형
③ 벨로스형   ④ 스위블형

해설 신축이음
① 루우프형 : ㉠ 신축곡관형, 만곡형이라 한다.
　　　　　　㉡ 고압 증기의 옥외배관에 사용
　　　　　　㉢ 응력이 생긴다.
　　　　　　㉣ 곡률 반경은 관지름의 6배 이상
　　　　　　㉤ 도시기호 : ⌒
② 슬리이브형 : ㉠ 미끄럼형, 슬라이드형
　　　　　　　㉡ 나사결합형 50[A] 이하, 플랜지 결합형 65[A] 초과 사용
　　　　　　　㉢ 도시기호 : ▭
③ 벨로우즈형 : ㉠ 펙레스 신축이음, 파상형, 주름통식
　　　　　　　㉡ 응력이 생기지 않음
　　　　　　　㉢ 도시기호 : ▭▭
④ 스위블형 : ㉠ 방열기용
　　　　　　㉡ 나사의 회전에 의해 신축 흡수
　　　　　　㉢ 도시기호 : ⌐⌐

 수관식 보일러에서 그을음을 불어내는 장치인 슈트블로의 분무 매체로 사용되지 않는 것은?

① 기름   ② 증기
③ 물   ④ 공기

해설 슈트블로우 : 수관식 보일러에서 손으로 쉽게 청소하지 못하는 곳의 그을음을 불어내는 장치로 증기분사, 물분사, 압축공기분사 등을 이용 제거

08. ② 09. ①

문제 10

온수난방에서 시동 전에 물의 평균밀도가 0.9957[ton/m³]이고, 난방 중 온수의 평균밀도가 0.9828[ton/m³]인 경우 시동 전에 비해 온수의 팽창량은 약 몇 [*l*]인가?)단, 온수시스템 내의 가동 전 보유수량은 2.28[m³]이다.)

① 20[*l*]   ② 30[*l*]
③ 40[*l*]   ④ 50[*l*]

[해설] 온수팽창량 $= 1000 \times \left(\dfrac{1}{0.9828} - \dfrac{1}{0.9957} \right) \times 2.28 = 30.096[l]$

문제 11

보일러 설치시공기준상 보일러를 옥내에 설치하는 경우 보일러 및 보일러의 금속제 연도 등으로부터 몇 [m] 이내에 있는 가연성 물체에 대하여는 불연성 재료로 피복하여야 하는가?

① 0.3[m]   ② 0.6[m]
③ 0.9[m]   ④ 1.2[m]

문제 12

원통보일러의 급수 pH로 적정한 것은?

① 10.0~11.8   ② 5.0~6.5
③ 12.0~13.0   ④ 7.0~9.0

[해설] 급수의 pH : 8~9
관수의 pH : 10.5~11.8

문제 13

1[kW]로 1시간 일한 것은 몇 [kcal]의 열량에 해당되는가?

① 860[kcal]   ② 632[kcal]
③ 552[kcal]   ④ 486[kcal]

해답 10. ②   11. ①   12. ④   13. ①

해설
$1[\text{kWh}] = 102[\text{kg}\cdot\text{m/sec}] \times 1[\text{kcal}]/427[\text{kg}\cdot\text{m}] \times 3600[\text{sec}]/1[\text{h}]$
$= 860[\text{kcal/h}]$
$1[\text{PSh}] = 75[\text{kg}\cdot\text{m/sec}] \times 1[\text{kcal}]/427[\text{kg}\cdot\text{m}] \times 3600[\text{sec}]/1[\text{h}]$
$= 632.3[\text{kcal/h}]$

문제 14 배관의 상부에서 관을 지지하는 것으로 관의 상하 방향이동을 허용하면서 힘으로 관을 지지하는 것은?

① 콘스탄트 행거 ② 리지드 행거
③ 슈 ④ 앵커

해설 행거 : 배관의 하중을 위에서 잡아 주는 장치
① 스프링 행거 : 턴버클 대신 스프링을 사용
② 리지드 행거 : I비임에 턴버클 이용 지지하는 것으로 상하방향에 변위에 없는 곳에 사용
③ 콘스탄트 행거 : 배관의 상부에서 관을 지지하는 것으로 관의 상하방향 이동을 허용하면서 일정한 힘으로 관을 지지

문제 15 강철제 증기보일러의 전열면적이 10[m²]를 초과하는 경우 급수밸브의 크기는 얼마 이상이어야 하는가?

① 15[A] ② 20[A]
③ 30[A] ④ 40[A]

해설 급수 밸브의 크기 ① 전열면적 10[m²] 이하 : 15[A] 이상
② 전열면적 10[m²] 초과 : 20[A] 이상

문제 16 과열기를 가진 보일러에서 과열증기의 압력은 포화증기의 압력에 비하여 어떠한가?

① 과열증기 압력이 높다. ② 동일하다.
③ 과열증기 압력이 낮다. ④ 조건에 따라 다르다.

해설 단, 온도나 엔탈되는 과열증기가 크다.

해답 14. ① 15. ② 16. ②

문제 17

오르자트 가스분석기로 직접 분석할 수 없는 성분은?

① O_2 ② CO
③ CO_2 ④ N_2

해설 오르자트법
① CO_2 : KOH 30[%] 수용액
② O_2 : 알카리성 피롤카롤 용액
③ CO : 암모니아성염화 제1동 용액

문제 18

보일러의 압력계 부착방법을 잘못 설명한 것은?

① 증기온도가 120[℃]가 넘을 때는 동관을 사용해야 한다.
② 압력계와 연결된 증기관은 동관일 경우 안지름 6.5[mm] 이상이어야 한다.
③ 압력계와 콕 대신에 밸브를 사용할 경우에는 한 눈에 개폐 여부를 알 수 있는 구조로 한다.
④ 물이 채워진 상태로 안지름 6.5[mm] 이상의 사이펀관을 거쳐 압력계를 부착한다.

해설 증기온도 210[℃] 이상이면 동관 사용 금지
증기온도 120[℃] 이상 시는 강관을 사용

문제 19

다음 중 보일러 청관제로서 슬러지 조정제로 사용되는 것은?

① 전분 ② 거성소다
③ 인산소다 ④ 히드라진

해설
① **슬러지 조정제** : ㉠ 리그닌 ㉡ 녹말(전분) ㉢ 탄닌
② **탈산소제** : ㉠ 탄닌 ㉡ 아황산소다 ㉢ 히드라진
③ **가성취화 방지제** : ㉠ 리그닌 ㉡ 황산소다 ㉢ 탄닌

해답 17. ④ 18. ① 19. ①

문제 20 피복아크용접에서 자기 쏠림현상을 방지하는 방법으로 옳은 것은?

① 용접봉을 굵은 것으로 사용한다.
② 접지점을 용접부에서 멀리한다.
③ 용접 전압을 높여준다.
④ 용접 전류를 높여준다.

해설 피복아크 용접에서 자기 쏠림 현상을 방지하는 방법 : 접지점을 용접부에서 멀리한다.

문제 21 내화물이 융회 등을 흡수하여서 표면의 용용점이 내려가서 유출되든가 혹은 융회 중에 용해하여 점차 줄어드는 현상은?

① 연화변형   ② 열적 스폴링
③ 구조적 스폴링   ④ 융액침식

해설 **융액침식** : 내화물이 융회 등을 흡수하여서 표면의 용용점이 내려가서 유출되는가 혹은 융회 중에 용해하여 점차 줄어드는 현상

문제 22 다음 중 보일러 관수의 탈산소제가 아닌 것은?

① 아황산소다   ② 암모니아
③ 탄닌   ④ 히드라진

해설
① pH 조정제 :   ㉠ 인산소다   ㉡ 암모니아   ㉢ 수산화나트륨
② 연화제 :   ㉠ 인산소다   ㉡ 탄산소다   ㉢ 수산화나트륨
③ 탈산소제 :   ㉠ 탄닌   ㉡ 아황산소다 ㉢ 히드라진
④ 슬러지 조정제 :   ㉠ 리그닌   ㉡ 녹말(전분) ㉢ 탄닌
⑤ 가성취화 방지제 : ㉠ 리그닌   ㉡ 황산소다   ㉢ 탄닌

해답 20. ② 21. ④ 22. ②

문제 23 펌프의 공동현상(Cavitation)에 의하여 발생되는 현상 설명으로 틀린 것은?

① 부식 또는 침식이 발생한다. ② 운전불능이 될 수도 있다.
③ 소음 또는 진동이 발생한다. ④ 양정 및 효율이 상승한다.

해설 발생되는 현상
① 소음과 진동 발생 ② 깃의 침식 ③ 양정과 효율 저하

문제 24 보일러 화염검출기인 플레임 아이(Flame Eye)는 화염의 어떠한 성질을 이용하여 화염 검출을 하는가?

① 화염의 스파크를 이용 ② 화염의 이온화를 이용
③ 화염의 발광체임을 이용 ④ 화염이 발열체임을 이용

해설 화염 검출기
① 플레임 아이 : 화염의 발광체 이용
② 플레임 로드 : 화염의 이온화(전기전도성 이용)
③ 스텍 스위치 : 화염의 발열(버너 분사 정지에 수십초가 걸리므로 주로 소용량 보일러에 사용)

문제 25 다음 내화물 중 산성내화물인 것은?

① 마그네사아질 ② 탄소질
③ 탄화규소질 ④ 규석질

해설 내화물의 종류
① 산성 내화물 : ㉠ 규석질   ㉡ 반규석질
                ㉢ 샤모트질   ㉣ 납석질
② 중성 내화물 : ㉠ 탄소질   ㉡ 크롬질
                ㉢ 탄화규소질   ㉣ 고알루미나질
③ 연기성 내화물 : ㉠ 돌로마이트질 ㉡ 마그네사질
                  ㉢ 마그네시아크롬질 ㉣ 포스테라이트질

해답 23. ④ 24. ③ 25. ④

문제 26 다음 배관 중 스위블형 신축이음이라고 볼 수 없는 것은?

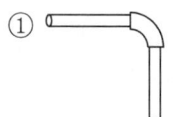

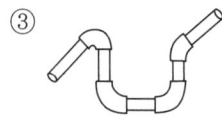
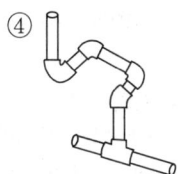

문제 27 보일러 건조 보존 시에 흡습제로 사용할 수 있는 물질은?

① 히드라진
② 아황산소다
③ 생석회
④ 탄산소다

[해설] 흡수제 : ① CaO(생석회, 산화칼슘)
② $CaCl_2$(염화칼슘)
③ SiO_2(실리카겔, 이산화규소)
④ Al_2O_3(산화알루미늄, 활성알루미나)

문제 28 증기보일러에서 순환수량과 증기발생량의 비는?

① 순환비
② 관류비
③ 증발배수
④ 증발계수

[해설] 순환비 = $\dfrac{\text{급수량}}{\text{증기량}}$

26. ①   27. ③   28. ①

문제 29
보일러 가성취화의 특징을 설명한 것으로 틀린 것은?

① 방향이 불규칙적이다.
② 반드시 수면 이하에서 발생한다.
③ 압축응력을 받는 이음부에서 생긴다.
④ 리벳과 리벳 사이에 발생되기 쉽다.

해설 가성취화의 특징
① 리벳과 리벳 사이에서 발생되기 쉽다.
② 방향이 불규칙적이다.
③ 반드시 수면 이하에서 발생한다.

문제 30
어떤 연료 3[kg]으로 2,070[kg]의 물을 가열시켰더니 온도가 10[℃]에서 20[℃]로 되었다. 이 연료의 발열량은?(단, 가열장치의 열효율은 80[%]이다.)

① 6,900[kcal/kg]　　② 8,625[kcal/kg]
③ 2,587[kcal/kg]　　④ 9,834[kcal/kg]

해설 발열량 $= \dfrac{2070 \times (20-10)}{3 \times 0.8} = 8625[\text{kcal/kg}]$

문제 31
공기비(m)가 큰 경우 배기가스 중의 함유 비율이 커지는 것은?

① SO_2　　② CO
③ O_2　　④ CO_2

해설 공기비가 큰 경우 배기가스 중의 함유비율이 커지는 것은 : O_2

문제 32
유체의 레이놀즈(Reynolds) 수가 얼마 이상이면 난류라고 하는가?

① 3,000　　② 2,000
③ 1,000　　④ 550

해답　29. ③　30. ②　31. ③　32. ②

해설 Re(레이놀즈수)가 2100 이하 : 층류
Re(레이놀즈수)가 2100 초과 : 난류

문제 33

피드백 자동제어의 중심부분으로 동작신호를 받아서 제어계가 정해진 동작을 하는데 필요한 신호를 만들어 내보내는 부분은?

① 조절부　　② 조작부
③ 비교적　　④ 검출부

해설
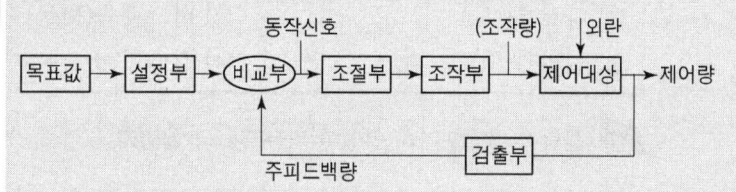

문제 34

온수 귀환방식에서 각 방열기에 공급되는 유량 분배를 균등히 하여 선, 후 방열기의 온도차를 최소화시키는 방식으로 환수관 길이가 길어지는 방식은?

① 중력귀환방식　　② 강제귀환방식
③ 역귀환방식　　④ 직접귀환방식

해설 리버스리턴방식(역귀환방식) : 각 방열기에 공급되는 유량 분배를 균등히 하여 선·후 방 열기의 온도차를 최소화시키는 방식으로 환수관 길이가 길어지는 방식

문제 35

원심식 송풍기의 풍량을 $Q[\text{m}^3/\text{min}]$, 회전수 $N[\text{rpm}]$, 풍압을 $P[\text{mmAq}]$, 날개의 직경을 D라고 할 때 다음 관계식 중 틀린 것은?

① $Q \propto N$　　② $Q \propto D^3$
③ $P \propto N$　　④ $P \propto D^2$

해답　33. ①　34. ③　35. ③

해설

$$\text{풍량} = Q \times \left(\frac{N_2}{N_1}\right)^1 \times \left(\frac{D_2}{D_1}\right)^3$$

$$\text{풍압} = P \times \left(\frac{N_2}{N_1}\right)^2 \times \left(\frac{D_2}{D_1}\right)^2$$

$$\text{풍마력} = KW \times \left(\frac{N_2}{N_1}\right)^3 \times \left(\frac{D_2}{D_1}\right)^5$$

문제 36 보일러에서 선택적 캐리오버(Carry Over)의 원인이 되는 원소의 종류는?

① 나트륨(Na) ② 마그네슘(Mg)
③ 실리카(Si) ④ 칼슘(Ca)

해설 선택적 캐리오버의 원인이 되는 원소 : **실리카**

문제 37 다음 내용은 설비보전조직에 대한 설명이다. 어떤 조직의 형태인가?

"보전작업자는 조직상 각 제조부문의 감독자 밑에 둔다.
단점 : 생산 우선에 의한 보전작업 경시, 보전기술 향상의 곤란성
장점 : 운전과의 일체감 및 현장감독의 용이성"

① 집중보전 ② 지역보전
③ 부문보전 ④ 절충보전

해설 ① **부분보전** : 보존 작업자는 조직상 각 제조 부분의 감독자 밑에 둔다.
　　　장점 : 운전과의 일체감 및 현장감독의 용이성
　　　단점 : 생산 우선에 의한 보전작업 경시, 보전기술향상의 곤란성
② **설비보존** : ㉠ 예방보존 ㉡ 개량보존 ㉢ 사후보존 ㉣ 보존예방

해답 36. ③ 37. ③

 파레토그림에 대한 설명으로 가장 거리가 먼 내용은?

① 부적합품(불량), 클레임 등의 손실금액이나 퍼센트를 그 원인별, 상황별로 취해 그림의 왼쪽에서부터 오른쪽으로 비중이 작은 항목부터 큰 항목 순서로 나열한 그림이다.
② 현재의 중요 문제점을 객관적으로 발견할 수 있으므로 관리방침을 수립할 수 있다.
③ 도수분포의 응용수법으로 중요한 문제점을 찾아내는 것으로서 현장에서 널리 사용된다.
④ 파레토그림에서 나타난 1~2개 부적합품(불량) 항목만 없애면 부적합품(불량)률은 크게 감소된다.

해설 파레토 그림
① 도수분포의 응용수법으로 중요한 문제점을 찾아내는 것으로서 현장에서 널리 사용
② 파레토 그림에서 나타난 1~2개 부적합품 항목만 없애면 불량률은 크게 감소한다.
③ 현재의 중요 문제점을 객관적으로 발견할 수 있으므로 관리방침을 수립할 수 있다.

 안지름 0.1[m], 길이 100[m]인 파이프에 물이 흐르고 있다. 파이프의 마찰손실계수를 0.015, 물의 평균속도가 10[m/s]일 때 나타나는 압력손실은?

① $5.65[\text{kg/cm}^2]$　　② $6.65[\text{kg/cm}^2]$
③ $7.65[\text{kg/cm}^2]$　　④ $8.65[\text{kg/cm}^2]$

해설
$$\text{손실수두} = \frac{flV^2}{2gd} = \frac{0.015 \times 100 \times 10^2}{2 \times 9.8 \times 0.1} = 76.53[\text{m}]$$

$1[\text{kg/cm}^2] = 10[\text{m}]$
 $\quad = 76.53[\text{m}]$

$$x = \frac{1[\text{kg/cm}^2] \times 76.53[\text{m}]}{10[\text{m}]} = 7.653[\text{kg/cm}^2]$$

해답 38. ① 39. ③

문제 40

보일러 캐리오버(Carry Over)에 대한 설명으로 가장 옳은 것은?

① 대량의 거품이 일어나는 포밍(Forming)현상이다.
② 수분과 증기가 비등하는 프라이밍(Priming)현상이다.
③ 보일러수 중에 용해된 물질이나 수분이 증기와 동반해서 증기관으로 반출되는 현상이다.
④ 보일러수에 용해된 유지분 등이 동 내면에 고착하는 현상이다.

해설 캐리오버(기수공발) : 증기 중에 수분이 함께 함유되어 증기관 밖으로 이송되는 현상

문제 41

연간 에너지 사용량(연료 및 열과 전력의 합)이 얼마 이상이면 시·도지사에게 신고하여야 하는가?

① 2천 티·오·이
② 1천5백 티·오·이
③ 1천 티·오·이
④ 2천5백 티·오·이

해설 연간 에너지사용량이 2000[TOE] 이상 사용하면 에너지관리대상자로 지정되며 시·도지사에게 신고하여야 한다.

문제 42

수요예측방법의 하나인 시계열분석에서 시계열적 변동에 해당되지 않는 것은?

① 추세변동
② 순환변동
③ 계절변동
④ 판매변동

해설 **시계열적변동** : ① 계절변동　② 순환변동　③ 추세변동

문제 43

다음 검사 중 판정의 대상에 의한 분류가 아닌 것은?

① 관리 샘플링 검사
② 로트별 샘플링 검사
③ 전수검사
④ 출하검사

해답　　40. ③　41. ①　42. ④　43. ④

① 판정의 대상에 의한 분류
㉠ 관리 샘플링 검사 ㉡ 전수검사
㉢ 로트별 샘플링 검사 ㉣ 자주검사
㉤ 무검사
② 검사가 행해지는 공정에 의한 분류
㉠ 수입검사 ㉡ 출하검사
㉢ 최종검사 ㉣ 공정검사

nP 관리도에서 시료군마다 $n=100$이고, 시료군의 수가 $k=20$이며, $\sum nP=77$이다. 이 때 nP 관리도의 관리상한선 UCL을 구하면 얼마인가?

① $UCL=8.94$ ② $UCL=3.85$
③ $UCL=5.77$ ④ $UCL=9.62$

보일러수에 함유되어 있는 물질 중 스케일 생성 성분이 아닌 것은?

① 황산 칼슘 ② 황산마그네슘
③ 탄산마그네슘 ④ 탄산소다

 스케일 생성성분
① 황산마그네슘 ② 탄산마그네슘 ③ 황산칼슘

다음 중 관류보일러에 속하는 것은?

① 케와니 보일러 ② 벤슨 보일러
③ 코르니쉬 보일러 ④ 바브콕 보일러

 관류 보일러의 종류
① 슐처 보일러 ② 옛모스 보일러
③ 벤숀 보일러 ④ 람진 보일러

44. ④ 45. ④ 46. ②

문제 47 다음 보온재 중 최고 안전사용온도가 가장 높은 것은?

① 세라믹 파이버
② 펠트
③ 글라스 울
④ 폴리우레탄 폼

해설
① 세라믹화이어 : 1300[℃] 이하
② 펠트(양모, 우모) : 100[℃] 이하
③ 글라스울(유리섬유) : 300[℃] 이하
④ 폴리우레탄 폼, 폴리스틸렌 폼, 염화비닐 폼 : 80[℃] 이하

문제 48 슬루스 밸브에 관한 설명으로 틀린 것은?

① 리프트가 커서 개폐에 시간이 걸린다.
② 밸브를 중간 정도만 열어도 마찰저항이 없으므로 유량조절용으로 적합하다.
③ 밸브를 완전히 열면 밸브 본체 속이 관로의 단면적과 거의 같게 된다.
④ 쐐기형의 밸브 본체가 밸브 시트 안을 눌러 기밀을 유지한다.

해설 슬로우스 밸브는 유량 조절용으로는 부적합하다.

문제 49 보일러 및 열교환기용 합금강 강관의 KS 기호는?

① STH
② STHA
③ STLT
④ STS×TB

해설
① STH : 보일러열교환기용 탄소강강관
② STHA : 보일러열교환기용 합금강강관
③ STLT : 저온열교환기용 강관
④ STS×TB : 보일러열교환기용 스테인리스강관

해답 47. ① 48. ② 49. ②

문제 50 400[℃] 이하의 파이프, 탱크, 노벽 등의 보온재로 적절하며, 진동이 심한 곳에서도 사용이 가능하지만, 800[℃]에서는 강도와 보온성을 상실하는 보온재는?

① 규조토 ② 탄산마그네슘
③ 석면   ④ 암면

문제 51 보일러를 청소하기 위한 냉각방법으로 가장 옳은 것은?

① 운전을 정지한 후 보일러수를 한꺼번에 배출시키고 냉각시킨다.
② 보일러수를 배출시키는 한편 차가운 물을 급수하여 냉각시킨다.
③ 운전을 서서히 계속하여 증기를 완전히 배출시킨 후 차가운 물을 급수하여 냉각시킨다.
④ 보일러 수위를 표준수위로 유지시켜 운전을 정지한 후 자연냉각시킨다.

[해설] 보일러를 청소하기 위한 냉각법 : 보일러 수위를 표준수위로 유지시켜 운전을 정지한 후 자연 냉각시킨다.

문제 52 보일러의 과열기 온도가 일반적으로 약 몇 도 이상이 되면 바나듐에 의한 고온부식이 발생하는가?

① 300[℃] 이상 ② 350[℃] 이상
③ 500[℃] 이상 ④ 950[℃] 이상

[해설] ① **저온부식** : 150[℃] 이하 발생(S, SO_2, SO_3, H_2SO_4)
② **고온부식** : 500[℃] 이상(V, V_2O_5)

문제 53 열정산에서 출열 항목에 속하는 것은?

① 증기의 보유열량 ② 공기의 보유열량
③ 연료의 현열   ④ 화학반응열

해답 50. ③ 51. ④ 52. ③ 53. ①

> **해설** **출열항목**
> ① 배기가스 손실열(손실열 중 가장 크다.)
> ② 불완전연소에 의한 손실열
> ③ 방산에 의한 손실열
> ④ 미연분에 의한 손실열
> ⑤ 발생증기 보유열(이용이 가능한 열)

유체 속에 잠겨진 경사면에 작용하는 힘은?

① 경사진 각도에만 관계된다.
② 유체의 비중량과 단면적의 곱과 같다.
③ 단면적의 크기와 경사각에 비례한다.
④ 면의 중심점에서의 압력과 면적과의 곱과 같다.

> **해설** 유체 속에 잠겨진 경사면에 작용하는 힘 : 면의 중심점에서의 압력과 면적과의 곱과 같다.

충동 증기트랩을 옳게 설명한 것은?

① 높은 온도의 응축수 증발로 인하여 생기는 부피의 증가를 이용한 것
② 부력을 이용하여 밸브를 개폐하는 것
③ 휘발성이 큰 액체를 봉입한 것을 이용한 것
④ 저온의 공기를 통과시키며 관말트랩으로 사용한 것

> **해설** **충동증기트랩** : 높은 온도의 응축수 증발로 인하여 생기는 부피의 증가를 이용한 것

자동제어에서 목표값이 의미하는 것은?

① 제어량에 대한 희망값　　② 조절부의 조절값
③ 동작신호값　　　　　　　④ 기준압력값

해답　54. ④　55. ①　56. ①

문제 57 압력을 표시하는 수주(水柱)의 단위로 옳은 것은?

① [psi]   ② [mmHg]
③ [mmAq]   ④ [kgf/cm²]

해설 **수주의 단위** : [mmH₂O], [mmAq]

문제 58 수관보일러에서 강제순환식이 자연순환식보다 유리한 점을 설명한 것으로 틀린 것은?

① 동일한 증발량에 대해 소형경량으로 제작할 수 있다.
② 관수의 농축 속도가 느려서 스케일 생성이 높다.
③ 순환펌프를 사용하므로 열전달이 높고 기동이 빠르다.
④ 수관군의 배열에 신경 쓸 필요가 없으므로 자유로운 설계를 할 수 있다.

해설 관수의 농축속도가 빨라서 스케일 생성이 높다.

문제 59 보일러수 관내 처리방법으로 청관제를 투입하는 방법이 있는데 청관제를 사용하는 목적이 아닌 것은?

① 고착 스케일 제거   ② 기포방지
③ 가성취화 억제   ④ pH 알칼리도 조정

해설 **청관제를 사용하는 목적** ① pH 조정 ② 관수연화 ③ 스케일생성 방지
④ 기포방지 ⑤ 가성취화 방지

문제 60 원재료가 제품화되어 가는 과정, 즉 가공, 검사, 운반, 지연, 저장에 관한 정보를 수집하여 분석하고 검토를 행하는 것은?

① 사무공정 분석표   ② 작업자공정 분석표
③ 제품공정 분석표   ④ 연합작업 분석표

해설 **제품공정분석표** : 가공, 검사, 운반, 저장에 관한 정보를 수집하여 분석하고 검토를 행하는 것

해답   57. ③   58. ②   59. ①   60. ③

2019년도 제 65 회

본 문제는 복원 기출문제입니다. 실제 문제와 다를 수 있으니 양해바랍니다.

문제 01
보일러 급수펌프의 종류가 아닌 것은?
① 마찰펌프
② 제트펌프
③ 원심펌프
④ 실리코펌프

해설 급수펌프의 종류
① 원심펌프 : ㉠ 터빈펌프 ㉡ 볼류트펌프
② 왕복식펌프 : ㉠ 위싱턴펌프 ㉡ 웨어펌프 ㉢ 플린져펌프 ㉣ 피스톤펌프
③ 특수펌프 : ㉠ 마찰펌프 ㉡ 제트펌프 ㉢ 기포펌프 ㉣ 수격펌프

문제 02
어떤 보일러 통풍기의 풍량이 3600[m³/min], 통풍압력이 35[mmAq], 효율이 0.62이면, 이 통풍기의 소요동력은 약 얼마인가?
① 33.2[kW]
② 53.5[kW]
③ 63.4[kW]
④ 87.6[kW]

해설 소요동력[kW] = $\dfrac{Q \times P}{102 \times E \times 60} = \dfrac{3600 \times 35}{102 \times 0.62 \times 60} = 33.2$[kW]

문제 03
연료 및 연소장치에서 공기비(m)가 적을 때의 특징 설명으로 틀린 것은?
① 불완전연소가 되기 쉽다.
② 미연소 가스에 의한 가스폭발과 매연이 발생한다.
③ 연소실 온도가 저하된다.
④ 미연소 가스에 의한 열손실이 증가한다.

해답 01. ④ 02. ① 03. ③

해설 공기비가 적을 때의 특징
① 미연소 가스에 의한 열손실이 증가한다.
② 불완전연소가 되기 쉽다.
③ 미연소 가스에 의한 가스폭발과 매연이 발생한다.

문제 04 보일러에 설치하는 압력계의 검사시기가 맞지 않은 것은?

① 신설보일러의 경우 압력이 오른 후에 검사한다.
② 점화 전이나 교체 후에 검사한다.
③ 프라이밍이나 포밍이 일어날 때나 의심이 날 때 검사한다.
④ 부르동관이 높은 열에 접촉했을 때 검사한다.

해설 압력계의 검사시기
① 두 개의 압력계 지시값이 다를 때
② 신설보일러의 경우 압력이 오르기 전 검사한다.
③ 프라이밍이나 포밍이 일어날 때에 의심이 날 때 검사
④ 부르동관이 높은 열에 접촉했을 때 검사
⑤ 점화 전이나 교체 후에 검사한다.

문제 05 피드백 자동제어의 중심부분으로 동작신호를 받아서 제어계가 정해진 동작을 하는데 필요한 신호를 만들어 내 보내는 부분은?

① 조절부   ② 조작부
③ 비교부   ④ 검출부

해설 피드백 자동제어

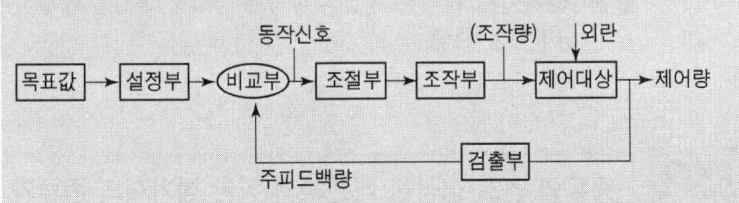

해답 04. ① 05. ①

 증기 과열기에 설치된 안전밸브의 취출 압력은 어떻게 조정되어야 하는가?

① 보일러 본체의 안전밸브와 동시에 취출되도록 한다.
② 최고사용압력 이상에서 취출되도록 한다.
③ 보일러 본체의 안전밸브 보다 늦게 취출되도록 한다.
④ 보일러 본체의 안전밸브 보다 먼저 취출되도록 한다.

해설 **안전밸브의 취출 압력 조정** : 보일러 본체의 안전밸브 보다 먼저 취출되도록 한다.

 가압수식 세정장치 중에서 목(throat)부의 처리가스 속도가 60~90[m/s]정도이고 집진효율이 가장 높아서 그 사용범위가 넓은 것은?

① 사이클론 스크러버
② 제트 스크러버
③ 전류형 스크러버
④ 벤투리 스크러버

해설 **벤투리 스크레버**(스크레버=스크러버) : 목부의 처리가스 속도가 60~90[m/s] 정도이고 집진효율이 가장 높아서 그 사용범위가 넓다.

 방이나 거실의 바닥에 난방용 코일을 매설하여 열매를 통과시켜 난방하는 방식은?

① 직접난방
② 간접난방
③ 개별난방
④ 복사난방

해설 **복사난방** : 방이나 거실의 바닥에 난방용 코일을 매설하여 열매를 통과시켜 난방하는 방식

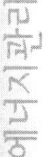

09 중유의 연소 성상을 개선하기 위한 첨가제의 종류가 아닌 것은?

① 연소촉진제
② 착화지연제
③ 슬러지분산제
④ 회분개질제

 해답   06. ④ 07. ④ 08. ④ 09. ②

해설 중유첨가제 및 작용
① 연소촉진제 : 분무양호
② 슬러지조정제 : 슬러지 생성방지
③ 탈수제 : 수분분리
④ 유동점강하제 : 중유의 유동점 낮추어 송유 양호
⑤ 회분개질제 : 회분의 융점 높여 고온 부식 방지

문제 10 보일러 설치·시공 기준에 따라 보일러를 옥내에 설치하는 경우의 설명으로 잘못된 것은?(단, 소형보일러가 아닌 경우 임)

① 보일러를 불연성 물질의 격벽으로 구분된 장소에 설치해야 한다.
② 도시가스를 사용하는 경우는 환기구를 가능한 한 높이 설치한다.
③ 보일러에 설치된 계기들을 육안으로 관찰하는데 지장이 없도록 충분한 조명시설이 있어야 한다.
④ 연료를 보일러실에 저장할 때는 보일러와 1[m] 이상의 거리를 두어야 한다.

해설 연료를 보일러실에 저장할 때는 보일러와 2[m] 이상의 거리를 두어야 한다.

문제 11 특수보일러인 열매체 보일러의 특징 중 틀린 것은?

① 관 내부의 열매체를 물 대신 다우삼, 수은 등을 사용한 보일러이다.
② 열매체 보일러는 동파의 우려가 없다.
③ 높은 압력 하에서 고온을 얻는 것이 특징이다.
④ 타 보일러에 비해 부식의 정도가 적다.

해설 열매체 보일러의 특징
① 낮은 압력에서도 고온을 얻을 수 있다.
② 타 보일러에 비해 부식의 정도가 적다.
③ 열매체 보일러는 동파의 우려가 없다.
④ 관 내부의 열매체를 물 대신 다우삼, 모빌섬, 카네크롤, 세큐리티 53 등을 사용한 보일러이다.

해답 10. ④ 11. ③

문제 12
연소가스의 여열(餘熱)을 이용하여 보일러에 급수되는 물을 예열하는 장치는?

① 과열기　② 재열기
③ 응축기　④ 절탄기

[해설] 절탄기(이코노마이져) : 연소가스의 여열을 이용하여 급수를 예열하는 장치

문제 13
보일러 연소시 화염의 유무를 검출하는 연소 안전장치인 플레임아이에 사용되는 검출 소자가 아닌 것은?

① cus셀　② 광전관
③ cds셀　④ pbs셀

[해설] 플레임아이에 사용되는 검출 소자
① 황화카드뮴 광도전셀(cds)　② 황화납 광도전셀(pbs)
③ 적외선 광전관　　　　　　④ 자외선 광전관

문제 14
난방부하계산에 반드시 고려하여야 하는 것은?

① 인체로부터 발생하는 현열량
② 인체로부터 발생하는 잠열량
③ 형광등으로부터 발생하는 열량
④ 건축물의 벽체, 천정 등을 통해 외부로 방출되는 열량

[해설] 난방부하계산에 반드시 고려하여야 하는 사항 : 건축물의 벽체, 천정 등을 통해 외부로 방출되는 열량

문제 15
실내의 온도 분포가 균등하고 쾌감도가 높은 난방은?

① 온수난방　② 증기난방
③ 온풍난방　④ 복사난방

[해설] 복사난방 : 실내의 온도 분포가 균등하고 쾌감도가 높은 난방

해답　12. ④　13. ①　14. ④　15. ④

문제 16
개방식 팽창 탱크의 높이는 온수난방의 최고 높은 부분보다 최소 몇 [m] 이상 높은 곳에 설치하여야 하는가?

① 0.5　　　　② 1
③ 1.2　　　　④ 1.5

해설 개방식 팽창 탱크의 높이는 최고층 방열기보다 1[m] 이상 높은 곳에 설치

문제 17
저압 증기난방 장치와 거리가 먼 것은?

① 공기 밸브　　　　② 스팀 트랩
③ 응축수 펌프　　　④ 팽창 밸브

해설 저압 증기난방 장치 : ① 스팀 트랩　② 공기 밸브　③ 응축수 펌프

문제 18
보일러 열정산 방법에서 출열 항목에 해당되는 것은?

① 공기의 현열　　　　② 연료의 연소열
③ 연료의 현열　　　　④ 발생증기 보유열

해설 **출열 항목**
① 배기가스손실열　　② 불완전 연소에 의한 손실열
③ 미연분에 의한 손실　④ 방산에 의한 손실열
⑤ 발생증기 보유열

문제 19
굴뚝 높이 100[m], 배기가스의 평균온도 200[℃], 외기온도 27[℃], 굴뚝 내 가스의 외기에 대한 비중을 1.05라 할 때 통풍력은?

① 26.3[mmAq]　　　　② 29.3[mmAq]
③ 36.3[mmAq]　　　　④ 39.3[mmAq]

해설 $Z = H\left(\dfrac{353}{T_a} - \dfrac{367}{T_g}\right) = 100 \times \left(\dfrac{353}{273+27} - \dfrac{367}{273+200}\right) = 40.07 [mmAq]$

 해답　　16. ②　17. ④　18. ④　19. ④

문제 20

보일러 난방기구인 방열기에 대한 설명 중 틀린 것은?

① 주형 방열기에는 2세주, 3세주, 4세주형의 3종류가 있다.
② E. D. R이란 상당방열면적으로 방열기의 크기를 나타낸다.
③ 벽걸이형 방열기는 벽면과 50~65[mm] 정도 간격을 두어 설치하는 것이 좋다.
④ 증기방열기의 표준상태에서 발생하는 표준방열량은 650[kcal/m²h]이다.

해설 **주형 방열기** : 2주형, 3주형, 3세주형, 5세주형 방열기가 있다.

문제 21

증기드럼 없이 초임계 압력 이상의 증기를 발생시키는 보일러는?

① 연관 보일러　　　　② 관류 보일러
③ 특수 열매체 보일러　④ 이중 증발 보일러

해설 **관류 보일러** : 다수의 관군으로 구성되어 있고 드럼이 없으며 초임계 압력의 증기를 발생시키는 보일러

문제 22

수관식 보일러에서 전열면의 증발률(Be_1)을 구하는 식은?

① $Be_1 = \dfrac{총증기발생량}{전열면적}$　　② $Be_1 = \dfrac{매시실제증기발생량}{전열면적}$

③ $Be_1 = \dfrac{전열면적}{총증기발생량}$　　④ $Be_1 = \dfrac{전열면적}{매시실제증기발생량}$

해설

전열면 증발률 $= \dfrac{G}{A} = \dfrac{실제증발량}{전열면적}$

전열면 열부하 $= \dfrac{G \times (h'' - h')}{A}$

연소실 열부하 $= \dfrac{Gf \times Hl}{V}$

여기서, h''[kcal/kg] : 발생증기엔탈피　h'[kcal/kg] : 급수엔탈피
　　　　Gf[kg/h] : 연료소비량　　　　Hl[kcal/kg] : 저위발열량
　　　　V[m³] : 연소실 체적

해답 20. ① 21. ② 22. ②

 저 온수 난방 배관에 주로 사용되는 개방식 팽창 탱크에 부착되지 않는 것은?

① 배기관　　　　　　② 팽창관
③ 안전밸브　　　　　④ 급수관

해설 개방식 팽창 탱크 주의관
① 배수관　② 오우버플로우관　③ 배기관　④ 팽창관　⑤ 급수관

 완전기체(perfect gas)가 일정한 압력 하에서의 부피가 2배가 되려면 초기온도가 27[℃]인 기체는 몇 [℃]가 되어야 하는가?

① 54[℃]　　　　　　② 108[℃]
③ 300[℃]　　　　　 ④ 327[℃]

해설
$$\frac{V_1}{T_1} = \frac{V_2}{T_2}$$
$$T_2 = \frac{T_1 \times V_2}{V_1} = \frac{(273+27) \times 2}{1} = 600[°K]$$
$°K = °C + 273$
∴ $°C = °K - 273 = 600 - 273 = 327[°C]$

 펌프에서 물이 압송하고 있을 때 정전 등으로 급히 펌프를 멈추거나 조절 밸브를 급격히 개폐시 유속이 급속히 변화하여 물에 의한 압력변화가 생기는 현상은?

① 맥동현상　　　　　② 캐비데이션
③ 양정현상　　　　　④ 수격작용

해설 수격작용 : 펌프에서 물이 압송시 정전 등으로 급히 펌프를 멈추거나 조절 밸브를 급격히 개폐시 유속이 급속히 변화하여 물에 의한 압력변화가 생기는 현상

23. ③　24. ④　25. ④

문제 26

기체의 정압 비열과 정적 비열의 관계를 옳게 설명한 것은?

① 정압비열이 정적비열보다 항상 작다.
② 정압비열이 정적비열보다 항상 크다.
③ 정적비열과 정압비열은 항상 같다.
④ 정압비열과 정적비열은 거의 같다.

해설 비열비$(K) = \dfrac{C_P(정압비열)}{C_V(정적비열)}$

정압비열이 정적비열보다 항상 크다. 그래서 비열비는 항상 1보다 크다.

문제 27

보일러 내부 부식의 발생 원인과 관계가 없는 것은?

① 급수 중에 불순물이 많을 때
② 보일러의 금속재료에서 전위차가 발생될 때
③ 라미네이션에 의한 팽출이 있을 때
④ 청관제 사용법이 옳지 못할 때

해설 **내부 부식의 발생 원인** ① 청관제 사용법이 옳지 않을 때
② 급수 중에 불순물이 많을 때
③ 보일러의 금속재료에서 전위가 발생할 때

문제 28

연소에 의해 일어나는 장해 중 고온부식 방지대책이 아닌 것은?

① 연료를 전처리 하여 바나듐을 제거한다.
② 연료에 첨가제를 사용하여 바나듐의 융점을 높인다.
③ 전열면의 표면에 보호피막 형성 또는 내식성 재료를 사용한다.
④ 공기비를 항상 많게하여 운전한다.

해설 **고온부식 방지책**
① 연료중의 바나듐 제거
② 회분의 융점 높여 고온부식 방지
③ 첨가제를 사용 바나듐의 융점을 높인다.
④ 적정 공기비로 연소시킨다.
⑤ 전열면 표면에 보호피막 또는 내식성 재료 사용

해답 26. ② 27. ③ 28. ④

문제 29 보일러 보존법에 대한 설명으로 틀린 것은?

① 만수 보존법은 단기간(2개월이내)의 휴지 시에 주로 사용하는 보존법이다.
② 보일러수를 전부 배출하여 내, 외면을 청소한 후 장작을 가볍게 때서 건조시켜 보관한다.
③ 보일러의 휴지기간이 장기간인 경우에는 건조 보존법이 적합하다.
④ 건조 보존법을 사용할 경우 흡습제로 페인트 또는 코올타르 등을 사용한다.

해설 건조 보존법흡수제
① CaO(생성회, 산화칼슘) ② Al₂O₃(산화알루미늄, 활성알루미나)
③ CaCl₂(염화칼슘) ④ SiO₂(이산화규소, 실리카겔)

문제 30 단위 질량당의 엔트로피를 표시하는 비엔트로피의 단위로 맞는 것은?

① kcal/kgfK ② kgf · m/kgf
③ kcal/K ④ kcal/kgf

해설 엔트로피 단위 = $\dfrac{\Delta Q}{T} = \dfrac{[\text{kcal/kg}]}{[°K]}$

문제 31 보일러수 중에 포함된 실리커(SiO₂)에 대한 설명으로 잘못된 것은?

① 알루미늄과 결합해서 여러 가지 형의 스케일을 생성한다.
② 저압 보일러에서는 알칼리도를 높혀 스케일화를 방지할 수 있다.
③ 실리커 함유량이 많은 스케일은 연질이므로 제거가 쉽다.
④ 보일러수에 실리커가 많으면 캐리오버에 의한 터빈날개 등에 부착하여 성능을 저하시킬 수 있다.

해설 실리커 함유량이 많은 스케일은 경질이므로 제거가 어렵다.

해답 29. ④ 30. ① 31. ③

문제 32

원형 직관에서 유체가 완전난류로 흐르고 있을 때 손실 수두는?

① 속도의 3제곱에 비례한다.　② 관경에 비례한다.
③ 관길이에 반비례한다.　　　④ 관의 마찰계수에 비례한다.

해설 손실 수두 $= \dfrac{flV^2}{2gd}$

f(마찰계수)비례한다.　　l(관길이)비례한다.
V(유속)제곱에 비례한다.　D(관직경)반비례한다.

문제 33

포화증기의 온도가 485[K]일 때 과열도가 30[℃]라면, 이 과열증기의 실제온도는 몇 [℃]인가?

① 182[℃]　② 212[℃]
③ 242[℃]　④ 272[℃]

해설 과열도= 과열증기 − 포화증기
과열증기= 과열도 + 포화증기
　　　　= 30[℃] + (485 − 273) = 242[℃]

문제 34

오르사트(orsat)가스 분석기로 직접 분석할 수 없는 성분은?

① N_2　② CO
③ CO_2　④ O_2

해설 **오르사트분석기**
① CO_2 : KOH 30[%] 수용액
② O_2 : 알칼리성 피롤카롤 용액
③ CO : 암모니아성 염화 제1동용액

해답　32. ④　33. ③　34. ①

 카르노사이클의 열효율 η, 공급열량 Q_1, 배출열량을 Q_2라 할 때 맞는 관계식은?

① $\eta = 1 + \dfrac{Q_2}{Q_1}$ ② $\eta = 1 - \dfrac{Q_2}{Q_1}$

③ $\eta = 1 - \dfrac{Q_1}{Q_2}$ ④ $\eta = \dfrac{Q_1 + Q_2}{Q_2}$

 카르노사이클 열효율 $= 1 - \dfrac{Q_2}{Q_1}$

 수중에서 받는 압력은 그 깊이에 무엇을 곱한 값인가?

① 체적   ② 면적
③ 부피   ④ 비중량

 가성취하 현상을 가장 적절하게 설명한 것은?

① 물과 접촉하고 있는 강재의 표면에서 철이온이 용출하여 부식되는 현상이다.
② 보일러판의 리벳구멍 등에 농후한 알칼리 작용에 의해 강조직을 침범하여 균열이 생기는 현상이다.
③ 청관제인 탄산 나트륨을 과다하게 공급하여 보일러수가 알칼리화되어 부식되는 현상이다.
④ 보일러 강판과 관이 화염의 접촉으로 화학작용을 일으켜 부식되는 현상이다.

가성취하
① 고온, 고압 보일러에서 알칼리도가 높아져 생기는 Na, H 등이 강재의 결정 입계에 침투하여 재질을 열화시키는 현상
② 보일러판의 리벳구멍 등에 농후한 알칼리 작용에 의해 강조직을 침범하여 균열이 생기는 현상

35. ② 36. ④ 37. ②

문제 38 노통연관식 보일러에서 노통의 상부가 압궤 되는 주된 요인은?

① 수처리불량
② 저수위차단불량
③ 연소실폭발
④ 과부하운전

문제 39 보일러에서 슬러지 조정 목적의 청관제로 사용되는 약품이 아닌 것은?

① 탄닌
② 리그닌
③ 히드라진
④ 전분

해설 슬러지조정제 : ① 리그닌   ② 녹말(전분)   ③ 탄닌
탈산소제 : ① 탄닌   ② 아황산소다   ③ 히드라진

문제 40 보일러에서 열의 전달방법 중 대류에 의한 열전달 설명으로 틀린 것은?

① 온도가 다른 고체와 유체가 서로 접촉하고 있을 때 유체의 유동이 생기면서 열이 이동하는 현상을 말한다.
② 대류 열전달을 나타내는 기본법칙은 뉴톤의 냉각법칙(Newton's Law of cooling)이다.
③ 전자파의 형태로 한 물체에서 다른 물체로 열이 전달되는 현상을 말한다.
④ 대류 열전달계수의 단위는 [kcal/m²h℃] 이다.

문제 41 피복 아크 용접에서 자기 쏠림 현상을 방지하는 방법으로 옳은 것은?

① 직류용접을 사용할 것
② 접지점을 될 수 있는 대로 용접부에서 멀리할 것
③ 용접봉 끝을 아크 쏠림과 동일 방향으로 기울일 것
④ 긴 아크를 사용할 것

해설 자기쏠림현상 : 접지점을 될 수 있는 대로 용접부에서 멀리할 것

해답 38. ②   39. ③   40. ③   41. ②

 다음 중 스폴링성의 종류가 아닌 것은?

① 열적 스폴링   ② 조직적 스폴링
③ 화학적 스폴링   ④ 기계적 스폴링

해설 스폴링의 종류
① 기계적 스폴링   ② 조직적 스폴링   ③ 열적 스폴링

 과열 증기관과 같이 사용온도가 350[℃]를 넘는 고온배관에 사용되는 관은?

① SPPH   ② SPPS
③ SPHT   ④ SPLT

해설 ① SPPH(고압배관용탄소강관) : 사용압력이 100[kg/cm²] 이상시 사용
② SPPS(압력배관용탄소강관) : 사용압력이 10[kg/cm²] 이상 100[kg/cm²] 미만
③ SPHT(고온배관용탄소강관) : 사용온도가 350[℃] 이상시 사용
④ SPLT(저온배관용탄소강관) : 빙점 이하의 관사용(0[℃] 이하)

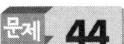 에너지진단 결과 에너지다소비업자가 에너지관리기준을 지키지 아니하여 개선명령을 받은 경우에는 개선명령일로 부터 몇 일 이내에 개선계획을 수립·제출하여야 하는가?

① 60일   ② 45일
③ 30일   ④ 15일

해설 개선계획을 수립·제출 : 60일

해답   42. ③   43. ③   44. ①

열사용기자재관리규칙에서 정한 열사용 기자재인 것은?

① 「전기용품 안전관리법」 및 「약사법」의 적용을 받는 2종 압력용기
② 「철도사업법」에 따른 철도사업을 하기 위하여 설치하는 기관차 및 철도차량용 보일러
③ 「석탄산업법 시행령」 제2조 제2호에 따른 연탄을 연료로 사용하여 온수를 발생시키는 금속제 구멍탄용온수 보일러
④ 「선박안전법」에 따라 검사를 받는 선박용 보일러 및 압력용기

해설 **열사용기자재 제외**
① 전기사업법 적용　　　② 철도법 적용
③ 고압가스 안전관리법 적용　　④ 선박법 적용

내열범위가 −30~130[℃]로서, 증기, 기름, 약품 배관에 사용되는 나사용 패킹은?

① 페인트　　　　　　　② 일산화연
③ 액상합성수지　　　　④ 고무

해설 **액상합성수지** : 내열범위가 −30~130[℃]로서, 증기, 기름, 약품 배관에 사용
일산화연 : 냉매 배관에 사용

탄산강에서 청열취성이 발생하는 온도 범위로 가장 적절한 것은?

① 100~200[℃]　　　　② 200~300[℃]
③ 400~500[℃]　　　　④ 800~1000[℃]

해설 **청열취성 발생 온도** : 200~300[℃]
적열취성 발생 온도 : 800~900[℃]

45. ③　46. ③　47. ②

문제 48

관지지장치 중 빔에 턴버클을 연결한 장치로 수직 방향에 변위가 없는 곳에 사용되는 것은?

① 스프링 행거 ② 리지드 행거
③ 콘스턴트 행거 ④ 플랜지 행거

해설 행거 : 배관의 하중을 위에서 잡아주는 장치
① 리지드 행거 : I비임에 턴버클을 이용 지지하는 것으로 상하방향의 변위에 없는 곳에 사용
② 스프링 행거 : 턴버클 대신 스프링 사용
③ 콘스탄트 행거 : 배관의 상, 하 이동에 관계없이 관지지력이 일정한 것으로 스프링식과 추식이 있다.

문제 49

파이프 렌치의 크기가 250[mm]라고 할 때 250[mm]의 의미를 가장 적절하게 설명한 것은?

① 최소 사용할 수 있는 관의 호칭규격이 250[mm]이다.
② 물림부를 제외한 자루의 길이가 250[mm]이다.
③ 조(jaw)가 닫혀있는 상태에서 전 길이가 250[mm]이다.
④ 조(jaw)를 최대로 벌린 전 길이가 250[mm]이다.

해설 파이프렌치의 크기가 250[mm]라 할 때 의미 : 조(jaw)를 최대로 벌린 전 길이가 250[mm]이다.

문제 50

온수난방설비에서 배관방식에 따라 분류한 단관식과 복관식에 대한 특징 설명으로 틀린 것은?

① 단관식에서 연료탱크는 버너보다 위에 설치해 주어야 한다.
② 복관식은 인접 방열기의 영향을 주지 않으며 방열량의 조절이 쉽다.
③ 단관식은 인접 방열기의 개폐시 온도차가 발생할 수 있다.
④ 복관식은 온수의 공급과 귀환을 동일관을 이용하여 행하는 방법이다.

해설 동일관을 이용 : 단관식

해답 48. ② 49. ④ 50. ④

문제 51 용접식 관이음쇠인 롱 엘보(long elbow)의 곡률 반경은 강관 호칭지름의 몇 배인가?

① 1배
② 1.5배
③ 2배
④ 2.5배

[해설] 롱엘보우의 곡률 반경은 강관 호칭지름의 1.5배

문제 52 가스절단에서 표준 드래그(drag) 길이는 보통 판 두께의 어느 정도인가?

① 1/3
② 1/4
③ 1/5
④ 1/6

[해설] 가스절단에서 표준 드래그의 길이는 보통 판 두께의 어느 정도 : $\frac{1}{5}$

문제 53 에너지이용합리화법상 검사대상기가 설치자가 검사대상기기 조종자를 선임하지 않았을 때의 벌칙에 해당되는 것은?

① 5백만원 이하의 벌금
② 1천만원 이하의 벌금
③ 1년 이하의 징역 또는 1천만원 이하의 벌금
④ 2천만원 이하의 벌금

[해설] **1천만원 이하의 벌금**
① 검사대상기기 조종자를 선임하지 않은 경우
② 검사를 거부, 방해 기피한자
③ 특정열사용기자재의 설치, 시공, 확인을 받지 아니하고 특정열 사용 지자재를 사용하게 한 자

해답 51. ② 52. ③ 53. ②

문제 54 온수 난방 방열기에 부착되는 부속은?

① 유니언 캡 ② 냉각 레그
③ 리프트 피팅 ④ 공기빼기 밸브

해설 온수 난방 방열기에 부착되는 부속 : 공기빼기 밸브

문제 55 다음 검사의 종류 중 검사공정에 의한 분류에 해당되지 않는 것은?

① 수입검사 ② 출하검사
③ 출장검사 ④ 공정검사

해설 검사공정에 의한 분류
① 수입검사 ② 출하검사 ③ 공정검사

문제 56 품질관리 기능의 사이클을 표현한 것으로 옳은 것은?

① 품질개선 – 품질설계 – 품질보증 – 공정관리
② 품질설계 – 공정관리 – 품질보증 – 품질개선
③ 품질개선 – 품질보증 – 품질설계 – 공정관리
④ 품질설계 – 품질개선 – 공정관리 – 품질보증

해설 품질관리 기능 사이클
품질설계 → 공정관리 → 품질보증 → 품질개선

문제 57 다음 [표]는 A 자동차 영업소의 월별 판매실적을 나타낸 것이다. 5개월 단순이동평균법으로 6월의 수요를 예측하면 몇 대인가?

(단위 : 대)

월	1	2	3	4	5
판매량	100	110	120	130	140

① 120 ② 130
③ 140 ④ 150

해답 54. ④ 55. ③ 56. ② 57. ①

[해설] 수요예측 = $\dfrac{(100+110+120+130+140)}{5}$ = 120

문제 58

다음 중 계수치 관리도가 아닌 것은?

① C 관리도
② P 관리도
③ U 관리도
④ X 관리도

[해설] 계수치 관리도 : ① P 관리도 ② C 관리도 ③ U 관리도

문제 59

부적합품률이 1[%]인 모집단에서 5개의 시료를 랜덤하게 샘플링할 때, 부적합품수가 1개일 확률은 약 얼마인가?(단, 이항분포를 이용하여 계산한다.)

① 0.048
② 0.058
③ 0.48
④ 0.58

[해설] 확률 = 시료의 개수 × 부적합품률[%] × (적합품률)^4[%]
 = $5 \times 0.01 \times 0.99^4$
 = 0.04803

문제 60

다음 중 반즈(Ralph M. Barnes)가 제시한 동작경제의 원칙에 해당되지 않는 것은?

① 표준작업의 원칙
② 신체의 사용에 관한 원칙
③ 작업장의 배치에 관한 원칙
④ 공구 및 설비의 디자인에 관한 원칙

[해설] 동작경제의 원칙
① 신체의 사용에 관한 원칙
② 작업장의 배치에 관한 원칙
③ 공구 및 설비의 디자인에 관한 원칙

해답 58. ④ 59. ① 60. ①

2019년도 제 66 회 CBT 시행

본 문제는 복원 기출문제입니다. 실제 문제와 다를 수 있으니 양해바랍니다.

문제 01 강제순환 보일러의 특징 설명으로 가장 거리가 먼 것은?
① 순환속도를 빠르게 설계할 수 없어 열전달률이 낮다.
② 기수 혼합물의 순환경로 저항을 감소시킬 필요가 없으므로 자유로운 구조의 선택이 가능하다.
③ 고압 보일러에 대하여서도 효율이 좋으며 증기발생이 양호하다.
④ 수관의 과열방지를 위해서 각 수관에 물이 균일하게 흘러야 한다.

해설 순환속도를 빠르게 설계할 수 있어 열전달율이 높다.

문제 02 전열면적 50m², 증기발생량 3000kg/h, 사용압력 0.7Mpa인 보일러의 전열면 증발율은 몇 kgm² · h인가?
① 7
② 10
③ 30
④ 60

해설 전열면증발율 $= \dfrac{G}{A} = \dfrac{3000 \text{kg/h}}{50 \text{m}^2} = 60 \text{kg/m}^2\text{h}$

문제 03 일반적으로 보일러의 열손실 중 최대인 것은?
① 배기가스에 의한 열손실
② 불완전 연소에 의한 열손실
③ 방열(放熱)에 의한 열손실
④ 미연분에 의한 열손실

01. ① 02. ④ 03. ①

> **해설** **출열항목**(열손실)
> ① 배기가스 손실열(손실열 중 가장 크다.)
> ② 발생증기 보유열(이용이 가능한 열)
> ③ 불완전연소에 의한 손실열
> ④ 방사에 의한 손실열
> ⑤ 의연분에 의한 손실열

문제 04 열적 검출방식으로 화염의 발열 현상을 이용한 것으로 연소온도에 의해 화염의 유무를 검출하고 강온부는 바이메탈을 사용한 검출기는?

① 플레임 아이 ② 스택 스위치
③ 플레임 로드 ④ 광전관

> **해설** **화염검출기**
> ① 플레임아이 : 화염의 발광체
> ② 플레임로드 : 화염의 이온화 현상
> ③ 스텍스위치 : 화염의 발열현상(버너분사정지에 수십초가 걸리므로 주로 소용량 보일러에 사용)

문제 05 증기 보일러에서 증기압력 초과를 방지하기 위해 설치하는 밸브는?

① 개폐밸브 ② 역지밸브
③ 정지밸브 ④ 안전밸브

> **해설** **안전밸브**
> ① 설치목적 : 동내부 이상 압력 상승시 중기를 외부로 배출 사고 방지
> ② 종류 : ㉠ 스프링식 ㉡ 추식 ㉢ 지렛대식

문제 06 보일러의 자동제어에서 증기압력제어는 어떤 량을 조작하는가?

① 노내 압력량과 기압량 ② 급수량과 연료공급량
③ 수위량과 전열량 ④ 연료공급량과 연소용 공기량

04. ② 05. ④ 06. ④

해설

제어	제어량	조작량
S.T.C	과열증기온도	전열량
F.W.C	보일러수위	급수량
A.C.C	증기압력계제어 노내압력계제어	연료량, 공기량 연소가스량, 송풍량

문제 07 온수난방용 순환펌프 설치시 시공 요령으로 틀린 것은?

① 순환 펌프의 모터부분은 수평으로 설치해야 한다.
② 순환 펌프 양측은 보수 정비를 위해 밸브를 설치한다.
③ 순환펌프는 보일러 동체, 연도 등에 의한 방열에 의해 영향을 받을 우려가 없을 곳에 설치해야 한다.
④ 순환 펌프는 방출관 및 팽창관의 작용을 차단할 수 있어야 한다.

해설 순환펌프
① 순환펌프의 모터부분은 수평으로 설치한다.
② 순환펌프 양측은 보수 정비를 위해 밸브를 설치한다.
③ 순환펌프는 보일러 동체 연도등에 의한 방열에 의해 영향을 받을 우려가 없을 곳에 설치해야 한다.
④ 순환펌프는 방출관 및 팽창관의 작용을 폐쇄하거나 차단하는 위치에 설치하여서는 안되며 환수주관부에 설치함을 원칙으로 한다.
⑤ 순환펌프의 전원콘센트의 거리는 최단거리로 하고 전선, 피복 등에 피해가 없도록 보호관을 이용하여야 하며 시동초기의 허용전류용량 15[A] 이상에 견딜 수 있어야 한다.
⑥ 순환펌프의 배관 접속부는 공기의 흡입, 온수의 누설이 없어야 한다.
⑦ 순환펌프의 설치위치에는 바이패스회로를 설치하여 보수등에 대비하여야 한다. 다만, 자연순환이 가능한 구조에서는 바이패스를 설치하지 아니할 수 있다.

문제 08 방열기의 호칭에서 벽걸이 수직형을 나타내는 표시는?

① W − H
② W − V
③ W − Ⅲ
④ Ⅲ − H

해답 07. ④ 08. ②

> **해설** 방열기 호칭
> ① 2주형　　　　　　　② 3주형
> ③ 3세주형　　　　　　④ 5세주형
> ⑤ W-H : 벽걸이형 수평형　⑥ W-V : 벽걸이형 수직형

문제 09　일반적인 연소에 있어서 이론 공기량 A_o, 실제 공기량 A, 공기비 m이라 할 때 공기비를 구하는 식은?

① $m = \dfrac{A_o}{A-1}$　　　　　② $m = \dfrac{A_o}{A+1}$

③ $m = \dfrac{A_o}{A}$　　　　　　④ $m = \dfrac{A}{A_o}$

> **해설** A(실제공기량) $= m \times A_o$(이론공기량)
> ∴ $m = \dfrac{A}{A_o}$

문제 10　보일러 설치시 만족시켜야 하는 조건으로 틀린 것은?

① 보일러의 사용압력은 특별한 경우에는 최고사용압력을 초과할 수 있도록 설치해도 된다.
② 기초가 약하여 내려앉거나 갈라지지 않아야 한다.
③ 수관식 보일러의 경우 전열면을 청소할 수 있는 구멍이 있어야 한다. 다만, 전열면의 청소가 용이한 구조인 경우에는 예외로 한다.
④ 강 구조물은 접지되어야 하고 빗물이나 증기에 의하여 부식이 되지 않도록 적절한 보호조치를 하여야 한다.

> **해설** 보일러 사용압력은 최고사용압력 이하

09. ④　10. ①

문제 11 증기난방과 비교한 온수난방의 특징 설명으로 틀린 것은?

① 난방부하의 변동에 따른 온도조절이 용이하다.
② 방열기의 표면온도가 낮아 화상의 위험이 적다.
③ 예열시간 및 냉각시간이 짧다.
④ 방열면적이 다소 많이 필요하다.

해설 온수난의 특징
① 예열시간 및 냉각이 길다.
② 방열면적이 다소 많이 필요하다.
③ 방열기의 표면온도가 낮아 화상의 위험이 적다.
④ 난방부의 변동에 따른 온도조절이 용이

문제 12 수관식 보일러 중 기수드럼 2~3개와, 수드럼 1~2개를 갖고 있으며, 곡관이므로 열팽창에 대한 신축이 자유롭고 기수드럼과 수드럼이 거의 수직으로 설치되는 보일러는?

① 야로우 보일러(Yarrow boiler)
② 카르베 보일러(Garbe boiler)
③ 다쿠마 보일러(Dakuma boiler)
④ 스틸링 보일러(Stirling boiler)

해설 스틸링보일러 : 기수드럼 2~3개와, 수드럼 1~2개를 갖고 있으며, 곡관이므로 열팽창에 대한 신축이 자유롭고 기수드럼과 수드럼이 거의 수직으로 설치

문제 13 보일러용 연료로 사용되는 도시가스 중 LNG의 주성분은?

① C_3H_8
② CH_4
③ C_4H_{10}
④ C_2H_2

해설 ① LNG의 주성분 : CH_4(메탄)
② LPG의 주성분 : C_3H_8(프로판)

해답 11. ③ 12. ④ 13. ②

문제 14

수면계 중 1개를 다른 종류의 수면측정장치로 할 수 있는 경우는?

① 최고사용압력 5Mpa 이하의 보일러로 동체의 안지름이 1000mm 미만인 경우
② 최고사용압력 1Mpa 이하의 보일러로 동체의 안지름이 1000mm 미만인 경우
③ 최고사용압력 5Mpa 이하의 보일러로 동체의 안지름이 750mm 미만인 경우
④ 최고사용압력 1Mpa 이하의 보일러로 동체의 안지름이 750mm 미만인 경우

해설 ① **수면계 중 1개를 다른 종류의 수면측정장치로 할 수 있는 경우** : 최고사용압력이 $10kg/cm^2$ 1Mpa 이하이고 동체안지름이 750mm 이하인 경우
② **수면계를 설치하지 않는 경우** : 단관식관류 보일러
③ **수면계를 1개 설치하는 경우** : 소형보일러, 소형관류 보일러

문제 15

보일러 집진기 중 함진가스에 선회운동을 주어 분진입자에 작용하는 원심력에 의하여 입자를 분리하는 집진 방법은?

① 중력하강법　　② 관성법
③ 사이클론법　　④ 원통여과법

해설 **사이클론법** : 함진가스에 선회 운동을 주어 분진입자에 작용하는 원심력에 의해 입자를 분리

문제 16

보일러의 매연을 털어내는 매연분출장치가 아닌 것은?

① 롱레트랙터블형　　② 쇼트레트랙터블형
③ 정치 회전형　　　　④ 튜브형

해설 **슈트불로우** : 전열면에 부착된 끄음, 분진등을 증기분사, 공기분사, 물분사 등을 이용하여 제거
① 종류
　㉠ 롱래트렉터블형 : 고온의 전열면

14. ④　15. ③　16. ④

ⓒ 쇼트렉타블형 : 연소노벽
　　ⓒ 건타입형 : 전열면
　　ⓔ 로우터리형 : 저온전열면
　　ⓜ 공기예열사용 : 롱래트렉타블형, 트래벌링 프레임형
② 사용시 주의사항
　　㉠ 부하가적거나(50% 이하) 소화 후 사용하지 말 것
　　ⓒ 분출기내의 응축수를 배출시킨 후 사용할 것
　　ⓒ 분출하기 전 연도내 배풍기를 사용 유인통풍을 증가시킬 것
　　ⓔ 한 곳으로 집중적으로 사용함으로써 전열면에 무리 가하지 말 것
　　ⓜ 연료의 종류, 분출위치, 증기의 온도등에 따라 분출시기 결정

문제 17

증기트랩에서 냉각래그의 길이는 몇 m 이상으로 설치하는 것이 가장 적절한가?

① 1.0　　　　　　　　　② 1.2
③ 1.5　　　　　　　　　④ 0.5

해설 냉각레그 : 건식환수관의 관말에 설치하는 것으로 관내 응축수에서 생긴 플래쉬 증기로 인해 보일러에 수격작용이 발생되는 것을 방지하기 위해 설치. 주관과 수직으로 100mm 이상 내리고, 하부로 150mm 이상 연장하여 관내 슬러지 등 협잡물을 제거할 목적으로 드레인 포켓을 만들어 준다. 이때 트랩까지 1.5m 이상 보온을 하지 않은 나관 배관으로 냉각관 설치

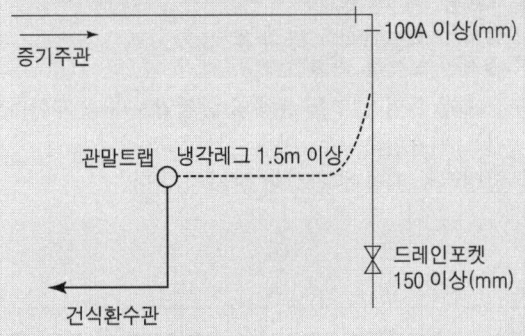

17. ③

문제 18 원심펌프 날개에 공동현상(cavitation)이 발생하는 경우로 가장 적합한 것은?

① 압력수두가 높은 경우
② 회전속도가 극히 낮은 경우
③ 날개 면에 작용하는 압력이 포화압력보다 낮은 경우
④ 날개 면에 압력이 과대하게 작용하는 경우

해설 공동현상
① 정의
  ㉠ 배관내의 수온상승으로 물이 수증기로 변화하여 물이 펌프로 흡입되지 않는 현상
  ㉡ 급격한 압력강하로 인하여 액체로부터 기포가 분리되면서 소음, 진동, 충격을 발생하는 현상
② 공동현상 발생원인
  ㉠ 날개면에 작용하는 압력이 포화압력보다 낮은 경우
  ㉡ 관내 유체가 고온일 때
  ㉢ 펌프의 설치위가 수원보다 높을 때
  ㉣ 펌프의 흡입관경이 적을 때
  ㉤ 펌프의 흡입측두, 마찰손실, 임펠러속도가 클 때
③ 영향
  ㉠ 소음과 진동발생 ㉡ 깃의 침식 ㉢ 양정과 효율저하
④ 방지책
  ㉠ 펌프의 설치위치를 낮춘다.
  ㉡ 펌프의 흡입관경을 크게 한다.
  ㉢ 양흡입 펌프를 사용한다.
  ㉣ 펌프의 흡입 압력을 유체의 증기압보다 높게한다.
  ㉤ 펌프의 흡입측두, 마찰손실, 임펠러 속도를 적게 한다.
  ㉥ 임펠러를 액중에 완전히 잠기게 한다.

문제 19 통풍압 50mmAq, 풍량 500m³/min이고 통풍기의 효율을 0.5라고 하면 소요동력은 약 몇 kW인가?

① 7.5 ② 7.0
③ 8.2 ④ 9.4

18. ③ 19. ③

해설 $kW = \dfrac{Q \times P}{102 \times E \times 60} = \dfrac{500 \times 50}{102 \times 0.5 \times 60} = 8.169 kW$

문제 20 보일러에 댐퍼(Damper)를 설치하는 목적과 가장 거리가 먼 것은?

① 통풍력을 조절하여 연소효율을 상승시킨다.
② 가스의 흐름을 차단한다.
③ 주연도와 부연도가 있을 경우 가스 흐름을 전환한다.
④ 매연을 멀리 집중시켜 대기오염을 줄인다.

해설 댐퍼설치 목적
① 연소가스 흐름 차단
② 통풍력 조절
③ 주연도와 부연도가 있을 경우 가스흐름 전환

문제 21 복사난방의 분류 중 열매에 의한 분류에 속하지 않는 것은?

① 온수식　　　② 증기식
③ 전기식　　　④ 지열식

해설 복사난방에 의한 분류중 열매에 의한 분류
① 전기식　② 증기식　③ 온수식

문제 22 난방부하에서 증기난방의 표준방열량(kcal/m² · h)으로 맞는 것은?

① 750　　　② 650
③ 550　　　④ 450

해설 표준방열량
① 온수난방 : 450kcal/m²h
② 증기난방 : 650kcal/m²h

해답　20. ④　21. ④　22. ②

문제 23
과열기의 특징 설명으로 틀린 것은?

① 증기기관의 열효율을 증대시킨다.
② 증기관의 마찰 저항을 감소시킨다.
③ 보유열량이 많아 적은 증기량으로 많은 일을 할 수 있다.
④ 연소가스의 저항으로 압력손실이 적다.

해설 연소가스의 저항으로 압력손실이 크다.

문제 24
보일러 건조보존시 흡습제로 사용할 수 있는 물질은?

① 히드라진
② 아황산소다
③ 생석회
④ 탄산소다

해설 **건조보존**(장기보존) : 6개월 이상
흡습제
㉠ CaO(생석회) ㉡ $CaCl_2$(염화칼슘)
㉢ SiO_2(이산화규소=실리카겔) ㉣ Al_2O_3(산화알루미늄=활성알루미나)

문제 25
급수 중에 용존하고 있는 O_2 등의 용존기체를 분리 제거하는 진공탈기기의 감압장치로 이용되는 것은?

① 증류 펌프
② 급수 펌프
③ 진공 펌프
④ 노즐 펌프

해설 **진공탈기기의 감압장치** : 진공펌프

문제 26
보일러 스케일의 부착을 방지하기 위한 조치와 가장 관계가 없는 것은?

① 보일러 내에 도료를 칠한다.
② 보일러 수에 청관제를 가한다.
③ 급수하기에 앞서 연화장치로 처리한다.
④ 보일러 수중의 용존 가스를 남겨둔다.

해답 23. ④ 24. ③ 25. ③ 26. ④

해설 스케일 부착방지
① 관수중의 용존가스 제거
② 급수하기 앞서 연화장치로 처리
③ 관수에 청관제 투입

문제 27 보일러 내부부식이 발생하기 쉬운 부분과 거리가 먼 것은?

① 침전물이 퇴적하기 쉬운 부분
② 고온의 열 가스가 접촉되는 부분
③ 수면 부근의 산소접촉 부분
④ 금속면의 산화피막이 형성된 부분

해설 내부부식이 발생하기 쉬운 부분
① 수면부근의 산소접촉부분
② 고온의 열가스가 접촉되는 부분
③ 침전물이 퇴적하기 쉬운 부분

문제 28 다음과 같은 베르누이 방정식에서 P/γ 항은 무엇을 뜻하는가?

$$H = \frac{P}{\gamma} + \frac{V^2}{2g} + Z$$

(단, H : 전수두, P : 압력, γ : 비중량, V : 유속, g : 중력가속도, Z : 위치수두)

① 압력수두 ② 속도수두
③ 공압수두 ④ 유속수두

해설
$H = \frac{P}{\gamma} + \frac{V^2}{2g} + Z$

① $\frac{P}{\gamma}$: 압력수두 ② $\frac{V^2}{2g}$: 속도수두 ③ Z : 위치수두

해답 27. ④ 28. ①

제 3 부 필기 기출문제

문제 29 보일러 설비 중 감압밸브를 이용하여 고압의 증기를 저압의 증기로 감압하여 이용할 경우 이점으로 볼 수 없는 것은?

① 생산성 향상 ② 에너지 절약
③ 증기의 건도감소 ④ 배관설비비 절감

[해설] 감압밸브를 이용 고압의 증기를 저압의 증기로 감압하여 이용시 이점
① 배관 설비비 절감 ② 에너지 절약 ③ 생산성 향상

문제 30 보일러 전열면에 부착해서 스케일로 되는 작용을 억제시키기 위해 첨가하는 약제를 슬러지 조정제라 한다. 슬러지 조정제의 성분이 아닌 것은?

① 탄닌 ② 인산
③ 리그닌 ④ 전분

[해설] 내처리 약품
① PH조정제 : 인산소다, 암모니아, 수산화나트륨(가성소다)
② 연화제 : 인산소다, 탄산소다, 수산화나트륨
③ 탈산소제 : 탄닌, 아황산소다, 히드라진
④ 슬러지조정제 : 리그닌, 녹말, 탄닌
⑤ 가성취화방지제 : 리그닌, 황산소다, 탄닌

문제 31 중유 연소에서 안전 점화를 할 때 제일 먼저 해야할 사항은?

① 증기밸브를 연다. ② 불씨를 넣는다.
③ 연도댐퍼를 연다. ④ 기름을 넣는다.

[해설] 점화제일먼저 해야 할 사항 : 연도댐퍼를 연다.

해답 29. ③ 30. ② 31. ③

문제 32. 1시간 동안에 온도차 1℃당 면적 1m²를 통과하는 열량으로 단위가 kcal/m²h℃로 표시되는 것은?

① 열복사율
② 열관류율
③ 열전도율
④ 열전열율

해설 (열관류율＝열전달율＝열통과율) : kcal/m²h℃

문제 33. 송기시 배관에서 워터 해머작용이 일어나는 원인 중 틀린 것은?

① 프라이밍, 포밍이 발생 하였을 때
② 증기관 내에 응축수가 고여 있을 때
③ 증기관의 보온이 원활하지 못하였을 때
④ 주증기 밸브를 천천히 열 때

해설 주증기 밸브 급개시

문제 34. 다음에 있는 내용을 인젝터의 기동순서로 올바르게 나열한 것은?

① 인젝터의 증기밸브를 연다.
② 증기관의 정지밸브를 연다.
③ 물의 흡입밸브를 연다.

① ① → ② → ③
② ③ → ② → ①
③ ③ → ① → ②
④ ② → ① → ③

해설 인젝터 작동순서
① 인젝터 출구밸브 연다. → ② 급수밸브를 연다. → ③ 증기밸브를 연다.
→ ④ 인젝터핸들 작동

해답 32. ② 33. ④ 34. ②

문제 35. 보일러 사고의 원인 중 제작상의 원인이 아닌 것은?

① 재료불량　　　② 구조 및 설계불량
③ 압력초과　　　④ 용접불량

해설 제작상의 원인
① 재료불량　② 용접불량　③ 강도불량　④ 구조불량　⑤ 설계불량

문제 36. 액체연료의 일반적인 특징 설명으로 틀린 것은?

① 석탄에 비하여 연소효율이 낮다.
② 석탄에 비하여 연소조절이 용이하다.
③ 석탄에 비하여 재와 그을음이 적다.
④ 석탄에 비하여 고온을 얻기가 쉽다.

해설 액체연료의 일반적인 특징
① 석탄에 비하여 연소효율이 높다.
② 석탄에 비하여 연소조절이 용이하다.
③ 석탄에 비하여 재와 그을음이 적다.
④ 석탄에 비하여 고온을 얻기가 쉽다.

문제 37. 보일러의 고온부식 방지대책 설명으로 틀린 것은?

① 연료 중의 바나듐 성분을 제거할 것
② 전열면의 표면온도가 높아지지 않도록 설계할 것
③ 공기비를 많게 하여 바나듐의 산화를 촉진할 것
④ 고온의 전열면에 내식재료를 사용할 것

해설 고온부식 방지책
① 연료중의 바나듐을 제거한다.
② 회분개질제를 사용 회분의 융점 높혀 고온부식 방지
③ 고온의 전열면 표면에 내식재료 사용
④ 고온의 전열면 표면에 방청도장 입힌다.
⑤ 첨가제를 사용
⑥ 적정공기비료 연소
⑦ 양질의 연료선택

해답　35. ③　36. ①　37. ③

문제 38

보일(Boyle)의 법칙을 옳게 나타낸 것은? (단, T: 온도, P: 압력, V: 비체적, C: 비례상수)

① P=일정일 때, $\dfrac{T}{V}= C$(일정)

② V=일정일 때, $\dfrac{T}{P}= C$(일정)

③ T=일정일 때, $P \cdot V = C$(일정)

④ T=일정일 때, $\dfrac{P}{V}= C$(일정)

[해설] 보일의 법칙(T=일정)

$P_1 V_1 = P_2 V_2 \quad \therefore \quad V_2 = \dfrac{P_1 \times V_1}{P_2}$

∴ 온도가 일정할 때 기체의 체적은 압력에(P_2) 반비례한다.

∴ T=일정할 때, $P \cdot V = C$ (일정)

문제 39

보일러 사고의 원인을 크게 2가지로 분류할 때 가장 적합한 것은?

① 연료부족과 가스 폭발
② 압력초과와 오일누설
③ 취급 부주의와 급수처리 철저
④ 파열 또는 이것에 준한 사고와 가스폭발

문제 40

대기압이 750mmHg일 때 어느 탱크의 압력계가 0.95Mpa를 가리키고 있다면, 이 탱크의 절대압력은 약 몇 kPa인가?

① 850
② 1050
③ 1250
④ 1550

해답 38. ③ 39. ④ 40. ②

 **해설** 절대압력 = 게이지압력 + 대기압
$$= 9.5 kg/cm^2 + \frac{750}{760} \times 1.0332 kg/cm^2$$
$$= 10.519 kg/cm^2$$
$$\therefore 1.0332 kg/cm^2 = 101.325 kPa$$
$$10.519 kg/cm^2 = x$$
$$x = \frac{10.519 kg/cm^2 \times 101.325 kPa}{1.0332 kg/cm^2} = 1031.6 kPa$$

문제 41

열사용기자재관리규칙에서 정한 특정열사용기자재 및 설치·시공범위에서 기관에 해당되지 않는 품목은?

① 용선로
② 강철제보일러
③ 태양열집열기
④ 축열식전기보일러

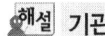 **해설** 기관
① 강철제 보일러 ② 주철제 보일러
③ 온수 보일러   ④ 구멍탄용 온수 보일러
⑤ 태양열 집열기 ⑥ 축열식 전기 보일러

문제 42

증기와 응축수의 열역학적 특성으로 작동하는 트랩은?

① 디스크 트랩
② 하향 버킷 트랩
③ 벨로즈 트랩
④ 플로트 트랩

 **해설** 증기트랩
① 기계식 트랩 : 포화수와 포화증기의 비중차 이용(버킷트 플로우트)
② 온도조절 트랩 : 포화수와 포화증기의 온도차 이용(바이메탈, 벨로우즈)
③ 열역학적 트랩 : 포화수와 포화증기의 열역학적 특성차(오리피스 디스크)

41. ① 42. ①

2019년 제 66 회

 **43**

에너지사용량이 대통령령으로 정하는 기준량 이상이 되는 에너지다소비업자는 지식경제부령으로 정하는 바에 따라 신고를 하여야 한다. 이때 신고사항이 아닌 것은?

① 전년도의 에너지사용량ㆍ제품생산량
② 해당 연도의 에너지사용예정량ㆍ제품생산예정량
③ 에너지사용기자재의 현황
④ 내년도의 에너지이용 합리화 실적 및 다음 연도의 계획

해설 에너지 다소비업자는 지식경제부령으로 정하는 바에 따라 신고사항
① 에너지 사용 기자재의 현황
② 전년도 에너지 용량 및 제품생산량
③ 해당연도의 에너지 사용예정량, 제품생산예정량

 **44**

보온재를 안전사용(최고)온도가 가장 높은 것부터 차례로 나열된 것은?

① 글라스울블랭킷 > 규산칼슘보온판 > 우모펠트 > 석면판
② 규산칼슘보온판 > 석면판 > 글라스울블랭킷 > 우모펠트
③ 우모펠트 > 석면판 > 규산칼슘보온판 > 글라스울블랭킷
④ 석면판 > 글라스울블랭킷 > 우모펠트 > 규산칼슘보온판

해설 규산칼슘(650℃) > 석면(400℃) > 그라스울(300℃) > 우모(100℃)

 **45**

한지를 여러 겹 붙여서 일정한 두께로 하여 내유 가공한 오일시트 패킹이 주로 쓰이며 내유성이 있으나 내열도가 작은 플랜지 패킹은?

① 식물성 섬유제
② 동물성 섬유제
③ 고무 패킹
④ 광물성 섬유제

해답 43. ④ 44. ② 45. ①

문제 46
보일러 및 열 교환기용 탄소 강관의 KS 기호는?

① STS
② STBH
③ NCF
④ SCM

해설 **열전달용**
① STH : 보일러 열교환기용 탄소강 강관
② STHB : 보일러 열교환기용 합금강강관
③ STLT : 저온열교환기용강관
④ STS×TB : 보일러 열교환기용 스텐레스강관

문제 47
구리의 기계적 성질에 관한 설명으로 틀린 것은?

① 구리는 연하고 가공성이 좋다.
② 냉간가공에 의하여 적당한 강도로 만들 수 있다.
③ 인장강도는 가공도에 따라 감소한다.
④ 풀림온도에 따라 인장강도, 연신율이 변한다.

해설 **구리의 기계적 성질**
① 구리는 연하고 가공성이 좋다.
② 냉간가공에 의하여 적당한 강도로 만들 수 있다.
③ 인장강도는 가공도에 따라 증가한다.
④ 풀림온도에 따라 인장강도, 연신율이 변한다.

문제 48
동력 파이프 나사 절삭기의 종류 중 관의 절단, 나사 절삭, 가스러미 제거 등의 일을 연속적으로 할 수 있는 것은?

① 다이헤드식
② 호브식
③ 오스터식
④ 리드식

해설 **다이헤드식 나사절삭기**
① 나사절삭 ② 파이프 절단 ③ 거스러미 제거

46. ② 47. ③ 48. ①

문제 49

온수 귀환 방식에서 각 방열기에 공급되는 유량 분배를 균등히 하여 전후방 방열기의 온도차를 최소화시키는 방식으로 환수배관의 길이가 길어지는 단점이 있는 방식은?

① 역귀환 방식 ② 강제귀환 방식
③ 중력귀환 방식 ④ 팽창귀환 방식

해설 **역귀환방식**(리버스리턴 방식) : 각 방열기에 공급되는 유량분배를 균등히 하여 전·후방 방열기 온도차를 최소화 시키는 방식

문제 50

배관에 설치하는 신축 이음쇠의 종류가 아닌 것은?

① 루프형 ② 벨로스형
③ 스위블형 ④ 게이트형

해설 **신축이음의 종류**
① 루우프형 : ㉠ 응력이 생김
㉡ 고압증기의 옥외배관 사용
㉢ 곡률반경은 관지름의 6배 이상
② 슬리이브형
③ 벨로우즈형 : 응력이 생기지 않음
④ 스위불형 : ㉠ 방열기용
㉡ 2개 이상의 엘보우를 사용 시공

문제 51

배관을 고정하는 받침쇠인 행거(hanger)의 종류가 아닌 것은?

① 스프링 행거 ② 롤러 행거
③ 콘스턴트 행거 ④ 리지드 행거

해설 **행거의 종류**
① 스프링 행거 ② 리지드 행거 ③ 콘스탄트 행거

49. ① 50. ④ 51. ②

제 3 부 필기 기출문제

문제 52 보일러 용접부를 외관검사 방법으로 검사할 수 없는 것은?

① 강도
② 표면 균열
③ 언더 컷
④ 오버랩

해설 용접부를 외관 검사방법
① 블로우홀 ② 언더컷 ③ 오우버랩 ④ 표면균열

문제 53 관 장치의 설계, 제작, 시공, 운전, 조작, 공정 수정 등에 도움을 주기 위해 주 계통의 라인, 계기, 제어기 및 장치기기 등에서 필요한 자료를 도시한 도면은?

① 계통도(flow diagram)
② 관 장치도
③ PID(Piping Instrument Diagram)
④ 입면도

해설 PID(Piping Instrument Diagram) : 관장치의 설계, 제작, 시공, 운전, 조작, 공정 수정 등에 도움을 주기위해 주 계통의 라인 계기, 제어기 및 장치기기 등에서 필요한 자료를 도시한 도면

문제 54 에너지관리의 효율적인 수행과 특정열사용기자재의 안전관리를 위하여 에너지관리자, 시공업의 기술인력 및 검사 대상기기조종자에 대하여 교육을 실시하는 자는?

① 지식경제부장관
② 노동부장관
③ 국토해양부장관
④ 교육과학기술부장관

해설 특정열사용기자재의 안전관리를 위하여 에너지 관리자, 시공법의 기술인력 및 검사대상기기 조종장에 대하여 교육을 실시하는 자 : **지식경제부장관**

해답 52. ① 53. ③ 54. ①

문제 55

$\bar{x}$ 관리도에서 관리상한이 22.15, 관리하한이 6.85, $\bar{R}$=7.5일 때 시료군의 크기(n)는 얼마인가? (단, $n=2$일 때 $A_2=1.88$, $n=3$일 때 $A_2=1.02$, $n=4$일 때 $A_2=0.73$, $n=5$일 때 $A_2=0.58$이다.)

① 2 ② 3
③ 4 ④ 5

해설 시료군크기 = $\dfrac{22.15}{7.5} = 2.95$

문제 56

200개 들이 상자가 15개 있다. 각 상자로부터 제품을 랜덤하게 10개씩 샘플링할 경우, 이러한 샘플링 방법을 무엇이라 하는가?

① 계통 샘플링 ② 취락 샘플링
③ 층별 샘플링 ④ 2단계 샘플링

해설
① **층별샘플링** : 모집단을 몇 개의 층으로 나누고 각층으로부터 각각 랜덤하게 시료를 뽑는 샘플링 방식
② **계통샘플링** : 모집단으로부터 시간적 또는 공간적으로 일정한 간격을 두고 샘플링하는 방법
③ **단순샘플링** : 모집단의 어느 부분도 같은 확률로 시료중에 뽑혀지도록 하는 샘플링 방법
④ **2단계 샘플링** : 공정이나 로트와 같은 모집단으로부터 샘플을 뽑는 것

문제 57

어떤 측정법으로 동일 시료를 무한횟수 측정하였을 때 데이터 분포의 평균치와 모집단 참값과의 차를 무엇이라 하는가?

① 편차 ② 신뢰성
③ 정확성 ④ 정밀도

해설
① **정확성**(치우침) : 어떤 측정방법으로 동일시료를 무한횟수 측정시 데이터 분포의 평균치와 참값과의 차이
② **정밀도**(산포도) : 어떤 측정방법으로 동일시료를 무한횟수 측정시 얻어진 데이터는 반드시 흩어지는데 그 데이터 분포의 폭의 크기
③ **오차** : 참값과 측정 데이터의 차이

해답 55. ② 56. ③ 57. ③

문제 58

다음 중 신제품에 대한 수요예측방법으로 가장 적절한 것은?

① 시장조사법　② 이동평균법
③ 지수평활법　④ 최소자승법

해설 **시장조사법** : 신제품에 대한 수요예측 방법

문제 59

ASME(American Society of Mechanical Engineers)에서 정의하고 있는 제품공정 분석표에 사용되는 기호 중 "저장(Storage)"을 표현한 것은?

① ○　② D
③ □　④ ▽

해설 ① 작업 : ○　② 정체공정 : D　③ 검사 : □

④ 저장 : ▽　⑤ 운반 : →

문제 60

다음 중 사내표준을 작성할 때 갖추어야 할 요건으로 옳지 않은 것은?

① 내용이 구체적이고 주관적일 것
② 장기적 방침 및 체계 하에서 추진할 것
③ 작업표준에는 수단 및 행동을 직접 제시할 것
④ 당사자에게 의견을 말하는 기회를 부여하는 절차로 정할 것

해설 **사내표준을 작성시 갖추어야 할 요건**
① 당사자에게 의견을 말하는 기회를 부여하는 절차로 정할 것
② 작업표준에는 수단 및 행동을 직접 제시할 것
③ 장기적 방침 및 체계하에서 추진할 것

해답　58. ①　59. ④　60. ①

2020년도 제 67 회

CBT 시행

본 문제는 복원 기출문제입니다. 실제 문제와 다를 수 있으니 양해바랍니다.

문제 01 증기난방과 비교한 온수난방의 특징을 설명한 것으로 가장 거리가 먼 것은?

① 난방부하의 변동에 따라 온도조절이 용이하다.
② 가열시간은 길지만 냉각시간이 짧다.
③ 방열기의 표면온도가 낮아서 화상의 염려가 없다.
④ 보일러 취급이 용이하고 실내의 쾌감도가 높다.

해설 온수난방의 특징
① 가열시간이 길고 냉각시간도 길다.
② 난방부하의 변동에 따라 온도조절이 용이하다.
③ 보일러 취급이 용이하고 실내의 쾌감도가 높다.
④ 방열기의 표면온도가 낮아서 화상의 염려가 없다.

문제 02 기체연료의 연소시 공기비의 일반적인 값은?

① 0.8~1.0　　② 1.1~1.3
③ 1.3~1.6　　④ 1.8~2.0

해설 공기비
① 기체연료 : 1.1~1.3　② 액체연료 : 1.2~1.4　③ 고체연료 : 1.5~2.0

문제 03 증기트랩 선정시에 있어 에너지절약을 위하여 응축수의 현열까지도 이용하고자 할 때 적절한 트랩은?

① 열역학식 증기트랩　　② 기계식 증기트랩
③ 바이메탈식 증기트랩　　④ 볼플로으트 증기트랩

해답　01. ②　02. ②　03. ③

[해설] 증기트랩 : 관내응축수를 배출하여 수격작용 및 부식방지
① 기계적트랩 : 포화수와 포화증기의 비중차 이용(버킷, 플로우트)
② 온도조절트랩 : 포화수와 포화증기의 온도차(현열) 이용(바이메탈, 벨로우즈)
③ 열역학적트랩 : 포화수와 포화증기의 열역학적 특성차 이용(오리피스, 디스크)

문제 04 자동식 가스분석계 중 화학적 가스분석계에 속하는 것은?
① 연소열법
② 밀도법
③ 열전도도법
④ 자화율법

[해설] 화학적 가스분석계
① 오르자트가스분석계
② 자동화학식 CO_2계 : ㉠ 연소식 O_2계 ㉡ 미연소계($CO+H_2$)

물리적 가스분석계
① 가스크로마토그래피 ② 세라믹식 O_2계 ③ 밀도식 CO_2계
④ 열전도율형 CO_2계   ⑤ 자기식 O_2계   ⑥ 적외선 가스분석계

문제 05 보일러 1마력이란 1시간에 몇 kg의 상당증발량을 나타낼 수 있는 능력을 말하는가?
① 10.65
② 12.65
③ 15.65
④ 17.65

[해설] 보일러 1마력
① 상당증발량이 15.65kg을 1시간에 증발시킬 수 있는 능력으로서 열량으로는 8435kcal/h이다.
② 100℃ 포화수 15.65kg을 1시간에 100℃ 포화증기로 바꿀 수 있는 능력

해답 04. ① 05. ③

2020년 제 67 회

 복사난방에 사용되는 패널의 한 조당 길이로 가장 적당한 것은?

① 20~30m ② 40~60m
③ 70~80m ④ 90~100m

해설 복사난방에 사용하는 패널의 한조당 길이 : 40~60m

 어떤 보일러에서 측정한 배기가스 온도가 240℃, 배기가스량이 100Nm³/h이고, 외기온도가 20℃, 실내온도가 25℃인 경우 배출되는 배기가스의 손실열량은? (단, 배기가스 및 공기의 비열은 각각 0.33, 0.31kcal/kg℃이다.)

① 6045kcal/h ② 6820kcal/h
③ 7095kcal/h ④ 7260kcal/h

해설 배기가스손실열량
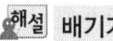 $Q = 100\text{Nm}^3/\text{h} \times 0.33\text{kcal/kg}℃ \times (240-20)℃ = 7260\text{kcal/h}$

 온수난방 방열기의 방열량 3600kcal/h, 입구온수온도 70℃, 출구온수온도 60℃로 했을 경우, 1분당 유입온수유량은 몇 kg인가?

① 6   ② 10
③ 12 ④ 40

해설 온수유량 $= \dfrac{Q}{C \times \Delta t} = \dfrac{3600\text{kcal/h}}{1\text{kcal/kg}℃ \times (70-60)℃}$
$= 360\text{kg/h} \div 60\text{min/h} = 6\text{kg/min}$

 해답 06. ② 07. ④ 08. ①

문제 09

보일러의 자동제어 장치인 인터록 제어에 대한 설명으로 맞는 것은?

① 증기의 압력, 연료량, 공기량을 조절하는 것
② 제어량과 목표치를 비교하여 동작시키는 것
③ 정해진 순서에 따라 차례로 진행하는 것
④ 구비조건에 맞지 않을 때 다음 동작이 정지되는 것

해설 **인터록** : 구비조건이 맞지 않을 때 그 조건이 충족될 때까지 다음 단계를 정지시키는 것
① 종류 : ㉠ 저수위인터록 ㉡ 저연소인터록 ㉢ 불착화인터록
㉣ 압력초과인터록 ㉤ 프리퍼지인터록

문제 10

압입통풍 방식의 설명으로 옳은 것은?

① 배기가스와 외기의 비중량 차를 이용한 통풍방식이다.
② 연도나 연돌 측에만 송풍기가 있는 방식이다.
③ 연소실 입구측과 연돌 쪽에 각각 송풍기가 설치된 방식이다.
④ 연소실 입구측에만 송풍기가 있는 방식이다.

해설 ① 자연통풍방식 ② 흡입통풍방식 ③ 평형통풍방식

문제 11

수관보일러 중 자연순환식 보일러에 속하는 것은?

① 슐처보일러   ② 벨록스보일러
③ 벤슨보일러   ④ 다쿠마보일러

해설 **수관식보일러**
① 자연순환식 수관보일러 : ㉠ 바브콕 ㉡ 쓰네기찌 ㉢ 타꾸마
㉣ 2동 D형 ㉤ 3동 A형
② 강제순환식 수관보일러 : ㉠ 벨록스 ㉡ 라몽
③ 관류식 수관보일러 : ㉠ 슐처 ㉡ 엣모스 ㉢ 벤숀 ㉣ 람진 ㉤ 가와사키

해답 09. ④   10. ④   11. ④

문제 12 건물의 난방부하를 계산할 때 검토할 사항으로 가장 거리가 먼 것은?

① 건물의 위치와 주위환경 조건 ② 건축물의 구조
③ 마루 등의 공간   ④ 전열, 조명에 의한 열량취득

해설 난방부하계산시 검토할 사항
① 건축물의 구조 ② 마루 등의 공간 ③ 건물의 위치와 주위환경조건

문제 13 강제순환식 수관보일러인 라몽트 보일러의 특징 설명으로 틀린 것은?

① 압력의 고저, 관배치, 경사 등에 제한이 없다.
② 보일러 높이를 낮게 설치할 수 있다.
③ 용량에 비해 소형으로 제작할 수 있다.
④ 수관내 유속이 느리고 관석부착이 많다.

해설 수관내 유속이 빠르고 관석(스케일) 부착이 많다.

문제 14 과열증기의 온도조절 방법에 대한 설명으로 틀린 것은?

① 과열증기를 통하는 열가스량을 댐퍼로 조절한다.
② 저온의 가스를 연소실내로 재순환시킨다.
③ 과열증기에 찬 공기를 혼합한다.
④ 연소실내에서 화염의 위치를 바꾼다.

해설 과열증기의 온도조절 방법
① 연소실내 화염위치 조절방법
② 배기가스의 재순환 방법
③ 과열증기를 통하는 열가스량을 댐퍼로 조절한다.
④ 과열저감기를 사용하는 방법
⑤ 열가스량을 댐퍼로 조절한다.
⑥ 과열기전용화로에 의하는 방법

해답 12. ④ 13. ④ 14. ③

문제 15
일정한 조건 아래에서 휘발성 물질의 증기가 다른 작은 불꽃에 의하여 불이 붙는 가장 낮은 온도를 무엇이라고 하는가?

① 인화점
② 착화점
③ 연소점
④ 유동점

문제 16
안전밸브의 구조에 대한 일반사항으로 틀린 것은?

① 설정압력이 3MPa를 초과하는 증기에 사용하는 안전밸브에는 스프링이 분출하는 유체에 직접 노출되지 않도록 하여야 한다.
② 안전밸브는 그 일부가 파손하여도 충분한 분출량을 얻을 수 있는 구조로 하여야 한다.
③ 안전밸브는 누구나 조정할 수 있는 구조로 하여야 한다.
④ 안전밸브의 부착부는 배기에 의한 반동력에 대하여 충분한 강도가 있어야 한다.

해설 안전밸브의 구조
① 안전밸브의 부착부는 배기에 의한 반동력에 대하여 충분한 강도가 있어야 한다.
② 안전밸브는 그 일부가 파손하여도 충분한 출량을 얻을 수 있는 구조이어야 한다.
③ 설정압력이 3MPa를 초과하는 증기에 사용하는 안전밸브에는 스프링이 분출하는 유체에 직접 노출되지 않도록 하여야 한다.

문제 17
보일러 연소시 화염 유무를 검출하는 플레임 아이에 사용되는 화염검출 소자가 아닌 것은?

① pbs셀
② pus셀
③ cds셀
④ 광전관

해설 플레임아이의 종류
① 황화카드뮴 광도전셀(cds셀) ② 황화납광도전셀(pbs셀)
③ 적외선 광전관 ④ 자외선 광전관

해답 15. ① 16. ③ 17. ②

문제 18 증기트랩의 선정시 최고사용압력을 고려하는 것은 중요하다. 기계식 트랩은 조기마모 및 손상을 방지하기 위하여 보통 최고사용압력의 몇 %정도까지 적용하는 것이 좋은가?

① 100% ② 90%
③ 80% ④ 70%

해설 기계식 트랩은 조기마모 및 손상을 방지하기 위하여 최고사용압력의 70% 정도까지 적용

문제 19 온수보일러의 온수 순환펌프는 원칙적으로 어디에 설치되는가?

① 환수주관 ② 급탕주관
③ 팽창관 ④ 송수주관

해설 순환펌프는 환수주관에 설치함을 목적으로 한다.

문제 20 다음 중 가압수식 집진장치가 아닌 것은?

① 벤츄리 스크러버 ② 사이클론 스크러버
③ 제트 스크러버 ④ 로터리 스크러버

해설 가압수식 집진장치
① 벤츄리스크레버 ② 싸이클론스크레버 ③ 제트스크레버 ④ 충전탑

문제 21 방열기의 상당방열면적이 300m²인 증기난방에 적합한 응축수 펌프의 양수량은 약 몇 l/min인가? (단, 사용증기의 증발잠열은 533.2kcal/kg이고, 배관에서 생기는 응축수량은 방열기에서의 응축수량의 30% 정도로 본다.)

① 24l/min ② 28l/min
③ 30l/min ④ 34l/min

해답 18. ④ 19. ① 20. ④ 21. ①

해설 펌프양수량 = $\dfrac{\text{장치내전응축수량}}{539 \times 60} \times 3 = \dfrac{650 \times 1.3 \times 300}{533.2\text{kcal/kg} \times 60} \times 3 = 23.77 l/\text{min}$

문제 22

보일러 급수장치의 하나인 인젝터에 대한 설명이다. 이 중 틀린 것은?

① 인젝터는 벤츄리의 원리를 응용해서 증기를 분출하고, 그 부근의 압력강하로 생기는 진공을 이용하여 물을 빨아올린다.
② 응축작용에 의해 보유하는 열에너지를 물에 주어 고속의 수류를 만들고 이를 압력에너지로 바꾸어 보일러에 급수한다.
③ 인젝터는 일반적으로 급수압력 1MPa 미만이면 작동불량을 초래하기 때문에 주의해야 한다.
④ 증기속의 드레인이 많을 때는 인젝터의 성능이 저하하기 때문에 이러한 일이 없도록 한다.

문제 23

보일러설치시 보일러의 압력계에 연결되는 증기관으로 황동관을 사용할 수 없는 증기온도는 몇 ℃ 이상일 때인가?

① 100℃   ② 150℃
③ 210℃   ④ 180℃

해설 **싸이폰관** : 고온의 증기나 물로부터 압력계 변형방지
① 동관(황동관)안지름 : 6.5mm 이상(증기온도가 210℃ 이상시 사용금지)
② 강관 안지름 : 12.7mm 이상

문제 24

열전도율의 단위로 맞는 것은?

① kcal/mh℃   ② kcal/m²h℃
③ kcal℃/mh   ④ m²h℃/kcal

해설 **단위**
① 비열 : kcal/kg℃   ② 열용량 : kcal/℃
③ 증발배수 : kg/kg   ④ 상당증발량 : kg/h

해답 22. ④ 23. ③ 24. ①

⑤ 전열면열부하 : kcal/m²h ⑥ 전열면증발량 : kg/m²h
⑦ 연소실열부하 : kcal/m³h ⑧ 열전도율 : kcal/mh℃
⑨ 열저항 : m²h℃/kcal
⑩ 열관류율＝열전달율＝열통과율 : kcal/m²h℃

문제 25 과열증기 온도와 포화증기 온도와의 차를 무엇이라고 하는가?
① 과열도   ② 건도
③ 임계온도   ④ 습도

 과열도＝과열증기온도－포화증기온도

문제 26 관로(管路)의 유체 마찰저항은 유체속도의 몇 제곱에 비례하는가?
① 4제곱   ② 3제곱
③ 2제곱   ④ 1제곱

 $HL = \dfrac{\lambda l V^2}{2gd}$

여기서, H_L : 마찰손실수두, l : 관길이, λ : 마찰계수, g : 9.8m/sec²
　　　　V^2 : 유속, d : 관경

문제 27 물중의 불순물 농도를 표시하는 단위인 ppb의 설명으로 옳은 것은?
① 만분의 1당량의 중량   ② 백만분의 1량
③ 중량 10억분의 1량   ④ 용액 1ℓ중 1g 해당량

 ① PPM : $\dfrac{1}{100만}$ ② PPb : $\dfrac{1}{10억}$

25. ①　26. ③　27. ③

 **28** 보일러 산세관시 첨가하는 부식억제제의 구비조건에 대한 설명으로 틀린 것은?

① 점식이 발생되지 않을 것
② 부식 억제능력이 클 것
③ 물에 대해 용해도가 적을 것
④ 세관액의 온도, 농도에 대한 영향이 적을 것

해설 부식억제제의 구비조건
① 물에 대한 용해도가 클 것
② 부식억제 능력이 클 것
③ 세관액의 온도, 농도에 대한 영향이 적을 것
④ 점식발생이 되지 않을 것

 **29** 보일러 외부부식 발생 원인으로 틀린 것은?

① 빗물, 지하수 등에 의한 습기나 수분에 의한 작용
② 증기나 보일러수 등의 노출로 인한 습기나 수분에 의한 작용
③ 재나 회분 속에 함유된 부식성 물질에 의한 작용
④ 급수 중에 유지류, 산류, 염류 등의 불순물에 의한 함유작용

해설 급수중의 유지류 : 포밍
급수중의 산류 : 전면식의 원인
급수중의 염류 : 스케일 발생 원인

 **30** 중량유량이 230kg/sec인 물이 직경 30cm인 관속을 통과하고 있다. 속도는 약 몇 m/sec인가? (단, 물의 비중량은 1000kg/m³이다.)

① 4.3m/sec ② 7.6m/sec
③ 3.3m/sec ④ 2.5m/sec

해설 $G(\text{kg/sec}) = \rho \times A \times V$

$V = \dfrac{G}{\rho \times A} = \dfrac{230 \text{kg/sec}}{1000 \text{kg/m}^3 \times 0.785 \times 0.3^2} = 3.255$

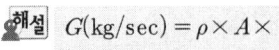

28. ③ 29. ④ 30. ③

문제 31 보일러 첨가제로서 슬러지 조정제로 사용되는 것은?

① 전분
② 수산화나트륨
③ 탄산나트륨
④ 히드라진

해설 **보일러 청관제**
① 가성소다 ② 탄산소다 ③ 인산소다 ④ 암모니아 ⑤ 히드라진

문제 32 보일러 가스폭발을 방지하는 방법이 아닌 것은?

① 점화할 때는 미리 충분한 프리퍼지를 한다.
② 포스트퍼지를 충분히 하고, 그 후에 댐퍼를 닫는다.
③ 연료속의 수분이나 슬러지 등은 충분히 배출한다.
④ 보일러 수위를 낮게 유지한다.

해설 **보일러 수위를 낮게 하면** : 과열로 인한 보일러 폭발

문제 33 증기트랩의 일반사항에 대한 설명으로 틀린 것은?

① 증기트랩은 증기와 응축수를 공학적 원리 및 내부구조에 의해 구별하여 자동적으로 밸브를 개폐 또는 조절함으로써 응축수만을 배출하는 일종의 자동밸브이다.
② 응축수가 배출되는 구멍인 오리피스, 조절기의 지시에 따라 오리피스를 개폐하여 응축수나 공기를 제거하고 증기의 누출을 방지하는 밸브, 증기와 공기를 제거하고 증기의 누출을 방지하는 밸브, 증기와 응축수를 구분하여 밸브를 개폐시키는 조절기, 다른 부품을 내장하고 있는 몸체로 구성되어 있다.
③ 증기트랩 바로 직전에 응축수가 있으며 밸브가 닫히고 증기가 존재하면 밸브가 열리는 기능만을 갖고 있다.
④ 응축수가 원활하게 배출되지 못하면 증기공간 내에 응축수가 차오르게 되며 결국 유효한 가열면적이 감소된다.

해답 31. ① 32. ④ 33. ③

문제 34
보일러 본체사고를 예방하기 위한 과열방지 대책으로 적당치 않은 것은?

① 보일러의 수위가 안전저수면 이하가 되지 않도록 한다.
② 보일러수의 순환을 교란시키지 말아야 한다.
③ 보일러 수에 유지류를 혼합시킨다.
④ 연소가스의 화염이 세차게 전열면에 닿지 않도록 하여야 한다.

해설 과열방지 대책
① 보일러수의 순환을 교란시키지 말아야 한다.
② 보일러수가 안전 저수면 이하로 되지 않도록 한다.
③ 연소가스의 화염이 세차게 전열면에 닿지 않도록 하여야 한다.

문제 35
보일러 강판의 가성취화에 대한 설명으로 가장 거리가 먼 것은?

① 관체의 평면부에서 가장 많이 발생한다.
② 반드시 수면 이하에서 발생한다.
③ 관공 등의 응력이 집중하는 곳의 수면 아래 부분에 발생한다.
④ 리벳과 리벳 사이에 발생되기 쉽다.

해설 가성취화 : 고온, 고압 보일러에서 알카리도가 높아져 생기는 나트륨이나 수소등이 강재의 결정입계에 침투하여 재질을 열화시키는 현상
[특징] ㉠ 리벳과 리벳 사이에서 발생
㉡ 응력이 집중하는 곳의 수면 아래 부분에서 발생
㉢ 반드시 수면 이하에서 발생

문제 36
보일러 소음측정에 대한 설명 중 맞는 것은?

① 보일러 정면, 측면의 1.5m 떨어진 곳에서 2.0m 높이에서 측정하며 95dB 이하이어야 한다.
② 보일러 정면, 측면의 1.5m 떨어진 곳에서 1.0m 높이에서 측정하며 90dB 이하이어야 한다.
③ 보일러 측면, 후면의 1.5m 떨어진 곳에서 1.2m 높이에서 측정하며 95dB 이하이어야 한다.
④ 보일러 측면, 후면의 1.5m 떨어진 곳에서 2.2m 높이에서 측정하며 90dB 이하이어야 한다.

해답 34. ③ 35. ① 36. ③

[해설] **소음측정** : 보일러측면, 후면의 1.5m 떨어진 곳에서 1.2m 높이에서 측정하며 95dB 이하이어야 한다.

문제 37 열역학의 기본법칙에서 일종의 에너지 보존법칙인 것은?

① 열역학 제2법칙　　② 열역학 제1법칙
③ 열역학 제3법칙　　④ 열역학 제0법칙

[해설] **열역학 0법칙** : 열평형의 법칙
열역학 1법칙 : 에너지보존의 법칙
열역학 2법칙 : 엔트로피의 법칙
열역학 3법칙 : 어떤 경우라도 절대온도 0°K에 도달할 수 없다는 법칙

문제 38 비중이 0.9인 액체가 나타내는 압력이 4기압(atm)일 때 이것을 압력수두로 환산하면 약 몇 m인가?

① 33.3　　② 45.9
③ 35.6　　④ 39.9

[해설] $p = r \times h$　　$h = \dfrac{p}{r} = \dfrac{4 \times 10^4 \text{kg/m}^2}{0.9 \times 1000 \text{kg/m}^3} = 44.44\text{m}$

문제 39 몰리에르(Mollier) 선도는 x축과 y축을 각각 어떤 양으로 하는가?

① x축 : 비체적, y축 : 온도　　② x축 : 엔트로피, y축 : 엔탈피
③ x축 : 온도, y축 : 엔탈피　　④ x축 : 엔트로피, y축 : 온도

[해설] **몰리에르선도의 x축과 y축**
① x축 : 엔트로피
② y축 : 엔탈피

37. ②　38. ②　39. ②

문제 40

부력(浮力)은 그 물체가 배제한 유체의 중량과 같은 힘을 수직 상방으로 받는 것을 말하는데 이는 어떤 원리인가?

① 아르키메데스 ② 파스칼
③ 뉴톤 ④ 오일러

해설 아르키메데스원리 : 부력은 그 물체가 배제한 유체의 중량과 같은 힘을 수직상방으로 받는 것을 말함

문제 41

증기난방에서 응축수 환수법의 종류에 해당되지 않는 것은?

① 중력 환수식 ② 습식 환수식
③ 기계 환수식 ④ 진공 환수식

해설 증기난방의 분류
① 응축수환수법 : ㉠ 중력환수식 ㉡ 기계환수식 ㉢ 진공환수식
② 증기공급방식 : ㉠ 상향순환식 ㉡ 하향순환식
③ 배관방식에 따른 분류 : ㉠ 단관식 ㉡ 복관식

문제 42

보온재가 갖추어야 할 조건으로 틀린 것은?

① 흡수성이 적을 것 ② 부피, 비중이 작을 것
③ 열전도율이 클 것 ④ 물리적·화학적 강도가 클 것

해설 보온재의 구비조건
① 비중이 적을 것(가벼울 것)
② 열전도율이 적을 것(보온능력이 클 것)
③ 사용온도에 견디고 변질이 적을 것
④ 기계적 강도가 있을 것
⑤ 흡습성이 적을 것
⑥ 물리적, 화학적 강도가 클 것
⑦ 다공질이며 가공이 균일할 것

해답 40. ① 41. ② 42. ③

문제 43 관공작용 공구 중 접하려는 연관의 끝부분을 소정의 관경으로 넓히는 데 사용되는 공구는?

① 플레어린 툴 ② 턴핀
③ 토치램프 ④ 벤드벤

문제 44 피복제 중에 석회석이나 형석이 주성분으로 되어있는 피복 아크 용접봉은?

① 저수소계 ② 일미나이트계
③ 고셀룰로오스계 ④ 고산화티탄계

해설 피복아크 용접봉의 특징
① 저수소계(E4316) : 석회석이나($CaCO_3$), 형석(CaF_2)이 주성분
② 일미나이트계(E4301) : 일미나이트(TiO_2, FeO)를 약 30% 함유 광석, 사철 등을 주성분
③ 라임티탄계(E4303) : 산화티탄을 30% 이상 함유한 용접봉
④ 고셀룰로오스계(E4311) : 셀룰로오스를 20~30% 정도 포함한 용접봉
⑤ 고산화티탄계(E4313) : 비드면이 고우며 작업성이 우수하다. 고온크랙을 일으키기 쉽다.
⑥ 철분산화티탄계(E4324) : 고산화티탄계 용접봉의 피복제에 철분을 첨가한 것

문제 45 벽면에 매설(埋設)하는 배수 수직관에 접속할 때 사용하는 관 트랩은?

① S트랩 ② P트랩
③ U트랩 ④ X트랩

해설 P트랩 : 벽면에 매설하는 배수 수직관에 접속시 사용

43. ② 44. ① 45. ②

 **46** 동관의 이음 방법으로 적합하지 않은 것은?

① 용접 이음 ② 납땜 이음
③ 플라스턴 이음 ④ 압축 이음

해설 **연관의 이음** : 플라스턴을(주석 40% + 납 60%) 녹여 232℃로 접합하는 것

 **47** 열팽창에 의한 배관의 이동을 구속하거나 제한하는 장치로 배관의 일정 방향의 이동과 회전만 구속하고 다른 방향은 자유롭게 이동하게 하는 것은?

① 파이프 슈(pipe shoe) ② 앵커(anchor)
③ 스토퍼(stopper) ④ 브레이스(brace)

해설 **배관의 지지**
① 서포트
  ㉠ 파이프슈 : 관에 직접 접속하는 지지구로 수평배관과 수직배관의 연결부에 사용
  ㉡ 리지드서포트 : H비임이나 I비임으로 받침을 만들어 지지
  ㉢ 스프링서포트 : 스프링의 탄성에 의해 상하 이동허용
  ㉣ 로울러서포트 : 관의 축 방향의 이동을 허용한 지지구
② 리스트레인
  ㉠ 스톱(Stopper) : 배관의 일정한 방향과 회전만 구속하고 다른 방향은 자유롭게 이동하게 하는 장치
  ㉡ 앵커(anchor) : 관의 이동 및 회전을 방지하기 위해 지지점에 완전히 고정
  ㉢ 가이드(guide) : 배관의 곡관 부분이나 신축조인트 부분에 설치하는 것으로 회전을 제한하거나 축방향 이동을 허용하여 직각 방향으로 구속하는 장치
③ 브레이스(brace) : 펌프, 압축기 등에서 발생하는 진동 충격등을 완화하는 완충기

해답 46. ③ 47. ③

문제 48 검사대상기기조종자를 해임하거나 조종자가 퇴직하는 경우 언제까지 다른 검사대상기기조종자를 선임해야 하는가?

① 해임 또는 퇴직 후 10일 이내
② 해임 또는 퇴직 후 20일 이내
③ 해임 또는 퇴직 이전
④ 해임 또는 퇴직 후 1개월 이내

해설 해임 또는 퇴직이전

문제 49 전기전도도가 높고 고온에서의 수소취화 현상도 없으며 가공성도 우수하여 주로 전자기기 제작에 사용되는 동(銅)은?

① 인탈산동
② 무산소동
③ 타프피치동
④ 황산동

해설 동관의 분류
① 무산소동 : 전기전도도가 높고 고온에서의 수소취화현상도 없으며 가공성도 우수하여 주로 전자기기 제작에 사용
② 인탈산동 : 용접성이 우수하며 수도용, 냉난방용기기, 열교환기용, 급수관, 급탕관에 사용
③ 티프피치동관 : 1종과 2종이 있고 전기 및 열전도성이 좋아 열교환기용관, 급수관, 급유관 압력계, 화학공업용
④ 황동관 : 동과 아연의 합금으로 기계적성질, 내식성 우수
⑤ 단동관 : 아연을 10~15% 포함한 황동관

문제 50 에너지이용합리화법상 소형 온수보일러란 전열면적과 최고사용압력이 각각 얼마 이하인 보일러인가?

① $10m^2$, 0.35MPa
② $14m^2$, 0.55MPa
③ $15m^2$, 0.45MPa
④ $14m^2$, 0.35MPa

해설 소형온수보일러 : 최고사용압력이 $3.5kg/cm^2$(0.35MPa) 이하이고 전열면적이 $14m^2$ 이하

해답 48. ③ 49. ② 50. ④

문제 51

에너지관리지도 결과, 에너지의 이용효율을 높이기 위하여 필요하다고 인정하면 에너지다소비업자에게 에너지손실요인의 개선을 명할 수 있는 자(者)로 맞는 것은?

① 환경부장관 ② 지식경제부장관
③ 에너지관리공단이사장 ④ 시·도지사

해설 에너지손실요인의 개선을 명할 수 있는 자 : **지식경제부장관**

문제 52

보통 피스페놀 A와 에피크롤히드린을 결합해서 얻어지며 내열성, 내수성이 크고 전기절연도 우수하여 도료접착제, 방식용으로 쓰이는 것은?

① 에폭시 수지 ② 고농도 아연 도료
③ 알루미늄 도료 ④ 산화철 도료

해설 **방청용도료**
① 광명단도료 : 연단을 아마인유에 혼합한 것으로 밀착력 및 풍화에 강해 녹을 방지하기 위한 페인트 밑칠에 사용
② 산화철도료 : 산화제2철을 보일유나 아마인유에 혼합한 것으로 도막이 부드럽고 가격이 싸지만 녹방지가 완벽하지 못한다.
③ 알루미늄도료 : 알루미늄분말을 유성 바니스에 혼합한 것으로 열을 잘 반사하여 방열기에 사용, 400~500℃의 내열성을 가지며 방청효과가 매우 좋다.
④ 에폭시수지 : 보통 피스페놀 A와 에피크롤히드란을 결합해서 얻어지며 내열성, 내수성이 크고 전기절연도 우수하여 도료접착제 방식용

문제 53

가스절단에서 드래그라인을 가장 잘 설명한 것은?

① 에열 온도가 낮아서 일정한 간격의 직선이 진행방향으로 나타나 있는 것
② 절단 토치가 이동한 경로에 따라 직선이 나타나는 것
③ 산소의 압력이 높아 나타나는 선
④ 절단시 절단면에 일정한 간격의 곡선이 진행방향으로 나타나 있는 것

해설 **드래그라인** : 절단시 절단면에 일정한 간격의 곡선이 진행방향으로 나타나 있는 것

해답 51. ② 52. ① 53. ④

문제 54 고압 배관용 탄소 강관의 KS 기호는?

① SPPH
② SPHT
③ SPPS
④ SPPW

해설 배관용강관
① SPP(배관용탄소강관) : 사용압력이 $10kg/cm^2$ 이하인 증기, 기름, 물배관에 사용
② SPPS(압력배관용탄소강관) : 사용압력이 $10kg/cm^2$ 이상 $100kg/cm^2$ 미만에 사용
③ SPPH(고압배관용탄소강관) : 사용압력이 $100kg/cm^2$ 이상
④ SPHT(고온배관용탄소강관) : 사용온도가 350℃ 이상시 사용
⑤ SPLT(저온배관용탄소강관) : 빙점 이하의 관에 사용
⑥ SPA(배관용합금강관)

문제 55 u관리도의 관리한계선을 구하는 식으로 옳은 것은?

① $\bar{u} \pm \sqrt{\bar{u}}$
② $\bar{u} \pm 3\sqrt{\bar{u}}$
③ $\bar{u} \pm 3\sqrt{n\bar{u}}$
④ $\bar{u} \pm 3\sqrt{\dfrac{\bar{u}}{n}}$

해설 u관리도의 관리한계선 : $\bar{u} \pm 3\sqrt{\dfrac{\bar{u}}{u}}$

문제 56 다음 중 인위적 조절이 필요한 상황에 사용될 수 있는 워크팩터(Work Factor)의 기호가 아닌 것은?

① D
② K
③ P
④ S

해설 워크팩터의 기호 : D, P, S

해답 54. ① 55. ④ 56. ②

문제 57

계수 규준형 샘플링 검사의 OC 곡선에서 좋은 로트를 합격시키는 확률을 뜻하는 것은? (단, α는 제1종과오, β는 제2종과오이다.)

① α
② β
③ $1-\alpha$
④ $1-\beta$

문제 58

예방보전(Preventive Maintenance)의 효과로 보기에 가장 거리가 먼 것은?

① 기계의 수리비용이 감소한다.
② 생산시스템의 신뢰도가 향상된다.
③ 고장으로 인한 중단시간이 감소한다.
④ 예비기계를 보유해야 할 필요성이 증가한다.

해설 예방보존의 효과
① 고장으로 인한 종단시간이 감소한다.
② 생산시스템의 신뢰도가 향상된다.
③ 기계의 수리비용이 감소한다.

문제 59

어떤 회사의 매출액이 80000원, 고정비가 15000원, 변동비가 40000원일 때 손익분기점 매출액은 얼마인가?

① 25000원
② 30000원
③ 40000원
④ 55000원

해설 손익분기점 매출액 $= \dfrac{80000 \times 15000}{40000} = 30000$원

문제 60

다음 중 통계량의 기호에 속하지 않는 것은?

① σ
② R
③ s
④ $\overline{x}$

해설 통계량기호 : $R, S, \overline{x}$

해답 57. ③ 58. ④ 59. ② 60. ①

2020년도 제 68 회

CBT 시행

본 문제는 복원 기출문제입니다. 실제 문제와 다를 수 있으니 양해바랍니다.

문제 01 증발배수(evaporation ratio)에 대한 설명으로 옳은 것은?

① 보일러로부터 1시간당 발생되는 증기량
② 보일러 전열면 $1m^2$당 1시간의 증발량
③ 보일러의 증발량과 그 증기를 발생시키기 위해 사용된 연료량과의 비
④ 연료의 발열량을 표시하는 방법의 하나로서 고위발열량에서 수증기의 잠열을 뺀 것

해설 증발배수 = $\dfrac{실제증발량}{연료소비량}$ = $\dfrac{상당증발량}{연료소비량}$

∴ 보일러의 증발량과 그 증기를 발생시키기 위해 사용된 연료량과의 비

문제 02 보일러 연소조절의 주의사항으로 틀린 것은?

① 보일러를 무리하게 가동하지 않아야 한다.
② 연소량을 증가시킬 경우에는 먼저 연료량을 증가시켜야하며 연소량을 감소시킬 경우에는 먼저 통풍량을 감소시켜야 한다.
③ 불필요한 공기의 연소실내 침입을 방지하고 연소실내를 고온으로 유지한다.
④ 항상 연소용 공기의 과부족에 주의하여 효율 높은 연소를 하지 않으면 안된다.

해설 연소량을 증가시킬 경우 먼저 공기량을 증가시킴.

해답 01. ③ 02. ②

문제 03

보일러에 사용되는 자동제어계의 동작순서로 알맞은 것은?

① 검출→비교→판단→조작
② 조작→비교→판단→검출
③ 판단→비교→검출→조작
④ 검출→판단→비교→조작

해설 자동제어계의 동작순서
검출 → 비교 → 판단 → 조작

문제 04

A중유와 C중유의 일반적인 특성을 비교한 것 중 옳은 것은?

① A중유와 C중유는 비중 및 발열량이 같다.
② A중유는 C중유에 비하여 비중 및 발열량이 크다.
③ A중유는 C중유와 비중은 같으나 발열량이 작다.
④ A중유는 C중유에 비하여 비중이 적고 발열량이 크다.

해설 A중유는 C중유에 비해 비중이 적고 발열량이 크다.

문제 05

보일러의 통풍장치 방식에서 흡입통풍 방식에 관한 설명으로 맞는 것은?

① 연도의 끝이나 연돌하부에 송풍기를 설치하여 연소가스를 빨아내는 방식이다.
② 연도에서 연소가스와 외부공기와의 밀도차에 의해서 생기는 압력차를 이용한 방식이다.
③ 노앞과 연돌하부에 송풍기를 설치하여 노내압을 대기압보다 약간 낮은 압력으로 유지시키는 방식이다.
④ 노입구에 압입송풍기를 설치하여 연소용 공기를 밀어 넣는 방식이다.

해설 **흡입통풍방식** : 연도의 끝이나 연돌하부에 송풍기를 설치하여 연소가스를 빨아내는 방식
압입통풍방식 : 노입구에 압입송풍기를 설치하여 연소용 공기를 밀어 넣는 방식
평형통풍방식 : 노앞과 연돌하부에 송풍기를 설치하여 노내압을 대기압보다 약간 낮은 압력으로 유지시키는 방식

해답 03. ① 04. ④ 05. ①

문제 06

유량계 중 면적식 유량계에 속하는 것은?

① 벤투리미터 ② 오리피스
③ 플로우노즐 ④ 로터미터

해설 유량계의 종류
① 면적식 유량계 : 로터미터
② 차압식유량계 : 벤튜리미터, 플로우미터, 오리피스미터
③ 용적식유량계 : 습식, 건식, 오우벌식, 로터리피스톤, 로터리베인

문제 07

난방부하에 관한 설명 중 틀린 것은?

① 온수난방 시 EDR이 50m²일 때의 난방부하는 22500kcal/h 이다.
② 증기난방 시 EDR이 50m²일 때의 난방부하는 32500kcal/h 이다.
③ 난방부하를 설계하기 이해서는 방열관 입구온도와 보일러 출구온도와의 차이를 필요로 한다.
④ 난방부하를 설계하는 데는 건축물의 방위와 높이, 면적, 조건 등을 필요로 한다.

해설 온수난방시
난방부하 = 방열기방열량 × 방열면적 = 450 × 50 = 22500kcal/h
증기난방식 난방부하 = 650 × 50 = 32500kcal/h

문제 08

온도조절식 증기트랩의 종류가 아닌 것은?

① 벨로즈식 ② 바이메탈식
③ 다이어프램식 ④ 버켓식

해설 증기트랩의 종류
① 기계적 트랩 : 포화수와 포화증기의 비중차용(버키트, 플로우트)
② 온도조절 트랩 : 포화수와 포화증기의 온도차이용(바이메탈, 벨로우즈, 다이어프램)
③ 열역학적 트랩 : 포화수와 포화증기의 열역학적 특성차(오리피스, 디스크)

해답 06. ④ 07. ③ 08. ④

문제 09
노통 보일러와 비교한 연관 보일러의 특징을 설명한 것으로 틀린 것은?

① 전열면적이 커서 증발량이 많고 효율이 좋다.
② 비교적 빨리 증기를 얻을 수 있다.
③ 질이 좋은 보일러 수(水)가 필요하다.
④ 구조가 간단하여 설비비가 적게 든다.

해설 연관보일러의 특징
① 전열면적이 크고 효율은 노통보일러보다 좋다.
② 증기발생시간이 빠르다. ③ 연료선택 범위가 넓다.
④ 연료의 연소상태가 양호 ⑤ 양질의 급수필요
⑥ 구조가 복잡하다. ⑦ 청소, 검사, 수리곤란
⑧ 고장이 많다.

문제 10
탄성식 압력계의 종류가 아닌 것은?

① 링 밸런스식 압력계 ② 벨로즈식 압력계
③ 다이어프램식 압력계 ④ 부르동관식 압력계

해설 탄성식압력계의 종류
① 부르동관식 압력계 ② 벨로우즈식압력계 ③ 다이어프램식 압력계

문제 11
집진장치의 종류 중 함진가스를 목면, 양모, 테프론, 비닐 등의 필터(filter)에 통과시켜 분진입자를 분리·포집시키는 집진방법은?

① 중력식 ② 여과식
③ 사이클론식 ④ 관성력식

해설 집장장치
① 여과식 : 함진가스를 목면, 양모, 테프론, 비닐 등의 필터에 통과시켜 분진입자 포집
② 세정식 : 연소가스를 고도로 청정하고자 할 때
③ 싸이클론식 : 비교적 입경이 클 경우 포집

해답 09. ④ 10. ① 11. ②

문제 12

온수난방에서 시동 전에 물의 평균밀도가 0.9957 ton/m³이고, 난방 중 온수의 평균밀도가 0.9828 ton/m³인 경우 시동 전에 비해 온수의 팽창량은 약 몇 l인가? (단, 온수시스템 내의 가동 전 보유수량은 2.28m³이다.)

① 20　　　　② 30
③ 40　　　　④ 50

해설 온수팽창량 $= V \times \left(\dfrac{1}{r_1} - \dfrac{1}{r_2}\right) = 2.28 \times 1000 \times \left(\dfrac{1}{982.8} - \dfrac{1}{995.7}\right) \times 1000 = 30 l$

문제 13

과열기기 장착된 보일러에서 50분간의 증발량은 37500kg이었고, LNG는 시간당 3075kg 소비되었다. 이때 보일러의 열효율은 약 몇 % 인가? (단, 급수온도는 120℃, 과열증가온도 290℃, 증기엔탈피 720kcal/kg, 연료의 저위발열량 9540kcal/kg 이다.)

① 76.7　　　　② 81.8
③ 86.9　　　　④ 92.0

해설 열효율 $= \dfrac{G \times (h'' - h')}{Gf \times Hl} \times 100 = \dfrac{45000 \times (720 - 120)}{3075 \times 9540} \times 100 = 92.03\%$

50분 = 37500kg
10분 = x
$x = \dfrac{10분 \times 37500}{50분} = 7500$kg
∴ 60분일 경우 : $60 \times 7500 = 45000$kg/h

문제 14

환수관내 유속이 타 방식에 비해 빠르고 방열기 내의 공기도 배출이 가능하고 방열량을 광범위하게 조절이 가능하여 방열기의 설치 위치에 제한이 없는 방식은?

① 중력환수방식　　　　② 기계환수방식
③ 진공환수방식　　　　④ 건식환수방식

해답　12. ②　13. ④　14. ③

문제 15 안전밸브가 2개 이상 있는 경우, 1개의 안전밸브를 최고사용압력 이하로 작동하게 조정한다면 다른 안전밸브를 최고사용압력의 몇 배 이하로 작동할 수 있도록 조정하는가?

① 1.03
② 1.05
③ 1.07
④ 1.09

해설 **안전밸브작동** : 1개는 최고사용압력 이하에서 작동
1개는 최고사용압력×1.03배 이하에서 작동

문제 16 과잉공기와 노내 연소온도 및 연소가스 중의 (CO_2)% 관계를 옳게 설명한 것은?

① 과잉공기가 증가하면 연소온도는 내려가고, 연소가스 중의 (CO_2)%는 증가한다.
② 과잉공기가 증가하면 연소온도는 높아지고, 연소가스 중의 (CO_2)%는 증가한다.
③ 과잉공기가 증가하면 연소온도는 내려가고, 연소가스 중의 (CO_2)%는 감소한다.
④ 과잉공기가 증가하면 연소온도는 높아지고, 연소가스 중의 (CO_2)%는 감소한다.

해설 **과잉공기가 증가시** : 연소 온도 내려가고, 연소가스중의 CO_2%감소, O_2는 증가한다.

문제 17 분출장치의 취급상의 주의사항으로 틀린 것은?

① 분출밸브, 콕크를 조작하는 담당자가 수면계의 수위를 직접 볼 수 없는 경우에는 수면계의 감시자와 공동으로 신호하면서 분출을 한다.
② 분출을 하고 있는 사이에는 다른 작업을 해서는 안된다.
③ 분출 작업을 마친 후에는 밸브 또는 콕크가 확실히 열린 후에 분출관의 닫힌 끝을 점검하여 누설여부를 확인한다.
④ 분출관이 굽는 부분이 많으면 분출시 물의 반동을 받을 염려가 있으므로, 요소요소에 적당한 고정을 한다.

해답 15. ① 16. ③ 17. ③

해설 분출작업 종료시는 분출밸브와 분출 콕크가 잘 닫혀 있는지 점검

문제 18 화염 검출기의 종류 중 화염의 이온화에 의한 전기전도성을 이용한 것으로 가스 점화 버너에 주로 사용되는 것은?

① 플레임 로드
② 플레임 아이
③ 스택 스위치
④ 황화카드뮴 셀

해설 **화염검출기의 종류**
① 플레임아이 : 화염의 발광체 이용
② 플레임로드 : 화염의 이온화현상이용
③ 스텍스위치 : 화염의 발열현상이용 (버너분사정지에 수십초가 걸리므로 주로 소용량 보일러에 사용)

문제 19 복사난방의 특징으로 적당하지 않는 것은?

① 실내의 온도분포가 균일하고 쾌감도가 높다.
② 시공 및 고장 수리가 쉽다.
③ 충분한 보온, 단열 시공이 필요하다.
④ 방열기의 설치가 불필요하므로 바닥면의 이용도가 높다.

해설 **복사난방의 특징**
① 시공 및 고장수리가 어렵다.
② 충분한 보온·단열시공이 필요하다.
③ 방열기의 설치가 불필요하므로 바닥면의 이용도가 높다.
④ 실내의 온도분포가 균일하고 쾌감도가 높다.

문제 20 소형 및 주철제 보일러를 옥내에 설치하는 경우 보일러 동체 최상부로부터 천정, 배관 등 보일러 상부에 있는 구조물까지의 거리는 몇 m 이상으로 할 수 있는가?

① 0.3m
② 0.6m
③ 0.5m
④ 0.4m

해답 18. ① 19. ② 20. ②

해설) 소형 및 주철제 보일러는 동체 최상부로부터 천정 배관 등 보일러상부구조물까지 거리 : 0.6m 이상 (대형은 1.2m 이상)

문제 21 복관 중력식 증기난방에서 건식환수관의 위치는 보일러 표준수위보다 몇 mm 높은 위치에 시공되어야 하는가?

① 350
② 650
③ 450
④ 200

해설) 복관중력식증기난방에서 건식환주관의 위치는 보일러 표준수위보다 650mm 높은 위치에 시공한다.

문제 22 급수펌프로 보일러에 2kgf/cm² 압력으로 매분 0.18m³의 물을 공급할 때 펌프 축마력은? (단, 펌프 효율은 80이다.)

① 1PS
② 1.25PS
③ 60PS
④ 75PS

해설)
$$PS = \frac{r \times Q \times H}{75 \times E \times 60} = \frac{1000 \times 20 \times 0.18}{75 \times 0.8 \times 60} = 1PS$$

∴ 1kg/cm² = 10m

2kg/cm² = x $x = \frac{2kg/cm^2 \times 10m}{1kg/cm^2} = 20m$

문제 23 대류 방열기인 컨벡터의 설치에 대한 설명으로 틀린 것은?

① 외벽에 접하고 있는 창 아래에 설치하면 창으로부터 냉기하강을 방지할 수 있다.
② 벽으로부터 50~65mm 정도 떨어진 상태로 설치하는 것이 좋다.
③ 커버 하부를 바닥에서 최소한 90~100mm 정도 이격시켜 공기가 원활하게 유입되도록 한다.
④ 방열기의 높이가 높고, 길이가 짧고, 폭이 넓은 것일수록 난방에 효과적이다.

해답) 21. ② 22. ① 23. ④

[해설] **컨벡터 설치**
① 커버하부를 바닥에서 최소한 90~100mm정도 이격시켜 공기가 원활하게 유입되도록 한다.
② 벽으로부터 50~60mm 정도 떨어져 설치하는 것이 좋다.
③ 지면으로부터 150mm 높이에 설치
④ 외벽에 접하고 있는 창 아래에 설치하면 창으로부터 냉기하강을 방지할 수 있다.

문제 24 관 마찰계수가 일정할 때 배관 속을 흐르는 유체의 손실수두에 관한 설명으로 옳은 것은?
① 유속에 비례한다.
② 유속의 제곱에 비례한다.
③ 관 길이에 반비례한다.
④ 유속의 3승에 비례한다.

[해설] 손실수두$(HL) = \dfrac{\lambda l V^2}{2gd}$

여기서, λ : 마찰계수, l : 관길이, V : 유속, g : 중력가속도, d : 관내경
∴ 유속의 제곱에 비례하고, 관길이에 비례하고, 관내경에 반비례한다.

문제 25 벤투리(Venturi)계로는 유체의 무엇을 측정하는가?
① 습도
② 유량
③ 온도
④ 마찰

[해설] 벤투리계로 유체의 유량 측정

문제 26 대류(對流)열전달 방식을 2가지로 올바르게 구분한 것은?
① 자유대류와 복사대류
② 강제대류와 자연대류
③ 열판대류와 전도대류
④ 교환대류와 강제대류

[해설] 대류열전달방식 ─ 강제대류
　　　　　　　　　　└ 자연대류

해답 　24. ②　25. ②　26. ②

 **27** 외부와 열의 출입이 없는 열역학적 변화는?

① 정압변화   ② 정적변화
③ 단열변화   ④ 등온변화

해설 **열역학적변화**
① 단열변화 : 외부와의 열의 출입이 없는 변화
② 등온변화 : 온도가 일정한 변화
③ 정적변화 : 체적이 일정한 변화
④ 정압변화 : 압력이 일정한 변화

 **28** "일정량의 기체의 부피는 압력에 반비례하고, 절대온도에 비례한다." 는 법칙은?

① 아보가드로의 법칙   ② 보일-샤를의 법칙
③ 뉴턴의 법칙   ④ 보일의 법칙

해설 **기체의 법칙**
① 보일의 법칙(T=일정)
$$P_1V_1 = P_2V_2 \quad V_2 = \frac{P_1V_1}{P_2}$$
∴ 온도가 일정할 때 기체의 체적은 압력에(P_2) 반비례한다.
② 샤를의 법칙(P=일정)
$$\frac{V_1}{T_1} = \frac{V_2}{T_2} \quad V_2 = \frac{T_2 \times V_1}{T_1}$$
∴ 압력이 일정할 때 기체의 체적은 절대온도(T_2)에 비례한다.
③ 보일-샤를의 법칙
$$\frac{P_1V_1}{T_1} = \frac{P_2V_2}{T_2} \quad V_2 = \frac{P_1 \times V_1 \times T_2}{T_1 \times P_2}$$
∴ 기체의 체적은 압력에(P_2) 반비례하고 절대온도(T_2)에 비례한다.

해답 27. ③ 28. ②

문제 29

직경이 각각 10cm와 20cm로 된 관이 서로 연결되어 있다. 20cm 관에서의 속도가 2m/s일 때 10cm관에서의 속도는?

① 1m/s ② 2m/s
③ 6m/s ④ 8m/s

해설
$A_1 V_1 = A_2 V_2$
$VL = \dfrac{A_2 \times V_2}{A_1} = \dfrac{0.785 \times 0.1^2 \times 2\text{m/sec}}{0.785 \times 0.1^2} = 8\text{m/sec}$

보충 $\dfrac{\pi}{4} = 0.785$

문제 30

보일러 청관제의 역할에 해당되지 않는 것은?

① 관수의 pH 조정 ② 관수의 취출
③ 관수의 탈산소작용 ④ 관수의 경도성분 연화

해설 청관제의 역할
① 슬러지·스케일생성방지 ② 관수의 PH조정
③ 관수의 경도성분연화 ④ 관수의 탈산소 작용

문제 31

보일러가 과열이 되면 그 부분의 강도가 저하되는데 이것이 심한 경우에는 보일러의 압력에 못 견디어 안쪽으로 오므라드는 것을 압궤라 한다. 압궤를 일으킬 수 있는 부분이 아닌 것은?

① 수관 ② 연소실
③ 노통 ④ 연관

해설 팽출 일으키는 부분 : 수관, 보일러동저부
압궤 일으키는 부분 : 노통, 연소실, 관판

---

29. ④ 30. ② 31. ①

문제 32

표준대기압에 상당하는 수은주 및 수주(水柱)는?

① 750mmHg, 9.52mAq
② 760mmHg, 10.332mAq
③ 750mmHg, 10.332mAq
④ 760mmHg, 15.53mAq

해설 표준대기압
$1atm = 760mmHg = 76cmHg = 0.76mHg = 10.332mAq(mmH_2O)$
$= 1033.2cmH_2O = 10332mmAq(mmH_2O) = 1.0332kg/cm^2$
$= 1033.2g/cm^2 = 10332kg/m^2 = 30inHg = 14.7PSI(lb/in^2)$
$= 1.013bar = 1013mbar = 101325Pa = 101325N/m^2$
$= 101.325kPa = 0.10332MPa$

문제 33

보일러에서 2차 연소의 발생 원인으로 틀린 것은?

① 연도 등에 가스가 쌓이거나 와류의 가스포켓이나 모가 난 경우
② 불완전 연소의 비율이 크거나 무리한 연소를 한 경우
③ 연도나 연소실벽 등의 틈이나 균열이 생긴 곳에서 찬 공기가 스며드는 경우
④ 연도의 단면적이 급격히 변하는 경우나 곡부의 각도가 완만한 경우 또는 곡부의 수가 적은 경우

해설 2차 연소의 발생원인
① 연도나 연소실벽 등의 틈이나 균열이 생긴 곳에서 찬공기가 스며든 경우
② 불완전연소의 비율이 크거나 무리한 연소를 한 경우
③ 연도 등에 가스가 쌓이거나 와류의 가스켓이 모가 난 경우

문제 34

보일러 캐리오버(carry over)에 대한 설명으로 가장 옳은 것은?

① 보일러수 속의 유지류, 용해 고형물, 부유물 등의 농도가 높아지면서 드럼 수면에 안정한 거품이 발생하는 현상이다.
② 수분과 증기가 비등하는 프라이밍(priming) 현상이다.
③ 보일러수 중에 용해되어 있는 고형분이나 수분이 증기의 흐름에 따라 발생증기에 포함되어 분출되는 현상이다.
④ 보일러 수에 용해된 유지분 등이 동 내면에 고착하는 현상이다.

해답 32. ② 33. ④ 34. ③

해설 캐리오버(기수공발) : 증기 중에 수분이 포함되어 함께 이송되는 현상

문제 35 보일러의 내부부식 주요원인으로 볼 수 없는 것은?
① 급수 중에 유지류, 산류, 탄산가스, 염류 등의 불순물을 함유하는 경우
② 일반 전기배선에서의 누전으로 인하여 전류가 장시간 흐르는 경우
③ 연소가스 속의 부식성 가스에 의한 경우
④ 강재의 수축 표면에 녹이 생겨서 국부적으로 전위차가 발생하여 전류가 흐르는 경우

해설 내부부식의 주요원인
① 강재의 수축표면에 녹이 생겨서 국부적으로 전위차가 생겨 전류가 흐르는 경우
② 일반전기 배선에서의 누전으로 인하여 전류가 장시간 흐르는 경우
③ 급수중에 유지류, 산류, 탄산가스, 염류 등의 불순물을 함유하는 경우

문제 36 압력 10kgf/cm², 건도가 0.95인 수증기 1kg의 엔탈피는 약 몇 kcal/kg인가? (단, 10kgf/cm²에서 포화수의 엔탈피는 181.2kcal/kg, 포화증기의 엔탈피는 662.9kcal/kg 이다.)
① 457.6 ② 638.8
③ 810.9 ④ 1120.5

해설 수증기 1kg의 엔탈피
$(662.9 - 181.2) \times 0.95 + 181.2 = 638.815 \text{kcal/kg}$

문제 37 습증기(h), 포화증기(h'') 및 포화수(h')의 엔탈피를 서로 비교한 값이 옳게 표시된 것은?
① $h'' > h > h'$ ② $h > h'' > h'$
③ $h' > h > h''$ ④ $h > h' > h''$

해답 35. ③ 36. ② 37. ①

해설 엔탈피 비교값
과열증기 > 건포화증기 > 습포화증기 > 포화수

문제 38 보일러수의 용존산소를 화학적으로 제거하여 부식을 방지하는데 사용하는 약제가 아닌 것은?

① 탄닌
② 아황산나트륨
③ 히드라진
④ 고급지방산폴리아인

해설 용존산소제거
① 탄닌 ② 아황산소다 ③ 히드라진

문제 39 보일러 급수의 외처리의 종류에 해당되지 않는 것은?

① 여과법
② 약품처리법
③ 기폭법
④ 페인트도장법

해설 외처리의 종류
① 용존산소 제거법 ㉠ 탈기법 : CO_2, O_2 가스체제거
   ㉡ 기폭법 : Fe, Mn, CO_2, O_2 가스체제거
② 현탁질고형물 제거법 : ㉠ 침전법 ㉡ 여과법 ㉢ 응집법
③ 용해고형물 제거법 : ㉠ 이온교환법 ㉡ 약제법 ㉢ 증류법

문제 40 보일러에서 그을음 불어내기(soot blow)를 할 때 주의사항으로 틀린 것은?

① 그을음을 제거하는 시기는 부하가 가벼운 시기를 선택한다.
② 그을음 제거는 흡출통풍을 감소시킨 후 실시한다.
③ 한 장소에서 장시간 불어대지 않도록 한다.
④ 증기분사식 수트블로워는 증기를 분사하기 전에 배관을 충분히 예열하면서 응축수를 배출한다.

해답 38. ④ 39. ④ 40. ①

해설 슈트블로우시 주의사항
① 부하가 적거나(50%이하) 소화후 사용하지 말 것
② 한곳으로 집중적으로 사용함으로 전열면에 무리를 가하지 말 것
③ 그을음제거는 흡입통풍을 감소시킨 후 실시
④ 분출하기 전 연도내 배풍기를 사용 유인 통풍을 증가시킬 것
⑤ 분출기내의 응축수를 배출시킨 후 사용할 것
⑥ 증기분사식 슈트블로우는 증기를 분사하기 전 배관을 충분히 예열하면서 응축수를 배출한다.

문제 41 에너지이용합리화법상 에너지의 최저소비효율기준에 미달하는 효율관리기자재의 생산 또는 판매금지 명령을 위반한 자에 대한 벌칙은?

① 1년 이하의 징역 또는 1천만원 이하의 벌금
② 1천만원 이하의 벌금
③ 2년 이하의 징역 또는 2천만원 이하의 벌금
④ 2천만원 이하의 벌금

해설 1천만원 이하의 벌금
① 검사대상기기조종자를 선임하지 아니한 자
② 검사를 거부, 방해 또는 기피한자
2천만원 이하의 벌금 : 생산 또는 판매금지 명령위반한 자
1년 이하의 징역 또는 1천만원 이하의 벌금 :
① 검사대상기의 검사를 받지 아니한 자
② 검사에 합격하지 않은 검사대상기기 사용자

문제 42 다음 중 길이를 측정할 수 없는 것은?

① 버니어캘리퍼스 ② 깊이마이크로미터
③ 다이얼게이지 ④ 사인바

해설 길이 측정
① 다이얼게이지
② 버니어캘리퍼스
③ 깊이마이크로미터

해답 41. ④ 42. ④

문제 43
온수귀환방식 중 역귀환 방식에 관한 설명으로 옳은 것은?

① 배관길이를 짧게 하여 온수공급거리에 따라 보일러에서 가까운 곳과 먼 곳의 방열기 온도차를 늘리는 방식이다.
② 방열기를 통과한 귀환온수가 순차적으로 보일러에 귀환하여 가까운 곳과 먼 곳의 방열기 온도차를 늘리는 방식이다.
③ 각 방열기에 공급되는 유량분배에 차등을 두어 가까운 곳과 먼 곳의 방열기 온도차를 줄이는 방식이다.
④ 각 방열기에 공급되는 유량분배를 균등하게 하여 가까운 곳과 먼 곳의 방열기 온도차를 줄이는 방식이다.

해설 **역귀환방식**(리버스리턴방식) : 각 방열기에 공급되는 유량분배를 균등하게 하여 가까운 곳과 먼 곳의 방열기 온도차를 줄이는 방식

문제 44
다음 중 배관의 신축 이음쇠의 종류가 아닌 것은?

① 벨로스형 신축 이음쇠　② 스프링형 신축 이음쇠
③ 루프형 신축 이음쇠　　④ 슬리브형 신축 이음쇠

해설 **신축이음의 종류**
① 루우프형 : ㉠ 고압증기의 옥외배관사용
　　　　　　㉡ 응력이 생김
　　　　　　㉢ 곡률반경은 관지름의 6배 이상
② 슬리이브형
③ 벨로우즈형 : 응력이 생기지 않는다.
④ 스위블형 : ㉠ 방열기용
　　　　　　㉡ 나사의 회전에 의해 신축 흡수

문제 45
관의 분해 · 수리 · 교체가 필요할 때 사용되는 배관 이음쇠는?

① 소켓　　　　　　② 티
③ 유니언　　　　　④ 엘보

해설 **유니온** : 관의, 분해, 수리, 교체시 사용

해답　43. ④　44. ②　45. ③

문제 46

에너지사용량이 대통령령으로 정하는 기준량 이상이 되는 에너지다소비사업자가 신고해야 하는 사항으로 틀린 것은?

① 전년도의 에너지 사용량·제품생산량
② 해당년도의 에너지사용예정량·제품생산예정량
③ 해당년도의 에너지이용합리화 실적 및 전년도의 계획
④ 에너지사용기자재의 현황

해설 에너지다소비업자가 신고해야 하는 사항
① 전년도의 에너지 사용량, 제품생산예정량
② 해당연도의 에너지 사용예정량, 제품생산예정량
③ 에너지사용기자재의 현황

문제 47

유리섬유 보온재의 특성 설명으로 틀린 것은?

① 물 등에 의하여 화학작용을 일으키지 않으므로 단열·내열·내구성이 좋다.
② 섬유가 가늘고 섬세하게 밀집되어 다량의 공기를 포함하고 있으므로 보온효과가 좋다.
③ 순수한 유기질의 섬유제품으로서 불에 타지 않는다.
④ 가볍고 유연하여 작업성이 좋으며, 칼이나 가위 등으로 쉽게 절단되므로 작업이 용이하다.

해설 불에 탄다.

문제 48

스테인리스강관의 특성 설명으로 틀린 것은?

① 내식성이 우수하여 계속 사용시 내경의 축소, 저항증대 현상이 없다.
② 위생적이어서 적수, 백수, 침수의 염려가 없다.
③ 강관에 비해 기계적 성질이 우수하다.
④ 고온 충격성이 크고 한랭지 배관이 불가능하다.

해답 46. ③ 47. ③ 48. ④

> **해설** **스텐레스강의 특성**
> ① 한랭지 배관에 사용가능
> ② 강관에 비해 기계적 성질이 우수하다.
> ③ 내식성이 우수하여 계속 사용시 내경의 축소 저항증대현상이 없다.
> ④ 위생적이어서 적수, 백수, 천수의 염려가 없다.

문제 49 검사기관의 장은 검사대상기기인 보일러의 검사를 받는 자에게 그 검사의 종류에 따라 필요한 사항에 대한 조치를 하게 할 수 있다. 그 조치에 해당되지 않는 것은?

① 기계적 시험의 준비
② 비파괴 검사의 준비
③ 조립식인 검사대상기기의 조립 해체
④ 단열재의 열전도 시험의 준비

> **해설** **검사의 조치**
> ① 조립식인 검사대상기기의 조립해체
> ② 비파괴 검사의 준비
> ③ 기계적 시험의 준비

문제 50 방청안료 중 색깔이 적등색이고 내산성이 양호하며, 내알칼리성, 내열성이 우수한 것은?

① 염산칼슘
② 연단
③ 이산화연
④ 아연분말

문제 51 연납용으로 사용되는 용제가 아닌 것은?

① 염산
② 염화아연
③ 인산
④ 붕산

해답 49. ④ 50. ② 51. ③

> **해설** 연납용으로 사용되는 용제
> ① 염산   ② 인산   ③ 염화아연   ④ 염화암모니아
> 경납용으로 사용되는 용제
> ① 붕산   ② 붕사   ③ 염화나트륨   ④ 염화리튬
> ⑤ 산화제1구리   ⑥ 빙정석

문제 52 배관의 상부에서 관을 지지하는 것으로, 관의 상하방향이동을 허용하면서 일정한 힘으로 관을 지지하는 것은?

① 콘스턴트 행거   ② 리지드 행거
③ 리스트레인트   ④ 롤러 서포트

> **해설** 행거(hanger)
> ① 스프링행거
> ② 리지드행거
> ③ 콘스탄트행거 : 관의 상·하 방향이동을 허용하면서 일정한 힘으로 관을 지지하는 것

문제 53 보기와 같은 배관라인의 정투영도(평면도)를 입체적인 등각도로 표시한 것으로 가장 적합한 것은?

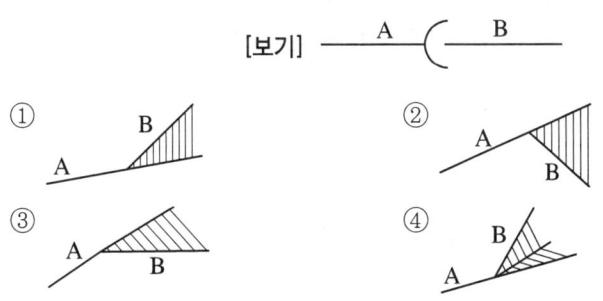

문제 54 저온 배관용 탄소 강관의 KS 기호는?

① SPLT   ② STLT
③ STLA   ④ SPHA

52. ①   53. ①   54. ①

해설 배관용강관
① SPP(배관용 탄소강관) 사용압력이 $10kg/cm^2$ 이하인 증기, 기름, 물 배관에 사용
② SPPS(압력배관용 탄소강관) 사용압력이 $10kg/cm^2$ 이상 $100kg/cm^2$ 미만
③ SPPH(고압배관용 탄소강관) 사용압력이 $100kg/cm^2$ 이상 사용
④ SPLT(저온배관용 탄소강관) 빙점이하의 관사용
⑤ SPHT(고온배관용 탄소강관) 350℃ 이상시 사용
⑥ SPA(배관용합금강강관)

문제 55

관리도에서 점이 관리한계 내에 있으나 중심선 한쪽에 연속해서 나타나는 점의 배열현상을 무엇이라 하는가?

① 연 ② 경향
③ 산포 ④ 주기

해설 연 : 관리도에서 점이 관리한계내에 있으나 중심선 한쪽에 연속해서 나타나는 점의 배열현상

문제 56

로트의 크기 30, 부적합품률이 10%인 로트에서 시료의 크기를 5로 하여 랜덤 샘플링할 때, 시료 중 부적합 품수가 1개 이상일 확률은 약 얼마인가? (단, 초기하분포를 이용하여 계산한다.)

① 0.3695 ② 0.4335
③ 0.5665 ④ 0.6305

해설 확률 $= 1 - \dfrac{25 \times 24 \times 23}{30 \times 29 \times 28} = 0.4335$

문제 57

다음 중 브레인스토밍(Brainstorming)과 가장 관계가 깊은 것은?

① 파레토도 ② 히스토그램
③ 회귀분석 ④ 특성요인도

해설 브레인스토밍과 관계 : 특성요인도

해답 55. ① 56. ② 57. ④

작업개선을 위한 공정분석에 포함되지 않는 것은?

① 제품 공정분석　　② 사무 공정분석
③ 직장 공정분석　　④ 작업자 공정분석

해설 작업개선을 위한 공정분석
① 작업자공정분석
② 사무공정분석
③ 제품공정분석

로트의 크기가 시료의 크기에 비해 10배 이상 클 때, 시료의 크기와 합격판정개수를 일정하게 하고 로트의 크기를 증가시키면 검사특성곡선의 모양 변화에 대한 설명으로 가장 적절한 것은?

① 무한대로 커진다.
② 거의 변화하지 않는다.
③ 검사특성곡선의 기울기가 완만해진다.
④ 검사특성곡선의 기울기 경사가 급해진다.

과거의 자료를 수리적으로 분석하여 일정한 경향을 도출한 후 가까운 장래의 매출액, 생산량 등을 예측하는 방법을 무엇이라 하는가?

① 델파이법　　② 전문가패널법
③ 시장조사법　　④ 시계열분석법

해설 **시계열분석법** : 과거의 자료를 수리적으로 분석하여 일정한 경향을 도출한 후 가까운 장래의 매출액, 생산량 등을 예측하는 방법

58. ③　59. ②　60. ④

제 3 부 필기 기출문제

에너지관리기능장 필기
CBT 시행
2021년도 제 69 회

본 문제는 복원 기출문제입니다. 실제 문제와 다를 수 있으니 양해바랍니다.

문제 01

연돌의 높이가 20m이고, 0℃, 1atm에서 배기가스의 비중량이 1.2kg/Nm³이고 배기가스 온도가 220℃, 외기비중량이 1.1kg/Nm³인 경우에 이론 통풍력은 약 몇 mmAq인가?

① 0.7
② 4.4
③ 8.7
④ 12.6

해설 이론통풍력$(Z) = 273H\left(\dfrac{ra}{Ta} - \dfrac{ra}{Tg}\right)$

$= 273 \times 20 \left(\dfrac{1.1}{273+0} - \dfrac{1.2}{273+220}\right)$

$= 8.7 \text{mmAq}$

문제 02

1보일러 마력을 설명한 것으로 옳은 것은?

① 1시간에 0℃의 물 15.65kg을 같은 온도의 증기로 변화시킬 수 있는 능력
② 1시간에 100℃의 물 15.65kg을 같은 온도의 증기로 변화시킬 수 있는 능력
③ 1시간에 100℃의 수증기 15.65kg을 포화증기로 변화시킬 수 있는 능력
④ 1시간에 0℃의 물 15.65kg을 건포화 증기로 변화시킬 수 있는 능력

해설 **1보일러 마력**
① 상당증발량이 15.65kg을 1시간에 증발시킬 수 있는 능력으로서 열량으로는 8435kcal/h이다.
② 1시간에 100℃의 물 15.65kg을 포화증기로 변화시킬 수 있는 능력

해답 01. ③ 02. ②

03 스프링식 안전밸브 중 동일분출 면적에서 분출량이 큰 순서로 된 것은?

① 전량식 > 전 양정식 > 고 양정식 > 저 양정식
② 전 양정식 > 전량식 > 고 양정식 > 저 양정식
③ 고 양정식 > 저 양정식 > 전 양정식 > 전량식
④ 고 양정식 > 전 양정식 > 전량식 > 저 양정식

해설 분출량

① 전양식 $(W) = \dfrac{(1.03P+1)AS}{2.5}$ ② 전 양정식 $(W) = \dfrac{(1.03P+1)AS}{5}$

③ 고 양정식 $(W) = \dfrac{(1.03P+1)AS}{10}$ ④ 저 양정식 $(W) = \dfrac{(1.03P+1)AS}{2.2}$

04 보일러 자동제어에서 연소제어의 조작량과 제어량에 해당하지 않는 것은?

① 증기압력   ② 노내압력
③ 연소가스량   ④ 증기온도

해설 제어량과 조작량의 관계

제어	제어량	조작량
STC	과열증기온도	전열량
FWC	보일러수위	급수량
ACC	증기압력계제어	연료량, 공기량
	노내압력계제어	연소가스량, 송풍량

05 전열면적이 12m²인 온수발생 보일러의 방출관의 안지름 크기는?

① 15mm 이상   ② 20mm 이상
③ 25mm 이상   ④ 30mm 이상

해설 방출관의 안지름

① 전열면적 10m² 미만 : 25A 이상
② 전열면적 10m² 이상 15m² 미만 : 30A 이상
③ 전열면적 15m² 이상 20m² 미만 : 40A 이상
④ 전열면적 20m² 이상 : 50A 이상

해답 03. ① 04. ④ 05. ④

KS에서 규정한 열정산의 조건에 대한 설명 중 틀린 것은?

① 전기에너지는 1kW당 539kcal/h로 환산한다.
② 보일러의 효율산정방식은 입출열법과 열손실법으로 실시한다.
③ 증기의 건도는 98% 이상인 경우에 시험함을 원칙으로 한다.
④ 열정산의 기준온도는 시험시의 외기온도를 기준으로 한다.

해설 전기에너지는 1kW당 860kcal/h이다.

중유가 석탄에 비해서 우수한 점을 설명한 것으로 틀린 것은?

① 중유의 발열량은 석탄에 비해서 높다.
② 중유는 석탄보다 운반과 저장이 어렵다.
③ 중유는 석탄보다 완전연소하기 쉬워서 열효율이 높다.
④ 중유는 석탄보다 연소의 조절이 쉽다.

해설 중유는 석탄보다 운반과 저장이 쉽다.

문제 08

과열기에 대한 다음 설명 중 틀린 것은?

① 과열증기의 단점은 부하변화에 대한 온도 조절이 곤란하고 열량 손실이 많다.
② 과열증기 사용 시 관내 부식방지 및 마찰저항을 감소시킬 수 있다.
③ 과열증기는 발색포화증기의 압력변화 없이 온도만 높인 증기이다.
④ 과열기의 종류는 번열방식에 따라 병류형, 향류형, 혼류형이 있다.

해설 **과열기의 종류**
① 전열방식에 따른 분류 : ㉠ 접촉(대류)과열기
                          ㉡ 복사(방사)과열기
                          ㉢ 접촉, 복사(대류, 방사)과열기
② 열가스 흐름에 의한 분류 : ㉠ 병류형 ㉡ 혼류형 ㉢ 향류형

06. ① 07. ② 08. ④

문제 09. 보일러에 설치하는 압력계의 검사시기가 맞지 않은 것은?

① 신설보일러의 경우 압력이 오른 후에 검사한다.
② 점화전이나 교체 후에 검사한다.
③ 프라이밍이나 포밍이 일어날 때나 의심이 날 때 검사한다.
④ 부르동관이 높은 열에 접촉했을 때 검사한다.

해설 **압력계검사시기**
① 신설보일러의 경우 압력이 오르기 전에 검사한다.
② 점화전이나 교체 후에 검사한다.
③ 프라이밍이나 포밍이 일어날 때나 의심이 날 때 검사한다.
④ 부르동관이 높은 열에 접촉 시 검사
⑤ 두 개의 압력계 지시도가 다를 때

문제 10. 보일러 분출장치의 설치목적으로 가장 거리가 먼 것은?

① 전열면에 스케일 생성을 방지한다.
② 관수의 신진대사를 원활하게 하여 대류열을 향상시킨다.
③ 수면계 파손을 방지한다.
④ 관수의 불순물 농도를 한계값 이하로 유지한다.

해설 **분출목적**
① 관수농축방지 ② 관수 pH조절
③ 슬러지, 스케일 생성방지 ④ 프라이밍, 포밍 발생방지
⑤ 부식방지 ⑥ 가성취화방지

문제 11. 집진장치의 종류 중 습식 집진장치에 속하는 것은?

① 관성력식 ② 중력식
③ 원심력식 ④ 회전식

해설 **습식 집진장치**
① 세정식 : ㉠ 유수식 ㉡ 회전식
② 가압수식 : ㉠ 벤츄리스크레버 ㉡ 사이클론스크레버 ㉢ 충전탑

해답 09. ① 10. ③ 11. ④

문제 12

방열관의 입구, 출구의 높이차가 500mm이고 입구의 온도 60℃, 출구의 온도 50℃일 때 방열관에서 순환수두는 약 얼마인가?(단, 50℃의 비중이 0.9784이고, 60℃의 비중은 0.9684이다.)

① 3mmH₂O ② 4mmH₂O
③ 5mmH₂O ④ 6mmH₂O

해설

$$순환수두 = 500\text{mmH}_2\text{O} \times \left(\frac{1}{0.9684} - \frac{1}{0.9784}\right)$$
$$= 5.277\text{mmH}_2\text{O}$$

문제 13

보일러제조기술규격에서 노통연관보일러 및 수평노통보일러의 상용수위는 동체 중심선으로부터 동체 반지름의 몇 % 이하로 정하고 있는가?

① 70 ② 80
③ 75 ④ 65

해설 노통연관보일러 및 수평노통보일러의 상용수위는 동체 중심선에서부터 동체 반지름의 65% 이하로 정함

문제 14

난방부하를 감소시키기 위한 방법으로 옳지 않은 것은?

① 창문을 복층유리로 시공한다.
② 열공급 보일러의 효율을 높이는 노력을 한다.
③ 난방장소의 공기누출 유입을 최소화 시킨다.
④ 공급 열원과 사용처의 특성을 고려한 난방방식을 채택한다.

해설 난방부하를 감소시키기 위한 방법
① 공급 열원과 사용처의 특성을 고려한 난방방식을 채택
② 난방장소의 공기누출 유입을 최소화 시킨다.
③ 창문을 복층유리로 시공한다.

해답 12. ③ 13. ④ 14. ②

문제 15

고압기류식 분무버너의 특성 설명으로 가장 옳은 것은?

① 연료유의 점도가 크면 비교적 무화가 곤란하다.
② 연소 시 소음의 발생이 적다.
③ 유량 조절범위가 1 : 3정도로 좁다.
④ 공기 또는 증기를 분사시켜 기름을 무화하는 방식이다.

해설 고압기류식 버너의 특징
① 유량 조절범위가 1 : 10으로 넓다.
② 공기 또는 증기를 분사시켜 기름을 무화하는 방식
③ 연소 시 소음의 발생이 크다.
④ 연료의 점도가 커도 무화 양호

문제 16

터보형 송풍기가 장착된 보일러에서 풍량조절 방법이 아닌 것은?

① 댐퍼의 조절에 의한 방법
② 회전수 변화에 의한 방법
③ 송풍기 깃(vane)의 수량조절에 의한 방법
④ 흡입베인의 개도에 의한방법

해설 터보형 송풍기의 풍량조절 방법
① 흡입베인의 개도에 의한 방법 ② 회전수 변화에 의한 방법
③ 댐퍼의 조절에 의한 방법

문제 17

고체 및 액체연료 1kg에 대한 공기량(Nm^3)의 체적을 구하는 식은?
(단, C : 탄소, H : 수소, O : 산소, S : 황)

① $\dfrac{1}{0.21}(1.867C + 5.6H - 0.7O + 0.7S)$

② $\dfrac{1}{0.21}(1.687C + 5.6H - 0.7O + 0.7S)$

③ $\dfrac{1}{0.21}(1.867C + 6.5H - 5.6O + 0.7S)$

④ $\dfrac{1}{0.21}(1.767C + 8.5H - 0.7O + 0.7S)$

해답 15. ④ 16. ③ 17. ①

문제 18 다음 매연농도율을 구하는 공식에서 ( )안에 적합한 값은?

$$매연농도율(\%) = \frac{총매연농도값 \times (\ )}{총측정시간(분)}$$

① 5 ② 10
③ 15 ④ 20

해설 매연농도율 = $\dfrac{총매연농도치}{총측정시간} \times 20$

문제 19 강관이나 알루미늄 판에 강관이나 동관 등을 용접 또는 철물을 사용하여 부착하고 배면에는 단열재를 붙여 열손실을 방지하도록 하며 일정한 규격의 제품을 조합하여 복사면을 구성하도록 한 방식은?

① 파이프매설식 ② 유닛패널식
③ 덕트식 ④ 벽패널식

해설 유닛패널식 : 강관이나 알루미늄 판에 강관이나 동관 등을 용접 또는 철물을 사용하여 부착하고 배면에는 단열재를 붙여 열손실을 방지하도록 하며 일정한 규격의 제품을 조합하여 복사면을 구성하도록 한 방식

문제 20 증기난방에서 사용되는 장치 및 기기가 아닌 것은?

① 증기보일러 ② 응축수탱크
③ 트랩 ④ 팽창탱크

해설 증기난방에 사용
① 증기트랩 ② 응축수탱크 ③ 증기보일러
④ 안전밸브 ⑤ 기수분리기 ⑥ 증기헷더 등

해답 18. ④ 19. ② 20. ④

문제 21 보일러 난방기구인 방열기에 대한 설명 중 틀린 것은?

① 방열기의 호칭은 종별 – 형 × 절수(쪽수, 섹션수)로 표시한다.
② 주형 방열기에는 2세주, 3세주, 4세주형의 3종류가 있다.
③ 벽걸이형 방열기는 벽면과 50~60mm 정도 간격을 두어 설치하는 것이 좋다.
④ 증기방열기의 표준상태에서 발생하는 표준방열량은 650[kcal/m²h]이다.

해설 주형방열기
① 2주형 : Ⅱ   ② 3주형 : Ⅲ
③ 3세주형 : 3   ④ 5세주형 : 5
⑤ W-H : 벽걸이형 수평형   ⑥ W-V : 벽걸이형 수직형

문제 22 다음 중 지역난방의 특징 설명으로 틀린 것은?

① 에너지를 효율적으로 이용할 수 있다.
② 연료비와 인건비를 줄일 수 있다.
③ 열효율이 낮아 비경제적이다.
④ 각 건물의 난방운전이 합리적으로 된다.

해설 지역난방의 특징
① 열효율이 좋아 경제적이다.
② 연료비와 인건비를 줄일 수 있다.
③ 에너지를 효율적으로 이용할 수 있다.
④ 각 건물의 난방운전이 합리적으로 된다.

문제 23 방출밸브를 밀폐식 구조로 하든가 보일러 밖의 안전한 장소에 방출시킬 수 있는 구조를 갖추어야 하는 보일러는?

① 라몬트 보일러   ② 열매체 보일러
③ 노통연관 보일러   ④ 벤슨 보일러

21. ② 22. ③ 23. ②

[해설] 열매체 보일러: 방출밸브를 밀폐식 구조로 하든가 보일러 밖의 안전한 장소에 방출시킬 수 있는 구조
종류: ① 수은 ② 다우삼 ③ 카네크롤 ④ 모빌섬 ⑤ 세큐리터53

 **문제 24** 보일러 수중의 용존 가스를 제거하는 장치는?

① 저면 분출장치 ② 표면 분출장치
③ 탈기기 ④ pH 조정장치

[해설] 수중의 용존가스를 제거하는 장치 : 탈기기

 **문제 25** 보일러의 전열면의 고온부식을 일으키는 연료의 주성분은?

① O_2(산소) ② H_2(수소)
③ S(유황) ④ V(바나듐)

[해설] 저온부식 : 황, 이산화황, 무수황산, 황산
고온부식 : 바나듐, 오산화바나듐

 **문제 26** 일의 열당량(熱當量)의 값으로 옳은 것은?

① $\dfrac{1}{427}$ kcal/kg·m ② $\dfrac{1}{427}$ kg·m/kcal
③ 427 dyne/kg ④ 427 kcal/kg

[해설] 일의 열당량 $= \dfrac{1\,\text{kcal}}{427\,\text{kg}\cdot\text{m}}$
열의 일당량 $= \dfrac{427\,\text{kg}\cdot\text{m}}{1\,\text{kcal}}$

 해답 24. ③ 25. ④ 26. ①

 보일러 안전밸브의 증기누설 원인으로 가장 적합한 것은?

① 배관이 지나치게 길 때
② 압력이 지나치게 낮을 때
③ 밸브디스크와 시트 사이에 이물질이 있을 때
④ 급수펌프의 압력이 높을 때

해설 안전밸브의 증기누설 원인
① 스프링 장력 감쇄시
② 조정압력이 낮은 경우
③ 밸브디스크와 시트사이에 이물질이 있을 때
④ 밸브축이 이완된 경우
⑤ 밸브가공 불량시

 뉴턴(Newton)의 점성법칙과 관계가 있는 사항으로만 구성된 것은?

① 점성계수, 온도 ② 동점성계수, 시간
③ 속도기울기, 점성계수 ④ 압력, 점성계수

해설 뉴턴의 점성법칙 $(\tau) = \mu \dfrac{du}{dy}$

여기서, μ : 전단응력 점성계수, $\dfrac{du}{dy}$: 속도계수

 다음 중 온실가스가 아닌 것은?

① 이산화탄소(CO_2) ② 메탄(CH_4)
③ 수소불화탄소(HFCs) ④ 에탄(C_2H_6)

해설 온실가스
① 수소불화탄소(HFCs) ② 이산화탄소 ③ 메탄

해답 27. ③ 28. ③ 29. ④

문제 30

증기의 건도가 0인 상태는?

① 포화수 ② 포화증기
③ 습증기 ④ 건증기

해설 증기의 건도 ① 포화수 : 0
② 습포화증기 : 0~0.999
③ 건포화증기 : 1

문제 31

직경 20cm인 원관 속을 속도 7.3m/s로 유체가 흐를 때 유량은 약 m³/s인가?

① $0.23 m^3/s$ ② $13.76 m^3/s$
③ $51.1 m^3/s$ ④ $3.67 m^3/s$

해설 $Q = A \times V = 0.785 \times 0.2^2 \times 7.3 = 0.229 m^3/sec$

문제 32

스테판-볼츠만의 법칙을 올바르게 설명한 것은?

① 완전흑체 표면에서의 복사열 전달열은 절대온도의 4승에 비례한다.
② 완전흑체 표면에서의 복사열 전달열은 절대온도의 4승에 반비례한다.
③ 완전흑체 표면에서의 복사열 전달열은 절대온도의 2승에 비례한다.
④ 완전흑체 표면에서의 복사열 전달열은 절대온도에 반비례한다.

해설 스테판-볼츠만의 법칙 : 완전흑체 표면에서의 복사열 전달열은 절대온도의 4승에 비례한다.

문제 33

절대온도(K)는 섭씨온도(℃)에 얼마를 더하는가?

① 32 ② 273
③ 212 ④ 460

해설 °K = ℃ + 273   °R = °F + 460

해답 30. ① 31. ① 32. ① 33. ②

문제 34

연소실에서 가마울림 현상(연소진동)이 발생하는 경우 그 방지대책으로 틀린 것은?

① 2차공기의 가열통풍의 조절방식을 개선한다.
② 연소실 내에서 완전 연소시킨다.
③ 연소실과 연도의 구조를 개선하다.
④ 수분이 많은 연료를 사용한다.

해설 가마울림의 방지대책
① 수분이 없는 연료를 사용한다.
② 연소실과 연도의 구조를 개선하다.
③ 연소실 내에서 완전 연소시킨다.
④ 2차공기의 가열통풍의 조절방식을 개선한다.

문제 35

신설 보일러의 청정화를 도모할 목적으로 행하는 소다 끓이기에서 사용하는 약품이 아닌 것은?

① 수산화나트륨　　② 아황산나트륨
③ 탄산나트륨　　　④ 탄산칼슘

해설 소다 끓이기(소다보링)에 사용하는 약품
① 탄산나트륨　② 아황산나트륨　③ 수산화나트륨

문제 36

보일러에 나타나는 부식 중 연료 내의 황분이나 회분 등에 의해 발생하는 것은?

① 내부부식　　② 외부부식
③ 전면부식　　④ 점식

해설 외부부식(고온부식, 저온부식)
연료 내의 황분이나 회분 등에 의해 발생하는 것

34. ④　35. ④　36. ②

문제 37

열역학 제2법칙을 옳게 설명한 것은?

① 열은 그 자신만으로는 저온의 물체로부터 고온의 물체로 이동될 수 없다.
② 어떤계 내에서 물체의 상태변화 없이 절대온도 변화시킬 수 없다.
③ 열을 전부 일로 바꿀 수 있고, 일은 열로 전부 변화시킬 수 없다.
④ 에너지는 소멸하지 않고 형태만 바뀐다.

해설 **열역학 제1법칙** : 일은 열로 바꿀 수 있고 열도 일로 바꿀 수 있다.
열역학 제2법칙 : 열은 그 자신만으로는 저온의 물체로부터 고온의 물체로 이동될 수 없다.
열역학 제3법칙 : 어떤계 내에서 물체의 상태변화 없이 절대온도 0°K에 도달할 수 없다는 법칙

문제 38

보일러 수의 관내처리를 위하여 투입하는 청관제의 사용목적과 무관한 것은?

① pH조정
② 탈산소
③ 가성취화 방지
④ 기포발생 촉진

해설 **청관제의 사용목적**
① pH조정 ② 연화제 ③ 탈산소제
④ 가성취화 방지제 ⑤ 슬러지 생성제

문제 39

액체 속에 잠겨있는 곡면에 작용하는 수평분력의 크기는?

① 곡면의 수직상방에 실려 있는 액체의 무게와 같다.
② 곡면에 의해 배제된 액체의 무게와 같다.
③ 곡면의 중심에서의 압력과 면적과의 곱과 같다.
④ 곡면의 수평투영 면적에 작용하는 전압력과 같다.

해설 액체 속에 잠겨있는 곡면에 작용하는 **수평분력의 크기**곡면의 수평투영 면적에 작용하는 전압력과 같다.

해답 37. ① 38. ④ 39. ④

문제 40

수격작용(Water hammer)을 방지하기 위한 조치사항으로 틀린 것은?

① 비수방지관을 설치한다.
② 약품주입내관을 설치한다.
③ 증기트랩을 설치한다.
④ 증기배관의 보온처리를 철저히 한다.

해설 수격작용방지법
① 주증기 밸브서개
② 증기트랩설치
③ 증기관 보온한다.
④ 관의 기울기를 준다.
⑤ 비수방지관, 기수분리기설치

문제 41

에너지이용합리화법시행령에서 정하는 진단기관이 보유하여야 하는 장비와 기술인력의 지정기준에 대한 설명이 틀린 것은?

① 적외선 열화상카메라는 1종은 1대 이상 보유하며 2종은 해당되지 않는다.
② 초음파유량계는 1종은 2대 이상 보유하며 2종은 1대 이상 보유한다.
③ 기술인력은 해당 진단기관의 상근 임원이나 직원이어야 한다.
④ 1인이 2종류 이상의 자격증을 취득한 경우에는 2종류 모두 기술능력을 갖춘 것으로 본다.

문제 42

배관의 지지장치에 대한 설명으로 맞는 것은?

① 배관의 중량을 지지하기 위하여 달아매는 것을 써포트(support)라고 한다.
② 배관의 중량을 아래에서 위로 떠받치는 것을 가이드(guide)라고 한다.
③ 관의 회전을 구속하기 위하여 사용하는 것을 브레이스(brace)라고 한다.
④ 배관 지지점에서의 이동 및 회전을 방지하기 위해 지지점 위치에 완전히 고정할 때 사용하는 것을 앵커(anchor)라고 한다.

해답 40. ② 41. ④ 42. ④

해설 **앵커** : 배관 지지점에서의 이동 및 회전을 방지하기 위해 지지점 위치에 완전히 고정시 사용
서포트 : 배관의 중량을 아래에서 위로 떠받치는 것
행거 : 배관의 중량을 지지하기 위하여 달아매는 것
가이드 : 회전을 제한하거나 축방향의 이동을 허용하며 직각방향으로 구속하는 장치
스톱 : 배관의 일정한 방향과 회전만 구속하고 다른 방향은 자유롭게 이동하게 하는 장치

문제 43 담금질한 강에 강인성을 부여하기 위해 A_1 변태점 이하의 일정온도에서 가열하는 열처리 방법은?

① 표면경화법 ② 풀림
③ 불림 ④ 뜨임

해설 **열처리**
① 뜨임 : 담금질한 강에 강인성을 부여하기 위해 A_1 변태점 이하의 일정온도에서 가열법
② 풀림 : 재질의 연화를 목적으로 일정시간 가열 후 노내에서 서냉 내부응력 및 잔류응력 제거
③ 불림 : 강을 표준상태로 하기 위하여 가공조직의 균일화 결정립의 미세화, 기계적 성질의 향상을 목적으로 실시
④ 담금질 : 강을 A_3 변태 및 A_1선 이상 30~50℃ 로 가열한 후 물 또는 기름으로 급랭하는 방법으로 경도 및 강도 증가

문제 44 관 공작용 공구 중 동관용 공구가 아닌 것은?

① 사이징 툴 ② 턴핀
③ 익스팬더 ④ 튜브커터

해설 **동관용 공구**
① 익스팬더(확관기) ② 튜브커터 튜브벤더 ③ 사이징투울
④ 플레어링투울

해답 43. ④ 44. ②

문제 45

온수 귀환 방식에서 각 방열기에 공급되는 유량분배를 균등히 하여 전후방 방열기의 온도차를 최소화시키는 방식으로 환수배관의 길이가 길어지는 단점이 있는 방식은?

① 역귀환 방식
② 강제귀환 방식
③ 중력귀환 방식
④ 팽창귀환 방식

해설 **역귀환 방식**(리버스리턴방식)
각 방열기에 공급되는 유량분배를 균등히 하여 전후방 방열기의 온도차를 최소화시키는 방식이므로 환수배관의 길이가 길어지는 단점이 있는 방식

문제 46

부정형 내화물에 해당되는 것은?

① 플라스틱 내화물
② 마그네시아 내화물
③ 규석질 내화물
④ 탄소 규소질 내화물

해설 **부정형 내화물**
플라스틱 내화물, 내화 모르타르, 캐스터블 내화물, 경량 캐스터블 등

문제 47

다음 중 증기트랩에 속하지 않는 것은?

① 기계식 트랩
② 박스 트랩
③ 온도조절식 트랩
④ 열역학식 트랩

해설 **증기트랩**
① 기계식 트랩 : 포화수와 포화증기의 비중차 이용(버킷트, 플로우트)
② 온도조절식 트랩 : 포화수와 포화증기의 온도차 이용(바이메탈, 벨로우즈)
③ 열역학식 트랩 : 포화수와 포화증기의 열역학적 특성차 이용(오리피스, 디스크)

해답 45. ① 46. ① 47. ②

문제 48

증기용으로 사용하는 파일럿식 감압밸브의 최대 감압비는 어느 정도인가?

① 2 : 1
② 5 : 1
③ 10 : 1
④ 15 : 1

[해설] 증기용으로 사용하는 파일럿식 감압밸브의 최대 감압비
10 : 1

문제 49

저항용접 시 주의사항으로 틀리는 것은?

① 모재 접합부에 불순물이 없을 것
② 냉각수의 순환이 충분할 것
③ 모재의 형상두께에 맞는 전극을 채택할 것
④ 전극부의 접촉저항이 클 것

[해설] 저항용접 시 주의사항
① 전극부의 접촉저항이 적을 것
② 모재의 형상두께에 맞는 전극을 채택할 것
③ 냉각수의 순환이 충분할 것
④ 모재 접합부에 불순물이 없을 것

문제 50

보일러에서 발생한 증기는 주증기 헤더를 통해서 각 사용처에 공급된다. 증기헤더의 설치목적으로 가장 적당한 것은?

① 각 사용처에 양질의 증기를 안정적으로 공급하기 위하여
② 보일러실 근무자가 스팀 사용량을 통제하여 보일러를 보호하기 위하여
③ 발생 증기의 1차 저장기능을 가지기 위하여
④ 증기의 압력을 자동으로 조정하여 일정하게 저장하기 위하여

[해설] 증기헷더의 설치목적
각 사용처에 양질의 증기를 안정적으로 공급하기 위하여

48. ③ 49. ④ 50. ①

2021년 제 69 회

문제 51 한지를 여러 겹 붙여서 일정한 두께로 하여 내유 가공한 오일시트 패킹이 주로 쓰이며 내유성이 있으나 내열도가 작은 플랜지 패킹은?

① 식물성 섬유제 ② 동물성 섬유제
③ 고무 패킹   ④ 광물성 섬유제

해설 한지를 여러 겹 붙여서 일정한 두께로 하여 내유 가공한 오일시트 패킹이 주로 쓰이며 내유성이 있으나 내열도가 작은 플랜지 패킹 : **식물성 섬유제**

문제 52 검사대상기기의 검사의 종류에 따른 검사유효기간이 잘못 된 것은?

① 계속사용 안전검사 : 압력용기 유효기간은 2년
② 계속사용 운전성능검사 : 보일러 유효기간은 1년
③ 설치장소 변경검사 : 보일러 유효기간은 2년
④ 개조검사 : 압력용기 및 철금속가열로 유효기간은 2년

해설 설치장소 변경검사 : 유효기간 1년

문제 53 강관의 종류에 따른 KS규격 기호가 잘못된 것은?

① 압력배관용 탄소강관 : SPPS
② 고온배관용 탄소강관 : SPHT
③ 보일러 및 열교환기용 탄소강관 : STBH
④ 고압배관용 탄소강관 : SPTP

해설 **강관의 종류**
① SPPH(고압배관용탄소강관) : 사용압력이 $100kg/cm^2$ 이상시 사용
② SPHT(고온배관용탄소강관) : 350℃ 이상시 사용
③ SPPS(압력배관용탄소강관) : 사용압력이 $10kg/cm^2$ 이상 $100kg/cm^2$ 미만
④ SPP(배관용탄소강관) : 사용압력이 $10kg/cm^2$ 미만인 증기, 기름, 물 배관에 사용
⑤ SPLT(저온배관용탄소강관) : 빙점 이하의 관에 사용
⑥ STBH(보일러 열교환기용 탄소강관)

해답 51. ① 52. ③ 53. ④

문제 54

연료 · 열 및 전력의 연간 사용량 합계가 몇 티오이 이상이면 에너지다소비사업자라고 하는가?

① 500 ② 1000
③ 1500 ④ 2000

해설 에너지다소비사업자 : 연료 및 전력의 연간 사용량 합계가 2000TOE 이상

문제 55

Ralph M. Barnes 교수가 제시한 동작경제의 원칙 중 작업장 배치에 관한 원칙(Arrangement of the workplace)에 해당되지 않는 것은?

① 가급적이면 낙하식 운반방법을 이용한다.
② 모든 공구나 재료는 지정된 위치에 있도록 한다.
③ 충분한 조명을 하여 작업자가 잘 볼 수 있도록 한다.
④ 가급적 용이하고 자연스런 리듬을 타고 일할 수 있도록 작업을 구성하여야 한다.

해설 동작경제의 원칙 중 작업장 배치에 관한 원칙
① 충분한 조명을 하여 작업자가 잘 볼 수 있도록 한다.
② 모든 공구나 재료는 지정된 위치에 있도록 한다.
③ 가급적이면 낙하식 운반방법을 이용

문제 56

로트 크기 1000, 부적합품률이 15%인 로트에서 5개의 렌덤 시료 중에서 발견된 부적합품수가 1개일 확률을 이항분포로 계산하면 약 얼마인가?

① 0.1648 ② 0.3915
③ 0.6085 ④ 0.8352

해설 확률 = 시료의 개수 × 부적합품률[%] × (적합품률)^4[%]
= $5 \times 0.15 \times 0.85^4$
= 0.3915

해답 54. ④ 55. ④ 56. ②

문제 57 다음 검사의 종류 중 검사공정에 의한 분류에 해당되지 않는 것은?

① 수입검사 ② 출하검사
③ 출장검사 ④ 공정검사

해설 검사공정에 의한 분류 : ① 수입검사 ② 출하검사 ③ 공정검사

문제 58 품질코스트(quality cost)를 예방코스트, 실패코스트, 평가코스트로 분류할 때, 다음 중 실패코스트(failure cost)에 속하는 것이 아닌 것은?

① 시험 코스트 ② 불량대책 코스트
③ 재가공 코스트 ④ 설계변경 코스트

해설 실패코스트에 속하는 것
① 재가공 코스트 ② 불량대책 코스트 ③ 설계변경 코스트

문제 59 다음 중 계량값 관리도에 해당되는 것은?

① c 관리도 ② nP 관리도
③ R 관리도 ④ u 관리도

해설 계량값 관리도 : R 관리도

문제 60 그림과 같은 계획공정도(Network)에서 주공정은? (단, 화살표 아래의 숫자는 활동시간을 나타낸 것이다.)

① ① - ③ - ⑥
② ① - ② - ⑤ - ⑥
③ ① - ② - ④ - ⑤ - ⑥
④ ① - ③ - ④ - ⑤ - ⑥

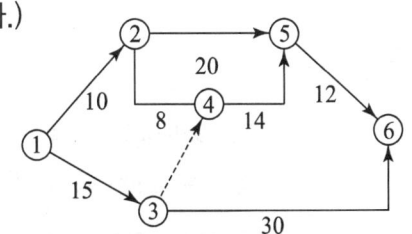

해설 주공정 : ① → ③ → ⑥

57. ③ 58. ① 59. ③ 60. ①

에너지관리기능장 필기 — 2021년도 제 70 회 (CBT 시행)

본 문제는 복원 기출문제입니다. 실제 문제와 다를 수 있으니 양해바랍니다.

문제 01

상당증발량 2500kg/h, 매시 연료소비량 150kg인 보일러가 있다. 급수온도 28℃, 증기압력 10kgf/cm²일 때, 이 보일러의 효율은 약 % 인가? (단, 연료의 저위발열량은 9800kcal/kg이다.)

① 65% 　② 77%
③ 92% 　④ 98%

해설 보일러 효율 = $\dfrac{Ge \times 539}{Gf \times Hl} \times 100 = \dfrac{2500 \times 539}{150 \times 9800} \times 100 = 91.6\%$

문제 02

다음 중 가스연료 연소 시에 발생하는 현상이 아닌 것은?

① 역화(back fire)　② 리프팅(lifting)
③ 옐로우 팁(yellow tip)　④ 증발(vaporizing)

해설 역화(back fire) : 가스의 연소속도가 유출속도보다 큰 경우로 화염이 연소기 내부로 침입하여 연소되는 현상
선화(lifting) : 가스유출속도가 연소속도보다 큰 경우로 화염이 염공을 떠나 연소되는 현상
옐로우 팁(yellow tip) : 화염이 적황색으로 연소되는 현상

문제 03

부하변동에 따른 적응성이 좋으며, 응축수를 연속적으로 배출하고 자동공기배출이 이루어지나 수격작용에 약하고, 고압증기배관에는 사용할 수 없는 증기트랩은?

① 디스크트랩　② 바이메탈트랩
③ 버킷트랩　④ 플로트트랩

해답　01. ③　02. ④　03. ④

해설 **증기트랩**
① 기계적 트랩 : 포화수와 포화증기의 비중차(버킷트, 플로우트)
② 온도조절 트랩 : 포화수와 포화증기의 온도차(바이메탈, 벨로우즈)
③ 열역학적 트랩 : 포화수와 포화증기의 열역학적 특성차(오리피스, 디스크)

문제 04 다음 중 보일러 스테이의 종류가 아닌 것은?

① 도그스테이　　　　　② 관스테이
③ 가셋트스테이　　　　④ 더블스테이

해설 **스테이의 종류**
① 바이스테이　② 보울트스테이　③ 도그스테이
④ 관스테이　　⑤ 가셋트스테이

문제 05 분출장치의 설치목적이 아닌 것은?

① 관수의 농축 방지　　② 관수의 pH 조절
③ 스케일 생성 방지　　④ 저수위 방지

해설 **분출목적**
① 관수농축방지　　　　② 관수 pH조절
③ 슬러지, 스케일 생성방지　④ 프라이밍, 포밍 발생방지
⑤ 부식방지　　　　　　⑥ 가성취화방지

문제 06 고온가스의 처리가 가능하므로 굴뚝 또는 배관 내에 장착하고 지름이 100μm인 입자의 집진에 이용되며 집진효율이 50~70%인 장치로 구조가 간단한 집진장치는?

① 중력식 집진장치　　② 원심력식 집진장치
③ 관성력식 집진장치　④ 여과식 집진장치

04. ④　05. ④　06. ③

해설 집진장치
① 중력식 집진장치
　㉠ 구조가 간단하고 압력손실이 100mmH₂O로 적다.
　㉡ 다단형 침강식은 20μ 정도에 적용된다.
　㉢ 함진량이 많은 배기가스의 1차 집진기로 많이 사용
　㉣ 일반적으로 50μ 이상의 미립자 분진을 제거
② 관성력식 집진기
　㉠ 배기가스의 유속이 2~3m/sec이다.
　㉡ 압력손실은 50mmH₂O 이하이다.
　㉢ 다단침강형은 20μ 이상의 분진을 포집한다.
　㉣ 집진효율이 낮다.
③ 원심력식 집진기
　㉠ 압력손실이 100~200mmH₂O 정도이다.
　㉡ 사이클론은 전체로서의 압력손실은 입구헤드의 4배정도
　㉢ 집진입자의 범위는 10~20μ 정도
　㉣ 집진기 입구의 배기가스 유속은 10~20m/sec 정도
④ 여과식 집진창치
　㉠ 100℃ 이상의 고온가스처리가 부적당하다.
　㉡ 배기가스 압력손실은 30~50mmH₂O 이다.
　㉢ 집진입자의 크기는 1~4μm이다.
　㉣ 집진효율이 99% 매우 좋다.
　㉤ 배기가스유속이 0.3~10m/sec 이다.

**07** 창문 및 문을 포함한 벽체 면적이 48m²인 주택에 온수보일러를 설치하려고 한다. 외기온도가 −12℃, 실내온도가 20℃일 때 난방부하를 계산하면 약 얼마인가? (단, 이 주택의 벽체 열관류율은 6kcal/m² · h · ℃, 방수계수는 1.05로 한다.)

① 2419kcal/h　　② 9216kcal/h
③ 8420kcal/h　　④ 9677kcal/h

해설 난방부하 $= K \cdot A \cdot \Delta t = 6 \times 48 \times (20-(-12)) \times 1.05 = 9676.8 \text{kcal/h}$

07. ④

문제 08

온수난방 분류에서 각층, 각실 간에 온수의 순환율이 동일하고 온도차를 최소화시키는 방식으로 배관길이가 다소 길고 마찰저항이 커지는 단점이 있는 배관방법은?

① 직접귀환방식 ② 역귀환방식
③ 중력순환식 ④ 강제순환식

해설 **역귀환방식**(리버스리턴방식) : 각층, 각실 간에 온수의 순환율이 동일하고 온도차를 최소화시키는 방식으로 배관길이가 다소 길고 마찰저항이 커지는 단점이 있음

문제 09

증기보일러에서 안전밸브 및 압력방출장치의 크기를 20A로 할 수 있는 경우는?

① 최고사용압력 1MPa 이하의 보일러
② 최고사용압력 0.5MPa 이하의 보일러로 전열면적 $2m^2$ 이하의 보일러
③ 최고사용압력 0.7MPa 이하의 보일러로 동체의 안지름이 500m 이하이며 동체의 길이가 1000m 이하의 보일러
④ 최대증발량 7t/h 이하의 관류보일러

해설 **안전밸브 및 압력방출장치의 크기를 20A 이상으로 할 수 있는 경우**
① 최고사용압력이 $1kg/cm^2$(0.1MPa) 이하의 보일러
② 최고사용압력이 $5kg/cm^2$(0.5MPa) 이하의 보일러로 전열면적이 $2m^2$ 이하의 보일러
③ 최대증발량이 5T/h 이하의 관류 보일러
④ 최고사용압력이 $5kg/cm^2$ 이하이고, 동체의 길이가 1000mm 이하이고, 동체안지름이 500mm 이하인 것
⑤ 소용량보일러, 소형관류보일러

문제 10

다음 중 안전장치의 종류가 아닌 것은?

① 방출밸브 ② 가용마개
③ 드레인 콕 ④ 수면고저경보기

해답 08. ② 09. ② 10. ③

해설 안전장치의 종류
① 안전밸브   ② 가용전   ③ 고, 저수위경보기
④ 압력제한기   ⑤ 방폭문   ⑥ 화염검출기   ⑦ 방출밸브

문제 11
보일러 연소실에서 발생한 연소가스가 굴뚝까지 이르는 통로는?

① 연돌   ② 연도
③ 화관   ④ 댐퍼

해설 연도 : 연소실에서 발생한 연소가스가 굴뚝까지 이르는 통로

문제 12
진공환수식 증기난방의 설명 중 틀린 것은?

① 진공 펌프에 베큠엄 브레이커를 설치하여 진공도가 높아지면 밸브를 열어서 진공도를 낮춘다.
② 배관 및 방열기 내의 공기도 뽑아내므로 증기의 순환이 빠르다.
③ 환수파이프와 보일러 사이에 진공펌프를 설치하여 진공도를 유지시킨다.
④ 방열기 설치장소에 제한을 받고 방열량 조절이 좁다.

해설 진공환수식 증기난방
① 방열기 설치장소에 제한을 받지 않고 방열량 조절이 쉽다.
② 환수파이프와 보일러 사이에 진공펌프를 설치하여 진공도를 유지시킨다.
③ 배관 및 방열기 내의 공기도 뽑아내므로 증기의 순환이 빠르다.
④ 진공 펌프에 베큠엄 브레이커를 설치하여 진공도가 높아지면 밸브를 열어서 진공도를 낮춘다.

문제 13
복사난방의 특징에 대한 설명으로 틀린 것은?

① 방열기가 불필요하므로 바닥면의 이용도가 높다.
② 외기온도의 변화에 따라 실내의 온도, 습도조절이 쉽다.
③ 복사열에 의한 난방이므로 쾌감도가 좋다.
④ 실내의 온도 분포가 균등하다.

해답   11. ② 12. ④ 13. ②

[해설] **복사난방의 특징**
① 실내의 온도 분포가 균등하다.
② 복사열에 의한 난방이므로 쾌감도가 좋다.
③ 외기온도의 변화에 따라 실내의 온도, 습도조절이 쉽다.
④ 방열기가 불필요하므로 바닥면의 이용도가 높다.

문제 14 회전식 버너의 특징을 설명한 것으로 틀린 것은?

① 기름은 보통 0.3kgf/cm² 정도 가압하여 공급한다.
② 분무각도는 유속 또는 안내 깃에 따라 40~80°의 범위로 할 수 있다.
③ 화염의 형상이 비교적 넓고 안정한 연소를 시킬 수 있다.
④ 유량의 조절범위는 1 : 5 정도로 좁고 유량이 적을수록 무화가 잘 된다.

[해설] **회전식 버너의 특징**
① 유량의 조절범위는 1 : 5 유량이 많을수록 무화가 잘 된다.
② 화염의 형상이 비교적 넓고 안정한 연소를 시킬 수 있다.
③ 분무각도는 유속 또는 안내 깃에 따라 40~80°의 범위로 할 수 있다.
④ 기름은 보통 0.3kg/cm² 정도 가압하여 공급한다.

문제 15 다음 중 절탄기에 대하여 설명한 것으로 옳은 것은?

① 증기를 이용하여 급수를 예열하는 장치
② 보일러의 여열을 이용하여 급수를 예열하는 장치
③ 보일러의 여열을 이용하여 공기를 예열하는 장치
④ 연도 내에서 고온의 증기를 만드는 장치

[해설] **절탄기**(이코노마이저) : 연소가스 여열 이용하여 급수를 예열하는 장치

문제 16 중유의 연소성상을 개선하기 위한 첨가제의 종류가 아닌 것은?

① 연소촉진제   ② 착화지연제
③ 슬러지분산제   ④ 회분개질제

 14. ④ 15. ② 16. ②

해설 중유 첨가제 및 작용
① 연소촉진제 : 분무양호
② 안정제 : 슬러지 생성방지
③ 탈수제 : 수분분리
④ 회분개질제 : 회분의 융점 높여 고온부식방지
⑤ 유동점강하제 : 중유의 유동점 낮추어 송유양호

문제 17. 증기보일러의 용량을 표시하는 방법이 아닌 것은?
① 보일러의 마력 ② 상당증발량
③ 정격출력 ④ 연소효율

해설 증기보일러의 용량
① 정격출력 ② 정격용량 ③ 보일러 마력 ④ 상당증발량
⑤ 전열면적 ⑥ 상당방열면적 ⑦ 증기압력

문제 18. 증기보일러의 압력계 부착에 대한 설명 중 틀린 것은?
① 증기가 직접 압력계에 들어가지 않도록 안지름 6.5m 이상의 사이폰관을 설치한다.
② 압력계와 연결된 증기관이 강관일 때 그 안지름은 12.7mm 이상이어야 한다.
③ 증기온도가 483K(210℃)를 초과할 때 압력계와 연결되는 증기관은 황동관 또는 동관으로 하여야 한다.
④ 압력계와 연결되는 증기관은 최고사용압력에 견디는 것으로 한다.

해설 증기보일러의 압력계 부착
① 증기온도가 483K(210℃)를 초과할 때 압력계와 연결되는 증기관은 강관을 사용한다.
② 압력계와 연결되는 증기관은 최고사용압력에 견디는 것으로 한다.
③ 압력계와 연결된 증기관이 강관일 경우 12.7mm 이상 동관일 경우 6.5mm 이상이어야 한다.

17. ④ 18. ③

문제 **19** 지역난방에 대한 설명 중 틀린 것은?

① 고압의 증기 및 고온수를 사용하므로 관지름을 크게 하여야 한다.
② 각 건물마다 보일러 시설이 필요 없다.
③ 열 발생설비의 고 효율화, 대기오염의 방지를 효과적으로 할 수 있다.
④ 연료비와 인건비를 줄일 수 있다.

해설 지역난방
① 연료비와 인건비를 줄일 수 있다.
② 열 발생설비의 고 효율화, 대기오염의 방지를 효과적으로 할 수 있다.
③ 각 건물마다 보일러 시설이 필요 없다.
④ 고압의 증기 및 고온수를 사용하므로 관지름을 적게 하여야 한다.

문제 **20** 다음 아래 그림은 몇 요소 수위제어 방식을 나타낸 것인가?

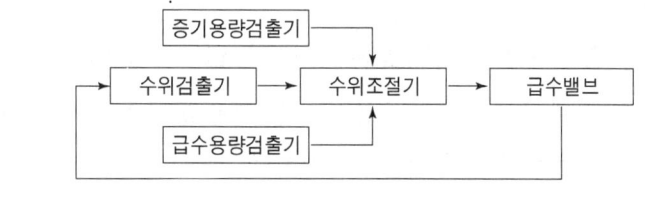

① 1요소 수위제어   ② 2요소 수위제어
③ 3요소 수위제어   ④ 4요소 수위제어

문제 **21** 보일러의 급수장치 중 급수펌프의 구비조건에 대한 설명으로 틀린 것은?

① 조작이 간단하고 보수가 용이할 것
② 저 부하에서도 효율이 좋을 것
③ 고온, 고압에 견딜 것
④ 병렬운전에 지장이 있을 것

해답 19. ① 20. ① 21. ④

해설 **급수펌프의 구비조건**
① 고속회전에 지장이 없을 것   ② 조작이 간단하고 보수가 용이할 것
③ 부하변동에 적응할 것   ④ 저 부하에서도 효율이 좋을 것
⑤ 고온, 고압에 견딜 것   ⑥ 병렬운전에 지장이 없을 것

문제 22 탄소(C) 1kg을 완전 연소시키는데 필요한 이론공기량은 약 얼마인가?

① $8.89Nm^3$
② $3.33Nm^3$
③ $1.87Nm^3$
④ $22.4Nm^3$

해설 탄소 1kg당 이론공기량 $= 8.89C + 26.67\left(H - \dfrac{0}{8}\right) + 3.33S$

탄소 1kg당 이론산소량 $= 1.867C + 5.6\left(H - \dfrac{0}{8}\right) + 0.7S$

문제 23 증기배관 내 공기를 제거하는 방법으로 틀린 것은?

① 탈기기 설치로 용존산소 등 불응축 가스를 제거한다.
② 응축수 회전율을 감소시킨다.
③ 수 처리제를 사용해 가스발생을 억제한다.
④ 에어벤트를 설치한다.

해설 **증기배관 내 공기를 제거하는 방법**
① 에어벤트를 설치한다.
② 수 처리제를 사용해 가스발생을 억제
③ 탈기기 설치로 용존산소 등 불응축 가스를 제거한다.

문제 24 유체의 흐름 층이 교란하지 않고 흐르는 흐름을 무엇이라고 하는가?

① 정상류
② 난류
③ 보통류
④ 층류

해설 **층류** : 유체의 흐름층이 교란하지 않고 흐르는 흐름
난류 : 유체의 흐름층이 교란하며 흐르는 흐름

해답 22. ① 23. ② 24. ④

문제 25

평판을 사이에 두고 고온유체와 저온유체가 접하고 있는 경우 열관류율에 영향을 미치지 않는 것은?

① 평판의 열전도율   ② 평판의 면적
③ 평판의 두께   ④ 고온 및 저온유체 열전달율

해설 **열관류율에 미치는 영향**
① 고온 및 저온유체 열전달율
② 평판의 두께
③ 평판의 열전도율

문제 26

"어떤 2개의 물체가 또 다른 제3의 물체와 서로 열평형을 이루고 있으면 그 2개의 물체도 서로 열평형 상태이다."라고 정의하는 열역학 법칙은?

① 열역학 제0법칙   ② 열역학 제1법칙
③ 열역학 제2법칙   ④ 열역학 제3법칙

해설 **열역학 법칙**
① 열역학 제0법칙(온도를 정의=열평형의 법칙)
   어떤 2개의 물체가 또 다른 제3의 물체와 서로 열평형을 이루고 있다.
② 열역학 제1법칙(에너지보존의 법칙)
   일은 열로 변환시킬 수 있고 열은 일로 변환시킬 수 있다.
③ 열역학 제2법칙(엔트로피의 법칙)
   일은 열로 변환시킬 수 있지만 열은 일로 변환시킬 수 없다.
④ 열역학 제3법칙
   어떤 경우라도 절대온도 0°K(−273℃)에 도달할 수 없다는 법칙

문제 27

유체 속에 잠겨진 물체에 작용하는 부력에 대한 설명으로 옳은 것은?

① 그 물체에 의해서 배제된 유체의 무게와 같다.
② 물체의 중력보다 크다.
③ 유체의 밀도와는 관계가 없다.
④ 물체의 중력과 같다.

해답 25. ② 26. ① 27. ①

해설 유체 속에 잠겨진 물체에 작용하는 부력에 대한 설명
그 물체에 의해서 배제된 유체의 무게와 같다.

문제 28

보일러 내 처리에 사용되는 약제의 종류 및 작용에서 탈산소제로 쓰이는 약품이 아닌 것은?

① 수산화나트륨 ② 탄닌
③ 히드라진 ④ 아황산나트륨

해설 관내처리
① pH조정제 : ㉠ 인산소다 ㉡ 암모니아 ㉢ 수산화나트륨
② 연화제 : ㉠ 인산소다 ㉡ 탄산소다 ㉢ 수산화나트륨
③ 슬러지조정제 : ㉠ 리그닌 ㉡ 녹말 ㉢ 탄닌
④ 탈산소제 : ㉠ 탄닌 ㉡ 아황산소다 ㉢ 히드라진
⑤ 가성취화방지제 : ㉠ 리그닌 ㉡ 황산소다 ㉢ 탄닌

문제 29

이온교환처리장치의 운전공정에서 재생탑에 원수를 통과시켜 수중의 일부 또는 전부의 이온을 이온교환 또는 제거시키는 공정을 의미하는 것은?

① 통약 ② 압출
③ 부하 ④ 수세

해설 부하 : 재생탑에 원수를 통과시켜 수중의 일부 또는 전부의 이온을 이온교환 또는 제거시키는 공정

문제 30

자동측정기에 의한 아황산가스의 연속측정방법에 속하지 않는 것은?

① 적외선 흡수법 ② 자외선 흡수법
③ 올자트가스 분석법 ④ 불꽃광도법

해설 아황산가스의 연속 측정법
① 불꽃광도법 ② 자외선 흡수법 ③ 적외선 흡수법

해답 28. ① 29. ③ 30. ③

문제 31

보일러 내면에 발생하는 점식(pitting)의 방지법이 아닌 것은?

① 용존산소를 제거한다. ② 아연판을 매단다.
③ 내면에 도료를 칠한다. ④ 브리징 스페이스를 크게 한다.

해설 점식방지법
① 용존산소를 제거 ② 아연판을 매단다.
③ 내면에 도료를 칠한다. ④ 브리징 스페이스를 적게 한다.

문제 32

원형 직관 속을 흐르는 유체의 손실수두에 대한 설명으로 틀린 것은?

① 관의 길이에 비례한다. ② 속도수두에 반비례한다.
③ 관의 내경에 반비례한다. ④ 관 마찰계수에 비례한다.

해설
손실수두 $= \dfrac{\lambda l V^2}{2gd}$

여기서, λ(마찰계수) : 비례한다.
l(관길이) : 비례한다.
V^2(유속) : 제곱에 비례한다.
d(관의 내경) : 반비례한다.

문제 33

순수한 물 1 lb(파운드)를 표준대기압하에서 1°F 높이는데 필요한 열량을 나타낼 때 쓰이는 단위는?

① chu ② MPa
③ Btu ④ kcal

해설
1CHu/1b°C : 순수한 물 1lb(파운드)을 1℃(14.5~15.5) 올리는데 필요한 열량
1BTu/1b°F : 순수한 물 1lb(파운드)을 1°F(60.5~61.5) 올리는데 필요한 열량

해답 31. ④ 32. ② 33. ③

문제 34

액체연료의 일반적인 특징 설명으로 틀린 것은?

① 석탄에 비하여 연소효율이 낮다.
② 석탄에 비하여 연소조절이 용이하다.
③ 석탄에 비하여 재와 그을음이 적다.
④ 석탄에 비하여 고온을 얻기가 쉽다.

해설 액체연료의 일반적인 특징
① 연소효율이 높다. ② 연소조절이 용이하다.
③ 재와 그을림이 없다. ④ 고온을 얻기 쉽다.
⑤ 발열량이 높다.

문제 35

보일러 수 분출에 대한 설명 중 틀린 것은?

① 분출장치는 스케일, 슬러지 등으로 막히는 일이 있으므로 1일 1회 이상 분출한다.
② 분출하고 있는 사이에는 다른 작업을 해서는 안 된다.
③ 분출작업을 마친 후에는 밸브 또는 콕크가 확실하게 열려있는지 확인한다.
④ 연속 사용하는 보일러는 부하가 가장 약할 때 분출한다.

해설 분출작업 후 밸브 또는 콕크가 확실히 닫혀 있는지 확인

문제 36

분자량이 18인 수증기를 완전가스로 가정할 때, 표준상태하에서의 비체적은 약 몇 m³/kg인가?

① 0.5 ② 1.24
③ 2.0 ④ 1.75

해설 비체적$(m^3/kg) = \dfrac{22.4\,m^3}{18\,kg} = 1.244\,m^3/kg$

해답 34. ① 35. ③ 36. ②

문제 37
세관할 때 규산염, 황산염 등 경질 스케일의 경우 사용되는 용해촉진제로 맞는 것은?

① NH_3
② Na_2CO_3
③ 히드라진
④ 불화수소산(HF)

해설 불화수소산 : 세관시 규산염, 황산염 등 경질스케일의 경우 사용

문제 38
보일러의 용수처리 중 현탁질 고형물의 처리 시 사용하는 방법이 아닌 것은?

① 침강법
② 여과법
③ 이온교환법
④ 응집법

해설 관외처리
① 용존산소 제거법 : ㉠ 탈기법 : CO_2, O_2 가스체제거
　　　　　　　　　 ㉡ 기폭법 : Fe, Mn, CO_2, O_2제거
② 현탁질고형물 제거법 : ㉠ 침전법　㉡ 여과법　㉢ 응집법
③ 용해고형물 제거법 : ㉠ 이온교환법　㉡ 약제법　㉢ 증류법

문제 39
냉동 사이클의 이상적인 사이클은 어느 것인가?

① 오토 사이클
② 디젤 사이클
③ 스털링 사이클
④ 역카르노 사이클

해설 냉동 사이클의 이상적인 사이클 : 역카르노사이클

문제 40
보일러 수중의 용존산소에 의한 국부전지가 구성되어 생기는 전기화학적 부식은?

① 고온부식
② 점식
③ 구식
④ 가성취화

해답 37. ④　38. ③　39. ④　40. ②

해설 점식 : 보일러 수중의 용존산소에 의한 국부전지가 구성되어 생기는 전기화학적 부식

문제 41 에너지법에서 정한 "에너지기술개발계획"에 포함되지 않는 사항은?
① 에너지기술에 관련된 인력·정보·시설 등 기술개발 자원의 축소에 관한 사항
② 개발된 에너지기술의 실용화의 촉진에 관한 사항
③ 국제에너지기술협력의 촉진에 관한 사항
④ 온실가스 배출을 줄이기 위한 기술개발에 관한 사항

해설 에너지기술개발계획
① 온실가스 배출을 줄이기 위한 기술개발에 관한 사항
② 국제에너지기술협력의 촉진에 관한 사항
③ 개발된 에너지기술의 실용화의 촉진에 관한 사항
④ 에너지기술에 관련된 인력·정보·시설 등 기술개발 자원의 축소에 관한 사항

문제 42 주로 350℃를 초과하는 온도에서 증기관 등 고온유체 수송관에 사용되는 고온 배관용 탄소강관의 기호는?
① SPPH   ② SPA
③ SPHT   ④ SPLT

해설 배관용강관
① SPP(배관용탄소강관) : 사용압력이 $10kg/cm^2$ 이하의 증기, 기름, 물 배관에 사용한다.
② SPPS(압력배관용탄소강관) : 사용압력이 $10kg/cm^2$ 이상 $100kg/cm^2$ 미만
③ SPPH(고압배관용탄소강관) : 사용압력이 $100kg/cm^2$ 이상
④ SPHT(고온배관용탄소강관) : 350℃ 이상에서 증기관 등 고온유체 수송관에서 사용
⑤ SPLT(저온배관용탄소강관) : 빙점(0℃ 이하) 이하의 관에서 사용

해답 41. ① 42. ③

 **43** 에너지저장시설의 보유 또는 저장의무의 부과 시 정당한 이유 없이 이를 거부하거나 이행하지 아니한 자에 대한 벌칙 기준은?

① 2년 이하의 징역 또는 2천만원 이하의 벌금
② 2천만원 이하의 벌금
③ 1년 이하징역 또는 1천만원 이하의 벌금
④ 1천만원 이하의 벌금

해설 벌칙
① 2년 이하의 징역 또는 2천만원 이하의 벌금
　㉠ 에너지 저장시설의 보유 또는 저장의무의 부과 시 정당한 이유 없이 이를 거부하거나 이행하지 아니한 자
　㉡ 조정, 명령 등의 조치 위반자
　㉢ 직무상 알게 된 비밀을 누설하거나 도용한 자
② 1년 이하의 징역 또는 1천만원 이하의 벌금
　㉠ 검사대상 기기의 검사를 받지 아니한 자
　㉡ 검사에 합격하지 아니한 검사대상 기기 사용자
③ 2천만원 이하의 벌금
　㉠ 생산 또는 판매금지 명령 위반 시
④ 1천만원 이하의 벌금
　㉠ 검사대상 기기 조종자를 선임하지 아니한 자
　㉡ 검사를 거부, 방해 기피한 자

 **44** 플랜지 종류 중 극히 기밀이 요구되는 경우와 $16 kgf/cm^2$ 이상의 위험성이 있는 유체배관에 사용하는 것으로 채널형 시트라고도 하는 것은?

① 홈꼴형 시트　　② 전면 시트
③ 소평면 시트　　④ 대평면 시트

해설 홈꼴형시트 : 플랜지 종류 중 극히 기밀이 요구되는 경우와 $16 kgf/cm^2$ 이상의 위험성이 있는 유체배관에 사용하는 것으로 채널형 시트라고도 한다.

 43. ①　44. ①

문제 45

다음 중 배관의 지지장치에 대한 설명으로 옳은 것은?

① 행거(hanger)는 아래에서 배관을 지지하는 장치이다.
② 서포트(supporter)는 위에서 걸어 당김으로써 지지하는 장치이다.
③ 레스트레인트(restraint)는 열팽창에 의한 자유로운 움직임을 구속 또는 제한하는 장치이다.
④ 브레이스(brace)는 열팽창이나 부력에 의한 처짐을 제한하는 장치이다.

해설 배관의 지지
① 행거 : 배관의 하중을 위에서 잡아 주는 장치
  ㉠ 종류 : 스프링행거, 리지드행거, 콘스탄트행거
② 서포트 : 배관의 하중을 밑에서 떠받쳐 지지해 주는 장치
  ㉠ 종류 : 스프링서포트, 리지드서포트, 롤러서포트, 파이프슈
③ 리스트레인 : 열팽창에 의한 배관의 이동을 구속 또는 제한하는 장치
  ㉠ 종류 : 앵커, 스톱, 가이드
④ 브레이스 : 펌프, 압축기 등에서 발생하는 진동, 충격 등을 완화하는 완충기

문제 46

다음 중 증기난방 배관에 대한 설명으로 틀린 것은?

① 단관중력환수식은 방열기 밸브를 반드시 방열기의 아래쪽 태핑에 단다.
② 진공환수식은 응축수를 방열기보다 위쪽의 환수관으로 배출할 수 있다.
③ 기계환수식은 각 방열기마다 공기빼기 밸브를 설치할 필요가 없다.
④ 습식환수관의 주관은 보일러 수면보다 높은 곳에 배관한다.

해설 습식환수관의 주관은 보일러 수면보다 낮은 곳에 배관한다.

문제 47

스테인리스(stainless)강의 내식성(耐蝕性)과 가장 관계가 깊은 것은?

① 철(Fe) ② 크롬(Cr)
③ 알루미늄(Al) ④ 구리(Cu)

해답 45. ③ 46. ④ 47. ②

 Cr(크롬) : 내식성, 내마모성향상

문제 48
다음 보온재의 종류 중 최고안전사용온도(℃)가 가장 낮은 것은?
① 석면　　　　　　② 글라스 울
③ 우모 펠트　　　　④ 암면

 **최고안전 사용온도**
① 석면 : 500℃ 이하
② 글라스울 : 300℃ 이하
③ 우모, 양모펠트 : 100℃ 이하
④ 암면 : 600℃ 이하

문제 49
피복 아크 용접에서 자기쏠림 현상을 방지하는 방법으로 옳은 것은?
① 직류용접을 사용할 것
② 접지점을 될 수 있는 대로 용접부에서 멀리할 것
③ 용접봉 끝을 아크 쏠림과 동일 방향으로 기울일 것
④ 긴 아크를 사용할 것

자기쏠림(자기불림) 현상
① 교류용접을 할 것
② 후퇴법을 사용할 것
③ 짧은 아크 사용
④ 용접봉 끝을 아크 쏠림 반대 방향으로 할 것
⑤ 접지점을 될 수 있는 대로 용접부에서 멀리할 것

문제 50
배관도에서 "EL-300TOP"로 표시된 것의 설명으로 옳은 것은?
① 파이프 윗면이 기준면보다 300mm 높게 있다.
② 파이프 윗면이 기준면보다 300mm 낮게 있다.
③ 파이프 밑면이 기준면보다 300mm 높게 있다.
④ 파이프 밑면이 기준면보다 300mm 낮게 있다.

해답　48. ③　49. ②　50. ①

> **해설** EL-300TOP : 파이프 윗면이 기준면보다 300mm 높게 있다.

문제 51 감압밸브를 작동방법에 따라 분류할 때 해당되지 않는 것은?

① 벨로스형(bellows type) ② 파일럿형(pilot type)
③ 피스톤형(piston type) ④ 다이어프램형(diaphram type)

> **해설** 감압밸브를 작동방법에 따라 분류
> ① 벨로스형 ② 피스톤형 ③ 다이어프램형

문제 52 관 공작 시 강관용 또는 측정용 공구로 사용되는 것이 아닌 것은?

① 로프로스트 ② 수준기
③ 파이프 커터 ④ 파이프 리머

문제 53 다음 중 동관의 이음 방법이 아닌 것은?

① 몰코 이음 ② 플랜지 이음
③ 납땜 이음 ④ 압축 이음

> **해설** 동관이음 방법
> ① 플레어 이음(압축이음)
> ② 플랜지 이음
> ③ 납땜 이음

문제 54 열사용기자재관리규칙에 따른 특정열사용 기자재 및 설치·시공범위에서 품목명에 해당되지 않는 것은?

① 태양열집열기 ② 1종압력용기
③ 회전가마 ④ 축열식증기보일러

해답 51. ② 52. ① 53. ① 54. ④

해설 특정열사용 기자재
① 기관 : 강철제보일러, 주철제보일러, 온수보일러, 구멍탄용온수보일러, 태양열집열기, 축열식전기보일러
② 압력용기 : 1종, 2종
③ 요입요로
④ 금속요로

 **55** 어떤 측정법으로 동일 시료를 무한 회 측정하였을 때 데이터분포의 평균치와 참값과의 차를 무엇이라 하는가?
① 재현성   ② 안정성
③ 반복성   ④ 정확성

해설 정확성 : 동일 시료를 무한 횟수 측정하였을 때 데이터분포의 평균치와 참값과의 차

 **56** 관리도에서 측정한 값을 차례로 타점했을 때 점이 순차적으로 상승하거나 하강하는 것을 무엇이라 하는가?
① 런(run)   ② 주기(cycle)
③ 경향(trend)   ④ 산포(dispersion)

해설 관리도
① 경향 : 관리도에서 측정한 값을 차례로 타점했을 때 점이 순차적으로 상승하거나 하강하는 것
② 런 : 관리도내에서 점이 한계 내에 있고 중심선 한쪽에 연속해서 나타나는 점
③ 주기 : 점이 주기적으로 상, 하로 변동하여 파형을 나타내는 경우

해답 55. ④ 56. ③

문제 57
도수분포표 작성하는 목적으로 볼 수 없는 것은?

① 로트의 분포를 알고 싶을 때
② 로트의 평균치와 표준편차를 알고 싶을 때
③ 규격과 비교하여 부적합품률을 알고 싶을 때
④ 주요 품질항목 중 개선의 우선순위를 알고 싶을 때

해설 도수분포표 작성하는 목적
① 규격과 비교하여 부적합품률을 알고 싶을 때
② 로트의 평균치와 표준편차를 알고 싶을 때
③ 로트의 분포를 알고 싶을 때

문제 58
정상소요기간이 5일이고, 이때의 비용이 20,000원이며 특급소요기간이 3일이고, 이때의 비용이 30,000원이라면 비용구배는 얼마인가?

① 4,000
② 5,000원/일
③ 7,000원/일
④ 10,000원/일

해설 비용구배 $= \dfrac{\text{급속비용} - \text{정상비용}}{\text{정상공기} - \text{급속공기}} = \dfrac{30000 - 20000}{5 - 3} = 5000$원/일

문제 59
"무결점 운동"으로 불리는 것으로 미국의 항공사인 마틴사에서 시작된 품질개선을 위한동기부여 프로그램은 무엇인가?

① ZD
② 6시그마
③ TPM
④ ISO 9001

해설 ZD : 무결점 운동으로 불리는 것으로 미국의 항공사인 마틴사에서 시작된 품질개선을 위한동기부여 프로그램

해답 57. ④ 58. ② 59. ①

문제 60 컨베이어 작업과 같이 단조로운 작업은 작업자에게 무력감과 구속감을 주고 생산량에 대한 책임감을 저하시키는 등 폐단이 있다. 다음 중 이러한 단조로운 작업의 결함을 제거하기 위해 채택되는 직무설계방법으로서 가장 거리가 먼 것은?

① 자율경영팀 활동을 권장한다.
② 하나의 연속작업시간을 길게 한다.
③ 작업자 스스로가 직무를 설계하도록 한다.
④ 직무확대, 직무충실화 등의 방법을 활용한다.

해설 단조로운 작업의 결함을 제거하기 위해 채택되는 직무설계방법
① 직무확대, 직무충실화 등의 방법을 활용한다.
② 작업자 스스로가 직무를 설계하도록 한다.
③ 자율경영팀 활동을 권장한다.

60. ②

2022년도 제 71 회

본 문제는 복원 기출문제입니다. 실제 문제와 다를 수 있으니 양해바랍니다.

문제 01 동력용 나사절삭기의 종류에 들지 않는 것은?

① 오스터식
② 호브식
③ 다이헤드식
④ 로터리식

해설 동력용 나사 절삭기
① 오스터식 ② 호브식 ③ 다이헤드식

문제 02 증기난방 배관의 설명이다. 옳지 않은 것은?

① 단관 중력환수식은 방열기 밸브를 반드시 방열기의 아래쪽 태핑에 단다.
② 진공환수식은 응축수를 방열기보다 위쪽의 환수식으로 배출할 수 있다.
③ 기계환수식은 각 방열기마다 공기빼기밸브를 설치할 필요가 없다.
④ 습식 환수관의 주관은 보일러 수면보다 높은 곳에 배관한다.

해설 습식 환수관의 주관은 보일러 수면보다 낮은 곳에 배관한다.

문제 03 압력배관용 탄소강관 KS 기호는?

① SPPS
② STPW
③ SPW
④ SPP

해설
① SPPS(압력배관용 탄소강관) : 사용압력이 1MPa 이상~10MPa 미만
② STPW(수도용도복장강관)
③ SPW(배관용 아크용접 탄소 강관)
④ SPP(배관용 탄소강관) 사용압력이 1MPa 이하인 증기, 기름, 물 배관에 사용

해답 01. ④ 02. ④ 03. ①

문제 04

직경 20[cm]인 원관 속을 속도 7.3[m/s]로 유체가 흐를 때 유량은 약 몇 [m³/s]인가?

① 0.23 ② 13.76
③ 229   ④ 760

해설 $Q = A \times V = \dfrac{\pi D^2}{4} \times V = \dfrac{3.14 \times 0.2^2}{4} \times 7.3 = 0.23 [\text{m}^3/\text{sec}]$

문제 05

보일러 강판의 가성취화에 대한 설명으로 잘못된 것은?

① 관체의 평면부에서 가장 많이 발생한다.
② 반드시 수면 이하에서 발생한다.
③ 관공 등의 응력이 집중하는 곳에 발생한다.
④ 리벳과 리벳 사이에 발생되기 쉽다.

해설 **가성취화** : 고온, 고압 보일러에서 알카리도가 높아져 생기는 Na, H 등이 강재의 결정입계에 침투하여 재질을 열화 시키는 현상
① 리벳과 리벳 사이에서 발생하기 쉽다.
② 반드시 수면 이하에서 발생한다.
③ 응력이 집중하는 곳에서 발생한다.

문제 06

난방부하 계산과 관련한 설명 중 틀린 것은?

① 난방부하는 난방면적에 열손실계수를 곱하여 산출한다.
② 방열기의 방열계수는 온수난방의 경우가 증기난방의 경우보다 크다.
③ 온수난방은 방열기의 평균온도를 80[℃]로 기준하고, 표준발열량은 450[kcal/m² · h · ℃]이다.
④ 증기난방은 방열기의 평균온도를 102[℃]로 기준하고, 표준방열양은 650[kcal/m² · h · ℃]이다.

해설 **방열기 방열계수** : ① 온수난방 : 7.2[kcal/m²h℃]
② 증기난방 : 8[kcal/m²h℃]

해답 04. ① 05. ① 06. ②

배기가스 분석방법에서 수동식 가스분석계 중 화학적 가스분석방법에 해당되지 않는 것은?

① 오르잣트법 ② 헴펠법
③ 검지관 ④ 세라믹법

해설 화학적 가스 분석방법
① 오르잣트법 ② 헴펠법
③ 검지관법 ④ 자동화학식 CO_2계
⑤ 연소식 O_2계 ⑥ 미연연소계($CO + H_2$)

보일러 산세정 후 중화방청처리하는 경우 사용하는 약품이 아닌 것은?

① 히드라진 ② 인산소다
③ 탄산소다 ④ 인산칼슘

해설 중화방청처리제
① 가성소다 ② 탄산소다 ③ 인산소다 ④ 암모니아 ⑤ 히드라진

다음 중 보일러 동 내부에 점식을 일으키는 주요인은?

① 급수 중의 탄산칼슘 ② 급수 중의 인산칼슘
③ 급수 중에 포함된 용존산소 ④ 급수 중의 황산칼슘

해설 점식 : 용존산소, 급수 중의 공기

탄산마그네슘 보온재에 관한 설명 중 잘못된 것은?

① 200~250[℃]에서 열분해를 일으킨다.
② 열전도율이 작다.
③ 습기가 많은 옥외 배관에 알맞다.
④ 탄산마그네슘 85[%]에 석면 10~15[%]를 첨가한 것이다.

  07. ④ 08. ④ 09. ③ 10. ①

문제 11

보일러 매연 발생의 원인이 아닌 것은?

① 불순물 혼입　　② 연소실 과열
③ 통풍력 부족　　④ 점화조작 불량

해설 **매연발생의 원인**
① 공기와 연료와의 혼합불량　② 통풍의 과다 및 부족 시
③ 연소기술의 미숙　　　　　　④ 연소실 온도가 너무 낮은 경우
⑤ 연소 속의 슬러지 수분 등의 혼합 시
⑥ 연료에 따른 연소장치 부적정

문제 12

열정산에서 출열 항목에 속하는 것은?

① 발생증기의 보유열　② 공기의 현열
③ 연료의 현열　　　　④ 연료의 연소열

해설 **출열항목**　① 배기가스 손실열(손실열 중 가장 크다.)
　　　　　② 불완전연소에 의한 손실열
　　　　　③ 미연분에 의한 손실열
　　　　　④ 방산에 의한 손실열
　　　　　⑤ 발생증기 보유열(이용이 가능한 열)

문제 13

다음 중 증기트랩의 구비조건 설명으로 틀린 것은?

① 유체의 마찰저항이 클 것　② 내식성과 내구성이 있을 것
③ 공기빼기가 양호할 것　　　④ 봉수가 확실할 것

해설 **증기트랩의 구비조건**
① 마찰저항이 적을 것
② 내식성, 내마모성이 있을 것
③ 봉수가 확실할 것
④ 공기빼기가 가능할 것
⑤ 응축수를 연속적으로 배출할 수 있는 것

해답　11. ②　12. ①　13. ①

문제 14
관지지장치 중 배관의 열팽창에 의한 배관의 이동을 구속 또는 제한하는 장치는?

① 행거
② 서포트
③ 리스트레인트
④ 브레이스

해설 **리스트레인트** : 배관의 열팽창에 의한 배관의 이동을 구속 또는 제한하는 장치
[종류] 앵커, 스톱, 가이드

문제 15
에너지이용 합리법상 "목표에너지원단위"란 무엇을 뜻하는가?

① 건축물의 단위면적당 에너지사용 목표량
② 제품 생산목표량
③ 연료단위당 제품 생산목표량
④ 목표량에 맞는 에너지 사용량

해설 **목표에너지원단위** : 제품 단위당 에너지사용 목표량

문제 16
전양식 안전밸브를 사용하는 증기보일러에서 분출압력이 15[kgf/cm^2], 밸브시트 구멍이 지름이 50[mm]일 때 분출용량은 약 몇 [kgf/h]인가?

① 12,985
② 12,920
③ 12,013
④ 11,525

해설 **안전밸브 분출용량 계산식**

① W(저양정식) $= \dfrac{(1.03P+1)AC}{22}$ ② W(고양정식) $= \dfrac{(1.03P+1)AC}{10}$

③ W(전양정식) $= \dfrac{(1.03P+1)AC}{5}$ ④ W(전양식) $= \dfrac{(1.03P+1)A_oC}{2.5}$

여기서, W[kg/h] : 분출용량, $A = \dfrac{\pi D^2}{4}$ (D는 밸브시트지름)
P[kg/cm^2] : 분출압력, A_o[mm^2] : 최소증기통로의 면적
C : 계수

∴ 전양식(W) $= \dfrac{(1.03 \times 15 + 1) \times 0.785 \times 50^2}{2.5} = 12913.25$[kg/h]

해답 14. ③ 15. ① 16. ②

문제 17 방열기는 창문 아래에 설치하는데 벽면으로부터 몇 [mm] 정도의 간격을 두어야 적합한가?

① 10~20　　② 30~40
③ 50~60　　④ 70~90

해설 방열기 : ① 벽과의 간격 : 50~60[mm]
　　　　　② 지면으로 부터 : 150[mm]

문제 18 터보형 송풍기가 장착된 보일러에서 풍량조절방법이 아닌 것은?

① 댐퍼의 조절에 의한 방법
② 회전수 변화에 의한 방법
③ 송풍기 깃(Vane)의 수량조절에 의한 방법
④ 흡입베인의 개도에 의한 방법

해설 터보송풍기의 풍량 조절 방법
① 회전수 변화에 의한 방법
② 흡입 베인의 개도에 의한 방법
③ 댐퍼의 조절에 의한 방법

문제 19 보일러 급수내관을 설치하였을 때의 이점과 관계없는 것은?

① 급수가 일부 예열된다.
② 관수의 순환이 교란되지 않는다.
③ 전열면의 부동팽창을 촉진한다.
④ 관수의 온도분포가 고르게 된다.

해설 급수내관 : 안전 저수위 50[mm] 하부에 설치
① 급수가 일부 예열된다.
② 관수의 온도분포가 고르다.
③ 관수의 온도차가 적어 부동팽창 방지
④ 관수의 순환이 교란되지 않는다.

17. ③　18. ③　19. ③

문제 20
보일러 자동제어 요소의 동작 중 연속동작이 아닌 것은?

① 비례동작　　　② 2위치동작
③ 적분동작　　　④ 미분동작

[해설] **불연속동작**(on-off 동작)
① 이위치 동작　② 다위치동작　③ 불연속 속도조작

문제 21
공기과잉계수를 나타낸 것으로 옳은 것은?

① 실제 사용공기량과 이론공기량과의 비
② 배기가스량과 사용공기량과의 비
③ 이론공기량과 배기가스량과의 비
④ 연소공기량과 이론공기량과의 비

[해설] m(공기비＝과잉공기계수)＝ $\dfrac{\text{실제공기량}}{\text{이론공기량}}$

문제 22
증기보일러의 안전밸브는 2개 이상 설치하여야 하나, 전열면적이 몇 [m²] 이하인 경우에 1개 이상으로 할 수 있는가?

① 50　　　② 70
③ 90　　　④ 100

[해설] 전열면적이 50[m²] 이하인 경우 안전밸브 1개 설치

문제 23
연료의 연소 시 연소온도를 높일 수 있는 조건이 아닌 것은?

① 발열량이 높은 연료를 사용할 경우
② 방사 열손실을 줄일 경우
③ 연료나 공기를 가급적 예열시킬 경우
④ 공기비를 높일 경우

해답　20. ②　21. ①　22. ①　23. ④

[해설] **연소온도를 높일 수 있는 조건**
① 연료를 완전연소 시킨다.
② 발열량이 높은 연료를 사용한다.
③ 방사손실을 줄인다.
④ 연료나 공기를 가급적 예열시킬 경우

문제 24 수관식 보일러에서 그을음을 불어내는 장치인 슈트블로의 분무 매체로 사용되지 않은 것은?
① 기름
② 증기
③ 물
④ 공기

[해설] **슈트블로우**(매연분출기) : 전열면에 부착된 그을음, 재 등을 증기분사, 공기분사, 물분사 등을 이용하여 제거하는 장치

문제 25 다음 중 노통이 2개인 보일러는?
① 코르니쉬 보일러
② 랭커셔 보일러
③ 케와니 보일러
④ 섹셔널 보일러

[해설] **노통보일러**
① 코르니쉬 보일러 : 노통이 1개 $(A) = \pi DL$
② 랭커셔 보일러 : 노통이 2개 $(A) = 4DL$

문제 26 매연의 발생 원인이 아닌 것은?
① 연소실 온도가 높을 경우
② 통풍력이 부족할 경우
③ 연소실 용적이 적을 경우
④ 연소장치가 불량일 경우

[해설] **매연 발생 원인**
① 연소실 온도가 낮은 경우
② 연소실 용적이 적은 경우
③ 통풍력 부족시
④ 연소장치불량시
⑤ 연료 중 불순물 혼입시
⑥ 연료와 공기의 혼합 부적정시

해답 24. ① 25. ② 26. ①

문제 27
지역난방의 특징에 대한 설명 중 틀린 것은?

① 열효율이 좋고 연료비가 절감된다.
② 건물 내의 유효면적이 증대된다.
③ 온수는 저온수를 사용한다.
④ 대기오염을 감소시킬 수 있다.

해설 온수는 고온수를 사용

문제 28
보일러에서 팽출이 발생하기 쉬운 곳은?

① 노통   ② 연소실
③ 관판   ④ 수관

해설 **팽출발생** : 횡연관, 보일러 동저부, 수관
압궤발생 : 노통, 연소실, 관판

문제 29
청관제의 사용목적이 아닌 것은?

① 보일러수와 pH 조정   ② 보일러수의 탈산소
③ 관수의 연화   ④ 보일러 수위를 일정하게 유지

해설 **청관제 사용목적**
① 관수 pH 조절   ② 관수연화   ③ 슬러지생성 방지
④ 스케일생성 방지   ⑤ 가성취화 방지   ⑥ 보일러의 탈산소

문제 30
원통보일러의 보일러수 25[℃]에서 pH 값으로 가장 적합한 것은?

① 6.2~6.9   ② 7.3~7.8
③ 9.4~9.7   ④ 11.0~11.8

해설 **급수의 pH** : 8~9
관수의 pH : 10.5~11.8

27. ③   28. ④   29. ④   30. ④

문제 31 보일러 연소실에서 발생한 연소가스가 굴뚝까지 이르는 통로는?

① 연돌
② 연도
③ 화관
④ 개자리

해설 연소실 → 연도 → 연돌(굴뚝)

문제 32 열관류율의 단위로 옳은 것은?

① [kcal/kg · h]
② [kcal/kg · ℃]
③ [kcal/m · h · ℃]
④ [kcal/m² · h · ℃]

해설
① **열관류율** : 열전달율, 열통과율 : [kcal/m²h℃]
② **열전도율** : [kcal/mh℃]
③ **비열** : [kcal/kg℃]
④ **연소실 열부하** : [kcal/m³h]
⑤ **전열면 열부하** : [kcal/m²h]
⑥ **증발배수** : [kg/kg]

문제 33 모든 작업을 기본동작으로 분해하고, 각 기본동작에 대하고 성질과 조건에 따라 정해놓은 시간치를 적용하여 정미시간을 산정하는 방법은?

① PTS법
② WS법
③ 스톱워치법
④ 실적자료법

해설 **PTS법** : 모든 작업을 기본동작으로 분해하고 각 기본동작에 대해 성질과 조건에 따라 미리 정해놓은 시간치를 적용하여 정미시간 산정

문제 34 보일러의 분출사고 시 긴급조치사항으로 잘못 설명된 것은?

① 보일러 부근에 있는 사람들을 우선 안전한 곳으로 긴급히 대피시킨다.
② 연도 댐퍼를 전개한다.
③ 압입통풍기를 정지시킨다.
④ 다른 보일러와 증기관이 연결되어 있을 경우 증기밸브를 연다.

해설 다른 보일러와 증기관이 연결되어 있을 경우 증기밸브 차단

해답 31. ② 32. ④ 33. ① 34. ④

문제 35

다음 중 데이터를 그 내용이나 원인 등 분류 항목별로 나누어 크기의 순서대로 나열하여 나타낸 그림을 무엇이라 하는가?

① 히스트램(Histogram)
② 파레토도(Pareto Diagram)
③ 특성요인도(Causes And Effects Diagram)
④ 체크시트(Check Sheet)

해설 **파레토도** : 데이터를 그 내용이나 원인 등 분류 항목별로 나누어 크기의 순서대로 나열하여 나타낸 그림

문제 36

다음은 보일러의 급수장치 중 펌프 구비조건을 열거한 것이다. 틀린 것은?

① 고온, 고압에 견딜 것
② 직렬운전에 지장이 없을 것
③ 작동이 간단하고 취급이 용이할 것
④ 저부하에서도 효율이 좋을 것

해설 **급수펌프의 구비조건**
① 고온, 고압에 견딜 것
② 병렬운전에 장애가 없어야 한다.
③ 구조가 간단하고 부하변동에 대응하기에 좋아야 한다.
④ 원심펌프는 고속운전에 지장이 없어야 한다.
⑤ 저부하에서도 효율이 좋고 작동이 간단해야 한다.
⑥ 취급이 용이하고 효율이 좋아야 한다.

문제 37

일정통제를 할 때 1일당 그 작업을 단축하는데 소요되는 비용의 증가를 의미하는 것은?

① 비용구배(Cost Slope)
② 정상소요시간(Normal Duration Time)
③ 비용견적(Cost Estimation)
④ 총비용(Total Cost)

해설 **비용구배** : 일정 통제시 1일당 그 작업을 단축하는데 소요되는 비용의 증가

해답 35. ② 36. ② 37. ①

 증기 선도에서 임계점이란?

① 고체, 액체, 기체가 불평형을 유지하는 점이다.
② 증발열이 어느 압력에 달하면 0이 되는 점이다.
③ 증기와 액체가 평형으로 존재할 수 없는 상태의 점이다.
④ 건포화증기를 계속 가열하면 압력변동 없이 온도만 상승하는 점이다.

해설 임계점
① 증발잠열이 어느 압력에 달하면 0이 되는 점
② 임계압력과 임계온도가 만나는 점

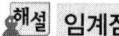 다음 중 표준대기압에 해당되지 않는 것은?

① 760[mmHg]
② 101.325[N/m^2]
③ 10.3323[mmAq]
④ 12.7[psi]

해설 표준대기압 $= 1[atm] = 1.0332[kg/cm^2] = 10332[kg/m^2] = 1033.2[g/cm^2]$
$= 10.332[mH_2O] = 10332[mmH_2O] = 1033.2[cmH_2O]$
$= 760[mmHg] = 76[cmHg] = 0.76[mHg] = 14.7[PSI]$
$= 29.92[inHg] = 1.013[bar] = 1013[mbar] = 101325[Pa]$
$= 101325[N/m^2] = 101.325[KPa] = 0.10332[MPa]$

 에너지이용 합리화법상의 특정열사용기자재가 아닌 것은?

① 강철제 보일러
② 난방기기
③ 2종 압력용기
④ 온수보일러

해설 특정열사용 기자재
① 보일러 : 강철제, 주철제, 온수, 구멍탄용 온수, 태양열 집열기, 축열식 전기보일러
② 압력용기 : 1종, 2종
③ 요업요로, 금속요로

 38. ② 39. ④ 40. ②

문제 41

레이놀즈 수(Reynolds Number)의 물리적 의미를 나타내는 식으로 옳은 것은?

① $\dfrac{유속}{음속}$ ② $\dfrac{관성력}{점성력}$

③ $\dfrac{관성력}{중력}$ ④ $\dfrac{관성력}{표면장력}$

해설
① 마하수 = $\dfrac{유체의\ 속도}{음속}$ ② 레이놀즈수 = $\dfrac{관성력}{점성력}$
③ 프로우드수 = $\dfrac{관성력}{중력}$

문제 42

에너지이용 합리화법상 에너지의 최저소비효율기준에 미달하는 효율관리기자재의 생산 또는 판매금지 명령을 위반한 자에 대한 벌칙은?

① 1년 이하의 징역 또는 1천만원 이하의 벌금
② 1천만원 이하의 벌금
③ 2년 이하의 징역 또는 2천만원 이하의 벌금
④ 2천만원 이하의 방금

해설 2천만원 이하의 벌금 : 최저 소비효율기준에 미달하는 효율관리 기자재의 생산 또는 판매금지 명령을 위반한 자

문제 43

보일러에서 공기예열기의 기능에 관한 설명 중 잘못된 것은?

① 연소가스의 일부를 활용하므로 열효율은 낮아진다.
② 공기를 예열시켜 공급하므로 불완전연소가 감소한다.
③ 노내의 연소속도를 빠르게 할 수 있다.
④ 저질 연료의 연소에 더욱 효과적이다.

해설 공기예열기의 기능
① 열효율이 높다.
② 저질연료의 연소에 더욱 효과적이다.
③ 노내의 연소속도를 빠르게 할 수 있다.
④ 공기를 예열시켜 공급하므로 불완전 연소감소

해답 41. ② 42. ④ 43. ①

가열 전 온도가 10[℃]인 온수보일러에서 가열 후 온도가 80[℃]라면 이 보일러의 온수 팽창량은 몇 [l]인가?(단, 이 온수보일러의 전체 보유 수량은 400[l], 물의 팽창계수는 0.5×10^{-3}[/℃]이다.)

① 10   ② 12
③ 14   ④ 16

[해설] 온수팽창량 $= 400 \times 0.5 \times 10^{-3} \times (80-10) = 14[l]$

보일러의 보염장치 설치 목적을 설명한 것으로 틀린 것은?

① 연소용 공기의 흐름을 조절하여 준다.
② 확실한 착화가 되도록 한다.
③ 연료의 분무를 확실하게 방지한다.
④ 화염의 형상을 조절한다.

[해설] 보염장치 설치 목적
① 안정된 착화를 도모한다.
② 화염의 형상을 조절한다.
③ 연료의 분무를 돕고 공기와 혼합을 양호하게 한다.
④ 연소가스의 체류시간을 지연시켜 돕는다.
⑤ 연소실의 온도분포를 고르게 하고 국부과열 방지

알루미늄 도료에 관한 설명이다. 잘못된 것은?

① 400~500[℃]의 내열성을 지니고 있어 난방용 방열기 등의 외면에 도장한다.
② 알루미늄 도막은 금속광택이 있고 열을 잘 반사한다.
③ 은분이라고도 하며 방청효과가 크고 습기가 통하기 어렵기 때문에 내구성이 풍부한 도막이 형성된다.
④ 알루미늄 분말에 아마인유와 혼합하여 만든다.

[해설] 알루미늄도료 : 알루미늄 분말을 유성 바니스에 혼합한 것

해답   44. ③   45. ③   46. ④

문제 47

다음 중 18[%] Cr~8[%] Ni의 스테인리스강에 해당되는 것은?

① 페라이트계 스테인리스강
② 오스테나이트계 스테인리스강
③ 마텐자이트계 스테인리스강
④ 석출경화형 스테인리스강

해설 18-8(Cr : 18[%], Ni : 8[%]) 스테인리스강 : 오스테나이트계 스테인리스강

문제 48

다음 배관 중 스위블형 신축이음이라고 볼 수 없는 것은?

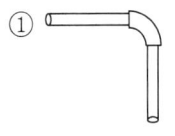

문제 49

아래에 주어진 평면도를 등각투상도로 나타낼 때 맞는 것은?

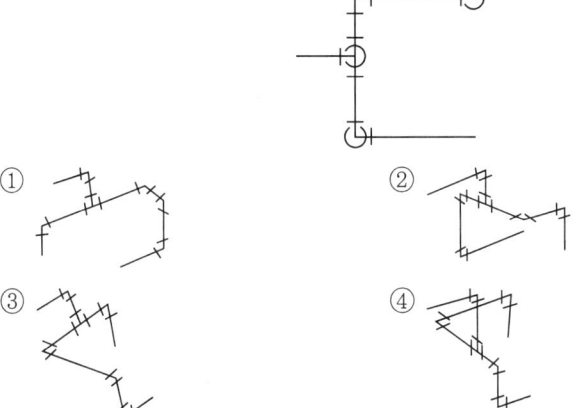

해답 47. ② 48. ① 49. ④

문제 50

로트로부터 시료를 샘플링해서 조사하고, 그 결과를 로트의 판정기준과 대조하여 그 로트의 합격, 불합격을 판정하는 검사를 무엇이라 하는가?

① 샘플링검사 ② 전수검사
③ 공정검사   ④ 품질검사

해설 샘플링검사 : 로트로부터 시료를 샘플링해서 조사하고 그 결과를 로트의 판정기준과 대조하여 그 로트의 합격, 불합격을 판정하는 검사

문제 51

피복금속 아크용접에서 교류용접과 비교한 직류용접기의 장점이 아닌 것은?

① 극성이 변화가 쉽다.   ② 전격 위험이 적다.
③ 역률이 양호하다.   ④ 자기 쏠림이 적다.

해설 직류용접기의 장점
① 역률이 양호하다.
② 전격 위험이 적다.
③ 극성이 변화가 쉽다.

문제 52

c관리도에서 $k=20$인 군의 총부적합(결점)수 합계는 58이었다. 이 관리도의 UCL, LCL을 구하면 약 얼마인가?

① $UCL=6.92$, $LCL=0$
② $UCL=4.90$, $LCL=$ 고려하지 않음
③ $UCL=6.92$, $LCL=$ 고려하지 않음
④ $UCL=8.01$, $LCL=$ 고려하지 않음

해설 c관리도의 관리 한계선 계산
① 관리상한선 계산(UCL) $= \bar{c}+3\sqrt{\bar{c}} = 2.9+3\sqrt{2.9} = 8.008$
② 관리하한선 계산(LCL) $= \bar{c}-3\sqrt{\bar{c}} = 2.9-3\sqrt{2.9} = -2.2$
  ※ 음(-)의 값을 갖는 LCL은 고려하지 않음
③ $\bar{c}$ 계산 $= \dfrac{\sum}{k} = \dfrac{58}{20} = 2.9$

50. ① 51. ④ 52. ④

문제 53 일반적으로 품질코스트 가운데 가장 큰 비율을 차지하는 코스트는?

① 평가코스트 ② 실패코스트
③ 예방코스트 ④ 검사코스트

해설 **실패코스트** : 일반적으로 품질코스트 가운데 가장 큰 비율을 차지

문제 54 오르잣트 가스분석기로 직접 분석할 수 없는 성분은?

① O_2 ② CO
③ CO_2 ④ N_2

해설 **오르잣트법**
① CO_2 : KOH 30[%] 수용액
② O_2 : 알카리성 피롤카롤 용액
③ CO : 암모니아성염화 제1동 용액

문제 55 증기보일러의 용량을 표시하는 방법이 아닌 것은?

① 보일러마력 ② 상당증발량
③ 정격출력 ④ 연소효율

해설 **증기보일러 용량(크기)**
① 정격출력 ② 정격용량
③ 보일러마력 ④ 상당증발량
⑤ 전열면적 ⑥ 상당방열면적

문제 56 유체 속에 잠겨진 경사면에 작용하는 힘은?

① 경사진 각도에만 관계된다.
② 유체의 비중량과 단면적의 곱과 같다.
③ 잠겨진 깊이와 무관하다.
④ 면의 중심점에서의 압력과 면적과의 곱과 같다.

해답 53. ② 54. ④ 55. ④ 56. ④

해설 **유체 속에 잠겨진 경사면에 작용하는 힘** : 면의 중심점에서의 압력과 면적과의 곱과 같다.

문제 57 천정이나 벽, 바닥 등에 코일을 매설하여 온수 등 열매체를 이용하여 복사열에 의해 실내를 난방하는 것은?

① 대류난방　　　　　　② 패널난방
③ 간접난방　　　　　　④ 전도난방

해설 **패널난방** : 천정이나 벽, 바닥 등에 코일을 배설하여 온수 등 열 매체를 이용하여 복사열에 의해 실내 난방

문제 58 다음 중 리프트 피팅에 대한 설명으로 잘못된 것은?

① 저압증기 환수관이 진공펌프의 흡입구보다 낮은 위치에 있을 때 설치한다.
② 급수펌프 가까이에서는 1개소만 설치한다.
③ 1단의 흡상높이는 1.5[m] 이내로 한다.
④ 환수주관보다 지름이 1~2[mm] 정도 큰 치수를 사용한다.

해설 환수주관보다 지름이 1~2[mm] 정도 작은 치수 사용

문제 59 다음 랭킨사이클 $T-S$ 선도에서 단열팽창의 과정은?

① 1-2
② 2-3-4
③ 5-6
④ 6-4

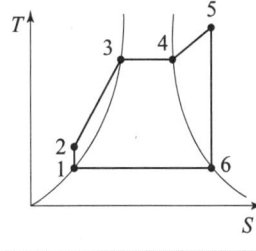

해설 ① 1-2 : 정적압축과정　　② 2-5 : 정압과열과정
　　③ 5-6 : 단열팽창과정　　④ 6-1 : 정압방열과정

해답　57. ②　58. ④　59. ③

문제 60

20[℃]의 물 5[kg]을 1기압, 100[℃]의 건조포화증기로 만들 때 필요한 열량은 몇 [kcal]인가?(단, 1기압에서의 물의 증발잠열은 539[kcal/kg]이다.)

① 2,695
② 3,095
③ 4,120
④ 5,390

해설 $Q_1 = G \cdot C \cdot \Delta t$ =20[℃] 물 → 100[℃] 물 :
　　　5[kg]×1[kcal/kg°C]×(100−20)[°C] = 400[kcal]
　　$Q_2 = G_2 \cdot r_2$ =100[℃] 물 → 100[℃]증기 :
　　　5[kg]×539[kcal/kg] = 2695[kcal]
∴ (400+2695)[kcal] = 3095[kcal]

60. ②

2022년도 제72회 (CBT 시행)

에너지관리기능장 필기

본 문제는 복원 기출문제입니다. 실제 문제와 다를 수 있으니 양해바랍니다.

문제 01 중력환수식 응축수 환수방법과 대비하여 진공환수식 응축수 환수방법에 대한 설명으로 틀린 것은?

① 순환이 빠르다.
② 배관 기울기(구배)에 큰 지장이 없다.
③ 방열량을 광범위하게 조절할 수 있다.
④ 환수관의 지름을 크게 해야 한다.

해설 환수관의 지름을 작게 해야 한다.

문제 02 증발량이 일정한 조건하에서 보일러 안전밸브의 시트 단면적은 고압일수록 저압일 때보다는 어떻게 되어야 하는가?

① 넓어야 한다.   ② 동일하게 한다.
③ 좁아야 한다.   ④ 무관하다.

해설 안전밸브시트 단면적은 고압일수록 좁아야 한다.

문제 03 난방방식에 관한 설명이다. 빈칸에 들어갈 것으로 맞는 것은?

고압증기난방은 압력이 (A) 이상의 증기를 사용하여 난방하는 것을 의미하며, 고온수난방은 온도가 (B) 이상의 온수를 이용하는 것을 의미한다.

	A	B		A	B
①	1[kgf/cm^2]	100[℃]	②	2[kgf/cm^2]	100[℃]
③	1[kgf/cm^2]	70[℃]	④	2[kgf/cm^2]	70[℃]

해답 01. ④   02. ③   03. ①

문제 04

어떤 공장에서 작업을 하는데 소요되는 기간과 비용이 다음 [표]와 같을 때 비용구배는 얼마인가?(단, 활동시간의 단위는 일(日)로 계산한다.)

정상작업		특급작업	
기간	비용	기간	비용
15일	150만원	10일	200만원

① 50,000원
② 100,000원
③ 200,000원
④ 300,000원

해설
$$\text{비용구배} = \frac{1500000 \text{원}}{15 \text{일}} = 100000 [\text{원/일}]$$

문제 05

방법시간측정법(MTM ; Method time Measurement)에서 사용되는 1TMU(Time Measurement)는 몇 시간인가?

① $\dfrac{1}{100,000}$ 시간
② $\dfrac{1}{10,000}$ 시간
③ $\dfrac{6}{10,000}$ 시간
④ $\dfrac{36}{1,000}$ 시간

문제 06

σ_u를 극한강도, σ_a를 허용응력, S를 안전계수라고 할 때 이들 사이의 옳은 관계식은?

① $\sigma_a = S \cdot \sigma_u$
② $\sigma_a \cdot \sigma_u = \dfrac{1}{S}$
③ $\sigma_u = S \cdot \sigma_a$
④ $\sigma_a \cdot \sigma_u = S$

해설
$$\text{허용응력} = \frac{\text{인장강도(극한강도)}}{\text{안전율}}$$
$$\therefore \text{극한강도} = \text{허용응력} \times \text{안전율}$$

해답 04. ② 05. ① 06. ③

문제 07 배관도에서 "3EL-300TOP"로 표시된 것의 설명으로 옳은 것은?

① 파이프 윗면이 기준면보다 300[mm] 높게 있다.
② 파이프 윗면이 기준면보다 300[mm] 낮게 있다.
③ 파이프 밑면이 기준면보다 300[mm] 높게 있다.
④ 파이프 밑면이 기준면보다 300[mm] 낮게 있다.

해설
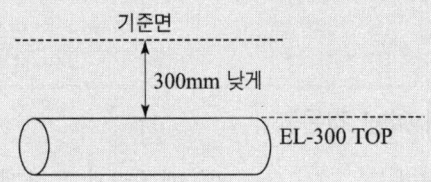

TOP : 배관윗면 기준 측정

문제 08 주원료에 따른 내화벽돌의 종류가 아닌 것은?

① 납석질　　② 마그네시아질
③ 반규석질　④ 벤토나이트질

해설 내화물의 종류
① 산성 내화물 : 납석질, 규석질, 샤모트질, 반규석질
② 중성 내화물 : 탄소질, 크롬질, 고알루미나질, 탄화규소질
③ 염기성 내화물 : 돌로마이트질, 마그네시아질, 마그네시아크롬질

문제 09 품질특성을 나타내는 데이터 중 계수치 데이터에 속하는 것은?

① 무게　　　② 길이
③ 인장강도　④ 부적합품의 수

해설 부적합품의 수 : 품질 특성을 나타내는 데이터 중 계수치 데이터

해답　07. ②　08. ④　09. ④

문제 10

다음 중 품질관리시스템에 있어서 4M에 해당되지 않는 것은?

① Man
② Machine
③ Material
④ Money

[해설] 4M : ① Man : 사람 ② Machine : 기계
      ③ Method : 방법 ④ Material : 자재

문제 11

차압식 유량계가 아닌 것은?

① 오벌기어 유량계
② 벤투리관 유량계
③ 플로노즐 유량계
④ 오리피스 유량계

[해설] 차압식 유량계
① 벤투리 유량계 ② 플로노즐 유량계 ③ 오리피스 유량계

문제 12

강철제 증기보일러의 급수장치 설명으로 틀린 것은?

① 최고사용압력이 0.2[MPa] 미만의 보일러에는 체크밸브를 생략할 수 있다.
② 전열면적 10[m^2] 이하의 보일러에서는 급수밸브의 크기가 20[A] 이상이어야 한다.
③ 전열면적이 12[m^2] 이하의 보일러에는 급수장치에는 보조 펌프를 생략할 수 있다.
④ 2개 이상의 보일러에 공동으로 사용하는 자동급수 조절기는 설치할 수 없다.

[해설] 최고사용압력이 1[kg/cm^2] 미만의 보일러는 체크밸브를 생략할 수 있다.

해답 10. ④ 11. ① 12. ①

문제 13
피드백 제어(Feedback Control)에서 기본 3대 구성요소에 해당되지 않는 것은?

① 조작부　　　② 조절부
③ 외란부　　　④ 검출부

해설 피드백 제어의 3대 구성요소
① 조절부　② 조작부　③ 검출부

문제 14
보일러 분출장치의 설치 목적으로 가장 거리가 먼 것은?

① 슬러지분을 배출, 스케일 부착을 방지한다.
② 관수의 신진대사를 원활하게 하여 대류열을 향상시킨다.
③ 수면계 파손을 방지한다.
④ 관수의 불순물 농도를 한계 치 이하로 유지한다.

해설 분출목적
① 관수농축방지　　　② 관수 pH 조절
③ 프라이밍, 포밍 발생방지　④ 슬러지나 스케일생성 방지
⑤ 가성취화 방지　　　⑥ 부식방지
⑦ 관수의 불순물 농도를 한계치 이하로 유지
⑧ 관수의 신진대사를 원활하게 하여 대류열을 향상시킨다.

문제 15
집진장치 중 집진효율이 가장 높은 것은?

① 세정식 집진장치　　　② 전기 집진장치
③ 여과식 집진장치　　　④ 원심력식 집진장치

해설 건식 집진장치
① 싸이클론식 : 비교적 입경이 큰 경우
② 여과식 : 대표적으로 백필터가 있음 $0.5 \sim 1[\mu]$ 이하
③ 전기식 : 대표적으로 코트렐 집진장치 있음 $0.5[\mu]$ 이하 포집
　　　　　집진효율이 제일 좋다.

해답　13. ③　14. ③　15. ②

문제 16 난방부하가 3,000[kcal/h]이고, 증기난방으로 5주형 650[mm]의 방열기 사용할 때, 필요한 방열기의 매수는?(단, 증기의 표준방열량은 650[kcal/m² · h]이고, 방열기의 1매당 방열면적은 0.26[m²]이다.)

① 18매 ② 22매
③ 24매 ④ 26매

해설

$$쪽수 = \frac{난방부하}{방열기방열량 \times 쪽당방열면적} = \frac{3000[kcal/h]}{650[kcal/m^2h] \times 0.26[m^2/쪽]}$$
$$= 17.75$$
∴ 18쪽

문제 17 고압기류식 버너의 공기 또는 증기의 압력은 약 몇 [kgf/cm³]인가?

① 1~8 ② 8~12
③ 15~18 ④ 20~25

해설 고압기류식 버너의 증기압력 : 2~7[kg/cm²]

문제 18 어떤 연료 3[kg]으로 2,070[kg]의 물을 가열시켰더니 온도가 10[℃]에서 20[℃]로 되었다. 이 연료의 발열량 [kcal/kg]은?(단, 물의 비율은 1.0[kcal/kg · ℃]이고, 가열장치의 열효율은 80[%]이다.)

① 6,900 ② 8,625
③ 2,587 ④ 9,834

해설

$$효율 = \frac{G \cdot C \cdot \Delta t}{G_f \times H_l} \times 100$$

$$H_l = \frac{G \cdot C \cdot \Delta t}{효율 \times G_f} \times 100 = \frac{2070 \times 1 \times (20-10) \times 100[\%]}{80[\%] \times 3[kg/h]} = 8625[kcal/kg]$$

또는 $\frac{2070 \times 1 \times (20-10)}{0.8 \times 3} = 8625[kcal/kg]$

16. ① 17. ① 18. ②

문제 19

연소실 용적 $V[m^3]$, 연료의 시간당 연소량 $G_f[kg/h]$, 연료의 저위발열량 $H_l[kcal/kg]$이라면, 연소실 열발생률 $\rho [kcal/m^3 \cdot h]$는?

① $\rho = \dfrac{H_l \cdot V}{G_f}$ ② $\rho = \dfrac{G_f \cdot H_l}{V}$

③ $\rho = \dfrac{V}{G_f \cdot H_l}$ ④ $\rho = \dfrac{H_l}{G_f \cdot V}$

해설 연소실 열발생율(열부하) $= \dfrac{G_f \times H_l}{V}$

문제 20

보일러의 증발계수에 대하여 옳게 설명한 것은?

① 실제증발량을 상당증발량으로 나눈 값이다.
② 상당증발량을 539로 나눈 값이다.
③ 상당증발량을 실제증발량으로 나눈 값이다.
④ 실제증발량을 539로 나눈 값이다.

해설 증발계수 $= \dfrac{h'' - h'}{539}$

문제 21

주형 방열기에 온수를 흐르게 할 경우, 방열량은 방열계수(K)와 방열기 내부 온도의 차(Δt)로 계산한다. 표준방열량은 설정하기 위한 K와 Δt의 값은?

① $K = 8.0[kcal/m^2 h℃]$, $\Delta t = 81[℃]$
② $K = 8.0[kcal/m^2 h℃]$, $\Delta t = 62[℃]$
③ $K = 7.2[kcal/m^2 h℃]$, $\Delta t = 62[℃]$
④ $K = 7.2[kcal/m^2 h℃]$, $\Delta t = 81[℃]$

해설 온수난방 : $K(7.2[kcal/m^2 h℃])$ $\Delta t (62[℃])$
증기난방 : $K(8[kcal/m^2 h℃])$ $\Delta t (80[℃])$

해답 19. ② 20. ③ 21. ③

 **문제 22** 노통 보일러와 비교한 연관 보일러의 특징을 설명한 것으로 잘못된 것은?

① 전열면적이 커서 증발량이 많고 효율이 좋다.
② 비교적 빨리 증기를 얻을 수 있다.
③ 질이 좋은 보일러수(水)가 필요하다.
④ 구조가 간단하여 설비비가 적게 든다.

해설 연관 보일러의 특징
① 노통 보일러에 비해 구조가 복잡하고 설비비가 많이 든다.
② 질이 좋은 보일러수가 필요
③ 비교적 빨리 증기를 얻을 수 있다.
④ 전열면적이 커서 증발량이 많고 효율이 좋다.

문제 23 보일러 절탄기 설치시의 장점을 잘못 설명한 것은?

① 보일러의 수처리를 할 필요가 없다.
② 배기가스로 배출되는 배열을 회수할 수 있다.
③ 급수와 관수의 온도차로 인한 열응력을 감소시킬 수 있다.
④ 보일러 열효율이 향상되어 연료가 절약된다.

해설 절탄기 설치시 장점
① 급수 중에 포함된 일부 불순물제거
② 배기가스로 배출되는 배열을 회수할 수 있다.
③ 보일러의 열효율이 향상되어 연료소비량 감소
④ 급수와 보일러수의 온도차를 적게하여 열응력 발생 방지

 **문제 24** 노통연관 보일러의 한 종류로 동체 외부에 연소실을 만들어 수관을 한 줄로 배치한 보일러로서 하나의 연소실로 각 노통에 공동으로 사용하여 구조가 간단한 보일러는?

① 패키지형 보일러　　② 스코치 보일러
③ 하우덴-존슨 보일러　　④ 코르니쉬 보일러

해답 22. ④　23. ①　24. ③

> **해설** **하우덴존슨 보일러** : 동체 외부에 연소실을 만들어 수관을 한 줄로 배치한 보일러로서 하나의 연소실로 각 노통에 공동으로 사용

문제 25

복사난방에 대한 설명으로 틀린 것은?

① 실내온도 분포가 균등하고 쾌적도가 좋다.
② 공기온도가 비교적 낮으므로 같은 방열량에 대해서도 손실열량이 비교적 적다.
③ 공기대류가 적으므로 바닥면 먼지 상승이 없다.
④ 외기 온도 급변에 따른 방열량 조절이 용이하다.

문제 26

2개 이상의 엘보를 사용하여 신축을 흡수하는 이음은?

① 슬리브형 신축이음   ② 벨로스형 신축이음
③ 스위블형 신축이음   ④ 루프형 신축이음

> **해설** **신축이음**
> ① 스위블이음 : ㉠ 나사의 회전에 의해 신축흡수
> 　　　　　　 ㉡ 2개 이상의 엘보를 사용 시공
> ② 루우프형 : ㉠ 고압증기의 옥외배관 사용
> 　　　　　　 ㉡ 곡률 반경은 관지름의 6배 이상
> 　　　　　　 ㉢ 응력이 생김
> ③ 벨로우즈형 : ㉠ 응력이 생기지 않음

문제 27

온수난방에서 각 방열기에 유량분배를 균등히 하여, 방열기의 온도차를 최소화시키는 방식으로 환수관의 길이가 길어지는 단점을 가지는 온수귀환방식은?

① 직접귀환방식   ② 간접귀환방식
③ 중력귀환방식   ④ 역귀환방식

해답　25. ④　26. ③　27. ④

 **문제 28** 다음 중 탄성식 압력계에 속하지 않는 것은?

① 피스톤식   ② 벨로우스식
③ 부르동관식   ④ 다이어프램식

해설 **탄성식 압력계의 종류**
① 부르동관식 압력계   ② 벨로우즈식 압력계   ③ 다이어프램식 압력계

 **문제 29** 강관의 호칭법에서 스케줄 번호와 가장 관계가 가까운 것은?

① 관의 바깥지름   ② 관의 길이
③ 관의 안지름   ④ 관의 두께

해설 **스케일번호**(관의 두께)(SCh. No) $= \dfrac{P}{S} \times 10$

$P[\text{kg/cm}^2]$ 사용압력
$S[\text{kg/mm}^2]$ 허용응력

 **문제 30** 다이헤드식 동력 나사절삭기로 할 수 없는 작업은?

① 관의 절단   ② 관의 접합
③ 나사절삭   ④ 거스러미 제거

해설 **다이헤드식 동력 나사 절삭기**
① 거스러미제거   ② 파이프절단   ③ 나사절삭

문제 31 선택적 캐리오버(Selective Carry Over)는 무엇이 증기에 포함되어 분출되는 현상을 의미하는가?

① 액적   ② 거품
③ 탄산칼슘   ④ 실리카

해설 선택적 캐리오버는 실리카가 증기에 포함되어 분출되는 현상

해답　　28. ①　29. ④　30. ②　31. ④

 **32** 보일러 가스폭발을 방지하는 방법이 아닌 것은?

① 프리퍼지를 충분히 한다.
② 포스트퍼지를 충분히 한다.
③ 연료 속의 수분이나 슬러지 등은 충분히 배출한다.
④ 보일러 수위를 낮게 유지한다.

해설 **역화방지책**
① 프리퍼지, 포스트퍼지 부족시
② 점화시 착화가 늦은 경우
③ 공기보다 연료 먼저 투입시 등

 **33** 보일러 저온부식의 주요 원인이 되는 것은?

① 과잉공기 중의 질소 성분
② 연료 중의 바나듐 성분
③ 연료 중의 유황 성분
④ 연료의 불완전 연소

 ① **저온부식 원인** : 황, 이산화황, 무수황산, 황산
② **고온부식 원인** : 바나듐, 오산하바나듐

 **34** 스테판-볼츠만의 법칙에 따른 열복사(熱輻射)에너지는 절대온도의 몇 승에 비례하는가?

① 2
② 3
③ 4
④ 5

 스테판 볼쯔만의 법칙 : 복사열 전달율은 절대온도 4승에 비례한다.

복사열 전달율 = $\dfrac{4.88 \times \epsilon \times \left\{ \left(\dfrac{T_1}{100}\right)^4 - \left(\dfrac{T_2}{100}\right)^4 \right\}}{t_1 - t_2}$

32. ④ 33. ③ 34. ③

문제 35

열량(熱量) 1[kcal]를 일로 환산하면 몇 [J]인가?

① 427
② 4,187
③ 419
④ 41

해설
1[kcal] = 427[kg·m]
　(열)　　(일)

① 일의 열당량 = $\dfrac{1[kcal]}{427[kg \cdot m]}$

② 열의 일당량 = $\dfrac{427[kg \cdot m]}{1[kcal]}$

문제 36

열전도율의 단위는 어느 것인가?(단, kcal : 열량, m : 길이, h : 시간, ℃ : 온도)

① $\dfrac{kcal}{m^2 \cdot h \cdot ℃}$
② $\dfrac{m^2 \cdot h \cdot ℃}{kcal}$
③ $\dfrac{kcal}{m \cdot h \cdot ℃}$
④ $\dfrac{m \cdot h \cdot ℃}{kcal}$

해설
① **열전도율** : [kcal/mh℃]
② **(열통과율 = 열관류율 = 열전달율)** : [kcal/m²h℃]
③ **비열** : [kcal/kg℃]
④ **연소실 열부하** : [kcal/m³h]
⑤ **증발배수** : [kg/kg] 등

문제 37

보일러의 과열기 온도가 일반적으로 약 몇 도 이상이 되면 바나듐에 의한 고온부식이 발생하는가?

① 200[℃] 이상
② 200[℃] 이상
③ 400[℃] 이상
④ 500[℃] 이상

해설
① **저온부식** : 150[℃] 이하 발생(절탄기, 공기예열기)
② **고온부식** : 500[℃] 이상 시 발생(과열기, 재열기)

해답 35. ② 36. ③ 37. ④

문제 38

보일러 안전밸브의 증기누설 원인으로 가장 적합한 것은?

① 배관이 지나치게 길 때
② 압력이 지나치게 낮을 때
③ 밸브 디스크와 시트 사이에 이물질이 있을 때
④ 급수 펌프의 압력이 높을 때

해설 안전밸브 누설원인
① 스프링 장력 감쇄시
② 조종압력이 너무 낮은 경우
③ 밸브시트에 이물질이 낀 경우
④ 밸브와 시트의 가공이 불량한 경우
⑤ 시트와 밸브 축이 이완된 경우

문제 39

가스를 연료로 사용하는 보일러에서 배기가스 중의 일산화탄소는 이산화탄소에 대한 비율이 얼마 이하여야 하는가?

① 0.2
② 0.02
③ 0.002
④ 0.0002

해설 배기가스 중의 일산화탄소는 이산화탄소에 대한 비율 : 0.002

문제 40

급수펌프로 보일러에 2[kgf/cm²] 압력으로 매분 0.18[m³]의 물을 공급할 때 펌프 축마력은?(단, 펌프 효율은 80[%]이다.)

① 1 PS
② 1.25 PS
③ 60 PS
④ 75 PS

해설 $$PS = \frac{r \times Q \times H}{75 \times E \times 60} = \frac{1000 \times 0.18 \times 2 \times 10}{75 \times 0.8 \times 60} = 1[PS]$$

보충 $1[kg/cm^2] = 10[m]$

38. ③ 39. ③ 40. ①

문제 41 굴뚝의 통풍력을 구하는 식으로 옳은 것은?(단, Z=통풍력(mmHg), H=굴뚝의 높이[m], γ_a=외기의 비중량[kgf/m³], γ_g=배기가스의 비중량[kgf/m³])

① $Z=(\gamma_g-\gamma_a)H$ ② $Z=(\gamma_a-\gamma_g)H$
③ $Z=(\gamma_g-\gamma_a)/H$ ④ $Z=(\gamma_a-\gamma_g)/H$

해설 이론 통풍력 계산

① $Z=H(\gamma_a-\gamma_g)$ ② $Z=273H\left(\dfrac{\gamma_a}{T_a}-\dfrac{\gamma_g}{T_g}\right)$
③ $Z=355H\left(\dfrac{1}{T_a}-\dfrac{1}{T_g}\right)$ ④ $Z=H\left(\dfrac{353}{T_a}-\dfrac{367}{T_g}\right)$

 문제 42 보일러용 중유에 대한 설명 중 옳은 것은?

① 점도가 높을수록 예열이 필요 없다.
② 점도가 높을수록 인화점이 낮다.
③ 점도가 높을수록 무화가 잘된다.
④ 점도가 너무 낮으면 역화현상이 발생될 수 있다.

 **문제 43** 에너지이용 합리화법에 의해 검사대상기기 검사를 받지 아니한 자에 대한 벌칙은?

① 2년 이하의 징역 또는 2천만원 이하의 벌금
② 1년 이하의 징역 또는 1천만원 이하의 벌금
③ 2천만원 이하의 벌금
④ 6개월 이하의 징역

해설 벌칙
① 2년 이하의 징역 또는 2천만원 이하의 벌금
 ㉠ 에너지 저장시설의 보유 또는 저장의무의 부과시 정당한 이유없이 이를 거부하거나 이행하지 아니한 자

해답 41. ② 42. ④ 43. ②

ⓒ 조정, 명령 등의 조치를 위반한 자
ⓒ 직무상 알게 된 비밀을 누설하거나 도용한 자
② 1년 이하의 징역 또는 1천만원 이하의 벌금
  ㉠ 검사대상기기의 검사를 받지 아니한 자
  ㉡ 검사에 합격하지 아니한 검사대상기기 사용자
③ 2천만원 이하의 벌금
  ㉠ 생산 또는 판매금지 명령을 위반한 자
④ 1천만원 이하의 벌금
  ㉠ 검사대상기기 조정자를 선임하지 아니한 자
  ㉡ 검사를 거부, 방해 또는 기피한 자
⑤ 500만원 이하의 벌금
  ㉠ 효율관리 기자재에 대한 에너지 사용량의 측정결과를 신고하지 아니한 자
  ㉡ 효율관리 기자재에 대한 에너지 소비효율 등급 또는 에너지소비 효율을 표시하지 아니하거나 거짓으로 표시를 한 자
  ㉢ 시정명령을 정당한 사유없이 이행하지 아니한 자
  ㉣ 대기전력 경고표지를 하지 아니한 자
  ㉤ 대기전력 경고표지 대상제품에 대한 측정결과를 신고하지 아니한 자

문제 44

계수규준형 1회 샘플링 검사(KS A 3102)에 관한 설명 중 가장 거리가 먼 내용은?

① 검사에 제출된 로트의 제조공정에 관한 사전정보가 없어도 샘플링 검사를 적용할 수 있다.
② 생산자 측과 구매자 측이 요구하는 품질보호를 동시에 만족시키도록 샘플링 검사방식을 선정한다.
③ 파괴검사의 경우와 같이 전수검사가 불가능한 때에는 사용할 수 없다.
④ 1회만의 거래 시에도 사용할 수 있다.

 계수규준형 1회 샘플링 검사
① 1회만의 거래 시에도 사용할 수 있다.
② 생산자 측과 구매자 측이 요구하는 품질 보호를 동시에 만족시키도록 샘플링 검사방식을 선정한다.
③ 검사에 제출된 로트의 제조공정에 관한 사전정보가 없어도 샘플링 검사를 적용할 수 있다.

44. ③

문제 45 공정에서 만성적으로 존재하는 것은 아니고 산발적으로 발생하며 품질의 변동에 크게 영향을 끼치는 요주의 원인으로 우발적 원인인 것을 무엇이라 하는가?

① 우연원인
② 이상원인
③ 불가피 원인
④ 억제할 수 없는 원인

해설 **이상원인** : 공정에서 만성적으로 발생하여 품질의 변동에 크게 영향을 끼치는 요주의 원인

문제 46 외부와 열의 출입이 없는 열역학적 변화는?

① 정압변화
② 정적변화
③ 단열변화
④ 등온변화

해설 외부와의 출입이 없는 열역학적 변화 : **단열변화**

문제 47 2[MPa]의 고압증기를 0.12[MPa]로 감압하여 사용하고자 한다. 감압밸브 입구에서의 건도가 0.9라고 할 때 감압 후의 건도는 약 얼마인가?(단, 감압과정을 교축과정으로 본다. 압력에 따른 비엔탈피는 다음과 같다.)

압력[MPa]	포화수의 비엔탈피[kJ/kg]	포화증기의 비엔탈피[kJ/kg]
0.12	439.362	2683.4
2	908.588	2797.2

① 0.85
② 0.89
③ 0.93
④ 0.97

해설 $908.588 + 0.9 \times (2797.2 - 908.588) = 2608.3388$ [kJ/kg]

$2608.3388 = 439.362 + x \times (2683.4 - 439.362)$

$x \times 2244.038 = 2608.3388 - 439.362$

$x = \dfrac{(2608.3388 - 439.362)}{2244.038} = 0.9665$

45. ② 46. ③ 47. ④

 **48** 유체에 대한 베르누이정리에서 유체가 가지는 에너지와 관계가 먼 것은?

① 압력에너지 ② 속도에너지
③ 위치에너지 ④ 질량에너지

 베르누이 정리

$$\frac{P_1}{r} + \frac{V_1^2}{2g} + Z_1 = \frac{P_2}{r} + \frac{V_2^2}{2g} + Z_2$$

(압력)　(속도)　(위치)

 **49** 밀폐된 용기 안에 비중이 0.8인 기름이 있고, 그 위에 압력이 0.5 [kgf/cm²]인 공기가 있을 때 기름 표면으로부터 1[m] 깊이에 있는 한 점의 압력은 몇 [kgf/cm²]인가?

① 0.40 ② 0.58
③ 0.60 ④ 0.78

 $0.8 = 0.8 [\text{kg/cm}^2]$
1[m] 깊이에서는 $0.08[\text{kg/cm}^2]$
∴ $(0.5 + 0.08)[\text{kg/cm}^2] = 0.58[\text{kg/cm}^2]$

 **50** 배관 설비에 있어서 관경을 구할 때 사용하는 공식은?(단, V : 유속, Q : 유량, d : 관경)

① $d = \sqrt{\dfrac{\pi V}{4Q}}$　　② $d = \sqrt{\dfrac{Q}{\pi V}}$

③ $d = \sqrt{\dfrac{4Q}{\pi V}}$　　④ $d = \sqrt{\dfrac{VQ}{4\pi}}$

 $Q = A \times V$에서 $\dfrac{\pi D^2}{4} \times V$　　$\pi D^2 V = 4Q$　　$D^2 = \dfrac{4Q}{\pi V}$

∴ $D = \sqrt{\dfrac{4Q}{\pi V}}$

해답　48. ④　49. ②　50. ③

문제 51 동관의 이음방법으로 적합하지 않은 것은?

① 용접이음   ② 납땜 이음
③ 플라스턴 이음   ④ 압축 이음

해설 동관의 이음
① 플레어이음(압축이음)   ② 땜이음(연납, 경납)
③ 용접이음   ④ 플랜지이음

문제 52 배관지지구인 리스트레인트(Restraint)의 종류가 아닌 것은?

① 브레이스   ② 앵커
③ 스톱   ④ 가이드

해설 리스트레인트의 종류 : 앵커, 스톱, 가이드

보충 행거의 종류 : 스프링 행거, 리지드 행거, 콘스탄트 행거
서포트의 종류 : 스프링 서포트, 리지드 서포트, 롤러 서포트, 파이프슈

문제 53 급수배관 시공 중 수격작용 방지를 위한 시공으로 가장 적절한 것은?

① 공기실을 설치한다.   ② 중력탱크를 사용한다.
③ 슬리브형 신축이음을 한다.   ④ 배관구배를 1/200로 낮춘다.

해설 수격작용 방지를 위한 시공 : 공기실 설치

문제 54 연강용 피복 아크용접봉의 종류와 기호가 맞게 짝지어진 것은?

① 일미나이트계 : E4302   ② 고셀룰로오스계 : E4310
③ 고산화티탄계 : E4311   ④ 저수소계 : E4316

해설 ① 일미나이트계 : E4301   ② 고셀룰로오스계 : E4311
③ 저수소계 : E4316   ④ 고산화티탄계 : E4313

해답 51. ③   52. ①   53. ①   54. ④

 보일러 이상증발의 원인과 가장 거리가 먼 것은?

① 보일러 용량에 비하여 연소장치가 작은 경우
② 증기압력을 급격히 강하시킨 경우
③ 보일러수가 농축된 경우
④ 증기의 소비량이 급격히 증가한 경우

해설 이상증발의 원인
① 증기의 소비량이 급격히 증가한 경우
② 보일러 용량에 비해 연소장치가 작은 경우
③ 증기압력을 급격히 강하시킨 경우

 세관할 때 규산염 등의 경질 스케일의 경우 사용되는 용해촉진제로 알맞은 것은?

① NH_3
② Na_2CO_3
③ 히드라진
④ 불화수소산(HF)

해설 용해촉진제 : 불화수소산 사용

 보일러 급수에 있어 pH 농도에 따라 산성, 알카리성으로 구분된다. 다음 중 산성, 알칼리성이 아닌 중성을 나타내는 농도를 표시한 값은?

① pH 9
② pH 11
③ pH 5
④ pH 7

해설
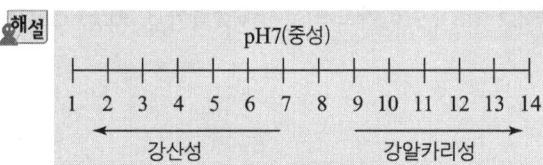

55. ① 56. ④ 57. ④

문제 58
다음 중 합성고무로 만든 패킹재는?

① 테프론 ② 네오프렌
③ 펠트 ④ 아스베스토스(Asbestos)

해설 합성고무로 만든 패킹재 : 네오프렌

문제 59
에너지이용 합리화법에서 목표에너지 원단위를 설명한 것으로 가장 적합한 것은?

① 에너지를 사용하여 만드는 제품의 단위당 에너지 사용목표량
② 연간 사용하는 에너지와 제품생산량의 비율
③ 연간 사용하는 에너지의 효율
④ 에너지절약을 위하여 생산조절과 비용을 계산하는 것

해설 **목표에너지원단위** : 에너지를 사용하여 만드는 제품의 단위당 에너지사용 목표량

문제 60
에너지이용 합리화법상 소형 온수보일러란 전열면적과 최고사용압력이 각각 얼마 이하의 보일러인가?

① $10[m^2]$, $0.35[MPa]$ ② $14[m^2]$, $0.55[MPa]$
③ $15[m^2]$, $0.45[MPa]$ ④ $14[m^2]$, $0.35[MPa]$

해설 **소형온수보일러**
전열면적이 $14[m^2]$ 이하이고 최고사용압력이 $3.5[kg/cm^2]$ 이하인 보일러

해답 58. ② 59. ① 60. ④

2023년도 제 73 회 CBT 시행

본 문제는 복원 기출문제입니다. 실제 문제와 다를 수 있으니 양해바랍니다.

문제 01 고압증기 난방의 장점이 아닌 것은?

㉮ 배관 경을 작게 할 수 있다.
㉯ 난방 이외의 시설에도 증기공급이 가능하다.
㉰ 배관의 기울기가 필요 없다.
㉱ 공급열량에 유연성이 있다.

해설 고압증기 난방의 장점
① 배관의 기울기를 준다.   ② 공급열량에 유연성이 있다.
③ 배관 경을 작게 할 수 있다.   ④ 난방 이외의 시설에도 증기공급이 가능

문제 02 원심력식(cyclone)집진장치에 대한 설명으로 틀린 것은?

㉮ 처리 가스량이 많을 때는 소구경의 사이클론을 다수 병렬로 설치한 멀티론(multilone)을 채택한다.
㉯ 가스속도를 증가하면 압력 손실이 증가하므로 집진율이 떨어진다.
㉰ 접선 유입식보다 축류식이 동일압력에 대해 대량집진이 가능하다.
㉱ 공기누입, 안내날개 마모 현상은 집진율을 저하시킨다.

해설 가스속도를 증가하면 압력 손실이 증가하면 집진율이 좋아진다.

문제 03 증기 보일러에서 전열면적이 몇 m² 이하일 경우 안전밸브를 1개 이상으로 설치할 수 있는가?

㉮ $50m^2$
㉯ $60m^2$
㉰ $80m^2$
㉱ $100m^2$

해답   01. ㉰   02. ㉯   03. ㉮

해설 안전밸브 설치
① 전열면적 $50m^2$ 이하 : 1개설치
② 전열면적 $50m^2$ 초과 : 2개설치

 온수 평균온도 80℃, 실내공기 온도 18℃, 온수의 방열계수를 7.2 kcal/m^2·h·℃라 할 때 방열량은?

㉮ 446.4kcal/m^2·h   ㉯ 480kcal/m^2·h
㉰ 580.3kcal/m^2·h   ㉱ 650kcal/m^2·h

해설 방열량 = 방열계수 × (평균온도 – 실내온도)
= 7.2 × (80 – 18) = 446.4kcal/m^2h

 보일러의 자동제어 장치인 인터록 제어에 대한 설명으로 가장 적합한 것은?

㉮ 조건이 충족되지 않을 때 다음 동작이 정지되는 것
㉯ 제어량과 설정목표치를 비교하여 수정 동작시키는 것
㉰ 점화나 소화가 정해진 순서에 따라 차례로 진행되는 것
㉱ 증기의 압력, 연료량, 공기량을 조절하는 것

해설 인터록 : 구비조건이 맞지 않을 때 그 조건이 충족될 때까지 다음단계를 정지시키는 것.
[종류] ① 저수위인터록 ② 저연소인터록
③ 불착화인터록 ④ 압력초과인터록
⑤ 프리퍼지인터록

 온수 보일러에서 순환펌프 설치 시 유의사항으로 잘못된 것은?

㉮ 순환펌프의 모터부분은 수평으로 설치함을 원칙으로 한다.
㉯ 순환펌프의 흡입측에는 여과기를 설치해야 한다.
㉰ 순환펌프와 전원 콘센트간의 거리는 최소로 한다.
㉱ 하향식 구조인 경우 반드시 바이패스 회로를 설치해야 한다.

해답 04. ㉮ 05. ㉮ 06. ㉱

해설 순환펌프
① 원칙적으로 순환펌프의 설치 위치에는 "바이패스" 회로를 설치하여 보수 등에 대비하여야 한다. 다만 자연 순환이 가능한 구조에서는 바이패스를 설치하지 아니할 수 있다.
② 펌프자체에 공기빼기 장치가 없을 때는 공기빼기 밸브를 만들어 공기를 제거할 수 있어야 한다.
③ 시동초기의 허용전류 용량은 15A 이상에 견딜 수 있어야 한다.
④ 순환펌프는 펌프의 모터부분이 수평되게 설치함을 원칙으로 한다.
⑤ 순환펌프 흡입측에는 여과기를 설치하여야 하며 펌프의 양측에는 밸브를 설치한다.

문제 07 증기난방의 특징에 대한 설명으로 틀린 것은?
㉮ 이용하는 열량은 증발 잠열로써 매우 크다.
㉯ 예열시간이 길고 응답속도가 느리다.
㉰ 증기공급방식에는 상향·하향공급식이 있다.
㉱ 증기를 공급하는 힘은 발생증기압으로 별도의 동력을 필요로 하지 않는다.

해설 증기난방의 특징
① 예열시간이 짧고 응답속도가 빠르다.
② 증기를 공급하는 힘은 발생증기압으로 별도의 동력을 필요로 하지 않는다.
③ 증기공급방식에는 상향·하향 공급식이 있다.
④ 이용하는 열량은 증발 잠열로써 매우 크다.

문제 08 유량측정 장치가 아닌 것은?
㉮ 벤투리관   ㉯ 피토관
㉰ 오리피스   ㉱ 마노메타

해설 유량측정 장치
① 벤투리관   ② 오리피스   ③ 플로우미터   ④ 피토관

해답 07. ㉯   08. ㉱

문제 09
체적과 시간으로부터 직접 유량을 구하는 유량계는?

㉮ 피토관 ㉯ 벤투리관
㉰ 로터미터 ㉱ 노즐

해설 로터미터 : 체적과 시간으로부터 직접 유량을 구하는 유량계

문제 10
일정압력으로 과잉수압에 의한 배관설비의 손상이 방지되는 급수방식은?

㉮ 수도직결식 ㉯ 양수펌프식
㉰ 압력탱크식 ㉱ 옥상탱크식

해설 옥상탱크식 : 일정압력으로 과잉수압에 의한 배관설비의 손상이 방지되는 급수방식

문제 11
보일러 과압 방지 안전장치의 설치에 대한 설명이다. 틀린 것은?

㉮ 증기보일러에는 2개 이상의 안전밸브를 설치하여야 한다.
㉯ 안전밸브는 쉽게 검사할 수 있는 위치에 설치해야 한다.
㉰ 안전밸브 축은 수평으로 설치하고 가능한 보일러의 동체에서 멀리 설치해야 한다.
㉱ 안전밸브는 보일러 최대증발량을 분출하도록 그 크기와 수를 결정하여야 한다.

해설 안전밸브 축은 수직으로 설치하고 가능한 보일러의 동체에 직접 부착한다.

문제 12
급수의 온도 25℃, 보일러 압력이 15kgf/cm², 상당 증발량이 2500kg/h일 때 매시간당 증발량은 약 얼마인가? (단, 발생증기 엔탈피는 639kcal/kg 이다.)

㉮ 2195kg/h ㉯ 2295kg/h
㉰ 3115kg/h ㉱ 3220kg/h

해답 09. ㉰ 10. ㉱ 11. ㉰ 12. ㉮

해설 상당증발량 $Ge = \dfrac{G \times (h'' - h')}{539}$

$G = \dfrac{Ge \times 539}{h'' - h'} = \dfrac{2500 \times 539}{639 - 25} = 2194.6$

문제 13
복사난방의 특징을 올바르게 설명한 것은?

㉮ 방열기의 설치가 필요 없고 바닥면의 이용도가 낮다.
㉯ 실내의 온도 분포가 균일하고 쾌감도가 낮다.
㉰ 실내공기의 대류가 크고 바닥 먼지의 상승이 적다.
㉱ 예열시간이 많이 걸리므로 일시적 난방에는 부적당 하다.

해설 복사난방의 특징
① 예열시간이 많이 걸리므로 일시적 난방에는 부적당
② 방열기의 설치가 필요 없고 바닥면의 이용도가 높다.
③ 실내공기의 대류가 적고 바닥 먼지의 상승이 적다.
④ 실내의 온도 분포가 균일하고 쾌감도가 높다.

문제 14
연도에 바이메탈 온도스위치를 부착시켜 화염의 유무 또는 보일러의 과열 여부를 검출하는 것은?

㉮ 프레임 아이   ㉯ 스택 스위치
㉰ 전자 개폐기   ㉱ 프레임 로드

해설 화염 검출기
① 프레임 아이 : 화염의 발광체
② 프레임 로드 : 화염의 이온화(전기전도성)
③ 스택 스위치 : 화염의 발열(바이메탈이용)

문제 15
보일러 연료의 연소형태 중 버너연소가 아닌 것은?

㉮ 기름연소   ㉯ 수분식연소
㉰ 가스연소   ㉱ 미분탄연소

해설 버너연소 : ① 미분탄연소 ② 가스연소 ③ 기름연소

해답   13. ㉱   14. ㉯   15. ㉯

기수공발(캐리오버)을 방지하기 위해서 보일러 내부에 설치되어 있는 장치는?

㉮ 기스분리기
㉯ 증기축열기
㉰ 체크밸브
㉱ 수저분출장치

[해설] 기스분리기 : 증기 중에 수분을 제거하여 건조증기를 얻기 위한 장치
[종류] ① 싸이클론식(원심력식) ② 스크레버식(장애판)
③ 건조스크린식(망 이용) ④ 베플형(관성력)

[보충] 캐리오버(carry over) : 증기중에 수분이 혼입되어 보일러 밖으로 이송되는 현상

굴뚝 높이 140m, 배기가스의 평균온도 200℃, 외기온도 27℃, 굴뚝 내 가스의 외기에 대한 비중을 1.05라 할 때 통풍력은 약 얼마인가?

㉮ 36.3mmAq
㉯ 49.8mmAq
㉰ 51.3mmAq
㉱ 55.0mmAq

[해설] $Z = H \times \left(\dfrac{353}{273 + t_a} - \dfrac{367}{273 + t_g} \right) = 140 \times \left(\dfrac{353}{273 + 27} - \dfrac{367}{273 + 200} \right) = 56.10 \, mmAq$

난방부하를 계산할 때 반드시 포함시켜야 하는 것은?

㉮ 형광등으로부터의 발열부하
㉯ 재실자로부터 발생하는 인체부하
㉰ 틈새바람을 통한 열부하
㉱ 커피포트 등에 의한 기기부하

[해설] 난방부하를 계산 반드시 포함 : 틈새바람을 통한 열부하

16. ㉮ 17. ㉱ 18. ㉰

문제 19 보일러 연소 시 공기비가 적을 경우의 장해에 해당되지 않는 것은?

㉮ 불완전연소가 되기 쉽다.
㉯ 미연소에 의한 열손실이 증가한다.
㉰ 미연가스에 의한 역화 위험성이 있다.
㉱ 연소실내의 온도가 내려간다.

해설 공기비가 적을 경우
① 미연가스에 의한 역화 위험성이 있다.
② 미연소에 의한 열손실이 증가한다.
③ 불완전연소가 되기 쉽다.

문제 20 재생식 공기예열기의 설명으로 적당한 것은?

㉮ 강판형과 관현의 2가지 형식이 있다.
㉯ 일정시간 동안 공기와 열 가스가 교대로 금속판에 접촉 전열되어 열 교환하는 형식이다.
㉰ 운동부가 없으며 누설의 우려가 없고 통풍손실이 적으며 구조가 간단하다.
㉱ 증기로 연소용 공기를 예열하는 방식으로 저온부식이 방지된다.

해설 재생식 공기예열기 : 일정시간 동안 공기와 열 가스가 교대로 금속판에 접촉 전열되어 열 교환하는 형식

문제 21 보일러의 성능을 표시하는 방법이 아닌 것은?

㉮ 상당증발량(kgf/h)　　㉯ 보일러마력
㉰ 보일러전열면적(m^2)　　㉱ 보일러지름(mm)

해설 보일러 성능 표시 방법
① 정격출력　② 정격용량　③ 보일러마력
④ 상당증발량　⑤ 전열면적　⑥ 상당방열면적

해답 19. ㉱　20. ㉯　21. ㉱

탄소 1kg이 완전 연소했을 때의 열량은 몇 kcal인가? (단, C + O₂ → 97200kcal/kmol 이다.)

㉮ 6075kcal ㉯ 8100kcal
㉰ 16200kcal ㉱ 18400kcal

해설 C + O₂ → CO₂ + 97200kcal/kmol
12kg = 97200
1kg = x $x = \dfrac{1\text{kg} \times 97200}{12\text{kg}} = 8100$

보일러의 부속장치에 대한 설명 중 틀린 것은?

㉮ 방폭문 : 보일러 내 가스폭발이나 역화 시 폭발한 가스를 외부로 배기시키는 장치
㉯ 압력계 : 보일러 내의 압력을 측정하기 위한 장치
㉰ 수위경보기 : 보일러 내의 수위가 안전저수위에 이르면 경보를 우리는 장치
㉱ 압력제한기 : ON/OFF 신호를 급수밸브에 보내 급수를 공급, 차단하는 장치

해설 **압력제한기** : 수은스위치의 변위에 의해 전기의 on-off 신호를 버너와 전자밸브로 보내 연료공급차단 사고방지

완전기체(perfect gas)가 일정한 압력 하에서의 부피가 2배가 되려면 초기온도가 27℃인 기체는 몇 ℃가 되어야 하는가?

㉮ 54℃ ㉯ 108℃
㉰ 300℃ ㉱ 327℃

해설 $\dfrac{V_1}{T_1} = \dfrac{V_2}{T_2}$ $T_2 = \dfrac{T_1 \times V_2}{V_1} = \dfrac{(273+27) \times 2}{1} = 600°K$
°K = ℃ + 273
℃ = °K − 273 = 600 − 273 = 327℃

22. ㉯ 23. ㉱ 24. ㉱

문제 25 외부와 열의 출입이 없는 열역학적 변화는?

㉮ 정압변화　　　　　㉯ 정적변화
㉰ 단열변화　　　　　㉱ 등온변화

해설 단열변화 : 외부와 열의 출입이 없는 열역학적 변화

문제 26 보일러의 부속장치에서 슈트 블로어(soot blower)는?

㉮ 연도를 청소하는 것이다.
㉯ 연돌을 청소하는 것이다.
㉰ 송풍기와 버너 사이에 있는 덕트(duct)를 청소하는 것이다.
㉱ 보일러의 전열면에 부착된 불순물 등을 청소하는 것이다.

해설 슈트 블로우 : 보일러의 전열면에 부착된 불순물 등을 청소

문제 27 당량농도라고도 하며, 용액 1kg 중의 용질 1mg 당량으로 표시되는 단위는?

㉮ ppm　　　　　㉯ ppb
㉰ epm　　　　　㉱ 탁도

해설 ① epm : 당량농도라고도 하며, 용액 1kg 중의 용질 1mg 당량 함유
② ppm : 용액 1kg중의 용질 1mg 함유 $(\frac{1}{100만})$
③ ppb : 용액 1Ton중의 용질 1g 함유 $(\frac{1}{10억})$

문제 28 보일러수에 함유되어 있는 물질 중 스케일 생성성분이 아닌 것은?

㉮ 황산칼슘　　　　　㉯ 규산칼슘
㉰ 탄산마그네슘　　　㉱ 탄산소다

해답 25. ㉰　26. ㉱　27. ㉰　28. ㉱

해설 스케일 생성성분
① 황산칼슘 ② 규산칼슘 ③ 탄산마그네슘

문제 29 다음 중 에너지의 단위가 아닌 것은?
㉮ kWh
㉯ kJ
㉰ kgf · m/s
㉱ kcal

해설 에너지 단위 : kWh, Wh, kJ, J, kcal, cal

보충 동력의 단위 : kgf.m/s

문제 30 엑서지(Exergy)에 대한 설명으로 틀린 것은?
㉮ 열에너지를 전부 기계적 에너지로 변환시킬 수 없다.
㉯ 열에너지로부터 얼마만큼의 기계적 일을 내게 할 수 있는가를 나타낸다.
㉰ 열에너지는 엑서지와 에너지의 합이다.
㉱ 환경온도(열기관의 저열원)가 높을수록 엑서지는 크다.

해설 환경온도(열기관의 저열원) 높을수록 엑서지는 적다.

문제 31 관속의 유체 흐름에서 일반적으로 레이놀드수가 얼마 이상이면 난류 흐름이 되는가?
㉮ 2000
㉯ 2500
㉰ 3000
㉱ 4000

해설 **층류** : Re가 2100 이하
임계영역 : Re가 2100 초과 4000 미만
난류 : Re가 4000 이상

해답 29. ㉰ 30. ㉱ 31. ㉱

문제 32

보일러 안전관리 수칙과 관련이 적은 것은?

㉮ 안전밸브 및 저수위 연료차단장치는 정기적으로 작동 상태를 확인한다.
㉯ 연소실내 잔류가스 배출을 위해 댐퍼의 개방상태를 확인한다.
㉰ 보일러 연소상태를 수시 확인하고 적정 공기비를 유지한다.
㉱ 급수온도를 수시로 점검하여 온도를 80℃ 이상을 유지한다.

문제 33

과열증기 사용 시의 장점으로 틀린 것은?

㉮ 증기 소비량이 감소한다.
㉯ 가열면의 온도가 균일하다.
㉰ 습증기로 인한 부식을 방지한다.
㉱ 증기의 마찰손실이 적다.

[해설] 과열증기 사용 시 장점
① 열효율 증가 ② 증기 소비량이 감소
③ 증기의 마찰손실이 적다. ④ 습증기로 인한 부식을 방지

문제 34

보일러의 내부부식 주요 원인으로 볼 수 없는 것은?

㉮ 급수 중에 유지류, 산류, 탄산가스, 염류 등의 불순물을 함유하는 경우
㉯ 일반 전기배선에서의 누전으로 인하여 전류가 장시간 흐르는 경우
㉰ 연소가스 속의 부식성 가스에 의한 경우
㉱ 강재의 수축 표면에 녹이 생겨서 국부적으로 전위차가 발생하여 전류가 흐르는 경우

[해설] 내부부식 주요 원인
① 강재의 수축 표면에 녹이 생겨서 국부적으로 전위차가 발생하여 전류가 흐르는 경우
② 일반 전기배선에서의 누전으로 인하여 전류가 장시간 흐르는 경우
③ 급수 중에 유지류, 산류, 탄산가스, 염류 등의 불순물을 함유하는 경우

해답 32. ㉱ 33. ㉯ 34. ㉰

문제 35

가스버너 사용시 옐루우 팁(Yellow Tip) 현상이 발생하는 것은 어떤 이유 때문인가?

㉮ 1차 공기가 부족한 경우
㉯ 염공이 막혀 염공의 유효 면적이 적은 경우
㉰ 가스압이 너무 높은 경우
㉱ 연소실 배기불량으로 2차 공기가 과소한 경우

해설 **옐루우 팁 현상** : 1차 공기가 부족한 경우

문제 36

열관류율의 단위로 옳은 것은?

㉮ kcal/kg · h
㉯ kcal/kg · ℃
㉰ kcal/m · ℃ · h
㉱ kcal/m² · ℃ · h

해설 **열관류율 = 열전달율 = 열통과율** : kcal/m²h℃
열전도율 : kcal/mh℃   **비열** : kcal/kg℃
연소실열부하 : kcal/m³h   **전열면열부하** : kcal/m²h

문제 37

다음 설명에 해당되는 보일러 손상 종류는?

> 고온 고압의 보일러에서 발생하나 저압 보일러에서도 열부하가 클 경우 발생되며, 발생하는 장소로는 용접부의 틈이 있는 경우나 관공 등 응력이 집중하는 틈이 많은 곳이다. 외관상으로는 부식성이 없고 극히 미세한 불규칙적인 방사형을 하고 있다.

㉮ 가성취하
㉯ 내부부식
㉰ 블리스터
㉱ 라미네이션

해답 35. ㉮ 36. ㉱ 37. ㉮

문제 38

10m의 높이에 배관되어 있는 파이프에 압력 5kgf/cm²인 물이 속도 3m/s로 흐르고 있다면, 이 물이 가지고 있는 전 수두는 약 얼마인가?

㉮ 30.13 mAq
㉯ 40.24 mAq
㉰ 50.35 mAq
㉱ 60.46 mAq

해설 전수두 = 10m + 50 + 0.459 = 60.459m

① $1kgf/cm^2 = 10mH_2O$

$$5kgf/cm^2 = x \quad x = \frac{5kgf/cm^2 \times 10mH_{20}}{1kgf/cm^2} = 50mH_2O$$

② $H = \dfrac{V^2}{2g} = \dfrac{3^2}{2 \times 9.8} = 0.459m$

문제 39

표준상태에서 프로판 가스 1kmol의 체적은?

㉮ 22.41m³
㉯ 24.21m³
㉰ 20.41m³
㉱ 25.05m³

해설
① $1kmol = 22.4m^3$
② $2kmol = 44.8m^3$
③ $3kmol = 67.2m^3$

문제 40

보일러 화학적 세정법에 관하여 옳게 설명한 것은?

㉮ 산세관법에 사용하는 약품은 수산화나트륨, 인산소다, 암모니아가 사용된다.
㉯ 화학세정의 목적은 보일러 내면의 스케일을 제거하고 보일러의 효율과 성능을 유지하기 위해서이다.
㉰ 세정액 배출 후 물의 pH 3 이하가 될 때까지 충분히 물로 씻은 후 중화나 방청처리를 실시한다.
㉱ 산세정 후 중화, 방청제로 염산을 사용한다.

해설 화학적 세정법 : 화학세정의 목적은 보일러 내면의 스케일을 제거하고 보일러의 효율과 성능을 유지하기 위해서

해답 38. ㉱ 39. ㉮ 40. ㉯

 **41** 에너지법에서 정한 에너지 위원회의 구성 및 운영에 관한 설명으로 옳은 것은?

㉮ 위촉위원의 임기는 2년으로 하고, 연임할 수 있다.
㉯ 위촉위원의 임기는 1년으로 하고, 연임할 수 있다.
㉰ 위촉위원의 임기는 2년으로 하고, 연임할 수 없다.
㉱ 위촉위원의 임기는 3년으로 하고, 연임할 수 있다.

해설 **에너지 위원회의 구성** : 위촉위원의 임기는 2년으로 하고, 연임할 수 있다.

 **42** 저탄소 녹색 성장 기본법에서 정한 녹색성장위원회의 구성 및 운영에 관한 설명으로 틀린 것은?

㉮ 위원회는 위원장 2명을 포함한 50명 이내의 위원으로 구성한다.
㉯ 위원회의 사무를 처리하게 하기 위하여 위원회에 간사 위원 1명을 두며, 간사위원의 지명에 관한 사항은 지식경제부령으로 정한다.
㉰ 대통령이 위촉하는 위원의 임기는 1년으로 하되, 연임할 수 있다.
㉱ 위원장이 부득이한 사유로 직무를 수행할 수 없을 때에는 국무총리인 위원장이 미리 정한 위원이 위원장의 직무를 대행한다.

 **43** 연강용 피복 아크 용접봉 심선의 6가지 화학성분 원소로 맞는 것은?

㉮ C, Si, Mn, P, S, Su
㉯ C, Si, Fe, N, H, Mn
㉰ C, Si, Ca, N, H, Al
㉱ C, Si, Pb, N, H, Cu

해설 **피복아크 용접봉 심선 6가지**
① C ② Mn ③ Si ④ P ⑤ S ⑥ Su
(탄소 망간 규소 인 황)

해답 41. ㉮ 42. ㉯ 43. ㉮

 **44** 증기트랩에 대한 설명으로 옳은 것은?

㉮ 증기를 열원으로 하는 열교환기 등 증기사용기기로부터 외부에 생긴 드레인과 증기의 누설을 막아주는 밸브를 말한다.
㉯ 증기를 열원으로 하는 열교환기 등 증기사용기기로부터 내부에 생긴 드레인만을 배제하고 증기의 누설을 막아 주는 밸브를 말한다.
㉰ 증기를 열원으로 하는 열교환기 등 증기사용기기로부터 내부에 생긴 드레인만을 배제하고 증기의 누설을 통화시키는 밸브를 말한다.
㉱ 증기를 열원으로 하는 열교환기 등 증기사용기기로부터 외부에 생긴 드레인만을 배제하고 증기의 누설을 막아주는 밸브를 말한다.

해설 **증기트랩** : 증기를 열원으로 하는 열교환기 등 증기사용기기로부터 내부에 생긴 드레인만을 배제하고 증기의 누설을 막아 주는 밸브
[종류] ① 기계적 트랩 : 포화수와 포화증기의 비중차 이용
　　　　　(버킷트, 플로우트)
② 온도조절 트랩 : 포화수와 포화증기의 온도차 이용
　　　　　(바이메탈, 벨로우즈)
③ 열역학적 트랩 : 포화수와 포화증기 열역학적 특성차
　　　　　(오리피스, 디스크)

 **45** 알루미늄 도료에 관한 설명 중 틀린 것은?

㉮ 400~500℃의 내열성을 지니고 있어 난방용 방열기 등의 외면에 도장한다.
㉯ 알루미늄 도막은 금속광택이 있고 열을 잘 반사한다.
㉰ 은분이라고도 하며 방청효과가 크고 습기가 동하기 어렵기 때문에 내구성이 풍부한 도막이 형성된다.
㉱ 알루미늄 분말에 아마인유와 혼합하여 만든다.

해설 알루미늄 분말에 유성바니스를 혼합하여 만든다.

44. ㉯　45. ㉱

 파이프의 이음 방식의 하나인 파이프 홈 조인트로 파이프와 파이프를 홈 조인트로 체결하기 위한 파이프 끝을 가공하는 기계는?

㉮ 베벨 조인트 머신 ㉯ 로터리식 조인트 머신
㉰ 그루빙 조인트 머신 ㉱ 스웨징 조인트 머신

해설 **그루빙 조인트 머신** : 파이프 홈 조인트로 파이프와 파이프를 홈 조인트로 체결하기 위한 파이프 끝을 가공하는 기계

 보일러에 사용되는 강재의 전단강도는 일반적으로 인장강도의 몇 %를 택하여 계산하는가?

㉮ 50 ㉯ 65
㉰ 70 ㉱ 85

해설 보일러에 사용되는 강재의 전단강도는 일반적으로 인장강도의 85%를 택하여 계산

 배관에 설치하는 신축 이음쇠의 종류가 아닌 것은?

㉮ 루프형 ㉯ 벨로스형
㉰ 스위블형 ㉱ 게이트형

해설 **신축 이음의 종류**
① 루우프형 ② 슬리브형
③ 벨로우즈형 ④ 스위블형

 에너지이용 합리화법에서 정한 시공업자단체의 설립, 정관의 기재사항과 감독에 관하여 필요한 사항은 어느 령으로 정하는가?

㉮ 대통령령 ㉯ 지식경제부령
㉰ 환경부령 ㉱ 고용노동부령

 46. ㉰ 47. ㉱ 48. ㉱ 49. ㉮

해설 공업자단체의 설립, 정관의 기재사항과 감독에 관하여 필요한 사항은 대통령령으로 정한다.

문제 50 전동 밸브를 올바르게 설명한 것은?

㉮ 온도조절기나 압력조정기 등에 의해 신호전류를 받아 전자코일의 전자력을 이용하여 밸브를 개폐한다.
㉯ 주요밸브와 보조밸브가 있으며 적용유체의 자체압력을 이용한 것이다.
㉰ 회전운동을 링크기구에 의하여 왕복운동으로 바꾸어서 제어밸브를 개폐한다.
㉱ 화학약품을 차단하는 경우에 많이 쓰이며 유체의 흐름에 대한 저항이 적다.

해설 **전동 밸브** : 회전운동을 링크기구에 의하여 왕복운동으로 바꾸어서 제어밸브를 개폐한다.

문제 51 배관의 상부에서 관을 지지하는 것으로, 관의 상하방향 이동을 허용하면서 일정한 힘으로 관을 지지하는 것은?

㉮ 콘스턴트 행거 ㉯ 리지드 행거
㉰ 파이프 슈 ㉱ 롤러 서포트

해설 **행거** : 배관의 하중을 위해서 잡아주는 장치
① 스프링 행거 : 턴버클내신 스프링을 사용
② 리지드 행거 : I 비임에 턴 버클을 이용 지지하는 것으로 상. 하 방향에 변위에 없는 곳에 사용
③ 콘스탄트 행거 : 관의 상하 방향이동을 허용하면서 일정한 힘으로 관을 지지

해답 50. ㉰ 51. ㉮

문제 52

기기 장치의 모양을 배관 기호로 도시하고 주요밸브, 온도, 유량 압력 등을 기입한 대표적인 배관 도면은?

㉮ URS ㉯ PID
㉰ 관장치도 ㉱ 계통도

해설 **계통도** : 기기 장치의 모양을 배관 기호로 도시하고 주요밸브, 온도, 유량, 압력 등을 기입한 대표적인 배관 도면

문제 53

내화물은 (분쇄) → (혼련) → (성형) → ( ) → (소성)등의 기본 공정을 거쳐서 제조한다. ( )에 들어갈 용어로 맞는 것은?

㉮ 건조 ㉯ 숙성
㉰ 함습 ㉱ 스폴링

해설 **내화물 기본 공정**
분쇄 → 혼련 → 성형 → 건조 → 소성

문제 54

배관작업용 공구에 대한 설명 중 맞는 것은?

㉮ 플레어링 둘 : 소구경 동관의 끝을 교정하는데 사용한다.
㉯ 리이머 : 관절단 후 관 외부의 거스러미를 제거하는데 사용한다.
㉰ 사이징 둘 : 동관을 압축이음으로 하는데 사용된다.
㉱ 튜브벤더 : 동관을 필요한 각도로 구부리기 위해 사용한다.

해설 **배관작업용 공구**
① 튜브벤더 : 동관을 필요한 각도로 구부리기 위해 사용
② 사이징투울 : 소구경 동관의 끝을 교정하는데 사용한다.
③ 리이머 : 관 절단 후 관 외부의 거스러미 제거
④ 플레어링 투울 : 동관을 압축이음으로 하는데 사용

52. ㉱   53. ㉮   54. ㉱

문제 55

여유시간이 5분, 정미시간이 40분일 경우 내경법으로 여유율을 구하면 약 몇 %인가?

㉮ 6.33%
㉯ 9.05%
㉰ 11.11%
㉱ 12.05%

해설 여유율 = $\dfrac{\text{여유시간}}{\text{정미시간}+\text{여유시간}} = \dfrac{5}{40+5} \times 100 = 11.11\%$

문제 56

로트에서 랜덤하게 시료를 추출하여 검사한 후 그 결과에 따라 로트의 합격, 불합격을 판정하는 검사방법을 무엇이라 하는가?

㉮ 자주검사
㉯ 간접검사
㉰ 전수검사
㉱ 샘플링검사

해설 **샘플링검사** : 로트에서 랜덤하게 시료를 추출하여 검사한 후 그 결과에 따라 로트의 합격, 불합격을 판정하는 검사방법

문제 57

다음과 같은 [데이터]에서 5개월 이동평균법에 의하여 8월의 수요를 예측한 값은 얼마인가?

월	1	2	3	4	5	6	7
판매실적	100	90	110	100	115	110	100

㉮ 103
㉯ 105
㉰ 107
㉱ 109

해설 8월 수요예측 = $\dfrac{1}{5}(110+100+115+110+100) = 107$

문제 58. 관리 사이클의 순서를 가장 적절하게 표시한 것은? (단, A는 조치(Act), C는 체크(Check), D는 실시(Do), P는 계획(Plan)이다.

㉮ P → D → C → A
㉯ A → D → C → P
㉰ P → A → C → D
㉱ P → C → A → D

해설 관리사이클 : 계획 → 실시 → 체크 → 조치

문제 59. 다음 중 계량값 관리도만으로 짝지어진 것은?

㉮ c 관리도, u 관리도
㉯ $x - R_s$ 관리도, P 관리도
㉰ $\bar{x} - R$ 관리도, nP 관리도
㉱ $Me - R$ 관리도, $\bar{x} - R$ 관리도

해설 계량값 관리도 : $Me - R$ 관리도, $\bar{x} - R$ 관리도

문제 60. 다음 중 모집단위 중심적 경향을 나타낸 측도에 해당하는 것은?

㉮ 범위(Range)
㉯ 최빈값(Mode)
㉰ 분산(Variance)
㉱ 변동계수(Coefficient of variation)

해설 최빈값 : 모집단의 중심적 경향을 나타낸 측도

해답 58. ㉮ 59. ㉱ 60. ㉯

CBT 시행 2023년도 제 74 회

본 문제는 복원 기출문제입니다. 실제 문제와 다를 수 있으니 양해바랍니다.

문제 01 증기 보일러의 용량 표시방법으로 사용되지 않는 것은?

㉮ 환산증발량　　　　　　㉯ 전열면적
㉰ 최고사용압력　　　　　　㉱ 보일러의 마력

해설 증기 보일러 용량 표시방법
① 정격출력　② 정격용량
③ 보일러의 마력　④ 상당증발량(환산증발량)
⑤ 전열면적　⑥ 상당방열면적

문제 02 보일러의 자동제어에서 증기압력제어는 어떤 량을 조작하는가?

㉮ 노내 압력량과 기압량　　㉯ 급수량과 연료공급량
㉰ 수위량과 전열량　　　　　㉱ 연료공급량과 연소용 공기량

해설 제어량과 조작량

제어	제어량	조작량
STC	과열증기온도	전열량
FWC	보일러수위	급수량
ACC	증기압력계제어	연료량, 공기량
	노내압력계제어	연소가스량, 송풍량

문제 03 급수펌프의 구비조건에 대한 설명으로 틀린 것은?

㉮ 고온, 고압에도 충분히 견디어야 한다.
㉯ 부하변동에 대한 대응이 좋아야 한다.
㉰ 고, 저부하시에는 펌프가 정지하여야 한다.
㉱ 작동이 확실하고 조작이 간편하여야 한다.

해답　01. ㉰　02. ㉱　03. ㉰

해설 **급수펌프의 구비조건**
① 작동이 확실하고 조작이 간편하여야 한다.
② 고속회전에 적합해야 한다.
③ 부하변동에 대응해야 한다.
④ 저부하시나 고부하시에도 효율이 좋아야 한다.
⑤ 고온, 고압에도 충분히 견디어야 한다.
⑥ 병렬운전에 지장이 없어야 한다.

문제. 04 다음 중 난방부하의 정의로 가장 옳은 것은?

㉮ 난방을 위하여 열을 공급하는 보일러에 걸리는 부하를 말한다.
㉯ 난방 장소에는 사람이 없고 공기 흐름이 없는 완벽한 공간에서의 열 공급량을 말한다.
㉰ 난방을 하고자 하는 장소의 열 손실을 말한다.
㉱ 난방 기구의 크기에 따른 열 방생 능력을 말한다.

해설 **난방부하** : 난방을 하고자 하는 장소의 열 손실을 말한다.

문제. 05 보일러의 그을음 취출장치인 슈트 블로워(soot blower)에 대한 내용으로 잘못된 것은?

㉮ 슈트블로워의 설치복적은 전열면에 부착된 그을음을 제거하여 전열 효율을 좋게 하기 위해서다.
㉯ 종류에는 장발형, 정치회전형, 단발형 및 건타입 슈트블로워 등이 있다.
㉰ 슈트블로워 분출(취출)시에는 통풍력을 크게 한다.
㉱ 슈트블루워 분출 전에는 저온부식방지를 위해 취출기 내부에 드레인 배출을 삼가 한다.

해답   04. ㉰   05. ㉱

다음 내용의 ( )안에 들어갈 알맞은 용어는?

> 사이클론 집진기는 연소가스가 회전운동을 일으켜 이 원심력으로 분진을 분리하는 것으로 30~60μm 정도의 분진에 유효하다. 이 사이클론은 연소가스의 유입방법에 따라 접선유입식과 ( )식이 있다.

㉮ 축류 ㉯ 원심
㉰ 사류 ㉱ 외류

기체연료의 특징으로 옳은 것은?

㉮ 점화나 소화가 용이하다.
㉯ 연소의 제어가 어렵고 곤란하다.
㉰ 과잉공기가 많아야 만 완전연소 된다.
㉱ 누출 시 폭발 위험성이 적다.

[해설] 기체연료의 특징
① 적은 공기량으로 완전 연소 시킬 수 있다.
② 가스누설 시 폭발의 위험의 위험이 있다.
③ 운반, 저장이 어렵다.
④ 황분, 회분이 거의 없어 전열변오손이 없다.
⑤ 연소효율, 전열효율이 좋다.
⑥ 점화, 소화가 용이하다.
⑦ 고온을 얻을 수 있다.

보일러 설치검사 기준상 가스용 보일러의 운전성능 검사시에 배기가스 중 일산화탄소(CO)의 이산화탄소(CO_2)에 대한 비는 얼마 이하 이어야 하는가?

㉮ 0.002 ㉯ 0.004
㉰ 0.005 ㉱ 0.007

[해설] 가스용 보일러의 운전성능 검사 시에 배기가스 중 일산화탄소에 대한 비는 0.002 이하여야 한다.

해답 06. ㉮ 07. ㉮ 08. ㉮

문제 09

복사난방에 대한 설명 중 맞는 것은?

㉮ 복사난방이란 표면에서 복사열을 방출하는 장치를 이용하여 난방하는 것을 말한다.
㉯ 바닥에 코일을 매설하는 온돌방식은 복사난방이 아니고 대류난방이다.
㉰ 스테인리스강으로 복사패널을 만드는 것은 복사열을 가장 적게 방출하기 때문이다.
㉱ 복사패널의 표면온도가 150℃가 넘는 것은 복사난방이라고 하지 않고 온풍난방이라고 한다.

해설 복사난방 : 표면에서 복사열을 방출하는 장치를 이용하여 난방하는 것

문제 10

인젝터 급수불능 원인에 대한 설명으로 틀린 것은?

㉮ 급수의 온도가 22℃ 정도 일 때
㉯ 증기 압력이 2kgf/cm² 이하 일 때
㉰ 흡입 관로에서 공기가 누입 될 때
㉱ 인젝터 자체가 과열되었을 때

해설 인젝터 급수불능 원인
① 급수의 온도가 높을 때(50℃ 이상시)
② 증기 압력이 낮거나 높을 때(2kg/cm² 이하 10kg/cm² 초과)
③ 증기중의 수분 혼입시
④ 인젝터 노즐 불량시
⑤ 인젝터 자체 과열시

문제 11

태양열 난방설비의 구성요소 중 틀린 것은?

㉮ 냉각기   ㉯ 집열기
㉰ 축열기   ㉱ 열교환기

해설 태양열 난방설비
① 집열기   ② 축열기   ③ 열교환기

해답 09. ㉮ 10. ㉮ 11. ㉮

문제 12

연소장치에 대한 설명으로 틀린 것은?

㉮ 윈드박스는 공기흐름을 적절히 유지하며 등압을 정압상태로 바꾸어 착화나 화염을 안정시키는 장치이다.
㉯ 콤비스터는 저온의 노에서도 연소를 안정시켜 분출흐름의 모양을 안정시킨 장치이다.
㉰ 유류버너에서 고압기류식 버너는 연료자체의 압력에 의해 노즐에서 고속으로 분출시켜 미립화시키는 버너이다.
㉱ 유류버너에서 비환류형 버너는 연소량이 감소하는 경우에는 와류실의 선화력이 감소하여 분무특성이 나빠지는 결점이 있다.

해설 유압분무식버너 : 연료자체의 압력에 의해 노즐에서 고속으로 분출시켜 미립화시키는 버너

문제 13

보일러의 중심에서 최상층 방열기의 중심까지 높이가 20m이고 송수온도의 비중량이 962kgf/m³, 환수온도의 비중량이 975kgf/m³일 때 자연 순환수두는 얼마인가?

㉮ 225mmAq ㉯ 252mmAq
㉰ 260mmAq ㉱ 273mmAq

해설 자연순환수두 $= H(ra - rg) = 20(975 - 962) = 260\text{mmHg}$

문제 14

보일러의 통풍장치 방식에서 혼합통풍 방식에 관한 설명으로 맞는 것은?

㉮ 노앞과 연돌 하부에 송풍기를 설치하여 노내압을 대기압보다 약간 낮은 압력으로 유지시키는 방식이다.
㉯ 연도에서 연소가스와 외부공기와의 밀도차에 의해서 생기는 압력차를 이용한 방식이다.
㉰ 연도의 끝이나 연돌하부에 송풍기를 설치하여 연소가스를 빨아내는 방식이다.
㉱ 노입구에 압입송풍기를 설치하여 연소용 공기를 밀어넣는 방식이다.

해답 12. ㉰ 13. ㉰ 14. ㉮

해설 ① 평형통풍방식 ② 자연통풍방식 ③ 압입통풍방식

문제 15
증기난방의 환수관에서 냉각래그(cooling leg)는 몇 m이상으로 설치하는 것이 가장 적절한가?

㉮ 1.0   ㉯ 1.2
㉰ 1.5   ㉱ 0.5

해설 증기난방의 환수관에서 냉각래그 1.5m 이상으로 설치

문제 16
온수난방 방열기의 방열량 3600kcal/h, 입구온수온도 75℃, 출구온수온도 65℃로 했을 경우, 1분당 유입온수유량은 몇 kg인가?

㉮ 6   ㉯ 10
㉰ 12   ㉱ 40

해설 $Q = G \cdot C \cdot \Delta t$

$G = \dfrac{Q}{C \times \Delta t} = \dfrac{3600}{75-65} = 360 \text{kg/h} \div 60\text{분/1h} = 6\text{kg/min}$

문제 17
보일러의 보수유지관리에서 압력계의 정비 시 주의사항으로 틀린 것은?

㉮ 압력계 등은 양손으로 잡고 회전시켜 분리해서는 안 된다.
㉯ 압력계화 미터콕크는 나사삽입 연결의 가스켓으로 적정한 것을 사용한다.
㉰ 압력계는 적어도 1년에 한번은 기준압력계와 비교검사를 한다.
㉱ 사이폰관에는 부착 전에 반드시 물이 없도록 한다.

해설 **사이폰관 설치목적** : 고온의 물이나 증기로부터 압력계 보호
안지름 : 동관 6.5mm 이상, 강관 12.7mm 이상

해답 15. ㉰ 16. ㉮ 17. ㉱

문제 18 보일러 설치기술 규격에서 감압밸브의 설치에 대한 내용 중 잘못된 것은?

㉮ 감압밸브 앞에 사용되는 레듀서(reducer)는 동심레듀서를 사용한다.
㉯ 바이패스(bypass)관 및 바이패스밸브를 나란히 설치한다.
㉰ 감압밸브 앞에는 기수분리기 또는 스팀트랩에 의해 응축수가 제거되어야 한다.
㉱ 감압밸브에는 반드시 여과기를 설치한다.

[해설] 감압밸브 앞에 사용되는 레듀서는 편심레듀서를 사용한다.

문제 19 연료 및 연소장치에서 공기비(m)가 적을 때의 특징으로 틀린 것은?

㉮ 불완전연소가 되기 쉽다.
㉯ 미연소 가스에 의한 가스폭발과 매연이 발생한다.
㉰ 연소실 온도가 저하된다.
㉱ 미연소 가스에 의한 열손실이 증가한다.

[해설] **공기비가 적을 때의 특징**
① 불완전연소가 되기 쉽다.
② 미연소 가스에 의한 가스폭발과 매연이 발생한다.
③ 미연소 가스에 의한 열손실이 증가한다.

문제 20 방열기에 대한 설명 중 맞는 것은?

㉮ 방열기에서 표준방열량을 구하는 평균온도기준은 온수가 80℃이고 증기는 102℃이다.
㉯ 주철제 방열기는 응축수가 가진 현열도 이용하므로 증기사용량이 감소한다.
㉰ 방열기는 증기와 실내공기와 온도차에 의한 복사열에 의해서만 난방을 한다.
㉱ 방열기의 표준방열량은 증기는 650W/m²이고 온수는 450Wm²이다.

[해설] 방열기 표준방열량은 증기 650kal/m²h, 온수 450kcal/m²h 평균온도기준은 온수 80℃, 증기는 102℃이다.

해답 18. ㉮ 19. ㉰ 20. ㉮

문제 21
연소가스의 여열을 이용하여 보일러의 효율을 향상시키는 장치가 아닌 것은?

㉮ 통풍기 ㉯ 공기예열기
㉰ 과열기 ㉱ 절탄기

해설 **여열장치**(폐열회수장치)
① 과열기 ② 재열기 ③ 절탄기 ④ 공기예열기

문제 22
과압방지 안전장치에 대한 설명 중 올바른 것은?

㉮ 안전밸브의 부착은 반드시 용접접합을 한다.
㉯ 전열면적이 $55m^2$인 증기 보일러에는 1개 이상의 안전밸브를 설치한다.
㉰ 안전밸브의 부착은 가능한 보일러 동체에 직접부착하지 않는다.
㉱ 최고사용압력이 0.1MPa이하의 보일러에 설치하는 안전밸브의 크기는 호칭지름 20mm이상으로 하여야 한다.

해설 **안전장치**
① 전열면적이 $50m^2$ 이하인 경우는 안전밸브를 1개부착, $50m^2$ 초과인 경우는 안전밸브를 2개부착
② 안전밸브는 보일러 동체에 수직으로 부착한다.
③ 최고사용압력이 0.1MPa 이하의 보일러에 설치하는 안전밸브의 크기는 호칭지름 20A 이상으로 한다.

문제 23
어떤 보일러에서 측정한 배기가스 온도가 240℃, 배기가스량이 $100Nm^3/h$이고, 외기온도가 20℃, 실내온도가 25℃인 경우 배출되는 배기가스의 손실열량은 얼마인가? (단, 배기가스 및 공기의 비열은 각각 0.33, 0.31kcal/kg℃이다.)

㉮ 6045kcal/h ㉯ 6820kcal/h
㉰ 7095kcal/h ㉱ 7260kcal/h

해설 $Q = G \cdot C \cdot \Delta t = 100 \times 0.33 \times (240-20) = 7260 kcal$

21. ㉮ 22. ㉱ 23. ㉱

문제 24 산업안전보건에 관한 규칙에서 정한 보일러 부속품 중 압력방출장치(안전밸브)의 검사에 대한 내용으로 맞는 것은?

㉮ 매년 1회 이상 국가교정업무 전담기관에서 검사후 사용
㉯ 매년 2회 이상 국가교정업무 전담기관에서 검사후 사용
㉰ 2년에 1회 이상 국가교정업무 전담기관에서 검사후 사용
㉱ 3년에 2회 이상 국가교정업무 전담기관에서 검사후 사용

해설 안전밸브의 검사 : 매년 1회 이상 국가교정업무 전담기관에서 검사 후 사용

문제 25 물속에 포함되어 있는 불순물 중에서 용해고형물이 아닌 것은?

㉮ 칼슘, 마그네슘의 산염류
㉯ 칼슘, 마그네슘의 탄산수소염류
㉰ 규산염
㉱ 콜로이드의 규산염

해설 용해고형물
① 규산염 ② 칼슘, 마그네슘의 산염류 ③ 칼슘, 마그네슘의 탄산수소염류

문제 26 보일러 가스폭발을 방지하는 방법이 아닌 것은?

㉮ 보일러 수위를 낮게 유지한다.
㉯ 급격한 부하변동(연소량의 증감)은 피한다.
㉰ 연료속의 수분이나 슬러지 등은 충분히 배출한다.
㉱ 점화할 때는 미리 충분한 프리퍼지를 한다.

해설 보일러 수위를 낮게 하는 것은 과열의 원인이다.

문제 27 0℃일 때 2.5m인 감철제 fp일이 온도가 40℃가 되면 늘어나는 길이는 약 얼마인가? (단, 강철의 선팽창계수는 1.1×10^{-5}/℃이다.)

㉮ 0.011cm
㉯ 0.11cm
㉰ 1.1cm
㉱ 1.75cm

해설 $\Delta l = \alpha \cdot l \cdot \Delta t = 1.1 \times 10^{-6} \times 2.5 \times 1000 \times (40-0) = 0.11 cm$

 해답   24. ㉮ 25. ㉱ 26. ㉮ 27. ㉯

문제 28 다음 물질 중 상온에서 열의 전도도가 가장 낮은 것은?

㉮ 구리(동) ㉯ 철
㉰ 알루미늄 ㉱ 납

해설 열전도도
Ag(은) > Cu(구리) > Au(금) > Al(알루미늄) > Mg(마그네슘) > Zn(아연) > Ni(니켈) > Fe(철) > Pb(납)

문제 29 과열증기의 설명으로 가장 적합한 것은?

㉮ 습포화 증기의 압력을 높인 것
㉯ 습포화 증기에 열을 가한 것
㉰ 포화증기에 열을 가하여 포화온도 보다 온도를 높인 것
㉱ 포화증기에 압을 가하여 증기압력을 높인 것

해설 과열증기 : 포화증기에 열을 가하여 포화온도 보다 온도를 높인 것

문제 30 보일러의 고온부식 방지대책 설명으로 틀린 것은?

㉮ 연료 중의 바나듐 성분을 제거할 것
㉯ 전열면의 온도가 높아지지 않도록 설계할 것
㉰ 공기비를 많게 하여 바나듐의 산화를 촉진할 것
㉱ 고온의 전열면에 내식재료를 사용할 것

해설 고온부식 방지책
① 연료 중의 바나듐 제거
② 회분개질제를 사용하여 회분의 융점을 높인다.
③ 고온의 전열면 표면에 내식재료를 사용
④ 고온의 전열면 표면에 보호피막 사용
⑤ 적정 공기비로 연소시킨다.
⑥ 양질의 연료를 선택한다.

해답 28. ㉱ 29. ㉰ 30. ㉰

문제 31

기온, 습도, 풍속의 3요소가 체감에 미치는 효과를 단열지표로 나타낸 온도는?

㉮ 평균복사온도 ㉯ 유효온도
㉰ 수정유효온도 ㉱ 산유효온도

해설 유효온도 : 기온, 습도, 풍속의 3요소가 체감에 미치는 효과를 단열지표로 나타낸 온도

문제 32

1마력(PS)으로 1시간 동안 한 일으 양을 열량으로 환산하면 약 몇 kcal인가?

㉮ 75kcal   ㉯ 102kcal
㉰ 632kcal ㉱ 860kcal

해설 1PSh = 632kcal/h
1kwh = 860kcal/h

문제 33

관로(관로)의 유체 마찰저항은 유체속도의 몇 제곱에 비례하는가?

㉮ 4제곱 ㉯ 3제곱
㉰ 2제곱 ㉱ 1제곱

해설 $H_L = \dfrac{\lambda l V^2}{2gd}$ 여기서, λ : 마찰계수, l : 관길이, V : 유속
g : 중력가속도, d : 관지름

문제 34

유체에 대한 베르누이 정리에서 유체가 가지는 에너지와 관계가 먼 것은?

㉮ 압력에너지 ㉯ 속도에너지
㉰ 위치에너지 ㉱ 질량에너지

해답 31. ㉯ 32. ㉰ 33. ㉰ 34. ㉱

해설 베루누이 정리 $= \dfrac{P}{r} + \dfrac{V^2}{2g} + Z$
압력수두=속도수두=위치수두

문제 35 두 물체가 서로 접촉하고 있으면 열적 평형상태에 도달하는 것과 관계가 있는 법칙은?

㉮ 열역학 제0법칙   ㉯ 열역학 제1법칙
㉰ 열역학 제2법칙   ㉱ 열역학 제3법칙

해설 **열역학 제0법칙**(열평형의 법칙, 온도를 정의)
두 물체가 서로 접촉하고 있으면 열적 평형상태에 도달하는 것

문제 36 보일러 부식 원인을 설명한 것 중 틀린 것은?

㉮ 수중에 함유된 산소에 의하여
㉯ 수중에 함유된 암모니아에 의하여
㉰ 수중에 함유된 탄산가스에 의하여
㉱ 보일러수의 pH가 저하되어

해설 **보일러의 부식원인**
① 수중에 함유된 산소에 의하여
② 수중에 함유된 탄산가스에 의하여
③ 보일러수의 pH가 저하되어

문제 37 밀폐된 용기 안에 비중이 0.8인 기름이 있고, 그 위에 압력이 0.5kgf/cm²인 공기가 있을 때 기름 표면으로부터 1m 깊이에 있는 한 점의 압력은 몇 kgf/cm²인가? (단, 물의 비중량은 1000kgf/m³이다.)

㉮ 0.40   ㉯ 0.58
㉰ 0.60   ㉱ 0.78

해답 35. ㉮ 36. ㉯ 37. ㉯

한점의 압력 $= 0.5\,\text{kg/cm}^2 + \dfrac{0.8 \times 1000\,\text{kg/m}^2}{1000\,\text{kg/m}^3}$
$= 0.5\,\text{kg/cm}^2 + 0.8\,\text{m}\,(0.08\,\text{kg/cm}^2)$
$= 0.58\,\text{kg/cm}^2$
$\therefore\ 1\,\text{kg/cm}^2 = 10\,\text{m}$
$x = 0.8\,\text{m}$ $\quad x = \dfrac{1\,\text{kg/cm}^2 \times 0.8\,\text{m}}{10\,\text{m}} = 0.08\,\text{kg/cm}^2$

문제 38

청관제의 작용 중 해당되지 않는 것은?

㉮ 관수의 탈산작용 ㉯ 기포합성 촉진
㉰ 경도성분 연화 ㉱ 관수의 pH조정

청관제의 작용
① 관수의 탈산작용 ② 관수의 pH조정
③ 경도성분 연화 ④ 가성취화 방지

문제 39

다음 보기는 보일러의 산세정 공정의 일부를 나열한 것이다. 순서대로 바르게 된 것은?

〈보기〉 1. 산세정 2. 중화 방청처리 3. 연화처리 4. 예열

㉮ 1→4→2→3 ㉯ 1→2→4→3
㉰ 4→1→3→2 ㉱ 4→3→1→2

산세정 공정순서
① 알카리처리 → 수세 → 산처리 → 수세 → 중화처리 → 수세 → 방청처리
② 예열 → 연화처리 → 산세정 → 중화처리

문제 40

급수 중에 용존하고 있는 O_2등의 용존기체를 분리 제거하는 진공탈기기의 감압장치로 이용되는 것은?

㉮ 증류 펌프 ㉯ 급수 펌프
㉰ 진공 펌프 ㉱ 노즐 펌프

해답 38. ㉯ 39. ㉱ 40. ㉰

해설 **진공 펌프** : 급수 중에 용존하고 있는 산소 등의 용존기체를 분리 제거하는 진공탈기기의 감압장치

 **41** 열사용기자재관리규칙에서 정한 특징열사용기자재 및 설치, 시공범위의 구분에서 금속요로에 해당되지 않는 품목은?

㉮ 용선로 ㉯ 금속균열로
㉰ 터널가마 ㉱ 금속소둔로

해설 **금속요로** : 용선로, 금속균열로, 금속소둔로
요입요로 : 터널가마, 회전가마

 **42** 신 재생에너지 설비 성능검사기관을 신청하려는 자는 누구에게 신청서류를 제출 하는가?

㉮ 지식경제부장관 ㉯ 기술표준원장
㉰ 에너지관리공단 이사장 ㉱ 시·도지사

해설 신 재생에너지 설비 성능검사기관을 신청하려는 자는 기술표준원장에게 신청서류를 제출

 **43** 열 팽창이나 진동으로 관의 이동과 회전을 방지하기 위하여 지지점을 완전히 고정시키는 장치는?

㉮ 인서트(insert) ㉯ 앵커(anchor)
㉰ 스토퍼(stoopet) ㉱ 브레이스(brace)

해설 **앵커** : 열 팽창이나 진동으로 관의 이동과 회전을 방지하기 위하여 지지점을 완전히 고정시키는 장치

해답 41. ㉰ 42. ㉯ 43. ㉯

문제 44

지방자치단체의 저탄소 녹색성장과 관련된 주요정책 및 계획과 그 이행에 관한 사항을 상의하기 위한 지방녹색 성장위원회의 구성, 운영 및 기능 등에 필요한 사항을 정하는 령은?

㉮ 대통령령 ㉯ 국무총리령
㉰ 지식경제부령 ㉱ 지방자치단체령

[해설] 지방녹색 성장위원회의 구성, 운영등에 필요한 사항 : 대통령령

문제 45

캐스터불 내화물에 대한 설명 중 틀린 것은?

㉮ 플라스틱 내화물보다 고온에 적합하며 규산소다로 만든다.
㉯ 경화제로서 알루미나 시멘트를 10-20%정도 배합한다.
㉰ 시공 후 24시간 전후로 경화된다.
㉱ 접합부 없이 노체(爐體)를 구축할 수 있다.

[해설] 캐스터불 내화물
① 접합부 없이 노체를 구축할 수 있다.
② 시공 후 24시간 전후로 경화된다.
③ 경화제로서 알루미나 시멘트를 10~20%정도 배합한다.

문제 46

피복금속 아크용접에서 교류용접기와 비교한 직류용접기의 장점이 아닌 것은?

㉮ 극성의 변화가 쉽다. ㉯ 전격 위험이 적다.
㉰ 역률이 양호하다. ㉱ 자기쏠림 방지가 가능하다.

[해설] 직류용접기의 장점
① 역률이 양호하다.
② 전격 위험이 적다.
③ 극성의 변화가 쉽다.

해답 44. ㉮ 45. ㉮ 46. ㉱

문제 47

보일러 열교환기용 관으로 가장 적합한 것은?

㉮ SPP
㉯ STHA
㉰ STWN
㉱ SPHT

해설 강관
① STHA : 보일러 열교환기용 강관
② SPP : 배관용 탄소강관(사용압력이 $10kg/cm^2$ 이하인 증기, 기름, 물배관에 사용)
③ SPHT : 고온배관용 탄소강관(350℃ 이상에서 사용)
④ SPPS : 압력배관용 탄소강관(사용압력이 $10kg/cm^2$ 이상 $100kg/cm^2$ 이하에 사용)
⑤ SPPH : 고압배관용 탄소강관(사용압력이 $100kg/cm^2$ 이상사용)

문제 48

저탄소 녹색성장 기본법에서 정의하는 온실가스에 해당되지 않는 것은?

㉮ 이산화탄소(CO_2)
㉯ 메탄(CH_4)
㉰ 육불화황(SF_6)
㉱ 수소(H)

해설 온실가스
① 이산화탄소(CO_2) ② 메탄(CH_4) ③ 아산화질소(N_2O)
④ 수소불화탄소(HFCS) ⑤ 과불화탄소(PFCS) ⑥ 육불화황(SF_6)

문제 49

밀폐식 팽창탱크에 설치하지 않아도 되는 것은?

㉮ 안전밸브
㉯ 수위계
㉰ 압력계
㉱ 온도계

해설 밀폐식 팽창탱크에 설치
① 압력계 ② 안전밸브 ③ 압축공기관
④ 수위계 ⑤ 급수관 ⑥ 배수관

47. ㉯ 48. ㉱ 49. ㉱

문제 50 관말단의 표시 중 나사박음식 캡의 표시기호는?

㉮ ―――┤   ㉯ ―――◗
㉰ ―――┤├   ㉱ ―――▭

[해설] ㉯ 용접캡 ㉰ 맹후렌지

문제 51 다음 중 기계식 트랩에 속하는 것은?

㉮ 바이메탈식 트랩   ㉯ 디스크식 트랩
㉰ 플로트식 트랩   ㉱ 벨로즈식 트랩

[해설] 증기트랩의 종류
① 기계적 트랩 : 포화수와 포화증기의 비중차 이용
 (상향버킷트랩, 하향버킷트랩, 플로우트트랩)
② 온도조절트랩 : 포화수와 포화증기의 온도차 이용
 (바이메탈, 벨로우즈트랩)
③ 열역학적트랩 : 포화수와 포화증기의 열역학적인 특성차
 (오리피스, 디스크트랩)

문제 52 연관용 공구 중 분기와 따내기 작업 시 주관에 구멍을 뚫는 공구는?

㉮ 봄볼   ㉯ 드레서
㉰ 벤드벤   ㉱ 턴관

[해설] 연관용 공구
① 봄볼 : 주관에 구멍을 뚫을 때 사용하는 공구
② 드레서 : 산화피막을 제거하는 공구
③ 터어핀 : 관끝을 접합하기 쉽게 관끝부분에 끼우고 마아레트로정형
④ 마아레트 : 나무해머
⑤ 벤드벤 : 연관의 굽힘작업에 사용

[해답] 50. ㉮ 51. ㉰ 52. ㉮

53 동관의 이음 방법으로 적합하지 않은 것은?

㉮ 용접 이음 ㉯ 플라스턴 이음
㉰ 납땜 이음 ㉱ 플랜지 이음

해설 **동관의 이음 방법**
① 용접 이음 ② 플레어 이음 ③ 플랜지 이음 ④ 납땜 이음

보충 **연관의 이음** : 플라스턴 이음

 54 보통 피스페놀 A와 에피크롤히드린을 결합해서 얻어지며 내열성, 내수성이 크고 전기절연도 우수하여 도로접착제, 방식용으로 쓰이는 것은?

㉮ 헤폭시 수지 ㉯ 고농도 이연 도료
㉰ 알루미늄 도료 ㉱ 산화철 도료

 **55** 축의 완성지름, 철사의 인장강도, 아스피린 순도와 같은 데이터를 관리하는 가장 대표적인 관리도는?

㉮ O관리도 ㉯ nP관리도
㉰ u관리도 ㉱ $\bar{x}-R$ 관리도

해설 $\bar{x}-R$ **관리도** : 축의 완성지름, 철사의 인장강도, 아스피린 순도와 같은 데이터를 관리하는 가장 대표적인 관리도

 **56** 작업시간 측정방법 중 직접측정법은?

㉮ PTS법 ㉯ 경험견작법
㉰ 표준자료법 ㉱ 스톱워치법

해설 **스톱워치법** : 직접측정법

 53. ㉯ 54. ㉮ 55. ㉱ 56. ㉱

문제 57

로트의 크기가 시료의 크기에 비해 10배 이상 클 때, 시료의 크기와 합격판정개수를 일정하게 하고 로트의 크기를 증가시킬 경우 검사특성곡선의 모양 변화에 대한 설명으로 가장 적합한 것은?

㉮ 무한대로 커진다.
㉯ 별로 영향을 미치지 않는다.
㉰ 샘플링 검사의 판별 능력이 매우 좋아진다.
㉱ 검사특성곡선의 기울기 검사가 급해진다.

해설 검사특성곡선의 모양 변화에 대한 설명 : 별로 영향을 미치지 않는다.

문제 58

준비작업시간 100분, 개당 정미작업시간 15분, 로트 크기 20일 때 1개당 소요작업시간은 얼마인가? (단, 여유시간은 없다고 가정한다.)

㉮ 15분   ㉯ 20분
㉰ 35분   ㉱ 45분

해설 소요작업시간 $= 15 + \dfrac{100}{20} = 20$분

문제 59

소비자가 요구하는 품질로서 설계와 판매정책에 반영되는 품질을 의미하는 것은?

㉮ 시장품질   ㉯ 설계품질
㉰ 제조품질   ㉱ 규격품질

해설 시장품질 : 소비자가 요구하는 품질로서 설계와 판매정책에 반영되는 품질

57. ㉯   58. ㉯   59. ㉮

문제 60

다음 중 샘플링 검사보다 전수검사를 실시하는 것이 유리한 경우는?

㉮ 검사항목이 많은 경우
㉯ 파괴검사를 해야 하는 경우
㉰ 품질특성치가 치명적인 결점을 포함하는 경우
㉱ 다수 다량의 것으로 어느 정도 부적합품이 섞여도 괜찮을 경우

해설 샘플링 검사보다 전수검사를 실시하는 것이 유리한 경우 : 품질특성치가 치명적인 결점을 포함하는 경우

해답 60. ㉰

2024년도 제 75 회

CBT 시행

본 문제는 복원 기출문제입니다. 실제 문제와 다를 수 있으니 양해바랍니다.

문제 01
동관의 용도와 무관한 것은?

① 급유관　　　　　　② 배수관
③ 냉매관　　　　　　④ 열교환기용관

해설 동관의 용도
① 급유관　② 급수관　③ 냉매관　④ 열교환기용관
⑤ 송유관　⑥ 급탕관　⑦ 냉난방용기기

문제 02
열팽창에 의한 배관의 이동을 구속하거나 제한하는 장치로 배관의 일정 방향의 이동과 회전만 구속하고 다른 방향은 자유롭게 이동하게 하는 장치는?

① 파이프 슈(Pipe Shoe)　② 앵커(Anchor)
③ 스톱(Stop)　　　　　　④ 브레이스(Brase)

해설 리스트레인 : 열 팽창에 의한 배관의 이동을 구속 또는 제한하는 장치
① 앵커 : 관의 이동 및 회전을 방지하기 위해 지지점에 완전히 고정하는 장치
② 스톱 : 배관의 일정한 방향과 회전만 구속하고 다른 방향은 자유롭게 이동하게 하는 장치
③ 가이드 : 배관의 곡관 부분이나 신축 조인트 부분에 설치하는 것으로 회전을 제한하거나 축 방향의 이동을 제한하며 직각방향으로 구속하는 장치

문제 03
다음 중 부하와 능력의 조정을 도모하는 것은?

① 진도관리　　　　　　② 절차계획
③ 공수계획　　　　　　④ 현품관리

해설 공수계획 : 부하와 능력의 조절을 도모하는 것

해답　01. ②　02. ③　03. ③

문제 04

보기의 재료를 상온에서 열전도율이 큰 것부터 낮은 순으로 옳게 나열한 것은?

〈보기〉 1. 알루미늄   2. 납   3. 탄소강   4. 황동

① 1 → 4 → 2 → 3
② 1 → 4 → 3 → 2
③ 4 → 1 → 2 → 3
④ 4 → 1 → 3 → 2

해설 연전도율 순서
알루미늄 > 황동 > 탄소강 > 납

문제 05

가스절단에서 표준 드래그(Drag)길이는 보통 판 두께의 어느 정도인가?

① $\frac{1}{3}$
② $\frac{1}{4}$
③ $\frac{1}{5}$
④ $\frac{1}{6}$

해설 가스절단에서 표준 드래그(Drag) 길이는 보통판 두께의 $\frac{1}{5}$ 정도이다.

문제 06

다음 표를 이용하여 비용 구배(Cost Slope)를 구하면 얼마인가?

정상		특급	
소요시간	소요비용	소요시간	소요비용
5일	40,000원	3일	50,000원

① 3,000원/일
② 4,000원/일
③ 5,000원/일
④ 6,000원/일

해설
$50000 - 40000 = 10000$
$5일 - 3일 = 2일$
$\frac{10000}{2일} = 50000 [원/day]$

04. ② 05. ③ 06. ③

문제 07

유체의 점성계수(粘性係數)를 옳게 나타낸 식은?

① 점성계수=전단변형/전단응력
② 점성계수=전단응력/전단변형률
③ 점성계수=전단압력/전단변형
④ 점성계수=압축압력/전단변형률

해설 유체의 점성계수 = $\dfrac{\text{전단응력}}{\text{전단변형율}}$

문제 08

제품 공정분석표용 공정 도시기호 중 정체 공정(Delay) 기호는 어느 것인가?

① ○ ② □
③ ↔ ④ D

해설 ① ○ : 작업 ② □ : 검사 ③ ↔ : 운반
④ D : 지연 ⑤ ▽ : 저장

문제 09

열관류의 단위로 옳은 것은?

① kcal/kg · h
② kcal/kg · ℃
③ kcal/m · h · ℃
④ kcal/m² · h · ℃

해설
① **열전도율** : kcal/mh℃
② **비열** : kcal/kg℃
③ **열용량** : kcal/℃
④ **연소실 열부하** : kcal/m³h
⑤ **전열면 열부하** : kcal/m²h
⑥ **열전달율 = 열관류율 = 열통과율** : kcal/m²h℃

해답 07. ② 08. ④ 09. ④

문제 10

보일러 관석(Scale)을 대분류할 때 관련이 없는 것은?

① 황산칼슘($CaSO_4$)을 주성분으로 하는 스케일
② 규산칼슘($CaSiO_2$)을 주성분으로 하는 스케일
③ 탄산칼슘($CaCO_3$)을 주성분으로 하는 스케일
④ 염화칼슘($CaCl_2$)을 주성분으로 하는 스케일

해설 스케일성분
① 탄산칼슘 ② 규산칼슘 ③ 황산칼슘

문제 11

보일러의 최고사용압력이 20kg/cm²인 강철제 보일러를 제작할 때, 보일러의 압력부위에 사용할 수 없는 강재는?

① SB 410
② SPPS 370
③ STBH 340
④ SWS 410

해설
① SB : 일반구조용 보일러
② SPPS : 압력배관용 탄소강관
③ STHB : 보일러열교환기용 합금강강관
④ SWS : 용접구조용 압연강재

문제 12

표준시간을 내경법으로 구하는 수식은?

① 표준시간= 정미시간 + 여유시간
② 표준시간= 정미시간 × 1(1 + 여유율)
③ 표준시간= 정미시간 × $\left(\dfrac{1}{1-여유율}\right)$
④ 표준시간= 정미시간 × $\left(\dfrac{1}{1+여유율}\right)$

해설
표준시간(내경법)= 정미시간 × $\left(\dfrac{1}{1-여유율}\right)$
표준시간(외경법)= 정미시간 × $\left(\dfrac{1}{1+여유율}\right)$

해답 10. ④ 11. ④ 12. ③

문제 13

계수값 규준형 1회 샘플링 검사에 대한 설명 중 가장 거리가 먼 내용은?

① 검사에 제출된 로트에 관한 사전의 정보는 샘플링 검사를 적용하는데 직접적으로 필요로 하지 않는다.
② 생산자 측과 구매자 측이 요구하는 품질보호를 동시에 만족시키도록 샘플링 검사방식을 선정한다.
③ 파괴검사의 경우와 같이 전수검사가 불가능한 때에는 사용할 수 없다.
④ 1회만의 거래 시에도 사용할 수 있다.

해설 계수 값 규준형 1회 샘플링 검사
① 1회만의 거래 시에도 사용할 수 있다.
② 생산자 측과 구매자 측이 요구하는 품질보호를 동시에 만족시키도록 샘플링 검사 방식을 선정
③ 검사에 제출된 로트에 관한 사전의 정보는 샘플링 검사를 적용하는데 직접적으로 필요로 하지 않는다.

문제 14

문제가 되는 결과와 이에 대응하는 원인과의 관계를 알기 쉽게 도표로 나타낸 것은?

① 산포도
② 파레토도
③ 히스토그램
④ 특성요인도

해설 **특성요인도** : 문제가 되는 결과와 이에 대응하는 원인과의 관계를 알기 쉽게 도표로 나타낸 것

문제 15

다이헤드식 동력 나사절삭기로 할 수 없는 작업은?

① 관의 절단
② 관의 접합
③ 나사절삭
④ 거스러미 제거

해설 다이헤드식 동력용 나사절삭기 기능
① 나사절삭   ② 거스러미 제거   ③ 파이프 절단

해답 13. ④ 14. ③ 15. ②

문제 16
보일러 내에 아연판을 설치하는 목적은?

① 비수작용방지 ② 스케일 생성방지
③ 보일러 내부 부식방지 ④ 포밍 방지

해설 보일러 내에 아연판을 설치하는 목적 : 보일러 내부 부식방지

문제 17
동관에 대한 설명으로 잘못된 것은?

① 동관의 호칭경은 외경에 $\frac{1}{3}$ 인치를 더한 값이다.
② 동관은 두께에 따라 K, L, M형 등으로 구분한다.
③ 가성소다와 같은 알칼리에 내식성이 강하다.
④ 암모니아수, 황산에 심하게 침식된다.

해설 동관은 외경이 호칭경이다.
강관은 내경이 호칭경이다.

문제 18
증기와 응축수의 열역학적 특성 값에 의해 작용하는 트랩은?

① 플로트 트랩 ② 버킷 트랩
③ 디스크 트랩 ④ 바이메탈 트랩

문제 19
실제 증기 발생량이 3,000kg/h이고, 급수온도가 10℃, 발생증기의 엔탈피가 653kcal/kg인 경우, 환산증발량은?

① 3,579kg/h ② 3,487kg/h
③ 3,325kg/h ④ 3,288kg/h

해설 **상당증발량**(환산증발량)
$= \dfrac{G \times (h'' - h')}{539} = \dfrac{3000 \times (653 - 10)}{539} = 3578.84 [\text{kg/h}]$

16. ③ 17. ① 18. ③ 19. ①

문제 20. 열설비에 다량의 응축수가 공기장애(에어 바인딩)로 배출되지 않는 경우가 있다. 이것을 방지하기 위한 배관시공으로 맞는 것은?
① 트랩입구를 향해 끝 올림 배관으로 설치한다.
② 트랩입구 배관을 입상관으로 설치한다.
③ 트랩입구 배관을 가능한 한 굵고 짧게 한다.
④ 트랩입구 배관을 보온시공한다.

해설
① 트랩입구를 향해 끝내림 배관으로 설치
② 트랩입구 배관을 입하관으로 설치
③ 트랩입구 배관을 가능한 굵고 짧게 한다.
④ 트랩입구배관은 보온 시공하지 않는다.

문제 21. 다음 중 부정형 내화물이 아닌 것은?
① 캐스터블 내화물
② 포스테라이트 내화물
③ 플라스틱 내화물
④ 레밍믹스

해설 **부정형 내화물의 종류**
① 캐스터블 내화물 ② 플라스틱 내화물 ③ 레밍믹스

문제 22. 다음 기체 중 가연성인 것은?
① CO_2
② N_2
③ CO
④ He

해설 **가연성가스** : 폭발하한이 10% 이하이거나 하한과 상한의 차가 20% 이상인 가스
① 메탄 : 5~15% ② 수소 : 4~75%
③ 일산화탄소 : 12.5~74% ④ 프로판 : 2.1~9.5%
⑤ 부탄 : 1.8~8.4% ⑥ 아세틸렌 : 2.5~81% 등
조연성가스(지연성가스) : ① 공기 ② 불소 ③ 염소 ④ 이산화질소 ⑤ 산소
불연성가스 : ① N_2 ② CO_2 ③ 헬륨 ④ 네온 ⑤ 아르곤
⑥ 크립톤 ⑦ 크세논 ⑧ 라돈

해답 20. ③ 21. ② 22. ③

문제 23
증기에 관한 기본적 성질을 설명한 것으로 옳은 것은?

① 순수한 물질은 한 개의 포화온도와 포화압력이 존재한다.
② 습증기 영역에서 건도는 항상 1보다 크다.
③ 증기가 갖는 열량은 4℃의 순수한 물을 기준하여 정해진다.
④ 대기압 상태에서 엔탈피의 변화량과 주고받은 열량과 변화량은 같다.

문제 24
난방배관 시공법에 대한 설명으로 틀린 것은?

① 각 방열기에는 반드시 수동공기빼기 밸브를 부착한다.
② 배관계통에 공기가 정체하는 곳이 없도록 한다.
③ 팽창관에는 유사시를 대비하여 정지밸브를 설치한다.
④ 2개 이상의 지관을 분기할 때에 분기된 티(Tee)의 간격은 관경의 10배 이상이 되도록 한다.

해설 팽창관 및 방출관(안전관)에는 어떠한 밸브도 설치하면 안 된다.

문제 25
진공식 보일러의 설명으로 틀린 것은?

① 진공식 보일러의 동체 내부압력은 항상 절대압력으로 500mmH₂O 이하이다.
② 상용화된 진공식 보일러는 모두 온수보일러이다.
③ 진공식 보일러의 동체 내부에는 증기가 존재한다.
④ 진공식 보일러는 열매가 완전히 밀폐되기 때문에 부식이 적고 스케일이 없으며 보일러의 수명이 길다.

해설 **진공식 보일러**
① 상용화 된 진공식 보일러는 모두 온수보일러이다.
② 진공식 보일러의 동체내부에는 증기가 존재한다.
③ 진공식 보일러는 열매가 완전히 밀폐되기 때문에 부식이 적고 스케일이 없으며 보일러의 수명이 길다.
④ 진공식 보일러는 항상 내부압력이 760mmHg 이하이다.

해답 23. ④ 24. ③ 25. ①

물의 잠열에 대하여 옳게 설명한 것은?

① 압력의 상승으로 증가하는 일의 열당량을 의미한다.
② 물의 온도상승에 소요되는 열량이다.
③ 온도변화 없이 상(相)변화만을 일으키는 열량이다.
④ 건조 포화증기의 엔탈피와 같다.

해설 **현열** : 상태변화 없이 온도만 변함 $Q_1 = G_1 \cdot C_1 \cdot \Delta t_1$
잠열 : 온도변화 없이 상태만 변함 $Q_2 = G_2 \cdot r_2$

증기보일러 본체는 연소가스와 물이 열을 교환할 수 있는 구조로 되어 있다. 이와 관련한 설명 중 옳은 것은?

① 관 내부로는 물이 흐르고, 외부에는 연소가스가 통과하는 관을 연관이라고 한다.
② 수관 보일러는 일반 노통보일러보다 전열면적이 작고 보유수량이 많아서 가동하는데 시간이 많이 소요된다.
③ 수(水) 드럼(Drum) 내부에 설치된 연소가스가 통과하는 관을 수관이라고 한다.
④ 차판(Baffle Plate)은 전열효율을 높이기 위하여 가스의 유동방향을 전환시키는 것이다.

해설 **수관** : 관 내부 또는 물이 흐르고 관 외부로는 연소가스가 흐르는 관
연관 : 관 내부로는 연소가스가 흐르고 관 외부로는 물이 흐른다.
※ 수관보일러는 노통보일러보다 전열면적이 크고 보유수량이 적어 가동시간이 짧게 소요

보일러 운전 중 이상저수위가 발생하는 원인이 아닌 것은?

① 증기 취출량이 과대한 경우
② 급수장치가 증발능력에 비해 과소한 경우
③ 급수밸브나 급수역지밸브의 고장 등으로 보일러 수가 급수 배관이나 급수탱크로 역류한 경우
④ 발생증기압력을 저압으로 하여 운전하는 경우

해답 26. ③ 27. ④ 28. ④

 **29** 증기방열기의 전 방열면적이 60m²이고, 증기방열기 방열면적 1m²당 응축수 발생량이 1.2kg/h일 때 응축수 펌프의 용량은? (단, 증기배관에서 응축수량은 방열기 응축수의 30%로 하고, 펌프의 용량은 발생 응축수의 3배로 한다.)

① 1.56kg/min ② 3.12kg/min
③ 4.68kg/min ④ 6.24kg/min

 펌프용량 = 응축수량 × $\dfrac{3배}{60}$ [kg/min]

응축수량 = $\dfrac{Q}{r}$ × 방열면적 × $(1+\alpha)$ = $\dfrac{650}{539}$ × 60 × 1.2 × 1.3
= 60 × 1.2 × 1.3 = 93.6 [kg/h]

∴ $\dfrac{93.6 \times 3}{60}$ = 4.68 [kg/min]

 **30** 보일러 내부를 화학세정(산세관)할 때 인히비터를 사용하는 이유는?

① 보일러 용수의 연화 ② 보일러 강판의 부식억제
③ 스케일의 부착방지 ④ 스케일의 용해속도 촉진

인히비터(부식억제제) : 보일러강판의 부식억제

 **31** 관류보일러의 장점으로서 적합하지 않은 것은?

① 원통보일러보다 취급이 용이하고, 안정성이 높다.
② 고압, 대용량에 적합하다.
③ 전열면적이 커서 일반적으로 열효율이 높다.
④ 전열면적당의 보유수량이 적어서 증기발생이 걸리는 시간이 짧다.

관류 보일러의 장점
① 고압대용량에 적합하다.
② 전열면적이 커서 일반적으로 열효율이 높다.
③ 가동부하가 짧아 부하에 대응하기 쉽다.
④ 보유수량이 적어 증기 발생시간이 짧다.

29. ③ 30. ② 31. ①

문제 32

다음 보일러 검사 중 계속사용검사에 해당되지 않는 것은?

① 안전검사 ② 운전성능검사
③ 재사용검사 ④ 설치장소변경검사

해설 계속사용검사
① 계속사용 안전검사 ② 계속사용 성능검사 ③ 재사용검사

문제 33

난방부하 계산과 관련한 설명 중 틀린 것은?

① 난방부하는 난방면적에 열손실계수를 곱하여 산출한다.
② 방열기의 방열계수는 온수난방의 경우가 증기난방의 경우보다 크다.
③ 온수난방은 방열기의 평균온도를 80℃로 기준하고, 표준방열량은 450kcal/m² · h이다.
④ 증기난방은 방열기의 평균온도를 102℃로 기준하고, 표준방열량은 650kcal/m² · h이다.

해설

구분	표준방열량 [kcal/m²h]	방열기내 평균온도	실내 온도	방열계수 [kcal/m²h℃]	온도차
온수난방	450	80	18	7.2	62
증기난방	650	102	21	8	81

문제 34

보일러수를 취출(Blow)하는 목적으로 옳은 것은?

① 동(胴) 내의 부유물 및 동 저부의 슬러지 성분을 배출하기 위하여
② 보일러의 전열면의 슈트(Soot)를 제거하기 위하여
③ 보일러수의 pH를 산성으로 만들기 위하여
④ 발생증기의 건조도 등 증기의 질(質)을 파악하기 위하여

해설 분출목적
① 관수농축방지 ② 관수 pH조절 ③ 프라이밍, 포밍 발생방지
④ 슬러지나 스케일생성 방지 ⑤ 가성취하 방지 ⑥ 부식방지

해답 32. ④ 33. ② 34. ①

문제 35

주로 방로 피복에 사용하는 보온재로서, 아스팔트로 피복한 것은 -60℃ 정도까지 유지할 수 있으므로 보냉용으로 많이 사용되는 보온재는?

① 펠트
② 코르크
③ 기포성 수지
④ 암면

해설 펠트 : 아스팔트로 피복한 것은 -60℃ 정도까지 유지, 보냉용으로 많이 사용

문제 36

다음과 같은 특징을 갖는 난방방식은 어떤 난방법인가?

① 실내온도가 균일하여 쾌감도가 높다.
② 방열기의 설치가 불필요하여 바닥면의 이용도가 높다.
③ 천장이 높은 집의 난방에 적합하다.
④ 평균온도가 낮아서 열손실이 적다.

① 온수난방법
② 증기난방법
③ 복사난방법
④ 온풍난방법

해설 복사난방법
① 방열기의 설치가 불필요하여 바닥면의 이용도가 높다.
② 평균온도가 낮아서 열손실이 적다.
③ 천정이 높은 집의 난방에 적합
④ 실내온도가 균일하여 쾌감도가 높다.

문제 37

어떤 복수기의 진공도가 600mmHg일 때 절대압력은? (단, 표준대기압은 765mmHg이다.)

① 600mmHg
② 165mmHg
③ 265mmHg
④ 320mmHg

해설 절대압력 = 대기압 - 진공압 = 765 - 600 = 165[mmHg]

35. ① 36. ③ 37. ②

문제 38

화염 검출기의 종류 중 화염의 이온화에 의한 전기 전도성을 이용한 것으로 가스 점화 버너에 주로 사용되는 것은?

① 플레임 로드 ② 플레임 아이
③ 스택 스위치 ④ 황화 카드뮴 셀

해설 화염 검출기
① 플레임 아이 : 화염의 발광체 이용
② 플레임 로드 : 화염의 이온화(전기전도성)
③ 스택 스위치 : 화염 발열(버너분사 정지에 수십초가 걸리므로 주로 소용량 보일러에 사용)

문제 39

연소실 용적 $V\,\mathrm{m}^3$, 연료의 시간당 연료량 $G_f\,\mathrm{kg/h}$, 연료의 저위발열량 $H_l\,\mathrm{kcal/kg}$이라면, 연소실 열발생율 $\rho\,\mathrm{kcal/m^3 \cdot h}$은?

① $\rho = \dfrac{H_l \cdot V}{G_f}$ ② $\rho = \dfrac{G_f \cdot H_l}{V}$

③ $\rho = \dfrac{V}{G_f \cdot H_l}$ ④ $\rho = \dfrac{H_l}{G_f \cdot V}$

해설 연소실 열부하(열발생율) $= \dfrac{\text{연료소비량} \times \text{저위발열량}}{\text{연소실용적}} = \dfrac{[\mathrm{kg/h}] \times [\mathrm{kcal/kg}]}{[\mathrm{m}^3]}$
$= [\mathrm{kcal/m^3 h}]$

문제 40

보일러 사고를 유발하는 원인과 가장 무관한 것은?

① 이상증발 현상 ② 워터해머 작용
③ 연소기의 과소 ④ 안전장치의 기능불량

해설 보일러 사고를 유발하는 원인
① 안전장치의 기능불량 ② 워터해머 작용
③ 이상 증발 현상 ④ 저수위 사고
⑤ 노내 가스폭발 ⑥ 연소기의 과열

38. ② 39. ① 40. ③

문제 41 고체 및 액체 연료 1kg에 대한 이론공기량[Nm³]을 구하는 식은? (단, C : 탄소, H : 수소, O : 산소, S : 황의 중량)

① $\dfrac{1}{0.21}(1.867 + 5.6H - 0.7O + 0.7S)$

② $\dfrac{1}{0.21}(1.767 + 5.6H - 0.7O + 0.7S)$

③ $\dfrac{1}{0.21}(1.867 + 6.5H - 5.6O + 0.7S)$

④ $\dfrac{1}{0.21}(1.767 + 8.5H - 0.7O + 0.7S)$

해설 이론공기량 $= 8.89C + 26.67\left(H - \dfrac{O}{8}\right) + 3.33S$

$\downarrow \qquad \downarrow \qquad \downarrow$

$\dfrac{1.867}{0.21} \quad \dfrac{5.6}{0.21} \quad \dfrac{0.7}{0.21}$

문제 42 급수펌프의 흡입배관 시공에 대한 설명으로 틀린 것은?

① 흡입관은 토출관경 보다 1단계 작은 것을 사용한다.
② 흡입배관은 가급적 길이를 짧게 한다.
③ 흡입수평배관에는 편심레듀서를 사용한다.
④ 흡입수평관이 긴 경우는 1/50~1/100의 상향구배를 준다.

해설 흡입관은 토출 관경보다 1단계 큰 것 사용

문제 43 길이 20m 강관의 증기배관에 있어서 통기 전후의 관 온도가 각각 10℃, 105℃이면 관의 팽창 길이는? (단, 강관의 선팽창계수는 1.2×10^{-5}로 한다.)

① 20.8mm
② 22.8mm
③ 24.8mm
④ 26.8mm

해설 $\Delta L = \alpha \cdot l \cdot \Delta t$
$= 1.2 \times 10^{-5} [\text{m/m}^\circ\text{C}] \times 20 \times 1000[\text{mm}] \times (105 - 10)[^\circ\text{C}] = 22.8[\text{mm}]$

해답 41. ① 42. ① 43. ②

문제 44

아래와 같은 베르누이 방정식에서 P/r 항은 무엇을 뜻하는가?(단, H : 전수두, P : 압력, r : 비중량, V : 유속, g : 중력가속도, Z : 위치수두)

$$H \frac{P}{r} + \frac{V^2}{2g} + Z$$

① 압력수두   ② 속도수두
③ 위치수두   ④ 전수두

해설 베르누이정리

$$\frac{P_1}{r} + \frac{V_1^2}{2g} + Z_1 = \frac{P_2}{r} + V_2^2 + Z_2 = H$$

(압력수두) (속도수두) (위치수두)

문제 45

압력배관용 강관의 사용압력이 30kg/cm², 인장강도가 20kg/cm²일 때의 스케줄 번호는?(단, 안전율은 4로 한다.)

① 30   ② 40
③ 60   ④ 80

해설 스케줄번호 $= \frac{P}{S} \times 10 = \frac{30}{\left(\frac{20}{4}\right)} \times 10 = 60$

문제 46

천연가스(LNG)를 연료로 사용하는 보일러에서 배기가스를 분석한 결과 산소 농도가 1.8%로 측정되었다면, 배기가스 중의 CO_2 농도는 약 몇 %인가?

① 10%   ② 11%
③ 12%   ④ 13%

해설 $CO_2[\%] = \frac{21 - O_2}{O_2} = \frac{21 - 1.8}{1.8} = 10.66\%$

해답   44. ①   45. ③   46. ②

 자동제어에서 추치제어의 종류가 아닌 것은?

① 추종제어
② 캐스케이드 제어
③ 비율제어
④ 프로그램 제어

 보일러의 비상정지 시 응급조치 사항이 아닌 것은?

① 연료의 공급을 차단한다.
② 주증기밸브를 닫는다.
③ 댐퍼를 닫고 통풍을 막는다.
④ 연소용 공기의 공급을 정지한다.

해설 비상정지 시 응급조치사항
① 연료공급차단 ② 연소용 공기 공급 정지 ③ 주증기 밸브 닫는다.

 유체가 원추 확대관에서 생기는 손실수두는?

① 속도에 비례한다.
② 속도의 자승에 비례한다.
③ 속도의 3승에 비례한다.
④ 속도의 4승에 비례한다.

해설 손실수두 = $\dfrac{(V_1 - V_2)^2}{2g}$

 보일러 절탄기 설치시의 장점을 잘못 설명한 것은?

① 보일러의 수처리를 할 필요가 없다.
② 급수 중 일부의 불순물이 제거된다.
③ 급수와 관수의 온도차로 인한 열응력이 발생되지 않는다.
④ 보일러 열효율이 향상되어 연료가 절약된다.

해설 절탄기 설치 시 이점
① 급수중의 일부 불순물이 제거된다.
② 보일러 열효율이 상승되어 연료가 절약된다.
③ 급수와 관수의 온도차로 인한 열응력이 발생되지 않는다.

해답 47. ② 48. ③ 49. ② 50. ①

문제 51
보일러 동 내부에 점식을 일으키는 것은?

① 급수 중의 탄산칼슘
② 급수 중의 인산칼슘
③ 급수 중에 포함된 공기
④ 급수 중의 황산칼슘

해설 점식원인 : 용존산소, CO_2, 급수 중 포함된 공기

문제 52
교축열량계는 무엇을 측정하는 것인가?

① 증기의 압력
② 증기의 온도
③ 증기의 건도
④ 증기의 유량

해설 교축 열량계는 증기의 건도 측정

문제 53
뉴턴의 점성법칙의 구성요소만으로 되어 있는 것은?

① 전단응력, 점성계수
② 압력, 점성계수
③ 전단응력, 압력
④ 동점성계수, 온도

해설 $\tau = \mu \dfrac{du}{dy}$ τ(전단응력), μ(점성계수), $\dfrac{du}{dy}$(속도구배)

문제 54
보일러 버팀의 종류 중 동판과 경판을 연결하여 경판의 강도를 보강해 주는 것은?

① 가셋트 버팀
② 시렁 버팀
③ 도그 버팀
④ 나사 버팀

해설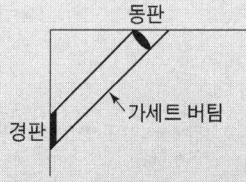

해답 51. ③ 52. ③ 53. ① 54. ①

 **55** 보일러 강판의 가성취화에 대한 설명으로 잘못된 것은?

① 압축 응력을 받는 이음부에 발생한다.
② 반드시 수면 이하에서 발생한다.
③ 결정입자의 경계에 따라 균열이 생긴다.
④ 리벳과 리벳 사이에 발생되기 쉽다.

해설 **가성취화** : 고온, 고압 보일러에서 알카리도가 높아져 생기는 Na, H 등이 강재의 결정입계에 침투하여 재질을 열화 시키는 현상
① 리벳과 리벳 사이에서 발생되기 쉽다.
② 결정입자의 경계에 따라 균열이 생긴다.
③ 반드시 수면 이하에서 발생한다.

 **56** 신설 보일러에서 소다 끓이기(Soda Boiling) 약액으로 적합한 것은?

① 탄산소다   ② 인산
③ 염화수소   ④ 염화마그네슘

해설 **소다 끓이기 약액**
① 가성소다   ② 탄산소다   ③ 인산소다   ④ 아황산소다

 **57** 주증기관 끝에 관말 트랩을 설치 시공할 경우 냉각 래그(Cooling Leg)는 최소 몇 m 이상이어야 하는가?

① 1m   ② 1.5m
③ 2m   ④ 2.5m

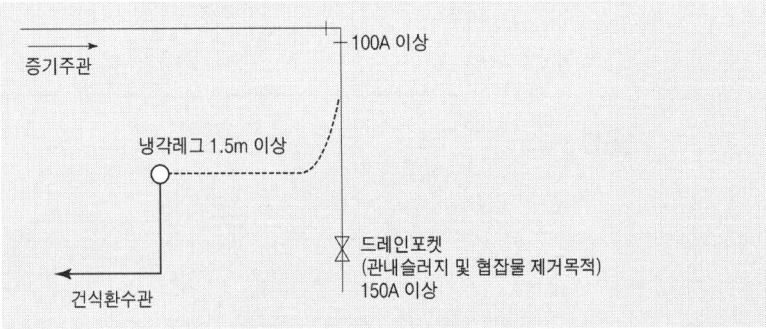

해답 55. ① 56. ① 57. ②

문제 58 유체의 부력을 이용하여 밸브를 개폐하는 트랩은?

① 벨로스 트랩 ② 디스크 트랩
③ 오리피스 트랩 ④ 버킷 트랩

해설 증기트랩의 종류
① 기계적트랩 : 포화수와 포화증기의 비중차 이용(버킷트, 플로우트트랩)
② 온도조절트랩 : 포화수와 포화증기의 온도차 이용(바이메탈, 벨로우즈트랩)
③ 열역학적트랩 : 포화수와 포화증기의 열역학적 특성차(오리피스, 디스크 트랩)

문제 59 최고사용압력이 0.5MPa인 강철제 보일러의 수압시험 압력은?

① 0.75MPa ② 0.95MPa
③ 0.85MPa ④ 1.0MPa

해설 수압시험압력(강철제 보일러)
① P가 4.3kg/cm^2 이하(0.43MPa 이하) : $P \times 2$
② P가 4.3kg/cm^2 초과~15kg/cm^2 이하(0.43MPa~1.5MPa)
  : $P \times 1.3 + 3\text{kg/cm}^2$(0.3MPa)
③ P가 15kg/cm^2 초과 시(1.5MPa 초과) : $P \times 1.5$
∴ $5 \times 1.3 + 3 = 9.5\text{kg/cm}^2$ ∴ 0.95MPa

문제 60 급수펌프로 보일러에 2kg/cm^2 압력으로 매분 0.18m^3의 물을 공급할 때 펌프 축마력은?(단, 효율은 80%)

① 1PS ② 1.25PS
③ 60PS ④ 75PS

해설 $PS = \dfrac{r \times Q \times H}{75 \times E \times 60} = \dfrac{1000 \times 0.18 \times 20}{75 \times 0.8 \times 60} = 1[\text{PS}]$

해답 58. ④ 59. ② 60. ①

2024년도 제 76 회 (CBT 시행)

본 문제는 복원 기출문제입니다. 실제 문제와 다를 수 있으니 양해바랍니다.

문제 01 저압 증기보일러에서 보일러수가 환수관으로 역류하거나 누출하는 것을 방지하기 위하여 설치하는 배관방식은?

① 리프트 피팅 배관 ② 하트포트 접속법
③ 에어 루프 배관 ④ 바이패스 배관

해설 **하트포트 접속법** : 저압증기 난방의 습식 환수방식에 있어 보일러의 수위가 환수관의 접속부로의 누설로 인해 저수의 사고가 일어날 것을 방지하기 위해 증기관과 환수관 사이에 표준수면에서 50mm 아래에 균형관을 설치

문제 02 증기배관에 감압밸브 설치 시 고압 측과 저압 측의 적합한 압력차의 비는?(단, 고압 측의 압력은 7kg/cm² 이상이다.)

① 3 : 1 이내 ② 4 : 1 이내
③ 5 : 1 이내 ④ 2 : 1 이내

해설 감압밸브 설치 시 고압 측과 저압 측의 적합한 압력차 비 : 2 : 1

문제 03 보일러에 사용되는 청관제 중 탈산소제로 사용되는 것은?

① 히드라진 ② 수산화나트륨
③ 탄산나트륨 ④ 암모니아

해설 ① **탈산소제** : ㉠ 탄닌 ㉡ 아황산소다 ㉢ 히드라진
② **슬러지 조정제** : ㉠ 리그닌 ㉡ 녹말(전분) ㉢ 탄닌
③ **가성취화 방지제** : ㉠ 리그닌 ㉡ 황산소다 ㉢ 탄닌

해답 01. ② 02. ④ 03. ①

2024년 제 76 회

보일러 스케일과 관계가 없는 성분은?
① 황산염　　　　　　② 규산염
③ 칼슘염　　　　　　④ 인산염

해설　스케일과 관계 있는 성분　① 연질스케일 원인 : 인산염, 탄산염
　　　　　　　　　　　　　　② 경질스케일 원인 : 황산염, 규산염

보일러 및 교환기용 탄소강관의 KS 규격기호는?
① STBH　　　　　　② STHA
③ STS-TB　　　　　④ SPPH

해설　① STHA : 보일러 열교환기용 합금강강관
　　　② STS-TB : 배관용 스테인리스강관
　　　③ SPPH : 고압배관용 탄소강관

폐열보일러에 대한 설명 중 잘못된 것은?
① 여러 가지 다른 노나 가스터빈 등에서 나오는 폐가스가 갖고 있는 에너지를 열원으로 한 것이다.
② 분진 등에 의한 전열면의 오손의 심할 경우가 있다.
③ 가스의 흐름, 수관의 피치, 노벽의 구조, 매연분출기의 배치 등을 적절히 할 필요가 있다.
④ 폐열의 열량이 낮으므로 연료비가 많이 든다.

해설　폐열을 회수하여 재사용하기 때문에 연료비는 들지 않음

문제 07　노통연관식 보일러에서 노통의 상부가 압궤되는 주된 용인은?
① 수처리불량　　　　② 저수위차단 불량
③ 연소실 불량　　　　④ 과부하 운전

해설　노통연관식 보일러에서 노통의 상부가 압궤되는 주된 요인 : 저수위 차단 불량

해답　　　　　　　　　　　　　　　　　04. ③　05. ①　06. ④

 **문제 08** 보일러에서 2차 연소란 무엇인가?

① 미연가스가 연소실 이외의 연도에서 다시 연소하는 것이다.
② 미연가스가 연소실 내의 후부에서 재연소하는 것이다.
③ 완전 연소하기 어려운 연료를 2번 연소시키는 것이다.
④ 불완전 연소가스가 연소실에서 재연소하는 것이다.

[해설] 2차연소란 : 미연소 가스가 연소실 이외의 연도에서 다시 연소하는 것

 **문제 09** 증기과열기에 설치된 안전밸브의 취출압력은 어떻게 조정되어야 하는가?

① 보일러 본체의 안전밸브와 동시에 취출되도록 한다.
② 최고사용압력 이상에서 취출되도록 한다.
③ 보일러 본체의 안전밸브보다 늦게 취출되도록 한다.
④ 보일러 본체의 안전밸브보다 먼저 취출되도록 한다.

[해설] 안전밸브의 취출 압력조정 : 보일러 본체의 안전밸브보다 먼저 취출되도록 한다.

 **문제 10** 중유의 연소 성상을 개선하기 위한 첨가제의 종류가 아닌 것은?

① 연소촉진제   ② 착화지연제
③ 슬러지 분산제   ④ 회분개질제

[해설] 중유첨가제 및 작용
① 연소촉진제 : 분무를 양호하게 한다.
② 안정제 : 슬러지 생성을 방지한다.
③ 탈수제 : 중유 속의 수분분리
④ 회분개질제 : 회분의 융점을 높여 고온 부식을 방지
⑤ 유동점강하제 : 중유의 유동점을 낮추어 송유 양호

07. ② 08. ① 09. ④ 10. ②

문제 11
보일러 급수 중의 가스제거방법에 대하여 설명한 것 중 틀린 것은?

① 용존가스 제거방법은 기폭법, 탈기법 등에 있다.
② 탈기에 의한 방법은 산소, 탄산가스 등을 제거하는 경우에 쓰인다.
③ 기폭에 의한 방법은 산소, 탄산가스 등은 제거하나 철분, 망간을 제거하지는 못한다.
④ 기폭에 의한 처리방법은 보통 급수를 분무 또는 탑상에서 우화(雨化)시키는 방법을 취하고 있다.

해설 기폭법 : Fe, Mn, CO_2, O_2, H_2S, NH_3 제거

문제 12
강관 벤더기에 관한 설명으로 잘못된 것은?

① 램(Ran)식은 현장용으로 많이 쓰인다.
② 로터리(Rotary)식 사용 시에는 관의 단면 변형이 없고 강관, 스테인리스관, 동관도 벤딩 가능하다.
③ 램식은 관 속에 모래를 채우는 대신 심봉을 넣고 벤딩을 한다.
④ 공장에서 동일 모양의 벤딩 제품을 다량 생산할 때 적합한 것은 로터리식이다.

해설 램식 : 유압

문제 13
증기난방법 종류에서 응축수 환수방식에 의한 분류에 해당되지 않는 것은?

① 기계환수식　　② 중력환수식
③ 진공환수식　　④ 저압환수식

해설 증기난방법
① 배관 방식에 의한 분류 : ㉠ 단관식　㉡ 복관식
② 증기공급 방식에 의한 분류 : ㉠ 상향식　㉡ 하향식
③ 응축수 환수방법에 의한 분류
　: ㉠ 중력환수식　㉡ 기계환수식　㉢ 진공환수식

해답 11. ③　12. ③　13. ④

문제 14

두께 3cm, 면적 2m²인 강판의 열전도량을 6,000kcal/h로 하려면 강판 양면의 필요한 온도차는?(단, 열전도율 λ=45kcal/m·h·℃)

① 2℃
② 2.5℃
③ 3℃
④ 3.5℃

해설
$$Q = \frac{\lambda \cdot A \cdot \Delta t}{d} \qquad \Delta t = \frac{Q \times d}{\lambda \times A} = \frac{6000 \times 0.03}{45 \times 2} = 2℃$$

문제 15

내화물의 내화도 측정에 사용되는 온도계는?

① 알코올 온도계
② 수은 온도계
③ 제겔콘 온도계
④ 습구 온도계

해설 내화물의 내화도 측정 : 제겔콘 온도계

문제 16

보일러 증기 압력이 상승할 때의 상태변화 설명으로 잘못된 것은?

① 포화온도가 상승한다.
② 증발잠열이 증가한다.
③ 포화수의 비중이 작아진다.
④ 증기 엔탈피가 증가한다.

해설 증기압력 상승 시 상태변화
① 증발잠열 감소
② 포화온도 상승
③ 포화수의 비중이 작아진다.
④ 증기엔탈피가 증가한다.

문제 17

연강용 피복 아크 용접봉 심선의 5가지 주요 화학성분 원소는?

① C, Si, Mn, P, S
② C, Si, Fe, N, H
③ C, Si, Ca, N, H
④ C, Si, Pb, N, H

해설 연강용 피복아크용접봉 심선의 5가지 주요 화학성분
① 탄소 ② 망간 ③ 황 ④ 인 ⑤ 규소

해답   14. ①   15. ③   16. ②   17. ①

문제 18 보일러 저온부식의 원인이 되는 것은?

① 과잉공기 중의 질소 성분
② 연료 중의 바나듐 성분
③ 연료 중의 유황 성분
④ 연료의 불완전연소

해설 저온부식의 원인 : S, SO_2, SO_3, H_2SO_4

문제 19 다음 중 보온재의 보온효과가 증가하는 경우는?

① 보온재의 온도가 상승하는 경우
② 보온재의 열전도율이 커지는 경우
③ 보온재의 비중이 커지는 경우
④ 보온재의 습기가 감소하는 경우

문제 20 보일러의 압력계 부착방법 설명으로 잘못된 것은?

① 압력계와 연결된 증기관은 동관일 경우 안지름 6.5mm 이상이어야 한다.
② 증기온도 210℃를 넘을 때에는 황동관 또는 동관을 사용하여서는 안 된다.
③ 압력계에는 물을 넣은 안지름 12.7mm 이상의 사이펀관을 설치한다.
④ 압력계의 콕 대신에 밸브를 사용할 경우에는 한눈으로 개폐 여부를 알 수 있는 구조로 한다.

해설 사이펀관의 안지름 : 6.5mm 이상

문제 21 검사대상기기인 보일러의 검사 종류 중 검사 유효기간이 1년인 것은?

① 구조검사
② 제조검사
③ 용접검사
④ 계속사용안전검사

해설 유효기간 1년 : ① 계속사용 안전검사 ② 계속사용 성능검사

해답 18. ③ 19. ④ 20. ③ 21. ④

문제 22

높이가 2m 되는 뚜껑이 없는 용기 안에 비중이 0.8인 기름이 가득 차 있다면 밑면의 압력은?

① $1,600 kgf/cm^2$
② $16 kgf/cm^2$
③ $1.6 kgf/cm^2$
④ $0.16 kgf/cm^2$

해설 $P = r \times h$ 에서
$= 1000[kg/m^3] \times 0.8 \times 2[m] = 1600[kg/m^2]$
$1[kg/cm^2] = 10000[kg/m^2]$
$x = 1600[kg/m^2]$
$x = \dfrac{1[kg/cm^2] \times 1600[kg/m^2]}{10000[kg/m^2]} = 0.16[kg/cm^2]$

문제 23

포화증기의 온도가 485°K일 때 과열도가 30℃라면, 이 증기의 실제 온도는 몇 ℃인가?

① 182℃
② 212℃
③ 242℃
④ 272℃

해설 °K = ℃ + 273
∴ ℃ = °K − 273 = 485 − 273 = 212[℃]
∴ 212 + 30 = 242[℃]

문제 24

유속이 일정한 장소에 설치하여 유체의 전압과 정압의 차이를 측정하고 그 값으로 속도수두 및 유량을 계산하는 것은?

① 와류식 유량계
② 피토관식 유량계
③ 유속식 유량계
④ 차압식 유량계

해설 **피토우관식 유량계** : 유속이 일정한 장소에 설치하여 유체의 전압과 정압의 차이를 측정하고 그 값으로 속도수두 및 유량을 계산

22. ④ 23. ③ 24. ②

지름이 100mm에서 지름 200mm로 돌연 확대되는 관에 물이 0.04m³/sec의 유량이 흐르고 있다. 이 때 돌연 확대에 의한 손실수두는?

① 0.32m ② 0.53m
③ 0.75m ④ 1.28m

손실수두 $= \dfrac{(V_1 - V_2)^2}{2g} = \dfrac{(5.095 - 1.27)^2}{2 \times 9.8} = 0.746\,[\text{m}]$

① $V_1 = \dfrac{Q_1}{A_1} = \dfrac{0.04}{\dfrac{3.14}{4} \times 0.1^2} = 5.095\,[\text{m/sec}]$

② $V_2 = \dfrac{Q_2}{A_2} = \dfrac{0.04}{\dfrac{3.14}{4} \times 0.2^2} = 1.27\,[\text{m/sec}]$

어떤 보일러의 원심식 급수펌프가 2,500rpm으로 회전하여 200m³/h의 유량을 공급한다고 한다. 이 펌프를 1,500rpm으로 회전시키면 공급되는 유량은?

① 100m³/h ② 120m³/h
③ 140m³/h ④ 160m³/h

유량$(Q') = Q \times \left(\dfrac{N_2}{N_1}\right)' = 200\,[\text{m}^3/\text{h}] \times \left(\dfrac{1500}{2500}\right)' = 120\,[\text{m}^3/\text{h}]$

액체 연료인 중유의 유동점은 응고점보다 몇 도 정도 더 높은가?

① 10℃ ② 5℃
③ 2.5℃ ④ 1℃

유동점 = 응고점 + 2.5℃

25. ③ 26. ② 27. ③

문제 28

탄산마그네슘($MgCO_2$) 보온재의 설명으로 잘못된 것은?

① 염기성 탄산마그네슘에 석면을 8~15% 정도 혼합한 것이다.
② 안전사용온도는 무기질 보온재 중 가장 높다.
③ 석면의 혼합비율에 따라 열전도율은 달라진다.
④ 물반죽 또는 보온판, 보온통 형태로 사용된다.

[해설] 안전사용온도
① 탄산마그네슘 : 250℃ 이하 ② 그라스울(유리섬유) : 300℃ 이하
③ 석면 : 400℃ 이하 ④ 규조토 : 500℃ 이하
⑤ 암면 : 600℃ 이하 ⑥ 규산칼슘 : 650℃
⑦ 실리카화이버 : 1100℃ 이하 ⑧ 세라믹화이버 : 1300℃ 이하

문제 29

기체의 정압비열과 정적비열의 관계를 옳게 설명한 것은?

① 정압비열이 정적비열보다 항상 작다.
② 정압비열이 정적비열보다 항상 크다.
③ 기체에 따라 다르다.
④ 정압비열과 정적비열은 거의 같다.

[해설]
$$K = \frac{C_P}{C_V} \qquad C_V : \text{정적비열}, \ C_P : \text{정압비열}$$
$$\therefore C_P > C_V$$

문제 30

강철제 유류용 보일러의 용량이 얼마 이상이면 공급 연료량에 따라 연소용 공기를 자동 조절하는 장치를 갖추어야 하는가?(단, 난방 및 급탕 겸용 보일러임)

① 2t/h ② 5t/h
③ 10t/h ④ 20t/h

[해설] 연소용 공기자동 조절하는 장치 보일러 용량 5t/h 이상(난방전용 10t/h 이상)

해답 28. ② 29. ② 30. ②

 **31** 다음 중 증기트랩의 구비조건 설명으로 틀린 것은?

① 유체의 마찰저항이 클 것
② 내식성과 내구성이 있을 것
③ 공기빼기가 양호할 것
④ 봉수가 유실되지 않는 구조일 것

해설 증기트랩의 구비조건
① 마찰저항이 적을 것
② 내구성, 내식성이 있을 것
③ 공기 빼기가 가능할 것
④ 응축수를 연속적으로 배출할 수 있을 것

 32 연료의 연소 시 과잉공기량을 옳게 설명한 것은?

① 실제공기량과 같은 값이다.
② 실제공기량에서 이론공기량을 뺀 값이다.
③ 이론공기량에서 실제공기량을 뺀 값이다.
④ 이론공기량에서 실제공기량을 더한 값이다.

해설 실제공기량(A)=이론공기량(A_o)+과잉공기량
과잉공기량=$A - A_o$

 **33** 충동식 증기트랩에 관한 설명으로 틀린 것은?

① 작동 시 증기가 약간 새는 결점이 있다.
② 종류로는 디스크 트랩, 오리피스 트랩 등이 있다.
③ 응축수의 양에 비하여 크기가 큰 편이다.
④ 고압, 중압, 저압의 어느 곳에나 사용 가능하다.

해설 충동식 증기트랩
① 고압, 중압, 저압의 어느 곳에나 사용이 가능
② 작동 시 증기가 약간 새는 결점이 있다.
③ 종류로는 디스크, 오리피스트랩이 있다.

해답 31. ① 32. ② 33. ③

다음 설명에 해당되는 보일러 손상 종류는?

> 고온 고압의 보일러에서 발생하나 저압보일러에서도 열부하가 클 경우 발생되며, 발생하는 장소로는 용접부의 틈이 있는 경우나 관공 등 응력이 집중하는 틈이 많은 곳이다.
> 외관상으로는 부식성이 없고 극히 미세한 불규칙적인 방사형을 하고 있다.

① 가성취화 ② 내부부식
③ 블라스터 ④ 레미네이션

보일러를 6개월 장기간 휴지하는 경우 어떤 보존방법이 좋은가?

① 만수보존법 ② 청관보존법
③ 소다 만수보존법 ④ 건조보존법

해설 **보일러 보존법**
① 건조 보존법(장기보존) : 6개월 이상
　흡수제 : CaO, $CaCl_2$, SiO_2, Al_2O_3
② 만수보존법(단기보존) : 2~3개월
　첨가약품 : 가성소다, 탄산소다, 아황산소다 등

다음 중 열역학 제2법칙과 관련된 설명은?

① 외부에서 어떤 일을 하지 않고는 저온부에서 고온부로 열을 이동시킬 수 없다.
② 밀폐계가 임의의 사이클을 이룰 때 전달되는 열량의 총합은 행하여진 일량의 총합과 같다.
③ 열은 본질상 에너지의 일종이며, 열과 일은 서로 전환이 가능하고, 이 때 열과 일 사이에 일정한 비례 관계가 성립한다.
④ 에너지는 단지 다른 형태로 변화될 수 있지만 창조나 소멸은 되지 않는다.

해설 **열역학 제2법칙** : 외부에서 어떤 일을 하지 않고는 저온부에서 고온부로 열을 이동시킬 수 없다.

34. ① 35. ④ 36. ①

문제 37. 배관, 지지구 중 펌프, 압축기 등에서 발생하는 기계의 진동, 수격작용 등에 의한 각종 충격을 억제하는데 사용되는 것은?

① 브레이스
② 행거
③ 리스트레인트
④ 서포트

해설 브레이스 : 펌프, 압축기 등에서 발생하는 기계의 진동이나 충격을 방지하는 장치

문제 38. 1kg의 습포화증기 속에 증기상(蒸氣相)이 $x$kg 포함되어 있을 때 습도는?

① $x - 1$
② $1 - x$
③ $\dfrac{x}{(1-x)}$
④ x

해설 포화수(x)=0　　건포화증기(x)=1　　습포화증기=1-x

문제 39. 보일러 안전밸브의 호칭지름은 25A 이상이어야 하나, 보일러 크기나 종류에 따라 20A 이상으로 할 수 있는 보일러도 있는데 이에 해당되지 않는 것은?

① 최고사용압력 0.1MPa 이하의 보일러
② 소용량 강철제 보일러
③ 전열면적 10m² 이하의 보일러
④ 최대증발량 5t/h 이하의 관류 보일러

해설 안전밸브의 호칭지름은 25A 이상이어야 하나 20A 이상으로 할 수 있는 경우
① 최고사용압력이 1kg/cm²(0.1MPa) 이하인 보일러
② 최고사용압력이 5kg/cm²(0.5MPa) 이하인 보일러 동체 안지름이 500mm 이하이며 동체의 길이가 1000mm 이하의 것
③ 소용량 보일러
④ 최고사용압력이 5t/h 이하의 관류보일러
⑤ 최고사용압력이 5kg/cm²(0.5MPa) 이하의 보일러로 전열면적이 2m² 이하의 것

해답 37. ①　38. ②　39. ③

문제 40

어떤 강의실의 필요 열량이 5,000kcal/h이다. 3세주 650mm, 쪽당 방열면적이 0.15m²인 방열기를 설치하여 증기난방을 할 경우 필요한 쪽수는?

① 46쪽 ② 49쪽
③ 52쪽 ④ 56쪽

해설
$$쪽수 = \frac{난방부하}{방열기방열량 \times 쪽당방열면적} = \frac{5000}{650 \times 0.15} = 51.28쪽$$

문제 41

일반적으로 급속연소가 가능하며 높은 화염온도를 얻을 수 있고 저칼로리 가스의 연소와 예열공기의 사용이 곤란한 가스버너는?

① 유도혼합식 버너 ② 내부혼합식 버너
③ 부분혼합식 버너 ④ 외부혼합식 버너

해설 내부 혼합식 버너
① 급속 연소가 가능하다.
② 높은 화염온도를 얻을 수 있다.
③ 예열 공기의 사용이 곤란

문제 42

유리섬유 보온재의 특성 설명으로 잘못된 것은?

① 사용온도가 −25~300℃이다.
② 섬유가 가늘고 섬세하게 밀집되어 다량의 공기를 포함하고 있으므로 보온효과가 좋다.
③ 순수한 유기질의 섬유제품으로서 불에 타지 않는다.
④ 가볍고 유연하여 작업성이 좋으며 칼이나 가위 등으로 쉽게 절단되므로 작업이 용이하다.

해설 유리섬유는 무기질 보온재이다.

40. ③ 41. ② 42. ③

 **43** 보일러 열손실 중 최대인 것은?

① 배기가스에 의한 손실
② 불완전연소에 위한 손실
③ 방열(放熱)에 의한 손실
④ 그을음에 의한 손실

해설 열 손실 중 가장 큰 것은 배기가스 손실열이다.

 **44** 액체열(Heat of Liquid)을 가장 옳게 설명한 것은?

① 임의의 압력하에서 0℃의 액체 1kg을 그 압력에 상당하는 포화온도 까지 높이는데 필요한 열량
② 1kg의 액체를 대기압상태에서 게이지 압력 $1kgf/cm^2$까지 올리는 데 필요한 열량
③ 100℃의 액체를 대기압상태에서 포화온도까지 올리는데 필요한 열량
④ 액체 1kg을 대기압상태에서 포화증기로 만드는 데 필요한 열량

해설 **액체열이란** : 임의의 압력하에서 0℃의 액체 1kg을 그 압력에 상당하는 포화온도까지 높이는데 필요한 열량

45 공정분석 기호 중 그림 는 무엇을 의미하는가?

① 검사
② 가공
③ 정체
④ 저장

해설
① □ : 검사　② ○ : 작업　③ D : 지연
④ ▽ : 저장　⑤ ⇒ : 운반　⑥ ▽ : 공정간의 대기
⑦ ╪ : 공정도 생략　⑧ ✻ : 폐기　⑨ ≋ : 소관구분

43. ①　44. ①　45. ①

문제 46
축의 완성지름, 철사의 인장강도, 아스피린 순도와 같은 데이터를 관리하는 가장 대표적인 관리도는?

① $\overline{X}-R$ 관리도
② nP 관리도
③ c 관리도
④ u 관리도

해설 $\overline{X}-R$ **관리도** : 축의 완성지름, 철사의 인장강도, 아스피린 순도와 같은 데이터를 관리하는 가장 대표적인 관리도

문제 47
PERT에서 Network에 관한 설명 중 틀린 것은?

① 가장 긴 작업시간이 예상되는 공정을 주공정이라 한다.
② 명목상의 활동(Dummy)은 점선 화살표(→)로 표시한다.
③ 활동(Activity)은 하나의 생산 작업 요소로서 원(○)으로 표시된다.
④ Network는 일반적으로 활동과 단계의 상호관계로 구성된다.

해설 PERT에서 Network에 관한 설명
① Network는 일반적으로 활동과 단계의 상호관계로 구성된다.
② 명목상의 활동은 점선화살표(→)로 표시한다.
③ 가장 긴 작업시간이 예상되는 공정을 주공정이라 한다.

문제 48
생산계획량을 완성하는데 필요한 인원이나 기계의 부하를 결정하여 이를 현재인원 및 기계의 능력과 비교하여 조정하는 것은?

① 일정계획
② 절차계획
③ 공수계획
④ 진도관리

해설 공수계획 : 생산계획량을 완성하는데 필요한 인원이나 기계의 부하를 결정하여 이를 현재 인원 및 기계의 능력과 비교하여 조정하는 것

해답 46. ① 47. ③ 48. ③

문제 49 각 물질의 연소반응식을 표시한 것 중 틀린 것은?

① $S + O_2 = 2SO$
② $C + O_2 = CO_2$
③ $H + \left(\frac{1}{2}\right)O_2 = H_2O$
④ $C + \left(\frac{1}{2}\right)O_2 = CO$

해설 $S + O_2 \rightarrow SO_2$

문제 50 고온에서 저온으로 열이 이동하는 형태가 아닌 것은?

① 복사
② 전도
③ 대류
④ 흡열

해설 **열의 이동방식**
① 전도 : 퓨리에의 열전도법칙
② 대류 : 뉴턴의 냉각법칙
③ 복사 : 스테판 볼쯔만의 법칙(복사열 전달율은 절대온도 4승에 비례)

문제 51 자동제어의 종류 중 주어진 목표 값과 조작된 결과의 제어량을 비교하여 그 차를 제거하기 위하여 출력 측의 신호를 입력 측으로 되돌려 제어하는 것은?

① 피드백 제어
② 시퀀스 제어
③ 인터록 제어
④ 캐스케이드 제어

해설 ① **피드백제어** : 출력 측의 신호를 입력 측으로 되돌려 정정동작을 행하는 제어
② **시퀀스제어** : 처음 정해진 순서에 의해 제어단계를 순차적으로 제어

문제 52 신설 보일러의 소다 끓임(Soda Boiling) 조작 시 사용하는 소다의 종류가 아닌 것은?

① 탄산나트륨
② 수산화나트륨
③ 질산화나트륨
④ 제3인산나트륨

해답 49. ① 50. ④ 51. ① 52. ③

해설 소다 보링 조작 시 사용하는 약품
① 가성소다(수산화나트륨) ② 탄산소다 ③ 인산소다 ④ 황산소다

문제 53
긴 관으로만 구성된 보일러로 초임계 압력에서도 증기를 얻을 수 있는 보일러는?

① 슈미트 보일러 ② 베록스 보일러
③ 라몬트 보일러 ④ 슐처 보일러

해설 관류보일러 : 하나의 관계에서 급수펌프로 공급된 관수가 예열, 증발, 과열이 동시에 일어나는 형식으로 초임계 압력보일러이다.
종류 : ㉠ 슐처 보일러   ㉡ 옛모스 보일러
　　　 ㉢ 벤숀 보일러   ㉣ 람진 보일러

문제 54
증기와 응축수의 열역학 특성으로 작동하는 트랩은?

① 디스크 트랩   ② 하향 버킷 트랩
③ 벨로스 트랩   ④ 플로트 트랩

해설 증기트랩 : 관내 응축수를 배출하여 수격작용 및 부식방지
종류 : ㉠ 기계적트랩 : 포화수와 포화증기의 비중차 이용
　　　　　　(버킷트, 플로우트)
　　　 ㉡ 온도조절트랩 : 포화수와 포화증기의 온도차 이용
　　　　　　(바이메탈, 벨로우즈)
　　　 ㉢ 열역학적트랩 : 포화수와 포화증기의 열역학적 특성차
　　　　　　(오리피스, 디스크)

문제 55
보온관의 열관류율이 5.0kcal/m² · h · ℃ 관 1m 당 표면적이 0.1m², 관의 길이가 50m, 내부 유체온도 120℃, 외부 공기온도 20℃, 보온 효율 80%일 때 보온관의 열손실은?

① 350kcal/h   ② 480kcal/h
③ 500kcal/h   ④ 530kcal/h

53. ④ 54. ① 55. ③

해설 $Q = K \cdot A \cdot \Delta t$
$= 5 \times 50 \times 0.1 \times (120-20) = 2500 \times 0.2 = 500 [\text{kcal/h}]$

문제 56 어떤 측정법으로 동일 시료를 무한 횟수로 측정하였을 때 데이터 분포의 평균치와 참값과의 차를 무엇이라 하는가?

① 신뢰성 ② 정확성
③ 정밀도 ④ 오차

해설 ① **신뢰성** : 데이터를 신뢰할 수 있는가 없는가의 문제
② **정확성**(치우침) : 어떤 측정방법으로 동일시료를 무한횟수 측정 시 데이터 분포의 평균치와 참값과의 차이를 의미
③ **정밀도**(산포도) : 어떤 측정방법으로 동일시료를 무한횟수 측정하였을 때 얻어진 데이터는 반드시 흩어지는데 그 데이터 분포의 폭의 크기
④ **오차** : 모집단의 참값과 측정데이터의 차이

문제 57 TPM 활동의 기본을 이루는 3정 5S 활동에서 3정에 해당되는 것은?

① 정시간 ② 정돈
③ 정리   ④ 정량

해설 3정 : ① 정리 ② 정돈 ③ 정시간

문제 58 배기가스 중의 산소농도를 측정하여 공기비를 측정하는 경우 일반적으로 "공기비 $= \dfrac{21}{[21(\text{산소농도})]}$"의 식을 이용하고 있다. 이 식에서 (산소농도)에 대한 설명으로 옳은 것은?

① 습배기가스 중의 산소의 중량 %
② 습배기가스 중의 산소의 체적 %
③ 건배기가스 중의 산소의 중량 %
④ 건배기가스 중의 산소의 체적 %

해답 56. ② 57. ④ 58. ④

문제 59
보일러수의 청관제 약품 중 슬러지 조정제로만 되어 있는 것은?

① 리그닌, 덱스트린, 탄닌
② 수산화나트륨, 탄산나트륨, 히드라진
③ 아황산나트륨, 인산나트륨, 암모니아
④ 질산나트륨, 황산나트륨, 초산나트륨

해설 내처리
① pH 조정제 :   ㉠ 인산소다   ㉡ 암모니아   ㉢ 수산화나트륨
② 연화제 :   ㉠ 인산소다   ㉡ 탄산소다   ㉢ 수산화나트륨
③ 탈산소제 :   ㉠ 탄닌   ㉡ 아황산소다 ㉢ 히드라진
④ 슬러지 조정제 : ㉠ 리그닌   ㉡ 녹말   ㉢ 탄닌
⑤ 가성취화 방지제 : ㉠ 리그닌   ㉡ 황산소다   ㉢ 탄닌

문제 60
보일러 부속장치 중 고온 부식이 유발될 수 있는 장치는?

① 절탄기
② 과열기
③ 응축기
④ 공기예열기

해설 **저온부식 발생** : 절탄기, 공기예열기
고온부식 발생 : 과열기, 재열기

59. ① 60. ②

에너지관리기능장

제 4 부

필답형 예상문제

필답형 예상문제 제 01 회

Question 01
보일러에서 절탄기를 설치시 단점 3가지

해설 & 답

① 저온부식 발생 ② 통풍저항 증가
③ 청소가 어렵다. ④ 연도내재 및 퇴적물 생성

Question 02
다음은 보일러 열정산 기준에 대한 설명이다. ( )속에 알맞은 것을 쓰시오.

보일러 열정산은 정상조업 상태에 있어서 (①)시간 이상의 운전결과에 따르며 시험 부하는 (②)부하로 하고, 고체 및 액체 연료인 경우 사용연료 (③)kg당으로 계산한다. 또한 연료의 발열량은 원칙적으로 (④) 발열량을 기준으로 한다.

해설 & 답

① 1 ② 정격 ③ 1 ④ 저위

Question 03

액체연료의 무화 연소방법에 있어서 연료를 무화시키는 목적 3가지를 쓰시오.

해설 & 답

① 단위중량당 표면적을 크게 하기 위해
② 연료와 공기와의 혼합을 좋게 하기 위해
③ 연소효율 및 점화효율을 좋게 하기 위해

Question 04

다음 설명에 해당되는 보일러 예열장치 명칭을 쓰시오.
(1) 수분을 포함하는 증기를 과열기로 만드는 장치
(2) 연소가스 여열을 이용하여 급수를 예열하는 장치
(3) 한번 팽창한 증기를 다시 가열하는 장치

해설 & 답

(1) 과열기
(2) 절탄기
(3) 재열기

Question 05

$10kg/cm^2$의 압력하에서 실제로 1500kg/h의 증발량을 나타내는 보일러가 어느 공장에 운전되고 있다. 급수온도는 15℃이고, 증기의 엔탈피가 661.8kcal/kg일 때 상당증발량(kg/h)을 구하시오.

해설 & 답

$$G_e = \frac{G \times (h'' - h')}{539} = \frac{1500 \times (661.8 - 15)}{539} = 1800 kg/h$$

관류보일러에서 보기의 각 부분을 연소가스가 통과하는 순서대로 쓰시오.

① 절탄기 ② 집진기 ③ 증발관 ④ 버너선단
⑤ 과열기 ⑥ 공기예열기 ⑦ 연돌

해설 & 답

④ → ③ → ⑤ → ① → ⑥ → ② → ⑦

보일러의 증발량이 1일 50m³, 급수중의 전고형물 농도 150PPM, 보일러수의 허용농도를 2000PPM이라면 일일분출량은 몇 m³인가?

해설 & 답

$$분출량 = \frac{x \times d}{r - d} = \frac{50 \times 150}{2000 - 150} = 4.05 \text{m}^3/일$$

다음 문장내에 ( ) 적당한 말을 넣어 문장을 완결하시오.

보일러에는 보일러본체·과열기·절탄기·공기예열기·부속장치 등으로 이루어져 있는데 본체는 보일러동 또는 다수의 (①)으로 구성되어 있고, 연소시 발생하는 일을 물에 전달하는 전열면, 열전달 방식에 따라 (②)와 (③) 전열면이 있으며, 노는 연료의 연소실 발생하는 부분으로 연소장치 및 (④)로 이루어져 있다.

해설 & 답

① 수관 ② 복사
③ 대류 ④ 연소실

Question 09

내경이 30cm의 관속을 물이 흐르고 있다. 유속이 10m/sec라면 유체의 중량유량은 몇 kg/sec인가?

해설 & 답

$Q(\mathrm{kg/sec}) = r \times V \times A = 1000 \times 10 \times 0.785 \times 0.3^2 = 706.5 \mathrm{kg/sec}$

Question 10

보일러급수의 외처리 중 다음과 같은 물질이 급수 중에 있는 경우 제거방법을 쓰시오.
(1) 용존산소   (2) 용존 고형물   (3) 현탁질 고형물

해설 & 답

(1) 탈기법, 기폭법
(2) 이온교환법, 약제법, 증류법
(3) 침전법, 여과법, 응집법

Question 11

15℃ 칼로리란 표준대기압에서 (①)℃의 물 1g을 (②)℃로 온도 1℃ 높이는데 소요되는 열량으로 열량으로는 (③)Joul에 해당한다.

해설 & 답

① 14.5   ② 15.5   ③ 4.2

Question 12

보일러 점검에서는 계통도에 따라 각 라인 중요부품과 계측기 눈금 등을 점검기록하여야 한다. 이때 각 라인을 크게 4가지로 분류하시오.

해설 & 답

① 급수계통 ② 급유계통
③ 송기계통 ④ 통풍계통

Question 13

다음은 수질에 대한 단위의 설명이다. 각 설명에 해당하는 단위를 쓰시오.
(1) 용액 1kg 중의 용질 1mg 함유
(2) 용액 1Ton 중의 용질 1mg 함유
(3) 용액 1kg 중의 용질 1mg 당량함유

해설 & 답

(1) P.P.M   (2) P.P.b   (3) e.P.M

Question 14

자동급수조정장치의 구조에 대한 문제이다. (   )속에 알맞은 말을 쓰시오.

이 장치에는 3종류가 사용되고 있다. 즉 드럼내의 (①)에 따라서 조정하는 것을 1요소식 (②)와 (③)에 따라서 조정하는 것을 2요소식 (④)와 (⑤)과 (⑥)에 따라서 조정하는 것을 3요소식이라 한다.

해설 & 답

① 수위   ② 수위   ③ 증기량   ④ 수위
⑤ 증기량 ⑥ 급수량

Question 15. 분출목적 5가지 쓰시오.

해설 & 답

① 관수농축방지　　② 관수 pH 조절
③ 포밍, 프라이밍 발생방지　　④ 슬러지, 스케일생성방지
⑤ 부식방지　　⑥ 가성취화방지

Question 16. 증기관에서 수격작용을 방지하기 위한 방법 3가지를 쓰시오.

해설 & 답

① 증기트랩설치　　② 주증기밸브서개
③ 증기관의 보온철저　　④ 증기관의구배조절

Question 17. 기체연료의 단점 3가지를 쓰시오.

해설 & 답

① 저장, 취급이 어렵다.
② 누설되면 폭발의 위험이 있다.
③ 설비비가 비싸고 공사에 기술을 요한다.

Question 18

다음은 접촉식온도계 및 비 접촉식 온도계의 특징을 나열한 것이다. 각각의 특징을 골라 그 번호를 쓰시오.

① 이동하는 물체의 온도 측정이 가능
② 방사율에 대한 보정이 필요
③ 측정시간이 상대적으로 많이 소요된다.
④ 고온(1000℃ 이상) 측정에 유리
⑤ 측정온도의 오차가 적다.
⑥ 온도계가 피측정물의 열적조건을 교란시킬 수 있다.

해설 & 답

비접촉식온도계 : ③, ⑤, ⑥
접촉식온도계 : ①, ②, ④

필답형 예상문제 제 02 회

Question 01
안전밸브 밸브시트 누설원인 4가지를 쓰시오.

해설 & 답

① 스프링장력감쇄시
② 조종압력이 낮은 경우
③ 밸브시트에 이물질 혼입시
④ 밸브축이 이완된 경우

Question 02
배기가스 50cc를 채취하여 오르자트식 가스분석기로 분석한 결과 CO_2 : 6.3cc, O_2 : 1.7cc, CO : 0.1cc로 측정되었다. 공기비는?

해설 & 답

① $CO_2 = \dfrac{6.3}{50} \times 100 = 12.6$

② $O_2 = \dfrac{1.7}{50} \times 100 = 3.4$

③ $CO = \dfrac{0.1}{50} \times 100 = 0.2$

∴ $N_2 = 100 - (CO_2 + O_2 + CO) = 100 - (12.6 + 3.4 + 0.2) = 83.8$

∴ $m(공기비) = \dfrac{83.8}{83.8 - 3.76(3.4 - 0.5 \times 0.2)} = 1.17$

Question 03. 과열증기 온도조절방법 3가지를 쓰시오.

해설 & 답

① 열가스량으로 조절하는 방법
② 과열저감기를 사용하는 방법
③ 배기가스를 재순환시키는 방법

Question 04. 보일러에 사용하는 급유펌프의 종류 3가지를 쓰시오.

해설 & 답

① 기어펌프 ② 스크류펌프 ③ 플런저펌프

Question 05. 증기트랩의 종류 3가지를 쓰시오.

해설 & 답

① 기계적트랩 : 포화수와 포화증기의 비중차 이용(버킷, 플로우트)
② 온도조절트랩 : 포화수와 포화증기의 온도차 이용(바이메탈, 벨로우즈)
③ 열역학적트랩 : 포화수와 포화증기의 열역학적 특성차 이용(오리피스, 디스크)

Question 06

다음 각각의 단위를 쓰시오.
(1) 비열
(2) 열전도율
(3) 열전달계수
(4) 전열저항계수

해설 & 답

(1) 비열 : kcal/kg℃
(2) 열전도율 : kcal/mh℃
(3) 열전달계수 : kcal/m²h℃
(4) 전열저항계수 : m²h℃/kcal

Question 07

액체연료 무화방식 중 연소실에서 화염 중에 불꽃이 튀는 원인 3가지를 쓰시오.

해설 & 답

① 연소실내가 저온일 때
② 공기압이 고압일 때
③ 연료의 온도가 높거나 낮다.

Question 08

보일러 급수처리 방법 중 용해고형물 처리방법 3가지를 쓰시오.

해설 & 답

① 이온교환법 ② 약제법 ③ 증류법

Question 09

다음 설명에 해당하는 유량계의 명칭을 보기에서 골라 번호를 쓰시오.

[보기] ① 전자식 유량계　② 임펠러식 유량계　③ 피토우관
　　　 ④ 면적식 유량계　⑤ 열선식 유량계

(1) 유체속에 전열선을 넣어 이것을 가열할 때의 온도상승으로 유량측정
(2) 유체가 흐르는 단면적을 변화시켜 유량측정
(3) 총압과 정압의 차이로 유량측정
(4) 날개의 회전수로 유량측정
(5) 관로에 유체가 흐르는 직각방향으로 전극을 붙이면 유량측정

해설 & 답

(1) ⑤　　(2) ④　　(3) ③　　(4) ②　　(5) ①

Question 10

보일러의 성능시험을 위하여 보일러를 3시간 가동한 결과 아래와 같았다. 다음 물음에 답하시오.

실제증발량 9500kg, 연료사용량 630kg, 전열면적 50m², 급수온도 18℃, 연료의 저위 발열량 10500kg, 사용연료 가스, 정격용량 4Ton/h, 발생증기 엔탈피 664.8kcal/kg

(1) 보일러효율　　　　　　(2) 상당증발량
(3) 보일러마력　　　　　　(4) 전열면열부하

해설 & 답

(1) $\dfrac{9500 \times (664.8 - 18)}{630 \times 10500} \times 100 = 92.8\%$

(2) $\dfrac{G \times (h'' - h')}{539} = \dfrac{9500 \times (664.8 - 18)}{539} = 11400 \text{kg/h}$

(3) $\dfrac{G \times (h'' - h')}{15.65 \times 539} = \dfrac{9500 \times (664.8 - 18)}{15.65 \times 539} = 728.34$

(4) $\dfrac{G(h'' - h')}{A} = \dfrac{9500 \times (664.8 - 18)}{50 \text{m}^2} = 122892 \text{kcal/m}^2\text{/h}$

Question 11

보일러 자동제어에서 연소량을 제어할 수 있는 조작량 2가지를 쓰시오.

해설 & 답

① 연료량
② 공기량

Question 12

급수밸브의 크기는 얼마이며, 전열면적에 따라 분류하시오.

해설 & 답

① 급수밸브의 크기 : 15A 이상
② 전열면적이 $10m^2$ 이하 : 15A 이상
　전열면적이 $10m^2$ 초과 : 20A 이상

Question 13

수면계를 1개 설치하는 경우 3가지 쓰시오.

해설 & 답

① 소용량 보일러
② 소형관류 보일러
③ 최고사용압력이 $10kg/cm^2$ 이하이고 동체안지름이 750mm 미만인 경우

Question 14

집진 장치를 대별하면 건식집진장치와 함진가스를 세정액에 접촉시켜 포집하는 (①)집진장치가 있으며 종류로는 (②)식, 가압수식, (③)식 집진장치 등이 있다.

해설 & 답

① 습식 ② 유수 ③ 회전식

Question 15

보일러의 통풍방법을 크게 나누면 (①)에 의한 자연통풍이 부족할 때 임의적으로 통풍시키는 것을 (②)통풍이라 하며 종류에는 (③)통풍, (④)통풍, (⑤)통풍방식이 있다.

해설 & 답

① 연돌 ② 강제 ③ 압입 ④ 흡입 ⑤ 평형

Question 16

열진달결과 열설비의 표면적 100m²의 평균온도가 80℃였다. 이 온도가 40℃가 되도록 단열처리 하였을 때 년간 절약 가능한 연료량은 몇 l/년인가? (단, 연료의 발열량 10000kcal/l, 년간가동시간 8000시간, 단열재 열관류율(K) 10kcal/m²h℃)

해설 & 답

연간 절약 가능한 연료량 = $\dfrac{10 \times 100 \times 8000 \times (80-40)}{10000} = 32000 l/$년

Question 17

기름가열기는 (①)를 낮추어 (②)를 좋게 하기 위한 장치

해설 & 답

① 점도 ② 무화

Question 18

6개월 이상 장기보존시 실리카겔, 활성알루미나를 투입하여 보일러를 보관하는 방법은?

해설 & 답

장기보존법(건조보존법)

Question 19

행거의 종류 3가지를 쓰시오.

해설 & 답

① 스프링행거
② 리지드행거
③ 콘스탄트행거

Question 20. 리스트레인의 종류 3가지

해설 & 답

① 앵커   ② 스톱   ③ 가이드

필답형 예상문제 제 03 회

Question 01
보일러 급수처리 방법 중 내처리법 5가지를 쓰시오.

해설 & 답

① pH 조정제 : 인산소다, 암모니아, 수산화나트륨(가성소다)
② 연화제 : 인산소다, 탄산소다, 수산화나트륨(가성소다)
③ 탈산소제 : 탄닌, 아황산소다, 히드라진
④ 슬러지 조정제 : 리그닌, 녹말, 탄닌
⑤ 가성취화방지제 : 리그닌, 황산소다, 탄닌

Question 02
중유 첨가제를 쓰고 그 작용에 대해 설명하시오.

해설 & 답

① 연소촉진제 : 분무양호
② 안정제 : 슬러지 생성방지
③ 탈수제 : 수분분리
④ 회분개질제 : 회분의 융점 높혀 고온부식 방지
⑤ 유동점 강하제 : 중유의 유동점 낮추어 송유 양호

Question 03

기수분리기는 (①)가 높은 (②)를 얻기 위한 장치이다.

해설 & 답

① 건조도 ② 증기

Question 04

CO_{2max}=18%, CO_2=13.2%, CO=3%일 때 O_2%는?

해설 & 답

$$CO_2(\max)\% = \frac{21 \times (CO_2 + CO)}{21 - O_2 + 0.395 CO}$$

$$O_2 = (21 + 0.395 \times 3) - \frac{21 \times (13.2 + 3)}{18} = 3.29\%$$

Question 05

1kg/cm²abs에서의 증기엔탈피는 639kcal/kg이다. 건조도 0.8일 때의 증기전열량은?

해설 & 답

$100 + 539 \times 0.8 = 531.2 \text{kcal/kg}$

$100 + (639 - 100) \times 0.8 = 531.2 \text{kcal/kg}$

06 다음 ( )안을 완성하시오.

공기량이 과다할 경우 노내온도는 (①), CO_2% (②)하고 O_2% (③)한다.

해설 & 답

① 낮게 ② 감소 ③ 증가

07 차압식 유량계의 종류 3가지를 쓰시오.

해설 & 답

① 벤튜리미터   ② 플로우미터   ③ 오리피스미터

08 보일러 자동제어에서 증기압력, 노내압력을 제어할 수 있는 조작량 2가지를 쓰시오.

해설 & 답

① 연료량   ② 공기량   ③ 배기가스량 중 2가지

Question 09

다음 배기가스에 의한 열손실을 계산하시오.

배기가스량 13.6Nm³/kg, 배기가스비열 0.33kcal/Nm³, 배기가스온도 290℃일 때 배기가스온도를 150℃로 저하시킬 경우 회수열량

해설 & 답

$13.6 \times 0.33 \times (290 - 150) = 628.2 \text{kcal/kg}$

Question 10

액체연료 연소장치인 고압기류식 분무버너에 대한 물음에 답하시오.
(1) 고압기류 매체 2가지를 쓰시오.
(2) 유량조절범위는?
(3) 유체와 연료와의 혼합장소에 따라 2가지를 쓰시오.

해설 & 답

(1) 공기, 증기
(2) 넓다.
(3) 내부혼합식, 외부혼합식

Question 11

급수량 3000kg/h, 증기엔탈피 646kcal/kg, 급수온도 46℃일 때 상당증발량은?

해설 & 답

$G_e = \dfrac{3000 \times (646 - 46)}{539} = 3339.5 \text{kg/h}$

12. 캐비테이션 방지법을 쓰시오.

① 펌프의 설치위치를 낮춘다.
② 관경을 크게 한다.
③ 흡입측 손실수두를 줄인다.
④ 임펠러를 액중에 완전히 잠기게 한다.
⑤ 펌프를 2대 이상 설치한다.

13. 과열기 분류 중 열가스 흐름에 의한 분류 3가지를 쓰시오.

① 병류형 : 증기의 흐름 방향과 연소가스의 흐름이 같다.
② 향류형 : 증기의 흐름 방향과 연소가스의 흐름이 다르다.
③ 혼류형

14. 감압밸브 설치목적 3가지를 쓰시오.

① 고압의 증기를 저압의 증기로 바꾸어준다.
② 부하측의 압력을 항상 일정하게 유지
③ 고압과 저압을 동시 사용

Question 15

파형노통의 장·단점 3가지를 쓰시오.

해설 & 답 — Explanation & Answer

① 장점 : ㉠ 전열면적이 크다.
　　　　 ㉡ 강도가 크다.
　　　　 ㉢ 열효율이 좋다.
② 단점 : ㉠ 제작이 어렵다.
　　　　 ㉡ 청소 및 검사가 곤란하다.
　　　　 ㉢ 고가이다.

Question 16

체크밸브의 종류 2가지와 생략 조건은?

해설 & 답 — Explanation & Answer

① 종류 : ㉠ 스윙식 : 수평, 수직배관
　　　　 ㉡ 리프트식 : 수평배관
② 생략조건 : 최고사용이 $1\,kg/cm^2$(0.1MPa) 이하인 경우

Question 17

유배관에 다음 물질이 존재할 때 제거하는 설비 명칭을 쓰시오.
(1) 찌꺼기　　　(2) 수분　　　(3) 공기

해설 & 답 — Explanation & Answer

(1) 여과기　　(2) 유수분리기　　(3) 에어콕크

Question 18. 수관식 보일러와 연관식 보일러를 비교 설명하시오.

① 수관식 보일러 : 관내부로는 물이 흐르고, 관외부로는 연소가스가 흐른다.
② 연관식 보일러 : 관내부로는 연소가스가 흐르고, 관외부로는 물이 흐른다.

필답형 예상문제 제 04 회

Question 01
접촉식 온도계의 특징을 비접촉식에 비교하여 5가지 쓰시오.

해설 & 답

① 응답성이 느리다.
② 방사율 보정이 필요없다.
③ 피측정물로부터 열적교란이 크다.
④ 저온 측정에 용이
⑤ 정도가 높다.

Question 02
다음은 보일러 열정산 기준이다. ( )안을 채우시오.

- 시험부하는 (①)로 한다.
- 기준온도는 (②)로 한다.
- 발열량은 (③)을 기준으로 한다.
- 열계산은 사용연료(④)에 대해서 한다.
- 압력변동은 (⑤)%이내
- 열정산방법은 (⑥)와 (⑦) 있다.

해설 & 답

① 정격부하   ② 외기온도
③ 저위발열량   ④ 1kg
⑤ ±7   ⑥ 입출열법
⑦ 손실열법

Question 03
링겔만 매연 농도표는 몇 도부터 몇 도까지 있는가?

해설 & 답

No. 0부터 No. 5까지

Question 04
자동나사 절삭기의 종류 3가지를 쓰시오.

해설 & 답

① 다이헤드식   ② 오스타식   ③ 호브식

Question 05
배관의 고정을 관경에 따라 분류하시오.

해설 & 답

① 관경이 13mm 미만 : 1m마다
② 관경이 13mm 이상 33mm 미만 : 2m마다
③ 관경이 33mm 이상 : 3m마다

Question 06 중유속에 수분이 포함되면 (①)이 감소하고 (②)의 원인이 되며 (③)이 생성되고 저온부식이 촉진된다.

해설 & 답

① 발열량   ② 진동연소   ③ 현탁성부유물

Question 07 O_2가 다른 가스에 비해 자장으로 흡입되는 상사성이 매우 강한 것을 이용한 분석계의 명칭은?

해설 & 답

자기식 O_2계

Question 08 보일러 내면에 발생하는 부식을 방지하는 방법 3가지를 쓰시오.

해설 & 답

① 용존가스체를 제거한다.
② pH를 조절한다.
③ 아연판을 매단다.

Question 09

수면계를 검사해야할 시기 5가지를 쓰시오.

해설 & 답

① 두 개의 수면개 수위가 다를 때
② 수면계 수위가 의심스러울 때
③ 프라이밍, 포밍 발생시
④ 관수농축시
⑤ 수면계 교체시

Question 10

자동제어에서 조절기의 전송시 전송거리가 긴 것부터 보기를 보고 순서대로 쓰시오.

[보기] 유압식, 전류식, 공기식

해설 & 답

전기식(전류식) > 유압식 > 공기식

Question 11

열의 이동 방식에 따른 전열방법 3가지를 쓰시오.

해설 & 답

① 전도   ② 대류   ③ 복사

Question 12

효율이 63%인 보일러를 90%인 보일러로 교체하였을 때 연간절약 연료량(l/년) 및 연간절감금액(원/년)을 각각 구하시오. (단, 사용 연료량은 연간 124900l/년, 연료단가 170원/l)

해설 & 답

① 연간 절약 연료량 = $\dfrac{90-63}{90} \times 124900 = 37470 l/년$

② 연간 절감금액 = $37470 l/년 \times 170원/l = 6{,}369{,}900원/년$

Question 13

연소실 열부하가 700,000kcal/m³h, 상당증발량이 6Ton/h, 열효율이 88%인 보일러의 연소실 용적을 구하시오.

해설 & 답

연소실 용적 = $\dfrac{6 \times 1000 \times 539}{700000 \times 0.88} = 5.25 \mathrm{m}^3$

Question 14

어떤 보일러의 연소효율이 90%, 전열효율이 85%, 배기가스손실열이 8.5%, 방산열손실이 15%이다. 열효율을 구하시오.

해설 & 답

효율 = 연소효율 × 전열효율 × 100
  = $0.9 \times 0.85 \times 100 = 76.5\%$

Question 15

배관용 강관을 5가지 쓰시오.

해설 & 답

① SPP(배관용탄소강관) : 사용압력이 $10kg/cm^2$ 이하인 증기, 기름, 물 배관 사용
② SPPS(압력배관용탄소강관) : 사용압력이 $10kg/cm^2$ 이상 $100kg/cm^2$ 미만
③ SPPH(고압배관용탄소강관) : 사용압력이 $100kg/cm^2$ 이상시 사용
④ SPLT(저온 배관용탄소강관) : 빙점 이하의 관 사용
⑤ SPHT(고온 배관용탄소강관) : 350℃ 이상시 사용
⑥ SPA(배관용 합금강관)
⑦ STHA(보일러열교환기용 합금강강관)
⑧ STBH(보일러열교환기용 탄소용강관)

Question 16

중유의 원소조성이 C : 78%, H : 12%, O : 3%, S : 2%, 기타 5%일 때 이론산소량과 이론공기량을 구하시오.

해설 & 답

$$O_o(\text{이론산소량}) = 1.867C + 5.6\left(H - \frac{O}{8}\right) + 0.7S$$

$$= 1.867 \times 0.78 + 5.6\left(0.12 - \frac{0.03}{8}\right) + 0.7 \times 0.02$$

$$= 2.1212 \text{Nm}^3/\text{kg}$$

$$A_o(\text{이론공기량}) = 8.89C + 26.67\left(H - \frac{O}{8}\right) + 3.33S$$

$$= 8.89 \times 0.78 + 26.67\left(0.12 - \frac{0.03}{8}\right) + 3.33 \times 0.02$$

$$= 10.10 \text{Nm}^3/\text{kg}$$

Question 17

강철제 보일러의 수압시험 압력을 쓰시오.

해설 & 답

① 최고사용압력이 4.3kg/cm^2 (0.43MPa) 이하 : $P \times 2$
② 최고사용압력이 4.3kg/cm^2 초과 15kg/cm^2 이하 : $P \times 1.3 + 3$
 (0.43MPa 초과 1.5MPa 이하)
③ 최고사용압력이 15kg/cm^2 초과 (1.5MPa 초과) : $P \times 1.5$

Question 18

보온재는 온도, 습도, 비중이 커지면 열전도율은 (①)하고, 보온능력은 (②)한다.

해설 & 답

① 증가
② 감소

Question 19

비중량 1000kg/m^3이고 송출량이 $20\text{m}^3/\text{min}$ 전양정이 26m 일 때 펌프동력은? (단, 효율 70%이다.)

해설 & 답

$$\text{kW} = \frac{1000 \times 20 \times 26}{102 \times 0.7 \times 60} = 121.38\text{kW}$$

Question 20. 안전밸브의 종류 3가지를 쓰시오.

① 스프링식 ② 추식 ③ 지렛대식

필답형 예상문제 제 05 회

Question 01

기전력이 크고 환원분위기에 강하며 값이 싸므로 공장에서 널리 사용되는 열전대온도계의 명칭은?

해설 & 답

철-콘스탄탄열전대

Question 02

진공환수식 증기 난방에서 다음 물음에 답하시오.
(1) 진공펌프의 설치위치는?
(2) 방열기밸브는 어떤 것을 사용하는가?
(3) 환수관의 진공도는 어느 정도로 유지되는가?

해설 & 답

(1) 환수주관 끝부분(보일러전)
(2) 앵글밸브
(3) 100~250mmHg

Question 03

온수보일러에 설치되는 팽창탱크의 기능을 2가지만 쓰시오.

해설 & 답

① 체적 팽창, 이상 팽창 압력 흡수
② 보충수 공급
③ 보일러파열사고 방지

Question 04

다음 보온재 중 사용온도가 높은 것부터 차례로 번호를 나열하시오.

① 암면   ② 그라스울   ③ 실리카보온재   ④ 테프론   ⑤ 캐스터블내화물

해설 & 답

⑤ → ③ → ① → ② → ④

[참고] ① 캐스터블내화물 : 1580℃ 이상   ② 실리카보온재 : 1100℃
③ 암면 : 600℃   ④ 그라스울 : 300℃
⑤ 테프론 : −260~260℃

Question 05

보일러 취급시 보기와 같은 대책은 어떤 현상을 방지하기 위한 것인지 3가지 쓰시오.

[보기] • 부하를 과대하게 하지 말 것
       • 증기지변을 갑자기 열지 말 것
       • 수위를 너무 높게 하지 말 것
       • 능률을 막고 알맞은 분출을 할 것

해설 & 답

① 포밍   ② 프라이밍   ③ 캐리오버

Question 06. 차압식 유량계인 오리피스 유량계의 장, 단점 3가지씩 쓰시오.

Explanation & Answer

① 장점 : ㉠ 구조가 간단하고 교체가 용이하다.
　　　　 ㉡ 제작이나 설치가 쉽다.
　　　　 ㉢ 가격이 싸다.
② 단점 : ㉠ 압력손실이 크다.
　　　　 ㉡ 내구성이 적다.
　　　　 ㉢ 교축기구전, 후에 침전물 퇴적이 많다.

Question 07. 보일러 운전 중 진동연소의 원인 3가지를 쓰시오.

Explanation & Answer

① 연소실온도가 낮다.
② 통풍력 부적당
③ 분무공기압 과대

Question 08. 다음의 4가지 열전온도계의 +축 금속을 한글로 쓰시오.

(1) I-C　　　　　　　　　(2) C-A
(3) C-C　　　　　　　　　(4) P-R

Explanation & Answer

(1) I-C : 순철　　　(2) C-A : 크로멜
(3) C-C : 동　　　 (4) P-R : 백금로듐
[참고]　(1) I-C : 철-콘스탄탄　(2) C-A : 크로멜-알루멜
　　　　(3) C-C : 동-콘스탄탄　(4) P-R : 백금로듐-백금

Question 09

과열증기의 사용시 단점 2가지를 쓰시오.

해설 & 답

① 증기사용시 위험성이 크다.
② 설계상 비용이 많이 든다.

Question 10

가솔린 유분속에 포함되어 있는 나쁜 냄새와 (①)을 가지는 메르캅탄류를 (②) 시키어 (③)로 바꾼 후 냄새나 (④)을 개선하는 방법을 스위트닝이라 한다.

해설 & 답

① 부식성   ② 산화   ③ SO_2 ④ 부식성

Question 11

중유첨가제 및 작용 5가지를 쓰시오.

해설 & 답

① 연소촉진제 : 분무양호
② 안정제 : 슬러지 생성방지
③ 탈수제 : 수분분리
④ 회분개질제 : 회분의 융점 높혀 고온부식 방지
⑤ 유동점강하제 : 중유의 유동점 맞추어 송유양호

Question 12

다음 ( )안에 적당한 말을 넣으시오.

(①)에 의한 자연통풍에는 한도가 있으므로 큰 보일러에는 (②)통풍으로 한다. 이것에는 (③)통풍, (④)통풍, (⑤)통풍의 3가지가 있다.

해설 & 답

① 연돌   ② 강제통풍   ③ 압입   ④ 흡입   ⑤ 평형

Question 13

보일러수에 포함되어 있는 불순물의 종류는 염류 (①), (②)가스분, 산분 등이며 이들은 전열면 내측에 (③)을 일으키거나, 석출 퇴적하여 슬러지 또는 (④)이 되어 열의 전도를 방해하고 과열의 원인이 된다.

해설 & 답

① 유지류   ② 고형분
③ 부식   ④ 스케일

Question 14

노통보일러에서 노통을 동의 좌, 우 편심에 설치하는 경우가 있다. 그 이유를 간단히 설명하시오.

해설 & 답

관수순환을 좋게 하기 위해서

Question 15

노통의 신축으로 인한 응력을 감소시키기 위하여 가셋트스테이나 경판과의 부착하단과 노통사이에 두는 간격을 무엇이라 하는가?

해설 & 답

브리징 스페이스(230mm 이상)

Question 16

연료를 무화시키는 목적 3가지를 쓰시오.

해설 & 답

① 단위중량단 표면적을 크게 하기 위해서
② 연료와 공기의 혼합을 좋게 하기 위해서
③ 점화효율 및 연소효율을 좋게 하기 위해서

Question 17

관류 보일러에서 보기의 각 부분을 연소가스가 통과하는 순서대로 번호를 나열하시오.

① 절탄기 ② 집진기 ③ 증발관 ④ 버너선단
⑤ 과열기 ⑥ 공기예열기 ⑦ 연돌

해설 & 답

④ → ⑤ → ① → ⑥ → ② → ⑦

Question 18
보일러 운전시 캐리오버 현상을 방지하는 방법 3가지를 쓰시오.

해설 & 답 Explanation & Answer

① 기수분리기 설치 ② 주증기 밸브서개 ③ 고수위 방지

Question 19
청관제의 종류 5가지를 쓰시오.

해설 & 답 Explanation & Answer

① 가성소다 ② 탄산소다
③ 인산소다 ④ 암모니아
⑤ 히드라진

Question 20
건식집진장치 중에서 매연이나 분진이 들어있는 가스를 여포에 통과시켜서 매연을 걸러내는 방법으로 분리 포집할 수 있는 크기는 0.1~40μ이고 가스속도는 5cm/sec 이상이며, 압력손실이 30~50mmH$_2$O인 집진장치는?

해설 & 답 Explanation & Answer

여과식 집진장치

필답형 예상문제 제 06 회

Question 01 접촉식 온도계와 비접촉식 온도계 각 3가지씩 쓰시오.

① 접촉식온도계 : 열전대온도계, 저항온도계, 바이메탈온도계, 압력식온도계
② 비접촉식온도계 : 광고온도계, 방사온도계, 색온도계

Question 02 다음은 피드백 제어에 대한 블록선도를 나타낸 것이다. ( )안에 적합한 용어를 보기에서 골라 쓰시오.

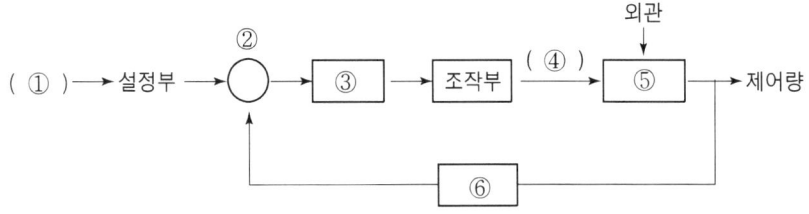

기준치, 목표치, 비교부, 검출부, 조절부, 제어부, 제어대상, 제어량, 설정신호, 제어편차, 조작량

① 목표치   ② 비교부   ③ 조절부   ④ 조작량
⑤ 제어대상   ⑥ 검출부

Question 03

보일러 내부처리의 종류를 청관제의 사용 목적에 따라 5가지를 쓰시오.

해설 & 답　　　　　　　　　　　　　　　　　Explanation & Answer

① PH조정제　　② 연화제
③ 탈산소제　　④ 슬러지조정제
⑤ 가성취화 방지제

Question 04

물리적 가스 분석계에 대한 종류 중 O_2량을 분석 측정하는 가스분석계의 종류 3가지를 쓰시오.

해설 & 답　　　　　　　　　　　　　　　　　Explanation & Answer

① 자기식 O_2계
② 지르코니아식 O_2계
③ 가스크로마토그래피

Question 05

어떤 공장의 굴뚝에서 배출되는 연기의 농도를 측정한 결과 다음과 같았을 때 농도를 (%)로 계산하시오.

농도 0도 : 10분	농도 1도 : 15분	농도 2도 : 20분
농도 3도 : 5분	농도 4도 : 5분	농도 5도 : 5분

해설 & 답　　　　　　　　　　　　　　　　　Explanation & Answer

∴ 농도율 $= \dfrac{\text{총매연농도치}}{\text{총측정시간}} \times 20$

$= \dfrac{(1 \times 15 + 2 \times 20 + 3 \times 5 + 4 \times 5 + 5 \times 5)}{60} \times 20 = 38.33\%$

화염검출기의 종류 3가지를 쓰시오.

① 플레임아이 : 화염의 발광체
② 플레임로드 : 화염의 이온화
③ 스텍스위치 : 화염의 발열

보일러 취급시 보기와 같은 대책은 어떤 현상을 방지하기 위한 것인지 현상 3가지를 쓰시오.

- 부하를 과대하게 하지 말 것
- 주증기면을 갑자기 열지 말 것
- 수위를 너무 높게 하지 말 것
- 농축을 맞고 알맞은 분출을 할 것

① 포밍   ② 프라이밍   ③ 캐리오버

STC, FWC, ACC는 무엇을 뜻하는가?

① STC : 증기온도제어
② FWC : 급수제어
③ ACC : 자동연소제어

Question 09

보일러 설비에 있어 온도계 부착위치 5가지를 쓰시오.

해설 & 답

① 급수입구 : 급수온도계
② 급유입구 : 급유온도계
③ 보일러 본체 배기가스온도계
④ 절탄기, 공기예열기 : 입구 및 출구 온도계
⑤ 과열기, 재열기 : 출구온도계

Question 10

화학적 가스분석계 종류 5가지를 쓰시오.

해설 & 답

① 오르자트식
② 연소식 O_2계
③ 미연소계
④ 자동화학식 가스분석계
⑤ 헴펠식가스분석계

Question 11

연료의 착화온도를 간단히 설명하시오.

해설 & 답

가연성분이 외부의 점화원 없이 스스로 불이 붙은 최저온도

Question 12

통계적으로 보일러 급수온도계 6℃ 상승함에 따라 약 15%의 연료가 절감된다. 응축수를 회수하여 보일 급수로 재사용할 경우 이점 3가지를 쓰시오.

해설 & 답

① 열효율이 상승한다.
② 증발이 빠르다.
③ 급수처리할 필요가 없다.

Question 13

다음 속에 ( ) 알맞은 말을 넣으시오.

보일러 부식은 외부부식과 내부부식으로 나눌 수 있는데 외부부식은 (①)부식과 (②)부식으로 나눌 수 있으며 내부부식은 (③), (④), (⑤), (⑥) 등이 있다.

해설 & 답

① 고온부식 ② 저온부식 ③ 점식
④ 전면식   ⑤ 국부부식 ⑥ 구식

Question 14

통풍량 조절방법 3가지를 쓰시오.

해설 & 답

① 회전수조절
② 섹션베인의 개도조절
③ 가이드베인의 각도조절

Question 15

연료사용량이 200kg/h, 발열량이 10000kcal/kg, 시간당급수사용량이 30Ton이며 온수온도 80℃, 급수온도 20℃일 때 보일러 효율은?

해설 & 답

$$효율 = \frac{30 \times 1000 \times (80-20)}{200 \times 10000} \times 100 = 90\%$$

Question 16

보일러 운전중 기름의 온도가 높을 때 일어나는 현상 4가지를 쓰시오.

해설 & 답

① 탄화물생성   ② 기름의 분해
③ 분사불량   ④ 연료소비량 증대

Question 17

보일러에서 연료의 저위발열량은 H_l, 실제발생열량을 Q_r, 유효열량을 Q_e라 할 때 다음 각 효율을 식으로 표시하시오.
(1) 연소효율   (2) 전열효율   (3) 보일러효율

해설 & 답

(1) 연소효율 $= \dfrac{Q_r}{Hl} \times 100$ (2) 전열효율 $= \dfrac{Q_e}{Q_r} \times 100$

(3) 보일러효율 $=$ 연소효율 $\times$ 전열효율 $\times 100 = \dfrac{Q_r}{Hl} \times \dfrac{Q_e}{Q_r} \times 100$
$\qquad\qquad\quad = \dfrac{Q_e}{Hl} \times 100$

Question 18

배기가스성분중 N₂ 80%, CO₂ 14%, O₂ 6%일 때 공기비는?

해설 & 답

$$m = \frac{N_2}{N_2 - 3.76\,O_2} = \frac{80}{80 - 3.76 \times 6} = 1.39$$

필답형 예상문제 제 07 회

Question 01

효율이 80%인 어떤 보일러로 엔탈피 740kcal/kg인 증기를 매시간 12Ton 발생시키려고 할 때 시간당 연료소비량은? (단, 저위발열량은 10000kcal/kg이고 급수온도는 25℃이다.)

해설 & 답

연료소비량 $= \dfrac{12 \times 1000 \times (740 - 20)}{0.8 \times 10000} = 1080 \text{kg/h}$

Question 02

다음은 수관식 보일러 결점에 관한 것이다. 아래 보기를 보고 ( )속에 알맞은 말을 써 넣으시오.

수관 보일러를 원통보일러와 비교할 때 그 결점은 (①)에 비해서 보일러내의 수량이 적으며 또는 (②)이 활발하므로 (③)의 (④)가 현저하며 언제나 (⑤)에 주의하고 항상 (⑥)에 주의하지 않으면 과열현상이 발생하기 쉽다.

[보기] ⓐ 수면계 이상 여부 ⓑ 보일러수 ⓒ 증발 ⓓ 압력계
       ⓔ 급수   ⓕ 전열면적   ⓖ 예열   ⓗ 감소

해설 & 답

① 전열면적 ② 증발
③ 보일러수 ④ 감소
⑤ 수면계이상 여부 ⑥ 급수

Question 03

증발계수를 구하시오. (단, 증기의 엔탈피 650kcal/kg, 급수온도 25℃이다.)

해설 & 답

증발계수 $= \dfrac{h'' - h'}{539} = \dfrac{650 - 25}{539} = 1.159$

Question 04

KS 기준에서는 질별 특성에 따라 아래와 같이 분류한다. 배관기호와 두꺼운 순서대로 쓰시오.

연질, 반연질, 경질

해설 & 답

① 배관기호 : 연질(O), 반연질(OL), 경질(H)
② 두꺼운 순서 : 경질 > 반연질 > 연질

Question 05

일일가동시간 8시간, 관수농도 3000PPM, 급수농도 30PPM, 일일분출량 1000l, 시간당 응축수 회수율이 34%일 때 일일분출량은?

해설 & 답

일일분출량 $= \dfrac{1000 \times (1 - 0.34) \times 8 \times 30}{3000 - 30} = 53.33\, l/\text{day}$

Question 06

급수밸브의 크기를 전열면적에 따라 구분하시오.

해설 & 답

① 전열면적이 $10m^2$ 이하 : 15A 이상
② 전열면적이 $10m^2$ 초과 : 20A 이상

Question 07

보일러에서 사용하는 청관제의 종류 5가지를 쓰시오.

해설 & 답

① 가성소다   ② 탄산소다
③ 인산소다   ④ 암모니아
⑤ 히드라진

Question 08

열정산결과 다음 값을 얻었다. 이때 단위연료당 공기의 현열을 계산하시오. (단, 연소용공기온도 60℃, 외기온도 20℃, 공기비 1.3, 공기비열 0.31kcal/Nm³℃, 연료 1kg당 이론공기량 10.4Nm³/kg)

해설 & 답

공기의 현열 $= mA_oC\triangle t = 1.3 \times 10.4 \times 0.31 \times (60-20)$
$= 167.65 \text{kcal/kg}$

Question 09

석유의 비중을 측정시 4℃ 물에 대한 몇 ℃의 석유 무게인가?

해설 & 답

15℃

Question 10

냉각레그 배관의 주증기주관 관말 트랩 배관에서 증기주관에서 응축수를 건식 환수주관에 배출하려면 주관과 동경으로 (①)mm 이상 내리고 하부로 (②)mm 이상 연장해 드레인 포켓을 만들어 준다. 냉각관은 트랩앞에서 (③)m 이상 떨어진 곳까지 나관배관으로 하여야 하는가?

해설 & 답

① 100 ② 150 ③ 1.5

Question 11

가용전 설치에 있어 다음 온도에 따른 주석과 납의 합금비율을 적으시오. (150℃, 200℃, 250℃)

해설 & 답

온도	주석	납
150℃	10	3
200℃	3	3
250℃	3	10

Question 12

LNG 및 LPG 성분 다음 (　)안에 들어갈 내용을 쓰시오.

메탄가스의 액화온도 (　①　)℃이며 액화천연가스 주성분 (　②　)이며 액화석유가스의 주성분 (　③　)과 (　④　)가 있다.

해설 & 답

① -162℃   ② 메탄   ③ 프로판   ④ 부탄

Question 13

댐퍼의 주된설치 목적은 (　①　)의 열 배기가스량을 (　②　)하에 일정한 (　③　)을 유지하기 위함이다.

해설 & 답

① 연도   ② 조절   ③ 통풍력

Question 14

과열증기 사용시의 단점 3가지를 쓰시오.

해설 & 답

① 고온 부식의 우려가 있다.
② 가열장치에 열응력이 생긴다.
③ 증기의 열에너지가 크므로 열손실이 많다.

Question 15

배관의 열 팽창계수는 리스트레인하고, 진동흡수는 (①)가 하고 유압식과 스프링식이 있으며 종류는 (②), (③), 진동방지는 (④) 배관내 워터햄머와 진동해소는 (⑤)가 한다.

해설 & 답

① 브레이스 ② 방진기 ③ 완충기
④ 방진기 ⑤ 완충기

Question 16

쪽수 30.5C 방열기로서 높이는 650mm이고 유입관경은 25mm 이며 유출관경은 20mm이다. 방열기를 도시하시오.

해설 & 답

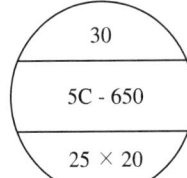

Question 17

연소가스중의 산소는 6%였다. 이 경우의 공기비(m)를 계산하면 얼마인가?

해설 & 답

$$m = \frac{21}{21 - O_2} = \frac{21}{21 - 6} = 1.4$$

Question 18

고온부식과 저온부식이 일어나는 곳 각 2가지씩 쓰시오.

해설 & 답

① 고온부식 : 과열기, 재열기
② 저온부식 : 절탄기, 공기예열기

Question 19

보일러 수압시험시 공기를 빼고 물을 채운 후 천천히 압력을 가하여 규정된 시험수압에 도달된 후 (①)분 이상 경과된 뒤에 검사를 실시하며 시험수압은 규정압력의 (②)% 이상을 초과하지 않도록 한다.

해설 & 답

① 30분
② 6

Question 20

산의 종류 4가지를 쓰시오.

해설 & 답

① 황산   ② 염산   ③ 질산   ④ 인산

필답형 예상문제 제 08 회

Question 01 유기산의 종류 4가지를 쓰시오.

① 하트록산   ② 구연산
③ 옥살산   ④ 설파민산

Question 02 다음 보일러의 출력이 얼마인지 계산하시오.

상당방열면적 500m², 온수량 500kg, 온수온도 70℃, 공급온도 10℃, 예열부하 1.45, 배관부하 0.25, 출력저하계수 0.69, 물의 비열 1kcal/kg℃이다.

출력 $= \dfrac{(Q_1 + Q_2)(1+\alpha)B}{K}$

$= \dfrac{500 \times 650 + 500 \times (70-10) \times (1+0.25) \times 1.45}{0.69}$

$= 932518.12 \text{kcal/h}$

Question 03

다음 ( )안에 적당한 용어를 쓰시오.

연료가 외부로부터 열을 필요로 하지 않고 스스로 발생하는 열로서 연소를 계속할 수 있는 최저온도를 (①) 온도라 하며 점화원에 의해서 불이 붙는 최저온도를 (②) 온도라 한다.

해설 & 답 — Explanation & Answer

① 착화　　② 인화

Question 04

다음 ( )안에 알맞은 말을 넣으시오.

노통(연관)보일러에서 경판과 동판을 지지하는데 사용하는 3각모양의 평판을 (①)라고 하며, 이 스테이는 그루빙 현상을 일으키지 않도록 (②) 스페이스를 충분히 취하여야 한다.

해설 & 답 — Explanation & Answer

① 가세트스테이　　② 브리징

Question 05

액체연료의 연소장치에서 다음 설명에 해당하는 중유버너의 명칭을 쓰시오.
(1) 고압의 증기 및 공기 또는 저압의 증기를 이용하여 무화시키는 버너
(2) 연료유를 가압하여 노즐을 이용 분출 무화시키는 버너
(3) 분무컵을 고속회전시켜 무화시키는 버너

해설 & 답 — Explanation & Answer

(1) 이류체 분무식 버너
(2) 유압분무식 버너
(3) 회전분무식 버너

Question 06

연돌높이가 80m, 배기가스온도가 165℃, 외기온도 28℃, 외기공기 비중량 1.29kg/m³, 배기가스비중량 1.35kg/m³일 때 이론통풍력을 구하시오.

해설 & 답

$$Z = 273H\left(\frac{r_a}{T_a} - \frac{r_g}{T_g}\right) = 273 \times 80 \times \left(\frac{1.29}{273+28} - \frac{1.35}{273+165}\right)$$
$$= 26.28 \text{mmAq}$$

Question 07

유량이 2m³/min, 펌프에서 수면까지의 높이 5m, 펌프에서 필요높이 14m, 감쇄높이 2m이고 펌프의 효율이 80%일 때 동력(kW)를 구하시오.

해설 & 답

$$\text{kW} = \frac{r \times Q \times H}{102 \times E \times 60} = \frac{1000 \times 2 \times (5+14+2)}{102 \times 0.8 \times 60} = 8.578\text{kW}$$

Question 08

바이패스 배관도를 도시하시오. (단, 부속품은 밸브 3, 유니온 3, 티이 2, 엘보 2, 여과기 1)

해설 & 답

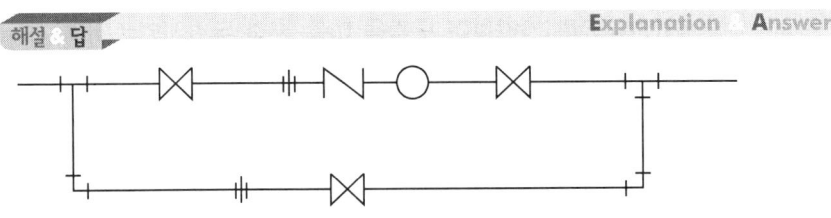

Question 09

다음 공구의 사용처를 쓰시오.
(1) 파이프커터
(2) 다이헤드식 나사 절삭기
(3) 링크형 파이프 커터
(4) 사이징투울
(5) 봄볼

Explanation & Answer

(1) 강관절단
(2) 강관나사절삭
(3) 주철관 절단
(4) 동관 원형 가공
(5) 연관주관에 구멍을 내는 공구

Question 10

판을 굽힐 때 굽힘 하중을 제거하면 굽힘각은 작고 굽힘반경은 커지는 현상을 무엇이라 하는가?

Explanation & Answer

스프링백 현상

Question 11

다음은 온도를 측정하는 원리를 설명한 것이다. 각 설명에 해당하는 온도계의 종류를 쓰시오.
(1) 열팽창 계수가 상이한 2개의 금속판을 서로 붙여 온도의 변화에 따른 구부러짐의 곡을 변화를 이용한 온도계
(2) 금속의 전기저항값이 온도에 따라 변화하는 성질을 이용한 온도계
(3) 열전대를 여러개 접촉시킨 열전대를 이용하여 물체로부터 나오는 복사열을 측정 온도를 계측하는 온도계

Explanation & Answer

(1) 바이메탈 온도계
(2) 전기저항 온도계
(3) 방사 온도계

Question 12

보일러 트랩 입구 압력이 15kg/cm²이고 트랩의 최고허용 배압이 12kg/cm²일 때 트랩의 배압허용도는 %인가?

해설 & 답

$$\therefore \frac{12}{15} \times 100 = 80\%$$

Question 13

상당증발량을 구하는 공식을 쓰시오.

해설 & 답

$$G_e = \frac{G \times (h'' - h')}{539}$$

여기서, $G(\text{kg/h})$: 실제증발량
$h''(\text{kcal/kg})$: 발생증기 엔탈피
$h'(\text{kcal/kg})$: 급수엔탈피 또는 급수온도
$539(\text{kcal/kg})$: 증발잠열

Question 14

다음을 설명하시오.
(1) 피드백제어   (2) 시컨스제어

해설 & 답

(1) 출력측의 신호를 입력측으로 되돌려 정정동작을 행하는 제어
(2) 미리 정해진 순서에 의해 제어의 각 단계가 순차적으로 진해하는 제어

Question 15

인터록이란 무엇이며 종류 5가지를 쓰시오.

해설 & 답

① 인터록 : 구비 조건이 맞지 않을 때 그 조건이 충족될 때까지 다음 단계를 정지시키는 것
② 종류 : 저수위인터록, 저연소인터록, 불착화인터록, 압력초과인터록, 프리퍼지인터록

Question 16

매초당 50l의 물을 송출시킬 수 있는 급수펌프에서 양정이 7.5m 펌프의 효율이 80%일 경우 펌프의 소요동력 PS는?

해설 & 답

$$PS = \frac{r \times Q \times H}{75 \times E} = \frac{1000 \times 0.05 \times 7.5}{75 \times 0.8} = 6.25 PS$$

Question 17

기체연료의 특징 5가지를 쓰시오.

해설 & 답

① 적은 공기량으로 완전 연소가 가능하다.
② 가스누설시 폭발의 위험 있다.
③ 발열량이 낮은 연료로 고온을 얻을 수 있다.
④ 운반, 저장이 어렵다.
⑤ 황분, 회분이 거의 없어 전열면 오손이 거의 없다.

필답형 예상문제 제 09 회

Question 01
수분이 함유된 연료가 보일러에 공급시 발생하는 현상을 3가지 쓰시오.

해설 & 답

① 무화가 고르지 못하다.
② 화염의 위치가 바뀐다.
③ 화염이 꺼진다.

Question 02
다음 각항의 ( )안 적당한 용어로 넣으시오.

중유 연소에 있어서 (①)이란 중유중에 포함되어 있는 바나듐이 연소에 의하여 (②)하여 (③)으로 되어 (④)등에 융착하여 그 부분을 부식시키는 것을 말한다. 또한 (⑤)이란 연료중의 (⑥)이 연소해서 (⑦)가 되고 그 일부는 다시 산화하여 (⑧)로 된다. 이들이 가스중의 (⑨)와 화합하여 황산이 되어 보일러의 저온전열면, 연도, 굴뚝 등에 접촉하면 응축해서 부식을 일으키는 현상

해설 & 답

① 고온부식   ② 산화
③ 오산화바나듐   ④ 과열기
⑤ 저온부식   ⑥ 황
⑦ SO_2 ⑧ SO_3
⑨ H_2O

Question 03

신축이음의 종류 4가지를 쓰시오.

Explanation & Answer

① 루우프형 ② 슬리이브형
③ 벨로우즈형 ④ 스위블형

Question 04

다음을 답하시오.

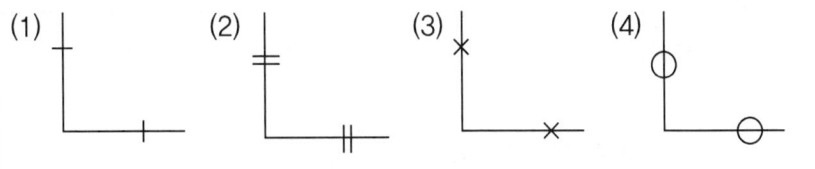

Explanation & Answer

(1) 나사이음 (2) 플랜지이음
(3) 용접이음 (4) 땜이음

Question 05

보염장치의 종류 4가지를 쓰시오.

Explanation & Answer

① 윈드박스 ② 콤버스터
③ 스테빌라이져 ④ 버너타일

Question 06. 인젝터 작동불능 원인 5가지를 쓰시오.

해설 & 답

① 급수온도가 높을 때 (50℃ 이상시)
② 증기압력이 낮거나 높을 때
③ 증기중의 수분혼입시
④ 흡입측으로 공기누입시
⑤ 인젝터 노즐 불량시

Question 07. 보일러 열정산 중 열손실에 해당하는 것 5가지를 쓰시오.

해설 & 답

① 배기가스 손실열
② 불완전 연소에 의한 손실열
③ 방사에 의한 손실열
④ 미연분에 의한 손실열
⑤ 발생증기 보유열

Question 08. 보일러 열정산중 입열사항 5가지를 쓰시오.

해설 & 답

① 연료의 현열   ② 연료의 연소열
③ 급수의 현열   ④ 공기의 현열
⑤ 노내분입증기 보유열

Question 09

증기관에서 수격작용 방지법 5가지를 쓰시오.

해설 & 답

① 주증기변을 서서히 연다.
② 증기트랩 설치
③ 증기관 보온
④ 증기관의 굴곡을 피한다.
⑤ 증기관의 경사도를 준다.

Question 10

어떤 수관 보일러의 수관의 외경이 50mm, 수관의 1개 길이가 7m 수관갯수는 150개였다. 이 수관 보일러의 전열면적은?

해설 & 답

$A(m^2) = \pi DLN = 3.14 \times 0.05 \times 7 \times 150 = 164.85 m^2$

Question 11

강관의 이음방법 3가지를 쓰시오.

해설 & 답

① 나사이음   ② 용접이음   ③ 플랜지이음

Question 12
압력계의 종류 3가지를 쓰시오.

해설 & 답

① 브르돈관식 압력계
② 벨로우즈식 압력계
③ 다이어프램식 압력계

Question 13
포밍이란?

해설 & 답

유지분 등으로 인해 수면이 거품으로 뒤덮히는 현상

Question 14
파이프벤더 작업시 관 파손 원인을 쓰시오.

해설 & 답

① 굽힘 반경이 너무 크다.
② 관의 받침쇠가 너무 들어가 있다.
③ 벤더구경과 관경의 차이가 너무 크다.

Question 15

온수난방시 온수온도가 92℃, 출구온도가 70℃ 실내온도가 18℃일 때 주철제 방열기의 방열량은? (단, 온수난방 표준온도차 62℃이다.)

해설 & 답

방열기 방열량 = 표준방열량 $\times \dfrac{\Delta tm}{\Delta t}$

$$= 450 \times \dfrac{\left(\dfrac{92+70}{2} - 18\right)}{62} = 587.9 \text{kcal/h}$$

Question 16

급수내관 설치이점 3가지를 쓰시오.

해설 & 답

① 열응력 발생방지 ② 부동팽창방지
③ 급수일부가 예열 ④ 관수교란방지

Question 17

보일러에 설치하는 안전밸브는 25A 이상이어야 하나 20A 이상으로 할 수 있는 경우는?

해설 & 답

① 최고사용압력이 0.1MPa 이하인 보일러
② 최고사용압력이 0.5MPa 이하이고 동체 안지름이 500mm 이하이고 동체의 길이가 1000mm 이하인 것
③ 최대증발량이 5T/h 이하인 관류 보일러
④ 최고사용압력이 0.5MPa 이하이고 전열면적이 2m² 이하인 보일러
⑤ 소용량 보일러

Question 18

연소가스 분석결과 CO_2=12.6%, O_2=6.4%, CO=0일 때 CO_2(max %)를 구하시오.

해설 & 답

$$CO_2(\max)\% = \frac{21 \times CO_2}{21 - O_2} = \frac{21 \times 12.6}{21 - 6.4} = 18.12\%$$

필답형 예상문제 제 10 회

Question 01

급수사용량이 500m³/h, 전양정이 20m, 급수펌프의 효율이 80%일 때 사용되는 급수펌프의 동력은? (kW)

해설 & 답

$$kW = \frac{r \times Q \times H}{102 \times E \times 60} = \frac{1000 \times 500 \times 20}{102 \times 0.8 \times 3600} = 34.04 kW$$

Question 02

프로판 5Nm³을 완전연소시키는데 필요한 이론공기량은?

해설 & 답

$$\begin{array}{cccc}
C_3H_8 + & 5O_2 \rightarrow & 3CO_2 + & 4H_2O \\
44kg & 5 \times 32kg & 3 \times 44kg & 4 \times 18kg \\
22.4Nm^3 & 5 \times 22.4Nm^3 & 3 \times 22.4Nm^3 & 4 \times 22.4Nm^3 \\
5Nm^3 & x & &
\end{array}$$

$$x = \frac{5Nm^3 \times 5 \times 22.4Nm^3}{22.4Nm^3} = 25Nm^3/Nm^3$$

$$\therefore A_o(\text{이론공기량}) = \frac{O_o}{0.21} = \frac{25}{0.21} = 119.04Nm^3$$

Question 03

중유의 고위 발열량이 9800kcal/kg일 때 저위 발열량은 얼마인가? (단, 연료중의 수소성분 12%, 수분(W) 0.5%)

해설 & 답

$Hl = Hh - 600(9H + W)$
$= 9800 - 600(9 \times 0.12 + 0.005) = 9149 \text{kcal/kg}$

Question 04

다음은 보일러 산세관에 대한 설명이다. ( )안에 알맞은 말을 쓰시오.

보일러에 경질 스케일이 존재할 때 촉진제로 (①)을 첨가하거나 알카리 세관 후 (②)을 넣고 팽윤시킨 후 (③)을 하면 양호한 세관 효과를 얻을 수 있다.

해설 & 답

① 불화수소산 ② 계면활성제 ③ 산세관

Question 05

다음 관의 높이 표시기호에 대하여 설명하시오.

해설 & 답

① TOPEL - 2000 : 관의 윗면까지의 높이가 2000mm
② BOPEL - 1500 : 관의 아랫면까지의 높이가 1500mm

Question 06
배관과의 거리를 쓰시오.

해설 & 답 — Explanation & Answer

① 전선 : 15cm 이상
② 접속기, 점멸기, 굴뚝 : 30cm 이상
③ 안전기, 계량기, 개폐기, 콘센트 : 60cm 이상

Question 07
증기 보일러의 과열방지 대책 3가지를 쓰시오.

해설 & 답 — Explanation & Answer

① 저수위 사고시
② 전열면의 국부과열
③ 동내면에 스케일 생성

Question 08
관류 보일러에서 증기는 얻는 과정은 증발관에서 (①), (②), (③) 을 거쳐서 발생된다.

해설 & 답 — Explanation & Answer

① 가열   ② 증발   ③ 과열

Question 09

관류 보일러의 종류 5가지를 쓰시오.

해설 & 답

① 슐처
② 옛모스
③ 벤숀
④ 람진
⑤ 가와사키

Question 10

관류 보일러의 특징을 쓰시오.

해설 & 답

① 순환비가 1이다. $\left(\dfrac{급수량}{증발량}\right)$
② 급수처리가 까다롭다.
③ 증발이 빠르다.
④ 내부구조 복잡, 청소, 검사수리곤란
⑤ 부하변동에 대한 압력변화 크다.

Question 11

포스트퍼지와 프리퍼지를 설명하시오.

해설 & 답

① 포스트퍼지 : 점화 후 댐퍼를 열고 연소실이나 연도내의 미연소가스를 송풍기를 이용 내보내는 것
② 프리퍼지 : 점화 전 댐퍼를 열고 연소실이나 연도내의 미연소가스를 송풍기를 이용 내보내는 것

Question 12

싸이폰관을 설명하시오.

해설 & 답

① 기능 : 고온의 증기나 물로부터 압력계보호
② 안지름 : 6.5mm 이상
③ 동관 : 6.5mm 이상 (온도차 210℃(483° K) 초과시 사용금지)
④ 강관 : 12.7mm 이상

Question 13

소요전력이 40kW이고, 펌프의 효율은 80%, 흡입양정 16m, 토출양정 10m인 급수펌프의 송출량은 (m³/min)인가?

해설 & 답

$$kW = \frac{r \times Q \times H}{102 \times E \times 60} \text{ 에서}$$

$$Q = \frac{kw \times 102 \times E \times 60}{r \times H} = \frac{40 \times 102 \times 0.8 \times 60}{1000 \times 26} = 7.53 \text{m}^3/\text{min}$$

Question 14

다음 (　)을 채우시오.

공기유량 자동조절기능은 가스용 보일러 및 용량 (①)T/h 난방전용은 (②)T/h 이상인 유류 보일러에는 (③) 따라 (④)을 자동조절하는 기능이 있어야 한다. 이때 보일러 용량이 kcal/h로 표시되었을 경우 (⑤)만 kcal/h를 1 T/h로 환산한다.

해설 & 답

① 5
② 10
③ 공급연료량
④ 연소용공기
⑤ 60

Question 15. 제어량과 조작량의 관계를 표로 설명하시오.

제어	제어량	조작량
S.T.C	(과열증기온도)	전열량
F.W.C	보일러 수위	(급수량)
A.C.C	(증기압력계제어) 노내압력계제어	(연료량)(공기량) 연소가스량, 송풍량

Question 16. 보일러 동내부에 설치하는 부속품을 쓰시오.

① 비수방지관　② 기수분리기
③ 급수내관　④ 수면분출장치

Question 17. 증기트랩의 구비조건 5가지를 쓰시오.

① 마찰저항이 적을 것
② 작동이 확실할 것
③ 내식성이나 내마모성이 있을 것
④ 공기빼기가 가능할 것
⑤ 봉수가 확실할 것

Question 01. 유기질 보온재를 쓰시오.

해설 & 답

① 폼류 : ㉠ 경질우레탄폼
㉡ 폴리스틸렌폼 80℃ 이하
㉢ 염화비닐폼
② 텍스류 : ㉠ 톱밥 ㉡ 녹재 ㉢ 펄프 : 100℃ 이하
③ 펠트류 : ㉠ 양모 ㉡ 우모 : 120℃ 이하
④ 콜크류 : ㉠ 탄화콜크 : 130℃ 이하
⑤ 기포성수지

Question 02. 무기질 보온재를 쓰시오.

해설 & 답

① 탄산마그네슘 : 안전사용온도 250℃ 이하
② 그라스울 : 안전사용온도 300℃ 이하
③ 석면 : 안전사용온도 400℃ 이하
④ 규조토 : 안전사용온도 500℃ 이하
⑤ 암면 : 안전사용온도 600℃ 이하
⑥ 규산칼슘 : 안전사용온도 650℃ 이하
⑦ 실리카화이버 : 안전사용온도 1100℃ 이하
⑧ 세라믹화이버 : 안전사용온도 1300℃ 이하

Question 03

건물내에 설치된 방열기의 상당방열면적이 1000m²이고 증기생성시 물의 증발잠열은 539kcal/kg일 때 전체응축수량은 몇 kg/h인가? (단, 배관내의 응축수량은 방열기내 응축수량 20%로 본다.)

해설 & 답

전응축수량 = $\dfrac{Q}{r} \times 1.3 = \dfrac{1000 \times 650 \times 1.3}{539} = 1567.71 \text{kg/h}$

Question 04

다음을 설명하시오.
(1) 탁도 (2) 수소이온농도
(3) 알카리도 (4) 경도

해설 & 답

(1) **탁도** : 물속의 현탁한 불순물에 의하여 물의 탁한정도를 표시
(2) **수소이온농도** : 물의 이온적으로 산성, 중성, 알카리도를 표시
(3) **알카리도** : 수중에 녹아있는 탄산수소등의 수중의 알칼리도를 표시
(4) **경도** : 물을 연수와 경수로 구분하는 척도

Question 05

다음을 설명하시오.
(1) STLT (2) SPPW (3) STPG
(4) STH (5) SPA

해설 & 답

(1) **STLT** : 저온열교환기용 탄소강관
(2) **SPPW** : 수도용아연도금강관
(3) **STPG** : 수도용도복장강관
(4) **STH** : 보일러열교환기용 탄소용강관
(5) **SPA** : 배관용 합금강관

06 보일러의 외부청소 방법 5가지를 쓰시오.

해설 & 답

① 스팀쇼킹법 ② 워터쇼킹법
③ 에어쇼킹법 ④ 스틸쇼트크리닝법
⑤ 샌드블로우법

07 습식집진장치의 종류 3가지를 쓰시오.

해설 & 답

① 유수식
② 세정식
③ 가압수식 – 벤츄리스크레버, 싸이클론스크레버, 충전탑

08 다음 공구의 크기를 나타내시오.
(1) 파이프렌치   (2) 파이프커터   (3) 쇠톱
(4) 파이프바이스 (5) 수평바이스

해설 & 답

(1) 파이프렌치 : 입을 최대로 벌려놓은 전장
(2) 파이프커터 : 관을 절단할 수 있는 최대의 관경
(3) 쇠톱 : 피팅홀의 간격
(4) 파이프바이스 : 고정가능한 관경의 최대치수
(5) 수평바이스 : 조우의 폭

Question 09

탄소 5kg이 공기비 1.2에서 연소에 필요한 공기량은 몇 Nm^3인가?

해설 & 답

$$C + O_2 \rightarrow CO_2$$
$$12kg \quad 32kg \quad 44kg$$
$$22.4Nm^3 \quad 22.4Nm^3 \quad 22.4Nm^3$$
$$\therefore 12kg = 22.4Nm^3$$
$$5kg = x$$
$$x = \frac{5kg \times 22.4Nm^3}{12kg} = 9.33Nm^3$$
$$\therefore A_o = \frac{9.33}{0.21} = 44.43Nm^3$$
$$A = m \times A_o = 1.2 \times 44.43 = 53.31Nm^3$$

Question 10

풍량이 30m³/min, 양정이 20m, 송풍기의 소요동력이 4kW이고 회전수가 1000rpm이다. 회전수를 1200rpm으로 증가시킬 경우, 풍량, 양정, 동력을 구하시오.

해설 & 답

① 풍량 : $Q' = Q \times \left(\frac{N_2}{N_1}\right)^1 = 30 \times \left(\frac{1200}{1000}\right)^1 = 36 m^3/min$

② 양정 : $H' = H' \times \left(\frac{N_2}{N_1}\right)^2 = 20 \times \left(\frac{1200}{1000}\right)^2 = 28.8 m$

③ 동력 : $kW' = kw \times \left(\frac{N_2}{N_1}\right)^3 = 4 \times \left(\frac{1200}{1000}\right)^3 = 6.91 kW$

Question 11
동관용 공구 5가지를 쓰시오.

해설 & 답

① 익스펜더　② 사이징투울
③ 튜브커터　④ 튜브벤더
⑤ 플레어링투울셋

Question 12
연관용공구 3가지를 쓰시오.

해설 & 답

① 봄볼　② 드레서
③ 마아레트　④ 터어핀

Question 13
수면계 점검순서를 쓰시오.

해설 & 답

① 증기콕크와 물콕크를 잠근다.
② 드레인콕크를 열어 수면계의 물을 드레인 시킨다.
③ 물콕크를 열고 점검 후 닫는다.
④ 증기콕크를 열고 확인 후 닫는다.
⑤ 드레인콕크를 닫는다.
⑥ 증기콕크를 연다.
⑦ 물콕크를 서서히 연다.

Question 14

보일러수위제어 검출기구 3가지를 쓰시오.

해설 & 답

① 부자식(플로우트식)
② 전극식
③ 열팽창식(코우프스식)

Question 15

증기난방법의 분류방법과 종류를 쓰시오.

해설 & 답

① 배관방식에 따른 분류
　　㉠ 단관식　㉡ 복관식
② 증기공급방식에 따른 분류
　　㉠ 상향식　㉡ 하향식
③ 응축수환수방식에 따른 분류
　　㉠ 중력환수식　㉡ 기계환수식　㉢ 진공환수식

Question 16

온수보일러설치 후 점화전 점검사항 5가지를 쓰시오.

해설 & 답

① 자동제어장치의 점검
② 연료 및 연소장치의 점검
③ 분출 및 분출장치의 점검
④ 수위점검
⑤ 프리퍼지 상태

Question 17. 슬러지의 주성분 5가지를 쓰시오.

해설 & 답

① 산화철
② 수산화물
③ 탄산염
④ 탄산마그네슘
⑤ 수산화마그네슘

Question 18. 보온재의 구비조건을 쓰시오.

해설 & 답

① 비중이 적을 것(가벼울 것)
② 열전도율이 적을 것(보온능력이 클 것)
③ 사용온도에 견디고 변질되지 말 것
④ 기계적 강도가 있어야 한다.
⑤ 다공질이며 기공이 균일해야 한다.

Question 19. 부정형 내화물의 종류 3가지를 쓰시오.

해설 & 답

① 캐스터블 내화물
② 플라스틱
③ 내화모르타르

Question 20

급수내관의 설치목적 및 설치위치를 쓰시오.

해설 & 답

① 설치목적 : 열응력 발생으로 인한 동 내부 부동팽창방지
② 설치위치 : 안전저수위 50mm 하부

Question 21

저온부식 방지책 5가지를 쓰시오.

해설 & 답

① 연료중의 황분제거
② 배기가스 온도를 노점온도 이상 유지
③ 저온의 전열면 표면에 내식재료사용
④ 저온의 전열면 표면에 방청도장 실시
⑤ 양질의 연료선택
⑥ 적정공기비로 연소시킨다.

필답형 예상문제 제 12 회

Question 01
스케일의 주성분 4가지

해설 & 답

① 황산칼슘 ② 수산화칼슘
③ 탄산칼슘 ④ 인산칼슘

Question 02
보일러를 수동으로 점화할 때 정상연소시까지의 다음조작사항 들을 차례대로 나열하시오.

① 통풍압을 조절하고, 점화봉을 버너선단에 놓는다.
② 연료밸브를 조절하여 불꽃상태를 안정시킨다.
③ 연료유를 예열한다.
④ 버너를 기동하고, 불을 붙인다.
⑤ 연도의 댐퍼를 열고, 프리퍼지 시킨다.

해설 & 답

③ → ⑤ → ① → ④ → ②

Question 03

고온부식과 저온부식의 원인, 첨가제를 쓰시오.

해설 & 답

① 원 인 : ㉠ 고온부식 : 바나듐
　　　　　㉡ 저온부식 : 황
② 첨가제 : ㉠ 고온부식 : 돌로마이트, 알루미나분말
　　　　　㉡ 저온부식 : 돌로마이트, 암모니아, 아연

Question 04

보일러에 사용하는 경판의 종류 4가지를 쓰시오.

해설 & 답

① 반구형경판　　② 타원형경판
③ 접시형경판　　④ 평형경판

Question 05

내화모르타르의 구비조건 5가지를 쓰시오.

해설 & 답

① 팽창 또는 수축이 적을 것
② 내화도가 높을 것
③ 사용온도에서 연화, 변형되지 않을 것
④ 화학적으로 안정할 것
⑤ 내마모성이 클 것

Question 06
매연 농도 측정기구 5가지를 쓰시오.

해설 & 답
① 링겔만 매연 농도계 ② 매연포집중량계
③ 광전관식농도계 ④ 바카라치스모그테스트
⑤ 로버트농도표

Question 07
다음 문장의 ( )내에 적당한 말을 넣어 문장을 완결하시오.

> 보일러내에는 보일러본체, 과열기, 절탄기, 공기예열기, 부속장치, 부품 등으로 이루어져 있는데 본체는 보일러 동 또는 다수의 (①)으로 구성되어 있고 연소시 발생하는 열을 물에 전달하는 절연면은 (②)와 (③)가 있다.

해설 & 답
① 수관   ② 복사   ③ 대류

Question 08
보일러 급수설비로 사용되는 왕복동 펌프의 종류를 3가지만 쓰시오.

해설 & 답
① 워싱턴   ② 웨어   ③ 플런저

Question 09
비접촉식 온도계의 특징 3가지를 쓰시오.

해설 & 답

① 이동물체의 온도측정이 가능하다.
② 피측정물체의 열적 교란이 없다.
③ 온도보정률이 크다.

Question 10
다음은 보일러 급수중의 불순물로 인해 발생하는 해의 종류이다. 보기 중에서 해당하는 불순물을 쓰시오.

해설 & 답

① 스케일생성 및 과열 : 염류
② 가성취화 및 크랙 : 알카리성분
③ 과열, 부식 및 포밍발생 : 유지류
④ 부식(점식) : 용존가스류

Question 11
수관식 보일러 수냉로 벽의 종류 3가지를 쓰시오.

해설 & 답

① 스킨수냉벽 ② 피복수냉벽 ③ 멤브렌휠수냉벽

Question 12

역화의 원인 5가지를 쓰시오.

해설 & 답

① 프리퍼지, 포스트퍼지 부족시
② 점화시 착화가 늦은 경우
③ 공기보다 연료먼저 투입시
④ 연료중의 수분 및 협잡물 혼입시
⑤ 압입통풍이 강할 경우
⑥ 흡입통풍부족시

Question 13

공기예열기, 절탄기 설치시 단점 4가지를 쓰시오.

해설 & 답

① 통풍저항증가
② 저온부식발생
③ 청소 및 취급이 어렵다.
④ 연도내재 및 퇴적물 생성

Question 14

통계적으로 보일러 급수온도가 6℃ 상승함에 따라 약 1%의 연료가 절감된다. 응축수를 회수하여 보일러 급수로 재사용할 경우 이점 3가지를 쓰시오.

해설 & 답

① 급수처리할 필요가 없다.
② 열효율이 향상된다.
③ 증발이 빠르다.

Question 15

다음 ( )안을 완성하시오.

공기량이 과다할 경우 노내온도는 (①)게, CO_2(%)는 (②)하고 O_2 [%]는 (③)한다.

해설 & 답

① 낮 ② 감소 ③ 증가

Question 16

댐퍼에서 (①)의 열배기가스량을 (②)하여 (③) 유지한다.

해설 & 답

① 연도 ② 조절 ③ 통풍력

Question 17

다음 물음에 답하시오.
(1) 불씨없이 스스로 불이 붙는 온도
(2) 점화원에 의해 연소되는 최저온도

해설 & 답

(1) 착화온도
(2) 인화온도

Question 18

자연통풍방식에서 통풍력을 증가시키려면 어떻게 해야 하는지 3가지 쓰시오.

해설 & 답

① 굴뚝의 높이를 높게 한다.
② 굴뚝의 단면적을 넓게 한다.
③ 배기가스 온도를 높게 한다.

Question 19

다음 항목을 간단히 설명하시오.
(1) 플라이밍(Priming)   (2) 포밍(foaming)
(3) 캐리오버(carry over)

해설 & 답

(1) **플라이밍**(Priming) : 증기발생시 수면으로부터 작은 물방울이 위로 튀어오르는 현상
(2) **포밍**(foaming) : 유지분 등으로 인해 수면이 거품으로 뒤덮히는 현상
(3) **캐리오버**(carry over) : 증기중에 수분이 혼입되어 함께 이송되는 현상

Question 20

보일러 안전장치의 종류 5가지를 쓰시오.

해설 & 답

① 안전밸브   ② 화염검출기
③ 방폭문   ④ 고, 저수위 경보기
⑤ 압력차단스위치

필답형 예상문제 제 13 회

01 보일러 가동시에 발생할 수 있는 과열의 원인 5가지를 쓰시오.

① 이상감수　　② 관수순환불량
③ 관수농축　　④ 국부적인화염의 접촉
⑤ 스케일부착 및 슬러지 생성

02 다음은 온수보일러의 시공을 위한 벽관 도면을 나타낸 것이다. 물음에 답하시오. (단, 단위는 mm 이다.)
(1) 90° 엘보우는 몇 개인가?
(2) 파이프를 일직선상으로 연결한 이음쇠의 명칭은?
(3) 방열관의 길이는?

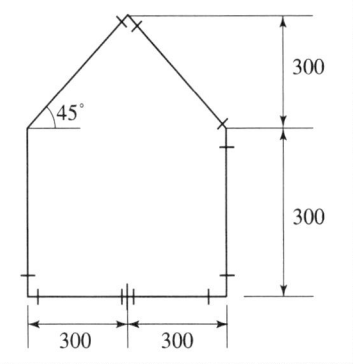

(1) 3개
(2) 유니온
(3) $(300 \times 4 + 300 \times 1.414 \times 2) = 2648\,\text{mm}$

Question 03

매시간 900kg의 연료를 연소시켜, 매시간 11,200kg의 증기를 발생시키는 보일러의 효율을 계산하시오. (단, 연료의 발열량은 10,000 kcal/kg, 증기엔탈피 740kcal/kg, 급수엔탈피 23kcal/kg이다.)

해설 & 답 — Explanation & Answer

$$효율 = \frac{실제증발량 \times (발생증기엔탈피 - 급수엔탈피)}{연료소비량 \times 저위발열량} \times 100$$

$$= \frac{11200 \times (740 - 23)}{900 \times 10000} \times 100 = 89\%$$

Question 04

다음 ( )안에 알맞은 말을 넣으시오.

노통연관보일러에서 경판과 동판을 지지하는데 사용하는 3각 모양의 평판을 (①)라 하며 이스테이는 그루빙(grooving)현상을 일으키지 않도록 (②)스페이스를 충분히 취하여야 한다.

해설 & 답 — Explanation & Answer

① 가세트스테이
② 브리징

Question 05

다음 4가지 집진장치를 압력손실이 작은 것부터 큰 순서대로 쓰시오.

① 중력집진장치   ② 싸이클론집진장치
③ 벤튜리스크레버   ④ 코트렐집진장치

해설 & 답 — Explanation & Answer

④ → ① → ③ → ②

Question 06

보일러 열정산에서 발생된 증가량을 알려면 발생증기량을 직접측정하지 않고 증기량 대신 무엇을 측정하는가?

해설 & 답

급수량

Question 07

다음 저항체를 써라.

해설 & 답

① 0~106℃까지 가격저렴, 고온산화 : 구리(동)
② 측정범위가 넓고 안전성, 재현성 : 백금
③ 금속의 소결제로 저항온도계수가 부특성 : 서미스터

Question 08

측정범위가 약 600~2000℃이며 점토, 규석질 등 내연성의 금속산화물을 배합하여 만든 삼각추로서 소송온도에서의 연화변형으로 각 단계에서의 온도를 얻을 수 있도록 제작된 온도계는?

해설 & 답

제겔콘

Question 09

다음 ( )안에 알맞은 말을 써 넣으시오.

차압식 유량계에서의 유량은 차압의 (①)에 비례하며, 피토우관식 유량계는 관로내를 흐르는 유체의 (②)을 측정하고 그 값에 관로의 (③)을 곱하여 유량을 측정한다.

해설 & 답

① 평방근(제곱근) ② 유속 ③ 단면적

Question 10

어떤 수관 보일러의 수관의 외경이 50mm 수관의 1개 길이 7m, 수관의 개수는 150개였다. 이 수관식보일러의 전열면적(m^2)을 구하시오.

해설 & 답

$A = \pi DLN = 3.14 \times 0.05 \times 7 \times 150 = 164.85 m^2$

Question 11

기체연료의 단점을 쓰시오.

해설 & 답

① 수송 및 저장이 곤란하다.
② 설비비가 많이 든다.
③ 폭발의 위험이 있다.

Question 12

송기장치의 종류 5가지를 쓰시오.

해설 & 답

① 비수방지관   ② 기수분리기
③ 주증기밸브   ④ 감압밸브
⑤ 증기헷더   ⑥ 증기트랩
⑦ 증기축열기

Question 13

급수장치의 종류 3가지를 쓰시오.

해설 & 답

① 인젝터   ② 급수내관   ③ 급수펌프

Question 14

다음은 보일러 부속장치에 대한 설명이다. 각 설명에 해당하는 부속장치의 명칭을 쓰시오.

(1) 보일러 전열면 외측에 부착되는 끄을음이나 재를 불어내는 장치로서 증기분사식 또는 공기분사식 등이 있다.
(2) 발생증기를 일시 저장하는 장치로서 저부하시 여분의 증기를 일시저장하였다가 과부하시 저장증기를 방출하는 장치
(3) 증기사용설비 배관내에 응축수를 자동적으로 배출하여 수격작용방지

해설 & 답

(1) 슈트블로우   (2) 증기축열기   (3) 증기트랩

Question 15

원통형 보일러중 입형 보일러의 종류 3가지를 쓰시오.

해설 & 답

① 입형연관 보일러
② 입형횡관 보일러
③ 코크란 보일러

Question 16

기체 또는 고체 연료가 공기중에 가열되었을 때 주위로부터 불씨 접촉 없이 불이 붙는 최저온도를 (①)이라하며 그 온도는 발열량이 (②)수록 분자구조가 (③)할수록 산소농도가 (④)수록 압력이 (⑤)수록 높아진다.

해설 & 답

① 발화점　② 낮을　③ 복잡　④ 옅을　⑤ 낮을

Question 17

예열온도가 너무 높을 경우 단점 4가지를 쓰시오.

해설 & 답

① 탄화물 생성의 원인이 된다.
② 기름의 분해가 일어난다.
③ 분무각도 흐트러진다.
④ 무화상태불량

Question 18

중유의 특징을 알기 위하여 검사해야할 항목 5가지를 쓰시오.

해설 & 답

① 비중 ② 점도
③ 발열량 ④ 인화점
⑤ 유동점 등

Question 19

유리온도계 중 가장 정밀도가 우수하고 실험실용으로 알맞은 온도계는?

해설 & 답

베크만온도계

Question 20

산성내화물의 종류 4가지를 쓰시오.

해설 & 답

① 규석질 ② 반규석질
③ 납석질 ④ 샤모트질

필답형 예상문제 제 14 회

Question 01
기수분리기의 종류 4가지를 쓰시오.

해설 & 답

① 싸이클론식 ② 스크레버식
③ 건조스크린식 ④ 배플식

Question 02
수소 2kg이 완전연소하는데 필요한 공기의 양은?

해설 & 답

$$2H_2 + O_2 \rightarrow 2H_2O$$

4kg   32kg 2×18kg

$2 \times 22.4 Nm^3$ $22.4 Nm^3$ $2 \times 22.4 Nm^3$

∴ $4kg = 22.4 Nm^3$

$2kg = x$

$x = \dfrac{2kg \times 22.4 Nm^3}{4kg} = 11.2 Nm^3$

∴ $A_o = \dfrac{O_o}{0.21} = \dfrac{11.2}{0.21} = 53.33 Nm^3/kg$

Question 03

저위 발열량을 구하는 공식을 쓰고 설명하시오.

해설 & 답

공식 : $Hl = Hh - 600(9H + W)$

설명 : Hl(kcal/kg) 저위발열량
$\quad\quad Hh$(kcal/kg) 고위발열량
$\quad\quad H$(수소) %
$\quad\quad W$(수분) %

Question 04

안전밸브의 밸브시트 누설원인 5가지를 쓰시오.

해설 & 답

① 스프링장력 감쇄시
② 조종압력이 낮은 경우
③ 밸브와 밸브시트의 가공불량
④ 밸브시트에 이물질 혼입시
⑤ 밸브축이 이완된 경우

Question 05

증기압력계의 검사시기 3가지를 쓰시오.

해설 & 답

① 두 개의 압력계가 지시값이 서로 다를때
② 신설 보일러의 경우 압력이 오르기전
③ 프라이밍, 포밍발생시

Question 06

플레임 아이의 종류 4가지를 쓰시오.

해설 & 답

① 황화납광도전셀   ② 황화카드뮴광도전셀
③ 자외선광전관   ④ 적외선광전관

Question 07

내경이 200mm의 관으로 5m³/min의 물이 흐르고 있다. 관의 길이가 120m일 때 마찰손실 수두를 구하시오. (단, 마찰계수는 0.04)

해설 & 답

$$H = \frac{\lambda l V^2}{2gd} = \frac{0.04 \times 120 \times 2.65^2}{2 \times 9.8 \times 0.2} = 10.748\text{m}$$

$$V = \frac{Q}{A} = \frac{5}{0.785 \times 0.2^2 \times 60} = 2.65$$

Question 08

자동연소제어에서 제어가 가능한 제어 3가지를 쓰시오.

해설 & 답

① 증기압력제어   ② 노내압력제어   ③ 온수온도제어

Question 09

배관의 하중을 위에서 걸어 당기는 기구 3가지를 쓰시오.

해설 & 답

① 스프링행거 ② 리지드행거 ③ 콘스탄트행거

Question 10

증기계통에 사용하는 플래쉬탱크란 무엇인가 쓰시오.

해설 & 답

고압증기 사용설비에서 발생하는 고압의 응축수를 모아 저압의 증기를 발생하여 재사용하는 저압증기발생장치

Question 11

배관속의 물의 유속이 20m/sec일 때 정수두는?

해설 & 답

$$H = \frac{V^2}{2g} = \frac{20^2}{2 \times 9.8} = 20.41 \text{m}$$

Question 12

관류 보일러의 특징을 쓰시오.

해설 & 답

① 열효율이 좋다.
② 급수처리가 까다롭다.
③ 내부구조복잡, 청소, 검사수리 곤란
④ 순환비가 1이다.
⑤ 관의 배치가 자유롭다.

Question 13

20℃의 물 100kg을 증기로 변화시 열량은?

해설 & 답

$Q_1 = 20℃ \rightarrow 100℃$ 물 $Q_1 = 100 \times (100 - 20) = 8000 \text{kcal}$

$Q_2 = 100℃$ 물 $\rightarrow 100℃$ 증기 $Q_2 = 100 \times 539 = 53900 \text{kcal}$

$\therefore Q_1 + Q_2 = (8000 + 53900) = 61900 \text{kcal}$

Question 14

슈트블로우 사용시 주의사항 5가지를 쓰시오.

해설 & 답

① 부하가 적거나 (50% 이하) 소화후 사용하지 말 것
② 분출하기전 연도내 배충기를 사용 유인통풍증가
③ 분출기내의 응축수를 배출시킨 후 사용할 것
④ 한 곳으로 집중적으로 사용함으로 전열면에 무리를 가하지 말 것
⑤ 연료의 종류, 분출위치 증기의 온도등에 따라 분출시기를 결정할 것

Question 15. 트랩설치시 주의사항 4가지를 쓰시오.

① 트랩입구배관은 보온하지 않는다.
② 트랩입구배관은 입상으로 하지 않는다.
③ 트랩입구배관은 트랩입구를 향해서 내림구배가 좋다.
④ 드레인 배출구에서 트랩입구배관은 굵고 짧게한다.

Question 16. 연료의 연소형태 3가지를 쓰시오.

① 표면연소 : 코크스, 목탄, 숯
② 분해연소 : 석탄, 목재, 종이, 플라스틱
③ 증발연소 : 경유, 등유, 가솔린, 나프탈렌, 송지, 장뇌

Question 17. 증기트랩의 구비조건을 쓰시오.

① 작동이 확실할 것
② 마찰저항이 적을 것
③ 공기빼기가 가능할 것
④ 내구성이 있을 것

Question 18

스케일을 제거할 수 있는 공구의 명칭 5가지를 쓰시오.

해설 & 답

① 스케일 햄머   ② 스케일커터
③ 튜브클리너   ④ 와이어브러쉬
⑤ 스크레이퍼

Question 19

프로판 10kg 연소시 공기량을 계산하시오.

해설 & 답

$$C_3H_8 + 5O_2 \rightarrow 3CO_2 + 4H_2O$$

44kg   5×32kg   3×44kg   4×18kg
22.4Nm³   5×22.4Nm³ 3×22.4Nm³ 4×22.4Nm³

∴ 44kg = 5×22.4Nm³
   10kg = x

$$x = \frac{10\text{kg} \times 5 \times 22.4\text{Nm}^3}{44\text{kg}} = 25.45 \text{Nm}^3/\text{kg}$$

$$\therefore A_o = \frac{O_o}{0.21} = \frac{25.45}{0.21} = 121.21 \text{Nm}^3/\text{kg}$$

필답형 예상문제 제 15 회

Question 01
기체연료 연소장치에서 예혼합연소방식 3가지를 쓰시오.

해설 & 답

① 저압버너
② 고압버너
③ 송풍버너

Question 02
보일러에서 연료의 저위 발열량을 Hl, 실제발열량을 Qr, 유효열량을 Qe라할 때 다음 각 효율을 식으로 표시하시오.

해설 & 답

① 연소효율(%) = $\dfrac{Qr}{Hl} \times 100$

② 전열효율(%) = $\dfrac{Qe}{Qr} \times 100$

③ 보일러효율 = $\dfrac{Qe}{Hl} \times 100$

Question 03

수관 보일러의 장점 4가지를 쓰시오.

해설 & 답

① 수관의 배열이 용이하다.
② 전열면적이 커서 효율이 좋다.
③ 구조상 고압 대용량에 적합하다.
④ 증기 발생시간이 빠르다.

Question 04

산세관시 사용되는 부식 억제제의 종류 5가지를 쓰시오.

해설 & 답

① 알콜류 ② 알데히드류
③ 아민유도체 ④ 케톤류
⑤ 수지계물질

Question 05

보일러의 연소용공기량의 과부족 현상을 판단하는 방법 3가지를 쓰시오.

해설 & 답

① 배기가스의 성분분석
② 화염의 색상(휘도)측정
③ 링겔만 농도측정

Question 06

고체연료의 발열량 측정방법을 쓰시오.

해설 & 답

① 원소분석에 의한 방법
② 열량계에 의한 방법
③ 공업분석에 의한 방법

Question 07

혼합가스에서 프로판가스가 60%, 부탄가스가 40%인 이가스의 발열량은 몇 kcal/m³인가? (단, 프로판가스의 발열량 24000kcal/m³ 부탄가스의 발열량 30000kcal/m³이다.)

해설 & 답

∴ $(24000 \times 0.6 + 30000 \times 0.4) = 26400 \mathrm{kcal/m^3}$

Question 08

보일러의 화학세정시 염산이 주로 사용되고 있는 이유 3가지

해설 & 답

① 가격이 저렴하다.
② 스케일 용해 능력이 크다.
③ 물에 대한 용해도가 크다.

Question 09
열정산의 목적을 쓰시오.

해설 & 답

① 열의 손실 파악
② 열설비의 성능능력 파악
③ 조업방법 개선
④ 열설비 구축자료

Question 10
저항온도계의 저항선이 갖추어야 할 조건 3가지를 쓰시오.

해설 & 답

① 저항온도계수가 클 것
② 동일 특성을 얻기 쉬울 것
③ 내열, 내식성이 클 것

Question 11
연료의 원소분석에서 C : 85%, H : 10%, S : 5%일 때 이론공기량은 Nm^3/kg인가?

해설 & 답

$$A_o = 8.89C + 26.67\left(H - \frac{O}{8}\right) + 3.33S$$
$$= 8.89 \times 0.85 + 26.67 \times 0.1 + 3.33 \times 0.05 = 10.39 Nm^3/kg$$

Question 12

매연발생의 원인 5가지를 쓰시오.

해설 & 답

① 연소기술의 미숙
② 연료에 따른 연소장치 부적정
③ 연소실의 온도가 너무 낮다.
④ 공기와 연료와의 혼합불량
⑤ 통풍의 과다 및 부족시

Question 13

자동제어의 목적 4가지를 쓰시오.

해설 & 답

① 보일러의 안전운전
② 인건비 절감
③ 경제적이고 고 효율적인 증기의 생산
④ 일정한 온도나 압력의 증기를 얻기 위함

Question 14

배기가스 중 산소 5%, 이론공기량이 10.5Nm³/kg일 때 실제공기량을 구하시오.

해설 & 답

$$A = m \times A_o = \frac{21}{21-O_2} \times A_o = \frac{21}{21-5} \times 10.5 = 13.78 \mathrm{Nm^3/kg}$$

Question 15

보일러에 공급되는 급수중 5대 불순물을 쓰시오.

해설 & 답 — Explanation & Answer

① 산분　　② 유지분
③ 염류　　④ 가스분
⑤ 알카리분

Question 16

보일러 옥외 설치기준 3가지를 쓰시오.

해설 & 답 — Explanation & Answer

① 보일러에 빗물이 스며들지 않도록 케이싱 등의 적절한 방지설비를 하여야 한다.
② 노출된 절연재 또는 래깅등에는 방수처리
③ 보일러 외부에 있는 증기관, 급수관이 얼지 않도록 적절한 보호조치를 하여야 한다.

Question 17

보일러에서 압궤가 일어나는 부분 3가지, 팽출이 일어나는 부분 3가지를 쓰시오.

해설 & 답 — Explanation & Answer

① 압궤가 일어나는 부분 : 노통, 연소실, 관판
② 팽출이 일어나는 부분 : 수관, 연관, 보일러동저부

Question 18

증기안전밸브는 증기압력이 몇 % 이상 일 때 분출시험을 하는가?

해설 & 답

75% 이상

Question 19

프로판가스의 연소반응식 발열량, 부탄가스의 연소반응식과 발열량을 쓰시오.

해설 & 답

① $C_3H_8 + 5O_2 \rightarrow 3CO_2 + 4H_2O + 530 kcal/mol$
② $C_4H_{10} + 6.5O_2 \rightarrow 4CO_2 + 5H_2O + 700 kcal/mol$

Question 20

오르자트가스분석기 대해 쓰시오.

해설 & 답

① CO_2 : KOH 30% 수용액
② O_2 : 알카리성 피롤카롤용액
③ CO : 암모니아성 염화제1동용액

에너지관리기능장

제 5 부

작업형 도면해독

도면해독 문제 제 01 회

Question 01

다음 보일러 계략도를 보고 물음에 답하시오.

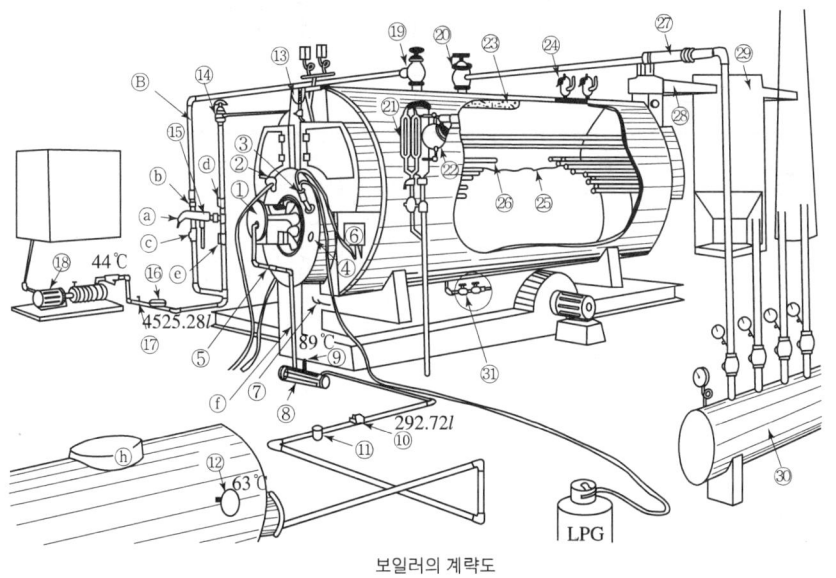

보일러의 계략도

가. 이 보일러의 구조상 형식(종류)은?
나. 이 보일러의 1차 점화원과 2차 점화원을 각각 쓰시오.
다. 15, 20, 21, 23의 명칭을 쓰시오.
라. 26번의 내부를 통과하는 유체는?
마. 사용처에 적합한 증기압과 증기량을 보냄으로서 불필요한 증기손실을 방지하기 위해 설치하는 것의 번호 및 명칭을 쓰시오.

해설 & 답

가. 노통연관식 보일러
나. 1차점화원 : LP가스, 2차점화원 : 중유
다. ⑮ 인젝터 ⑳ 주증기밸브 ㉑ 수면계 ㉓ 비수방지관
라. 연소가스
마. 번호 : 30 명칭 : 증기헷더

Question 02

다음 그림에서 인젝터에 의한 급수를 중단하려고 한다. Ⓐ, Ⓑ, Ⓓ, Ⓔ를 어떤 순서로 조작하는지 쓰시오. (단, Ⓒ는 닫힌 상태임)

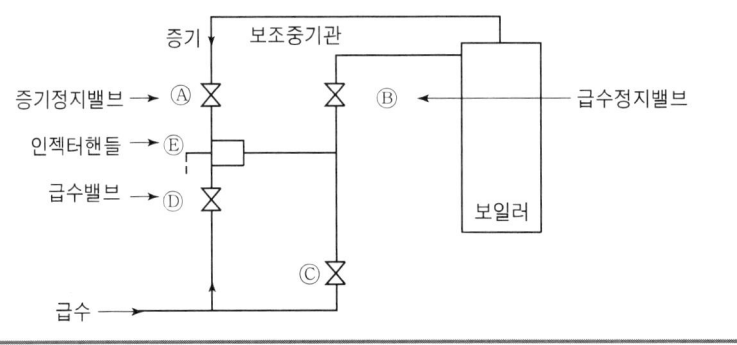

해설 & 답

E, D, A, B

도면해독 문제 제 02 회

Question 01

다음 도면은 노통연관식 보일러의 구조 및 부속장치를 나타낸 것이다. ①~⑫ 까지의 명칭을 쓰시오.

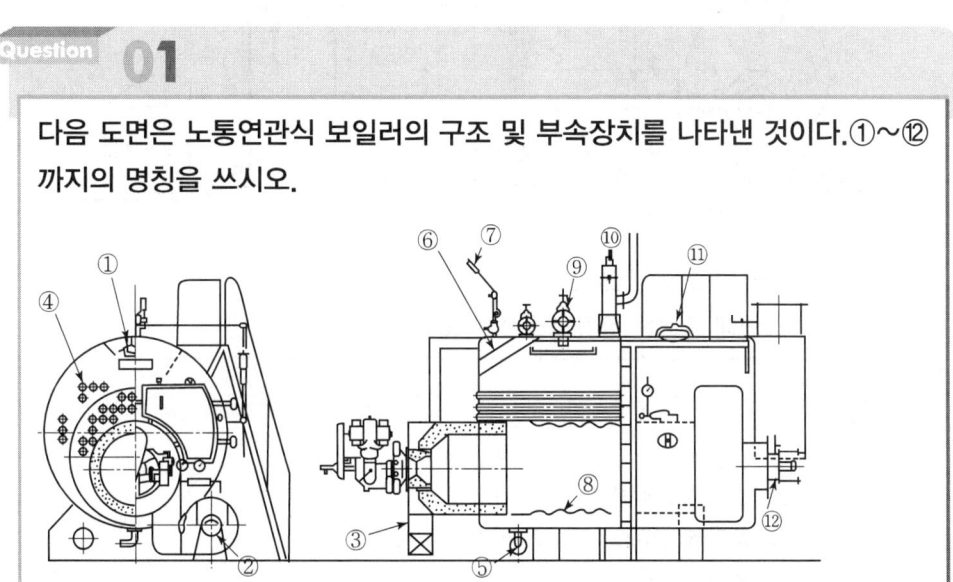

해설 & 답

① 비수방지관(증기배관) ② 송풍기
③ 수면계 ④ 연관
⑤ 수저분출관 ⑥ 가젯트스테이
⑦ 압력계 ⑧ 파형노통
⑨ 주증기관 ⑩ 안전변
⑪ 맨홀 ⑫ 방폭문

Question 02

다음 보일러 설치 계략도를 보고 물음에 답하시오.

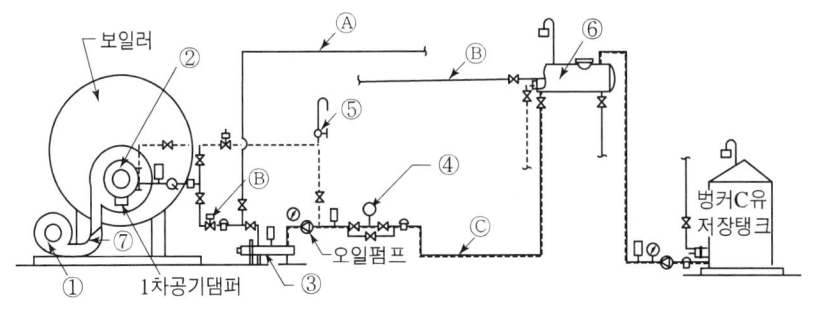

가. ①~⑦ 부품의 명칭을 쓰시오.
나. Ⓐ~ⓒ 라인에 흐르는 유체명을 쓰시오.

해설 답

가. ① 송풍기   ② 오일버너
　　③ 오일프리히터   ④ 급유량계
　　⑤ 공기빼기밸브   ⑥ 써어비스탱크
　　⑦ 오차공기댐퍼
나. Ⓐ 경유   Ⓑ 증기   ⓒ 중유

Question 03

다음 도면을 보고 ①에서 ⑬번까지 명칭을 쓰시오.

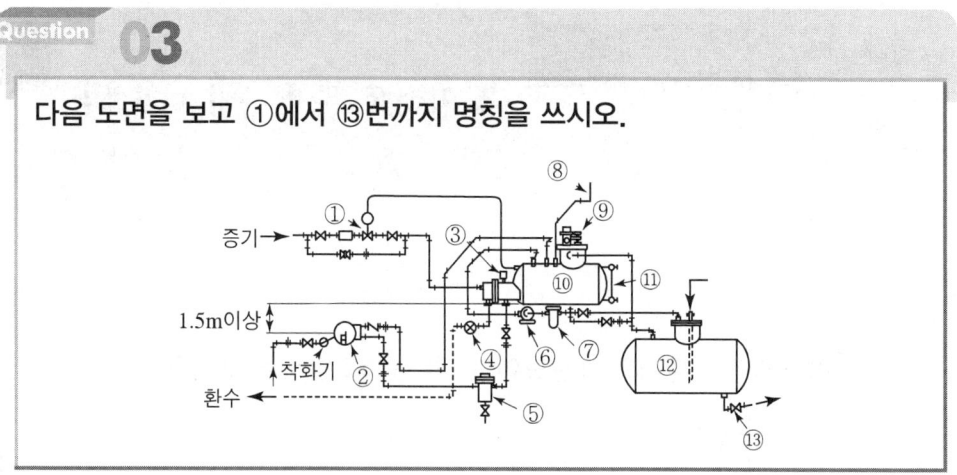

Explanation & Answer

① 온도조절밸브(T.C.V)
② 버어너
③ 온도계
④ 트랩
⑤ 유수분리기
⑥ 이송펌프
⑦ 여과기
⑧ 통기관
⑨ 플로우트스위치(액면조절장치)
⑩ 써비스탱크
⑪ 액면제(유면계)
⑫ 주저장탱크(메인탱크=저유조)
⑬ 배수밸브

도면해독 문제 제 03 회

Question 01

다음 노통연관식 보일러의 계통도이다. ①~⑮의 명칭을 쓰시오.

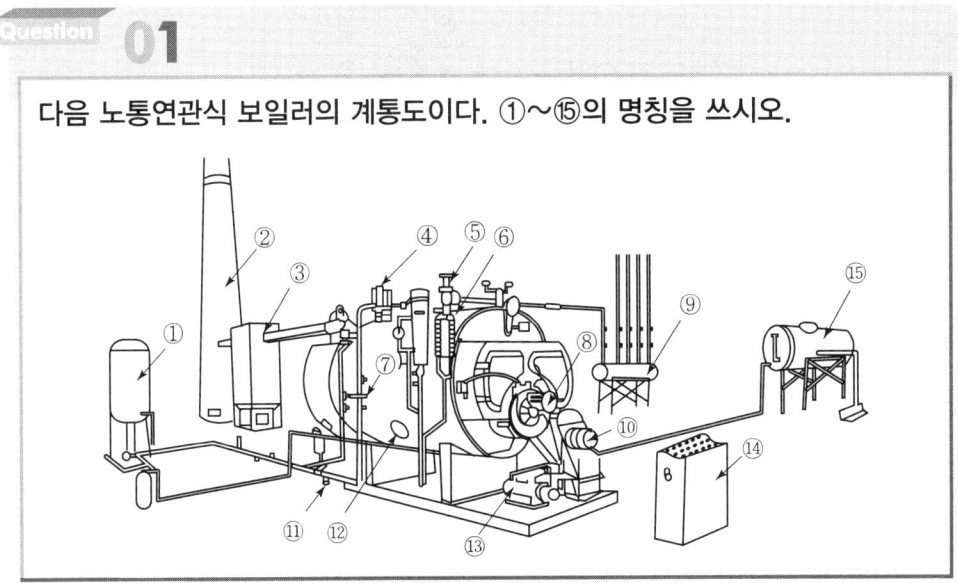

해설 & 답

① 급수탱크 ② 연돌 ③ 집진기
④ 안전밸브 ⑤ 주증기밸브 ⑥ 수면계
⑦ 인젝터 ⑧ 버너(로타리버너) ⑨ 증기헷더
⑩ 송풍기 ⑪ 여과기 ⑫ 청소구멍
⑬ 오일프리히타 ⑭ 컨트롤 박스(제어기) ⑮ 써어비스 탱크

Question 02

다음 그림은 정격 증발량 4ton/hr인 노통연관식 보일러의 설계 계략도이다. 다음 설명에 해당되는 것의 명칭과 도면상의 해당번호를 기입하시오.

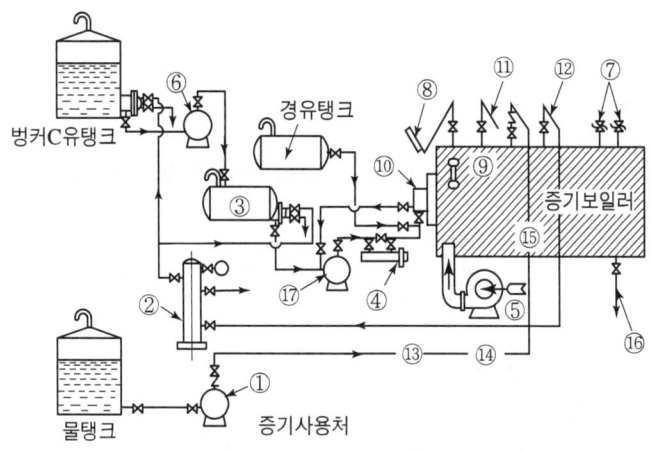

가. 버너 연소시 소요 공기를 공급하는 장치
나. 물탱크로부터 보일러에 공급되는 물에 압력을 주는 장치
다. 보일러에서 발생한 증기를 소요처에 보내기 위해 증기를 뽑아내는 장치
라. 보일러내의 증기압력을 지시하는 장치
마. 어떤 목적으로 보일러내의 물의 일부를 보일러 밖으로 뽑아내는 장치
바. 중유를 일시 저장하는 곳으로 버너 선단보다 1.5~2m 정도 높게 설치하는 장치
사. 보일러에서 나온 증기를 일시 저장하였다가 증기 소요처로 보내는 장치

해설 & 답

가. ⑤ 송풍기　　나. ① 급수펌프
다. ⑫ 주증기 밸브　　라. ⑧ 압력계
마. ⑯ 분출장치　　바. ③ 써어비스탱크
사. ② 증기헤더

제 5 부 작업형 도면해독

도면해독 문제 제 04 회

Question 01

아래의 도면은 보일러의 계통도이다. 다음 물음에 답하시오.

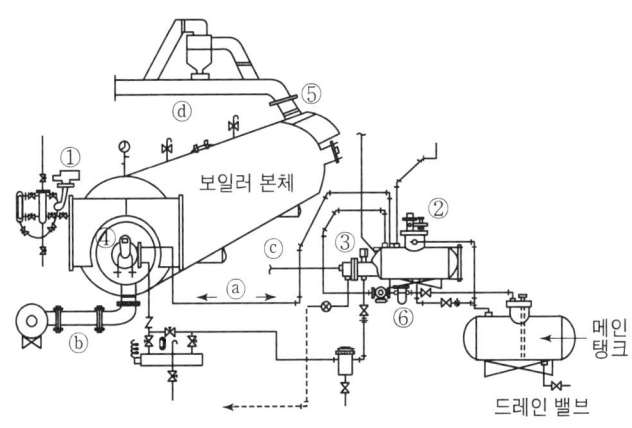

가. ①~⑥번까지의 명칭을 쓰시오.
나. 도면 ⓐ, ⓑ, ⓒ, ⓓ 속을 흐르는 유체의 명칭을 쓰시오.
다. 위의 도면중의 집진장치의 종류는 무엇인가?
라. 도면의 보일러에서 시간당 연료사용량이 690ℓ/h이고 예열온도 90℃, 입구온도 60℃라 할 때 이중유 예열기의 용량은 몇 Kwh인가?
(단, 연료의 비열 0.45Kcal/kg℃, 연료비중 0.95kg/ℓ, 예열기 효율 80%이다.)

해설 & 답

가. ① 저수위 경보기 ② 플루트스위치
③ 온도계 ④ 버너
⑤ 댐퍼 ⑥ 여과기

나. 중유, 공기, 증기, 배기가스

다. 사이크론식

라. $\dfrac{690 \times 0.95 \times 0.45 \times (90-60)}{860 \times 0.8} = 12.86 \text{kwh}$

Question 02

보일러 수위제어 검출방식 중 전극식 자동급수 조정장치를 보고 각각의 기능을 쓰시오.

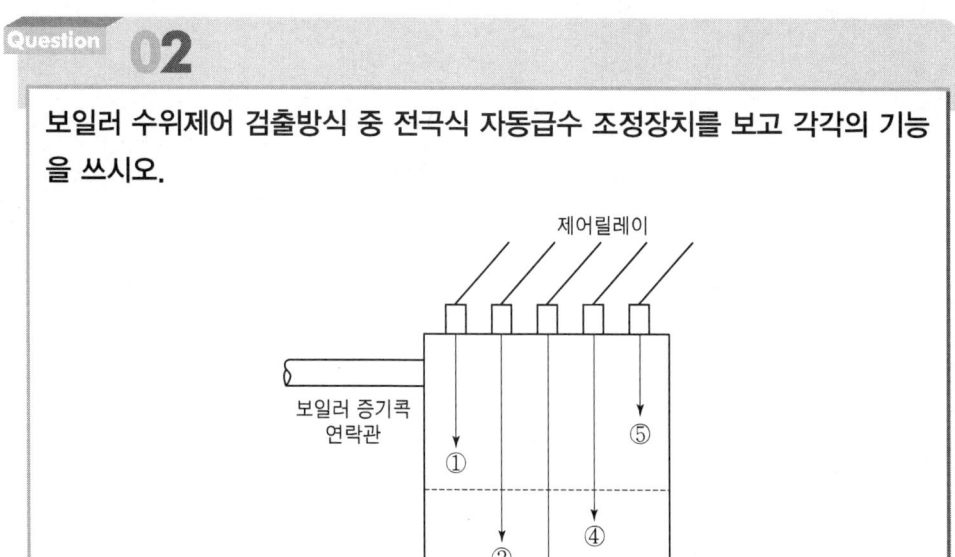

Explanation & Answer

① 급수 정지용
② 저수위 경보용
③ 저수위 차단용
④ 급수 개시용
⑤ 고수위 경보용

에너지관리기능장

제 6 부

작업형 실전 도면문제

자격 종목 및 등급	에너지관리기능장 실전문제	작품명	강관 및 동관 조립	척도	N.S

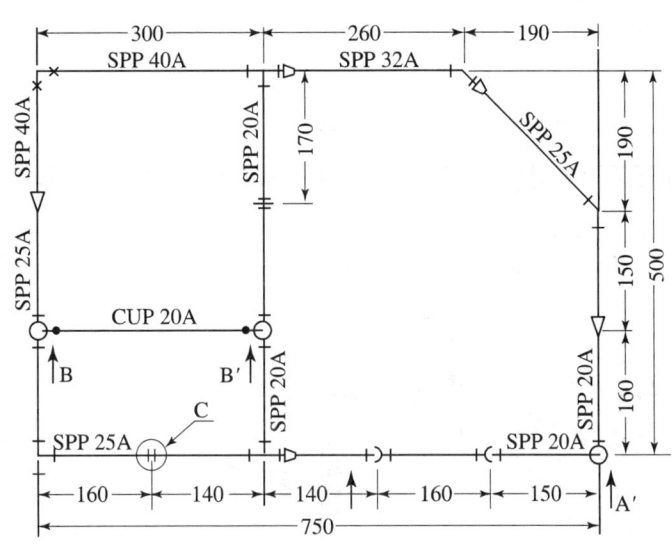

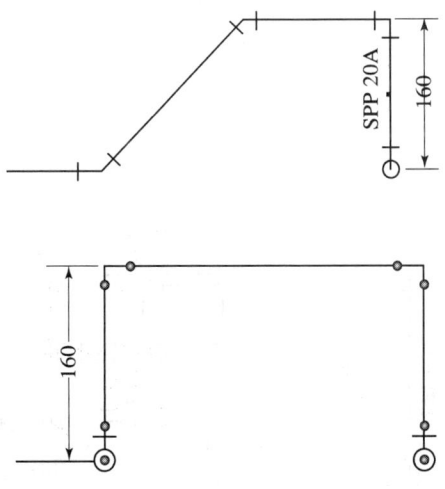

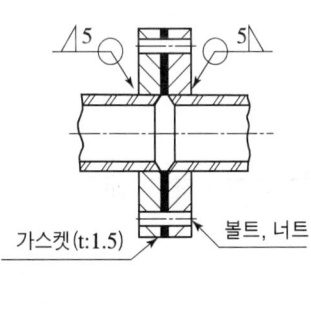

가스켓(t:1.5) 볼트, 너트

| 자격 종목 및 등급 | 에너지관리기능장 실전문제 | 작품명 | 강관 및 동관 조립 | 척도 | N.S |

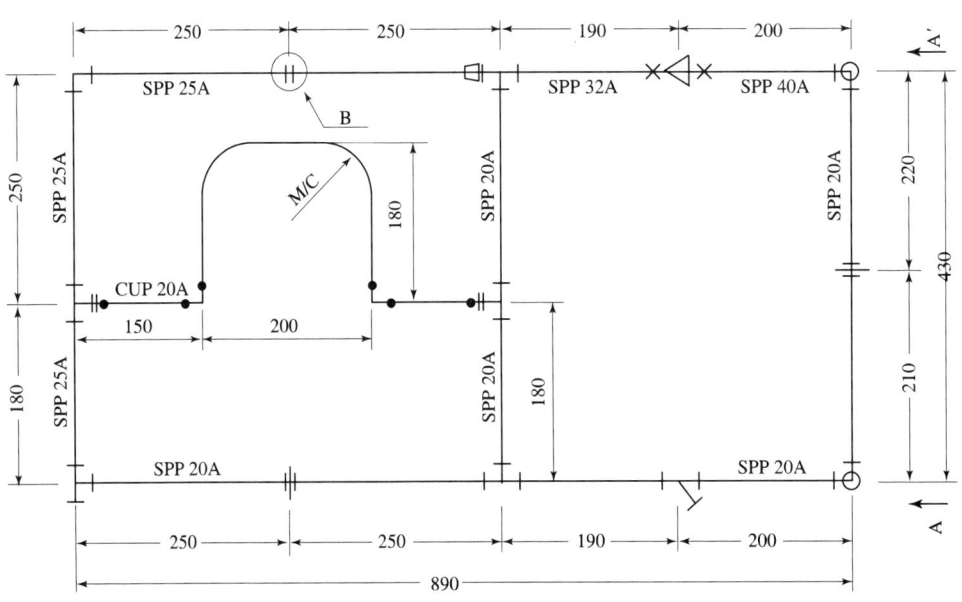

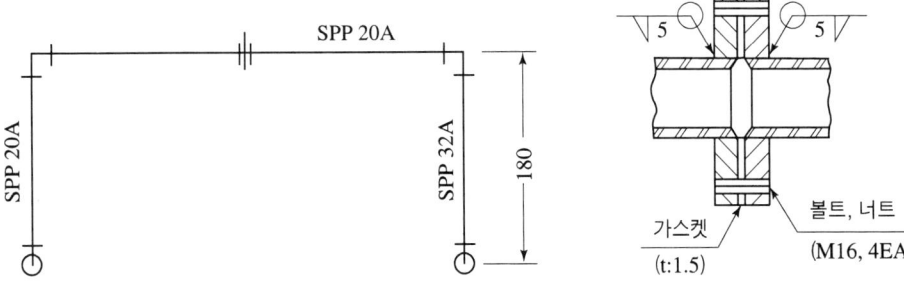

실전 도면 문제

자격 종목 및 등급	에너지관리기능장 실전문제	작품명	강관 및 동관 조립	척도	N.S

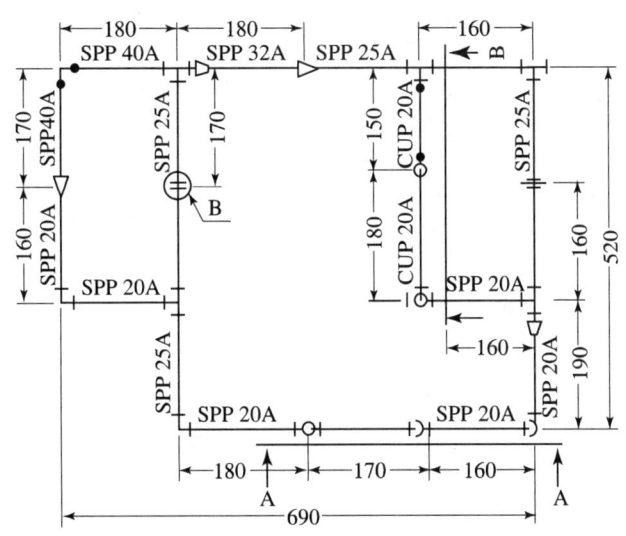

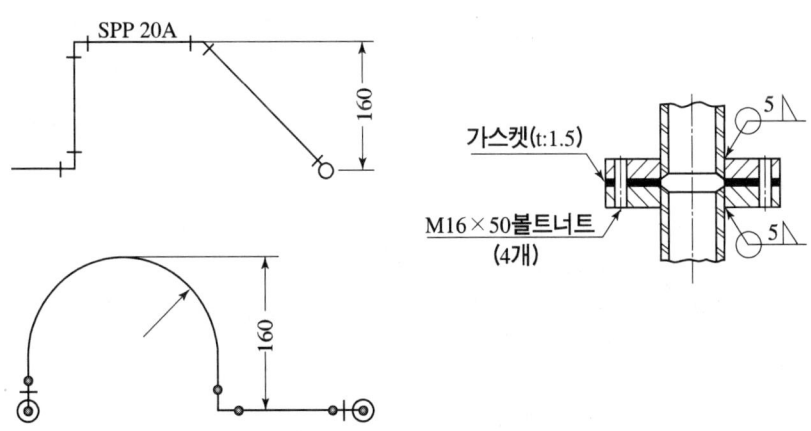

관길이 산출법

부속명	규격	여유치수	나사의 삽입길이
90° 엘보, 티이	20A(3/4″)	19	11
	25A(1″)	23	13
	32A(11/4″)	29	15
	40A(11/2″)	40	17
45° 엘보	20A	12	
	25A	14	
유니온	20A	12	
	25A	14	
	32A	17	
레듀샤	25A×20A	25A	7
		20A	7
	32A×25A	32A	8
		25A	8
	40A×25A	40A	10
		25A	9
	40A×32A	40A	9
		40A	8
이경 엘보, 티이	25A×15A	25A	17
		15A	21
	25A×20A	25A	19
		20A	22
	20A×15A	20A	16
		15A	19
	32A×20A	32A	21
		20A	27
	32A×25A	32A	23
		25A	27
	40A×32A	40A	28
		32A	31
	40A×25A	40A	20
		25A	30
	40A×20A	40A	23
		20A	30
붓싱	25×20=9 (나사산 길이에 따라 10mm까지 늘어남)		
	32×25=9 (나사산 길이에 따라 12mm까지 늘어남)		
	32×20=9 (나사산 길이에 따라 12mm까지 늘어남)		
용접 엘보	40A×40A=55		
용접레듀셔	40A×32A=32(합산 64mm)		

에너지관리기능장

제 7 부

실기
기출문제

2015년도 제 57 회

Question 01
보염장치의 종류 3가지를 쓰시오.

해설 & 답

① 윈드박스　② 스테빌라이저
③ 버너 타일　④ 콤버스터

Question 02
수면계 점검 시기 3가지를 쓰시오.

해설 & 답

① 두 개의 수면계 수위가 다를 때
② 프라이밍, 포밍 발생 시
③ 가동 전이나 송기 전 압력이 오를 때
④ 연락관에 이상이 발견된 때

Question 03 벤딩 시 관이 파손되는 원인 3가지를 쓰시오.

해설 & 답

① 받침쇠가 너무 나와 있다.
② 굽힘반경이 너무 적다.
③ 재료에 결함이 있을 때
④ 압력 모형 조정이 너무 꼭 조여 저항이 크다.

Question 04 스케일의 주성분 4가지를 쓰시오.

해설 & 답

① 탄산칼슘   ② 인산칼슘
③ 황산칼슘   ④ 규산칼슘

Question 05 출열 중 이용이 가능한 열과 손실열이 가장 많은 열을 쓰시오.

해설 & 답

① 이용이 가능한 열(유효열) : 발생 증기 보유열
② 손실열이 가장 큰 열 : 배기가스 손실열

Question 06

탄소 5kg 연소 시 이론공기량을 구하시오.(체적당)

해설 & 답

$C + O_2 \rightarrow CO_2$
12kg 22.4Nm³   44kg
 5kg x

$x = \dfrac{5\,kg \times 22.4}{12\,kg} = 9.33\,Nm^3$

$\therefore A_o = \dfrac{O_o}{0.21} = \dfrac{9.33}{0.21} = 44.44\,Nm^3$

Question 07

히드라진의 역할과 연소 시 반응식을 쓰시오.

해설 & 답

① 역할 : 탈산소제
② 반응식 : $N_2H_4 + O_2 \rightarrow N_2 + 2H_2O$

Question 08

주철제 증기 보일러에서 방열면적이 400m², 급수량이 400kg/h, 급탕수의 온도 80℃, 급수의 온도 10℃, 배관부하 25%, 예열부하 1.5일 때, 이 보일러의 정격출력은 몇 kcal/h인가? (단, 출력저하계수 1이다.)

해설 & 답

정격출력 $= \dfrac{(Q_1 + Q_2)(1+\alpha)\beta}{k}$

$= \dfrac{[400 \times 650 + 400 \times (80-10)] \times (1+0.25) \times 1.5}{1}$

$= 540{,}000\,kcal/h$

Question 09

온수 보일러의 난방부하가 6,000kcal/h이고 온수를 열매체로 하는 3세주 650mm의 주철제 방열기를 설치한다면 방열기 쪽수는? (단, 3세주 650mm의 주철제 방열기 1섹션당 표면적은 0.15m²이다.)

해설 & 답

쪽수 = $\dfrac{\text{난방부하}}{\text{방열기 방열량} \times \text{쪽당 방열면적}}$

$= \dfrac{6,000}{450 \times 0.15} = 88.89 = 89$쪽

Question 10

압력이 10kg/cm²이고 온도가 180℃, 실제 증발량이 5,000kg/h이고 발생증기 엔탈피가 660kcal/kg, 급수 엔탈피 60kcal/kg일 때, 상당 증발량은?

해설 & 답

$G_e = \dfrac{G \times (h'' - h')}{539} = \dfrac{5,000 \times (660 - 60)}{539} = 5,565.86 \, \text{kg/h}$

Question 11

보일러 운전 중 안전운전을 위하여 항상 주시하여야 하는 사항 2가지를 쓰시오.

해설 & 답

① 보일러압력
② 보일러수위

Question 12

실제증기발생량/최대증발량×100은 무엇을 구하는 공식인가?

해설 & 답

보일러부하율

Question 13

급수를 예열함으로써 얻는 이점 2가지를 쓰시오.

해설 & 답

① 연료소비량 감소
② 보일러 열효율 증가
③ 급수의 불순물 일부가 제거된다.

Question 14

다음은 증기배관에서 응축수 트랩 앞에 설치하는 냉각관에 대한 설명이다. ( ) 속에 알맞은 말을 넣으시오.

"고온의 (①)가(이) 압력강하로 인하여 관내에서 (②)하므로 트랩 기능을 저하시키는 것을 방지하기 위하여 트랩 전에 (③)m 이상 떨어진 곳에 (④)으로 설치한다."

해설 & 답

① 응축수 ② 증발 ③ 1.5 ④ 나관배관

Question 15

다음은 증기배관의 감압밸브 설치에 관한 사항이다. ( ) 안에 알맞은 숫자를 쓰시오.

"고압측의 압력이 (①)kg/cm² 이상이고 저압측과의 압력차가 (②)배 이상일 때 감압밸브를 직렬로 설치하고 2단감압된 감압밸브는 최소 (③)m 이상의 이격거리를 두어야 한다."

해설 & 답

① 7 ② 2 ③ 1.5

Question 16

보일러 운전중 전자밸브를 급히 작동해야 하는 경우에 대해 3가지만 쓰시오.

해설 & 답

① 압력 초과 시
② 저수위 시
③ 실화 시

2015년도 제 58 회

Question 01
보일러 외부 청소 작업방법의 종류 4가지를 쓰시오.

해설 & 답

① 에어쇼킹법　　② 워터쇼킹법
③ 스틸 쇼트 크리닝법　　④ 샌드 블로우법
⑤ 스팀 쇼킹법

Question 02
분출 목적 3가지를 쓰시오.

해설 & 답

① 관수매 조절
② 관수 농축 방지
③ 프라이밍, 포밍 발생 방지
④ 슬러지, 스케일 발생 방지
⑤ 부식 방지

Question 03

보일러 건조 보존 시 사용하는 흡습제 2가지를 쓰시오.

해설 & 답

① 생석회(산화칼륨) ② 염화칼슘
③ 활성 알루미나   ④ 실리카겔

Question 04

증기 난방에서 응축수 환수방법 3가지를 쓰시오.

해설 & 답

① 진공 환수식
② 기계 환수식
③ 중력 환수식

Question 05

안전밸브 및 압력방출장치의 크기는 호칭지름 25A 이상으로 한다. 20A 이상으로 할 수 있는 경우를 쓰시오.

(1) 최고사용압력이 (①)kg/cm² 이하의 보일러
(2) 최고사용압력이 5kg/cm²로서 동체 안지름이 500mm 이하이고 동체의 길이가 (②)mm 이하인 것
(3) 최고사용압력이 5kg/cm² 이하의 보일러로 전열면적이 (③)m² 이하인 것
(4) 최대증발량이 (④)t/h 이하인 관류 보일러
(5) 소용량 강철제 보일러, 소용량 (⑤) 보일러

해설 & 답

① 1   ② 1,000   ③ 2   ④ 5   ⑤ 주철제

보일러 과열을 방지하기 위한 대책 3가지를 쓰시오.

Explanation & Answer

① 스케일 및 슬러지 생성 방지
② 저수위 운전 방지
③ 관수 농축 방지

보일러 급수제어에서 고·저수위 경보기 검출방식의 종류 4가지를 쓰시오.

Explanation & Answer

① 부자식
② 자석식
③ 전극식
④ 열팽창식(코프스식)

프라이밍에 대해 설명하시오.

Explanation & Answer

과열, 고수위, 압력변화 등으로 인해 수면에서 물방울이 튀어오르면서 수면을 불안정하게 만드는 현상.

Question 09

고온, 고압 보일러에서 알칼리도가 높아져 생기는 Na, H 등이 강재의 결정입계에 침투하여 재질을 열화시키는 현상을 무엇이라 하는가?

해설 & 답

가성취화

Question 10

중유 연료로 사용하는 보일러를 아래와 같은 조건으로 운전하였다. 조건과 증기표를 참조하여 효율을 구하시오.
(단, 증기압력 : 6kg/cm^2·g, 증기건조 : 0.98, 증발량 : 6,500kg/h, 급수온도 : 25℃, 연료사용량 : 500kg/h, 저위발열량 9,750kℓ/kg)

해설 & 답

$$효율 = \frac{실제증발량(발생증기엔탈피 - 급수온도 \text{ 또는 } 급수엔탈피)}{연료소비량 \times 저위발열량} \times 100$$

$$= \frac{6,500 \times (670.51 - 25)}{500 \times 9,750} \times 100 = 86.06\%$$

∴ 발생증기 엔탈피 = 포화수 엔탈피 + $x \times r$
　　　　　　　　 = 185.8 + 0.98 × 494.4
　　　　　　　　 = 670.51

증기표

절대압력	포화온도	엔탈피	포화증기	증발열
6kg/cm^{2}a	158	159.3	658.1	498.8
3kg/cm^{2}a	164	185.8	659.1	494.1

Question 11

어느 실의 난방부하가 22,500kcal/h이다. 5세주 650mm의 주철제 방열기를 이용하여 온수난방을 하고자 한다면 방열기 쪽수는? (단, 쪽당 방열면적 0.25m²이다.)

해설 & 답

$$쪽수 = \frac{난방부하}{방열기\ 방열량 \times 쪽당\ 방열면적} = \frac{22,500}{450 \times 0.25} = 200쪽$$

Question 12

다음과 같이 발생되는 것을 무슨 현상이라고 하는지 쓰시오.
① 증기 배관을 따라 이송된다.
② 심할 경우 압력계가 파손될 수도 있음.
③ 보일러 수위 요동으로 수위 오판
④ 보일러 수면 내의 부유물이 증기와 함께 분출

해설 & 답

∴ 캐리오버(carry over) = 기수공발

Question 13

오르자트 가스분석기에서 가스 성분 측정 시 가스 명칭에 맞는 흡수제를 쓰시오.

해설 & 답

① CO_2 : KOH 30% 수용액
② O_2 : 알칼리성 피롤카롤 용액
③ CO : 암모니아성 염화제1동 용액

Question 14

다음 보기에서 공기조화 부하 중 현열과 잠열이 모두 발생하는 것에 해당되는 번호를 쓰시오.

① 틈새바람에 의한 열부하
② 사람으로부터 발생되는 인체 부하
③ 외기 도입 부하
④ 송풍기, 닥트로부터의 장치 부하
⑤ 형광등에서 발생되는 기기 부하
⑥ 벽, 유리창 등 구조체를 통한 관류 열부하

해설 & 답

∴ ①, ②, ③

Question 15

온수난방에서 다음의 각 방열기를 역귀환 방식으로 도시하시오. (2점)

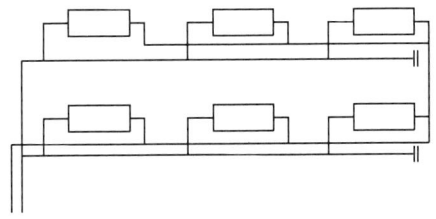

해설 & 답

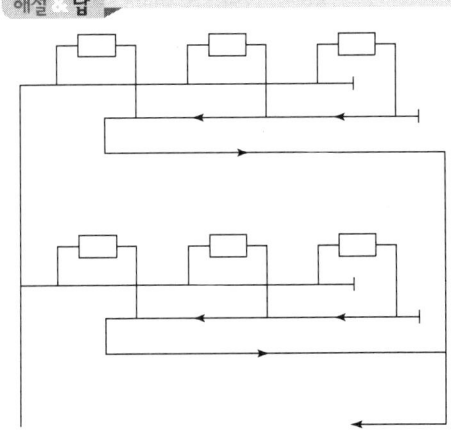

Question 16

최고사용압력이 5kg/cm², 전열면적이 40m², 전열면적 1m²당 최대증발량 35kg/h인 수관식 보일러에 설치할 스프링식 안전밸브의(고양정식) 밸브 시드 면적을 구하시오.

해설 & 답

$$W = \frac{(1.03P+1)AS}{10}$$

$$S = \frac{10 \times 35 \times 40}{1.03 \times 5 + 1} = 2276.42 \text{mm}^2$$

2016년도 제 59 회

Question 01
보일러의 용량을 표시하는 방법 3가지를 쓰시오.

해설 & 답

① 보일러 마력 ② 상당방열면적 ③ 정격출력 ④ 정격용량
⑤ 전열면적   ⑥ 상당증발량   ⑦ 동의 크기

Question 02
인젝터 작동 불능 원인 3가지를 쓰시오.

해설 & 답

① 급수온도가 너무 높을 때(50℃ 이상 시)
② 증기압력이 낮거나($2kg/cm^2$ 이하) 높을 때($10kg/cm^2$ 초과)
③ 흡입 측으로부터 공기 누입 시
④ 인젝터 노즐 불량 시
⑤ 인젝터 자체의 온도가 너무 높을 때

Question 03

다음 배관용 강관의 명칭을 5가지 쓰시오.
(1) SPP (2) SPPS
(3) SPPH (4) SPHT
(5) SPLT (6) SPPY
(7) STSXT

해설 & 답

(1) SPP : 배관용 탄소강관
(2) SPPS : 압력 배관용 탄소강관
(3) SPPH : 고압 배관용 탄소강관
(4) SPHT : 고온 배관용 탄소강관
(5) SPLT : 저온 배관용 탄소강관
(6) SPPY : 배관용 아크용접 탄소강 강관
(7) STSXT : 배관용 스테인리스 강관

① SPPW : 수도용 아연 도금 강관
② STPW : 수도용 도복장 강관
③ STH : 보일러 열교환기용 탄소강 강관
④ STHB : 보일러 열교환기용 합금강 강관
⑤ STLT : 저온 열교환기용 강관
⑥ SPS : 일반구조용 탄소강 강관
⑦ SM : 기계구조용 탄소강 강관
⑧ STA : 구조용 합금강 강관

Question 04

급수처리 중 슬러지 조정제의 종류 3가지를 쓰시오.

해설 & 답

① 탄닌 ② 녹말 ③ 리그닌

① **pH조정제(알칼리조정제)** : 인산소다, 암모니아, 수산화나트륨
② **연화제** : 인산소다, 탄산소다, 수산화나트륨
③ **탈산소제** : 탄닌, 아황산나트륨, 히드라진

Question 05
화염 검출기의 종류 3가지를 쓰시오.

해설 & 답

① 플레임 아이 : 화염의 발광체 이용
② 플레임 로드 : 화염의 이온화(전기전도성 이용)
③ 스택 스위치 : 화염의 발열

Question 06
파이프 렌치의 규격은 무엇을 기준으로 하는지 쓰시오.

해설 & 답

입을 최대로 벌려 놓은 전장

보충
① 파이프 바이스의 크기 : 고정 가능한 파이프 지름의 치수
② 수평 바이스의 크기 : 조우의 폭

Question 07
증기발생량 5,000kg/h이고, 발생증기 엔탈피 660kcal/kg, 급수온도 65℃, 전열면적이 150m²일 때 전열면 상당증발량을 구하시오.

해설 & 답

$$G_e = \frac{G \times (h'' - h')}{539 \times A} = \frac{5,000 \times (660 - 65)}{539 \times 150} = 36.80 \, \text{kg/h}$$

연소용 공기비가 1.2, 연료의 성분 중 C : 86%, H : 10%, S : 4%이며 이론 공기량이 11Nm³/kg일 때 이론 건연소가스량을 구하시오.

해설 & 답

$$G_{od} = (1-0.21)A_o + 1.867C + 0.7S$$
$$= (1-0.21)11 + 1.867 \times 0.86 + 0.7 \times 0.04$$
$$= 10.32 \, \text{Nm}^3/\text{kg}$$

다음에 설명하는 패킹제의 종류를 쓰시오.
(1) 기름에 침식되지 않고 내열범위가 −260∼260℃의 패킹제
(2) 고무패킹의 일종으로 내열범위가 −46∼121℃이고, 합성고무제품이며 내산화성, 내유성, 내후성이 있다.
(3) 탄성이 크고 흡수성이 없으며 열과 기름에 약하고 산, 알칼리에 강하다.

해설 & 답

① 테프론   ② 네오프렌   ③ 천연고무

보충

1. **플랜지 패킹의 종류**
   ① 고무패킹 ② 석면 조인트 시트 ③ 합성수지 패킹 ④ 오일 실 패킹
2. **나사용 패킹의 종류**
   ① 페인트
   ② 일산화연 : 냉매 배관에 많이 사용.
   ③ 액상합성수지 : 내열범위가 −30∼130℃ 정도로 약품에 강하고 내유성이 강해 증기, 기름, 약품 배관에 사용.
3. **글랜드 패킹** : 밸브의 회전부분에 기밀을 유지할 목적으로 사용.
   ① 석면 각형 패킹 : 석면을 각형으로 짜서 만든 것으로 내열, 내산성이 좋아 대형 밸브 그랜드로 사용.
   ② 석면 얀 : 석면을 꼬아서 만든 것으로 소형 밸브, 수면계 콕에 주로 사용.
   ③ 아마존 패킹 : 면포와 내열고무 콤파운드를 가공 성형한 것으로 압축기용 그랜드에 사용.
   ④ 몰드 패킹 : 석면, 흑연, 수지 등을 배합 성형한 것으로 밸브, 펌프 등의 그랜드에 사용.

Question 10

온수 보일러에서 입구온도가 90℃이고 출구온도가 60℃, 실내온도 18℃이고 방열계수 7.5kcal/m²h℃일 때 방열기 방열량을 구하시오.

해설 & 답

$$Q = 방열계수 \times \left(\frac{입구온도 + 출구온도}{2} - 실내온도\right)$$
$$= 7.5 \times \left(\frac{90+60}{2} - 18\right) = 544.5 \text{ kcal/m}^2\text{h}$$

Question 11

캐리오버 현상이 나타날 때 발생하는 장애 요인 5가지를 쓰시오.

해설 & 답

① 수격작용이 발생하여 관이나 밸브가 파손된다.
② 심하면 압력계 파손 또는 파동현상이 발생한다.
③ 증기와 혼입되어 보일러 외부관으로 송기된다.
④ 보일러 수위가 요동치며 수위 오판이 발생한다.
⑤ 습증기 발생으로 증기의 건도가 저하되어 증기의 질이 나빠진다.

보충 캐리오버 방지 방법
① 관수 농축 방지
② 프라이밍, 포밍 발생 방지
③ 수증기 밸브 서개
④ 고수위 운전을 하지 말 것.
⑤ 기수분리기나 비수방지만 설치

Question 12

다음 P-h 선도에서 포화액선, 등온선, 건조포화증기선, 임계점을 찾으시오.

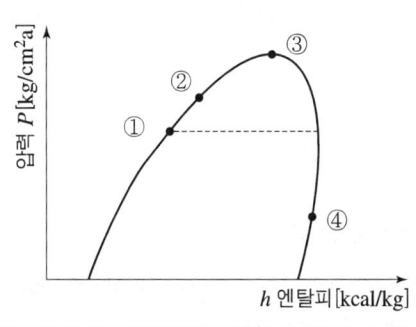

해설 & 답 Explanation & Answer

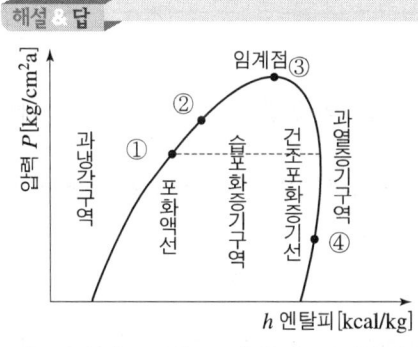

① 등온선   ② 포화액선   ③ 임계점   ④ 포화증기선

Question 13

다음 컨벡터 방열기의 표시방법을 쓰시오.

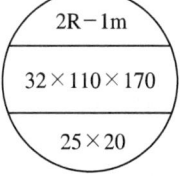

① 엘리멘트의 관경 :
② 핀의 치수×크기 :
③ 단수 :
④ 유입관경 :
⑤ 유출관경 :

해설 & 답 Explanation & Answer

① 엘리멘트의 관경 : 32A   ② 핀의 치수×크기 : 110×70
③ 단수 : 2   ④ 유입관경 : 25A
⑤ 유출관경 : 20A

2016년도 제 60 회

Question 01

다음을 구별하시오.

발생증기 보유열, 연료의 현열, 배기가스 손실열, 연료의 연소열, 불완전 연소열, 공기의 현열, 방사에 의한 손실열, 노내분입증기 보유열

해설 & 답

① 입열 항목 : 연료의 현열, 공기의 현열, 연료의 연소열, 노내분입증기 보유열
② 출열 항목 : 방사에 의한 손실열, 배기가스 손실열, 불완전 연소열, 발생증기 보유열

Question 02

안전밸브 및 압력방출장치의 크기는 25A 이상이어야 하나, 호칭지름 20A 이상으로 할 수 있는 경우를 ( ) 안을 쓰시오.

(1) 최고사용압력이 (①)MPa 이하의 보일러
(2) 최고사용압력이 (②)MPa 이하의 보일러로 동체의 안지름 500mm, 동체의 길이가 (③)mm 이하의 것

해설 & 답

(1) ① 1
(2) ② 0.5 ③ 1,000

보충 나머지 : ① 최고사용압력이 0.5MPa 이하의 보일러로서 전열면적이 $2m^2$ 이하의 것
② 최대증발량이 5T/h 이하의 관류 보일러
③ 소용량 보일러

Question 03
자동 나사 절삭기의 종류를 쓰시오.

해설 & 답

① 다이헤드식 나사 절삭기
② 호브식 나사 절삭기
③ 오스터식 나사 절삭기

Question 04
응축수 환수 방법 중 응축수 환수가 빠른 순서대로 쓰시오.

해설 & 답

진공 환수식 > 기계 환수식 > 중력 환수식

Question 05
탄소 1kg 연소 시 필요한 이론산소량을 구하시오.(Nm^3)

해설 & 답

$C + O_2 \rightarrow CO_2$
12kg $22.4 Nm^3$
1kg x

$\therefore x = \dfrac{1\,kg \times 22.4\,Nm^3}{12\,kg} = 1.867\,Nm^3$

Question 06

다음 설명에 맞는 부속 명칭을 쓰시오.

(1) 연료유의 분무 흐름이나 연소공기 사이에서 저유속 흐름을 유도함으로 불꽃의 안정성을 유지시키게 하는 장치이다.
(2) 버너 벽면에 설치된 밀폐상자로 공기 흐름을 적절히 유지하며 동압을 정압상태로 바꾸어 착화나 연속화염을 안정시키는 장치
(3) 저온의 노에서도 연소를 안정시켜 분출 흐름의 모양을 안정시키는 장치
(4) 버너의 첨단부분을 보호하며 화염의 모양을 형성시켜 연속화염을 안정시키는 내화재로 구축된 장치이다.

해설 & 답

(1) 스태빌라이저
(2) 윈드 박스
(3) 콤버스터
(4) 버너 타일

Question 07

다음은 화염 검출기의 종류에 대한 설명이다. 각각 어떤 종류의 검출기인지 그 명칭을 아래에 쓰시오.

(1) 연소 중에 발생하는 화염의 빛을 감지부에서 전기적 신호로 바꾸어 화염 유무를 검출
(2) 화염의 전기전도성을 이용한 것으로 화염 중에 전극을 삽입시키는 도전식과 정류작용을 하는 정류식이 있다.
(3) 연소가스의 열에 바이메탈의 신축작용으로 전기적 신호를 만들어 화염을 검출

해설 & 답

(1) 플레임 아이
(2) 플레임 로드
(3) 스택 스위치

Question 08

수트 블로어 사용 시 주의사항을 4가지를 쓰시오.

해설 & 답

① 부하가 적거나(50% 이하) 소화 후 사용하지 말 것.
② 분출기 내의 응축수를 배출시킨 후 사용할 것.
③ 분출하기 전 연도 내 배풍기를 사용, 유인 통풍을 증가시킬 것.
④ 한 곳으로 집중적으로 사용함으로 전열면에 무리를 가하지 말 것.

Question 09

시간당 연료 소비량이 200kg, 연료의 저위 발열량이 10,000kcal/kg 이고, 발생 증기량이 2,500kg/h, 발생 증기 엔탈피 600kcal/kg, 급수 엔탈피 50kcal/kg일 때 보일러 효율을 구하시오.

해설 & 답

$$효율 = \frac{발생\ 증기량(발생\ 증기\ 엔탈피 - 급수\ 엔탈피)}{연료\ 소비량 \times 저위\ 발열량} \times 100$$

$$= \frac{2,500 \times (600-50)}{200 \times 10,000} \times 100 = 68.75\%$$

Question 10

강관의 동경 이음 시 필요한 재료 4가지를 쓰시오.

해설 & 답

① 소켓   ② 유니온   ③ 플랜지   ④ 니플

보충
① 관을 도중에서 분기할 때 : 티, 와이, 크로스
② 배관의 방향을 바꿀 때 : 엘보, 벤드
③ 서로 다른 지름의 관을 연결 시 : 부싱, 이경 소켓, 이경 엘보, 이경 티
④ 관 끝을 막을 때 : 플러그, 캡

Question 11

보일러 본체 철의 무게 250kg일 때 열전도율이 0.12kcal/kg℃이고 관수 80kg, 비열이 1kcal/kg℃, 가동 전 온도가 5℃, 가동 후 온도가 90℃일 때 보일러 예열부하를 구하시오.

해설 & 답

예열부하 $= (G \times C) + W \cdot C \cdot \Delta t$
$= (250 \times 0.12) + 80 \times 1 \times (90 - 5)$
$= 6830 \, kcal$

Question 12

관의 배치를 나타낸 도면으로 전기기기의 크기와 설치할 위치, 전선의 종별, 배관의 위치와 설치방법 등을 자세히 나타낸 도면의 명칭은 무엇인지 쓰시오.

해설 & 답

배관도

보충 상세도 : 기계, 건축, 교량, 선박 등의 필요한 부분을 상세하게 나타낸 도면

Question 13

온수 순환펌프의 나사이음 바이패스(by-pass) 배관도를 다음 부속을 사용하여 간단히 도시하시오.

펌프(P) : 1개, 밸브(⋈) : 3개, 스트레이너(⊻) : 1개
유니언(-||-) : 3개, 티(⊥) : 2개, 엘보(L) : 2개

해설 & 답

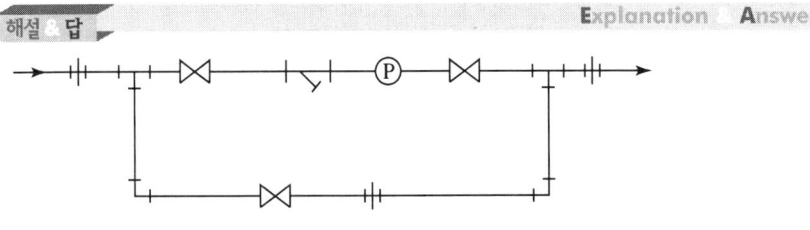

Question 14

보일러 열정산 시 기준이다. 다음 물음에 답하시오.
(1) 시험부하 :
(2) 발열량 :
(3) 기준온도 :

해설 & 답

(1) 정격부하 기준
(2) 저위 발열량 기준
(3) 외기온도 기준

보충
① 측정시간은 1시간
② 측정은 매 10분마다
③ 증기의 건도는 0.98로 한다.
④ 열계산은 사용연료 1kg에 대해서
⑤ 압력변동은 ±7% 이내, 증기발생량 변동은 ±15% 이내

Question 15

부탄 1kg 연소 시 이론공기량을 구하시오. (단, 공기 중 산소농도는 21%로 한다.)

해설 & 답

$C_4H_{10} + 6.5O_2 \rightarrow 4CO_2 + 5H_2O$
58kg $6.5 \times 22.4 Nm^3$
 1kg x

$$x = \frac{1\,kg \times 6.5 \times 22.4\,Nm^3}{58\,kg} = 2.51\,Nm^3$$

$\therefore A_0(\text{이론공기량}) = \dfrac{\text{이론 산소량}}{0.21} = \dfrac{2.51}{0.21} = 11.95\,Nm^3/kg$

※ 기능장 실기 문제는 수험생분들의 이야기를 토대로 만들기 때문에 문제가 상이할 수 있음을 알려드립니다.

2017년도 제 61 회

Question 01
열정산의 방법 중 입열항목 3가지를 쓰시오.

해설 & 답

① 연료의 현열　　② 공기의 현열　　③ 연료의 연소열
④ 급수의 현열　　⑤ 노배분입증기 보유열

Question 02
상당 증발량 구하는 공식을 쓰시오.

해설 & 답

$$Ge = \frac{G \times (h'' - h')}{539}$$

여기서, Ge : 상당 증발량(kg/h)
　　　　G : 실제증발량 = 급수량(kg/h)
　　　　h'' : 발생증기엔탈피(kcal/kg)
　　　　h' : 급수엔탈피(kcal/kg)

Question 03

팽창탱크의 설치목적 3가지를 쓰시오.

해설 & 답

① 체적팽창, 이상팽창압력 흡수
② 보충수 공급 역할
③ 온수의 온도 일정하게 유지

Question 04

상당증발량이 2000kg/h이고 저위발열량이 10000kcal/kg 증기보일러의 효율이 80%일 때 연료 사용량을 구하시오.

해설 & 답

$$효율 = \frac{Ge \times 539}{Gf \times Hl} \times 100$$

$$\therefore Gf = \frac{Ge \times 539 \times 100}{효율 \times Hl} = \frac{2000 \times 539 \times 100}{80\% \times 10000} = 134.75 \, \text{kg/h}$$

$$또는 = \frac{2000 \times 539}{0.8 \times 10000} = 134.75 \, \text{kg/h}$$

Question 05

중유의 성분이 탄소 80%, 수소 20%이고 공기비가 1.2일 때 중유 10kg을 연소시킬 때 실제공기량은 얼마인가?

해설 & 답

$$A = m \times A_o = 1.2 \times 16.09 \times 10 = 193.08 \, \text{kg/kg}$$

$$A_o = 11.49C + 34.5\left(H - \frac{O}{8}\right) + 4.31 \, \text{kg/kg}$$

$$= 11.49 \times 0.8 + 34.5 \times 0.2 = 16.09 \, \text{kg/kg}$$

어떤 보일러의 연료소비량이 200kg/h이고 유예열기 출구온도가 80℃, 입구온도가 50℃, 연료의 평균비열이 0.45일 경우 히터의 용량은 얼마인가?(단, 효율은 80%이다.)

해설 & 답

$$kWh = \frac{Gf \times C \times (t_1 - t_2)}{860 \times E} = \frac{200 \times 0.45 \times (80-50)}{860 \times 0.8} = 3.92$$

원심송풍기의 풍량 조절 방법을 쓰시오.

해설 & 답

① 송풍기의 회전수를 변화시키는 방법
② 흡입구 댐퍼에 의한 조절
③ 토출구 댐퍼에 의한 조절

다음 물음에 답하시오.
(1) 화염에서 발생하는 빛을 검출하는 광학적 검출방법에 따른 종류 3가지를 쓰시오.
(2) 화염의 전기전도성을 이용한 화염검출기 1가지를 쓰시오.

해설 & 답

(1) ① cds셀(유화카드뮴광도전셀)
    ② pbs셀(유화연광도전셀)
    ③ 광전관
    ④ 자외선 광전관
(2) 플레임로드

Question 09

창문과 문을 포함한 벽체 면적이 50m²이고 외기온도가 –10℃, 실내온도 22℃ 창문과 문을 포함한 벽체의 평균 열관류율이 5kcal/m²h℃ 방위계수가 1.1일 때 난방부하를 구하시오.

해설 & 답

$Q = K \cdot A \cdot \Delta t = 5 \times 50 \times (22 - (-10)) \times 1.1$
$= 8800 \text{kcal/h}$

Question 10

다음 문장의 ( ) 안을 채우시오.

① 급수장치에서 전열면적이 (㉠)m² 이하의 가스용 온수보일러에는 보조펌프를 생략할 수 있다.
② 급수밸브에서 최고사용압력이 (㉡)MPa 미만의 보일러에는 체크밸브를 생략할 수 있다.
③ 급수밸브의 크기는 전열면적이 10m² 이하인 경우에는 15A 이상, 전열면적이 10m² 초과 시에는 (㉢)A 이상으로 한다.

해설 & 답

㉠ 14
㉡ 0.1
㉢ 20

※ 기능장 실기 문제는 수험생분들의 이야기를 토대로 만들기 때문에 문제가 상이할 수 있음을 알려드립니다.

2017년도 제 62 회

Question 01
보일러의 열정산의 목적 3가지를 쓰시오.

해설 & 답

① 열의 손실 파악 ② 열 설비의 성능 능력 파악
③ 조업 방법 개선 ④ 열 설비의 구축 자료

Question 02
수면계 점검순서를 쓰시오.

해설 & 답

① 증기밸브를 닫는다.
② 드레밸브를 열어 수를 빼낸다.
③ 물 밸브를 닫는다.
④ 증기밸브를 연다.
⑤ 드레인 밸브를 닫고 물 밸브를 연다.

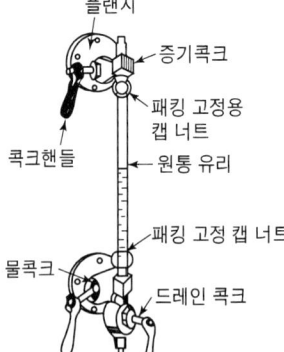

Question 03. 그루빙 발생 장소 3가지를 쓰시오.

해설 & 답

① 노통 보일러의 경판과 접합부 및 만곡부
② 관, 판, 나사 스테이 만곡부
③ 연돌관, 화실하단, 노통의 플랜지 만곡부

Question 04. 출열 항목 5가지를 쓰시오.

해설 & 답

① 배기가스 손실열
② 방사에 의한 손실열
③ 불완전 연소에 의한 손실열
④ 미연분에 의한 손실열
⑤ 발생증기 보유열

Question 05. 가압수식 집진장치의 종류 3가지를 쓰시오.

해설 & 답

① 벤튜리 스크레버
② 싸이클론 스크레버
③ 충전탑

Question 06
동관용 공구 3가지를 쓰시오.

해설 & 답

① 익스펜더 : 확관용
② 사이징 투울 : 원형가공
③ 튜브커터 : 동관절단
④ 튜브벤더 : 동관절곡
⑤ 플레어링 투울 : 나팔관 모양 정형

Question 07
강철제 보일러의 수압시험 압력을 쓰시오.

해설 & 답

① 최고 사용압력이 4.3kg/cm^2 이하 : $P \times 2$배
② 최고 사용압력이 4.3kg/cm^2 초과 15kg/cm^2 이하일 때 : $P \times 1.3 + 3$배
③ 최고 사용압력이 15kg/cm^2 초과일 때 : $P \times 1.5$배
여기서, P : 최고사용압력

Question 08
안전밸브 및 압력방출장치의 크기는 25A 이상이어야 한다. 20A로 할 수 있는 경우이다. 다음 안을 채우시오.

① 최고사용압력이 (㉠)MPa 이하의 보일러
② 최고사용압력 5kg/cm^2 이하이고 동체의 안지름(㉡)mm 이하 동체의 길이가 (㉢)mm 이하인 보일러
③ 최고사용압력 5kg/cm^2 이하이고 전열면적 (㉣)m^2 이하의 보일러
④ 최대증발량이 (㉤)T/h 이하인 관류보일러

해설 & 답

㉠ 0.1 ㉡ 500 ㉢ 1000 ㉣ 2 ㉤ 5

Question 09
프로판과 메탄의 생성물질 2가지를 쓰시오.

해설 & 답

① $C_3H_8 + 5O_2 \rightarrow 3CO_2 + 4H_2O$
② $CH_4 + 2O_2 \rightarrow CO_2 + 2H_2O$
∴ ① 탄산가스 ② 물

Question 10
알칼리 세관시 사용 약제 3가지를 쓰시오.

해설 & 답

① 가성소다 ② 탄산소다 ③ 아황산소다

Question 11
중유의 원소 조성이 C : 78%, H : 12%, O : 3%, S : 2% 기타가 5%일 때 이론산소량(Nm^3/kg)을 구하시오.

해설 & 답

$$O_o = 1.867C + 5.6\left(H - \frac{O}{8}\right) + 0.75$$
$$= 1.867 \times 0.78 + 5.6\left(0.12 - \frac{0.03}{8}\right) + 0.7 \times 0.03$$
$$= 2.12 Nm^3/kg$$

Question 12

어떤 보일러의 연소효율이 90%, 전열효율이 85%, 배기가스 손실열이 8.5%, 방산 손실열이 15%이다. 열효율은?

해설 & 답

열효율 = 연소효율 × 전열효율 × 100
= 0.9 × 0.85 × 100
= 76.5%

Question 13

효율이 63%인 보일러를 90%인 보일러로 교체했을 때 연간 절약 연료량(l/년) 및 연간 절감금액(원/년)을 각각 구하시오.(단, 사용연료량은 연간 124900l/년, 연간단가 170원/l이다.)

해설 & 답

① 연간 절약연료량 : $\dfrac{90-63}{90} \times 124900 = 37470 l/$년

② 연간 절감금액 : $37470 \times 170 = 6369,900$원/년

※ 기능장 실기 문제는 수험생분들의 이야기를 토대로 만들기 때문에 문제가 상이할 수 있음을 알려드립니다.

2018년도 제 63 회

Question 01. 급수처리 목적 3가지를 쓰시오.

해설 & 답

① 관수 pH 조절
② 관수농축 방지
③ 슬러지, 스케일 생성 방지
④ 부식 방지
⑤ 프라이밍, 포밍 발생 방지

Question 02. 증기트랩의 종류를 쓰시오.

해설 & 답

① 기계적 트랩 : 버킷트, 플로우트
② 온도조절 트랩 : 바이메탈, 벨로우즈
③ 열역학적 트랩 : 오리피스, 디스크

Question 03. 급수내관의 설치 위치를 쓰시오.

해설 & 답

안전저수의 50mm 하부

Question 04. 자동제어의 목적 3가지를 쓰시오.

해설 & 답

① 보일러의 안전운전
② 경제적이고 고효율적인 증기의 생산
③ 일정한 온도나 압력의 증가를 얻기 위함
④ 인건비 절감

Question 05. 강제 통풍시 통풍력 조절 방법 3가지를 쓰시오.

해설 & 답

① 댐퍼의 조절
② 송풍기 회전수 조절
③ 흡입베인의 개폐

동관의 종류 3가지를 쓰시오.

해설 & 답 Explanation & Answer

① 튜브벤더 ② 튜브커터
③ 사이징투울 ④ 익스펜더
⑤ 플레어링투울셋

프로판 1Nm³ 연소시 이론공기량을 구하시오.

해설 & 답 Explanation & Answer

$$C_3H_8 + 5O_2 \rightarrow 3CO_2 + 4H_2O$$
$$22.4m^3 \quad 5 \times 22.4m^3$$
$$1m^3 \quad\quad x$$

$$x = \frac{1m^3 \times 5 \times 22.4m^3}{22.4m^3} = 5m^3/m^3$$

$$\therefore A_o = \frac{O_o}{0.21} = \frac{5}{0.21} = 23.8Nm^3/Nm^3$$

나사이음, 용접이음, 플렌지이음, 유니온이음을 도시하시오.

해설 & 답 Explanation & Answer

① 나사이음 : ——┼——
② 용접이음 : ——●——
③ 플렌지이음 : ——╂╂——
④ 유니온이음 : ——┤├——

Question 09

팽창탱크의 설치목적을 3가지 쓰시오.

해설 & 답

① 보충수 공급
② 체적팽창 및 이상팽창압력 흡수
③ 온수의 온도를 일정하게 유지

Question 10

자동제어에서 신호전송방법 3가지를 신호전달거리가 먼 것부터 차례로 쓰시오.

해설 & 답

전기식 → 유압식 → 공기압식

Question 11

자연통풍력을 증가시키는 방법 3가지를 쓰시오.

해설 & 답

① 연돌 높이를 높게 한다.
② 연돌 단면적을 크게 한다.
③ 배기가스 온도를 높게 한다.

Question 12

연돌출구에서 평균온도가 200℃인 연소가스가 시간당 30Nm³으로 흐르고 있다. 이 연돌의 연소가스 유속을 4m/sec로 유지하기 위해서는 연돌의 상부면적은 얼마인가?

해설 & 답 — Explanation & Answer

연돌상부단면적 $= \dfrac{G(1+0.0037t)}{3600 \times V} = \dfrac{300(1+0.0037 \times 200)}{3600 \times 4} = 0.04\text{m}^2$

Question 13

다음 제어장치의 부품을 각각 어디에 부착하는가?
① 스텍 릴레이 :
② 프로텍트 릴레이 :
③ 콤비네이션 릴레이 :

해설 & 답 — Explanation & Answer

① 스텍 릴레이 : 연도
② 프로텍트 릴레이 : 버너
③ 콤비네이션 릴레이 : 보일러 본체

Question 14

실내온도 조절기 설치시 방열기 (①)이나 (②) 등을 피하고, 바닥으로부터 (③)m 위치에 (④)으로 설치한다. 다음 괄호는 채우시오.

해설 & 답 — Explanation & Answer

① 상당   ② 현관
③ 1.5   ④ 수직

Question 15

보일러 용량 표시 방법 3가지를 쓰시오.

해설 & 답

① 정격출력
② 정격용량
③ 보일러마력
④ 상당증발량
⑤ 전열면적

Question 16

난방용 증기 보일러의 상당방열면적이 1500m³이다. 증기의 증발잠열은 539kcal/kg이고 증기관내 용축수량은 방열기내 응축수량의 20%라 할 때 시간당 응축수량은?

해설 & 답

$$W = \frac{650 \times 1500}{539} \times 1.2 = 2170.68 \text{kg/h}$$

※ 기능장 실기 문제는 수험생분들의 이야기를 토대로 만들기 때문에 문제가 상이할 수 있음을 알려드립니다.

2018년도 제 64 회

Question 01
기체연료의 특징 5가지를 쓰시오.

해설 & 답

① 적은 공기량으로 완전연소가 가능하다.
② 가스 누설 시 폭발의 위험이 있다.
③ 발열량이 낮은 연료로 고온을 얻을 수 있다.
④ 운반, 저장이 어렵다.
⑤ 황분, 회분이 거의 없어 전열면 오손이 없다.

Question 02
보일러 내부 산 세정 후 사용하는 중화 방청제의 종류 5가지를 쓰시오.

해설 & 답

① 가성소다 ② 탄산소다 ③ 인산소다 ④ 암모니아 ⑤ 히드라진

Question 03
가성취하에 대하여 쓰시오.

해설 & 답

고온, 고압 보일러에서 알칼리도가 높아져 생기는 Na, H 등이 강재의 결정 입계에 침투하여 재질을 열화시키는 현상

Question 04
온수보일러에서 연소가스의 통로에 배플 플레이트를 설치하는 이유를 쓰시오.

해설 & 답

연소가스 흐름방향을 조절하여 열회수와 그을음 부착량을 감소시키기 위해서

Question 05
시간당 실제 증발량이 2000kg, 급수엔탈피가 20kcal/kg, 발생증기 엔탈피가 650kcal/kg일 때 상당증발량을 구하시오.

해설 & 답

$$Ge = \frac{G \times (h'' - h')}{539} = \frac{2000 \times (650 - 20)}{539} = 2337.66 \text{kg/h}$$

06 내화물의 스폴링 현상에 대하여 쓰시오.

해설 & 답

박락현상이라도도 하며 내화벽돌 등이 사용 중 내부에 생성되는 응력 때문에 균열이 생기거나 표면이 떨어지는 현상

 07 관류보일러의 특징 5가지를 쓰시오.

해설 & 답

① 전열면적이 커서 효율이 높다.
② 가동부하가 짧아 부하측에 대응하기 쉽다.
③ 고압이므로 증기의 열량이 크다.
④ 순환비가 1이어서 드럼이 필요 없다.
⑤ 내부구조가 복잡하여 청소, 검사, 수리가 곤란하다.
⑥ 완벽한 급수처리를 해야 한다.

 08 보일러의 공급열량이 12000kcal/h이고, 손실열량이 3000kcal/h일 때 보일러 효율은 얼마인가?

해설 & 답

$12000 - 3000 = 9000 \text{kcal/h}$

$\therefore \dfrac{9000}{12000} \times 100 = 75\%$

Question 09

예열온도가 높을 때 연소에 미치는 영향 4가지를 쓰시오.

① 연료소비량 증대 ② 탄화물 생성
③ 분사각도 불량 ④ 기름의 분해

Question 10

연돌상부 최소 단면적이 3200cm²이고, 연돌로 배출되는 배기가스가 4000Nm³일 때 배기가스의 유속은 얼마인가? (단, 배기가스 평균온도는 220℃이다.)

$$A = \frac{G \times (1 + 0.0037t)}{3600 \times W} = \frac{4000 \times (1 + 0.0037 \times 220)}{3600 \times 3200 \times 10^{-4}} = 6.298 \text{m/s}$$

Question 11

가스배관 시공시 외부에 표시해야 할 사항 3가지를 쓰시오.

① 최고 사용압력 ② 가스의 흐름 방향 ③ 사용 가스명

Question 12

강제순환식 보일러에서 순환비란 무엇인지 쓰시오.

해설 & 답

순환비 = $\dfrac{급수량}{발생증기량}$

∴ 발생증기량에 대한 급수량관의 비율을 나타낸 것

Question 13

다음 설명하는 공구의 명칭을 쓰시오.
① 관절단 후 생기는 거스더미 제거
② 동관의 끝을 원형으로 가공
③ 동관의 끝을 확관하는데 사용
④ 동관의 끝을 나팔관 모양으로 정형

해설 & 답

① 리머　　② 사이징툴
③ 익스펜더　④ 플레어링 툴셋

Question 14

다음 보기에서 주어진 부속품을 이용하여 바이패스 배관을 완성하시오.

〈보기〉 티 : 2개, 유니온 : 3개, 엘보 : 2개, 게이트밸브 : 2개
　　　　글로브밸브 : 1개, 스팀트랩(⊗) : 1개, 스트레이너 : 1개

해설 & 답

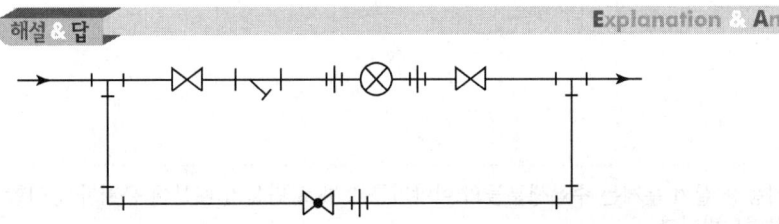

Question 15

버너입구에 설치하는 전자밸브는 어떤 경우에 연료공급을 차단하는지 3가지만 쓰시오.

해설 & 답

① 저수위 안전장치 작동시
② 송풍기가 작동되지 않을 때
③ 증기압력제한기가 작동 시
④ 급수가 부족한 경우
⑤ 버너의 연소상태가 정상이 아닌 경우

※ 기능장 실기 문제는 수험생분들의 이야기를 토대로 만들기 때문에 문제가 상이할 수 있음을 알려드립니다.

2019년도 제 65 회

Question 01
개방식 팽창탱크에 부착된 관의 명칭 5가지를 쓰시오.

해설 & 답

팽창밸브 : 이상 팽창압력을 흡수하는 장치
[설치목적] ㉠ 체적팽창, 이상팽창압력을 흡수한다.
㉡ 관내 온수온도와 압력을 일정하게 유지한다.
㉢ 보충수를 공급한다.
㉣ 관수배출을 하지 않아 열손실을 방지한다.

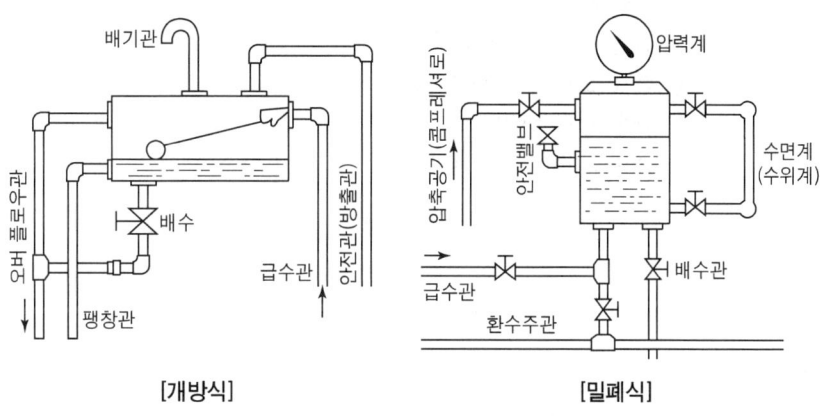

※ ① 배기관 ② 안전관 ③ 급수관 ④ 팽창관 ⑤ 오우플로우관

Question 02

다음 빈 칸을 채우시오.

증기보일러에는 (①)개 이상의 안전밸브 설치해야 한다. 전열면적이 50m² 이하의 증기보일러에는 (②)개 이상으로 하고 안전밸브는 쉽게 검사할 수 있는 장소에 (③)으로 보일러 동체에 직접 부착시켜야 한다.

해설 & 답

① 2개 ② 1개 ③ 수직

Question 03

증기보일러의 과열방지 대책 3가지를 쓰시오.

해설 & 답

① 전열면 국부과열방지
② 적정 보일러 수위 유지
③ 관수 농축 방지
④ 동내부 스케일 생성 방지

Question 04

화염검출기의 종류를 쓰시오.

해설 & 답

① 플레임 아이 : 화염의 발광체 이용
② 플레임 로드 : 화염의 이온화 현상(전기전도성)
③ 스텍 스위치 : 화염의 발열

Question 05
청관제를 사용하는 목적 5가지를 쓰시오.

해설 & 답

① 관수의 pH 조정   ② 관수의 연화
③ 포밍발생 방지   ④ 가성취화 방지
⑤ 슬러지의 조정

Question 06
연료의 저위발열량과 고위발열량을 구분하는 것은 무엇인가?

해설 & 답

① $Hl = Hh - 600(9H + W)$

② $Hh = Hl + 600(9H + W)$ 수증기의 응축잠열

③ 수증기의 응축잠열 $= Hh - Hl$

여기서, Hh : 고위발열량(총발열량), Hj : 저위발열량(진발열량)

Question 07
증기난방에서 응축수 환수방법 중 빠른 순서대로 나열하시오.

해설 & 답

진공환수식 > 기계환수식 > 중력환수식

Question 08

원심급수펌프의 회전수가 1500rpm으로 회전시 양정이 80m, 유량이 0.6m³/min이다. 이 펌프의 회전수를 1800rpm으로 변경하면 양정과 유량은 얼마인가?

해설 & 답

① $Q_2 = Q_1 \times \left(\dfrac{N_2}{N_1}\right)^1 = 0.6 \times \left(\dfrac{1800}{1500}\right)^1 = 0.72 \mathrm{m^3/min}$

② $H_2 = H_1 \times \left(\dfrac{N_2}{N_1}\right)^2 = 80 \times \left(\dfrac{1800}{1500}\right)^2 = 115.2 \mathrm{m}$

③ $kW_2 = kW_1 \times \left(\dfrac{N_2}{N_1}\right)^3$

Question 09

몰리엘선도에서 ①~④의 명칭을 쓰시오.

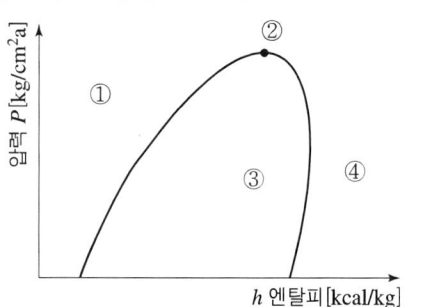

해설 & 답

① 과냉각액 구역(포화수 구역)
② 임계점
③ 습포화증기 구역
④ 과열증기 구역

Question 10

진공환수식의 장점을 3가지만 쓰시오.

Explanation & Answer

① 방열기 설치장소에 제한을 받지 않는다.
② 환수관의 관경을 적게 할 수 있다.
③ 방열기 방열량을 광범위하게 조절이 가능하다.

Question 11

보기에서 주어진 프로판의 완전연소반응식의 빈칸에 알맞은 숫자를 쓰고 1kg 당의 발열량을 계산하시오.

〈보기〉
(①)C_3H_8 + (②)O_2 → (③)CO_2 + (④)H_2O + 530000cal/mol

Explanation & Answer

(1) ① 1 ② 5 ③ 3 ④ 4
(2) 44kg = 530000
    1kg = x $x = \dfrac{1kg \times 530000}{44kg} = 12045.45 kcal/kg$

Question 12

가성취화란 무엇인지 설명하시오.

Explanation & Answer

고온, 고압 보일러에서 알칼리도가 높아져 생기는 Na, H 등이 강재의 결정 입계에 침투하여 재질을 열화시키는 현상

Question 13

증기보일러에서 저수위 안전장치를 설치하는 최고사용압력은 몇 MPa인가?

해설 & 답

0.1MPa 초과시

Question 14

저위발열량이 9750kcal/kg인 연료를 시간당 1500kg 사용시 게이지 압력이 0.5MPa 상태의 증기를 22000kg/h 발생시키는 보일효율을 증기표를 이용하여 구하시오. (단, 급수온도는 20℃이고 발생증기의 건도는 0.9이다.)

증기절대압력 (MPa)	포화수엔탈피 (kcal/kg)	증기엔탈피 (kcal/kg)	증발잠열 (kcal/kg)
0.4	148	650	520
0.5	153	655	510
0.6	162	660	500

해설 & 답

① 습포화증기엔탈피(h_2) = 포화수엔탈피 + $x \times \gamma$
$= 162 + 0.9 \times (660 - 162)$
$= 610.2 \text{kcal/kg}$

② 효율 $= \dfrac{G \times (h'' - h')}{Gf \times Hl} \times 100 = \dfrac{22000 \times (610.2 - 20)}{1600 \times 9750} \times 100 = 83.23\%$

※ 기능장 실기 문제는 수험생분들의 이야기를 토대로 만들기 때문에 문제가 상이할 수 있음을 알려드립니다.

2019년도 제 66 회

Question 01

저위발열량이 9750kcal/kg이고, 연소실 용적이 13m³인 보일러에서 시간당 연료소비량이 80kg일 경우 연소실 열발생률(연소실 열부하)를 구하시오.

해설 & 답

연소실 열부하(kcal/m³h) $= \dfrac{Gf \times Hl}{V} = \dfrac{80 \times 9750}{13} = 60000 \text{kcal/m}^3\text{h}$

Question 02

보일러 정기점검시기 4가지를 쓰시오.

해설 & 답

① 중간 청소를 할 때
② 연소실, 연도 등의 내화벽돌 등을 수리한 경우
③ 누수 그 외의 손상이 생겨서 보일러를 휴지 시
④ 계속사용안전검사 등을 받기 전(허가 전)

Question 03

보일러 자동제어에서 제어량에 따른 조작량을 쓰시오.
(1) 증기 압력제어 : (①), (②)
(2) 노내 압력제어 : (③)
(3) 보일러 수위 : (④)

해설 & 답

① 연료량   ② 공기량   ③ 연소가스량   ④ 급수량

제어량과 조작량의 관계

제어	제어량	조작량
S.T.C(증기온도제어)	과열증기온도	전열량
F.W.C(급수제어)	보일러 수위	급수량
A.C.C(자동연소제어)	증기 압력계 제어	연료량, 공기량
	노내 압력계 제어	연소가스량, 송풍량

Question 04

보기에서 주어진 수면계 기능시험 방법을 순서대로 쓰시오.

〈보기〉 ① 증기밸브를 열고 통수 확인을 한다.
② 드레인 밸브를 연다.
③ 증기밸브, 물밸브를 닫는다.
④ 물밸브를 천천히 연다.
⑤ 드레인 밸브를 닫는다.
⑥ 물밸브를 열고 통수확인 후 닫는다.

해설 & 답

③ → ② → ⑥ → ① → ⑤ → ④

05 보일러의 부식 속도 측정방법을 3가지 쓰시오.

해설 & 답 Explanation & Answer

① 임피던스법 ② 용액분석법
③ 선형분극법 ④ 무게측정법

06 다음 중 재처리 약품에 대해 쓰시오.
① pH 및 알칼리 조정제 :   ② 슬러지 조정제 :
③ 연화제 :   ④ 탈산소제 :

해설 & 답 Explanation & Answer

① 인산소다, 암모니아, 수산화나트륨
② 리그닌, 녹말(전분), 탄닌
③ 인산소다, 탄산소다, 수산화나트륨
④ 탄닌, 아황산소다, 히드라진

07 증기관에 압력계를 설치 시 증기가 직접 압력계에 들어가지 않도록 사용하는 관의 명칭과 안지름을 쓰시오.

해설 & 답 Explanation & Answer

① 사이폰관, 안지름 6.5mm 이상
② 동관, 안지름 6.5mm 이상
③ 강관, 안지름 12.7mm 이상

Question 08

연소장치에서 카본 트러블(Carbon trouble) 현상에 대해 쓰시오.

해설 & 답

오일버너에서 무화 불량이나 연소상태가 불량인 경우에 오일의 미립자가 불완전연소하여 그을은 상태로 고온의 연소실 벽이나 버너타일 등에 부착하여 연소를 악화시키고 이로 인해 다시 카본이 생성되어 퇴적하는 악순환이 계속되는 현상

Question 09

보일러 열효율이 90%이고, 연소효율이 95%일 때 전열효율은 얼마인가?

해설 & 답

보일러 효율 = 연소효율 × 전열효율 × 100

전열효율 = $\dfrac{보일러효율}{연소효율} \times 100 = \dfrac{90}{95} \times 100 = 94.74\%$

Question 10

온수난방부하가 10000kcal/h인 곳의 온수를 열매체로 사용하는 5세주형 650mm의 주철제 방열기 설치 시 쪽수와 방열면적을 구하시오. (단, 1쪽당 방열면적은 0.26이다.)

해설 & 답

① 난방부하 = 방열기 방열량 × 방열면적

∴ 방열면적 = $\dfrac{난방부하}{방열기\ 방열량} = \dfrac{1000}{450} = 22.22\text{m}^2$

② 쪽수 = $\dfrac{난방부하}{방열기\ 방열량 \times 쪽당\ 방열면적} = \dfrac{10000}{450 \times 0.26} = 85.47$쪽

※ 표준방열량 : • 온수난방 : 450kcal/m²h, • 증기난방 : 650kcal/m²h

Question 11

다음은 개방식 팽창탱크의 배관도면이다. ①~⑤의 관 명칭을 쓰시오.

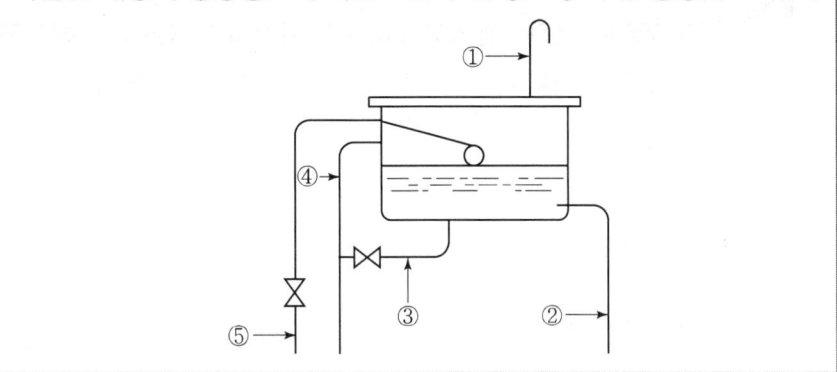

해설 & 답

① 공기빼기관
② 팽창관
③ 배수관
④ 오버플로우관
⑤ 급수관

Question 12

배기가스 유량이 3600Nm³/h인 연도에 공기가 통과하는 유량이 2030Nm³/h인 공기예열기를 설치하였더니 배기가스 온도가 300℃에서 230℃로 낮아졌고 연소용 공기는 25℃에서 200℃로 상승시 공기예열기의 효율은? (단, 공기의 비열은 0.31kcal/Nm³℃, 배기가스의 비열은 0.47kcal/Nm³℃이다.)

해설 & 답

$$\text{공기예열기 효율} = \frac{2030 \times 0.31 \times (200-250)}{3600 \times 0.47 \times (300-230)} \times 100 = 92.98\%$$

Question 13

원심펌프의 유량이 300m³/min이고, 회전수가 400rpm, 축동력이 6PS일 때 회전수를 500rpm으로 변경시 다음을 계산하시오.
(1) 변경된 유량을 계산
(2) 변경된 축동력을 계산

해설 & 답

$$Q_2 = Q_1 \times \left(\frac{N_2}{N_1}\right)$$

$$H_2 = H_1 \times \left(\frac{N_2}{N_1}\right)^2$$

$$kW_2(PS_2) = kW_1(PS_1) \times \left(\frac{N_2}{N_1}\right)^3$$

(1) $Q_2 = 300 \times \left(\dfrac{500}{400}\right)^1 = 375 \text{m}^3/\text{min}$

(2) $PS_2 = 6 \times \left(\dfrac{500}{400}\right)^3 = 11.72 \text{PS}$

Question 14

다음 빈 칸을 채우시오.

상당증발량이란 표준대기압하에서 (①)℃의 포화수가 (②)℃의 건포화증기로 변화시키는 경우의 1시간당 증발량

해설 & 답

① 100
② 100

※ 기능장 실기 문제는 수험생분들의 이야기를 토대로 만들기 때문에 문제가 상이할 수 있음을 알려드립니다.

Question 01

다음은 보일러 설치검사 기준에 따른 수압시험방법을 설명한 것이다. ( ) 안에 알맞은 내용을 쓰시오.

(1) 공기를 빼고 물을 채운 후 천천히 압력을 가하여 규정된 시험수압에 도달된 후 (①)분이 경과된 뒤에 검사를 실시하여 검사가 끝날 때까지 그 상태를 유지한다.

(2) 시험수압은 규정된 압력의 (②)% 이상을 초과하지 않도록 모든 경우에 대한 적절한 제거를 마련하여야 한다.

해설 & 답

① 30
② 6

Question 02

효율이 85%인 보일러에서 발열량이 48000kJ/kg인 연료를 연소시켜 3ton/h의 포화증기를 발생 시 연료소비량은 얼마인가? (단, 물의 증발잠열은 2166kJ/kg이다.)

해설 & 답

$$효율 = \frac{G \times (h'' - h')}{Gf \times Hl} \times 100$$

$$Gf(\text{kg/h}) = \frac{G \times (h'' - h')}{효율 \times Hl} \times 100 = \frac{3 \times 1000 \times 2166}{85\% \times 480000} \times 100 = 159.26 \text{kg/h}$$

Question 03

배관작업 시 같은 지름의 강관을 직선으로 이음시 사용할 수 있는 이음쇠의 종류 4가지를 쓰시오.

해설 & 답

① 소켓 ② 유니온 ③ 니플 ④ 플랜지

① 관 끝을 막을 때 : 플러그, 캡
② 서로 다른 관 연결 시 : 붓싱, 레듀샤, 이경티, 이경엘보

Question 04

캐리오버(carry over) 발생 시 장해 4가지를 쓰시오.

해설 & 답

① 배관 내의 수격작용 발생   ② 배관의 부식
③ 저수위 사고   ④ 증기열량의 감소

Question 05

〈보기〉는 겨울철에 벽이나 창문에 발생하는 결로현상에 대한 설명이다. (   ) 안에 알맞은 내용을 선택하시오.

〈보기〉
벽이나 유리창 표면에 이슬이 맺히는 현상을 ①(습구온도, 건구온도)가 ②(같아, 낮아, 높아)서 실내의 ③(습구온도, 건구온도)와 차이가 ④(낮아, 높아) 이슬이 맺히는 현상으로 이는 유리창 밖 외기온도의 ⑤(빙점온도, 노점온도)로 인하여 얼지 않게 발생하는 현상

해설 & 답

① 습구온도 ② 낮아 ③ 건구온도 ④ 높아 ⑤ 노점온도

Question 06

보일러 외처리법 중 용해고형물을 처리하는 방법 3가지를 쓰시오.

해설 & 답 — Explanation & Answer

① 이온교환법 ② 약제법 ③ 증류법

보충
① 용존산소 제거법 : 탈기법, 기폭법
② 불순물 제거법(현탁질 고형물 제거법) : 침전법, 여과법, 응집법

Question 07

보일러 자동제어에서 처음 정해진 순서에 의해 제어의 각 단계를 순차적으로 제어하는 것을 무엇이라 하는가?

해설 & 답 — Explanation & Answer

시퀀스 제어

보충 피드백 제어 : 출력측의 신호를 입력측으로 되돌려 정정동작을 행하는 제어

Question 08

원심펌프에서 송출량이 0.2m³/s이고, 효율이 80%일 때 45m 높이로 송출할 때 다음 물음에 답하시오.

(1) 축동력을 구하시오.
(2) 임펠러 회전수를 1000rpm에서 1200rpm으로 증가시 축동력을 구하시오.

해설 & 답 — Explanation & Answer

(1) $kW = \dfrac{\gamma \times Q \times H}{102 \times 효율} = \dfrac{1000 \times 0.2 \times 45}{102 \times 0.8} = 110.29 kW$

(2) $kW_2 = 110.29 \times \left(\dfrac{1200}{1000}\right)^3 = 190.58 kW$

Question 09

보일러에서 공연비 제어시 배기가스를 측정하여 공기량을 제어할 때 측정해야 할 가스의 종류 3가지를 쓰시오.

해설 & 답

① CO ② CO_2 ③ O_2

Question 10

주철제 방열기 형식이 5세주형, 높이가 650mm, 쪽수가 20개, 유입관의 지름이 20mm, 유출관의 지름이 25mm일 때 방열기 도시기호는?

해설 & 답

```
       20
     5 - 650
     20 × 25
```

Question 11

보일러 설치검사 기준 중 가스용 보일러의 연료배관과의 거리는?
① 배관이음부와 전기계량기, 전기개폐기 :
② 배관이음부와 전기접속기, 전기점멸기 :
③ 배관이음부와 절연전선 :

해설 & 답

① 60cm 이상
② 30cm 이상
③ 10cm 이상

Question 12

시간당 급수량이 20ton이고, 연료사용량이 150kg/h, 연료의 발열량이 10000kcal/kg, 온수의 온도 90℃, 급수온도 20℃일 때 보일러 효율은?

해설 & 답

$$효율 = \frac{G \times C \times \Delta t}{Gf \times Hl} \times 100 = \frac{20 \times 1000 \times (90-20)}{150 \times 10000} \times 100 = 70\%$$

Question 13

연료소비량 50kg/h, 전열면적이 30m², 증기발생량이 5ton/h이고, 발생증기엔탈피 650kcal/kg, 급수엔탈피 40kcal/kg일 때 다음 물음에 답하시오.
(1) 전열면 증발율(kg/m²h)
(2) 전열면 열부하율(kW/m²)

해설 & 답

(1) 전열면 증발율(kg/m²h) = $\dfrac{G}{A} = \dfrac{5 \times 1000 \text{kg/h}}{30\text{m}^2} = 166.67 \text{kg/m}^2\text{h}$

(2) 전열면 열부하율(kW/m²) = $\dfrac{G \times (h'' - h')}{A} = \dfrac{5 \times 1000 \times (650-40)}{30\text{m}^2}$

$$= 101666.67 \text{kcal/m}^2\text{h}$$

$$\therefore \frac{101666.67 \text{kcal/m}^2\text{h}}{860 \text{kcal/h}} = 118.21 \text{kW/m}^2$$

Question 14

설치 제작시 부착된 페인트, 유지, 녹 등을 제거하기 위하여 소다계통 등의 약액을 주입하는데 약품 3가지를 쓰시오.

해설 & 답

① 가성소다 ② 탄산소다 ③ 제3인산소다

※ 기능장 실기 문제는 수험생분들의 이야기를 토대로 만들기 때문에 문제가 상이할 수 있음을 알려드립니다.

2020년도 제 68 회

Question 01
보일러 열정산의 목적 3가지를 쓰시오.

해설 & 답

① 열의 손실 파악   ② 열설비의 성능 능력 파악
③ 열정산의 기초 자료   ④ 조업 방법 개선

Question 02
보일러 열정산에서 출열 항목 4가지만 쓰시오.

해설 & 답

① 배가스의 손실열   ② 불완전연소에 의한 손실열
③ 미연분에 의한 손실열   ④ 방사에 의한 손실열
⑤ 발생증기 보유열

⭐ **보충** 입열 항목
   ① 연료의 현열   ② 연료의 연소열
   ③ 급수의 현열   ④ 공기의 현열
   ⑤ 노내 분입증기 보유열

Question 03

배관이음방법에 따른 도시기호를 표시하시오.
① 나사이음 :   ② 용접이음 :
③ 플랜지이음 :   ④ 유니온이음 :

해설 & 답

Question 04

배관 내부에 흐르는 물의 속도가 5m/s일 때 수두로 몇 m인가?

해설 & 답

$$H = \frac{V^2}{2g} = \frac{5^2}{2 \times 9.8} = 1.28\text{m}$$

Question 05

보일러 고 · 저수위 경보장치 4가지를 쓰시오.

해설 & 답

① 부자식(플로우트식)   ② 자석식   ③ 전극식   ④ 열팽창식

Question 06

노통연관 보일러 내부의 스케일을 제거하는 도구 2가지를 쓰시오.

해설 & 답

① 스케일 햄머   ② 와이어 브러쉬   ③ 스크레퍼

Question 07

외처리 방법 중 기폭법(폭기법)으로 제거할 수 있는 불순물 3가지를 쓰시오.

해설 & 답

① 철   ② 망간   ③ 탄산가스

Question 08

메탄 5kg을 연소 시 필요한 이론공기량을 구하시오. (단, 공기 중 산소 농도는 23%이다.)

해설 & 답

$$CH_4 + 2O_2 \rightarrow CO_2 + 2H_2O$$

16kg   2×32kg   44kg   2×18kg

22.4Nm³   2×22.4Nm³   22.4Nm³   2×22.4Nm³

16kg = 2×32kg
5kg = x $x = \dfrac{5kg \times 2 \times 32kg}{16kg} = 20kg$

$A_o = \dfrac{O_o}{0.232} = \dfrac{20}{0.232} = 86.21 kg$

Question 09

캐리오버 현상을 쓰시오.

해설 & 답

주 증기 밸브 급개로 인하여 증기 중의 수분이 함께 관내로 이동되는 현상

Question 10

로터리식 파이프 벤딩 머신에 의한 관벤딩 시 관이 파손되는 원인 3가지를 쓰시오.

해설 & 답

① 곡률 반지름이 너무 작다.
② 재료에 결함이 있다.
③ 받침쇠가 너무 나와 있다.

Question 11

중량비로 조성이 탄소(C) 80%, 수소(H) 10%, 황(S) 3%인 석탄 150kg을 연소 시 이론산소량(Nm^3)은 얼마인가?

해설 & 답

$$이론산소량(O_o) = 1.867C + 5.6\left(H - \frac{O}{8}\right) + 0.7S$$
$$= (1.867 \times 0.8 + 5.6 \times 0.1 + 0.7 \times 0.03) \times 150$$
$$= 207.46 Nm^3$$

$$이론공기량(A_o) = 8.89C + 26.67\left(H - \frac{O}{8}\right) + 3.33S$$
$$= (8.89 \times 0.8 + 26.67 \times 0.1 + 3.33 \times 0.03) \times 150$$
$$= 987.89 Nm^3$$

Question 12

1일 가동시간이 8시간인 보일러 수의 허용농도가 2500ppm, 급수 중의 염화물 농도가 20ppm, 시간당 급수량이 1000L이고, 시간당 응축수 회수량이 380L일 때 분출량 kg/day를 계산하시오.

해설 & 답 Explanation & Answer

① 응축수 회수율 = $\dfrac{응축수\ 회수량}{급수량} = \dfrac{380}{1000} = 0.38$

② 1일 분출량 = $\dfrac{W(1-R)d}{r-d} = \dfrac{(1000 \times 8) \times (1-0.38) \times 20}{2500-20}$

  $= 43.87 \text{kg/day}$

Question 13

다음 설명하는 공구 및 기계의 명칭을 보기에서 찾아 쓰시오.

〈보기〉 사이징툴, 링크형 파이프 커터, 파이프 커터, 봄볼, 다이헤드형 나사 절삭기

① 주철관용 절단공구 :
② 동관 끝부분을 원형으로 정형 :
③ 강관을 절단 시 사용 :
④ 연관에서 주관에 구멍을 뚫는데 사용 :
⑤ 나사가공 전용기계로 나사가공, 거스러미 제거, 관의 절단 :

해설 & 답 Explanation & Answer

① 링크형 파이프 커터
② 사이징툴
③ 파이프 커터
④ 봄볼
⑤ 다이헤드형 나사 절삭기

Question 14

팽창 도중의 증기를 터빈에서 추출하여 급수의 가열에 사용하는 사이클은 무엇인가?

해설 & 답

재생사이클

※ 기능장 실기 문제는 수험생분들의 이야기를 토대로 만들기 때문에 문제가 상이할 수 있음을 알려드립니다.

2021년도 제 69 회

Question 01
증기난방 분류시 응축수 환수방법에 의한 종류 3가지를 쓰시오.

해설 & 답

① 중력환수식
② 기계환수식
③ 진공환수식

보충
- 배관방식에 의한 분류 : ① 단관식 ② 복관식
- 증기공급방식에 의한 분류 : ① 상향순환식 ② 하향순환식

Question 02
원심송풍기에서 풍량 조절방법 3가지를 쓰시오.

해설 & 답

① 회전수 가감에 의한 방법
② 베인컨트롤에 의한 방법
③ 바이패스에 의한 방법

Question 03

질량조성비가 80%, 수소 15%, 산소 5%인 연료 10kg을 공기비 1.2로 연소시키는데 필요한 실제공기량은 몇 Nm^3인가?

① $A_o = 8.89C + 26.67\left(H - \dfrac{O}{8}\right) + 3.33S$

   $= 8.89 \times 0.8 + 26.67\left(0.15 - \dfrac{0.05}{8}\right) + 3.33 \times 0$

   $= 11.1125 Nm^3/kg \times 10kg = 111.125 Nm^3$

② 실제공기량$(A) = m \times A_o = 111.125 \times 1.2 = 133.35 Nm^3$

Question 04

안전밸브 및 압력방출장치의 크기는 호칭지름 20A 이상으로 할 수 있는데 25A 이상으로 할 수 있는 경우 5가지를 쓰시오.

① 최고사용압력이 0.1MPa 이하의 보일러
② 최고사용압력이 0.5MPa 이하의 보일러로 동체의 안지름이 500mm 이하이고 동체의 길이가 1000mm 이하인 것
③ 최고사용압력이 0.5MPa 이하의 보일러로 전열면적이 $2m^2$ 이하의 것
④ 최대증발량이 5T/h 이하의 관류보일러
⑤ 소용량 강철보일러 및 소용량 주철제보일러

Question 05

소요동력이 20kW이고 효율이 90%이며 전양정이 20m인 원심펌프의 송출량(m^3/min)을 구하시오.

$kW = \dfrac{\gamma \times Q \times H}{102 \times \eta \times 60}$

$Q = \dfrac{kW \times 102 \times \eta \times 60}{\gamma \times H} = \dfrac{20 \times 102 \times 0.9 \times 60}{1000 \times 20} = 5.51 m^3/min$

Question 06

석유계 기체연료의 종류 5가지를 쓰시오.

해설 & 답

① 액화석유가스   ② 대체천연가스
③ 나프타분해가스   ④ LPG변성가스
⑤ 오일가스

Question 07

캐리오버에는 선택적 캐리오버(selective carry over)와 기계적 캐리오버(machine carry over)로 구분할 수 있다. 이 중에서 선택적 캐리오버를 쓰시오.

해설 & 답

선택적 캐리오버 : 증기 속에 용해되어 있던 실리카 성분이 증기와 함께 송출되는 현상

• 기계적 캐리오버 : 작은 물방울 또는 거품이 증기와 함께 송출되는 현상

Question 08

면적 25m²인 실내 바닥의 온도가 38℃, 실내온도가 18℃일 때 바닥으로부터 실내에 방출되는 방사에너지는 몇 W인가? (단, 방사율 0.9, 스테판볼쯔만의 상수 5.67×10^{-7}(W/m² · K⁴)이다.)

해설 & 답

$Q = A \cdot \epsilon \cdot K(T_1^4 - T_2^4)$
$\quad = 25 \times 0.9 \times 5.67 \times 10^{-7}\{(273+38)^4 - (273+18)^4\}$
$\quad = 27863.40\text{W}$

Question 09

증기트랩이 설치된 바이패스(by-pass) 배관도이다. ①~④번의 부품 명칭을 쓰시오.

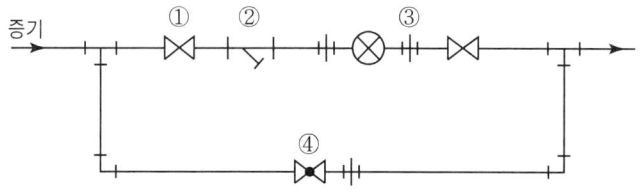

해설 & 답

① 게이트 밸브(슬루우스 밸브)
② 스트레이너(여과기)
③ 유니온
④ 글로우브 밸브

Question 10

압력이 450kPa의 증기를 이용하여 난방시 방열기에서 생성되는 응축수량(kg/m² · h)은 얼마인가? (단, 방열기는 표준방열량을 적용하며 450kPa 상태의 증기건도는 0.98, 포화수엔탈피 608.59kJ/kg, 포화증기엔탈피 2760.64kJ/kg이다.)

해설 & 답

① 증기의 응축잠열 계산
$$\gamma = x \times (h'' - h') = 0.98 \times (2760.64 - 608.59) = 2051.77 \text{kJ/kg}$$

② 응축수량 $= \dfrac{Q}{\gamma} = \dfrac{650 \times 4.2 \text{kJ/m}^2 \cdot \text{h}}{2051.77 \text{kJ/kg}} = 1.33 \text{kg/m}^2 \cdot \text{h}$

Question 11

파이프렌치의 호칭규격은 무엇을 기준으로 하는지 쓰시오.

해설 & 답

입을 최대로 벌려 놓은 전장(길이)

Question 12

보일러에 부착된 스케일 등을 수작업으로 제거할 때 사용하는 기구 4가지를 쓰시오.

해설 & 답

① 스케일 햄머 ② 스케일 커터
③ 와이어 브러쉬 ④ 튜브클리너
⑤ 스크레이퍼

Question 13

수질을 나타내는 용어에 대한 설명에서 ( ) 안에 알맞은 용어를 쓰시오.

> 물이 산성인지 알칼리성인지를 수중의 수소이온(H^+)과 수산이온(OH^-)의 양에 따라 정해지는데 이것을 표시하는 방법이 (①) 이온지수 pH가 사용된다. 상온에서 pH가 7 미만은 (②), 7은 (③), 7을 초과하는 것은 (④)이다. 이상적인 보일러 급수 및 관수의 pH는 (⑤)이다.

해설 & 답

① 수소 ② 산성 ③ 중성
④ 알칼리성 ⑤ 약알칼리성

Question 14

내화물에서 발생하는 스폴링(spalling) 현상을 쓰시오.

해설 & 답

박락현상이라고도 하며 내화물을 사용하는 도중에 온도의 급격한 변화나 가열, 냉각 때문에 갈라지든지 떨어져 나가는 현상

보충
① 버스팅(bursting) 현상 : 크롬철광을 원료로 하는 내화물이 1600℃ 이상에서 산화철을 흡수하여 표면이 부풀어 오르고 떨어져 나가는 현상
② 슬래킹(slacking) 현상 : 수증기를 흡수하여 체적변화를 일으켜 균열이 발생하거나 떨어져 나가는 현상

Question 15

슐처보일러의 구조도에서 지시하는 부분의 명칭을 쓰시오.

해설 & 답

① 과열저감기
② 절탄기
③ 대류과열기
④ 공기예열기
⑤ 증발관
⑥ 기수분리기

※ 기능장 실기 문제는 수험생분들의 이야기를 토대로 만들기 때문에 문제가 상이할 수 있음을 알려드립니다.

2021년도 제 70 회

Question 01
보일러 안전밸브의 증기누설 원인 5가지를 쓰시오.

해설 & 답

① 스프링 장력 감쇄시
② 조정압력이 낮은 경우
③ 밸브축이 이완된 경우
④ 밸브시트에 이물질 혼입시
⑤ 밸브시트의 가공불량시

Question 02
호칭 100A 배관이 옥내에 300m, 옥외에 400m로 설치 시 할증률을 적용한 배관 최대길이는 얼마인가?

해설 & 답

배관의 할증률은 옥내 및 옥외 배관 모두 10%를 적용하는 것으로 계산한다.
∴ 할증배관길이 = (300+400)×1.1 = 880m

03 강관을 벤딩할 수 있는 장비 2가지를 쓰시오.

해설 & 답

① 랭식
② 로터리식

04 배관재료 중 동관에 대한 다음 물음에 답하시오.
(1) 재질에 의한 분류 중 연질, 반연질, 경질의 기호를 각각 쓰시오.
(2) 두께에 의한 분류 3가지 중 두께가 두꺼운 것부터 차례로 쓰시오.

해설 & 답

(1) ① 연질 : O   ② 반연질 : OL   ③ 경질 : H
(2) K형-L형-M형

05 실내온도가 24℃, 외기온도가 -5℃이며 벽체의 열관류율이 5.9 W/m²·℃인 건물의 난방부하를 계산하시오. (단, 천정, 바닥, 벽체 총면적은 42m²이고 방위계수는 1.1이다.)

해설 & 답

$Q = k \cdot A \cdot \Delta t$
$= 5.9 \times 42 \times (24-(-5)) \times 1.1$
$= 7904.82 W$

보일러에 설치하는 안전밸브 및 압력방출 장치의 크기는 호칭지름 25A 이상이지만 20A로 할 수 있는 보일러도 있다. 20A 이상으로 할 수 있는 경우 규정 중 ( ) 안에 알맞은 숫자를 넣으시오.

(1) 최고 사용압력이 (①)MPa 이하의 보일러
(2) 최고 사용압력이 (②)MPa 이하이고 전열면적이 $2m^2$ 이하인 것
(3) 최고 사용압력이 0.5MPa 이하의 보일러로 동체의 안지름이 (③)mm 이하이며 동체의 길이가 (④)mm 이하인 것
(4) 최대증발량이 (⑤)T/h 이하인 관류보일러

해설 & 답

① 0.1 ② 0.5 ③ 500 ④ 1000 ⑤ 5

수관식 보일러에서 손으로는 청소하지 못하는 곳에 증기분사, 공기분사, 물분사 등을 이용하여 전열면에 부착된 끄으음을 제거하는 장치를 무엇이라 하는가?

해설 & 답

슈튜블로우

보충 사용시 주의사항
① 한 곳으로 집중적으로 사용함으로써 전열면에 무리를 가하지 말 것
② 부하가 적거나(50% 이하) 소화 후 사용하지 말 것
③ 분출기 내의 응축수를 배출시킨 후 사용할 것
④ 분출하기 전 연도 내 배출기를 사용하여 유인통풍을 증가시킬 것

종류
① 롱래트렉터블형(장발형) : 고온의 전열면 블로워
② 쇼트렉터블형(단발형) : 연소실 노벽 블로워
③ 건타입형 : 전열면 블로워
④ 로터리형 : 저온 전열면 블로워

Question 08

배관 도중에 설치하는 신축이음의 종류 5가지를 쓰시오.

해설 & 답

① 루프형 ② 슬리브형
③ 벨로우즈형 ④ 스위블형
⑤ 상온스프링

Question 09

증기 중에 혼입된 수분을 제거하여 건조증기를 얻기 위한 기수분리기의 종류 4가지를 쓰시오.

해설 & 답

① 사이클론식 ② 스크레버식
③ 건조스크린식 ④ 베플식

Question 10

진공환수식 증기난방법에서 보일러보다 방열기가 아래쪽에 설치되는 경우 수직입상관을 환수주관보다 1~2단계 낮은 관을 사용하여 응축수를 환수시키는 배관이음방법의 명칭을 쓰시오.

해설 & 답

리프트피팅

Question 11

다음 주어진 배관 평면도를 제시된 방위에 맞도록 등가투상도로 나타내시오.

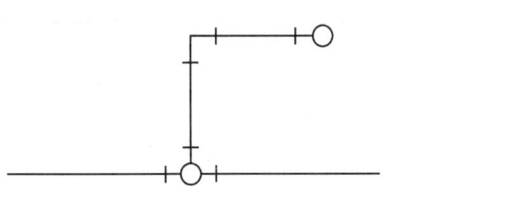

해설 & 답

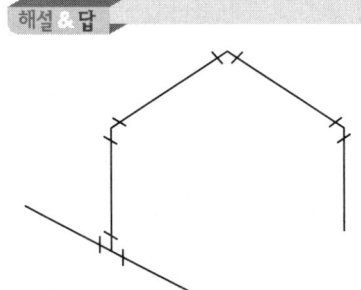

Question 12

설치제작 시 부착된 페인트, 유지, 녹 등을 제거하기 위해 동내부에 소다계통의 약액을 주입하고 가압하여 2~3일간 끓여 반복 분출하는 작업을 무엇이라 하는지 쓰시오.

해설 & 답

소다보링(소다 끓이기)

 사용약액
① 가성소다 ② 탄산소다 ③ 제3인산소다

Question 13

보일러 가동상태 점검 사항 중 매우 중요하기 때문에 운전 중 수시로 점검해야 할 사항 2가지를 쓰시오.

해설 & 답

① 수위 ② 압력

Question 14

보일러 외부청소방법 4가지를 쓰시오.

해설 & 답

① 스팀쇼킹법 ② 워터쇼킹법
③ 수세법   ④ 샌드블로우법

Question 15

인젝터 작동불능 원인 5가지를 쓰시오.

해설 & 답

① 급수온도가 높을 때(50℃ 이상시)
② 증기압력이 낮거나 높을 때
③ 증기 중의 수분 혼입시
④ 인젝터 노즐 불량시
⑤ 흡입측으로부터 공기 혼입시

※ 기능장 실기 문제는 수험생분들의 이야기를 토대로 만들기 때문에 문제가 상이할 수 있음을 알려드립니다.

2022년도 제 71 회

Question 01

보일러 관내처리법에 대한 다음 물음에 답하시오.
(1) 슬러지조정제의 종류 3가지를 쓰시오.
(2) 연화제의 종류 3가지를 쓰시오.

해설 & 답

(1) 리그닌, 녹말, 탄닌
(2) 인산소다, 탄산소다, 수산화나트륨(가성소다)

보충 pH조정제 : 인산소다, 암모니아, 수산화나트륨
탈산소제 : 탄닌, 아황산소다, 히드라진
가성취화방지제 : 리그닌, 황산소다, 인산소다, 탄닌

Question 02

배관의 지지 중 서포트의 종류 3가지를 쓰시오.

해설 & 답

① 스프링서포트   ② 리지드서포트
③ 롤러서포트   ④ 파이프슈

보충 행거의 종류 : 스프링행거, 리지드행거, 콘스탄트행거
리스트레인의 종류 : 앵커, 스톱, 가이드

Question 03

다이헤드형 동력나사 절삭기로 작업할 수 있는 방법 3가지를 쓰시오.

① 나사절삭(가공) ② 거스러미 제거 ③ 파이프 절단

Question 04

부탄 $1Nm^3$ 완전연소시 다음 물음에 답하시오.

(1) 이론산소량(Nm^3)을 구하시오.
(2) 이론공기량(Nm^3)을 구하시오.
(3) 이론공기량으로 연소 시 습연소가스량(Nm^3)을 구하시오.

(1) $C_4H_{10} + 6.5O_2 \rightarrow 4CO_2 + 5H_2O$
  $22.4Nm^3 \quad 6.5 \times 22.4Nm^3$
  $1Nm^3 \quad x$

$$x = \frac{1Nm^3 \times 6.5 \times 22.4Nm^3}{22.4Nm^3} = 6.5Nm^3/Nm^3(O_o)$$

(2) 이론공기량$(A_o) = \dfrac{O_o}{0.21} = \dfrac{6.5}{0.21} = 30.95Nm^3$

(3) 습연소가스량 $= CO_2 + H_2O + N_2 = \left(4 + 3 + 6.5 \times \dfrac{79}{21}\right) = 33.44Nm^3$

캐리오버에는 선택적 캐리오버와 기계적 캐리오버로 구분하는데 각각에 대하여 쓰시오.

해설 & 답   Explanation & Answer

① **선택적 캐리오버** : 증기 속에 용해되어 있던 실리카 성분이 증기와 함께 송출되는 현상
② **기계적 캐리오버** : 작은 물방울 또는 거품이 증기와 함께 송출되는 현상

전극식 수위검출기 점검주기에 관한 설명 중 ( ) 안에 알맞은 내용을 쓰시오.

(1) 충전시험 및 절연저항은 (①)년에 1회 이상 측정한다.
(2) 검출층 내의 분출은 (②)일 1회 이상 실시한다.
(3) 검출층은 (③)개월에 1회 정도 분해하여 내부청소를 실시한다.

해설 & 답   Explanation & Answer

① 1   ② 1   ③ 6

보일러 내면에 발생하는 점식을 방지하는 방법 3가지를 쓰시오.

해설 & 답   Explanation & Answer

① 관수의 용존산소를 제거한다.(보일러수)
② 보일러 내면에 방청도장, 보호피막을 없앤다.
③ 약한 전류를 통전시킨다.
④ 보일러 내에 아연판을 매달아 놓는다.

Question 08
용접부의 잔류응력 완화법 4가지를 쓰시오.

해설 & 답

① 노내풀림법 ② 국부풀림법
③ 기계적 응력완화법 ④ 저온응력완화법
⑤ 피닝법

Question 09
보일러 보존방법이다. 다음 물음에 답하시오.
(1) 건조보존법에 사용되는 건조제 종류 4가지를 쓰시오.
(2) 만수보존법에 사용되는 첨가약품 3가지를 쓰시오.

해설 & 답

(1) ① 생석회 ② 염화칼슘
　　③ 실리카겔(이산화규소) ④ 활성알루미나(산화알루미늄)
(2) ① 가성소다 ② 아황산소다 ③ 암모니아

Question 10
두께가 200mm인 콘크리트의 열전도율이 1.8W/m·K에 두께가 15mm인 석고판 열전도율이 0.3W/m·K을 부착하였다. 실내측 표면열전달율 8.6W/m·K, 실외측 표면전달율은 24.3W/m·K일 때 열관류율(W/m²·K)은 얼마인가?

해설 & 답

$$k = \dfrac{1}{\dfrac{1}{\alpha} + \dfrac{d_1}{\lambda_1} + \dfrac{d_2}{\lambda_2} + \dfrac{1}{\alpha_2}} = \dfrac{1}{\dfrac{1}{8.6} + \dfrac{0.2}{1.8} + \dfrac{0.15}{0.3} + \dfrac{1}{24.3}} = 1.30 \text{W/m}^2 \cdot \text{K}$$

Question 11

다음 ( ) 안에 알맞은 내용을 쓰시오.

급수밸브 및 체크밸브의 크기는 $10m^2$ 이하의 보일러에서는 호칭 (①) 이상이고 $10m^2$를 초과하는 보일러에서는 호칭 (②) 이상이어야 한다.

해설 & 답

① 15A   ② 20A

보충
- 안전밸브의 크기 : 25A 이상
  ① 전열면적이 $5m^2$ 이하 : 25A 이상
  ② 전열면적이 $5m^2$ 초과 : 30A 이상
- 송수관 및 환수관의 크기 : 32A 이상

Question 12

보일러가 [보기]의 조건으로 운전 시 물음에 답하시오.

[보기]
- 시간당 증기발생량 2000kg
- 시간당 연료소비량 150kg
- 급수엔탈피 80kJ/kg
- 연료의 저위발열량 42MJ
- 발생증기엔탈피 2520kJ/kg

(1) 상당증발량(kg/h)을 구하시오.
(2) 보일러 효율을 구하시오.

해설 & 답

(1) $Ge = \dfrac{G \times (h'' - h')}{2256} = \dfrac{2000 \times (2520 - 80)}{2256} = 2163.12 \text{kg/h}$

(2) $\eta = \dfrac{G \times (h'' - h')}{G_f \times H_l} \times 100 = \dfrac{2000 \times (2520 - 80)}{150 \times 42 \times 10^3} \times 100 = 77.46\%$

Question 13

내압을 받는 원통형 탱크의 안지름이 1500mm, 강판두께가 15mm, 최고사용압력이 1.2MPa이고 이 탱크의 이음효율이 80%일 때 강판의 허용인장응력(N/mm²)은 얼마인가?

해설 & 답

$t = \dfrac{PD}{2\sigma_a \eta - 1.2P} + C$ 에서 $15 = \dfrac{1.2 \times 1500}{2 \times \sigma_a \times 0.8 - 1.2 \times 1.2}$

$1.2 \times 1500 = 15(2 \times \sigma_a \times 0.8 - 1.2 \times 1.2)$

$1800 = 24\sigma_a - 21.6$

$1821.6 = 24\sigma_a$

$\therefore \sigma_a = \dfrac{1821.6}{24} = 75.9 \text{N/mm}^2$

Question 14

다음 주어진 배관평면도를 제시된 방위에 맞도록 등각투상도로 나타내시오.

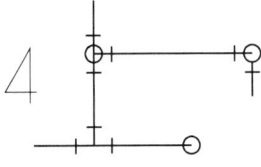 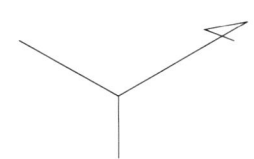

해설 & 답

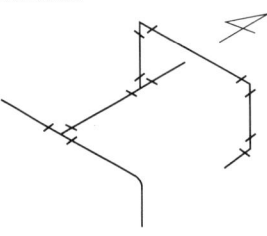

※ 기능장 실기 문제는 수험생분들의 이야기를 토대로 만들기 때문에 문제가 상이할 수 있음을 알려드립니다.

2022년도 제 72 회

Question 01
관내처리 중 탈산소제의 종류 3가지를 쓰시오.

해설 & 답

① 탄닌 ② 아황산소다 ③ 히드라진

Question 02
보일러 연소 시 공기바가 적을 때 나타나는 현상 3가지를 쓰시오.

해설 & 답

① 불완전연소에 의한 매연발생량 증가
② 열손실이 증가
③ 미연가스로 인한 역화의 위험이 있다.

보충 공기비가 클 때 나타나는 현상
① 연소실 내의 온도 저하
② 연료소비량 증가
③ 배기가스로 인한 열손실 증가
④ 배기가스 중 질소화합물(NO, NO_2)이 많아져 대기오염 초래

Question 03

보일러 운전 중 발생하는 장해 중 프라이밍(priming) 현상을 쓰시오.

해설 & 답

과열, 고수위, 압력변화 등으로 인해 수면에서 물방울이 튀어오르며 수면을 불안전하게 만드는 현상

Question 04

가압수식 집진장치의 종류 3가지를 쓰시오.

해설 & 답

① 벤튜리스크레버 ② 사이클론스크레버
③ 충전탑 ④ 제트스크레버

Question 05

액체연료를 사용하는 보일러를 열정산할 때 연료사용량을 측정하는 방법 3가지를 쓰시오.

해설 & 답

① 용량탱크식 ② 용적식 유량계 ③ 중량탱크식

펌프 운전 시 유량이 2m³/min, 펌프에서 수면까지의 높이 6m, 펌프에서의 필요높이 15m, 감쇠높이가 3m이고 펌프의 효율이 80%일 경우 축동력(kW)은 얼마인가?

해설 & 답

$$kW = \frac{\gamma \times Q \times H}{102 \times \eta} = \frac{\gamma \times Q \times H}{102 \times \eta \times 60} = \frac{1000 \times 2 \times (15+6+3)}{102 \times 0.8 \times 60} = 9.8 \text{kW}$$

보일러 가스누설시험 방법에 대한 다음 내용 중 ( ) 안에 알맞은 내용을 넣으시오.

내부 누설시험을 자기압력기록계로 시험할 경우에는 밸브를 잠그고 압력 발생기구를 사용하여 천천히 공기 또는 불활성가스 등으로 최고사용압력의 (①)배 또는 (②)kPa 중 높은 압력 이상으로 가압한 후 (③)분 이상 유지하여 압력의 변동을 측정한다.

해설 & 답

① 1.1 ② 8.4 ③ 24

보일러 열정산에서 입열항목 4가지, 출열항목 4가지를 쓰시오.

해설 & 답

(1) 입열항목
　① 연료의 연소열　　　② 연료의 현열
　③ 급수의 현열　　　　④ 공기의 현열
　⑤ 노내분입증기 보유열

(2) 출열항목
　① 배기가스 손실열　　② 불완전연소에 의한 손실열
　③ 미연분에 의한 손실열　④ 방사에 의한 손실열
　⑤ 발생증기 보유열

Question 09

보일러수에 함유되어 있는 성분 중 Ca, Mg으로 인해 생기는 스케일 종류 5가지를 쓰시오.

해설 & 답

① 황산칼슘
② 황산마그네슘($MgSO_4$)
③ 중탄산칼륨(탄산수소칼륨, $Ca(HCO_3)_2$)
④ 중탄산마그네슘(탄산수소마그네슘, $Mg(HCO_3)_2$)
⑤ 염화마그네슘
⑥ 규산칼슘

Question 10

저위발열량이 40810kJ/kg인 연료를 시간당 600kg 사용하여 0.6MPa 상태의 증기를 8000kg/h 발생시키는 보일러의 효율을 증기표를 이용하여 구하시오.(단, 급수엔탈피는 104kJ/kg, 발생증기 건도는 0.9이다)

증기압력(MPa)	포화수엔탈피(kJ/kg)	증기엔탈피(kJl/kg)
0.5	640.2	2750.1
0.6	670.4	2758.4
0.7	698.16	2765.6

해설 & 답

① 습포화증기 엔탈피 $(h_2) = h' + \chi(h'' - h')$
$= 698.16 + 0.9(2765.6 - 698.16)$
$= 2558.856 \text{kJ/kg}$

② 보일러 효율 $(\eta) = \dfrac{G \times (h'' - h')}{G_f \times H_l} \times 100$
$= \dfrac{8000 \times (2558.856 - 104)}{600 \times 40810} \times 100 = 80.20\%$

Question 11

배관의 접합부로부터 누설을 방지하기 위하여 사용하는 것이 패킹재이다. 다음 설명에 대한 패킹재를 각각 쓰시오.

① 합성수지 패킹의 대표적인 것으로 내열범위가 −260~260℃이며 약품배관, 기름배관에도 침식되지 않음
② 천연고무의 성질을 개선시킨 것으로 내열성, 내산성, 내유성이 좋고 기계적 성질이 양호하다.
③ 탄성이 크고 우수하며 흡수성이 없으나 열과 기름에 약하며 산알카리에 침식이 어렵다.

해설 & 답

① 테프론 ② 합성고무 ③ 고무패킹

보충

(1) 플랜지 패킹의 종류
  ① 고무패킹
    ㉠ 탄성은 우수하나 흡수성이 없다.
    ㉡ 산이나 알카리에는 강하지만 기름에 침식한다.
    ㉢ 100℃ 이상의 고온배관에는 사용할 수 없으며 주로 급배수용
    ㉣ 네오플렌의 합성고무는 내열범위가 −46~121℃로 증기배관에도 사용
  ② 석면 조인트 시트 : 광물질의 미세한 섬유로 450℃의 고온배관에 사용
  ③ 오일 실 패킹 : 한지를 내유 가공한 것으로 펌프 기어박스에 사용

(2) **나사용 패킹의 종류**
  ① 페인트
  ② 일산화연 : 페인트에 소량의 일산화연을 혼합사용. 냉매 배관에 많이 사용
  ③ 액상합성수지 : 내열범위가 −30~130℃ 정도로 약품에 강하고 내유성이 강해 증기, 기름, 약품 배관에 사용

(3) **글랜드 패킹** : 밸브의 회전 부분에 기밀을 유지할 목적으로 사용
  ① 석면 각형 패킹 : 석면을 각형으로 짜서 만든 것으로 내열, 내산성이 좋아 대형밸브 그랜드로 사용
  ② 석면 얀 : 석면을 꼬아서 만든 것으로 소형밸브, 수면계 콕에 주로 사용
  ③ 아마존 패킹 : 면포와 내열고무 콤파운드를 가공 성형한 것으로 압축기용 그랜드에 사용
  ④ 몰드 패킹 : 석면, 흑연, 수지 등을 배합 성형한 것으로 밸브, 펌프 등의 그랜드에 사용

Question 12

다음 보기에서 설명하는 공구의 명칭을 쓰시오.

[보기]
- 사이즈는 150mm, 200mm, 300mm, 600mm, 1000mm
- 크기는 죠(jaw)를 벌린 최대 길이
- 강관의 조립 및 분해 시 사용

해설 & 답

파이프렌치

Question 13

다음은 보일러를 실내에 설치하는 기준에 대한 내용이다. ( ) 안에 알맞은 내용을 쓰시오.

(1) 연료를 저장할 때는 보일러 외측으로부터 2m 이상 거리를 두거나 ( )을 설치하여야 한다.
(2) 보일러실은 연소 및 환경을 유지하기에 충분한 (①) 및 (②)가 있어야 하며 (①)는 배기가스 덕트의 유효단면적 이상이어야 하고 도시가스를 사용하는 경우에는 (②)를 가능한 높이 설치하여 가스가 누설되었을 때 체류하지 않는 구조이어야 한다.
(3) 보일러에 설치된 계기 등을 육안으로 관찰하는데 지장이 없도록 충분한 ( )이 있어야 한다.
(4) 보일러 동체 최상부로부터 천정, 배관 등 보일러 상부에 있는 구조물까지의 거리는 ( ) 이상이어야 한다.

해설 답

(1) 방화격벽
(2) ① 급기구 ② 환기구
(3) 조명시설
(4) 1.2m

※ 기능장 실기 문제는 수험생분들의 이야기를 토대로 만들기 때문에 문제가 상이할 수 있음을 알려드립니다.

2023년도 제 73 회

Question 01
수면계 점검순서를 쓰시오.

해설 & 답

① 물콕크와 증기콕크를 닫는다.
② 드레인콕크를 열어 수면계의 물을 드레인시킨다.
③ 물콕크를 열고 점검 후 닫는다.
④ 증기콕크를 열고 확인 후 닫는다.
⑤ 드레인콕크를 닫는다.
⑥ 증기콕크를 연다.
⑦ 물콕크를 서서히 연다.

Question 02
일일가동시간이 8시간, 보일러수의 허용농도 300ppm, 급수 중 염화물의 농도 30ppm 이하, 시간당 급수량이 1000L이고 시간당 응축수 회수율은 34%이다. 일일분출량(L/day)은?

해설 & 답

$$\text{일일분출량(L/day)} = \frac{x - (1-K)d}{\gamma - d}$$
$$= \frac{1000 \times 8 \times (1-0.34) \times 30}{3000 - 30} = 55.33 \text{L/day}$$

Question 03

보일러에 설치하는 안전밸브는 25A 이상으로 하나 20A 이상으로 할 수 있는 경우 5가지를 쓰시오.

해설 & 답

① 최고사용압력이 0.1MPa 이하의 보일러
② 최고사용압력이 0.5MPa 이하이고 동체의 안지름이 500mm 이하 동체의 길이가 1000mm 이하인 보일러
③ 최고사용압력이 0.5MPa 이하의 보일러로서 전열면적이 $2m^2$ 이상의 보일러
④ 최대증발량이 5T/h 이하의 관류보일러
⑤ 소용량 강철제 보일러 및 주철제 보일러

Question 04

인젝터 작동불량 원인 4가지를 쓰시오.

해설 & 답

① 급수온도가 높을 때(50℃ 이상시)
② 증기압력이 낮거나 높을 때(0.2MPa 이하 1MPa 초과)
③ 증기 중에 수분 혼입시
④ 인젝터 노즐 불량시
⑤ 체크밸브 불량시
⑥ 흡입관로 및 밸브로부터 공기유입이 있는 경우

증기보일러에서 저수위 안전장치를 설치하는 최고사용압력은 몇 MPa인가?

해설 & 답

0.1MPa 초과

히드라진의 반응식과 용도를 쓰시오.

해설 & 답

(1) 반응식 : $N_2H_4 + O_2 \rightarrow N_2 + 2H_2O$
(2) 용도 : 탈산소제

옥외 도시가스배관 외부에 표시해야 할 사항 3가지를 쓰시오.

해설 & 답

① 최고사용압력
② 가스흐름방향
③ 사용가스명

Question 08

중유의 원소조성이 C : 85%, H : 12%, O : 3%일 경우 액체연료를 완전연소시키기 위한 실제공기량(Nm³/kg)을 구하시오. (단, 공기비는 1.2이다.)

해설 & 답

$$A_o = 8.89C + 26.67\left(H - \frac{O}{8}\right) + 3.33S$$

$$= 8.89 \times 0.85 + 26.67\left(0.12 - \frac{O}{8}\right) + 3.33 \times 0 = 10.656$$

$$A = m \times A_o = 1.2 \times 10.656 = 12.79 \mathrm{Nm^3/kg}$$

Question 09

고압력에 사용할 수 있고 응력이 생기며 곡률반경은 관지름의 6배 이상, 신축곡관이음이라고도 하는 신축이음을 쓰시오.

해설 & 답

루프형신축이음

Question 10

열정산시 연료사용량 측정(기체, 액체, 고체로 구분)
(1) 용적식 오리피스로 측정
(2) 수분증발을 피하기 위해 연소직전에 측정
(3) 중량탱크식 용량탱크식

해설 & 답

(1) 기체연료
(2) 고체연료
(3) 액체연료

Question 11

다음에서 설명하는 기계 및 공구의 명칭을 보기에서 찾아 쓰시오.

[보기] 다이헤드형 동력나사 절삭기, 쇠톱, 파이프커터, 링크형파이크커터, 드레서

(1) 연관 산화물 제거
(2) 강관을 절단시 사용
(3) 주철관용 절단공구
(4) 피팅홀의 간격 200mm, 250mm, 300mm
(5) 파이크절단, 나사가공, 거스러미 제거

Explanation & Answer

(1) 드레서
(2) 파이크커터
(3) 링크형파이프커터
(4) 쇠톱
(5) 다이헤드형 동력나사절삭기

Question 12

다음은 온수온돌의 시공순서이다. ( ) 안에 순서에 알맞은 작업명을 보기에서 골라 쓰시오.

[보기] 배관작업, 수압시험, 방수처리, 골재충진작업, 보일러 설치

배관기초 → (①) → 단열처리 → 받침제 설치 → (②) → 공기방출기 설치 → (③) → 팽창탱크 설치 → 굴뚝설치 → (④) → 온수순환시험 및 경사조정 → (⑤) → 시멘트모르타르 바르기 → 양생건조작업

Explanation & Answer

① 방수처리
② 배관작업
③ 보일러 설치
④ 수압시험
⑤ 골재충진작업

Question 13

양단 고정된 20cm 길이의 환봉을 20℃에서 80℃로 가열하였을 때 재료 내부에서 발생하는 열응력은 약 몇 MPa인가? (단, 재료의 선팽창계수는 11.05×10^{-6}/℃이며 탄성계수 E는 210GPa이다.)

해설 · 답

① 온도변화에 의한 신축량 계산

$$\Delta L = \alpha \cdot l \cdot \Delta t = 11.05 \times 10^{-6} \times 20 \times (80-20) = 0.01326 \text{cm}$$

② 열응력 계산

$$\sigma = \frac{\epsilon \times \Delta L}{L} = \frac{210 \times 10^3 \times 0.01326}{20} = 139.23 \text{MPa}$$

※ 기능장 실기 문제는 수험생분들의 이야기를 토대로 만들기 때문에 문제가 상이할 수 있음을 알려드립니다.

2023년도 제 74 회

Question 01

다음은 안전밸브설치에 대한 설명이다. 보기에서 찾아 쓰시오.

[보기] 1, 2, 3, 4, 5, 10, 30, 50, 100, U, T, L, 수평, 수직

(1) 증기보일러에는 (①)개 이상의 안전밸브를 설치한다.
단, 전열면적이 (②)m² 이하인 증기보일러에는 (③)개 이상 설치하며 (④)형으로 부착한 보일러에는 안전밸브를 부착하지 않아도 된다.
(2) 안전밸브는 쉽게 검사할 수 있게 밸브측을 (⑤)으로 하여 가능한 보일러 동체에 직접 부착한다.

해설 & 답

① 2 ② 50 ③ 1 ④ U ⑤ 수직

Question 02

중량비 탄소 86%, 수소 13%, 황 1%의 중유를 공기비가 1.2로 완전연소시 단위질량당 실제공기량(Nm³/kg)은 얼마인가?

해설 & 답

$A = m \times A_o = 1.2 \times 14.45 = 17.34 \text{Nm}^2/\text{kg}$

$A_o = 8.89\text{C} + 26.67\left(\text{H} - \dfrac{\text{O}}{8}\right) + 3.33\text{S}$

$\quad = 8.89 \times 0.86 + 26.67(0.13) + 3.33 \times 0.01$

$\quad = 14.45 \text{Nm}^3/\text{kg}$

Question 03. 배관의 신축이음의 종류 4가지를 쓰시오.

해설 & 답

① 루프형 신축이음
② 슬리브형 신축이음
③ 벨로우즈형 신축이음
④ 스위블형 신축이음

Question 04. 보일러 과열원인 3가지를 쓰시오.

해설 & 답

① 스케일 부착시
② 저수위시
③ 관수농축시

Question 05. 보일러 열정산시 출열 항목 3가지를 쓰시오.

해설 & 답

① 배기가스에 의한 손실열
② 불완전연소에 의한 손실열
③ 미연분에 의한 손실열
④ 방사에 의한 손실열

06 급수처리 중 폭기법에서 제거해야 되는 장애 성분 3가지를 쓰시오.

해설 & 답

① 철 ② 망간 ③ 이산화탄소

07 강철제보일러의 옥내설치기준이다. 다음 ( )를 채우시오.

연료를 저정할 때는 보일러 외측으로부터 (①)m 이상의 거리를 유지하고 소형보일러인 경우는 (②)m 이상의 거리를 두거나 반격벽을 설치한다.

해설 & 답

① 2
② 1

08 수면계 점검순서를 쓰시오.

해설 & 답

① 물콕크와 증기콕크를 닫는다.
② 드레인콕크를 열어 수면계의 물을 드레인시킨다.
③ 물콕크를 열고 점검 후 닫는다.
④ 증기콕크를 열고 확인 후 닫는다.
⑤ 드레인콕크를 닫는다.
⑥ 증기콕크와 물콕크를 서서히 연다.

Question 09

다음 각 연료의 1Nm³ 연소시 필요한 이론공기량을 계산하시오.

(1) 메탄
(2) 부탄
(3) 프로판

해설 & 답

(1) $CH_4 + 2O_2 \rightarrow CO_2 + 2H_2O$
  16kg   2×32kg   44kg   2×18kg
  22.4Nm³   2×22.4Nm³   22.4Nm³   2×22.4Nm³

∴ 22.4Nm³ = 2×22.4Nm³
  1Nm³ = x

$$x = \frac{1Nm^3 \times 2 \times 22.4Nm^3}{22.4Nm^3} = 2Nm^3$$

∴ $A_o = \dfrac{O_o}{0.21} = \dfrac{2}{0.21} = 9.52Nm^3/Nm^3$

(2) $C_4H_{10} + 6.5O_2 \rightarrow 4CO_2 + 5H_2O$
  58kg   6.5×32kg   4×44kg   5×18kg
  22.4Nm³   6.5×22.4Nm³   4×22.4Nm³   5×22.4Nm³

∴ 22.4Nm³ = 6.5×22.4Nm³
  1Nm³ = x

$$x = \frac{1Nm^3 \times 6.5 \times 22.4Nm^3}{22.4Nm^3} = 6.5Nm^3$$

∴ $A_o = \dfrac{O_o}{0.21} = \dfrac{6.5}{0.21} = 30.95Nm^3/Nm^3$

(3) $C_3H_8 + 5O_2 \rightarrow 3CO_2 + 4H_2O$
  44kg   5×32kg   3×44kg   4×18kg
  22.4Nm³   5×22.4Nm³   3×22.4Nm³   4×22.4Nm³

∴ 22.4Nm³ = 5×22.4Nm³
  1Nm³ = x

$$x = \frac{1Nm^3 \times 5 \times 22.4Nm^3}{22.4Nm^3} = 5Nm^3$$

∴ $A_o = \dfrac{O_o}{0.21} = \dfrac{5}{0.21} = 23.8Nm^3/Nm^3$

Question 10

일일기동시간이 8시간, 보일러수의 허용농도 300ppm, 급수 중 염화물의 농도 30ppm 이하, 시간당 급수량이 1000L이고 시간당 응축수 회수율은 34%이다. 일일분출량(L/day)은?

해설 & 답 Explanation & Answer

일일분출량(L/day) $= \dfrac{x-(1-K)d}{\gamma-d}$

$= \dfrac{1000 \times 8 \times (1-0.34) \times 30}{3000-30} = 55.33 \text{L/day}$

Question 11

열정산에 의한 증기보일러의 보일러 효율 산정방법 2가지를 쓰시오.

해설 & 답 Explanation & Answer

① 입출열법 $= \dfrac{\text{유효출열}}{\text{입열}} \times 100$

② 손실열법 $= \left(1 - \dfrac{\text{손실열}}{\text{입열}}\right) \times 100 = \left(\dfrac{\text{입열} - \text{손실열}}{\text{입열}}\right) \times 100$

Question 12

길이 30m, 내경이 50mm인 관에 중유가 90m/min의 속도로 흐를 때 마찰손실압력(kPa)를 구하시오. (단, 마찰계수는 0.96이다.)

해설 & 답 Explanation & Answer

$H_L = \dfrac{flV^2}{2gd} = \dfrac{0.96 \times 30 \times 90^2}{2 \times 9.8 \times 0.05 \times 60} = 3967.346 \text{mmH}_2\text{O}$

∴ $10332 \text{mmH}_2\text{O} = 101.325 \text{kPa}$

$3967.346 \text{mmH}_2\text{O} = x$

$x = \dfrac{3967.346 \text{mmH}_2\text{O} \times 1.1.325 \text{kPa}}{10332 \text{mmH}_2\text{O}} = 38.90 \text{kPa}$

Question 13. 증기보일러의 온도계 설치위치 3가지를 쓰시오.

해설 & 답

① 급수입구의 급수온도계
② 급유입구의 급유온도계
③ 보일러 본체 배기가스 온도계
④ 절탄기, 공기예열기 입·출구 온도계
⑤ 과열기, 재열기 출구 온도계

Question 14. 보일러 용량을 표시하는 방법 3가지를 쓰시오.

해설 & 답

① 정격출력 　② 정격용량
③ 보일러마력 　④ 상당증발량
⑤ 전열면적

※ 기능장 실기 문제는 수험생분들의 이야기를 토대로 만들기 때문에 문제가 상이할 수 있음을 알려드립니다.

2024년도 제 75 회

Question 01
인젝터 급수불량 원인 5가지를 쓰시오.

해설 & 답

① 급수온도가 높을 때
② 증기중의 수분 혼입시
③ 증기압력이 낮거나 높을 때
④ 인젝터 노즐 불량시
⑤ 부품이 마모되어 있는 경우

Question 02
다음에 설명하는 공구 및 기계의 명칭을 쓰시오.
① 주철관용 절단공구 :
② 나사가공 전용 기계로서 나사절삭, 거스러미제거, 파이프절단에 사용 :
③ 강관을 절단하는데 사용 :
④ 연관에서 주관에 구멍을 뚫을 때 사용 :
⑤ 동관의 끝부분을 원형으로 가공하는데 사용 :

해설 & 답

① 링크형 파이프 커터
② 다이헤드식 나사 절삭기
③ 파이프 커터
④ 봄볼
⑤ 사이징 투울

Question 03

내화물에서 발생하는 스폴링(spalling) 현상을 쓰시오.

해설 & 답

박락현상이라 하며 내화물이 사용하는 도중에 온도의 급격한 변화로 인하여 갈라지든지 떨어져 나가는 현상

Question 04

수관식 보일러에서 연소실에 베플판(baffle plate)를 설치하는 목적을 쓰시오.

해설 & 답

배기가스 흐름을 조절하여 열회수와 보일러수의 순환을 양호하게 한다.

Question 05

보일러 급수중 현탁질 고형물을 처리하는 방법 3가지를 쓰시오.

해설 & 답

① 침전법   ② 여과법   ③ 응집법

보충 관외처리법
① 용존산소 제거법 : ㉠ 탈기법 : CO_2, O_2 제거
　　　　　　　　　 ㉡ 기폭법 : 철, 망간제거
② 용해고형물 제거법 : ㉠ 이온교환법 ㉡ 약제법 ㉢ 증류법

강철제보일러의 최고사용압력이 0.6MPa일 때 수압시험압력은 몇 MPa 인가?

해설 & 답

① 최고사용압력이 0.43MPa 이하 : 최고사용압력 × 2
② 최고사용압력이 0.43MPa 초과 1.5MPa 이하 : 최고사용압력 × 1.2 + 0.3
③ 최고사용압력이 1.5MPa 초과 : 최고사용압력 × 1.5
∴ 0.6 × 1.5 = 0.9MPa

독일경도에 대하여 쓰시오.

해설 & 답

수중의 칼슘(Ca)과 마그네슘(Mg) 이온의 양을 산화칼슘(CaO)의 양으로 환산해서 나타내는 것으로 물 100cc 중 CaO가 1mg 포함된 것을 1°dH라 한다.

온수 및 증기난방에서 수평배관 시공시 지름이 서로 다른 관을 연결 시 응축수 등과 같은 물이 고이는 것을 방지할 때 사용하는 부속품의 명칭을 쓰시오.

해설 & 답

편심 레듀샤

Question 09

다음 보기에서 주어진 내용으로 1일 분출량 계산식을 쓰시오.

〈보기〉 X : 1일 분출량(L/day)
r : 보일러수의 고형분
d : 급수 중의 고형분(ppm)
R : 응축수 회수율, 1일 급수량(L/day)

해설 & 답

$$X = \frac{W(1-R)d}{r-d}$$

Question 10

보일러 관내처리 중 탈산소제의 종류 3가지를 쓰시오.

해설 & 답

① 탄닌   ② 아황산소다   ③ 히드라진

보충
① pH조정제 : ㉠ 인산소다 ㉡ 암모니아 ㉢ 수산화나트륨
② 연화제 : ㉠ 인산소다 ㉡ 탄산소다 ㉢ 수산화나트륨
③ 슬러지 조정제 : ㉠ 리그닌 ㉡ 녹말 ㉢ 탄닌
④ 가성취화방지제 : ㉠ 리그닌 ㉡ 황산소다 ㉢ 탄닌 ㉣ 인산소다

Question 11

조성이 탄소 80w%, 수소 12w%, 황 5w%, 회분 3w%인 석탄을 연소 시 이론공기량(Nm³/kg)은 얼마인가?

해설 & 답

$$A_o = 8.89C + 26.67\left(H - \frac{O}{8}\right) + 3.33S$$
$$= 8.89 \times 0.8 + 26.67 \times 0.12 + 3.33 \times 0.05$$
$$= 10.48 \text{Nm}^3/\text{kg}$$

Question 12

도면과 같이 방열기를 이용한 온수난방에서 온수 순환량이 같도록 하기 위한 역환수관으로 환수관 배관을 완성하시오.

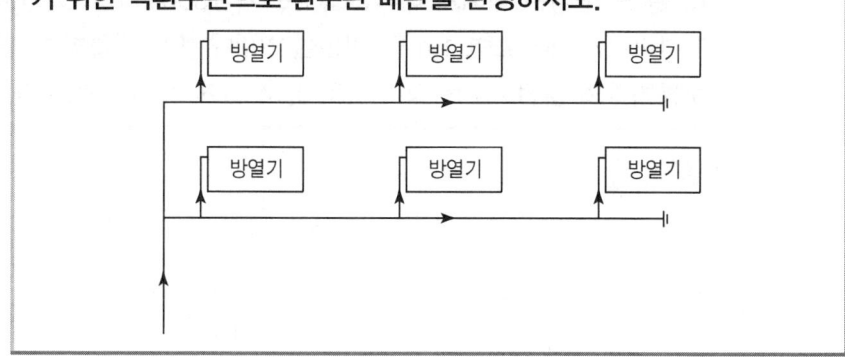

해설 & 답

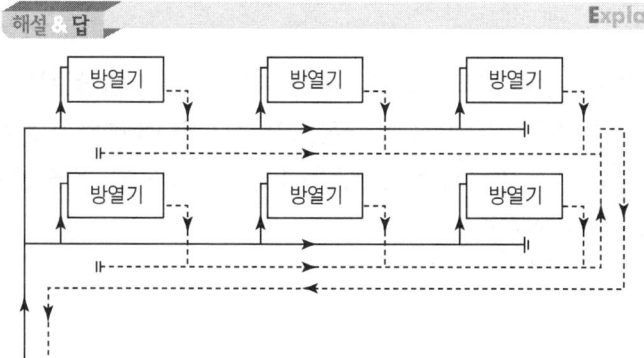

※ 점선으로 표시된 부분이 환수관 배관임

Question 13

복사난방의 장점 2가지와 단점 2가지를 쓰시오.

해설 & 답

장점 : ① 열손실이 적다.
② 실내온도 분포가 균일하여 쾌감도가 높다.
③ 공기대류가 적어 바닥면 먼지 상승이 없다.
④ 방열기가 필요하지 않으므로 바닥면의 이용도가 높다.
단점 : ① 초기 시설비가 많이 든다.
② 누수 등과 같은 고장을 발견하기 쉽다.
③ 외기온도 급변에 따른 방열량 조절이 어렵다.

Question 14

두께 250mm의 내화벽돌, 115mm의 단열벽돌, 250mm의 보통벽돌로 된 노의 평면 벽에서 내벽면의 온도가 1300℃이고 외벽면의 온도가 140℃일 때 노벽 1m²당 열손실(W)은? [단, 내화벽돌, 단열벽돌, 보통벽돌의 열전도도는 각각 1.3, 0.14, 0.8(W/m·℃)이다.]

해설 & 답

$Q = K \times F \times \Delta t = 0.754 \times 1 \times (1300 - 140) = 874.64 \text{W}$

$K = \dfrac{1}{\dfrac{d_1}{\lambda_1} + \dfrac{d_2}{\lambda_2} + \dfrac{d_3}{\lambda_3}} = \dfrac{1}{\dfrac{0.25}{1.3} + \dfrac{0.115}{0.14} + \dfrac{0.25}{0.8}} = 0.754$

Question 15

시간당 연료소모량이 500L인 보일러에 유예열기를 설치하려고 한다. 연료의 예열온도가 90℃, 입구온도가 50℃일 때 예열기 용량(kWh)을 구하시오. (단, 연료의 평균비열은 1.89kJ/kg·℃, 비중은 0.9, 예열기 효율은 85%이다.)

해설 & 답

1kW는 1kJ/s = 3600kJ/h

$\text{kWh} = G_f \times C_f \times \dfrac{\Delta t}{3600} \times \eta = (500 \times 0.9) \times 1.89 \times \dfrac{90-50}{3600} \times 0.85$

$= 11.11 \text{kWh}$

Question 16

보일러 급수제어방식에서 수위검출방법 4가지를 쓰시오.

해설 & 답

① 부자식   ② 전극식   ③ 열팽창식   ④ 차압식

※ 기능장 실기 문제는 수험생분들의 이야기를 토대로 만들기 때문에 문제가 상이할 수 있음을 알려드립니다.

2024년도 제 76 회

Question 01

신설 보일러에서 내부에 부착된 페인트, 유지, 녹 등을 제거하기 위하여 실시하는 소다 끓이기에 사용되는 약품을 3가지 쓰시오.

해설 & 답

① 가성소다   ② 탄산소다   ③ 인산소다(제3인산나트륨)

Question 02

연소실 용적이 3m³, 전열면적이 52.3m²인 보일러를 가동시 연료사용량이 205kg/h, 사용연료의 발열량이 40800kJ/kg, 실제증발량이 2700kg/h, 급수온도가 30℃, 발생증기 엔탈피가 2763kJ/h일 때 다음을 계산하시오. (단, 30℃ 급수엔탈피는 125.6KJ/kg이다.)

(1) 연소실 열발생률(kJ/m³h)을 구하시오.
(2) 환산증발량(kg/h)을 구하시오.

해설 & 답

(1) 연소실 열발생률

$$= G_f \times \frac{H_l}{V} = 205 \times \frac{40800}{3} = 2788000 \text{kJ/m}^3\text{h}$$

(2) 환산증발량(상당증발량)

$$= \frac{G(h_2 - h_1)}{2257} = \frac{2700(2763 - 125.6)}{2257} = 3155 \text{kJ/h}$$

Question 03
가성취화에 대해 설명하시오.

해설 & 답

고온 고압보일러에서 알칼리도가 높아져 생기는 Na, H 등이 강재의 결정입계에 침투하여 재질을 열화시키는 현상

Question 04
저위발열량이 45MJ/kg인 연료 1kg을 완전연소시켰을 때 연소가스의 평균 정압비열이 1.33kJ/kg이고 연소가스량은 20kg이 되었다. 연소용 공기 및 연료의 온도가 30°C일 때 단열 화염온도는 몇 °C인가?

해설 & 답

먼저 $1MJ = 1000kJ$

$$T_2 = \frac{H_l}{G_s \times C_p} + T_1 = \frac{45 \times 1000}{20 \times 1.33} + (273 + 30) = 1994.729K$$

∴ $1994.729 - 273 = 1721.73°C$

Question 05
보일러 정상운전시 비상사태로 긴급하게 운전을 정지하려고 한다. 가장 먼저 해야 할 조치는 무엇인지 쓰시오.

해설 & 답

연료공급을 정지한다.

06
보일러설치 검사기준 중 가스용 보일러의 연료배관에 대한 내용이다.
( ) 안에 알맞은 용어 및 숫자를 쓰시오.

(1) 배관의 이음부와 전기계량기 및 (①)와의 거리는 (②)cm 이상 굴뚝(단열조치를 하지 아니한 경우에 한한다), 전기점멸기 및 전기접속기와의 거리는 (③)cm 이상, 절연전선과의 거리는 (④)cm 이상 절연조치를 하지 아니한 전선과의 거리는 30cm 이상의 거리를 유지하여야 한다.
(2) 배관은 외부에 노출하여 시공하여야 한다. 단, 동관, 스테인레스강관, 기타 내식성재료로서 (⑤) 없이 설치하는 경우에는 매몰하여 설치할 수 있다.

해설 & 답 — Explanation & Answer

① 전기개폐기   ② 60   ③ 30   ④ 10   ⑤ 이음매

07
복사난방의 장점 2가지, 단점 2가지를 쓰시오.

해설 & 답 — Explanation & Answer

장점 : ① 방열기를 설치하지 않으므로 바닥면의 이용도가 높다.
　　　② 공기대류가 적으므로 바닥면의 먼지 상승이 없다.
　　　③ 실내가 개방된 상태에서도 난방효과가 있다.
　　　④ 실내온도 분포가 균일하여 쾌감도가 높다.
단점 : ① 시공이나 수리가 어렵다.
　　　② 초기 시설비가 많이 든다.
　　　③ 누수등 고장을 발견하기 어렵다.
　　　④ 외기온도 급변에 따른 방열량 조절이 어렵다.

Question 08

다음은 보일러 산세척을 하는 공정이다. 산세척순서를 번호로 쓰시오.
(단, 수세는 2회하는 것으로 한다)

〈보기〉 ① 전처리 ② 산액처리 ③ 중화방청처리 ④ 수세

해설 & 답

① → ④ → ② → ④ → 중화방청처리

Question 09

판을 굽힌 다음 굽힘 하중을 제거하면 탄성이 작용하여 원래상태로 회복하려는 탄성작용으로 굽힘량이 감소되는 현상이 무엇인지 쓰시오.

해설 & 답

스프링 백(spring back)

Question 10

수면계를 점검해야할 시기를 3가지 쓰시오.

해설 & 답

① 보일러 가동 전
② 2개의 수면계 수위가 다를 때
③ 수면계 수위가 의심스러울 때
④ 보일러 운전 중 프라이밍, 포밍 발생시

Question 11

유압식 로터리 파이프 벤딩 머시인의 특징 3가지를 쓰시오.

해설 & 답

① 동일 치수의 모양을 대량 생산이 가능하다.
② 압력배관용 탄소강관은 100A 가공이 가능하다.
③ 구부림 각도는 180°까지 가능하다.

Question 12

보일러 사용기술에 의한 보일러 정기점검의 시기 4가지를 쓰시오.

해설 & 답

① 연소실, 연도 등의 내화벽돌 등을 수리한 경우
② 중간에 청소를 할 때
③ 누수 그 외의 손상이 생겨서 보일러를 휴지한 경우
④ 계속사용안전검사를 하기 전

Question 13

난방부하가 20W인 경우 5세주 650mm의 주철제 온수방열기를 설치하는 경우 방열기 쪽수는? (단, 쪽당 방열면적은 $0.25m^2$이고 방열량은 표준방열량으로 한다)

해설 & 답

$$쪽수 = \frac{난방부하}{표준방열량 \times 쪽당방열면적} = \frac{20}{0.5232 \times 0.25} = 152.91$$

∴ 153쪽

Question 14

다음에 설명하는 트랩의 명칭을 쓰시오.

(1) 수격현상에 강하고 과열증기에도 사용할 수 있고 구조가 간단하여 고장이 적고 유지보수가 용이하다.
(2) 부하변동에 적응성이 좋고 응축수를 연속적으로 배출하고 공기도 자동으로 배출하고 겨울철에 잔류 응축수로 동파의 위험이 있다. 응축수가 유입되면 부자가 부력으로 떠오르며 밸브가 개방되면서 응축수를 배출하게 된다.
(3) 열팽창계수가 서로 다른 두 종류의 금속이 접합된 구조로 온도가 상승하면 두 금속의 열팽창계수가 다르기 때문에 금속편이 휘어지는 성질을 이용한 것
(4) 소형으로 다량의 응축수를 배출시킬 수 있지만 부식성 물질이나 수격작용에 고장이 발생할 수 있다. 주름진 원통형에 휘발성이 강한 에테르와 같은 액체가 봉입되어 있다
(5) 고압증기의 관말트랩이나 유닛히터 등에 많이 사용되며 응축수를 증기압력에 의하여 밀어 올릴 수 있다.

해설 & 답

(1) 디스크식
(2) 부자식(플로우트식)
(3) 바이메탈식
(4) 벨로우즈식
(5) 버킷트랩

※ 기능장 실기 문제는 수험생분들의 이야기를 토대로 만들기 때문에 문제가 상이할 수 있음을 알려드립니다.

에너지관리기능장 필기+실기

초판 발행	2009년 5월 15일
개정2판 2쇄 발행	2010년 5월 20일
개정3판 발행	2011년 3월 10일
개정4판 발행	2012년 3월 20일
개정5판 발행	2013년 1월 10일
개정6판 발행	2014년 2월 10일
개정7판 발행	2015년 2월 10일
개정8판 발행	2016년 1월 15일
개정9판 발행	2017년 2월 5일
개정10판 발행	2018년 1월 20일
개정11판 발행	2019년 2월 15일
개정12판 발행	2021년 1월 20일
개정13판 발행	2022년 2월 25일
개정14판 발행	2023년 3월 20일
개정15판 발행	2024년 1월 20일
개정16판 발행	2025년 1월 31일

우수회원인증

닉네임	
신청일	

필히 (**파랑, 빨강**)볼펜 사용. **화이트** 사용 금지

지은이 • 최갑규
펴낸이 • 홍세진
펴낸곳 • 세진북스

주소 • (우)10207 경기도 고양시 일산서구 산율길 56(구산동 145-1)
전화 • 031-924-3092
팩스 • 031-924-3093
홈페이지 • http://www.sejinbooks.kr

출판등록 • 제 315-2008-042호(2008.12.9)
ISBN • 979-11-5745-697-0 13550

값 • **40,000**원

- 이 책의 출판권은 도서출판 세진북스가 가지고 있습니다.
- 이 책의 일부 또는 전체에 대한 무단 복제와 전재를 금합니다.

세진북스에는 **당신**과 **나**
그리고 **우리**의 **미래**가 있습니다.